"十二五"普通高等教育本科国家级规划教材

2008年度普通高等教育精品教材

北京高等教育精品教材
BEIJING GAODENG JIAOYU JINGPIN JIAOCAI

于歆杰 朱桂萍 陆文娟 编著

# 电路原理

## （第2版）

清华大学出版社
北京

## 内 容 简 介

本书主要内容包括：简单电路分析,电路的系统化分析方法和电路定理,非线性电阻电路,常规和任意激励下动态电路的时域分析,正弦激励下动态电路的稳态分析及其在频率响应、滤波器、谐振、互感、变压器、三相电路等方面的应用,动态电路的拉普拉斯变换分析和分布参数电路等。此外,还包括 4 个附录,分别介绍电路基本概念的引入、常系数线性常微分方程的求解、复数和正弦量以及傅里叶级数。

本书第 1 版为"十一五"和"十二五"普通高等教育本科国家级规划教材。本书内容符合教育部高等学校电工电子基础课程教学指导分委员会制定的"电路理论基础"和"电路分析基础"课程的教学基本要求,适合普通高等学校电类各专业师生使用,也可供科技人员参考。

**图书在版编目（CIP）数据**

电路原理 / 于歆杰,朱桂萍,陆文娟编著. -- 2 版. -- 北京 : 清华大学出版社,2025. 7.
ISBN 978-7-302-69939-2

Ⅰ. TM13

中国国家版本馆 CIP 数据核字第 2025L8S036 号

责任编辑：佟丽霞
封面设计：常雪影
责任校对：欧　洋
责任印制：刘　菲

出版发行：清华大学出版社
　　　　网　　址：https://www.tup.com.cn, https://www.wqxuetang.com
　　　　地　　址：北京清华大学学研大厦 A 座　　邮　　编：100084
　　　　社 总 机：010-83470000　　　　　　　　邮　　购：010-62786544
　　　　投稿与读者服务：010-62776969, c-service@tup.tsinghua.edu.cn
　　　　质量反馈：010-62772015, zhiliang@tup.tsinghua.edu.cn
印 装 者：三河市龙大印装有限公司
经　　销：全国新华书店
开　　本：185mm×260mm　　印　　张：32.5　　　　字　　数：789 千字
版　　次：2007 年 3 月第 1 版　2025 年 8 月第 2 版　　印　　次：2025 年 8 月第 1 次印刷
定　　价：98.00 元

产品编号：104028-01

# 前 言

本书第 1 版于 2007 年出版,具有引入当代电路元件、体系结构清晰、注重对工程观点的介绍、强调电路分析方法的实际应用等特点,被很多学校选用为教材或参考书,得到电路课程教师和学生的普遍认可。

从第 1 版出版至今已有 16 年。在此期间,业界并没有提出全新的电路概念和分析方法,只出现了少量新元件。之所以要修订出版本书的第 2 版,主要有以下几个重要的原因:

其一,移动互联时代优质教育资源越来越普及。以慕课为代表的数字化学习资源自 2012 年以来席卷全球,有效地促进了教育公平。在我国,由于政府的支持,这一发展趋势对社会学习者的影响更为明显。清华大学的"电路原理"慕课自 2013 年上线以来,已经有来自 158 个国家和地区的 50 余万人学习过。纸版教材要注重数字化学习资源的应用。

其二,课程教学模式逐渐发生转变。由于逐渐解决了优质数字化学习资源的问题,致使教师得以针对本校学生特点,调整教学内容,在课堂中对重难点内容进行深入剖析和讨论,而将其余内容安排学生课外学习,因此逐渐涌现出一大批各具特色的翻转课堂并开发了混合式教学模式,课程学习成效明显提升。纸版教材要适配混合式教学模式。

其三,以学习者为中心的教育理念得到普遍认同。无论是慕课的课件制作与教学运行,还是混合式教学的设计与实现,都需要教师从关注"自己是否明白无误地讲授清楚"逐渐过渡到关注"学习者是否准确地理解和掌握",这一基本教育教学理念的转变催生了以雨课堂和雷实验为代表的一大批智慧教学工具的开发、迭代和应用。纸版教材需要充分体现以学习者为中心的思想。

在上述宏观变化的驱使下,本书再版就成为顺理成章之举。相较第 1 版,本书具有如下一些鲜明特色:

(1) 内容更充实完整。第 2 版中包括网络图论、磁路、动态非线性电路简介、拉普拉斯变换、均匀传输线等内容,可满足教育部高等学校电工电子基础课程教学指导分委员会制定的"电路理论基础"和"电路分析基础"这两门课程的教学基本要求。此外,本书也对诸如忆阻器等电路新元件进行了介绍,进一步丰富了所涵盖的电路元件的范围。本书正文和脚注中介绍了国家标准、国际标准对相关内容的描述,可扩展学习视野。

(2) 体系结构更合理。除绪论介绍基本概念和观点外,本书采用篇-章-节-小节的结构,从集总/分布、电阻/动态、线性/非线性、暂态/稳态、分析/应用等不同角度对电路课程的教学内容进行划分。对初学者而言,这一篇章组织结构可帮助其迅速了解电路课程的全貌;对学习过本课程的读者而言,这种方式有助于其总结凝练电路最核心的内容。

(3) 有助于自定制学习。本书包括绪论和 3 篇,共 9 章、59 节、122 小节,介绍了众多电路概念和分析方法。为帮助学习者根据需要灵活开展学习，我们对电路知识点进行了编号。大多数知识点基于小节进行编号；如果某节没有小节，则该节也成为一个知识点，最终形成了137个知识点。使用本书的教师或其他人员扫描左侧二维码即可看到由这137个知识点构成的知识图谱。读者可点击其中某个知识点，图谱会自动显示该知识点的学习路径。这意味着如果读者只对某个/某些知识点感兴趣，就可以根据知识图谱的提示开展自定制学习。

本书的知识图谱

（4）正文页边二维码可拓展学习内容。编写教材过程中，在对各部分篇幅的统筹和对某些内容的细致介绍之间始终存在一定的矛盾。本书提出了一种解决方案，即将主体核心内容放在正文中，把拓展内容放在云端，对此感兴趣的读者扫描页边相应位置的二维码，即可观看相应的视频或阅读相应的文档。这样的处理方式较好地解决了篇幅、各部分内容比例和深入介绍某些内容之间的矛盾，也为开展混合式教学提供了基础。本书共提供了21份补充阅读材料和21个视频。

（5）循序渐进的知识点练习题和讨论区便于读者随时掌握学习成效和交流。在每个知识点结束之处，均以二维码的方式提供了本知识点练习的入口。针对每个知识点至少提供了两道循序渐进的练习题。如果读者对第1道基本练习题回答正确，则进入第2道稍有提高的练习题；如果回答错误，则需要正确回答另外一道与第1道题类似的基本题后，再进入第2层级的练习题。此外，这些二维码也提供了关于各个知识点内容的讨论区，读者可以在其中交流学习心得。

（6）正文的叙述重视建模过程和对高观点的总结。传统意义上，电路原理课程的核心任务是帮助读者学会如何从模型化电路中列写独立方程，进而选择合理的数学方法对其进行求解。在这个意义上，电路的理论体系是自包容的、完美的。但是，从实际电路到模型化电路的抽象建模过程是有一定经验性的、需要取舍的，相对列写并求解方程来说是困难的。本书有意在这方面进行了强化，力图展现实际元件到电路模型的建模过程，以帮助读者熟悉这一过程，从而提升对实际电路的建模分析能力。此外，作者力图用更高的观点来介绍和讨论电路的基本内容，尝试帮助读者"既见树木又见森林"。

本书第2版的编写工作由于歆杰、朱桂萍和陆文娟完成。于歆杰负责对第1版内容进行修订、补充和完善，朱桂萍负责新增部分内容的撰写，陆文娟负责统稿。每个知识点的练习题由孙浩、刘宸宇、任意、路宏远等博士研究生完成，任意负责知识图谱的制作，在此一并致谢。清华大学电路原理教学组近年来开展的混合式教学改革对本书前述修订内容颇有助益，感谢赵伟、刘秀成、丁青青、黄松岭、谢小荣、刘瑛岩、杨颖、吴锦鹏等教师的贡献。2021年以来电路原理虚拟教研室开展的教学研讨和示范课对于作者对本书部分内容的修订也有所启发。

清华大学电路原理教学组于2013年推出电路原理慕课，从2014年起开始混合式教学改革，2016年起用雨课堂和雷实验工具加强课内外交互与学习成效反馈，主动将信息技术与教育教学进行深度融合。这些改革经过清华大学几年来的实践取得了一些成果，本书就是对这些成果的总结。由于作者水平有限，其中难免有不完善甚至错漏之处，恳请读者不吝赐教。电子邮箱为：yuxj@tsinghua.edu.cn。

伴随着人工智能和大数据等新技术的成熟和应用,以电路原理为代表的工科基础课程可能会迎来比数字化资源建设和由此产生的线上线下混合式教学方法改革更大的变化。这有可能成为本书未来再次更新的重要原因。我们期待着这种变化的到来,并且会主动融入这场变革,因为这些技术进步和与之配套的教学模式的改变都有可能促使学生学习成效的进一步提升,而这正是教师最核心的使命。

于歆杰　朱桂萍　陆文娟

2023 年 5 月于清华大学

自 2023 年 5 月交稿以来,由于各种机缘巧合,直到 2025 年 1 月,作者才得以完成稿件的初校工作。这个过程如此之漫长,导致作者曾经一度产生放弃的想法。但在仔细阅读初校稿的过程中,我们也重新审视了前言中提到的 6 点特色,感觉这 6 点依然是站得住的,衬得起版本修订所需的内容,其时代性也依然鲜明。因此最终下定决心将本书的第二版付梓。作者在此诚挚地恳请读者谅解再版一拖再拖,并期待着第二版中的新变化能够给大家带来更好的阅读和学习体验。

于歆杰　朱桂萍　陆文娟

2025 年 1 月于清华大学

第 1 版序

第 1 版前言

# 如何学好电路原理
## ——致使用本书的学生

这本书也许是你的教材,也许是你的参考书,也许你就是随手翻翻,但希望你起码能够看完这个简短的介绍。

相信你一定在某种程度上接触过电路。也许你对求解中学阶段的电路题非常在行,或者对此力不从心。事实上,这本书不仅仅是告诉你如何求解电路题的。

"电路原理"课程是若干电类专业后续课程的公共基础,其中所介绍的概念和方法将在后续的课程中反复出现和使用。学好了电路原理,就打开了通向精彩纷呈的电气工程、电子工程、自动化、计算机等学科的大门。因此这门课程是非常重要的。

"电路原理"是你接触到的第一门介于科学类和工程类之间的课程。在这门课程中不仅要学习知识,还要接触到非常重要的工程观点、抽象观点和等效观点。

那么如何学好这门课程呢?

你以前学习过的数学、物理、化学等课程基本上都是科学类课程。在科学教育中,教师提出的问题一般来说是能够用方程表示的,是有确定解的。学生需要完成的就是综合利用各种已经掌握的知识和方法求解方程,将这个解用高效率的方法求出来。而工程实际中面对的却是海量的数据和各种性能指标。在这种环境中许多性能指标无法用方程来表示,而且问题通常存在多个可行的解。好的工程技术人员能够从众多可行解中快速寻找到成本与质量的最佳折中点,而好的工程教育则需要培养处理复杂局面和发现最佳折中点的能力。确定方案的过程可以看作通过工程实践创造新事物的过程。显然,工程教育更强调对创造新事物的能力的培养。在电路原理课程中将通过讨论不同模型的特点并适当布置设计型作业以培养工程观点。

你从普通物理的电磁学部分或高中的电学部分就已经知道,电路理论是电磁理论的特殊情况。换句话说,电路是从电磁场中抽象出来的。这种抽象的观点是解决实际问题的法宝之一。从电磁场中抽象出电路元件,就不再关心具体元件内部的电磁关系,而只对元件接线端上的电压和电流感兴趣。进一步也可以将部分电路(也称作子电路)抽象出来,不关心其内部各元件上的电压电流,而只对这部分电路与电路的其他部分(也称作外电路)连接的接线端上的电压和电流感兴趣。如果以一定的技术手段把那部分电路密封在一个盒子里(术语叫"封装"),就构成了一个集成电路。如果把由一个或若干集成电路和其他电路元件构成的子电路焊接在一块电路板上,人们就只关心这块电路板与其他电路板相连接线端上的电压和电流,这样就可以构成一块计算机的板卡。若干计算机板卡结合起来构成了计算机,若干计算机结合起来构成了 Internet 网络。当分析 Internet 网络的时候只需要在感兴趣的层面上进行研究,而无需深入分析其中每个元件内部的电磁关系。只有这样,人们才能够构建越来越大的人造系统。在电路原理课程中,运算放大器和二端口网络都是成功应用抽象观点的例子。

在建立了抽象的观点以后,往往可以将主要的注意力放在子电路接线端的电压和电流上。

于是产生了另一个问题：如果两个子电路在接线端上的电压电流关系是一样的，那么这两个子电路对于外电路来说效果是否是相同的？答案是肯定的。在电路里称这种情况为两个子电路等效。等效的观点有时可以大大简化电路的分析和设计。如果待分析的子电路内部结构比较复杂，但其接线端上电压电流关系是简单的，就可以用比较简单的子电路来等效那个复杂的子电路。这样分析出来的结果对于外电路来说是一样的。当然如果对复杂子电路内部的电压电流也感兴趣，就需要根据求解出的子电路接线端电压电流反推其内部关系。能否及时建立等效观点往往会影响你能否顺利地掌握电路基本分析方法。

基于上述这些特点，你应该及时转变学习方法。具体来说，有以下几个值得注意的地方。

（1）充分重视基本概念

电路原理的教材和教学过程中会出现比较多的公式，应主动地思索这些公式中的变量和公式本身代表的物理意义是什么。越善于抓住物理本质，电路原理课程就可能学得越好。

（2）重视基本分析方法的同时重视方法的由来

当前，我国研究型大学的本科教育正逐渐从传授知识向培养创新意识和创新能力过渡。你不仅仅应该是分析方法的熟练使用者，更应该是分析方法的提出者。要做到这一点，就必须熟悉分析方法的由来。

（3）注重电路原理的应用实例

电路原理课程中介绍的概念和方法绝不仅仅在本课程中适用。在你日常学习和生活中可以发现大量电路应用的实例，应主动寻找这些实例并积极将电路分析方法应用于这些实例。

（4）认真完成适量的练习

这里既要强调认真，也要强调适量。做对答案只达到了完成练习的一小部分目的。完成练习时更应思索这道题可用哪些方法求解？各种方法的利弊在哪里？为什么我选择某种特定的方法？经常性地问自己上述 3 个问题对于熟练掌握电路分析方法是非常有好处的。此外，掌握电路基本概念和基本分析方法需要一定数量的练习，但练习的量并不是越多越好。中学里的题海战术在大学并不适用。只要认真完成教师布置的作业和习题课练习就可以达到教学要求了。

希望这个简短的介绍能够让你觉得电路原理是一门有意思的、重要的而且能学好的课程。

作　者

2007 年 1 月于清华园

# 目 录

# 第1篇
# 集总参数电阻电路

## 第1章
## 简单电路分析

## 第2篇
## 集总参数动态电路

## 第3篇
## 分布参数电路

## 附录 B
## 常系数线性常微分方程的求解

## 附录 C
## 复数和正弦量

## 附录 D
## 傅里叶级数

# 二维码资源目录

# 绪　　论

　　在绪论中,将讨论什么是电路、电路中最常见的两个变量(电流和电压),并基于此介绍电路在信号处理和能量处理两方面的应用、电路元件的建模和分类、看待电路的观点等内容。绪论部分不涉及分析和设计电路的方法,只涉及一些基本变量的定义和很简单的建模思想,但是这给后续若干章节介绍的电路建模、分析和设计方法确立了世界观和话语体系。绪论部分的有些内容在第一次阅读时可能让人觉得莫名其妙,但是在学习后续章节后再返回来看时,会有醍醐灌顶的体会。

# 0.1 电路

电路(electric circuit)是由若干电气元件(electrical element)相互连接构成的电流通路。

知识点1 在这个定义中,电气元件指的是人们在处理能量和信号过程中制作出的各种实际的元器件。

除了上面给出的大众普遍可以理解和接受的广义的电路定义外,在国际电工委员会(International Electrotechnical Commission,IEC)和我国的国家标准中,对电路给出了更为严格的狭义的定义①,将对电路的描述数学化,并且与电磁场建立了紧密的联系。感兴趣并且具备多变量微积分和电磁学知识的读者可以查阅本书附录 A,以获得相关的信息。

一般来讲,电路都是人为构成的。人们构成电路的主要目的是处理电能与电信号,这里所说的处理包括产生、传输、变换和存储等含义。

随着自身能力的发展,人类不再满足于靠天吃饭或钻木取火。从长期的生产生活和科学研究中人们逐渐认识到,电能的产生、传输、分配和使用要比其他能源更方便,因此作为二次能源②的电能成为目前人们利用的主要能源形式。电能的产生(发电)、传输(输电)和分配(配电)需要借助电路来完成,这种电路构成了庞大的电力系统。

自古以来,人们曾寻求各种方法以实现信号的传输。古代战争中的烽火台、鸡毛信、旗语和信号弹等形式曾被广泛使用,但效率不高,在传输速度(有效性)或抵抗噪声干扰(可靠性)等方面都不能令人满意。19 世纪初到 20 世纪初,人们在研究电信号传输方面取得了重大进展。开始是有线电报和电话,后来发展到无线电通信以及当代的互联网。这些技术进步的实现主要依靠电路。20 世纪 60 年代,人们逐渐构建了"信号处理"的全新概念。对信号进行处理的主要目的和作用是通过对信号进行加工或变换来削弱信号中的噪声干扰,选择特征分量,进行识别和分类等。这些研究同样建立在电路理论应用的基础之上。

电气工程(electrical engineering)就是研究如何利用人为构成的电气装置来处理电能与电信号的工程学科,有时也简称为电工程,或进一步简称为电工③。20 世纪初,电气工程逐渐脱离物理学而成为独立的学科。自 20 世纪 60 年代以来,计算机科学与技术在电气工程学科中发展起来并逐渐成为独立的学科,不过依然属于广义的电气工程领域。目前,这个领域中包括电力(电机)工程、控制工程、通信工程、电子工程以及计算机科学与技术等众多研究和应用方向。有时,考虑到广义电气工程涵盖的范围过于庞大,于是改用其他名称来描述这个领域。对此,国内外有不同的习惯,表 0.1.1 示出了这两种归类的方式。当然,这只是一般习惯的命名方式,没有统一的标准,有时不同的人还有不同的理解。

---

① 在 IEC 和国标的定义中,电路是电路元件组成的路,路是相互连接的路元件的集,电路元件是只涉及电积分量之间的关系的路元件,路元件是用积分量之间的一个或几个关系来表征的器件的数学模型,积分量是电磁场相关的量的线、面或体积分。其中的电磁场量包括电场强度、电通量密度、磁场强度、磁通量密度、体电荷密度、电流密度、磁矢位等,积分量则包括电压、电流、电荷、磁通、磁压、磁链等。

② 一般把从自然界中直接获取的能源形式称为一次能源(如原油、天然气、原煤等),而把由一次能源加工转换后的其他形式和种类的能源称为二次能源(如电能、机械能、热能等)。

③ 这里的电工,是电气工程的简称,不是指电工这个职业和从事相关职业的人。

表 0.1.1 对广义电气工程领域的归类与统称

| 国内习惯的归类与统称 | 各学科领域 | 国外习惯的归类与统称 |
|---|---|---|
| 电气工程 | 电力工程 | |
| 信息科学与技术<br>（或电子信息科学与技术） | 控制工程<br>通信工程<br>电子工程<br>…… | 电气工程 |
| | 计算机科学与技术 | 计算机科学 |
| 统称：电气工程与信息科学<br>（或电气电子信息科学） | 统称：电气工程与计算机科学<br>（简称 EECS） | |

前面已经部分地回答了为什么要研究电路这个问题，下面换一个角度，讨论电路与读者日后将要学习的若干后续课程以及与研究方向的关系。

目前，我国高校理工科的许多专业都将电路原理设为必修课，如工科的电气工程及其自动化、自动化、电子信息工程、通信工程、电子科学与技术、生物医学工程、计算机科学与技术以及理科的电子信息科学与技术、微电子学、光信息科学与技术等。

在学习电路原理课程之前，读者一般只学过数学、物理等公共基础课程，缺乏对电气工程与信息科学的系统认识。因此这既是一门进入本学科领域的入门课程，也是最重要的技术基础课或核心课之一。这里讲授的许多概念和方法在后续课程中都会得到广泛应用，或者直接用来解决科研与生产中的实际问题。图 0.1.1 简要示出了电路原理与许多其他课程的联系。

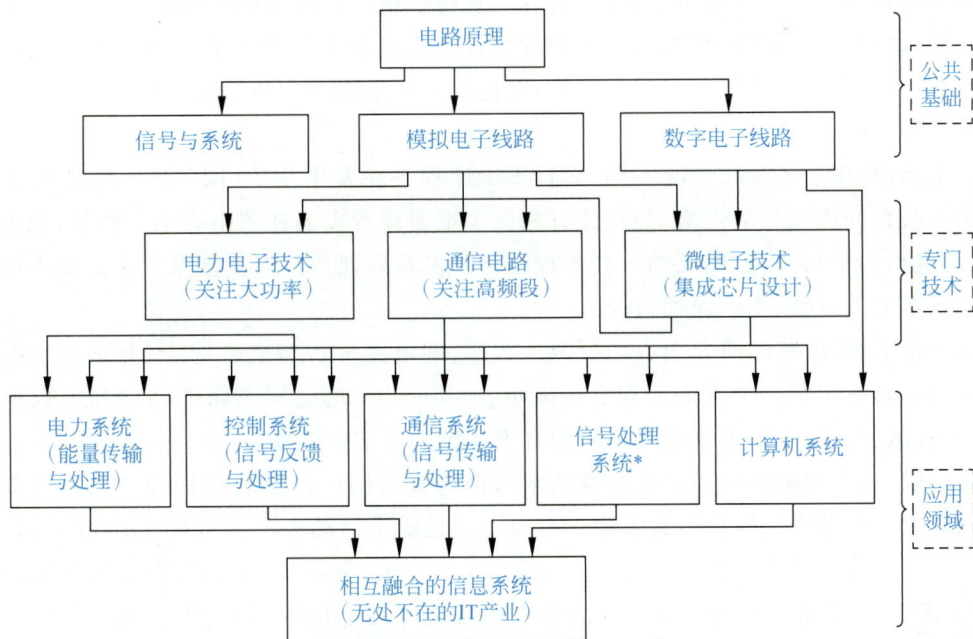

图 0.1.1 电路原理与其他电气工程主要课程的联系

\* 指各类信号处理课程，包括某些专业的专门课程（如生物医学工程、核电子学等）

十分明显，处在图中显要位置的"第一号主角"就是电路原理。接下来的3门课与电路原理具有共同特点，都属于众多专业必修的公共基础课。其中信号与系统侧重理论分析，而模拟电子线路（或模拟电子技术）与数字电子线路（或数字电子技术）属于实践性更突出的课程。

学好以上4门专业基础课程才有可能步入电气工程与信息技术领域的科学殿堂，而电路原理又处于其中的首要位置，可称为"基础课程之基础"。

再下面的电力电子技术等3门课有明显的专业特征，大多数院校将它们列为选修（个别专业必修）课程。如电机、自动化类专业关注大功率电路，因而要学电力电子技术；通信、电子类专业关注高频（射频）段工作的电路，可选修通信电路（或称高频电子线路）；而微电子技术方面的课程具有更大的灵活性，虽然许多专业的后续课程并不需要以此类课程为基础，但是考虑到各种工程系统都离不开大规模集成电路的应用，因而相关专业的学生也应了解这方面的简要知识，可选修微电子技术概论类型的课程。如果研究方向侧重微电子技术，当然要学习更多芯片原理与设计方面的课程。

学习电路原理的最终目的是使学生具备设计、开发、研究各类电气工程系统的能力，如图0.1.1中电力、控制、通信、信号处理、计算机等系统。

当代科学技术发展的重要特征之一就是跨学科多领域的融合，图0.1.1中所列各类系统的实现也遵循这一原则。例如，一个雷达设备由通信系统、控制系统与计算机系统联合组成，也可称为3C系统（取communication、control、computer三个英文单词的首字母）。

正如人们利用砖瓦建成高楼大厦一样，电路是构成各种电气系统的基础。当然，学习电路原理要比认识砖瓦更为复杂。正因为如此，它将会给读者带来更多乐趣。

至此，每位读者都可以在图0.1.1中看到自己未来若干年内将要学习的课程或从事的研究领域，以及要学习的相应课程。显然，无论将来从事哪个方向的研究都必须先学好电路原理课程。

必须指出，由于各院校情况不同，而且不少课程正在发生变革，因此图0.1.1对于众多课程相互联系的描述只是粗略示意，还有相当多重要课程未能在图中表示。例如，以电磁场理论（或电动力学）为核心形成的一批课程和计算机系列课程都未能涉及。考虑到本课程的重点以及本书的篇幅，不再详细讨论。

从理论上讲，电路的研究内容包括两个方面，即电路分析与电路综合，分别属于电路研究的正问题和逆问题。所谓正问题（positive problem）是指已知电路的结构和参数求电路的解（如电压、电流）。大多数电路正问题有唯一解。所谓逆问题（negative problem）是指已知电路的解（或给定电路要达到的某种技术指标），要求确定电路的结构和参数。大多数电路逆问题求得的电路结构和参数不唯一。对正问题的求解称为电路分析（circuit analysis），对逆问题的求解称为电路综合（circuit synthesis）。电路综合必须以电路分析为基础。从若干满足性能要求的备选方案中根据成本、体积和可靠性等方面的要求选定最终电路结构和参数的过程称为电路设计（circuit design）。电路分析与电路综合的理论统称为电路理论或电路原理。本书（本课程）着重研究电路分析，只涉及非常简单的电路设计，不讨论电路综合理论。

知识点1练习题和讨论

## 0.2 电流和电压

### 0.2.1 电流

载流子(电子或空穴等)的定向移动形成电流。电路原理中讨论的电流一般在导线中流通,于是如何描述导线中电流的强弱就成为受关注的问题。为此人们引入了电流强度(简称为电流)的概念。电流即单位时间内流过某导线横截面的电荷量。

知识点2

设在 $dt$ 时间内通过导线横截面的电荷量为 $dq$,则通过该截面的电流(current)$i$ 为

$$i = \frac{dq}{dt} \tag{0.2.1}①$$

电流的单位名称是安[培],单位符号是 A。由式(0.2.1)可知,国际单位制中电流的单位名称也可以表示为库/秒,因此有 $1A = 1C/s$。常用的电流单位还有 mA 和 kA 等,易知 $1A = 10^3 mA = 10^{-3} kA$。电子电路中常见的电流大小为几毫安至几安,而电力系统中常见的电流大小为几百安至几千安。

在电路原理课程中,习惯于用大写英文字母表示不随时间变化的量,用小写英文字母表示可随时间变化的量。如果电流不随时间变化,则表示为 $I$,反之表示为 $i$ 或 $i(t)$。

需要指出,读者在物理课程中接触的电路基本上都是含单个恒定电压源的简单电路,通过观察就可以知道流过电路元件的电流方向,因此对电流的方向并不关心。但在电路原理课程中,一方面经常遇到含多个电源的复杂电路,电流的方向无法通过观察得知;另一方面还会遇到交流电源的情况,电流的方向会随着时间变化。因此需要特别关注电流的方向问题。

在力学中,读者对方向问题已经有所接触。当不知道物体在一条直线上的受力情况时,总是先任意假设一个方向,然后在该方向上进行力的合成。如果最终计算的结果为正,则表示实际受力方向与该方向相同;若结果为负,则方向相反。

在电路分析中采用类似的方法,先任意假设一个待求电流的参考方向(reference direction),再根据本书后续章节介绍的定律、定理和元件本身的性质列写方程求解出该电流的代数量。如果这个代数量为正,则表明实际电流方向与参考方向相同,反之则方向相反。参考方向有时也称为正方向。类似于力学和电磁学中的情况,参考方向的选取不会影响实际电流的方向。如果没有特别说明,本书讨论的电流一般指参考方向意义下的电流。

前面讨论的是电磁学中基于导线中载流子移动得到的电流及其参考方向的定义。在电路分析中,我们更习惯于研究流经某个电路元件上的电流②。

最常见的电路元件对外有两个进行能量或信号交互的"通道"。在电路分析中,我们往往对于其内部的电磁场性质不感兴趣,因此在满足一定条件(附录 A)下将其"封装"起来。该元件的电路特性仅通过其与外界进行交互的通道表现出来。电路元件与电路其他部分的连接点称为端钮、端子或接线端(terminal)。如果一个电路元件对外只有两个接线端,则称

---

① 这是定义式,后面不会利用这种方式来求电流。

② 导线也可看作一种元件。

为**二端元件**（two-terminal element）。类似地，对外有三个接线端的元件称为**三端元件**（three-terminal element），有 $n$ 个接线端的元件称为 **$n$ 端元件**（$n$-terminal element）。同样地，也可以定义**二端网络**、**三端网络**、**$n$ 端网络**。不同点在于网络内部可能含多个元件的复杂连接。从网络外面看入，它们都被称作**子电路**。

基于上面的讨论，在研究流经某个二端元件的电流时，我们首先要在其上标明电流的参考方向，如图 0.2.1 所示，图中表示成小圆圈的点 A 和点 B 就被称为端钮 A 和端钮 B。

知识点2练习题
和讨论

图 0.2.1　电流的参考方向

除了在电路图中用箭头标注方向以外，电流的参考方向还可以用下标的形式来表示，即 $i_{AB}$ 表示从点 A 流向点 B 的电流。对于流经同一元件的电流有 $i_{AB} = -i_{BA}$。

有关电流进一步的讨论可参考附录 A。

## 0.2.2　电压、电位和电动势

### 1. 电压和电位

单位正电荷从电路中的一点移动到另一点，电场力对单位正电荷所做的功称为前一点对后一点的电压。设电场力将电荷量为 $\mathrm{d}q$ 的正电荷从 A 点移动到 B 点所做的功为 $\mathrm{d}w_{AB}$，则**电压**（voltage）$u_{AB}$[①] 为

知识点3

$$u_{AB} = \frac{\mathrm{d}w_{AB}}{\mathrm{d}q}$$

(0.2.2)[②]

易知

$$u_{AB} = -u_{BA}$$

(0.2.3)

电压也称为电位差、电位降或电势差。式（0.2.2）只能给出两点间的电位差，不能确定某一点的电位值。如果选择电场中 P 点为参考点，令该点电位为零，则可以定义电场中 A 点的**电位**（potential）为

$$\varphi_A = u_{AP}$$

(0.2.4)

可知

$$u_{AB} = \varphi_A - \varphi_B$$

(0.2.5)

电压和电位的单位名称都是伏［特］，单位符号是 V。由式（0.2.2）可知，国际单位制中电压的单位名称也可以为焦/库，因此有 $1\mathrm{V} = 1\mathrm{J/C}$。常用的电压单位还有 $\mu\mathrm{V}$、$\mathrm{mV}$、$\mathrm{kV}$ 和 $\mathrm{MV}$ 等。易知 $1\mathrm{V} = 10^6\mu\mathrm{V} = 10^3\mathrm{mV} = 10^{-3}\mathrm{kV} = 10^{-6}\mathrm{MV}$。电子电路中常见的电压大小为几微伏至几百伏，而电力系统中常见的电压大小为几千伏至几兆伏。

如果电压不随时间变化，则表示为 $U$，反之表示为 $u$ 或 $u(t)$。

由式（0.2.5）可知，描述两点之间的电压必须指明是从哪点到哪点的电位降，即必须明

---

① 电压的另一种表示符号为 $v$，国外书刊多按此习惯，而我国多用 $u$。

② 这是定义式，后面不会利用这种方式来求电压。

确电压的方向。可以采取类似于电流的做法,在求解电路之前先任意指定一个电压的参考方向(正方向),然后根据电路分析方法和元件性质列写方程求解电路。如果求得的电压数值为正,则实际电压与参考方向相同,反之则方向相反。如果没有特别说明,本书讨论的电压一般指参考方向意义下的电压。此外,根据式(0.2.5),我们有时也将电压称为电压降,即两点之间的电压为其间电位降之意。

　　前面讨论的是电磁学中基于电场力做功得到的两点间的电压及其参考方向的定义。在电路分析中,我们更习惯于研究某个(二端)电路元件上的电压。因此,在研究某个二端元件的电压时,我们首先要在其上标明电压的参考方向,如图0.2.2所示。

图 0.2.2　电压的参考方向

　　电压的参考方向既可用"＋""－"极性表示,也可用箭头指向表示。为了与电流参考方向有所区别,推荐采用前一种表示方法。在这种情况下,可以把电压的参考方向称为电压的参考极性。此外,类似于电流,还可以用下标来表示电压,即 $u_{AB}$ 表示 A 点到 B 点的电压。

### 2. 电动势

　　在电路中用电压来表征元件上或两点之间的电位差是比较方便的。但在物理课程中讨论过电动势的概念,同时若干后续课程(例如电机学)也会继续使用这一概念,因此这里有必要介绍电动势。

　　所谓**电动势**(electromotive force)是指电源内部的非静电力对正电荷做功,使其从负极移动到正极时形成的电位差,即电源两端的电动势是电源负极到正极的电位升[①]。通过前面的讨论可知,$u_{AB}$ 指的是 A 点到 B 点的电位降,而 $e_{BA}$ 指的是 B 点经由电源内部到 A 点的电位升。因此在电源上有

$$e_{BA} = u_{AB} \tag{0.2.6}$$

电动势的单位名称与电压的相同,亦为伏[特],单位符号也是 V。电动势在电路中的表示方法如图0.2.3所示。

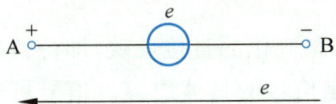

图 0.2.3　电压源上标注的电动势

　　如果用图0.2.3中正负号的方式来表示电动势,则其含义是指从电源负极到正极的电位升为 $e$;如果用图0.2.3中箭头的方式来表示电动势,则其含义是指电源沿箭头方向的电位升为 $e$。图中的圆圈为(独立)电压源的符号,在1.2节将详细介绍。

知识点3练习题和讨论

　　此外需要明确,电动势和电压是性质截然不同的两个概念。电动势是描述电源内部性质的物理量,表示电源负极到正极的电位升,干电池的电动势永远为正值。而电压则是指电路元件(包括电源)上的电位降,可能是正值,也可能是负值[②]。

---

　　① 电压可以用来描述任意元件(包括电源),甚至电路中任意两点之间的关系,但是电动势只能用来描述电源。

　　② 由于电压是对电路中任意两点间电场力做功或电位关系的描述,因此在求解电压前需要设定其参考方向。类似地,要求某点电位,需要先确定零参考电位。但是电压源上的电动势往往不是电路的待求解量,因此通常不对电动势设置参考方向,但这并不妨碍对电压源这个元件设定一个电压变量及其参考方向。第1章将讨论这个设定出来的电压变量和电压源自身的电动势之间的关系。

有关电压进一步的讨论可参考附录 A。

### 0.2.3 电流、电压参考方向之间的关系

二端元件上电流和电压的参考方向是可以任意指定的。如果考虑这两个参考方向之间的关系，则存在着两种情况，分别称为关联参考方向和非关联参考方向。

知识点4

所谓关联参考方向（associated reference direction）指的是电流参考方向从电压参考方向正端指向负端，而非关联参考方向（non-associated reference direction）则指的是电流参考方向从电压参考方向负端指向正端。在图 0.2.4(a)中，电流和电压的参考方向是关联的，而图 0.2.4(b)中电流和电压的参考方向是非关联的。易知，一个二端元件的电压参考方向和电流参考方向或为关联，或为非关联，二者必居其一。

知识点4练习题
和讨论

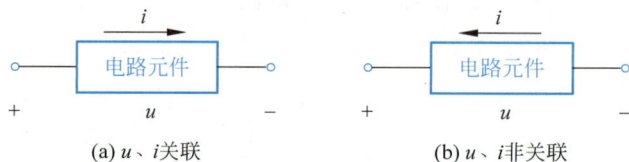

(a) $u$、$i$ 关联　　　　　　　(b) $u$、$i$ 非关联

图 0.2.4　二端元件上电流和电压的参考方向

## 0.3 电路用于信号处理

基于上一节介绍的二端元件上的电流和电压的概念，本节说明几个在后文中经常用到的名词，并在此基础上介绍电路的应用。

### 0.3.1 信号

信号（signal）是消息的表现形式。所谓消息是对运动或状态变化的直接反映，即待传输与处理的原始对象，如语音、图像或数据。消息是信号的具体内容。信号可表

知识点5

现为某种物理量 $x$ 随时间 $t$ 变化的函数 $x(t)$，如声、光、位移、速度、电压、电流等。广义上讲，一切运动或状态变化都可用数学抽象的方式表示为 $x(t)$，绘出的函数图形被称为信号的波形。要进一步理解信号与消息之间的关系还需引入"信息"的概念。通常，这 3 个名词很容易混淆，严格的讨论将在后续课程中给出，感兴趣的读者可阅读参考文献 [8] 和 [9]。

如果信号的表达式是确定性的时间函数，则称之为确定性信号（deterministic signal），反之则称之为随机信号（stochastic signal）。确定性信号又可进一步分为周期信号（periodic signal）和非周期信号（nonperiodic signal）。如果每经过一定时间间隔后信号的波形就重复一次，则该确定性信号被称为周期信号。周期信号满足

$$x(t) = x(t + nT), \quad n = 0, \pm 1, \pm 2, \cdots \qquad (0.3.1)$$

式(0.3.1)中的最小 $T$ 值称为信号的**周期**(period)。周期的倒数称为**频率**(frequency)。不具有周而复始性质的确定性信号称为非周期信号。电路原理课程中将较多讨论周期信号。

如果一个信号在时间轴上的取值是连续的,则称之为**连续信号**(continuous signal),否则称之为**离散信号**(discrete signal)。如果离散信号的取值是连续的,则称之为**抽样信号**(sample signal),否则称之为**数字信号**(digital signal)。时间和取值均为连续的信号称为**模拟信号**(analog signal)。

分析和研究信号的方法包括求取信号的表达式和特征量,对信号进行各种分解和变换等。这些内容将在本书和若干后续课程中重点讨论。

电压和电流都可以作为信号的载体。虽然求解出电压和电流随时间变化的表达式或曲线就已经完全表征了信号包含的所有信息,但人们通常对于一些能够表示信号特征的量感兴趣。实际情况中,有时完整地求解信号随时间变化的表达式比较困难,但可以用某种手段方便地获得其特征量。此外,某些时候仅对获得信号的特征量感兴趣,那么也就无需费时费力地求解其表达式了。

电路原理中关于电流和电压的特征量有很多种,本小节讨论平均值,0.4.2 小节讨论有效值,6.4 节讨论谐波。

对于给定的周期信号来说,基本的特征量之一是平均值。一个电信号 $x$(可能是电流 $i$,也可能是电压 $u$)的**平均值**(average value)定义为

$$\bar{x} = \frac{1}{T} \int_0^T x(t) \, dt \qquad (0.3.2)$$

**例 0.3.1**  求图 0.3.1 所示电压信号的平均值。

**解**  图 0.3.1 所示为幅值不随时间改变的电压信号。虽然很难得到这种信号的周期,但可以将其看成无数个高度为 $A$、持续时间为 $T$ 的方波信号前后相加的结果,其中周期 $T$ 是任意指定的。图 0.3.2 表示了这种分解方法。

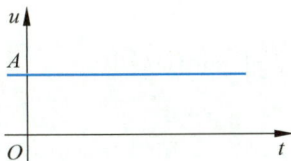

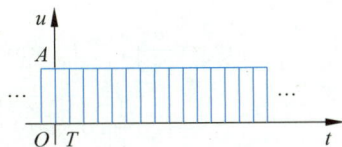

图 0.3.1  例 0.3.1 图          图 0.3.2  理想直流信号的分解

根据图 0.3.2,由式(0.3.2)可知

$$\bar{u} = \frac{1}{T} \int_0^T A \, dt = A$$

即图 0.3.1 所示电压信号的平均值等于其瞬时值。

**例 0.3.2**  求图 0.3.3 所示周期方波电压信号的平均值。

**解**  由式(0.3.2)得

$$\bar{u} = \frac{1}{T} \int_0^\tau A \, dt = \frac{A\tau}{T}$$

在信号分析中,通常将方波信号在一个周期内有正值部

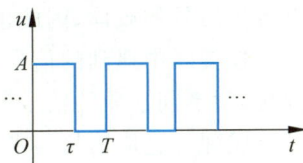

图 0.3.3  例 0.3.2 图

分的时间与周期的比值作为方波信号的一个特征量,称为<u>占空比</u>(duty ratio)。图 0.3.3 所示信号的占空比为 $\tau/T$。

**例 0.3.3** 求图 0.3.4 所示正弦电压信号 $u = U_m \sin(\omega t)$ 的平均值。

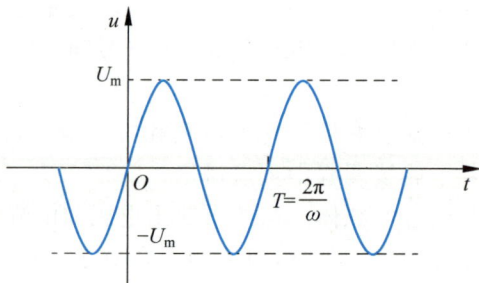

图 0.3.4 例 0.3.3 图

**解** 正弦信号的周期为 $T = 2\pi/\omega$,于是根据式(0.3.2)可得

$$\bar{u} = \frac{\omega}{2\pi} \int_0^{\frac{2\pi}{\omega}} U_m \sin(\omega t) \, dt = \frac{U_m}{2\pi} \cos(\omega t) \bigg|_{\frac{2\pi}{\omega}}^{0} = 0$$

即正弦信号的平均值为零。

正弦信号是电气工程领域常见的信号。这种信号的平均值为零,因此很难用平均值这一特征量来比较不同的正弦信号。为了反映正弦信号的特征,人们提出了<u>绝对平均值</u>(average absolute value)的概念,即

$$|\bar{x}| = \frac{1}{T} \int_0^T |x(t)| \, dt \tag{0.3.3}$$

由表达式可见,$|\bar{x}|$ 是先求绝对值再求平均值。

**例 0.3.4** 求正弦电流信号 $i = I_m \sin(\omega t)$ 的绝对平均值。

**解** 由式(0.3.3)得

$$|\bar{i}| = \frac{\omega}{2\pi} \int_0^{\frac{2\pi}{\omega}} |I_m \sin(\omega t)| \, dt = I_m \frac{\omega}{\pi} \int_0^{\frac{\pi}{\omega}} \sin(\omega t) \, dt$$

$$= I_m \frac{1}{\pi} \cos(\omega t) \bigg|_{\frac{\pi}{\omega}}^{0} = 0.637 I_m$$

直流和交流是电路分析中两个非常重要的概念。顾名思义,<u>直流电流</u>(direct current)指的是始终不改变方向的电流,<u>交流电流</u>(alternating current)指的是方向随时间发生改变的电流。在电路原理课程中经常讨论一种特殊的直流电流,即<u>理想直流电流</u>(ideal direct current)。理想直流电流的方向和大小均不随时间发生改变,通常将其记为 $I$。还有一种特殊的交流电流也是经常讨论的,即<u>正弦交流电流</u>(sinusoidal alternating current),记为 $i(t) = I_m \sin(\omega t + \psi_i)$。类似地还有<u>直流电压</u>、<u>交流电压</u>、<u>理想直流电压</u>、<u>正弦交流电压</u>等。电压和电流是信号的载体,因此也有直流信号和交流信号之分。

工程实际中遇到的信号是比较复杂的。为了便于分析和处理信号,往往需要对信号进行分解,对不同性质的信号分别进行分析和处理,然后进行整合。最简单的分解方法就是将信号分成理想直流信号与平均值为零的交流信号之和。以图 0.3.3 所示信号为例,可将其分解为图 0.3.5(a)、(b)两个信号之和。

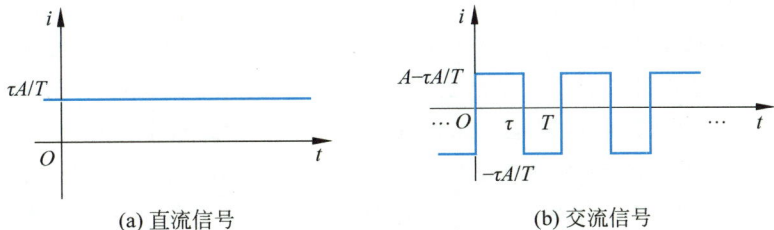

(a) 直流信号　　　　　　　　　　(b) 交流信号

图 0.3.5　信号的分解

分解后得到的直流信号称为该信号的**直流分量**,得到的交流信号称为该信号的**交流分量**。基于这种分解的思想,国际电工委员会(IEC)在电工标准中规定直流电流(电压)是不随时间变化的电流(电压),交流电流(电压)是平均值为零的周期电流(电压)。

由于正弦信号便于产生和分析,再加上其自身也存在许多有利于信号处理的特性,因此人们往往将图 0.3.5(b)所示的交流信号进一步利用傅里叶级数分解为若干正弦信号之和,然后分别进行分析和处理。这部分内容将在第 6 章详细讨论。

## 0.3.2　利用电路处理信号的实例

下面以图 0.3.6 所示的无线通信系统为例说明电路是如何产生、传输和处理电信号的。这里的方框图只是简化的示意说明,实际系统则复杂得多。

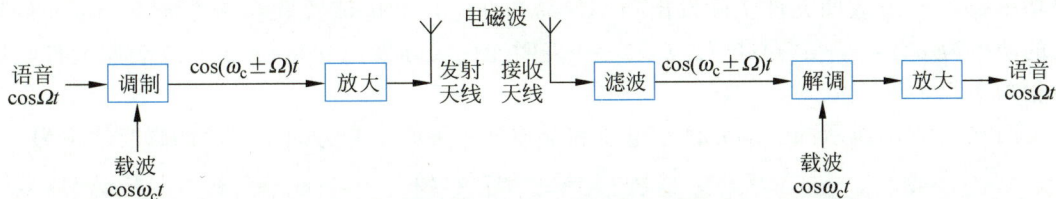

图 0.3.6　无线通信系统

要想利用无线通信系统进行语音传输,首先需要将语音信号通过话筒等声电传感器转换为电信号。人类语音信号的频率多在几百至几千赫兹之间。根据电磁波理论,天线的尺寸应与它所发射的电磁波波长接近。将音频信号直接发射到空中需要上百千米长的天线,实际上不可能实现。因此需要将这些低频的音频信号通过电路搬移到某一较高频率附近,该过程称为**调制**。较高频率的信号称为**载波**,实现这一功能的电路称为**调制电路**。调制完毕的信号被放大后即可通过天线辐射出去。图 0.3.6 中以 $\cos\Omega t$ 表示单频语音,$\cos\omega_c t$ 为载波,此处 $\omega_c \gg \Omega$。例如 $\Omega$ 约为几百至几千赫兹,而 $\omega_c$ 可能是几百千赫至几十兆赫。显然,电磁波辐射的信号频率是在 $\omega_c$ 附近占据很窄的一段频率范围,在图 0.3.6 中,即为$(\omega_c - \Omega) \sim (\omega_c + \Omega)$。可以将不同的待传输信号调制到不同载波频率附近,然后同时进行传输。这样在接收端它们就不会相互干扰。

如果期望接收某一特定信号,在接收端需要用一种电路(**滤波器**)将相应的载波频率附近的信号选择出来,然后将此信号经过**解调**电路恢复到语音频率范围,再通过放大电路之后驱动音箱等电声转换器即可还原语音。

从上面这个过程可以看出，无线通信系统的各个重要部分均需要由特定功能的电路来实现。虽然要真正理解这一系统的全部工作过程尚需进行多门后续课程的学习，但是本课程的许多章节将为此打下最重要的基础。例如，在3.6节将介绍放大器原理，3.7.3小节给出利用非线性电阻产生和频与差频信号的方法，7.1节和7.2节研究滤波器的选频功能。电子线路课程和高频电子线路课程中将介绍更多用于信号处理的电路。

## 0.4 电路用于能量处理

相当一部分电路被设计和制造出来是为了获取、传输、分配和应用电能量的。

### 0.4.1 功率

图0.2.4(a)所示的二端元件在任意时刻吸收的瞬时功率(instantaneous power)为其单位时间内吸收的电能。由电流和电压的定义可得

$$p(t) = \frac{\mathrm{d}w}{\mathrm{d}t} = \frac{\mathrm{d}w}{\mathrm{d}q} \cdot \frac{\mathrm{d}q}{\mathrm{d}t} = u(t)i(t) \tag{0.4.1}$$

式(0.4.1)表示在电压和电流关联参考方向下元件吸收的功率。$p(t) > 0$ 表明元件实际吸收功率，$p(t) < 0$ 表明元件实际发出功率。易知在电压和电流关联参考方向下二端元件发出的功率为 $p(t) = -u(t)i(t)$。$p(t) > 0$ 表明元件实际发出功率，$p(t) < 0$ 表明元件实际吸收功率。

图0.2.4(b)所示的二端元件在电压和电流为非关联参考方向下吸收的瞬时功率为

$$p(t) = -u(t)i(t) \tag{0.4.2}$$

二端元件在电压和电流为非关联参考方向下发出的瞬时功率 $p(t) = u(t)i(t)$。

常用 $p_{吸}$ 和 $p_{发}$ 表示二端元件或子电路吸收和发出的功率。功率的单位名称是瓦[特]，单位符号是 W。由式(0.4.1)和式(0.4.2)可知，国际单位制中功率的单位也可表示为伏安(V·A)。常用的功率单位还有 mW、kW、MW 和 GW 等。易知 $1W = 10^3 mW = 10^{-3}kW = 10^{-6}MW = 10^{-9}GW$。电子电路中常见的功率大小为几毫瓦至几千瓦，而电力系统中常见的功率大小为几千瓦至几千兆瓦。

有关功率进一步的讨论可参考附录 A。

**例 0.4.1** 关联参考方向下某二端元件的电流为 $i(t) = I_m \sin(\omega t + \psi_i)$，电压为 $u(t) = U_m \sin(\omega t + \psi_u)$，求该元件吸收的瞬时功率。

**解** 由式(0.4.1)，元件吸收的瞬时功率为

$$p_{吸}(t) = u(t)i(t) = U_m \sin(\omega t + \psi_u) I_m \sin(\omega t + \psi_i)$$

$$= \frac{1}{2}U_m I_m [\cos(\psi_u - \psi_i) - \cos(2\omega t + \psi_u + \psi_i)]$$

**例 0.4.2** 关联参考方向下某元件的电流为理想直流电流，即 $i = I$，电压也为理想直流

电压,即 $u=U$,求该元件吸收的瞬时功率。

**解**　该元件吸收的瞬时功率为

$$p_{吸}(t)=u(t)i(t)=UI$$

在电流和电压的讨论中采用平均值作为它们的一种特征量。类似地,也可以给出平均功率的概念。如果电压和电流都是周期信号,而且其周期相同(均为 $T$),易知瞬时功率也是周期信号。定义**平均功率**(average power)为

$$P=\frac{1}{T}\int_0^T p(t)\mathrm{d}t \tag{0.4.3}$$

瞬时功率表示某一时刻元件吸收(发出)功率的情况,而平均功率则表示在一个周期内元件吸收(发出)功率的平均值。由于电气工程中经常使用平均功率这一概念,因此在不引起误解情况下,往往将其简称为功率。通常用 $P_{发}$ 表示元件发出的平均功率,$P_{吸}$ 表示元件吸收的平均功率。

**例 0.4.3**　求例 0.4.1 所述元件吸收的平均功率。

**解**　综合例 0.4.1 的结论和式(0.4.3)可知

$$P_{吸}=\frac{1}{T}\int_0^T p_{吸}(t)\mathrm{d}t=\frac{1}{T}\int_0^T \frac{1}{2}U_\mathrm{m}I_\mathrm{m}\left[\cos(\psi_u-\psi_i)-\cos(2\omega t+\psi_u+\psi_i)\right]\mathrm{d}t$$

$$=\frac{1}{2}U_\mathrm{m}I_\mathrm{m}\cos(\psi_u-\psi_i)=\frac{1}{2}U_\mathrm{m}I_\mathrm{m}\cos\varphi$$

式中,$\varphi=\psi_u-\psi_i$ 为电压与电流的相位差。

例 0.4.3 的结果说明,如果元件上的电压和电流均为同频正弦量,则元件吸收的平均功率仅取决于电流和电压的幅值以及二者之间的相位差 $\varphi$。如果 $\varphi=0$,即电流和电压同相位,此时元件吸收的平均功率取得最大值,为 $\frac{1}{2}U_\mathrm{m}I_\mathrm{m}$。如果 $\varphi=\pm\pi/2$,即电流与电压正交,此时元件吸收的平均功率为零。

**例 0.4.4**　求例 0.4.2 所述元件吸收的平均功率。

**解**　采用类似于例 0.3.1 的方法,将电流和电压的理想直流分解为无穷多个周期为 $T$、幅值分别为 $I$ 和 $U$ 的首尾相连的方波,由式(0.4.3)可得

$$P_{吸}=\frac{1}{T}\int_0^T UI\,\mathrm{d}t=UI$$

知识点7练习题和讨论

例 0.4.4 的结果说明理想直流电路中瞬时功率等于平均功率。

## 0.4.2　电压和电流的有效值

对于周期信号,除瞬时值以外,已经介绍了平均值和绝对平均值这两个特征量。在本小节中将导出一个新的特征量——有效值。

知识点8

根据欧姆定律,理想直流电流 $I$ 在电阻 $R$ 上产生的电压为 $U=RI$,电阻吸收的功率为 $P=UI=RI^2$。假设有一个周期为 $T$ 的电流 $i(t)$,该电流作用在电阻 $R$ 上所产生的电压为 $u(t)=Ri(t)$,则电阻吸收的瞬时功率为 $p(t)=u(t)i(t)=Ri(t)^2\geqslant 0$。这表明电流始终对电阻 $R$ 做功。假设在一个周期 $T$ 内,电流 $i(t)$ 在电阻 $R$ 上做功的效果(如发热程度)和某个理想直流电流 $I$ 在电阻 $R$ 上做功的效果相同,则将这个理想直流电流 $I$ 的

数值称作周期电流 $i(t)$ 的**有效值**(effective value)。下面推导电流 $I$ 与周期电流 $i(t)$ 的关系。

在一个周期内，电流 $i(t)$ 在电阻 $R$ 上所做的功为

$$W_1 = \int_0^T p(t)\,\mathrm{d}t = \int_0^T i(t)^2 R\,\mathrm{d}t$$

在相同的时间段内，理想直流电流 $I$ 在电阻 $R$ 上所做的功为

$$W_2 = \int_0^T I^2 R\,\mathrm{d}t = I^2 R T$$

根据做功效果相同的假设，有

$$I = \sqrt{\frac{1}{T}\int_0^T i(t)^2\,\mathrm{d}t} \tag{0.4.4}$$

由于 $I$ 由 $i(t)$ 先平方，再平均，再开方得到，因此也称之为周期电流 $i(t)$ 的**方均根**(root-mean-square，rms)值[①]。

类似地，对于周期电压 $u(t)$，也可以定义其有效值或方均根值 $U$ 为

$$U = \sqrt{\frac{1}{T}\int_0^T u(t)^2\,\mathrm{d}t} \tag{0.4.5}$$

**例 0.4.5**　求理想直流电流 $i = I_d$ 的有效值。

**解**　将理想直流电流看成由无数个高度为 $I_d$、持续时间为 $T$ 的方波信号前后相加得到的，其中周期 $T$ 随意指定。由式(0.4.4)可得

$$I = \sqrt{\frac{1}{T}\int_0^T I_d^2\,\mathrm{d}t} = \sqrt{\frac{1}{T}I_d^2\int_0^T\,\mathrm{d}t} = I_d$$

即理想直流信号的有效值等于其瞬时值。

**例 0.4.6**　设正弦电压为 $u(t) = U_m\sin(\omega t - \psi_u)$，求其有效值 $U$。

**解**　由式(0.4.5)可知

$$\begin{aligned}
U &= \sqrt{\frac{1}{T}\int_0^T u(t)^2\,\mathrm{d}t} \\
&= \sqrt{\frac{1}{T}\int_0^T U_m^2\sin^2(\omega t - \psi_u)\,\mathrm{d}t} \\
&= \sqrt{\frac{U_m^2}{2T}\int_0^T (1 - \cos(2\omega t - 2\psi_u))\,\mathrm{d}t} \\
&= \frac{U_m}{\sqrt{2}}
\end{aligned} \tag{0.4.6}$$

即 $U_m = \sqrt{2}U$。将 $U_m = \sqrt{2}U$ 和 $I_m = \sqrt{2}I$ 代入例 0.4.3 功率的表达式中可知，元件吸收的平均功率可以方便地用有效值来表示，即

$$P_{吸} = UI\cos\varphi \tag{0.4.7}$$

通常将正弦量写成有效值的形式，即正弦电流表示为 $i(t) = \sqrt{2}\,I\sin(\omega t - \psi_i)$，正弦电压表示为 $u(t) = \sqrt{2}\,U\sin(\omega t - \psi_u)$。

知识点8练习题
和讨论

---

① 方均根值的命名规则和绝对平均值的命名规则相同，即按照对信号或能量处理的先后顺序。有趣的是，英文的命名规则（由外而内，先 root，再 mean，最后 square）与中文相反。

### 0.4.3　利用电路处理能量的实例

知识点9

下面以图 0.4.1 所示含高压直流的交流电力系统为例说明电路是如何产生、传输和处理电能的。

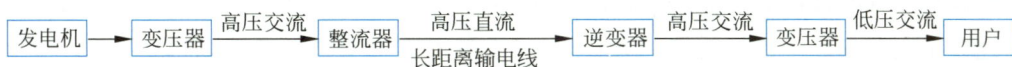

发电机 → 变压器 —高压交流→ 整流器 —高压直流→ 逆变器 —高压交流→ 变压器 —低压交流→ 用户

长距离输电线

**图 0.4.1　含高压直流的交流电力系统**

能量可以有各种不同的形式,比如化学能、光能、声能、机械能、热能、核能、电能等。由于电能的产生、传输、分配和使用比其他形式的能量更为简便和安全,因此得到普遍应用。自然界中的电能(如闪电)难以直接为人所用,所以需要用某种装置将其他形式的能量转换为电能。目前常见的方式是用其他形式的能量推动某个机械装置(称为**原动机**)旋转,再让原动机带动发电机转子旋转,产生旋转磁场,使得固定的线圈不断切割磁感应线,电能就源源不断地产生了。这就是交流发电机的基本原理。由于机械旋转装置的转速有限,因此电能的产生和传输一般都在较低频率下进行。如我国电力系统采用 50Hz,美国采用 60Hz。

受到绝缘等方面的限制,发电机发出的交流电有效值一般为几千伏至十几千伏。如果直接将其在输电线上进行传输,则会损失较多电能。为此人们研制了变压器,可方便地改变交流电压的有效值,降低线路损耗。世界上主要电力骨干网的电压有效值一般为 500kV。在电能接收端利用一系列变压器降低电压,即可获得有效值不同的电压,便于不同用户使用。我国民用的交流电压有效值为 220V,美国为 110V。出于对性能和经济性的考虑,人们研制了能够同时产生幅值和角频率相同、相位相差 120° 的 3 个电源的发电机,称为**三相发电机**或**三相电源**。大型三相发电机的输出功率可达 1GW。

由交流发电机、变压器、输电线和用电设备等构成的系统称为**交流电力系统**,这是目前世界上最主要的电力系统构成方式。由于交流电力系统在占地、损耗和稳定性等方面不具优势,且高压大功率开关取得了长足进步,因此人们研制出将大功率交流电转换为直流电的装置(称为**整流器**)和将大功率直流电转换为交流电的装置(称为**逆变器**),可实现直流电能的传输。由变压器、整流器、逆变器和输电线等装置构成的系统称为**高压直流输电系统**。

知识点9练习题和讨论

除整流和逆变外,对电能进行变换的手段还有从直流到直流的**斩波**和从交流到交流的**变频**等。

从上文可以看出,电能产生、传输和分配的各个环节均需要具有特定功能的电路来实现。本书 3.7.1 小节讨论整流器的基本原理,6.2 节讨论正弦激励作用下动态电路的稳态响应,7.3 节介绍变压器的原理及应用,7.4 节研究三相电路的分析方法。电力电子技术课程和电机学课程中将介绍更多用于能量处理的电路。

## 0.5　电路基本模型和建模

0.2 节~0.4 节介绍了以电压和电流为代表的电路基本量及其在信号和能量处理电路中的应用,0.5 节及 0.6 节讨论如何用电路基本量来表征电路基本模型和电路元件。

## 0.5.1 电路基本模型

虽然人类对于电与磁现象的认识可追溯至数千年以前，但电路概念的形成与应用却只有百余年的历史。18世纪以来，随着库仑、奥斯特、欧姆、法拉第等物理学家对电磁现象研究的不断深入，电磁场理论逐渐被建立起来。1865年麦克斯韦最终建立了完整描述电磁场规律的方程组，标志着人类对电磁现象的研究进入了一个全新的时期。麦克斯韦方程组给出了电磁场空间分布和随时间变化的规律。

迄今为止麦克斯韦方程组仍然是电磁场分析的基础。但对于大多数实际物理对象来说，完整地求解麦克斯韦方程组是比较困难的。此外，随着人们改造世界能力的提高，各种人造电气系统越来越复杂，因此需要寻找在可接受的误差范围内快速分析电气系统的方法。于是电路理论应运而生。

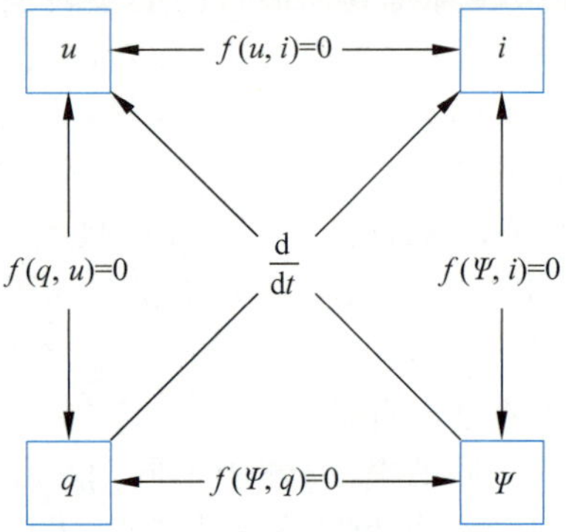

电磁场理论中有4个基本量，即电场强度 $E$、电位移矢量 $D$、磁感应强度 $B$ 和磁场强度 $H$。电路理论中也有4个与之相对应的基本量，即电压 $u$、电荷 $q$、磁链 $\Psi$ 和电流 $i$[①]。4个电路基本量之间的关系可以用图0.5.1表示。

图0.5.1中4个基本量两两之间存在6个关系。两个横跨对角的单向箭头分别表示电流的定义 $i=\mathrm{d}q/\mathrm{d}t$ 和法拉第电磁感应定律 $u=\mathrm{d}\Psi/\mathrm{d}t$，描述的电路基本量之间的物理关系与电路模型无关。4个水平或垂直的双向箭头表示由代数函数 $f$ 定义的4种电路基本模型。

图 0.5.1 电路基本量之间的关系和电路基本模型

### 1. 电阻

电压 $u$ 和电流 $i$ 之间的代数关系 $f(u,i)=0$ 定义了广义的电阻模型。特别地，如果能够用一个变量来表示另一个，即可以写作 $u=f(i)$ 或 $i=f(u)$。如果进一步知道电压 $u$ 和电流 $i$ 之间满足线性代数关系，则可得到欧姆于1826年提出的线性电阻 $R$ 的模型，即欧姆定律

$$u=Ri \tag{0.5.1}$$

当然，如果电压 $u$ 和电流 $i$ 之间为非线性代数关系，我们也可以在某个工作点上定义动态电阻模型[②]，以流控型非线性电阻为例，在工作点 $(V_0, I_0)$ 处的动态电阻为

$$R_\mathrm{d}=\left.\frac{\mathrm{d}u}{\mathrm{d}i}\right|_{I_0} \tag{0.5.2}$$

### 2. 电感

磁链 $\Psi$ 和电流 $i$ 之间的代数关系 $f(\Psi,i)=0$ 定义了广义的电感模型。特别地，如果能够用一个变量来表示另一个，即可以写作 $\Psi=f(i)$ 或 $i=f(\Psi)$。如果进一步知道磁链 $\Psi$

---

① 本节均假设同一元件上电压 $u$ 和电流 $i$ 为关联参考方向。
② 关于动态电阻的讨论详见3.5节。

和电流 $i$ 之间满足线性代数关系，则可得到亨利于 1832 年提出的线性电感 $L$ 的模型，即

$$\Psi = Li \tag{0.5.3}$$

考虑到磁链 $\Psi$ 和电压 $u$ 之间的微分关系，可知对线性电感模型来说，有

$$u = L\frac{\mathrm{d}i}{\mathrm{d}t} \tag{0.5.4}$$

或

$$i(t) = i(t_0) + \frac{1}{L}\int_{t_0}^{t} u\,\mathrm{d}\tau \tag{0.5.5}$$

根据式(0.5.5)可知，如果电感电压不发生变化，则电感电流保持不变，这既可视作电感存储的(磁场)能量不变，也可视作用电感电流表示的信号不变，即电感模型有记忆性，能记忆用电感电流表示的信号。

当然，如果磁链 $\Psi$ 和电流 $i$ 之间为非线性代数关系，我们也可以在某个工作点上定义动态电感模型，以流控型非线性电感为例，在工作点 $(\Psi_0, I_0)$ 处的动态电感为

$$L_\mathrm{d} = \frac{\mathrm{d}\Psi}{\mathrm{d}i}\bigg|_{I_0} \tag{0.5.6}$$

本书只对仅含有线性电感模型的电路进行分析。

### 3. 电容

电荷 $q$ 和电压 $u$ 之间的代数关系 $f(q, u) = 0$ 定义了广义的电容模型。特别地，如果能够用一个变量来表示另一个，即可以写作 $q = f(u)$ 或 $u = f(q)$。如果进一步知道电荷 $q$ 和电压 $u$ 之间满足线性代数关系，则可得到伏打于 1778 年提出的线性电容 $C$ 的模型，即

$$q = Cu \tag{0.5.7}$$

考虑到电荷 $q$ 和电流 $i$ 之间的微分关系，可知对线性电容模型来说，有

$$i = C\frac{\mathrm{d}u}{\mathrm{d}t} \tag{0.5.8}$$

或

$$u(t) = u(t_0) + \frac{1}{C}\int_{t_0}^{t} i\,\mathrm{d}\tau \tag{0.5.9}$$

根据式(0.5.9)可知，如果电容电流不发生变化，则电容电压保持不变，这既可视作电容存储的(电场)能量不变，也可视作用电容电压表示的信号不变，即电容模型有记忆性，能记忆用电容电压表示的信号。

当然，如果电荷 $q$ 和电压 $u$ 之间为非线性代数关系，我们也可以在某个工作点上定义动态电容模型，以压控型非线性电容为例，在工作点 $(Q_0, V_0)$ 处的动态电容为

$$C_\mathrm{d} = \frac{\mathrm{d}q}{\mathrm{d}u}\bigg|_{V_0} \tag{0.5.10}$$

本书只对仅含有线性电容模型的电路进行分析。

### 4. 忆阻

磁链 $\Psi$ 和电荷 $q$ 之间的代数关系 $f(\Psi, q) = 0$ 定义了广义的忆阻模型。特别地，如果能够用一个变量来表示另一个，即可以写作 $\Psi = f(q)$ 或 $q = f(\Psi)$。与前述电阻、电感、电

容模型不同,一般只讨论动态忆阻模型,即

$$M_{\mathrm{d}} = \frac{\mathrm{d}\Psi}{\mathrm{d}q} \tag{0.5.11}$$

当然,如果结合图 0.5.1 的两个对角线微分关系,容易得到

$$M_{\mathrm{d}} = \frac{\mathrm{d}\Psi}{\mathrm{d}q} = \frac{\mathrm{d}\Psi/\mathrm{d}t}{\mathrm{d}q/\mathrm{d}t} = \frac{u}{i} \tag{0.5.12}$$

即忆阻模型是一个"阻",但是在磁链 $\Psi$ 和电荷 $q$ 非线性关系的不同工作点上,这个"阻"却能在一定的电压 $u$ 和电流 $i$ 的范围内表现出不同的阻值,即忆阻模型有记忆性,能记忆用阻值来表示的信号。忆阻器是华裔美国科学家蔡少棠于 1971 年根据电路基本量之间的关系的完整性提出的一种模型构想,惠普实验室于 2008 年实现了该元件的一种构型。

本书不对含有忆阻模型的电路进行分析。

电阻、电感、电容、忆阻就是电压 $u$、电流 $i$、磁链 $\Psi$ 和电荷 $q$ 这 4 个电路基本量两两之间建立的完备的二端元件电路基本模型,这也是 0.1 节中 IEC 和国标对电路元件和路元件的定义。

需要指出,除上面介绍的 4 种用于对实际电路及其元件建模的电路模型外,本书 1.2 节还将介绍理想电源模型,用于对实际电路中的二端能量或信号源进行建模;1.3 节还将介绍受控电源模型,用于对实际电路中多端元件进行建模。所谓电路分析,其实就是将上述电路模型相互连接起来,用以表征实际元件和实际电路的电气特性,然后采用数学手段对其进行分析。通常将电路模型中电路基本量之间的关系称为元件约束。

知识点10练习题和讨论

由于电压 $u$、电流 $i$ 更容易产生、测量、计算和控制,更适用于分析和构造更复杂的电气系统,因此我们更关注如何用电压 $u$ 和电流 $i$ 来描述实际的电气系统。

## 0.5.2 元件建模和电路建模

### 1. 元件建模

0.1 节给出的电路定义中,电路指的是实际的、人为设计的电气元件并实现电流流通的路,电气元件指的是其中的实际元件。因此为了能够用电路理论来分析包含实际元件的实际电路,设计者或分析者需要对每一个实际元件进行建模,即用一个或多个电路基本模型、理想电源模型和受控电源模型及其相互之间的连接关系来表征一个实际电路元件,由此就可以得到完全用电路模型构成的供理论分析的电路,这个过程就是元件建模和电路建模的过程。

知识点11

在电气工程学科的发展过程中,往往是实际元件和系统的产生促使新电路模型的出现。人们发明了变压器,在电路理论中用互感线圈对其进行建模;当各种电子器件(如电子管、晶体管)出现以后,在电路理论中就以各种受控源对其进行建模;针对运算放大器的工作原理,可以利用电路基本模型和受控源的连接关系对其进行建模……

本书的 1.1、1.2、1.3、1.6、1.7、3.1、4.1、7.3 节等中将讨论实际元件(如电阻器、实际电源、金属氧化物半导体场效应晶体管、开关、运算放大器、电容器、电感器、二极管、互感线圈等)的建模过程。如果建模过程是准确的,分析过程是正确的,则理论分析的结果就能够准确反映实际电路的运行情况。

显然,同一电路元件可能从不同角度建立不同的电路模型,各个模型的精度和复杂程度

也不尽相同。最终采用哪种模型取决于人们对实际电路的了解程度、对精度的要求和分析电路的能力。例如,对于一个由导线绕制的电感线圈来说,如果仅用于直流电路,则适合采用电阻模型;如果电路中包含交流电源,则适合采用电阻和电感的串联模型;随着交流电源频率的升高,需要将每匝线圈建立为电阻和电感串联的模型,并且考虑线匝之间和线匝对地的电容(称为寄生电容);如果电路中交流电源的频率非常高,则需要采用分布参数模型,等等。

### 2. 电路建模

下面以图 0.5.2 所示的由电池、开关、导线和灯泡构成的实际手电筒电路为例,说明元件建模和电路建模的过程。

对于电池来说,其最主要的外特性就是从两个接线端 $A$ 和 $B$ 看入的电压,这是人们制造和购买电池时的重要指标,因此用参数为 $U_S$ 的理想电压源模型对其进行建模是合理的[①]。此外,如果对购买的电池进行不同工况的测量可以发现,外接不同灯泡的时候,电池的两个接线端 $A$ 和 $B$ 间的电压有所

图 0.5.2　手电筒电路

区别。这就意味着,如果我们要想对电池进行更精细的建模,则需要考虑流过不同电流对电池自身的影响,因此可以考虑引入电池内阻 $R_S$ 对其进行表征。电池是这个电路的能量的源。

对于灯泡来说,它是一个将电能转换为光能的人为设计、制造出来的元件,这个转换过程本质上就是一个消耗电能的过程,因此用电阻 $R_L$ 对其进行建模是合理的[②]。灯泡是这个电路的能量的负荷。

开关是这个电路不可或缺的构成部分。开关导通,意味着电流能够流通灯泡,使其发光;开关关断,意味着灯泡不发光。因此对开关的建模起码包括两个部分:导通工况和关断工况。当然最理想的情况是:导通工况下,开关用阻值为零的电阻模型建模,来自电池的电能无损地传递到灯泡上;关断工况下,开关用阻值为无穷大的电阻模型建模,电能没有损失。开关是这个电路的能量处理元件或子电路。

一般来说,图 0.5.2 中的导线用阻值为零的电阻模型建模是合理的。导线起到了将灯泡和电池连接起来,使得电路能正常工作的作用。

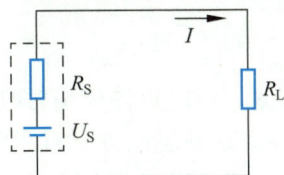

图 0.5.3　与图 0.5.2 所示物理电路对应的电路模型(电路图)

在开关导通工况下,将上述 4 个元件的模型按照实际电路中元件的连接方式连接起来,就得到图 0.5.3 所示的供电路分析用的电路模型,也称作手电筒实际电路对应的电路图。从图 0.5.2 到图 0.5.3 就是在分析开关闭合工况下手电筒电路的建模过程。

虽然这个例子很简单,但是也充分说明了电路的 4 个构成要素,即每个电路都须包括 1 个或多个能量或信号的源,1 个或多个能量或信号的负荷,1 个或多个能量或信号处理子电路,以及将其连接起来的导线。

---

[①]　理想电压源模型详见 1.2 节,$U_S$ 中的下标 S 是电源英文 Source 的缩写。

[②]　$R_L$ 中的下标 L 是负荷英文 Load 的缩写。

在大多数场景下，上述手电筒电路中的元件建模是合理的。但其实如果仔细考虑，很多地方都可以精细化，比如无论是电源内阻还是灯泡电阻，其阻值都会随温度变化，而温度则由功率、环境温度、散热条件等共同决定，对此进行精细建模的话，则需要建立一个具有恒定电流场和温度场的多物理场仿真模型并对此进行数值求解；再比如，认为开关的导通状态是零值电阻、关断状态是无穷大电阻、导线是零值电阻，这肯定是有忽略的因素的；另外，从开关的导通状态到关断状态，不可能是电流一瞬间从某个值变为零，因此如果需要仔细分析开关的状态切换对电路的影响，应该对其建立包含寄生电容和/或寄生电感的模型。类似这样的讨论还可以继续下去。

对电路元件进行建模和由此对电路进行建模，非常关键的一个观点就是在"准"和"简"之间找到一个合理的平衡点。即使是穷尽当前人类的认知，建立出一个"最准确"的电路模型，也只是完成了建模这件事而已，建模的过程（主要是模型中关键参数的获得）以及对这个模型进行分析需要耗费大量的精力和计算时间，这样做带来的好处有时是需要的，有时是没必要的。电路元件建模"准"和"简"之间的取舍标准，主要在于在多大程度上能够接受不那么精确的模型所带来的误差，即尽可能采用在误差可接受范围内的最简模型，而不是追求模型越准确越好。

知识点11练习题和讨论

# 0.6 端口

0.2节讨论了二端元件上的电流和电压。电路中还有一些元件，它们与外界进行交互的接线端多于两个（称为**多接线端元件**或**多端元件**）。常见的二端元件包括电阻、独立电源、二极管、电感和电容等，常见的多端元件包括受控电源、金属氧化物半导体场效应晶体管（MOSFET）、理想运算放大器和理想变压器等。

知识点12

要想系统地分析多端元件上的电压和电流，应引入端口的概念。

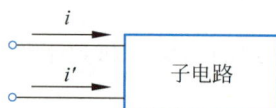

$$i$$
$$i'$$
子电路

图 0.6.1　端口的概念

如果从电路的某两个端钮看进去（参见图0.6.1）满足式

$$i = -i' \tag{0.6.1}$$

则这两个端钮被称为一个**端口**（port）。式（0.6.1）也称为**端口条件**。

显然[①]，任何一个二端电路元件都可以看作一个端口。

在分析复杂的电路时，人们常将一部分电路封装起来。也就是说，往往（也许仅是暂时的）不关心被封装那部分电路内部的电压和电流，而仅关心其外部特性。这种思维方式有利于突出主要矛盾和构造更为复杂的系统。此时就很难用元件来称呼被封装的这部分电路，称之为子电路不失为一种可行的方法。电路原理的许多结论在电气工程诸多领域中都有应用，其中往往将被研究对象称为（**电**）**网络**（network）或（**电**）**系统**（system）。因此在不致引起误解的前提下，电路原理课程中不区分电路、系统和网络，当然也不区分子电路、子系统和子网络。

如果一个网络对外有 $n$ 个接线端，我们通常将其称为 **$n$ 端网络**。显然，二端网络构成

---

① 这里的"显然"是有大众普遍接受的观点的意思，即大家都会认同从一个接线端流入的电流瞬时等值从另一个接线端流出。严格来说，这需要作出一系列假设才能成立，1.4节将对此进行讨论，感兴趣的读者还可以阅读附录A。

一个**一端口网络**(one-port network)。但是,对于普遍意义上的 $n$ 端网络来说,其上的某两个接线端未必满足端口条件,因此不一定能称为一个端口。

如果我们能够在一个 4 端网络中找到两个端口,即能找到满足端口条件的两个接线端,且另外的两个接线端也满足端口条件,则称为**二端口网络**(two-port network)。人们对二端口网络感兴趣的原因有二:首先,二端口网络是最简单的多端口网络,研究清楚二端口网络的性质对于了解多端口网络的性质很有帮助;其次,电路中许多多端元件或子电路都可用二端口的概念来进行建模。二端口网络(简称为二端口)一般用图 0.6.2 表示。

图 0.6.2 二端口

我们将在 1.8 节详细讨论二端口网络的各种性质。当然,这个概念是可以推广的,即如果某个(子)电路的所有接线端构成 $n$ 个满足式(0.6.1)所示条件的端口,则这个(子)电路被称为 **$n$ 端口网络**($n$-port network)。

知识点12练习题和讨论

# 0.7 电路分析的基本观点

在电路建模、分析和设计过程中,有一些贯穿始终的观点,对此进行准确理解和认识有助于把握住主要矛盾。

知识点13

### 1. 抽象观点

在从图 0.5.2 所示手电筒实际电路到其对应的图 0.5.3 所示电路图的建模过程中,我们利用常识直接获得了电池的模型。但是如果细究起来,则需要讨论其内部的电磁场关系。即严格地讲,这是一个必须从电磁学基本规律入手的问题。根据电磁学知识可以判断出这是一个恒定电流场。由于导线、开关、灯泡的电导率比其周围空气的电导率大得多,因此可认为该恒定电流场只存在于导线、开关、灯泡和电池之中。

由恒定电流场的电荷守恒定律可知

$$\oiint \boldsymbol{J} \cdot \mathrm{d}\boldsymbol{S} = 0 \tag{0.7.1}$$

式中,$\boldsymbol{J}$ 为微小面积 $\mathrm{d}\boldsymbol{S}$ 上的电流密度。

由恒定电流场的环路定理可知

$$\oint \boldsymbol{E} \cdot \mathrm{d}\boldsymbol{l} = 0 \tag{0.7.2}$$

式中,$\boldsymbol{E}$ 为恒定电流场中的电场强度。

式(0.7.1)和式(0.7.2)反映了该恒定电流场的基本物理规律。如果需要求解出 $\boldsymbol{J}$ 和 $\boldsymbol{E}$,还必须获得有关电灯泡元件和电池元件在恒定电流场中的规律。如果将灯丝视为理想的金属导体,则有介质性能方程

$$\boldsymbol{J} = \sigma \boldsymbol{E} \tag{0.7.3}$$

式中,$\sigma$ 为介质的电导率。

对于干电池，引入 $\boldsymbol{E}_{\mathrm{ne}}$ 来表征电池内部作用在单位正电荷上的非静电力，即电池的非静电场强度，则在电源内有

$$e = \int_{\mathrm{B}}^{\mathrm{A}} \boldsymbol{E}_{\mathrm{ne}} \cdot \mathrm{d}\boldsymbol{l} \tag{0.7.4}$$

式中，$e$ 为电池的电动势。图 0.5.2 中 B 表示电池的负极，A 表示电池的正极。

此外，电池的介质性能方程为

$$\boldsymbol{J} = \sigma(\boldsymbol{E} + \boldsymbol{E}_{\mathrm{ne}}) \tag{0.7.5}$$

求解式（0.7.1）～式（0.7.5）可以得到这个手电筒电路的解。这个求解过程是比较复杂的。此外，求解出来的电流密度 $\boldsymbol{J}$ 和电场强度 $\boldsymbol{E}$ 也都是表征电磁场内部性质的物理量。相对而言，人们更习惯采用黑箱（black box）方法来分析问题，即仅关心元件或系统与外界接触部分的物理量。在此问题中就是电路中流通的电流和元件两端的电压。电流和电压易于求解和测量，物理概念清晰，应用方便，因此人们希望能够将式（0.7.1）～式（0.7.5）转换为用电流和电压表示的关系。

首先对电路进行简化（或抽象），假设图 0.5.3 所示的模型可以表示图 0.5.2 的所有关键信息。在图 0.5.3 中，用电压 $U_{\mathrm{S}}$ 和内阻 $R_{\mathrm{S}}$ 表示电池的特性（由式（0.7.4）和式（0.7.5）抽象），用电阻 $R_{\mathrm{L}}$ 表示电灯泡的特性（由式（0.7.3）抽象），用理想导线表示闭合开关和导线的特性，于是构成了手电筒电路的电路模型。

上面这个从物理模型到电磁场模型再到电路模型的过程称为**抽象过程**。这种观点称为**抽象观点**（abstract perspective）。抽象是一种非常有效的分析和综合工具，在很多领域有着非常重要的应用。抽象的作用可从两个方面体现出来：通过突出主要矛盾来简化分析难度；通过隐藏不必要的信息来简化设计过程。前文已经利用手电筒电路的抽象过程说明了第一方面的作用，下面解释抽象第二方面的作用。读者在学习计算机程序设计时对函数、过程和对象的封装应该有深刻印象。实际上，函数、过程和对象的封装都是一种抽象。通过这种抽象使得用户在使用函数、过程和对象时不必关心其内部编码。无论程序设计员水平如何，只要函数、过程和对象的外部接口满足了事先指定的要求，它们在构成更为复杂软件系统中的功能就都是一样的（当然不同的程序设计水平会导致不同的程序执行效率）。

这里需要指出，本书后续章节不少情况下不涉及实际电路元件的建模过程，主要讨论元件的电路模型和由这些模型构成的电路图。因此在不引起混淆的情况下有时也称元件的电路模型为电路元件。

上面讨论的是我们在不关心元件内部电磁关系的前提下，可以在其接线端上用电路基本量表示的外特性对其进行描述，这是一种类型的抽象。此外，对于 0.6 节讨论的一端口、二端口和 $n$ 端口来说，虽然其内部可能存在多个电路元件之间的复杂连接，但是如果我们只关心端口上的电压电流关系的话，就可以忽略内部的电压电流关系，用端口方程对其进行描述，这是另一种抽象。

抽象的主要目的是为了建模，这个观点的应用遍布全书。

### 2. （工程）近似观点

对于同一实际电路元件，可以抽象出不同的电路模型。各个模型的精度不同，复杂程度也不同。实际工程电路可能由大量元件构成，如果所有实际元件都采用非常精确的电路模

型,则会使得分析过程相当繁杂,不能适应工程实际的需要。因此必须考虑可接受的误差水平,在电路模型的精度和电路求解的方便程度上进行折中。这种分析思路被称为(工程)近似观点(engineering approximate perspective)。正如 0.5.2 节讨论的那样,抽象建模的过程往往会伴随着一些对非主要矛盾的忽略,因此抽象的观点往往与(工程)近似观点相伴相生。

当然近似观点也不局限于建模过程,在电路分析中,为了更快地定性或半定性得到电路的解,我们往往会主动忽略一些量,比如当 1000Ω 的电阻和 1Ω 的电阻相串联时,往往忽略其中的 1Ω 电阻,将其总阻值视作 1000Ω,这样带来了误差,但是也带来了简化。更为极端的例子是:在特定工况下,我们有时会认为某些阻值的电阻为短路(或开路),某些电容值的电容为开路(或短路),某些电感值的电感为开路(或短路)。

用于建模和分析的近似观点也涉及"准"和"简"之间的取舍,这个观点基本上遍布全书。

### 3. 等效观点

对于图 0.7.1(a)所示的电路来说,子电路 $A$ 的端口和内部有确定的电压和电流,如果将与之相连的子电路 $B$ 替换为内部结构和参数与之不同的子电路 $C$,如图 0.7.1(b)所示,同时确保子电路 $A$ 的端口和内部的电压电流不变,则我们说子电路 $B$ 和 $C$(对于 $A$ 来说)是等效的。这种分析思路被称为等效观点(equivalent perspective)。

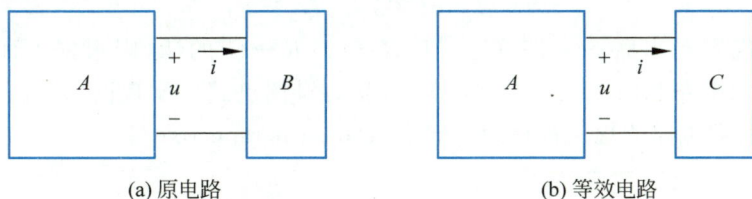

(a) 原电路　　　　　　　　　　　(b) 等效电路

图 0.7.1　等效观点

需要强调,子电路 $B$ 和 $C$ 的等效是相对于 $A$ 来说的,也就是说,它并不需要 $B$ 和 $C$ 内部的电压电流相同。

或者说,对于内部结构和参数可能完全不同的两个子电路 $B$ 和 $C$ 来说,只要我们确保它们端口的电压电流关系是一致的,它们对于与之相连的子电路 $A$ 来说就是等效的。

等效的目的主要是简化电路分析过程,也就是说,图 0.7.1 中带着子电路 $B$ 来分析子电路 $A$ 可能比较复杂,但是如果将其替换为可等效的子电路 $C$,则整个分析过程可能会更简洁,更不易出错。

等效观点主要用于电路分析,基本上遍布全书。需要指出,与前面讨论的建模和近似不同,等效一定是准确的。

### 4. 变换观点

严格来说,电路分析就是对于给定连接关系和元件参数的模型电路,用数学的方法列写出相应的方程并对其进行求解的过程。这个过程有的时候是冗长的,容易出错。

为了能够快速、准确地求解电路,有的时候需要转换一下视角,比如在第 6 章中我们就面临着正弦激励下动态电路稳态分析的诸多困难,但是如果采用了相量的概念,从相量域(或频域)来看待这个问题,则这些困难就迎刃而解了;类似地,第 8 章中也用变换的思想,从复频域（或拉氏域）来看，任意激励作用下线性动态电路都有一致化的求解模式，这给人一种酣畅淋漓的感觉。这种分析思路被称为**变换观点**（transform perspective）。

变换的思想在电路中主要用于分析，其结果是准确的。需要指出，变换的思想在信号处理电路和算法中有非常多的应用，后续信号与系统、数字信号处理、随机信号分析等一系列课程的核心观点就是变换。

### 5. 对偶观点

宏观地说，两个相互对偶的电路 $A$ 和 $B$ 是指它们具有这样的性质：如果我们把对电路 $A$ 列出来的方程中的所有量（变量和常量）用某个对偶规则进行替换，则可以得到与之对偶的电路 $B$ 所对应的方程。

在图 0.7.2(a)所示的电路中，$U_S$ 表示理想电压源，与中学阶段学习的干电池一样，$R_1$ 和 $R_2$ 分别是两个电阻的阻值。可以列写出这个电路的方程为

$$U_S = I(R_1 + R_2) \tag{0.7.6}$$

而在图 0.7.2(b)所示的电路中，$I_S$ 表示理想电流源（即对外始终以给定方向流出值为 $I_S$ 的电流，详见 1.2 节），同时抛开量纲，认为 $G_1$ 和 $G_2$ 分别是两个电阻的电导值。可以列写出这个电路的方程为

$$I_S = U(G_1 + G_2) \tag{0.7.7}$$

如果对偶规则是串联↔并联，$U_S ↔ I_S$，$U ↔ I$，$R ↔ G$ 的话，则根据上面的定义可知，图 0.7.2(a)所示电路和图 0.7.2(b)所示电路互为对偶电路。发现两个电路相互对偶及寻找一个电路的对偶电路的想法被称为**对偶观点**（dual perspective）。

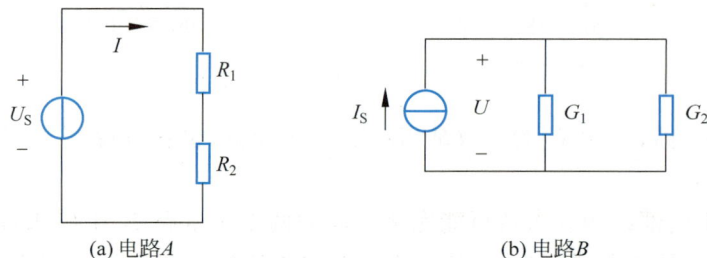

(a) 电路 $A$ 　　　　　　　　(b) 电路 $B$

图 0.7.2　对偶观点

在电路分析中对偶观点可以提供更便捷的视角，分析一个电路所获得的结论，很容易推广到另一个与它对偶的电路中去，本书许多地方体现了这一思想。但是对偶更多地用于电路设计，即根据当前已知的某个电路，利用对偶规则，产生某个新电路，其特性是可知的。这一特点在电力电子技术中得到广泛应用。

关于对偶更为详细的讨论见 2.8 节。

### 6. 比拟观点

由电磁场微分量到电路积分量的变量表征和元件建模过程，以及后续基于电路基本量的方程列写和求解过程，是让人赏心悦目的简洁过程。很多其他领域也会借鉴这样的过程，也就是把那些非电路领域中的变量看作电路中的某些变量，这样就可以用"虚拟"的电压、电流、电阻……来表示其他物理或化学系统中的不同变量，进而构成一个"虚拟"的电路。这个

虚拟构成的电路所列写出来的方程满足原先那个物理或化学系统的方程,接下来我们就可以利用电路分析求解中的各种技巧来求解这个虚拟电路,再将所得结果映射回去,就可以得到真实物理或化学系统变量的数值。

如果我们将磁通量比拟为电流、磁位差比拟为电压、磁通势比拟为电动势、磁导率比拟为电导率的话,可以将对磁场进行分析的过程比拟为对相应的磁路(即用于计算磁场量的"虚拟"电路)进行分析的过程。这个过程将在2.9节详细讨论。

上述分析非电网络的思路被称为比拟观点(analogy pespective)。

除磁路外,比拟观点已成功应用于热学系统、弹性力学系统的分析中。

比拟观点可视为对偶观点在非电路领域的拓展,主要用于对其他物理或化学系统进行建模和分析。

知识点13练习题和讨论

# 0.8 元件和电路的分类

### 1. 电阻电路和动态电路

将电阻的电压和电流关系、电感和电容积分形式的电压和电流关系分别重写为式(0.8.1)、式(0.8.2)和式(0.8.3):

知识点14

$$i(t) = \frac{u(t)}{R} \tag{0.8.1}$$

$$i_L(t) = i_L(t_0) + \frac{1}{L}\int_{t_0}^{t} u_L \, \mathrm{d}\tau \tag{0.8.2}$$

$$u_C(t) = u_C(t_0) + \frac{1}{C}\int_{t_0}^{t} i_C \, \mathrm{d}\tau \tag{0.8.3}$$

式(0.8.1)表明,$t$ 时刻流经电阻的电流只与该时刻电阻两端的电压有关。这种元件称为无记忆元件。

式(0.8.2)表明,$t$ 时刻流经电感的电流与 $t_0$ 时刻的电感电流有关,即电感能够"记住" $t_0$ 时刻的电流。类似地,电容能够"记住" $t_0$ 时刻的电压。这种元件称为记忆元件。人们曾利用电感和电容的记忆性质构建模拟计算机的存储器。

在构成电路的4个要素中,如果能量或信号处理电路和负荷中不包含记忆元件,则该电路称为电阻电路或静态电路,所列写出来的方式为代数方程;如果能量或信号处理电路和负荷中包含记忆元件,则该电路称为动态电路,所列写出来的方程为微分方程。本书第1篇讨论电阻电路,第2、3篇讨论动态电路。

### 2. 线性电路与非线性电路

无论对于元件、子电路还是电路,我们都可以从激励(excitation)$x$ 和响应(response)$y$ 的角度来看待[①]。比如,对于关联参考方向下的电阻来说,如果将电流 $i$ 视作激励,电压 $u$ 视作响应,则 $u = Ri$ 构成了激励与响应之间的关系,$R$ 是关系中的一个参数。

---

① 这里的 $x$ 和 $y$ 可以是矢量。

如果激励 $x$ 和响应 $y$ 之间的函数 $y = f(x)$ 满足[①]

$$ay_1 = f(ax_1) \tag{0.8.4}$$

和

$$y_1 + y_2 = f(x_1 + x_2) \tag{0.8.5}$$

则称该系统为线性系统，否则称之为非线性系统。式中 $x_1$ 和 $x_2$ 分别为 $x$ 的两个不同取值，$y_1 = f(x_1)$，$y_2 = f(x_2)$，$a$ 为任意常数。式(0.8.4)体现出线性系统的齐次性(homogeneity)，式(0.8.5)体现出线性系统的可加性(additivity)。综合齐次性和可加性可以得到线性系统更为简洁的定义

$$ay_1 + by_2 = f(ax_1 + bx_2) \tag{0.8.6}$$

由式(0.8.4)和式(0.8.5)易知，如果线性系统只有 1 个激励和 1 个响应，则其关系必为过原点但不与坐标轴重合的直线。

二端电路元件也是一个电气系统，其激励和响应之间必然满足某种函数关系。如果该函数满足式(0.8.4)和式(0.8.5)，则称该元件为线性元件(linear element)，否则称之为非线性元件(nonlinear element)。电路基本量 $u$、$i$、$q$、$\Psi$ 均可能是电气系统的激励或响应。在式(0.5.1) $u = Ri$、式(0.5.3) $\Psi = Li$ 和式(0.5.7) $q = Cu$ 中，$R$、$L$ 和 $C$ 分别为线性电阻、线性电感和线性电容。

如果根据元件约束和电路定律列写出描述电路的方程(可能是代数方程、微分方程或积分方程)为线性方程，则称该电路为线性电路(linear circuit)；如果列写出的方程为非线性方程，则称该电路为非线性电路(nonlinear circuit)。本书的大多数章节讨论线性电路的分析，第 3 章介绍几种非线性电阻并讨论非线性电阻电路的分析方法。5.5 节介绍非线性动态电路的时域分析。

### 3. 时变电路与非时变电路

存在着这样一类电路元件，其参数随着时间变化，这种元件称为时变元件(time variant element)。参数不随时间变化的元件称为非时变元件或时不变元件(time invariant element)。如果描述电路的方程为常系数代数/微分/积分方程，则称该电路为非时变(定常)电路(time invariant circuit)。由非时变(定常)元件和独立电源组成的电路是非时变电路。非时变电路的输出信号与输入信号的外加时刻无关。如果描述电路的方程为变系数代数/微分/积分方程，则称该电路为时变电路(time variant circuit)。即使是同一个输入信号在不同时刻作用于电路产生的输出信号也是不同的。

机械运动是获得时变元件最常见的方法。在 Disco 舞厅里，DJ(调音师)往往会用手调整电位器以不断改变音乐的节奏和音量，从而达到调整现场氛围的效果。随着 DJ 不断调整电位器，其阻值不断发生变化，这个电位器可看作一个时变元件。核电站中利用碳棒插入反应堆的深浅来控制反应的剧烈程度，进而调整核电站发电量的大小。从较长的时间段来考虑，碳棒必然会不断作往复运动，从而造成了核反应堆参数的时变。电机学课程中将介绍转子的旋转导致线圈互感参数时变的例子。本书仅讨论非时变电路的分析，对时变电路分析感兴趣的读者可阅读参考文献[6]。

---

[①] 这里的 $f$ 也可以是矢量，而且 $f$ 可以是代数函数，也可以是微分或积分函数。

#### 4. 无源电路与有源电路

对于关联参考方向下的一端口网络,不妨合理假设其端口电压 $u(-\infty)=0$,电流 $i(-\infty)=0$,如果对于任意时刻 $t$ 都有

$$\int_{-\infty}^{t} u(\tau)i(\tau)\mathrm{d}\tau \geqslant 0 \qquad (0.8.7)^{①}$$

则称该电路为无源电路(passive circuit),否则称之为有源电路(active circuit)。前面讲过任何二端元件均可看作一端口网络,因此也可以根据式(0.8.7)定义(二端)无源元件(passive element)和(二端)有源元件(active element)。

对于电阻来说,将关联参考方向下 $u$-$i$ 关系 $u=Ri$ 代入式(0.8.7),可得

$$\int_{-\infty}^{t} u(\tau)i(\tau)\mathrm{d}\tau = R\int_{-\infty}^{t} i^{2}(\tau)\mathrm{d}\tau \geqslant 0$$

上式对任意 $i(t)$ 均不小于零,因此电阻为无源元件。

将关联参考方向下电容的 $u$-$i$ 关系 $i_C=C\dfrac{\mathrm{d}u_C}{\mathrm{d}t}$ 代入式(0.8.7),可得

$$\int_{-\infty}^{t} u(\tau)i(\tau)\mathrm{d}\tau = C\int_{-\infty}^{t} u_C \mathrm{d}(u_C) = \frac{1}{2}Cu_C^{2}(t) \geqslant 0$$

上式对任意 $u_C(t)$ 均不小于零,因此电容为无源元件。类似地,电感也是无源元件。

在 1.2 节和 1.3 节,我们还将讨论独立源和受控源的有源无源性,这里只给出结论,即独立源和受控源都是有源元件。

需要指出,无源性和有源性都是针对元件或者子电路来说的。对于整个电路来说,必然既包括有源元件,也包括无源元件。

#### 5. 集总参数电路与分布参数电路

在前面讨论的电路模型中,流经元件的电流和元件上的电压都不是元件空间尺度的函数,即元件的模型是一个完整不可分割的整体。如果细致地考虑电路元件的建模,则情况要复杂得多,下面以图 0.8.1 所示电路为例进行说明。

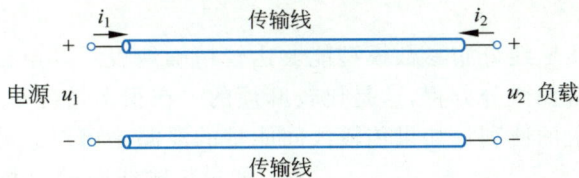

图 0.8.1　传输线

图 0.8.1 所示的传输线上流过电流,即在其周围产生磁场,两传输线之间也会产生电场。这些电场和磁场都是沿线分布的。此外,传输线本身流过的电流会消耗能量,传输线之间也存在泄漏电流,同样消耗能量。人们常用电阻对元件中的能量消耗建模,用电感对元件中的磁场建模,用电容对元件中的电场建模。遵循这个思路可以将传输线划分为无穷多段,

---

① 在国标中更详细地说明了如果式(0.8.7)中的">"变为">",则该元件为耗能的,对任意时刻 $t$ 来说,积分不总是为正值的元件为非耗能的。

长度为 $\mathrm{d}x$ 的导线用电阻 $R_0\mathrm{d}x$ 或电导 $G_0\mathrm{d}x$ 来建模能量消耗,用电容 $C_0\mathrm{d}x$ 来建模电场, 用电感 $L_0\mathrm{d}x$ 来建模磁场,由此得到的电路模型如图 0.8.2 所示,其中,$R_0$、$G_0$、$C_0$ 和 $L_0$ 分别为传输线单位长度的电阻、电导、电容和电感。

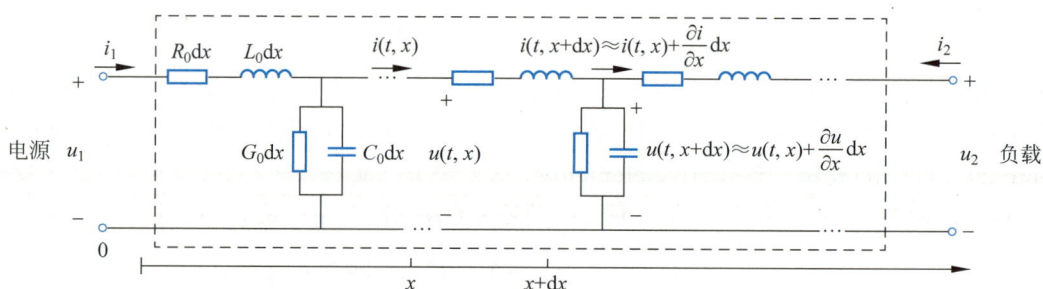

图 0.8.2　传输线的分布参数模型

图 0.8.2 中的虚线内部称为传输线的**分布参数模型**(distributed parameter model),包含分布参数模型的电路称为**分布参数电路**(distributed parameter circuit)。图示的分布参数电路中,流经传输线的电流和传输线上的电压均为距离 $x$ 的函数。在一些应用场合中需要考虑元件的分布参数模型。

随着频率的增加,传输线周围电场和磁场的影响越来越大,必须适时考虑其分布参数模型。由于频率与波长成反比关系,因此一般认为在元件的空间尺度和电源发出电磁波波长可比拟时,需要建立其分布参数模型。线路长度与工作波长可比拟的传输线常被称为**长线**。例如我国电力系统采用 50 Hz 正弦波作为电源电压的波形。电磁波在空气和传输线中的传输速度约为 $3\times10^8\,\mathrm{m/s}$,波长为 $\lambda=v/f=3\times10^8/50\mathrm{m}=6000\mathrm{km}$。因此接近 1000km 的输电线就需要用分布参数建模。需要指出,长线的"长"指的是与工作波长可比拟,而非实际长度。发射 1GHz 频率电磁波的天线即使只有 10cm 长,也需要用分布参数模型(即长线)来建模。

另一种需要考虑分布参数的情况是泄漏电流不可忽略。例如,图 0.4.1 中高压直流输电线路中电容和电感的影响很小,但由于电压等级很高,泄漏电流不可忽略,因此也必须建立其分布参数模型。

图 0.8.2 所示的传输线分布参数模型能够比较精确地表示其电磁关系,但求解分布参数电路需要列写并求解偏微分方程,这是比较麻烦的。在很多情况下忽略其中一些次要因素能够带来电路求解上的便利。如果传输线间能量的泄漏是可以忽略的,则并联电阻可忽略;如果传输线间的电场也是可以忽略的,则并联电容也可忽略。于是图 0.8.2 就可近似为电阻和电感串联的电路模型。如果我们仅对两端的电压电流感兴趣,则经过等效变换后可得到图 0.8.3 所示电路。当然如果传输线中的磁场还可以忽略,可得到传输线的电阻模型;如

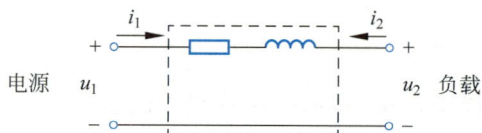

图 0.8.3　传输线的一种集总参数模型

果传输线中的损耗也可忽略,可得到传输线的理想导线模型。

从本质上讲,对于一个电路元件来说,如果其工作时内部电场和磁场的作用效果只体现在接线端上,即元件内部的电场和磁场作用可视为"集中"在元件内,则可以建立其**集总参数模型**或**集中参数模型**(lumped parameter model),图 0.8.3 中的虚线部分就是传输线的一

种集总参数模型。仅由集总参数模型构成的电路称为**集总参数电路**或**集中参数电路**（lumped parameter circuit）。

本书第 1 篇和第 2 篇讨论集中参数电路的建模与分析，第 3 篇讨论分布参数电路的建模与分析。

前面从不同角度讨论了电路的分类。需要指出，同一元件可分属于上述若干类电路模型，同一电路也可分属于上述若干类电路。例如前面讨论的手电筒电路中的电阻 $R_L$ 是线性非时变集总参数模型，该电路是线性非时变集总参数电阻电路。

知识点14练习题和讨论

## 0.9 本书的结构

本书的篇章结构是按照元件的模型类型和分析电路所列写的方程形式来进行划分的。

首先根据求解电路的方程为代数方程或微分方程，将整个内容划分为第 1 篇的电阻电路和第 2、3 篇的动态电路。然后在此基础上，按方程的类型，对用常微分方程描述的动态电路在第 2 篇集中讨论，而对于用偏微分方程描述的分布参数的动态电路在第 3 篇讨论。

知识点15

在第 1 篇中，首先按照代数方程是线性的还是非线性的，将线性电阻电路（第 1 章、第 2 章）和非线性电阻电路（第 3 章）区分开来，然后在线性电阻电路的介绍中，按照从特殊到一般、从简单到复杂的思路，先在第 1 章中引入元件约束和拓扑约束，再介绍若干小规模电路手算求解技巧，再在第 2 章中更为宏观地介绍规范化列写方程便于计算机求解和简化各种电路分析的定理。

第 2 篇按照感兴趣的时间段将动态电路划分为暂态分析（第 4 章、第 5 章）和稳态分析（第 6 章、第 7 章）。第 4 章讨论在直流激励下一阶、二阶电路的标准解法，第 5 章则讨论更宏观的任意激励下任意规模的动态电路的解法。第 6 章介绍正弦激励下动态电路的稳态分析方法（这是非常常见的一类电路分析需求），第 7 章则以此为基础向信号处理和能量处理的不同应用场景进行拓展。第 8 章比较独特，采用了变换的观点，对任意激励作用下动态电路的暂态分析和稳态分析给予了一致化的处理。

第 3 篇即第 9 章的内容则类似于本书绪论→第 1 篇→第 2 篇的思路，先讨论分布参数的建模，随后讨论分布参数电路的暂态分析，最后介绍正弦激励下的稳态分析。

知识点15练习题和讨论

## 习题

0.1 某二端电路元件中流经的电流和端电压采用非关联参考方向，其电流、电压的波形分别如题图 0.1 中虚线、实线所示。试求：

(1) 该元件端电压、流经电流的表达式；

(2) 该元件端电压、流经电流的平均值；

（3）该元件端电压、流经电流的有效值；

（4）该元件吸收的瞬时功率；

（5）该元件发出的平均功率。

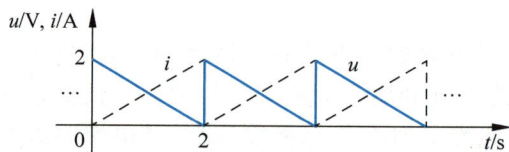

题图　0.1

0.2　求题图 0.2 所示电压的平均值和有效值，图中曲线部分为正弦波形。

0.3　求题图 0.3 所示电压的平均值和有效值，图中曲线部分为正弦波形。

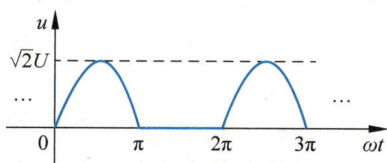

题图　0.2

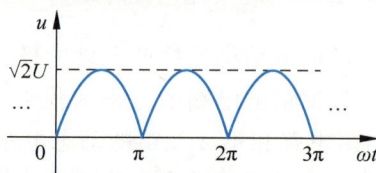

题图　0.3

0.4　可以用天线延长线来增加收音机的收听效果。已知天线延长线和天线共长 1.5m，当收音机调到 103.9MHz 时，问天线延长线端部和收音机输入端的瞬时电流是否相等？

0.5　已知流经 3Ω 电阻的电流如题图 0.5 所示，求电阻两端的电压波形。

0.6　已知 0.5μF 电容两端的电压波形如题图 0.6 所示，求流经电容的电流波形。

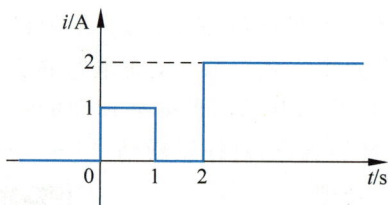

题图　0.5

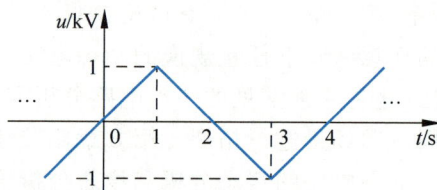

题图　0.6

0.7　已知流经 2kΩ 电阻的电流为题图 0.7 所示的正弦曲线，求电阻两端的电压波形。

0.8　已知流经 2mH 电感的电流为题图 0.8 所示的正弦曲线，求电感两端的电压波形。

0.9　在同一幅图中画出下列波形：（1）$\sin\left(t+\frac{\pi}{4}\right)$；（2）$\sin\left(2t+\frac{\pi}{4}\right)$；（3）$\sin\left(\frac{1}{2}t+\frac{\pi}{4}\right)$；（4）$\cos\left(t+\frac{\pi}{4}\right)$。

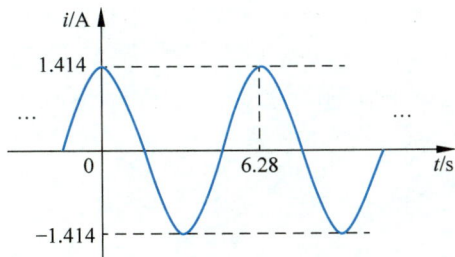

题图　0.7

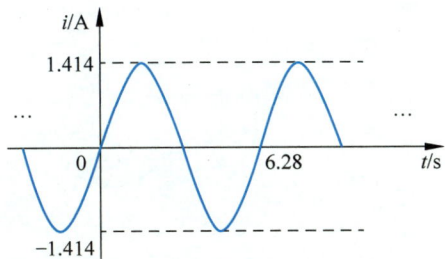

题图　0.8

0.10　某计算机采用了主频为 2GHz 的 CPU。CPU 为正方形，边长为 2.65cm。电磁波在半导体中的传播速度为真空中的一半。求 CPU 一端与其对角线上另一端正弦波的相位差（设电磁波沿对角线传输）。

# 参考文献

［1］　江缉光.电路原理［M］.北京：清华大学出版社，1997.

［2］　AGARWAL A，LANG J. Foundations of Analog and Digital Electronic Circuits［M］. San Francisco：Morgan Kaufmann，2005.

［3］　王先冲.电工科技简史［M］.北京：高等教育出版社，1995.

［4］　狄苏尔，葛守仁.电路基本理论［M］.北京：人民教育出版社，1979.

［5］　法肯伯尔格.网络分析［M］.北京：科学出版社，1982.

［6］　肖达川，陆文娟.线性时变电路原理简介［M］.北京：高等教育出版社，1989.

［7］　邱关源，罗先觉.电路［M］.5 版.北京：高等教育出版社，2006.

［8］　郑君里.教与写的记忆——信号与系统评注［M］.北京：高等教育出版社，2005.

［9］　朱雪龙.应用信息论基础［M］.北京：清华大学出版社，2001.

# 第1篇
# 集总参数电阻电路

　　本篇讨论线性和非线性集总参数电阻电路的分析方法。第1章介绍电路的基本元件和分析电路的基本方法，并以此为基础讨论若干简单的线性电路的实际应用。第2章以系统化分析复杂线性电阻电路为出发点，介绍若干方法和定理。第3章讨论非线性电阻电路的分析和应用。

# 第 **1** 章

# 简单电路分析

　　本章 1.1～1.3 节首先沿用绪论中关于建模的思想,讨论电阻、独立电源和受控电源的模型,由此构成电路分析的元件约束;1.4 节介绍的基尔霍夫定律则构成电路分析的拓扑约束。有了这两类约束,原则上我们就能够对任意电路列写方程并求解。1.5 节综合两类约束,体现了等效观点的实际应用,其中的若干技巧对后续电路分析具有重要价值。

　　本章的其余部分(1.6～1.8 节)遵循从分立元件到集成电路再到抽象模块的逐级抽象观点,应用元件约束(或端口的子电路约束)和拓扑约束来分析电路,帮助读者熟悉这一思维方式,并且在讨论过程中介绍了若干实用电路。

# 1.1 电阻

如果一个二端元件上电压和电流呈代数关系，并且当 $i=0$ 时 $u=0$（即 $u$-$i$ 平面上的特性曲线过原点），则称该元件为电阻（resistance）。通过 0.5 节和 0.8 节的讨论可以知道，电阻可能是线性的或非线性的（取决于元件上电压和电流是否呈线性关系），也可能是时变的或非时变的（取决于电阻参数是否会随着时间而改变）。电气工程领域用得最多的是线性非时变电阻。因此除非特别说明，本书中的电阻一般指线性非时变电阻。关联参考方向下，线性非时变电阻的 $u$-$i$ 关系（也称为电阻的元件约束）为

$$u = Ri \tag{1.1.1}$$

式中，$R$ 为电阻元件的阻值。

如果一段均匀金属材料的截面积为 $S$，长度为 $L$，电导率为 $\sigma$，则其电阻值为

$$R = \frac{L}{\sigma S} \tag{1.1.2}$$

另一个经常使用的参数是电阻率 $\rho$，$\rho = 1/\sigma$。

有关电阻进一步的讨论可参考附录 A。

## 1.1.1　电路中的电阻模型

电路中电阻模型如图 1.1.1 所示[①]，其中 $R$ 为电阻的特征量，$u$ 和 $i$ 为该元件上的电压和电流。

知识点16

与电阻密切相关的另一个概念是电导（conductance）。线性电阻 $R$ 与线性电导 $G$ 是互为倒数的关系，即 $G=1/R$。因此在图 1.1.1 所示的关联参考方向下，有

$$i = Gu \tag{1.1.3}$$

电阻的单位名称是欧[姆]，单位符号是 $\Omega$。由式（1.1.1）可知，国际单位制中电阻的单位名称也可以表示为伏/安。因此有 $1\Omega = 1V/A$。常用的电阻单位还有 $m\Omega$、$k\Omega$ 和 $M\Omega$ 等。易知 $1\Omega = 10^3 m\Omega = 10^{-3} k\Omega = 10^{-6} M\Omega$。电路中常用的电阻大小在几毫欧至几兆欧之间。电导的单位名称是西[门子]，单位符号[②]是 S。

易知图 1.1.2 所示的电阻非关联参考方向下 $u$-$i$ 关系式为

$$u = -Ri \tag{1.1.4}$$

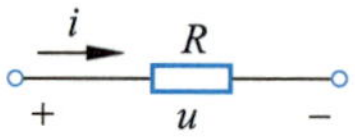

图 1.1.1　关联参考方向下的电阻

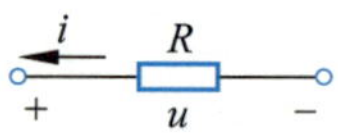

图 1.1.2　非关联参考方向下的电阻

---

①　英美等国书籍中的电阻符号常用—⋀⋀⋀—表示。

②　由于电导是电阻的倒数，因此有时英美等国书籍中会称电导为 Mho，即电阻单位 Ohm 颠倒过来，其单位符号则是 ℧。

式(1.1.1)、式(1.1.3)、式(1.1.4)为不同情况下电阻模型的元件约束。

在电路分析中,经常将二端元件的电压和电流关系($u$-$i$ 关系)画在一幅图上。关联参考方向下电阻的 $u$-$i$ 关系如图 1.1.3 所示。根据图 1.1.3 和式(1.1.1)可知,直线的斜率为 $\tan\theta = R > 0$。

非关联参考方向下电阻的 $u$-$i$ 关系如图 1.1.4 所示。根据图 1.1.4 和式(1.1.4)可知,直线的斜率为 $\tan\theta = -R < 0$。

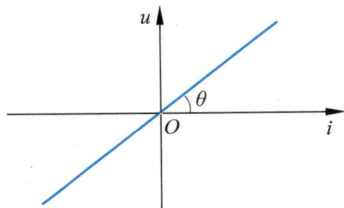

图 1.1.3 关联参考方向下电阻的 $u$-$i$ 关系    图 1.1.4 非关联参考方向下电阻的 $u$-$i$ 关系

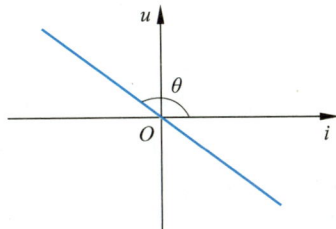

以图 1.1.3 为参考,讨论两种极限情况下的电阻。由于 $\tan\theta = R$,因此当 $R = 0$ 时,必有 $\theta = 0$,此时的电阻接线端上电压始终为零,称这种状态为短路(short circuit)。短路时的 $u$-$i$ 关系如图 1.1.5 所示。

在从图 0.5.2 到图 0.5.3 的物理模型到电路模型的建模过程中并未讨论连接电源、开关和电灯之间连线的模型。这是因为,根据经验,这些连线除了使得电流持续流通以外对电路的电磁关系几乎没有影响,换句话说,这些连线的电阻均为零。这就是工程近似观点的一种应用。

由此可以引入一种特殊的电阻模型——理想导线(ideal wire)。理想导线的作用就是使电流可以持续流通,它对电路的电压和电流不产生任何影响。图 1.1.5 所示即为理想导线的 $u$-$i$ 关系。

另一种极限情况与短路相对,称为开路(open circuit)。当 $R \to \infty$ 时,必有 $\theta = \pi/2$,此时电阻接线端上电流始终为零。开路时的 $u$-$i$ 关系如图 1.1.6 所示。

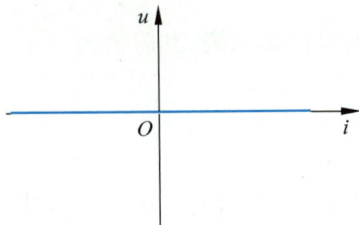

图 1.1.5 短路时的 $u$-$i$ 关系    图 1.1.6 开路时的 $u$-$i$ 关系

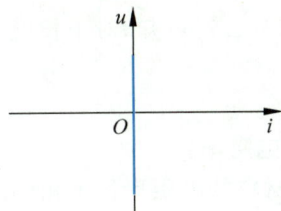

下面讨论电阻的功率。由式(0.4.1)和式(1.1.1)可知,关联参考方向下,电阻吸收的瞬时功率为

$$p_{\text{吸}} = i^2 R = u^2/R \tag{1.1.5}$$

电导吸收的瞬时功率为

$$p_{\text{吸}} = u^2 G = i^2/G \tag{1.1.6}$$

非关联参考方向下,利用式(0.4.2)和式(1.1.4)同样可以得到上面的结论。

电阻模型就是对实际电路中能量消耗这一物理特性进行建模的结果。

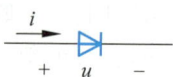

图 1.1.7　二极管的
电路符号

应当指出，虽然电气工程中用到许多线性电阻，但是非线性电阻也得到广泛应用。其中一种最常见的非线性电阻就是二极管（diode）。二极管的电路模型如图 1.1.7 所示。其 $u\text{-}i$ 关系为

$$i = I_{\mathrm{S}}(\mathrm{e}^{u/U_{\mathrm{TH}}} - 1) \tag{1.1.7}$$

式中，$U_{\mathrm{TH}}$ 为常数（典型值为 $25\,\mathrm{mV}$）；$I_{\mathrm{S}}$ 称为二极管的反向饱和电流（硅二极管的典型 $I_{\mathrm{S}}$ 值为 $10^{-12}\,\mathrm{A}$）。由式（1.1.7）可以看出，二极管的电压和电流呈近似指数关系。包含二极管这样的非线性电阻电路的分析方法将在第 3 章作进一步介绍。如何用电路基本模型对式（1.1.7）表示的非线性 $u\text{-}i$ 关系进行建模，是该部分的一个重点内容。

到目前为止，在关联参考方向下讨论的电阻 $u\text{-}i$ 关系都在第一和第三象限，这意味着电阻总是正的。有时候需要在一定的电压和电流范围内获得关联参考方向下 $u\text{-}i$ 关系位于第二和第四象限的电阻，即负电阻。1.7 节中将根据等效观点用理想运算放大器构成具有负电阻性质的电路。3.5.2 节中将进一步讨论负电阻。

知识点16练习题
和讨论

必须指出，并非所有二端元件上电压、电流都有代数关系。电容和电感这两种重要元件的电压和电流间就表现为微分或积分关系。

## 1.1.2　分立与集成电路中的电阻元件

在电气工程实践中，人们生产和使用了大量具有电阻性质的实际元件，称为电阻器（resistor）。也就是说，作为二端元件，电阻器上的电压和电流表现为过原点的代数关系。最常见的电阻器是线性电阻器，本小节余下部分讨论的都是线性电阻器，将其简称为电阻器。

知识点17

电阻器的元件参数包括标称阻值、误差、温度系数和额定功率等。电阻器的体积差别很大。贴片电阻的尺寸在毫米数量级，同时经常可以见到长度为 $1\,\mathrm{m}$ 的功率电阻。电阻器的体积主要取决于其额定功率。

由式（1.1.2）可知，对于长度为 $L$、截面积为 $S$ 的电阻器来说，其阻值为

$$R = \rho\frac{L}{S} \tag{1.1.8}$$

式中，$\rho$ 为电阻率。

各种材料的电阻率各不相同。此外，随着温度的变化，材料的电阻率也发生变化，从而导致电阻器的阻值发生变化。一般金属材料的电阻率与温度的关系为

$$\rho_T = \rho_0(1 + \alpha T) \tag{1.1.9}$$

式中，$\rho_T$ 和 $\rho_0$ 分别为材料在温度为 $T\,\mathrm{℃}$ 和 $0\,\mathrm{℃}$ 时的电阻率；$\alpha$ 为电阻温度系数。几种常用材料的 $0\,\mathrm{℃}$ 电阻率与温度系数如表 1.1.1 所示。

表 1.1.1　几种常用材料的 0℃ 电阻率与温度系数

| 项目 | 银 | 铜 | 铝 | 钨 | 铁 | 碳 | 镍铬合金 | 镍铜合金 |
|---|---|---|---|---|---|---|---|---|
| $\rho_0/\Omega\cdot\mathrm{m}$ | $1.5\times10^{-8}$ | $1.6\times10^{-8}$ | $2.5\times10^{-8}$ | $5.5\times10^{-8}$ | $8.7\times10^{-8}$ | $3500\times10^{-8}$ | $110\times10^{-8}$ | $50\times10^{-8}$ |
| $\alpha/\mathrm{℃}^{-1}$ | $4.0\times10^{-3}$ | $4.3\times10^{-3}$ | $4.7\times10^{-3}$ | $4.6\times10^{-3}$ | $5.0\times10^{-3}$ | $-5.0\times10^{-4}$ | $1.6\times10^{-4}$ | $4.0\times10^{-5}$ |

从表 1.1.1 中可以看出,相同条件下,用银、铜或铝制造的电阻器阻值较小,用铁、碳或镍铬合金等制造的电阻器阻值较大。因此一般用银、铜或铝制造导线,而用铁、碳或镍铬合金制造电阻丝。此外,镍铬合金和镍铜合金具有较小的电阻温度系数,适宜用来制造高温度稳定性电阻。注意到碳具有负的温度系数,即随着温度的增加,碳的电阻率将下降。

在实际应用时,需要考虑电阻器的额定功率。当电阻器的额定功率是实际承受功率的 1.5~2 倍以上时才能保证电阻器可靠工作。

上面讨论的电阻温度系数在温度不太低时成立。某些材料构成的电阻器的温度降到一定值后,其阻值可能迅速减小至零,即呈现短路的特性,此时称这种电阻器达到了超导状态。

根据制造原材料的不同,电阻器可分为碳膜电阻器、金属膜电阻器、金属氧化膜电阻器和线绕功率电阻器等多种类型(图 1.1.8)。碳膜电阻器价格较低,最为常见,广泛应用于各种电子产品中;金属膜电阻器精度较高,温度系数较低,但价格较高;金属氧化膜电阻器价格低廉,承受功率的能力强,但阻值范围小;线绕电阻器精度高,温度系数低,但高频特性较差。

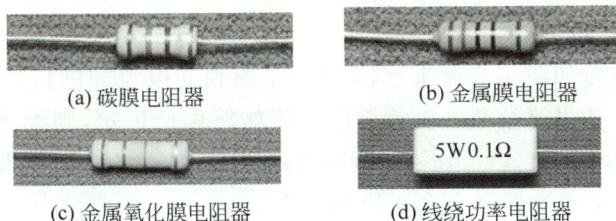

(a) 碳膜电阻器　(b) 金属膜电阻器　(c) 金属氧化膜电阻器　(d) 线绕功率电阻器

图 1.1.8　各种电阻器

前面讨论的都是在电路中单个使用的电阻器,这种单个使用的电路元件称为分立元件。与之相对应的是将若干晶体管集成在一块芯片中以实现比较复杂功能的集成电路。在集成电路中,某些电阻是基于金属氧化物半导体场效应晶体管(MOSFET)来构造的。用 MOSFET 构成电阻的方法在参考文献[16]中进行了说明。

知识点17练习题和讨论

无论是分立电阻器还是基于 MOSFET 结构的电阻,在分析时都抽象为电阻模型。除特别指明外,本书对这两种情况不加区分,电阻电路分析规律对这两种情况均适用。

## 1.2 独立电源

实际电气系统中存在着一类二端元件,它们接线端上的电压或流经元件的电流仅由其内部的性质决定,与外接的元件或电路无关。干电池就是一个例子。一般将这类元件作为独立电源(independent source),也可简称为独立源。能够保持接线端电压独立的元件称为独立电压源(independent voltage source),能够保持接线端电流独立的元件称为独立电流源(independent current source)。

知识点18

独立电压源的符号如图 1.2.1 所示,其中,$u_S$ 为独立电压源的特征量,$u$ 和 $i$ 分别为该元件上的电压和电流。如果独立电压源两端的电压始终保持恒定值,则称之为理想直流独立电压源(ideal DC independent voltage source)，可以表示为 $u = U_S$（也称为理想直流独立电压源的元件约束），其 $u\text{-}i$ 关系如图 1.2.2 所示。

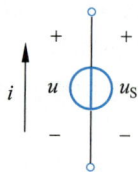

图 1.2.1  独立电压源

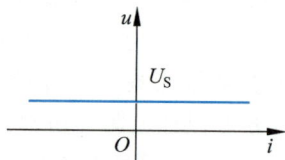

图 1.2.2  理想直流独立电压源的 $u\text{-}i$ 关系

观察图 1.2.2 可以发现，对于理想直流独立电压源来说，它能"掌控"的就是自身对外提供电压值为 $U_S$ 的电压（这就是名称中"独立"的含义），但是流经该元件的电流则可以是任意值，具体由该元件所处的电路来决定。

比较图 1.2.2 和图 1.1.5 可以发现，当独立电压源的 $U_S = 0$ 时，其 $u\text{-}i$ 关系等效于短路时的 $u\text{-}i$ 关系。也就是说，电压为零的独立电压源可（对外）等效为短路，即此时的独立电压源（对外）等效于理想导线。

独立电流源的符号如图 1.2.3 所示，其中，$i_S$ 为独立电流源的特征量，$u$ 和 $i$ 分别为该元件上电压和电流。如果流经独立电流源的电流始终保持恒定，则称之为理想直流独立电流源(ideal DC independent current source)，可以表述为 $i = I_S$（也称为理想直流独立电流源的元件约束），其 $u\text{-}i$ 关系如图 1.2.4 所示。

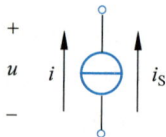

图 1.2.3  独立电流源

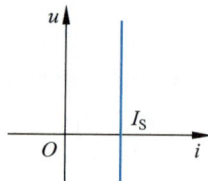

图 1.2.4  理想直流独立电流源的 $u\text{-}i$ 关系

观察图 1.2.4 可以发现，对于理想直流独立电流源来说，它能"掌控"的就是自身对外提供电流值为 $I_S$ 的电流（这也是名称中"独立"的含义），但是该元件上的电压则可以是任意值，具体由该元件所处的电路来决定。

与独立电压源类似，当独立电流源的 $I_S = 0$ 时，其 $u\text{-}i$ 关系等效于开路的 $u\text{-}i$ 关系，即电流为零的独立电流源（对外）等效为开路。

有一点需要强调，独立电压源的电压 $u_S$ 和独立电流源的电流 $i_S$ 分别是二者的内部属性，不随接线端上参考方向的选取不同而变化，而它们接线端上的电压和电流则取决于参考方向。

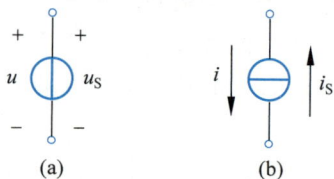

图 1.2.5  例 1.2.1 图

**例 1.2.1**  求图 1.2.5(a)中的电压 $u$ 和图 1.2.5(b)中的电流 $i$。

**解**  图 1.2.5(a)中，$u$ 的方向为独立电压源电压的参考方向。根据独立电压源的性质可以判断出 $u = u_S$。同理，图 1.2.5(b)中，$i$ 的方向为独立电流源电流的参考方向，而独立电流源的电流方向则为从下流向上，因此有 $i = -i_S$。

**例 1. 2. 2** 求图 1.2.6(a)、(b)中独立电源发出的功率。

**解** 设图示电压电流方向为其参考方向。

图 1.2.6(a)中理想直流电压源采用关联参考方向,于是用式(0.4.1)计算其吸收的功率为 $P = 1 \times 3W = 3W$,因此理想直流电压源发出的功率为 $-3W$。

图 1.2.6(b)中理想直流电流源采用非关联参考方向,于是用式(0.4.2)计算其吸收的功率为 $P = -1 \times 3W = -3W$,因此理想直流电流源发出的功率为 $3W$。

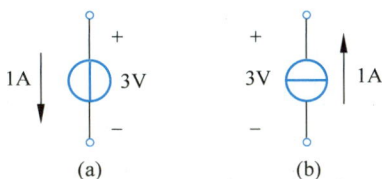

图 1.2.6 例 1.2.2 图

根据例 1.2.2 还可以得出另一个结论,即独立电源不一定总是发出功率。充电中的电池就是独立电源吸收功率的一个例子。

独立电源是实际电气系统中电源(包含能量源和信号源)的电路模型。在实际电气系统中,独立源向负荷提供电能,从而使电路起到传输能量或处理信号的作用。干电池两端的电压基本不随负荷的变化而变化,可以看作理想直流独立电压源。麦克风是将声能转换为电能的元件,称为**声电传感器**。麦克风两端的电压随着声音的强弱变化,但基本上与其电流无关,因此可看作独立电压源。太阳能电池是将光能转换为电能的元件,称为**光电传感器**。太阳能电池上的电流随着光强不同而变化,但基本上与其两端电压无关,因此可看作独立电流源[12]。

下面分析独立电源是有源的还是无源的。

对于独立电压源来说,设 $u_S = U_S$,代入式(0.8.7)得

$$\int_{-\infty}^{t} u(\tau) i(\tau) d\tau = U_S \int_{-\infty}^{t} i(\tau) d\tau$$

如果独立电压源给一个电阻供电,则关联参考方向下 $i(t) < 0$,即上式小于零,说明独立电压源释放能量。这个结论对独立电流源也成立。因此独立源是有源元件。

知识点18练习题和讨论

## 1.3 受控元件

1.1 节讨论的电阻模型的阻值 $R$ 是由其自身决定的,1.2 节讨论的独立电压源模型的电压值 $u_S$ 以及独立电流源模型的电流值 $i_S$ 也是由其自身决定的。本节将讨论另一类模型,其对外可能表现为电阻或电源的 $u$-$i$ 关系,但是其电阻值或电源值却是由电路中其他电压或电流决定的,这类元件称为**受控元件**,可以细分为**受控电阻**(controlled resistor,dependent resistor)和**受控电源**(controlled source,dependent source)。

其实我们对受控元件并不陌生,图 0.5.2 中的开关就是一个受控元件。开关是导通状态还是截止状态,其实是有一个控制端的,可以为拉杆或者拨码等。如果要严格地对其进行建模,就应该建立"力控电阻"模型,即控制端上的力(上拉、下压等)对开关两端间的阻值是有控制的。

电气工程之所以得到广泛应用,一个重要原因就是电压和电流都能更为精确、方便地获取、检测和控制。因此为了能够更好地处理能量和信号,人们陆续研制出了由电压或电流来控制元件参数的多种元件,用它们可以很方便地进行能量和信号的处理。

由于需要用某个电压或电流来控制元件的某个参数，因此这种元件常为多端元件，也经常用二端口对其进行建模和描述。

我们首先在 1.3.1 小节介绍一种在电力电子电路和集成电路中得到广泛使用的 3 端元件——金属氧化物半导体场效应晶体管，讨论它的实际外特性，说明它在某个工况下可以视为受控电阻，而且某个工况下可以视为受控电源，从而为 1.3.2 小节讨论受控电阻和 1.3.3 小节讨论受控电源奠定元件基础。

## 1.3.1　金属氧化物半导体场效应晶体管

**知识点19**

**金属氧化物半导体场效应晶体管**（metal-oxide-semiconductor-field-effect-transistor，MOSFET）是一类应用非常广泛的电气元件。该元件的应用范围从微电子电路（CPU 中大量使用 MOSFET）到电力电子电路（大功率电力电子电路中也经常使用 MOSFET），包括数字系统（可以用 MOSFET 制成数字系统的基本单元——门电路）和模拟系统（可以用 MOSFET 制成模拟系统的基本单元——放大电路）。

MOSFET 可简化为 3 接线端元件，图 1.3.1 给出了在本书中使用的 **N 沟道增强型 MOSFET** 的电气符号[①]。它的 3 个接线端分别称为**栅极**（gate，G）、**源极**（source，S）和**漏极**（drain，D）。

由于 MOSFET 结构上的特点，没有流经栅极的电流，即栅极始终开路，$i_G = 0$。因此可以把 D-S 之间看作一个二端元件，研究其 $u$-$i$ 关系，即 $u_{DS}$-$i_{DS}$ 关系[②]。人们发现 MOSFET 栅极和源极之间的电压 $u_{GS}$ 会对 D-S 间 $u$-$i$ 关系产生影响，如图 1.3.2 所示。

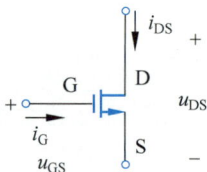

图 1.3.1　**N 沟道增强型 MOSFET 的电路符号**　　　　图 1.3.2　**MOSFET 的电气特性**

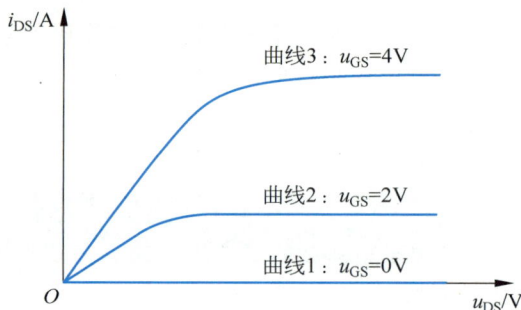

**用仿真工具研究 MOSFET 外特性**

根据图 1.3.2，可以发现 MOSFET 具有如下电气特性。

（1）比较图 1.1.6 和图 1.3.2 中的曲线 1 可知，当 $u_{GS} = 0$ 时，D、S 之间开路，称这个工作状态为截止区。[③]

（2）随着 $u_{GS}$ 增加，D、S 之间不再开路。使得 D、S 之间不再开路的 $u_{GS}$

---

　　① 在不同教材或文献中有不同的电路符号，这些符号的含义请参考 1.6 节补充的视频。此外还有很多类型的 MOSFET，它们的电气符号和电气特性将在后续课程中详细说明。这种 MOSFET 的 3 个接线端称作栅极、源极和漏极的原因，请参考 1.6 节补充的视频。

　　② 在阅读 1.3.2 小节后会对这句话有更深刻的认识。

　　③ 请注意：本部分讨论的 $u$-$i$ 平面和 1.1 节、1.2 节讨论的 $u$-$i$ 平面的纵横轴是相反的。在电路分析中，这两种情况都很常见，需要读者自行区分纵横轴。

电压阈值为 $U_T$,典型值为 1V。即 $u_{GS} > U_T$ 时,D、S 之间不再开路。

（3）$u_{GS} > U_T$ 时,D、S 之间可以粗略地分为两个区域:斜线区域和水平线区域。

（4）比较图 1.1.3 和图 1.3.2 中曲线 2 和曲线 3 的斜线部分可知,在某 $u_{GS}$ 下,斜线区域的 D、S 之间等效为一个电阻,称这个工作状态为线性区或电阻区。可以看出,此时 D、S 之间对外表现出来的阻值是随着 $u_{GS}$ 这个外电压的变化而变化的,因此,这就构成了一个电压控制的电阻。

（5）比较图 1.2.4 和图 1.3.2 中曲线 2 和曲线 3 的水平部分可知,水平线区域的 D、S 之间相当于一个电流源,称这个工作状态为恒流区或电流源区。可以看出,此时 D、S 之间对外表现出来的电流源的电流值是随着 $u_{GS}$ 这个外电压的变化而变化的,因此,这就构成了一个电压控制的电流源。

知识点19练习题和讨论

（6）由图 1.3.2 可知,电阻区和电流源区的边界并不清晰,我们可以认为对某一确定的、能够使 D 与 S 之间导通的 $u_{GS}$ 来说,$u_{DS}$ 大于某一阈值后,D、S 之间即表现为电流源。根据理论分析,可以将这个阈值关系确定为 $u_{GS} - U_T$。

## 1.3.2　受控电阻

如果更深入地从电磁场角度来研究工作于电阻区的 MOSFET 的内部运行规律[1],可以得到其 D、S 之间的关系为

知识点20

$$i_{DS} = K\left[(u_{GS} - U_T)u_{DS} - \frac{u_{DS}^2}{2}\right] \qquad (1.3.1)$$

式中,$K$ 为一个常数,典型值为 $1\mathrm{mA/V^2}$。式（1.3.1）和 $i_G = 0$ 称为工作在电阻区 MOSFET 的元件约束。

由式（1.3.1）可以看出,对某个确定的工作于电阻区的 MOSFET（给定 $K$ 和 $U_T$）,其 D、S 之间表现为电压 $u_{DS}$ 和电流 $i_{DS}$ 之间的非线性代数关系,即构成了一个非线性电阻。当然这个电阻的性质是受到另外一个电压 $u_{GS}$ 的影响或控制的。因此工作于电阻区的 MOSFET 就可以建模为压控非线性电阻。在实际运行条件下,对于在电阻区工作的 MOSFET 来说,其非线性电阻的阻值[2]通常在几十到几百欧姆范围内变化。

在实际应用中,往往基于元件建模的"准"-"简"平衡原则,并不应用式（1.3.1）,而是将工作于电阻区的 MOSFET 的 D、S 之间用一个固定值电阻 $R_{ON}$ 来表示[3],其阻值在几十到几百欧姆范围。

知识点20练习题和讨论

## 1.3.3　受控电源

知识点21

更深入地研究 MOSFET 的内部运行规律,可以总结出工作于电流源区的 MOSFET 的 D、S 之间的关系为

---

① 对此感兴趣的读者可阅读参考文献[16]的相关内容。

② 这个阻值随着 $u_{DS}$ 和 $i_{DS}$ 的工作点而改变,在 3.5.2 小节中被定义为静态电阻。

③ 具体原因将在 1.6 节讨论。

$$i_{DS} = \frac{K(u_{GS} - U_T)^2}{2} \tag{1.3.2}$$

式中，$K$ 为一个常数。式(1.3.2)和 $i_G = 0$ 称为工作在电流源区的 MOSFET 的元件约束。

由式(1.3.2)可以看出，对某个确定的工作于电流源区的 MOSFET(给定 $K$ 和 $U_T$)，其 D、S 之间表现为一个不受端电压 $u_{DS}$ 控制的电流 $i_{DS}$，即这是一个电流源。当然，这个电流源的电流值除受 MOSFET 自身参数 $K$ 和 $U_T$ 影响外，还受到 MOSFET 上的电压 $u_{GS}$ 的控制，而且这个控制规律是非线性的，因此我们称之为非线性压控电流源[①]。

上面给出的是压控电流源的例子。根据控制量和受控量的不同，分为 4 种受控源，即压控电压源(voltage controlled voltage source，VCVS)、压控电流源(voltage controlled current source，VCCS)、流控电压源(current controlled voltage source，CCVS)和流控电流源(current controlled current source，CCCS)。

利用受控源可以实现多种类型的信号处理功能，最常见的例子就是放大器。它可以将微弱的电信号经受控源放大为具有足够强度的电压或电流，而且可以在满足一定范围内的不失真要求。早期的电子管(电真空器件)、20 世纪 50 年代以后广泛使用的晶体管(又称为三极管，包括双极型和场效应型两大类)都是具有放大功能的实际电路元件，人们习惯用受控源对其进行建模。目前在大规模集成电路中仍然普遍采用以上两种类型的晶体管，其中场效应晶体管得到更为广泛的应用。

通过前面的讨论可以看出，受控源有两个组成部分：控制端口[②]和输出端口。因此全面分析受控源要用到二端口网络。

如果控制量和受控量之间是线性关系，则称这种受控源为线性受控源。控制端口和输出端口存在 4 种组合，因此存在 4 种线性受控源，其电路符号如图 1.3.3 所示。

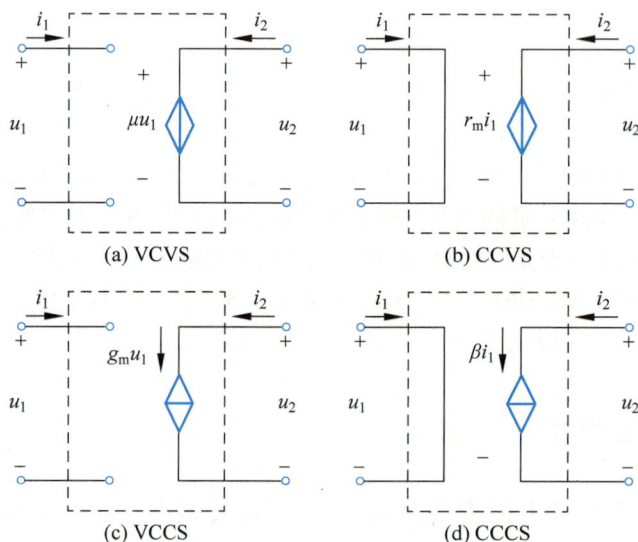

图 1.3.3 线性受控源的电路模型

---

[①] 式(1.3.1)表示的非线性电阻的"非线性"是指其上的电压和电流之间关系是非线性的，式(1.3.2)表示的非线性压控电流源是指其控制电压和被控电流之间的关系是非线性的。

[②] 1.7.1 节的补充内容讨论为什么线性受控源的控制端口要么画为短路，要么画为开路。

图 1.3.3(a)和(c)中,控制量 $u_1$ 是电路其他部分中任意两点间的电压,图 1.3.3(b)和(d)中 $i_1$ 是其他部分中流经任意元件的电流。图 1.3.3(a)中 $\mu$ 为常数,没有量纲,称为**转移电压比**;图 1.3.3(b)中 $r_\mathrm{m}$ 为常量,具有电阻的量纲,称为**转移电阻**;图 1.3.3(c)中 $g_\mathrm{m}$ 为常量,具有电导的量纲,称为**转移电导**;图 1.3.3(d)中 $\beta$ 为常数,没有量纲,称为**转移电流比**。

如果要用公式来表示线性受控源,则根据图 1.3.3 所示的端口电压电流定义,VCVS 可以表示为

$$\left.\begin{aligned} i_1 &= 0 \\ u_2 &= \mu u_1 \end{aligned}\right\} \tag{1.3.3}$$

CCVS 可以表示为

$$\left.\begin{aligned} u_1 &= 0 \\ u_2 &= r_\mathrm{m} i_1 \end{aligned}\right\} \tag{1.3.4}$$

VCCS 可以表示为

$$\left.\begin{aligned} i_1 &= 0 \\ i_2 &= g_\mathrm{m} u_1 \end{aligned}\right\} \tag{1.3.5}$$

CCCS 可以表示为

$$\left.\begin{aligned} u_1 &= 0 \\ i_2 &= \beta i_1 \end{aligned}\right\} \tag{1.3.6}$$

式(1.3.3)~式(1.3.6)称为线性受控源的元件约束。

下面讨论线性受控源是有源元件还是无源元件。由于受控源是一个二端口网络,因此严格来讲,需要讨论每个端口上关联参考方向下从负无穷时刻到任意时刻其吸收功率的积分值。但是由于线性受控源模型中控制端口始终是短路或者开路,可知这个端口上吸收功率的积分值始终为 0,因此我们依然可以用式(0.8.7)来讨论二端口的有源/无源性。以压控电压源 VCVS 为例,将其被控端口的控制关系代入式(0.8.7),得

$$\int_{-\infty}^{t} u(\tau)i(\tau)\mathrm{d}\tau = \mu \int_{-\infty}^{t} u_1(\tau)i_2(\tau)\mathrm{d}\tau$$

显然上式的结果不能确保对任意时刻 $t$ 均不小于 0。这个结论对其他受控源也成立,因此受控源是有源元件。

分析含受控源电路时需注意,虽然受控源从名称上看是"源",其 $u\text{-}i$ 平面上的特性与独立源也相同,但是其性质和独立源有本质的差别。独立源是电路中能量和信号的源,受控源是用来处理能量和信号的元件。

知识点21练习题和讨论

# 1.4 基尔霍夫定律

## 1.4.1 关于电路拓扑的若干名词

知识点22

从本节开始讨论电路分析的一般规律。前文已述,待分析的电路一般用电路图来表示。因此这里有必要介绍几个表示电路结构的名词。

**支路**（branch）　若干元件无分岔地首尾相连构成一个**支路**。例如图 1.4.1 所示电路有 6 个支路。支路两端的电压称为**支路电压**（branch voltage），流经支路的电流称为**支路电流**（branch current）。支路电压和支路电流统称为**支路量**。

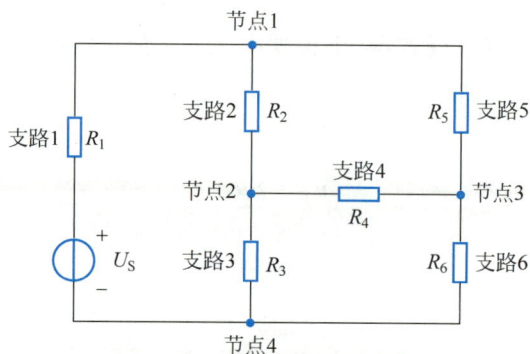

图 1.4.1　电路的支路和节点

**节点**（node）　电路中 3 个或 3 个以上支路的连接点称为**节点**[①]。例如图 1.4.1 所示电路有 4 个节点。为了便于分析，一般会指定某个节点为**参考节点**（reference node）。节点与参考节点之间的电压称为**节点电压**（node voltage）。节点电压其实和电位没有根本区别。

将一个电路的节点编号、支路编号以及支路与节点的连接关系称为电路的**拓扑结构**（topology structure）。电路的拓扑结构和元件的 $u\text{-}i$ 关系共同构成了对电路的描述。

**路径**（path）　一个节点到达另一个节点并且确保每个节点只经过一次所需经过的所有支路的有序集合称为**路径**。图 1.4.1 所示电路中，从节点 1 到节点 4，可以有 5 条路径，即支路 1、2—3、5—6、2—4—6、5—4—3。如果某路径的起始节点和终了节点相同且只有这个唯一的重复经过的节点，则称该路径为闭合路径。

**回路**（loop）　由支路构成的闭合路径称为电路的**回路**。在图 1.4.1 所示电路中，支路 1—2—3 构成一个回路，支路 2—3—6—5 构成一个回路，支路 1—6—5 构成一个回路，支路 2—4—5 构成一个回路，支路 3—6—4 构成一个回路，支路 1—6—4—2 构成一个回路，支路 1—3—4—5 构成一个回路。显然回路就是闭合路径。

如果一个电路在一个平面或球面上可以画成没有支路彼此交叉的形式，则这个电路称为**平面电路**。反之，如果无论怎样都无法避免支路交叉，则称这个电路为**立体电路**。图 1.4.1 所示为平面电路，图 1.4.2 所示为立体电路。

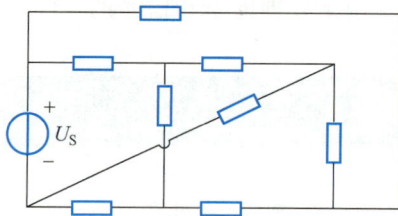

图 1.4.2　立体电路

---

[①]　也可定义每个二端元件构成一个支路，支路的端点为节点。这两种定义方法从本质上讲是一样的。本书的定义方法更适用于手工列写电路方程。两种定义方式的区别见 2.2 节。

对于一个平面电路来说,可以认为支路将电路所在的平面划分为若干网孔(mesh)或网格(grid)[①]。图 1.4.1 所示电路中,支路 1—3—2、2—4—5、3—4—6 构成了 3 个网孔。

## 1.4.2　基尔霍夫电流定律

基尔霍夫电流定律(Kirchhoff current law,KCL)[②]　集总参数电路任意时刻流入任意节点电流的代数和为零,即

$$\sum i_{in} = 0 \qquad (1.4.1)$$

显然式(1.4.1)左右均乘以 $-1$ 后可以得到

$$\sum i_{out} = 0 \qquad (1.4.2)$$

即流出节点的电流的代数和为零。

将式(1.4.1)和式(1.4.2)进行整理后,可以将 KCL 写为

$$\sum i_{out} = \sum i_{in} \qquad (1.4.3)$$

即流出某节点的电流之和等于流入该节点的电流之和。上面 3 种 KCL 描述是等价的。

例 1.4.1　求图 1.4.3 所示电路中的电流 $i$。

解　在节点上利用式(1.4.1),得

$$i + 1 + (-1) - (-2) - 0.5 = 0$$

求解上式得到 $i = -1.5A$。

同理,可以在节点上应用式(1.4.2),得

$$-i - 1 - (-1) + (-2) + 0.5 = 0$$

同样可以求得 $i = -1.5A$。

或者在节点上利用式(1.4.3),得到

$$i + 1 + (-1) = -2 + 0.5$$

求解上式同样得到 $i = -1.5A$。

图 1.4.3　例 1.4.1 图

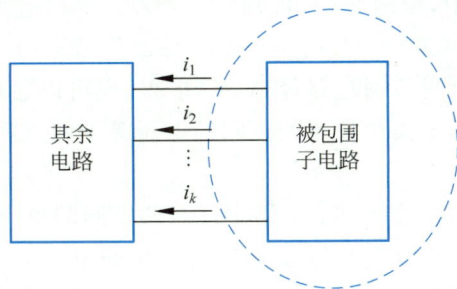

如果在选取闭合曲面的时候不仅包含一个节点,而且包含一个子电路,如图 1.4.4 中虚线所示,则可以把图示电路中被包围的子电路看作一个广义节点(generalized-node)或超节点(super-node)。广义节点或超节点同样满足广义基尔霍夫电流定律,即

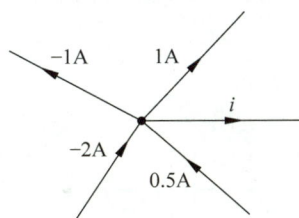

图 1.4.4　广义节点的 KCL

---

[①]　可将平面电路视作一张渔网,其中有若干"孔",每个孔周围的所有支路的集合即构成一个网孔。

[②]　1845 年,年仅 21 岁的德国人 G. R. Kirchhoff 提出了基尔霍夫电压定律和基尔霍夫电流定律。

$$\sum_{j=1}^{k} i_j = 0 \tag{1.4.4}$$

在图 1.3.1 中，可将 MOSFET 视作一个广义节点，由于 $i_G=0$，可以认为从 D 流入的电流等值由 S 流出，因此可以定义电流 $i_{DS}$，从而将 D、S 间部分看作一个二端元件。

### 1.4.3　基尔霍夫电压定律

**基尔霍夫电压定律**（Kirchhoff voltage law，KVL）　集总参数电路任意时刻沿任意回路电压降的代数和为零，即

知识点24

$$\sum u_{drop} = 0 \tag{1.4.5}$$

显然式(1.4.5)左右均乘以 $-1$ 后可以得到

$$\sum u_{rise} = 0 \tag{1.4.6}$$

即沿回路电压升的代数和为零。

将式(1.4.5)和式(1.4.6)进行整理后，可以将 KVL 写为

$$\sum u_{drop} = \sum u_{rise} \tag{1.4.7}$$

即回路中电压降的代数和等于电压升的代数和。上面 3 种 KVL 描述是等价的。

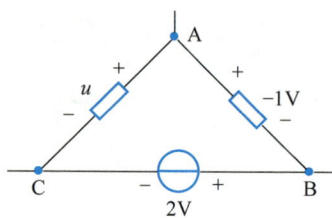

**图 1.4.5　例 1.4.2 图**

**例 1.4.2**　求图 1.4.5 所示电路中的电压 $u$。

**解**　在图 1.4.5 所示的回路中，从 A 开始，以顺时针作为电压降的方向并利用式(1.4.5)，得

$$-1 + 2 - u = 0$$

求解上式得到 $u = 1V$。

同理，可以在回路中从 A 开始，顺时针应用式(1.4.6)，得

$$-(-1) - 2 + u = 0$$

同样可以求得 $u=1V$。

在回路中从 A 开始，顺时针应用式(1.4.7)得

$$-1 + 2 = u$$

也可求得 $u=1V$。

在图 1.4.5 所示电路中，根据 KVL 可知

$$u_{AC} = u_{AB} + u_{BC}$$

即从 A 点到 C 点的电压，既可以通过路径 A—C 求得，也可以通过路径 A—B—C 求得。由此可以总结出广义 KVL，即电路中任意两点间的电压等于两点间任意一条路径经过的各元件电压的代数和。

这一结果也表明了这样一个事实：电路中任意两点间的电压与路径无关。

如前所述，节点电压定义为节点与参考节点之间的电压。在图 1.4.6 所示的电路中节点 A、B 和参考节点之间未必有直接的连接关系。在由 A—B—地构成的<u>虚拟回路</u>中应用 KVL 和节点电压的定义，可知

$$u_{AB} = u_A - u_B \tag{1.4.8}$$

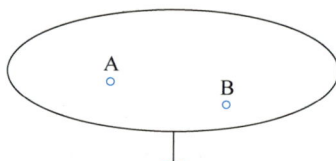

**图 1.4.6　虚拟回路的 KVL**

这是用节点电压表示的广义基尔霍夫电压定律。

KCL 和 KVL 共同构成了关于电路的拓扑约束,即只与电路拓扑结构相关、与某支路上具体接入什么元件无关的电压、电流的关系。有关基尔霍夫定律的进一步讨论可参考附录 A。

知识点24练习题和讨论

### 1.4.4 用拓扑约束和元件约束来求解电路

1.1节～1.3节讨论了若干元件约束,1.4.2 小节～1.4.3 小节讨论电路的拓扑约束,将二者相结合,理论上可以求解包含任意元件的任意复杂程度的电路。

知识点25

原则上讲,对于有 $b$ 条支路的电路来说,对每条支路都可列出一个元件约束方程(即该支路两端钮间满足的 $u$-$i$ 关系),如果能根据 KCL 和 KVL 列写出另外 $b$ 个独立方程,就可以求解出所有的 $2b$ 个支路量(即 $b$ 个支路电压和 $b$ 个支路电流),从而完成电路分析。这种方法称为 $2b$ 法。不过对大多数电路分析问题有更简单的求解方法。

**例 1.4.3** 求图 1.4.7 所示电路中的电压 $U_1$、$U_2$ 和电流 $I_1$、$I_2$,以及每个元件吸收的功率。

**解** 根据图中理想直流独立电流源的电流方向和电流 $I_1$ 和 $I_2$ 的参考方向,可知

$$I_1 = -2\text{A}, \quad I_2 = 2\text{A}$$

对电阻元件,利用欧姆定律得

$$U_2 = 5 \times 2\text{V} = 10\text{V}$$

在电路中顺时针应用 KVL,可知

$$U_2 - 2 - U_1 = 0$$

将 $U_2$ 代入上式得

$$U_1 = 8\text{V}$$

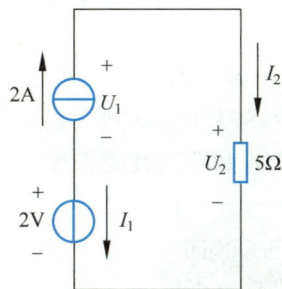

图 1.4.7 例 1.4.3 图

电流源上电压和电流采用的是非关联参考方向,该元件吸收的功率为

$$P_{1吸} = -U_1 \times 2 = -16\text{W}$$

即电流源发出 16W 的功率。电压源上电压和电流采用关联参考方向,该元件吸收的功率为

$$P_{2吸} = 2 \times I_1 = -4\text{W}$$

即电压源发出 4W 的功率。电阻上电压电流采用的是关联参考方向,该元件吸收的功率为

$$P_{3吸} = U_{2吸} \times I_2 = 10 \times 2\text{W} = 20\text{W}$$

由以上三式可得

$$P_{1吸} + P_{2吸} + P_{3吸} = 0$$

即该电路中各元件吸收的功率代数和为零[①]。

**例 1.4.4** 含线性压控电流源的电路如图 1.4.8 所示,其中 $\Delta u_\text{i}$ 为输入信号,$\Delta u_\text{o}$ 为输出信号,$g_\text{m}$ 为常数。求电压放大倍数 $k = \dfrac{\Delta u_\text{o}}{\Delta u_\text{i}}$。

另外一道例题

---

① 这并非一个特例。一般性结论见 2.1.1 节的功率守恒定理。

**解** 图 1.4.8 所示电路即第 3 章中介绍的 MOSFET 共源放大器的小信号电路模型。在线性压控电流源 VCCS 所在的回路中应用 KVL，有

$$k = \frac{\Delta u_o}{\Delta u_i} = \frac{-R_D \Delta i}{\Delta u_i} = \frac{-R_D g_m \Delta u_i}{\Delta u_i} = -R_D g_m$$

**例 1.4.5** 求图 1.4.9 所示电路中的 $U_{DS}$。

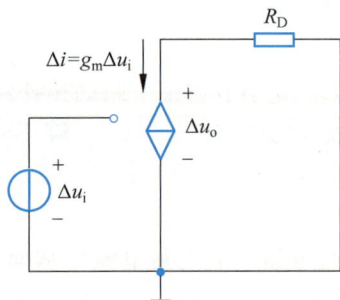

另外一道例题

图 1.4.8　例 1.4.4 图　　　　　　图 1.4.9　例 1.4.5 图

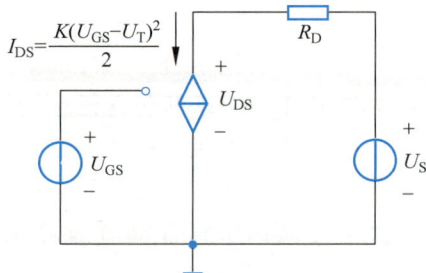

**解** 图 1.4.9 所示电路是含非线性压控电流源的例子。这个电路是第 3 章中讨论的 MOSFET 共源放大器工作点计算电路。在非线性压控电流源输出端口所在的回路中应用 KVL 和非线性受控源 $u\text{-}i$ 关系，有

知识点25练习题和讨论

$$\begin{cases} U_{DS} = U_S - I_{DS} R_D \\ I_{DS} = \dfrac{K(U_{GS} - U_T)^2}{2} \end{cases}$$

可解得

$$U_{DS} = U_S - R_D \frac{K(U_{GS} - U_T)^2}{2}$$

# 1.5　电路的等效变换

得到电路的拓扑约束和元件约束，原则上来说，就可以求解任意复杂的电路了。但是无论是手算求解电路，还是用计算机程序化求解电路，往往对电路进行一些等效变换后会带来可观的简化。此外，等效变换有时还可以揭示电路的一些本质特征。本节介绍的有关电阻等效变换和电源等效变换的技巧将在后续章节多次使用。当然，本节也是电路中等效观点和抽象观点的一个应用实例。

知识点26

两个子电路**等效**，意味着这两个子电路端口上的 $u\text{-}i$ 关系具有相同的形式和参数。

## 1.5.1　电阻等效变换

如果一个二端网络内部不含独立源，只包含多个线性电阻和线性受控源，则该二端网络

可用一个线性电阻来等效[①]，如图 1.5.1 所示。如果这个二端网络（即图 1.5.1 中的 P 网络）实现了某个功能，我们就称等效电阻 $R_{eq}$ 为该功能电路的入端电阻[②]。图 1.5.1 中，有

$$R_{eq} = \frac{u}{i} \tag{1.5.1}$$

图 1.5.1　不含独立源二端网络的等效电阻

也就是说，如果能够找到图 1.5.1 所示不含独立源二端网络端口的电压与电流之比，就可确定其等效的入端电阻。类似地，我们也可以定义入端电导。

下面先讨论纯电阻二端网络的等效变换，再介绍含受控源二端网络的等效电阻。

### 1. 电阻的串联

$n$ 个电阻元件的串联（serial connection）如图 1.5.2 所示。$n$ 个元件串联，意味着它们无分岔地首尾相连。

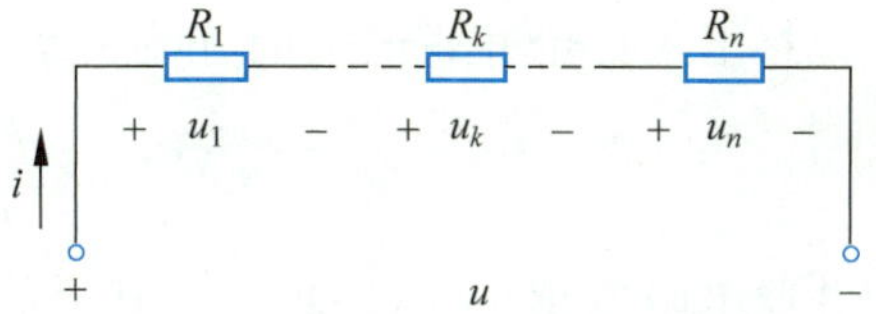

首先，根据元件顺序首尾相连的特点可知，流经每个电阻的电流均为 $i$。其次，根据 KVL，二端网络的端电压等于 $n$ 个电阻上电压的代数和。在图 1.5.2 所示的参考方向下，有

图 1.5.2　$n$ 个电阻元件串联

$$u = u_1 + \cdots + u_k + \cdots + u_n \tag{1.5.2}$$

最后，在每个电阻上均有

$$u_k = R_k i, \quad k = 1, 2, \cdots, n \tag{1.5.3}$$

由此可以得到下面的表达式

$$u = (R_1 + \cdots + R_k + \cdots + R_n)i \tag{1.5.4}$$

由式（1.5.4）可知，$n$ 个串联电阻端口电压和电流之间为线性代数关系，因此可以表示为等效电阻的形式，即

$$R_{eq} = \frac{u}{i} = R_1 + \cdots + R_k + \cdots + R_n \tag{1.5.5}$$

即串联电阻的等效电阻为所有电阻阻值之和。

接下来讨论串联电阻的分压关系。由式（1.5.3）和式（1.5.4）可知

$$\frac{u_k}{u} = \frac{R_k}{R_{eq}} \tag{1.5.6}$$

即串联电阻值越大，其上的分压也越大。具体地，对于两个串联的电阻，有

$$u_1 = \frac{R_1}{R_1 + R_2} u, \quad u_2 = \frac{R_2}{R_1 + R_2} u \tag{1.5.7}$$

---

[①]　该结论的证明过程见第 2 章。这里可以给出一个定性的解释：内部不含独立源的二端网络，在端口电流为零时，端口电压应该为零，否则说明该二端网络内部包含独立电压源。类似地，在端口电压为零时，端口电流应该为零。再考虑到网络内部均为线性元件，可以画出其端口的 $u$-$i$ 关系为过原点的一条直线，这与线性电阻的 $u$-$i$ 关系是相同的。

[②]　"入端"是从端口外面往里看入的意思。

**2. 电阻的并联**

$n$ 个电阻元件的并联(parallel connection)如图 1.5.3 所示。$n$ 个元件并联，意味着它

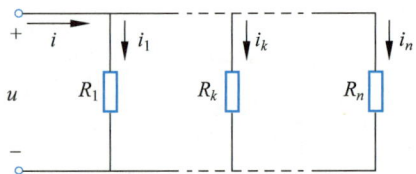

图 1.5.3 $n$ 个电阻元件并联

们首首相连，尾尾相连。

类似于 $n$ 个电阻串联的讨论，由 KVL 知并联电阻两端的电压相同，均为 $u$。由 KCL 知流经接线端的支路电流等于 $n$ 条支路电流之代数和，在图 1.5.3 所示参考方向下有

$$i = i_1 + \cdots + i_k + \cdots + i_n \tag{1.5.8}$$

每个电阻上 $u$-$i$ 关系同式(1.5.3)。由此可得

$$i = (1/R_1 + \cdots + 1/R_k + \cdots + 1/R_n)u \tag{1.5.9}$$

即

$$\frac{1}{R_{eq}} = \frac{i}{u} = \frac{1}{R_1} + \cdots + \frac{1}{R_k} + \cdots + \frac{1}{R_n} \tag{1.5.10}$$

用电导可表示为

$$G_{eq} = G_1 + \cdots + G_k + \cdots + G_n \tag{1.5.11}$$

接下来讨论并联电阻的分流关系。由式(1.5.3)和式(1.5.9)可知

$$\frac{i_k}{i} = \frac{1/R_k}{1/R_{eq}} = \frac{G_k}{G_{eq}} \tag{1.5.12}$$

即并联电阻值越小（电导越大），其上的分流也越大。具体地，对于两个并联的电阻，有

$$i_1 = \frac{R_2}{R_1 + R_2}i, \quad i_2 = \frac{R_1}{R_1 + R_2}i \tag{1.5.13}$$

有时电阻之间的连接关系既不是串联，也不是并联。平衡电桥和 Y-△ 变换就是用等效的观点来化简复杂连接电阻网络的有效手段。

**3. 电桥和平衡电桥**

图 1.5.4 中的 5 个电阻之间并非简单的串并联关系，而是构成了一个典型的电桥，由于构成电桥的 5 个电阻在拓扑上呈 H 形，因此经常称为 **H 桥**。有的文献中也将此电桥称为 **桥形网络** 或 **X 形网络**。

在某些特殊情况下，电桥可以简化。我们首先分析图 1.5.5 所示电路。

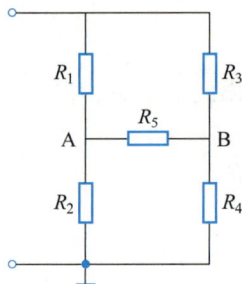

图 1.5.4 电桥

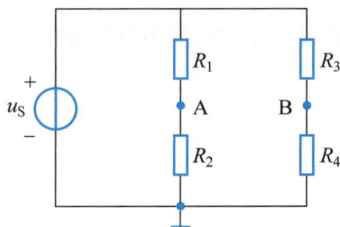

图 1.5.5 关于平衡电桥的引出

图 1.5.5 所示为简单的串并联电路,可根据串联分压求出节点 A 和 B 的电压为

$$u_A = \frac{R_2}{R_1 + R_2} u_S, \quad u_B = \frac{R_4}{R_3 + R_4} u_S \qquad (1.5.14)$$

式(1.5.14)中,如果

$$R_1 R_4 = R_2 R_3 \qquad (1.5.15)$$

易知 $u_A = u_B$。

在一个电路中,如果两点之间的电压(或两点的电位)相同,则在这两点之间连接任意阻值的电阻将不会影响该电路中其余支路量的值[①]。因此,对于图 1.5.4 所示电路来说,如果满足式(1.5.15),则 $R_5$ 为任意值不影响其他支路量的值(这里的任意值包括零值和无穷值),称这种状态为 电桥平衡 (bridge circuit equilibrium),这种子电路称为 平衡电桥 (equilibrate bridge)。

**例 1.5.1** 求图 1.5.6 所示电路的入端电阻。

**解** 由于电阻关系 $1 \times 4 = 2 \times 2$,因此图 1.5.6 所示电路为平衡电桥,$3\Omega$ 电阻为任意值不影响电路分析结果。如果设该电阻为零值,则图 1.5.6 所示电路的入端电阻为

$$R_{in} = (1 /\!/ 2 + 2 /\!/ 4)\Omega = 2\Omega$$

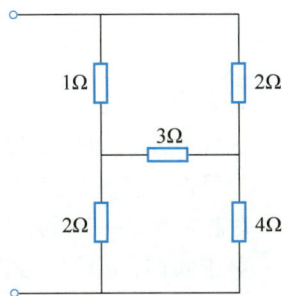

类似地,如果设该电阻为无穷值,则图 1.5.6 所示电路的入端电阻为

$$R_{in} = (1 + 2) /\!/ (2 + 4)\Omega = 2\Omega$$

图 1.5.6 例 1.5.1 图

### 4. Y-△等效变换

前面讨论的都是二端电阻网络的等效,这里讨论三端电阻网络的等效。再次重申,两个网络等效的充要条件是这两个网络在接线端上的电压和电流关系相同。

图 1.5.7(a) 所示电路为 △形连接(三角形连接、△接)电阻电路,图 1.5.7(b) 所示电路为 Y 形连接(星形连接、Y 接)电阻电路。

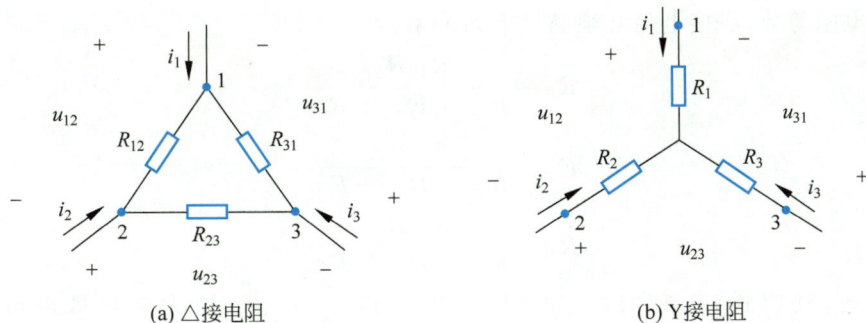

(a) △接电阻      (b) Y接电阻

图 1.5.7 Y-△等效变换

讨论电阻的 Y-△等效变换(星-三角等效变换),就是讨论在满足怎样的条件下,图 1.5.7(a) 和(b)在接线端 1、2、3 上表现出来的 $u$-$i$ 关系是相同的。

---

① 还有一个结论是电路中某个电阻支路电流为零,则该支路替换为任意阻值的电阻,电路中其余支路量的值均不变。这两个结论将在 2.7 节中进行证明。

对于图 1.5.7(a)所示电路，应用 KCL、KVL 和元件约束，得到下列关系：

$$i_1 = u_{12}/R_{12} - u_{31}/R_{31} \tag{1.5.16}$$

$$i_2 = u_{23}/R_{23} - u_{12}/R_{12} \tag{1.5.17}$$

$$i_3 = u_{31}/R_{31} - u_{23}/R_{23} \tag{1.5.18}$$

$$i_1 + i_2 + i_3 = 0 \tag{1.5.19}$$

$$u_{12} + u_{23} + u_{31} = 0 \tag{1.5.20}$$

对于图 1.5.7(b)所示电路，应用 KCL、KVL 和元件约束，得到下列关系：

$$u_{12} = R_1 i_1 - R_2 i_2 \tag{1.5.21}$$

$$u_{23} = R_2 i_2 - R_3 i_3 \tag{1.5.22}$$

$$u_{31} = R_3 i_3 - R_1 i_1 \tag{1.5.23}$$

$$i_1 + i_2 + i_3 = 0 \tag{1.5.24}$$

$$u_{12} + u_{23} + u_{31} = 0 \tag{1.5.25}$$

需要指出，式(1.5.16)～式(1.5.20)不是独立的，式(1.5.21)～式(1.5.25)也不是独立的。这样表示的原因是便于进行△接电阻电路和 Y 接电阻电路的比较。

如果图 1.5.7(a)和图 1.5.7(b)所示电路是等效的，则它们在接线端 1、2、3 上表现的 $u$-$i$ 关系应该是一致的。

对于式(1.5.16)～式(1.5.20)，将 $u_{12}$、$u_{23}$、$u_{31}$ 作为未知量进行求解，可得

$$u_{12} = \frac{R_{12}R_{31}i_1 - R_{23}R_{12}i_2}{R_{12} + R_{23} + R_{31}} \tag{1.5.26}$$

$$u_{23} = \frac{R_{23}R_{12}i_2 - R_{31}R_{23}i_3}{R_{12} + R_{23} + R_{31}} \tag{1.5.27}$$

$$u_{31} = \frac{R_{31}R_{23}i_3 - R_{12}R_{31}i_1}{R_{12} + R_{23} + R_{31}} \tag{1.5.28}$$

比较式(1.5.26)和式(1.5.21)，式(1.5.27)和式(1.5.22)，式(1.5.28)和式(1.5.23)可知，要与 Y 接电阻等效，△接电阻必须满足下列关系：

$$R_1 = \frac{R_{12}R_{31}}{R_{12} + R_{23} + R_{31}} \tag{1.5.29}$$

$$R_2 = \frac{R_{23}R_{12}}{R_{12} + R_{23} + R_{31}} \tag{1.5.30}$$

$$R_3 = \frac{R_{31}R_{23}}{R_{12} + R_{23} + R_{31}} \tag{1.5.31}$$

类似地，利用式(1.5.21)～式(1.5.25)，将 $i_1$、$i_2$、$i_3$ 作为未知量进行求解，与式(1.5.16)～式(1.5.18)进行比较可知，要与△接电阻等效，Y 接电阻必须满足下列关系：

$$R_{12} = R_1 + R_2 + \frac{R_1 R_2}{R_3} \tag{1.5.32}$$

$$R_{23} = R_2 + R_3 + \frac{R_2 R_3}{R_1} \tag{1.5.33}$$

$$R_{31} = R_3 + R_1 + \frac{R_3 R_1}{R_2} \tag{1.5.34}$$

如果图 1.5.7(a)中△接电阻均相等,即 $R_{12} = R_{23} = R_{31} = R_\triangle$,根据式(1.5.29)～式(1.5.31)可知

$$R_1 = R_2 = R_3 = \frac{R_\triangle}{3} \qquad (1.5.35)$$

如果图 1.5.7(b)中 Y 接电阻均相等,为 $R_1 = R_2 = R_3 = R_Y$,根据式(1.5.32)～式(1.5.34)可知

$$R_{12} = R_{23} = R_{31} = 3R_Y \qquad (1.5.36)$$

**例 1.5.2**    分析图 1.5.8 所示电路。

**解**    从电源处向电阻网络看过去,图 1.5.8 所示电路为桥式电路,不存在简单的串并联关系。如果 $R = 1\text{k}\Omega$,则电桥平衡,电路分析得到大大简化。但对于一般的 $R$ 来说,不存在电桥平衡关系。因此可以考虑使用 Y-△变换。

如果将图 1.5.8 中上面网孔的△接电阻转换为 Y 接电阻,图 1.5.8 即变换为如图 1.5.9 所示电路。

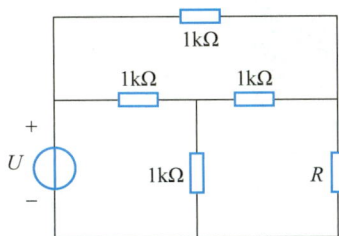

图 1.5.8    例 1.5.2 图

另一方面,如果将图 1.5.8 中间的 Y 接电阻转换为△接电阻,图 1.5.8 即变换为如图 1.5.10 所示电路。

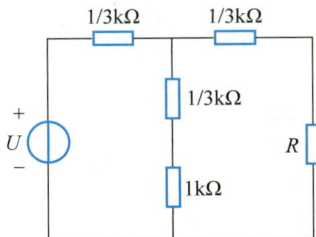

图 1.5.9    例 1.5.2 进行△→Y 变换后的等效电路

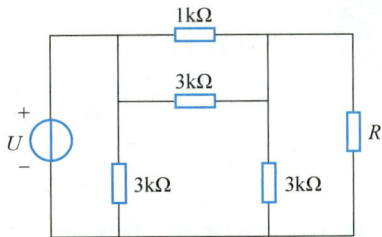

图 1.5.10    例 1.5.2 进行 Y→△变换后的等效电路

图 1.5.9 和图 1.5.10 均为电阻串并联电路,接下来的分析就比较简单了。

需要强调,等效是对于变换以外的子电路而言的,变换后得到的子电路内部和变换前的子电路内部是不等效的。对于图 1.5.9 所示电路来说,独立电压源、$1\text{k}\Omega$ 电阻和 $R$ 电阻上的电压电流与图 1.5.8 所示电路中的独立电压源、$1\text{k}\Omega$ 电阻和 $R$ 电阻上的电压电流相同,其他元件的支路量则一般不相同。对于图 1.5.10 所示电路来说,独立电压源、$1\text{k}\Omega$ 电阻和 $R$ 电阻上的电压电流与图 1.5.8 所示电路中的独立电压源、$1\text{k}\Omega$ 电阻和 $R$ 电阻上的电压电流相同,其他元件的支路量则一般不相同。

### 5. 含电阻和受控源的二端网络的等效电阻

前已述及,受控源是一个二端口网络,因此包含受控源的二端网络意味着受控源的控制端口和输出端口都在该二端网络中。

要想描述含电阻和受控源二端网络的等效电阻,从根本上来说,就需要写出端口电压和电流的线性关系,其系数即为等效电阻值,由二端网络的拓扑结构和元件参数来决定。为此,可以有意识地设端口电压为某已知量 $U$,在二端网络内部应用拓扑约束和元件约束,最终用端口电压 $U$ 表示端口电流 $I$,从而求出入端电

某些不适用于加求流和加求压的特殊场合

阻，这种方法称为**加压求流法**。类似地，也可以有意识地设端口电流为某已知量 $I$，在二端网络内部应用拓扑约束和元件约束，最终用端口电流 $I$ 表示端口电压 $U$，从而求出入端电阻，这种方法称为**加流求压法**。由于二端网络的性质只与其内部拓扑约束和元件约束有关，与外加激励无关，因此一般情况下，无论加压求流还是加流求压，都能求出等效电阻。

**例 1.5.3** 求图 1.5.11 所示二端网络的等效电阻。

**解** 用加压求流法。设在接线端加上独立电压源，得到的电路如图 1.5.12 所示。

加流求压法求该电路入端电阻

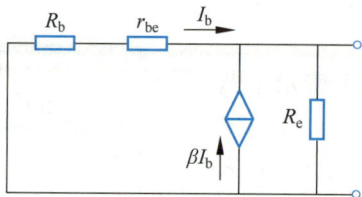

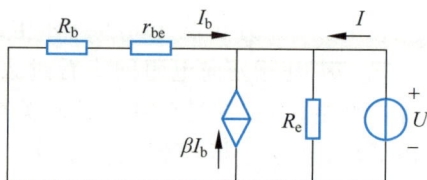

图 1.5.11 例 1.5.3 图　　　　　　图 1.5.12 加压求流法分析例 1.5.3

应用 KCL、KVL 和元件约束，可知

$$(R_b + r_{be})I_b = -U$$

$$I = \frac{U}{R_e} - \beta I_b - I_b$$

消去 $I_b$ 得

$$R_{eq} = \frac{U}{I} = \frac{1}{\dfrac{1}{R_e} + \dfrac{1+\beta}{R_b + r_{be}}} = R_e \mathbin{/\!/} \frac{R_b + r_{be}}{1+\beta}$$

## 1.5.2　电源等效变换

本小节包括两个部分，首先介绍仅由独立源构成的二端网络的等效变换，其次介绍实际电源的电路模型间的等效变换。

知识点27

### 1. 独立源的串联

对于多个独立电压源串联的情况，可用 KVL 进行分析。

分析图 1.5.13(a)所示电路可知

$$u = u_{S1} + u_{S2} + \cdots + u_{Sn}$$

分析图 1.5.13(b)所示电路可知

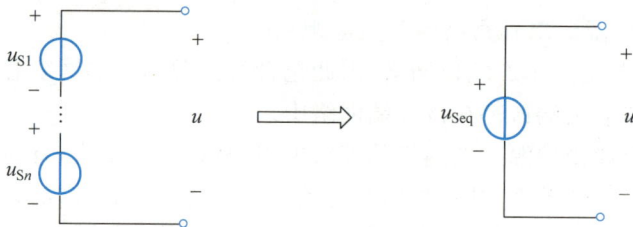

(a) $n$ 个串联的独立电压源　　　　　　(b) 对外等效的独立电压源

图 1.5.13　$n$ 个串联的独立电压源及其对外等效

$$u = u_{Seq}$$

如果图 1.5.13(a)和(b)等效,则必然有

$$u_{Seq} = u_{S1} + u_{S2} + \cdots + u_{Sn} \tag{1.5.37}$$

即 $n$ 个串联的独立电压源对外等效为一个独立电压源,其电压为 $n$ 个独立电压源电压的代数和。

下面讨论独立电流源和其他元件的串联。图 1.5.14(a)给出了一个由理想独立电流源和另一个二端元件或二端网络串联构成的二端网络,可以发现,其端口的 $u\text{-}i$ 关系只能由该独立源的电流 $I_S$ 来决定,如图 1.5.14(b)所示。这意味着独立电流源与其他二端网络串联所构成的更宏观的二端网络中,从端口看入的 $u\text{-}i$ 关系等效为该独立电流源的 $u\text{-}i$ 关系。

与电流源串联元件的影响

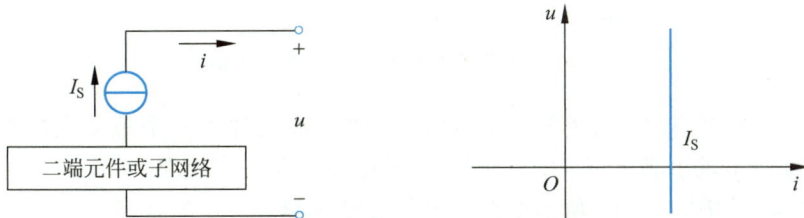

(a) 与独立电流源串联的二端元件或子网络　　　　(b) $u\text{-}i$ 关系

图 1.5.14　与独立电流源串联的二端元件或子网络及其 $u\text{-}i$ 关系

需要指出,在一些特殊情况下(如图 1.5.14(a)中的二端元件为一个独立电流源,其电流值不等于 $I_S$),可能出现不满足 KCL 的现象,这种电路称为病态电路。产生这种现象有两个原因。其一是特别设计的模型电路,这种电路没有物理背景,一般不对其进行研究。其二是从实际电路中抽象出的电路出现上述矛盾。产生矛盾的原因就在于抽象的过程是一个突出主要矛盾,忽略次要矛盾的过程。这个过程带来的误差有时候是可以忽略的,但在有些情况下忽略就会产生这样的矛盾。在这种情况下就不能进行这样的抽象,必须重新建立更为复杂的模型。

### 2. 独立源的并联

对于多个独立电流源并联的情况,可用 KCL 进行分析。如图 1.5.15 所示,采用类似 $n$ 个独立电压源串联的分析方法,易知

$$i_{Seq} = i_{S1} + i_{S2} + \cdots + i_{Sn} \tag{1.5.38}$$

即 $n$ 个并联的独立电流源对外等效为一个独立电流源,其电流为 $n$ 个独立电流源电流的代数和。

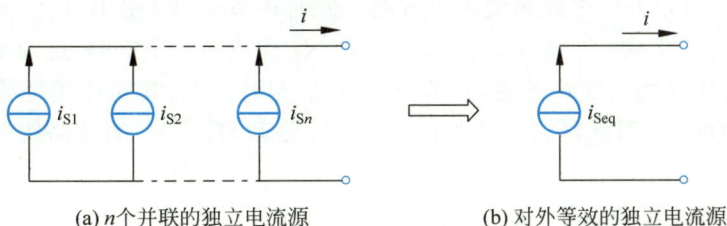

(a) $n$ 个并联的独立电流源　　　　　　(b) 对外等效的独立电流源

图 1.5.15　$n$ 个并联的独立电流源及其对外等效

图 1.5.16(a)给出了一个由理想独立电压源和另一个二端元件或二端网络并联构成的二端网络，可以发现，其端口的 $u$-$i$ 关系只能由该独立源的电压 $U_S$ 来决定，如图 1.5.16(b)所示。这意味着独立电压源与其他二端网络并联所构成的二端网络中，从端口看入的 $u$-$i$ 关系等效为该独立电压源的 $u$-$i$ 关系。

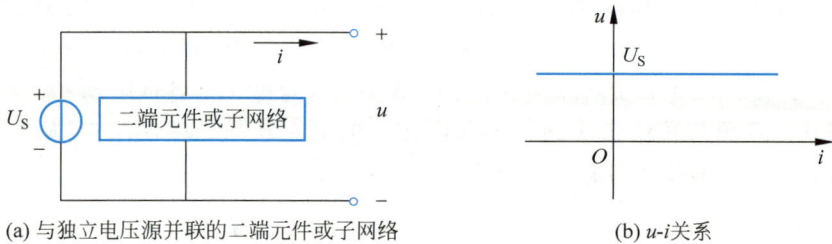

(a) 与独立电压源并联的二端元件或子网络      (b) $u$-$i$ 关系

图 1.5.16 与独立电压源并联的二端元件或子网络及其 $u$-$i$ 关系

同样，在一些特殊情况下(图 1.5.16(a)中的二端元件为一个独立电压源，其电压值不等于 $U_S$)，可能出现不满足 KVL 的现象，这种电路也是病态电路。

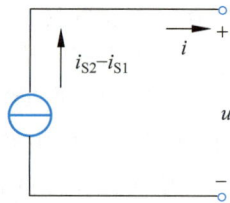

**例 1.5.4** 求图 1.5.17 所示电路的最简等效电路。

**解** 综合应用前面讨论的结果和式(1.5.37)和式(1.5.38)，得最简等效电路如图 1.5.18 所示。

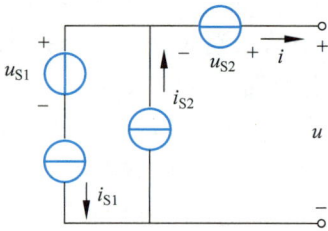

图 1.5.17 例 1.5.4 图      图 1.5.18 图 1.5.17 所示电路的最简等效电路

### 3. 独立源的转移

在手算求解电路的过程中，有时候不太容易弄清楚独立源和电阻、受控源之间的串并联关系，在这种情况下，采用电压源转移或电流源转移有时能将电路等效变换为元件之间有清晰串并联关系的电路，从而方便求解。

在图 1.5.19(a)所示电路中，$N_1 \sim N_4$ 为二端网络，A、B 两个节点间连接了独立电压源 $U_S$。我们一般将这种直接连接在两个节点的独立电压源称为**无伴独立电压源**。根据图 1.5.16，如果我们人为设 A、B 两个节点间连接了两个并联的值均为 $U_S$ 的独立电压源，即图 1.5.19(b)所示电路，对 A—B 以外的电路来说是等效的。此时在节点 B 上连接了 4 个元件，可以看作是由一个 $U_S$ 和 $N_1$ 构成一个支路，另一个 $U_S$ 和 $N_2$ 构成另一个支路，这两个支路的中间有一条短路线。对于这两条支路来说，在节点 B 上是等电位点，其间连接零值电阻和无穷值电阻对外是等效的[①]。因此我们可以把 $U_S$—$N_1$ 支路和 $U_S$—$N_2$ 的短路线(B 节点)等效转

---

[①] 等电位点间接任意阻值不改变支路量的结论证明见 1.7 节。

换为开路,即由此构成的图 1.5.19(c)所示电路和图 1.5.19(a)所示电路是等效的,这样就实现了独立电压源转移,即将某个无伴独立电压源转移到与其某个节点相连的所有支路上,确保转移前后其余支路量不变。

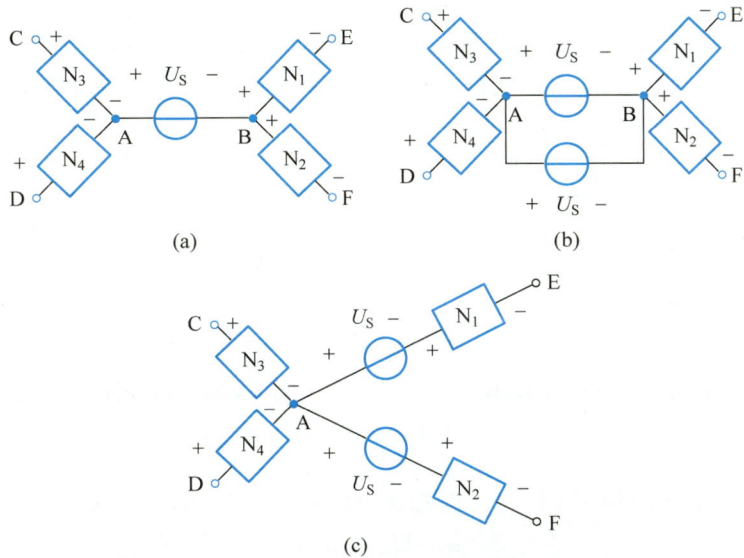

图 1.5.19　独立电压源转移例子

上述过程也可以用另外一种方式实现。设图 1.5.19(a)所示电路中,$N_1 \sim N_4$ 上电压电流均为关联参考方向。容易验证,从 C—D—E—F 的外接线端看进去,图 1.5.19(a)所示电路的 $u\text{-}i$ 关系和图 1.5.19(c)所示电路的 $u\text{-}i$ 关系可以完全相同。

类似地,在图 1.5.20(a)所示电路中,$N_1 \sim N_5$ 为二端网络,A、B 两个节点间连接了独立电流源 $I_S$。我们一般将这种没有直接并联电阻的独立电流源称为无伴独立电流源。根据类似的过程,可知其等效为图 1.5.20(b)所示电路,这样就实现了独立电流源转移,即将某个无伴独立电流源转移到与其构成网孔的所有支路上,确保转移前后其余支路量不变。

无伴电流源
转移的推导

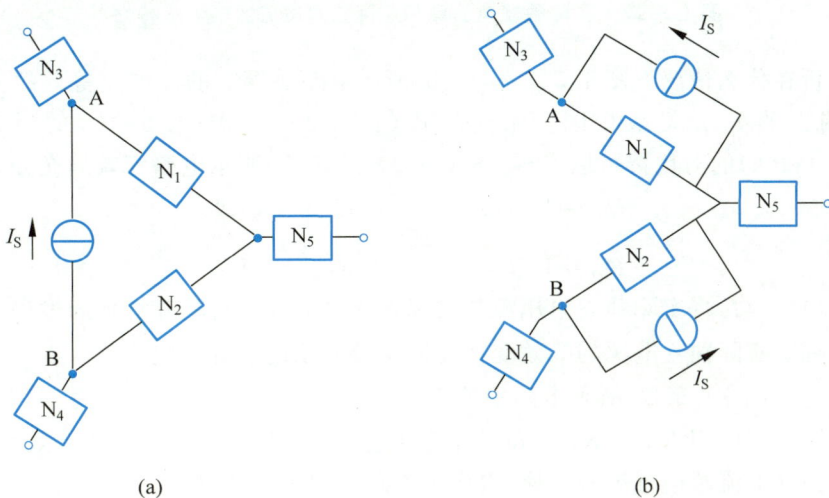

图 1.5.20　独立电流源转移例子

### 4. 实际独立电源的模型及其等效变换

前面讨论的都是理想独立源模型。实际情况中有时不能忽略电源的内阻，因此有必要讨论实际独立源的模型及其等效变换。

实际独立电压源和实际独立电流源的电路模型可分别用图 1.5.21(a)和(b)来表示。其中，$U_S$ 和 $I_S$ 分别表示独立电压源和电流源的设计参数，$R_S$ 和 $G_S$ 分别表征二者的内部损耗。我们一般将图 1.5.21 所示实际独立源的电路模型称为有伴独立源，它包括有伴独立电压源和有伴独立电流源。

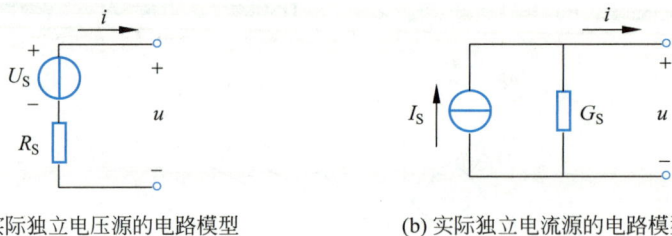

(a) 实际独立电压源的电路模型      (b) 实际独立电流源的电路模型

图 1.5.21　实际独立电压源和独立电流源的电路模型

在图 1.5.21(a)中应用 KVL 和元件特性，可写出端口上的 $u$-$i$ 关系为

$$u = U_S - R_S i \tag{1.5.39}$$

在图 1.5.21(b)中应用 KCL 和元件特性，可写出端口上的 $u$-$i$ 关系为

$$i = I_S - G_S u \tag{1.5.40}$$

式(1.5.39)和式(1.5.40)所示的 $u$-$i$ 关系分别如图 1.5.22(a)和(b)所示。

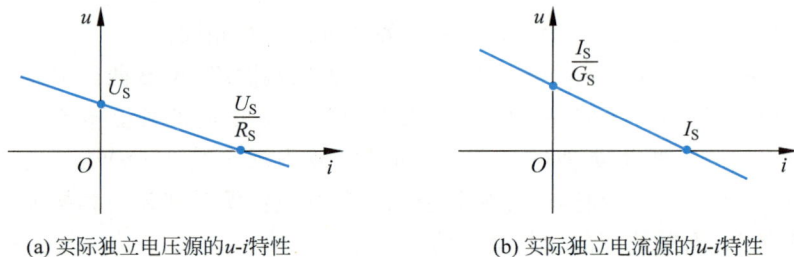

(a) 实际独立电压源的 $u$-$i$ 特性      (b) 实际独立电流源的 $u$-$i$ 特性

图 1.5.22　实际独立电压源和实际独立电流源的 $u$-$i$ 特性

下面分析在什么情况下图 1.5.21(a)、(b)所示电路是等效的。电路等效的充分必要条件是接线端上的 $u$-$i$ 关系相同。无论从式(1.5.39)和式(1.5.40)的对比，还是从图 1.5.22(a)和(b)的对比都可以发现，图 1.5.21(a)和(b)所示电路等效的充分必要条件是

$$\begin{cases} U_S = I_S/G_S \\ R_S = 1/G_S \end{cases} \quad \text{或} \quad \begin{cases} I_S = U_S/R_S \\ G_S = 1/R_S \end{cases} \tag{1.5.41}$$

应用式(1.5.41)将实际独立电压源与实际独立电流源进行相互变换的过程称为电源等效变换。掌握了实际独立电源的等效变换能够比较方便地求解一些电路。

**例 1.5.5**　求图 1.5.23 所示电路中的 I。

**解**　此题直接应用 KVL、KCL 和元件特性进行分析比较烦琐。采用等效变换的方法，对两个实际独立电流源进行等效变换，得到的电路如图 1.5.24 所示。

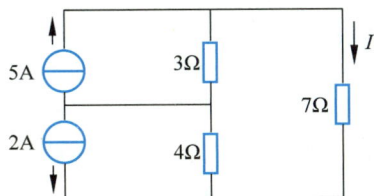

图 1.5.23    例 1.5.5 图

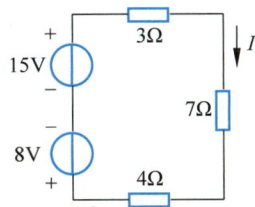

图 1.5.24    图 1.5.23 经等效变换后的电路图

图 1.5.24 可方便地用 $KVL$ 求解,易知

$$I = \frac{15-8}{3+7+4}\text{A} = 0.5\text{A}$$

掌握了独立源的转移和实际独立源等效变换后,我们就可以对一些较为复杂的电路进行等效变换求解了。

例 1.5.6    求图 1.5.25 所示电路的最简等效电路。

解    图 1.5.25 所示电路由独立电流源和电阻构成 H 桥。将图 1.5.20 所示独立电流源转移用于图 1.5.25 所示电路可得图 1.5.26(a)所示电路,再利用式(1.5.41)变换为图 1.5.26(b),最终得到图 1.5.26(c)或图 1.5.26(d)所示的最简等效电路。

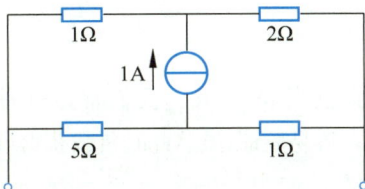

图 1.5.25    例 1.5.6 图

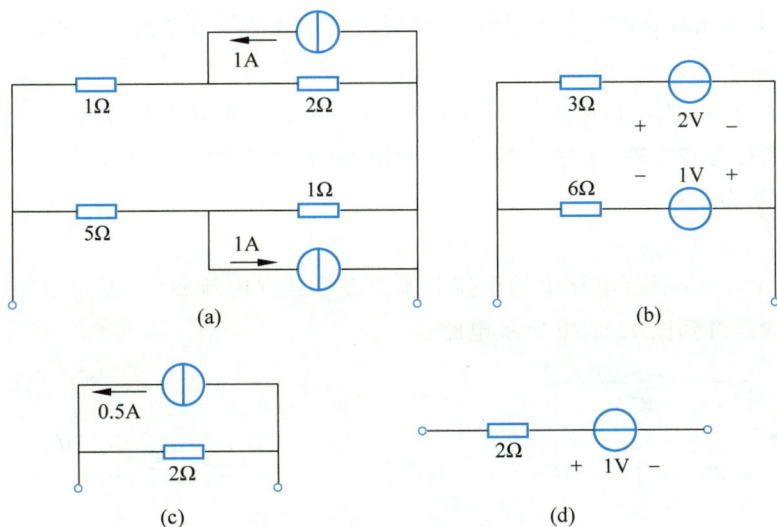

另一种应用电源转移的解法

(a)    (b)    (c)    (d)

图 1.5.26    例 1.5.6 所示电路的简化过程

### 5. 最大功率传输

对于图 1.5.27 所示实际电压源($U_S$,$R_S$)直接接负载 $R_L$ 的电路来说,人们有时对在实际电压源确定的前提下,$R_L$ 上能获得的最大功率的条件感兴趣。

由图 1.5.27 和功率的定义可知

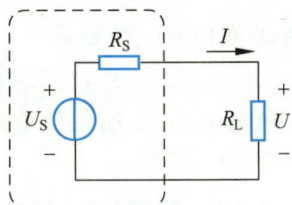

图 1.5.27    最大功率传输

$$P_L = I^2 R_L = \left( \frac{U_S}{R_S + R_L} \right)^2 R_L$$

以 $R_L$ 为变量，对 $P_L$ 求导得

$$\frac{\mathrm{d}P_L}{\mathrm{d}R_L} = U_S^2 \frac{R_S - R_L}{(R_S + R_L)^3}$$

显然，当 $R_S = R_L$ 时，有 $\frac{\mathrm{d}P_L}{\mathrm{d}R_L} = 0$。求 $P_L$ 的二次导数得

$$\frac{\mathrm{d}^2 P_L}{\mathrm{d}R_L^2} = 2U_S^2 \frac{R_L - 2R_S}{(R_S + R_L)^4}$$

可见，当 $R_S = R_L$ 时，有 $\frac{\mathrm{d}^2 P_L}{\mathrm{d}R_L^2} < 0$。故 $R_S = R_L$ 是 $R_L$ 获得最大功率的充要条件，此时 $R_L$ 获得的最大功率为

$$P_{max} = \frac{U_S^2}{4R_S} \tag{1.5.42}$$

当且仅当 $R_L = R_S$，我们常称这种状态为 电阻匹配。

容易验证，虽然此时负载获得最大功率，但对于电源的能量传输来说，效率并不高，只有 $50\%$。

### 6. 受控源的等效变换

为了进一步深化对等效概念的理解，不妨讨论受控源的等效变换。下面分析图 1.5.28 所示电路的端口 $u$-$i$ 关系。

图 1.5.28 中 $U_1$ 为压控电流源 VCCS 的控制量，它在被分析的二端网络以外。即如果对图 1.5.28 进行等效变换，不会影响 $U_1$。利用 KCL 和欧姆定律可知图 1.5.28 所示电路的端口 $u$-$i$ 关系为

$$I = 0.5U - 2U_1 \tag{1.5.43}$$

如果把图 1.5.28 所示电路中的压控电流源看作独立电流源（电流为 $2U_1$），则可对其进行电源等效变换，得到图 1.5.29 所示电路。

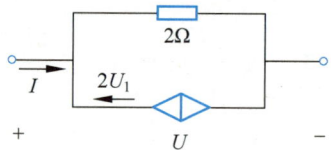

图 1.5.28　受控源的等效变换

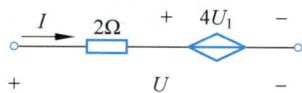

图 1.5.29　图 1.5.28 所示电路的等效变换

利用 KVL 和欧姆定律可知，图 1.5.29 所示电路的端口 $u$-$i$ 关系为

$$U = 2I + 4U_1 \tag{1.5.44}$$

比较式(1.5.43)和式(1.5.44)可知，图 1.5.28 和图 1.5.29 所示的电路在端口上的 $u$-$i$ 关系相同，这两个电路是等效的。

由此可以得到结论：可以对受控源进行电源等效变换，前提是变换前后

知识点27练习题和讨论

不能使受控源的控制量发生变化。

## 1.6　用 MOSFET 构成数字电路的基本单元——门电路

本节有两个目的：介绍数字系统的基本概念；介绍 MOSFET 元件的电路模型并用其构成数字系统的基本单元——门电路。读者可以通过这个过程熟悉拓扑约束和元件约束的应用。

### 1.6.1　数字系统的基本概念

知识点28

绪论部分介绍过，产生和处理数字信号的系统称为数字系统（digital system）或数字电路（digital circuit）。产生和处理模拟信号的系统称为模拟系统（analog system）或模拟电路（analog circuit）。计算机就是一个二进制数字系统。计算机采用二进制数字系统的原因主要有两点：其一是二进制数字系统能很方便地和逻辑系统结合起来；其二是物理上实现具有两个稳态值的数字系统基本元器件比较容易。

人类感官接收的信号多为连续信号，如声音、图像等。当然也有一些离散信号，如人口统计数据、银行利率等。早期的信号传输与处理技术都是直接对连续信号进行处理的。因而电路的组成也由按连续时间函数工作的基本元件构成。随着信息科学技术研究与应用的发展，人们发现利用离散系统传输与处理信号具有许多优点。如果把连续信号经抽样转换为离散信号（数字信号），对于信息传输与处理都会带来很大方便。因此，在当代信息科学领域中数字系统占据了最主要地位。模拟系统的直接应用虽然在逐步减少，但却是实际系统中必不可少的组成部分。模拟系统和数字系统之间是互补关系，而不是替代关系。从对电路工作原理的认知过程来看，数字系统的入门学习更加容易。综合考虑以上因素，本书将讨论模拟系统和数字系统的基本原理，使读者能全面了解当代电路与系统的实际应用现状。

电路的作用在于处理电能与电信号。本节讨论如何用数字系统来处理信号。在信号的产生、传输和处理过程中不可避免地会受到噪声的影响，噪声的来源很复杂。温度、压力、外部电磁波都有可能在电路元件内部产生噪声。更糟糕的是，噪声可能在信号的处理过程中被逐级放大，最终影响其他信号。因此研究信号处理必须研究噪声处理。图 1.6.1 示出了纯净的和受到噪声影响的正弦电压信号。从图中可以看出，噪声使得信号失真了。对应于某一时间点来说，纯净信号的值和受到噪声影响信号的值是不一样的。

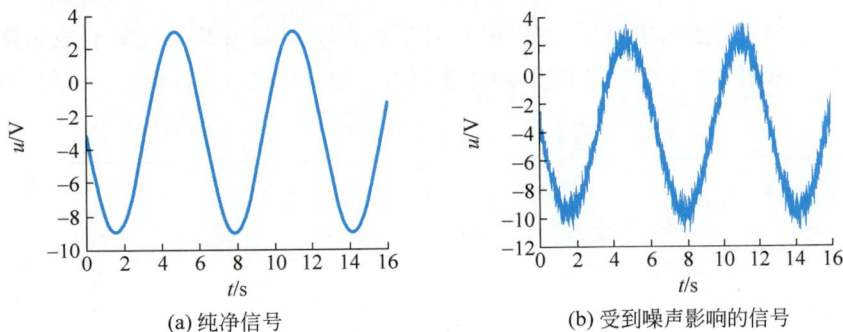

(a) 纯净信号　　　　(b) 受到噪声影响的信号

图 1.6.1　噪声对信号的影响

要想消除或减弱噪声的影响,有两种思路。其一是进行滤波,即将噪声通过某个电路或某些信号处理手段滤去。本书第7章将简单介绍滤波,更详细的滤波的知识将在数字信号处理、模拟电子线路等课程中介绍。其二是对信号进行某些处理,使其抵抗噪声的能力大大增强。本小节讨论的数字系统就是一个例子。

图1.6.2表示了一个数字信号的序列0-1-0-1-0-……这个序列只在偶数秒上有定义,其取值只有0V和5V两种。可以将0V对应逻辑0或假,5V对应逻辑1或真。

从图1.6.2中可以看出,数字信号是没有办法精确实现的。由于噪声的存在,没有办法精确地在偶数秒上发出信号,也没有办法精确地产生0V和5V的信号。但如果采用下面的信号传输方式,则可以有效地解决这个问题。

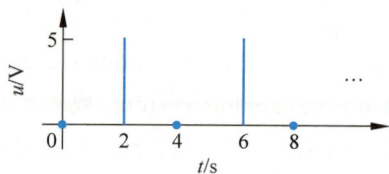

图1.6.2　数字信号

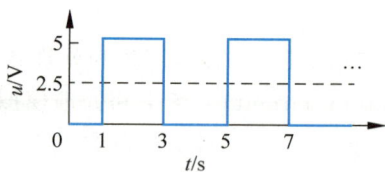

图1.6.3　实际传送的数字信号

在图1.6.3所示信号中,在偶数秒取值,同时认为如果信号的值大于2.5V,则信号表示1或逻辑真;如果信号的值小于2.5V,则信号表示0或逻辑假。图1.6.4表示图1.6.3所示信号受到噪声干扰后的效果。

根据前面的取值约定可以看出,即使噪声导致无法在精确的时间点获取精确的信号值,只要噪声不是太大,电路仍然可以传送数字信号的序列0-1-0-1-0-……,如图1.6.4所示。因此数字系统可以大大提高信号抵抗噪声的能力!

二进制数字系统与逻辑系统有天然的密切联系。本节将讨论如何处理各种逻辑信号。

图1.6.4　受到噪声影响后实际传送的数字信号

对逻辑信号的处理有几种最基本的运算方法:非运算(式(1.6.1))、与运算(式(1.6.2))以及或运算(式(1.6.3))。

$$Y_1 = \overline{A} \tag{1.6.1}$$

$$Y_2 = AB \tag{1.6.2}$$

$$Y_3 = A + B \tag{1.6.3}$$

表1.6.1给出了对逻辑信号$A$取非运算、对逻辑信号$A$和$B$取与运算和或运算的结果,该表称为真值表。从表1.6.1中可以看出,对逻辑信号取非、与、或运算得到的结果仍为逻辑信号。

表1.6.1　逻辑信号的基本运算

| $A$ | $B$ | $\overline{A}$ | $AB$ | $A+B$ |
| --- | --- | --- | --- | --- |
| 1 | 1 | 0 | 1 | 1 |
| 0 | 0 | 1 | 0 | 0 |
| 1 | 0 | 0 | 0 | 1 |
| 0 | 1 | 1 | 0 | 1 |

从表 1.6.1 中可以看出，$A$ 与 $\overline{A}$ 始终逻辑相反；当且仅当 $A$ 和 $B$ 均为真时，$AB$ 为真；当且仅当 $A$ 和 $B$ 均为假时，$A+B$ 为假。

非、与、或是最基本的逻辑运算单元。所有的逻辑运算均可由这 3 个基本运算单元构成。例如 $A$ 表示"今天是晴天"，则 $\overline{A}$ 表示"今天不是晴天"；$B$ 表示"我心情好"，则 $AB$ 表示"今天是晴天而且我心情好"；$A+B$ 表示"今天是晴天或者我心情好"。

式(1.6.1)～式(1.6.3)的组合构成逻辑表达式。逻辑表达式和真值表可以进行相互转换。例如，对于逻辑表达式 $A(B+C)$，可以通过 3 个步骤得到真值表。第 1 步：制表。真值表有 $n+1$ 列，$2^n+1$ 行，$n$ 表示逻辑表达式中的逻辑变量数。第 2 步：写出逻辑表达式中所有逻辑变量的组合(共 $2^n$ 种)，填写在表中。第 3 步：根据每行的逻辑变量取值和逻辑关系求出逻辑输出，填写在表中。

根据上述步骤得到的真值表如表 1.6.2 所示。

表 1.6.2　$A(B+C)$ 的真值表

| $A$ | $B$ | $C$ | $A(B+C)$ |
| --- | --- | --- | --- |
| 0 | 0 | 0 | 0 |
| 0 | 0 | 1 | 0 |
| 0 | 1 | 0 | 0 |
| 0 | 1 | 1 | 0 |
| 1 | 0 | 0 | 0 |
| 1 | 0 | 1 | 1 |
| 1 | 1 | 0 | 1 |
| 1 | 1 | 1 | 1 |

反过来，也可以根据真值表得到逻辑表达式。例如获得了表 1.6.2 所示的真值表后，可以通过 3 个步骤得到逻辑表达式。

第 1 步：写出所有使得输出为逻辑真的输入的组合方式。由表 1.6.2 可知，在 $A=1$，$B=0$，$C=1$ 时，逻辑表达式 $A\overline{B}C$ 的输出为 1。同理，$AB\overline{C}$ 和 $ABC$ 分别表示另外两种使得输出为 1 的输入组合。

第 2 步：将这些组合用或运算表示。即只要 $A$、$B$、$C$ 的逻辑取值使得 $A\overline{B}C$、$AB\overline{C}$ 和 $ABC$ 其中之一获得逻辑真即可，这符合真值表中只有 3 行输出为 1 的事实。得到 $A\overline{B}C+AB\overline{C}+ABC$。

第 3 步：利用某种方法化简得到逻辑表达式。从第 2 步得到的逻辑表达式和 $A(B+C)$ 看起来毫无关系，但进一步的逻辑推导表明，二者表示的逻辑含义是相同的。

在得到逻辑表达式(或真值表)后，就可以利用现有的若干逻辑基本单元(与、或、非等逻辑门)来实现这些表达式。几种最常用的逻辑门如表 1.6.3 所示，这些逻辑门对应的真值表如表 1.6.4 所示。

从表 1.6.3 中可以看出，反相器和缓冲器有逻辑非的关系。从图上来看，缓冲器输出加个圈即表示反相器。类似地，与门和与非门有逻辑非关系，与门输出加个圈即表示与非门；或门和或非门有逻辑非关系，或门输出加个圈即表示或非门。

表 1.6.3　几种最常用的逻辑门

| 表达式 | 本书符号 | 国标符号 | 表达式 | 本书符号 | 国标符号 |
|---|---|---|---|---|---|
| $Y=\overline{A}$ 反相器 | $A \rightarrow Y$ | 1 | $Y=A+B$ 或门 | $\begin{matrix}A\\B\end{matrix} \rightarrow Y$ | $\geqslant 1$ |
| $Y=A$ 缓冲器 | $A \rightarrow Y$ | 1 | $Y=\overline{AB}$ 与非门 | $\begin{matrix}A\\B\end{matrix} \rightarrow Y$ | & |
| $Y=AB$ 与门 | $\begin{matrix}A\\B\end{matrix} \rightarrow Y$ | & | $Y=\overline{A+B}$ 或非门 | $\begin{matrix}A\\B\end{matrix} \rightarrow Y$ | $\geqslant 1$ |

表 1.6.4　几种最常用逻辑门的真值表

| $A$ | $B$ | $Y=\overline{A}$ | $Y=A$ | $Y=\overline{AB}$ | $Y=AB$ | $Y=\overline{A+B}$ | $Y=A+B$ |
|---|---|---|---|---|---|---|---|
| 0 | 0 | 1 | 0 | 1 | 0 | 1 | 0 |
| 0 | 1 | 1 | 0 | 1 | 0 | 0 | 1 |
| 1 | 0 | 0 | 1 | 1 | 0 | 0 | 1 |
| 1 | 1 | 0 | 1 | 0 | 1 | 0 | 1 |

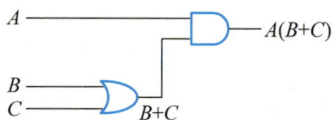

图 1.6.5　$A(B+C)$ 的构成

如果要构成 $A(B+C)$ 的逻辑系统，只需将逻辑门按图 1.6.5 连接起来即可。

通过前面的讨论可以看出，如果能够制造出几种最常用的逻辑门电路，就可以实现各种复杂的逻辑信号处理电路。这些逻辑信号处理电路有一个共同的特点，就是电路的逻辑输出只取决于当前电路的逻辑输入，这种逻辑电路称为组合逻辑电路。此外还存在另一种逻辑电路，其逻辑输出与当前的逻辑输入和之前的逻辑输入都有关系，这种逻辑电路称为时序逻辑电路。计算机就是由若干的组合逻辑电路和时序逻辑电路组成的系统。

知识点28练习题和讨论

## 1.6.2　MOSFET 的电路模型

1.3 节介绍了 N 沟道增强型 MOSFET 元件，讨论了其外特性和 $u\text{-}i$ 关系。本小节综合应用这些结论，用电路模型来表示 N 沟道增强型 MOSFET。

知识点29

N 沟道增强型 MOSFET 的栅极始终不流通电流，即 $i_G=0$，在不同的工况下，MOSFET 可分成 3 个区：

（1）如果 $u_{GS}-U_T<0$，则其工作于截止区，特性是 $i_{DS}=0$；

（2）如果 $0<u_{GS}-U_T<u_{DS}$，则其工作于电流源区或恒流区，特性是

$$i_{DS}=\frac{K(u_{GS}-U_T)^2}{2} \tag{1.6.4}$$

（3）如果 $0<u_{DS}<u_{GS}-U_T$，则其工作于电阻区，特性是

$$i_{DS}=\frac{u_{DS}}{R_{ON}} \tag{1.6.5}$$

式中，$U_T$、$K$、$R_{ON}$ 均为由 N 沟道增强型 MOSFET 结构参数决定的电气参数[①]。

因此可以分别用图 1.6.6(a)、(b)、(c)所示模型表示工作于上述 3 个区的 N 沟道增强型 MOSFET。

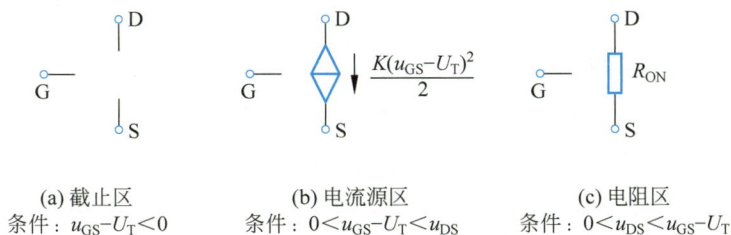

(a) 截止区
条件：$u_{GS}-U_T<0$

(b) 电流源区
条件：$0<u_{GS}-U_T<u_{DS}$

(c) 电阻区
条件：$0<u_{DS}<u_{GS}-U_T$

**图 1.6.6　N 沟道增强型 MOSFET 在不同工况下的电路模型**

知识点29练习题和讨论

## 1.6.3　用 MOSFET 构成门电路

知识点30

表 1.6.3 所示 6 种常见逻辑门电路可以有多种实现方式。本小节主要讨论用 N 沟道增强型 MOSFET 如何构成这些逻辑门电路，以实现其逻辑功能。

### 1. 反相器和缓冲器

构成反相器需要一个信号处理系统，使得输入信号为逻辑 0 时，输出信号为逻辑 1；输入信号为逻辑 1 时，输出信号为逻辑 0。图 1.6.7 所示为用 MOSFET 构成的反相器电路。

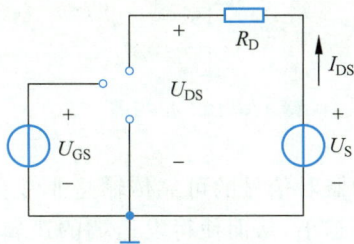

图 1.6.7 中，$U_S$ 是 5V 电压源，$R_D$ 的阻值一般为几十千欧。$U_{GS}$ 代表逻辑输入，$U_{DS}$ 代表逻辑输出。下面分析图 1.6.7 是否能够实现反相器的功能。

首先，当输入 $U_{GS}$ 为 0V（逻辑 0）时，根据 1.6.2 小节介绍的 MOSFET 的电气特性(1)，图 1.6.7 可改画为图 1.6.8。由图 1.6.8 可知，此时的输出

$$U_{DS}=U_S \qquad (1.6.6)$$

从而实现了输入为逻辑 0 时输出为逻辑 1。

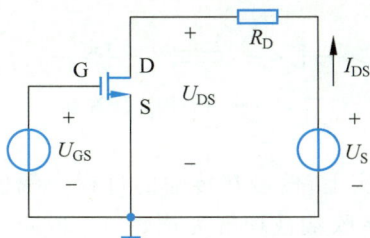

**图 1.6.7　用 MOSFET 构成反相器**

**图 1.6.8　输入为逻辑 0 时反相器的等效电路**

另外，当输入 $U_{GS}$ 为 5V（逻辑 1）时，满足 $u_{GS}>U_T$，根据 1.6.2 小节介绍的 MOSFET 的电气特性(3)[②]，图 1.6.7 可改画为图 1.6.9。由图 1.6.9 可知，此时的输出

---

① 可以用一个固定值 $R_{ON}$ 来表示式(1.3.1)所示非线性电阻的原因在 1.6.3 小节讨论。

② 3.4 节将详细讨论为什么这里应用特性(3)而不是特性(2)。

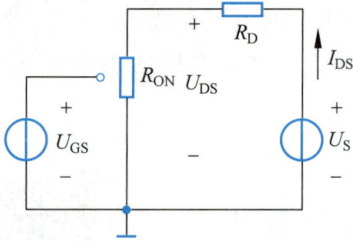

图 1.6.9 输入为逻辑 1 时反相器的等效电路

$$U_{DS} = \frac{R_{ON}}{R_{ON} + R_D} U_S \qquad (1.6.7)$$

$R_{ON}$ 的阻值约为几十至几百欧，而 $R_D$ 的阻值一般为几十千欧，因此根据式 (1.6.7) 计算出来的输出 $U_{DS}$ 很接近 0V。如果约定小于 2.5V 均表示逻辑 0，则实现了输入为逻辑 1 时输出为逻辑 0。

根据式 (1.6.7) 可知，在用 MOSFET 构成反相器的过程中，首先要确保 MOSFET 工作在电阻区，其次只要 $R_D$ 的阻值比用式 (1.3.1) 计算出来的在几十到几百欧范围内变化的非线性电阻的阻值都要大很多（比如 $R_D$ 的阻值为 100kΩ），那么我们用一个在几十到几百欧范围中的固定值电阻（比如 $R_{ON}$ 的阻值为 100Ω）来表示此时 MOSFET 的 D、S 之间的电阻，电路工作于输入为逻辑 0 输出为逻辑 1、输入为逻辑 1 输出为逻辑 0 的时候，既没有产生任何误差，也极大地简化了电路分析的过程。这就是工程近似观点的实际案例。

显然，只有输入为逻辑 1 时，反相器电路才消耗功率，为

$$P_{inv} = \frac{U_S^2}{R_{ON} + R_D} \qquad (1.6.8)$$

在这种情况下，MOSFET 消耗的功率为

$$P_{MOSFET} = U_S^2 \frac{R_{ON}}{(R_{ON} + R_D)^2} \qquad (1.6.9)$$

几乎所有的逻辑门都需要 $U_S$ 供电，因此在画电路图时就可以将其省略，同时习惯用 $U_i$ 和 $U_o$ 分别表示 $U_{GS}$ 和 $U_{DS}$，形成如图 1.6.10 所示的反相器门电路形式。

用两级反相器就可以方便地构成缓冲器，如图 1.6.11 所示。

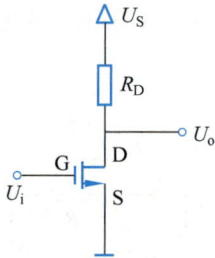

图 1.6.10 反相器

图 1.6.11 用反相器构成缓冲器

缓冲器对信号的可靠传输是非常有必要的。事实上，信号在传输的过程中幅值都会衰减得越来越小，从而使得发送端的逻辑 1 有可能在接收端被理解为逻辑 0。缓冲器将幅值比较低的逻辑 1 信号调整为 5V 的逻辑 1 信号，从而增加了信号传输的距离，是很有实际意义的逻辑门电路。

## 2. 与非门和与门

构成与非门需要一个信号处理系统，使得两个输入信号均为逻辑 1 时，输出信号为逻辑 0；其余情况下，输出信号为逻辑 1。图 1.6.12 所示为用 MOSFET 构成的与非门（NAND）电路。很显然，只要输入 A 或 B 有一个为逻辑 0，输出 Y 即为逻辑 1。

在输入 A 和 B 均为逻辑 1 时,与非门的电路模型如图 1.6.13 所示。由图 1.6.13 可知,此时的输出

$$U_{\text{o}} = \frac{2R_{\text{ON}}}{2R_{\text{ON}} + R_{\text{D}}} U_{\text{S}} \tag{1.6.10}$$

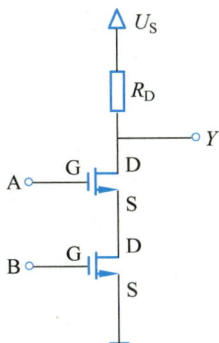

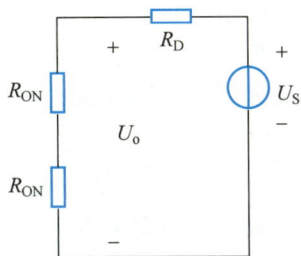

图 1.6.12　与非门　　　　图 1.6.13　输入均为逻辑 1 时与非门器的电路模型

同理,由于 $R_{\text{ON}}$ 的阻值约为几百欧,而 $R_{\text{D}}$ 的阻值一般为几十千欧,因此根据式(1.6.10)计算出来的输出 $U_{\text{o}}$ 很接近 0V。再加上约定的小于 2.5V 均表示逻辑 0,因此实现了两个输入均为逻辑 1 时输出为逻辑 0。

类似于反相器,读者也可以自行分析与非门的功率消耗和构成与非门的 MOSFET 的功率消耗。易知,与非门只有两个输入均为逻辑 1 时才会消耗功率。

利用与非门和反相器,可以构成与门,如图 1.6.14 所示。

图 1.6.14　用与非门和反相器构成与门

### 3. 或非门和或门

构成或非门需要一个信号处理系统,使得两个输入信号均为逻辑 0 时,输出信号为逻辑 1;其余情况下,输出信号为逻辑 0。图 1.6.15 所示为用 MOSFET 构成的或非门(NOR)电路。

易知,如果输入 A 和 B 均为逻辑 0,输出 Y 为逻辑 1。根据前文关于反相器的分析可知,只要输入 A 或 B 有一个为逻辑 1,输出 Y 即为逻辑 0。

当输入 A 和 B 均为逻辑 1 时,或非门的电路模型如图 1.6.16 所示。

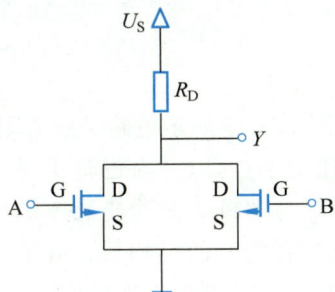

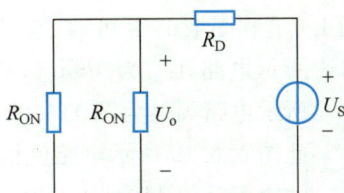

图 1.6.15　或非门　　　　图 1.6.16　输入均为逻辑 1 时或非门器的电路模型

类似于反相器和与非门,读者也可以自行分析或非门的功率消耗和构成或非门的 MOSFET 的功率消耗。或非门只要有一个输入为逻辑 1,就会消耗功率。

利用或非门和反相器，可以构成或门，如图 1.6.17 所示。

### 4. CMOS

图 1.6.17　用或非门和反相器构成或门

前面分别用 N 沟道增强型 MOSFET 构成了 6 种逻辑门电路。从电气关系上来说，它们能够实现逻辑门的功能。但是如果仔细考虑一下功率，就会发现其无法在集成电路中得到应用。

以反相器为例，图 1.6.9 中设 $U_S = 5V$，$R_D = 100k\Omega$，$R_{ON} = 100\Omega$，则根据式（1.6.8），此时该逻辑门消耗的功率为 $0.25mW$。这貌似看起来没什么。但是如果我们考虑到一颗 Intel i7 CPU 中大约有 $10^9$ 个晶体管，如果这些晶体管均为 N 沟道增强型 MOSFET 并构成反相器，则这颗 CPU 消耗的功率就为 $100kW$ 量级。这是不可接受的。

反相器在输入为逻辑 0 时是不消耗功率的。如果我们在输入为逻辑 1 时既能实现输出为逻辑 0，又不消耗功率，则从理论上就解决了上述问题。

要想实现这个目的，光靠 N 沟道增强型 MOSFET 就不够了，需要引入另一类元件：
P 沟道增强型 MOSFET[①]，其电气符号如图 1.6.18(a) 所示。它也有截止区、电流源区和电阻区。在数字系统中，我们可以控制输入电压 $u_{SG}$，使其要么工作在截止区（图 1.6.18(b)），要么工作在电阻区（图 1.6.18(c)）。

综合利用 N 沟道增强型 MOSFET 和 P 沟道增强型 MOSFET，就可以构成一个理论上不消耗功率的反相器，如图 1.6.19 所示。

两种MOSFET的
符号及其定义

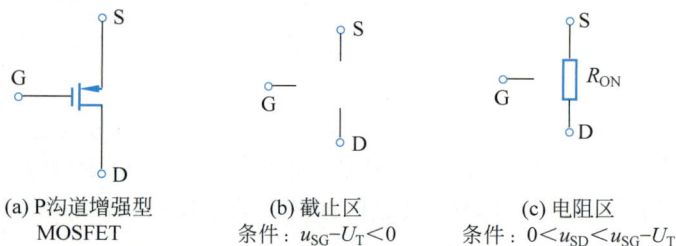

(a) P沟道增强型　　　　(b) 截止区　　　　　(c) 电阻区
　　MOSFET　　　　　条件：$u_{SG} - U_T < 0$　条件：$0 < u_{SD} < u_{SG} - U_T$

图 1.6.18　P 沟道增强型 MOSFET 及其应用于数字系统的特性

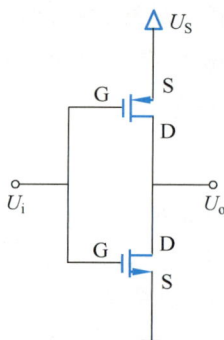

图 1.6.19　由 P 沟道增强型 MOSFET 和 N 沟道增强型 MOSFET 构成的 CMOS 反相器

根据图 1.6.6 和图 1.6.18 可知，当 $U_i$ 为逻辑 0 时，图 1.6.19 所示电路等效为图 1.6.20(a) 所示电路，$U_o$ 为逻辑 1，整个电路不消耗功率；当 $U_i$ 为逻辑 1 时，图 1.6.19 所示电路等效为图 1.6.20(b) 所示电路，$U_o$ 为逻辑 0，整个电路不消耗功率。因此图 1.6.19 所示电路就构成了一个静态功耗为 0 的反相器。由于它是用两个性能互补的 MOSFET 构成的，因此称为互补金属氧化物半导体（complementary metal-oxide-semiconductor）。

知识点30练习题和讨论

---

① 后续电子学和微电子学课程将讲授各种 MOSFET 的工作原理。本书读者只需关注其外特性即可。

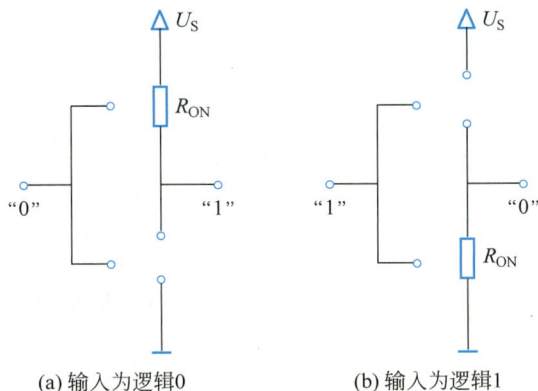

(a) 输入为逻辑0      (b) 输入为逻辑1

图 1.6.20   CMOS 反相器在不同输入情况下的等效电路

以此为基础,可以继续构成 CMOS 缓冲器、与非门、与门、或非门、或门等电路。事实上,当前集成电路中几乎所有逻辑门电路均由 CMOS 构成。

## 1.7   用运算放大器构成模拟信号处理电路

本节有 3 个主要目的:①介绍模拟信号处理电路中的关键性能指标;②介绍一种在模拟信号处理中得到广泛使用的元件(即运算放大器)的外特性,这是抽象观点的直接应用;③用工程近似的观点得到理想运算放大器模型,并总结出包含该模型电路的分析方法,以此为基础介绍若干实用信号处理电路。

### 1.7.1   信号处理电路的主要性能指标

知识点31

先讨论一种简单情况,信号由电压形式表示,信号源的模型为独立电压源 $u_S$ 及其内阻 $R_S$ 的串联,信号源直接连接到负载上,负载的模型为电阻 $R_L$,构成的电路如图 1.7.1 所示。

根据式(1.5.7)可得

$$u_L = \frac{R_L}{R_S + R_L} u_S \qquad (1.7.1)$$

显然,在信号源幅值 $u_S$ 不变的情况下,如果能够有更大的 $R_L$ 或者更小的 $R_S$,都能够使得负载上得到更大的电压信号。如果 $R_L$ 大,我们往往说负载从信号源获取信号的能力大;如果 $R_S$ 小,我们往往说信号源的带载能力大。

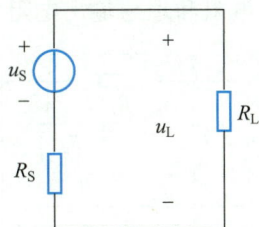

图 1.7.1   电压型信号源直接与负载相连

但是很多时候,信号源内阻和负载电阻往往是确定的。在这种情况下,为了便于信号传输,人们设计出了多种信号处理电路,接在信号源和负载之间,以达到不同的目的。于是经常就有如图 1.7.2 所示的电路。

由图 1.7.2 可知,电压型信号处理电路一定是一个二端口网络,这个网络中可以包含各种电阻和受控源。我们一般认为左侧端口是信号的输入端口,经过处理后,信号在右侧的输出端口对外传输。

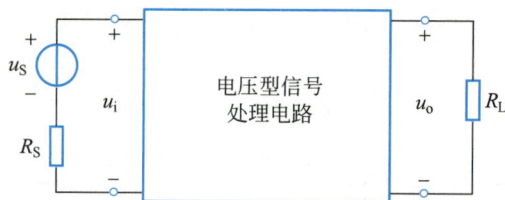

图 1.7.2　包含电压型信号处理电路的电路

可以用多个性能指标来描述信号处理电路。下面给出最常见的电压型信号处理电路的 3 个指标。

（1）**电压放大倍数** $A$

它定义为

$$A = \frac{u_o}{u_i} \qquad\qquad (1.7.2)$$

在计算电压放大倍数的时候，如果假设输入端口直接接独立电压源，输出端口开路（相当于负载为无穷大电阻），这样计算出的是理想放大倍数；如果在输入端口考虑信号的独立电压源和其内阻的串联，输出端口考虑实际负载，此时计算出的放大倍数称为实际放大倍数。

（2）**输入电阻** $R_i$

给定信号处理电路输出端连接的子电路或元件后，从输入端口往右看，这就是一个包含电阻和受控源的一端口网络，其入端电阻即为该信号处理电路的输入电阻 $R_i$。在计算输入电阻的时候，如果假设输出端开路（接无穷大电阻），则计算出理想输入电阻；如果接实际负载，则计算出实际输入电阻。

（3）**输出电阻** $R_o$

给定信号处理电路输入端连接的子电路或元件后，将 $u_S$ 信号源置零，然后从输出端口往左看，这就是一个包含电阻和受控源的一端口网络，其入端电阻即为该信号处理电路的输出电阻 $R_o$。在计算输出电阻的时候，如果假设输入端短路（即不考虑信号内阻），则计算出理想输出电阻；如果考虑信号内阻，则计算出实际输出电阻。

如果不加说明，在设计和分析电压型信号处理电路时，往往求其理想放大倍数、理想输入电阻和理想输出电阻。

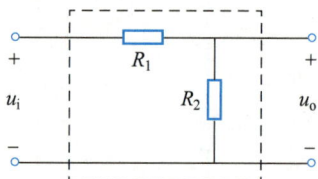

图 1.7.3　例 1.7.1 图

**例 1.7.1**　求图 1.7.3 所示信号处理电路的性能指标。

**解**　这里只讨论理想的情况，即该电路左侧连接信号源，其内阻 $R_S = 0$；右侧连接负载，其电阻 $R_L \rightarrow \infty$。在这种情况下，易知

$$A = \frac{R_2}{R_1 + R_2}$$

即这是一个分压电路。

在输出端口开路的情况下，易知其输入电阻为

$$R_i = R_1 + R_2$$

在输入端口只有独立电压源的情况下，易知其输出电阻为

$$R_o = R_1 /\!/ R_2$$

为什么压控型受控源的控制端口画为开路？

从信号源的角度来看,从输入端口往右可以用输入电阻 $R_i$ 来表示其余电路,考虑信号源内阻,则电压信号处理电路的输入端口电压为

$$u_i = \frac{R_i}{R_i + R_S} u_S$$

很显然,$R_i$ 越大越有助于信号处理电路从信号源获得信号。

这个信号经过 $A$ 倍的放大后,被传递到输出端口。

我们还可以从负载角度来看,从输出端口往左可以看到输出电阻 $R_o$ 和某个独立电压源 $u'_S$ 的串联[①],则负载上实际能够获得的电压信号为

$$u_o = \frac{R_L}{R_o + R_L} u'_S$$

很显然,$R_o$ 越小越有助于信号处理电路将其处理过的信号传递给负载。

总结上述讨论可知,电压型信号处理电路的输入电阻 $R_i$ 越大、输出电阻 $R_o$ 越小,越有利于电压型信号的传递。

需要指出,电压型信号处理电路还有其他性能指标,将在后续课程中陆续介绍。有时信号更适合用独立电流源和其电阻的并联模型来表示,因此对应的有电流型信号处理电路,也有相关的性能指标。

## 1.7.2　运算放大器和理想运算放大器的电气特性

### 1. 运算放大器的电气特性和电路模型

运算放大器(operational amplifier,Op Amp)简称运放,是一种模拟系统中最常见的集成电路,由几十个晶体管构成。它可以进行模拟信号的各种运算,例如对模拟信号进行放大就是一种最简单的运算。

在数字计算机出现之前,20 世纪 40—50 年代用模拟系统来完成加、减、乘、除、平方、开方、微分、积分等计算功能。人们把这种装置称为模拟计算机。运算放大器就是实现模拟计算机的重要组成部分。虽然模拟计算机目前已经不复存在,但用模拟系统对信号进行运算的思想和技术仍在电子工程和电力工程中得到广泛应用。20 世纪 60 年代以来,运算放大器的集成度越来越高,稳定性越来越好。

由于运算放大器在模拟信号处理中有重要的作用,世界上大多数集成电路生产厂商(如美国的国家半导体公司、德州仪器公司,荷兰飞利浦半导体公司等)都生产多种不同特性、型号的运算放大器,以适应不同的应用场合。例如有的运算放大器精度很高,有的温度稳定性很好,有的输出功率大,有的处理信号的频率高等。常见的运算放大器型号有 LM324、$\mu$A741 等。不同的应用场合往往决定了同一型号运算放大器有不同的外形封装。此外,为了进一步减小体积,生产厂商往往将几个运算放大器放到一个集成电路中,从而形成了各种不同接口的运算放大器集成电路。图 1.7.4 示出了几种运算放大器的封装形式。

图 1.7.4(a)~(c)中每个集成器件只包含 1 个运算放大器,而在图 1.7.4(d)中,一个集成器件中包含 4 个运算放大器。

电流型信号处理电路的指标

为什么流型受控源的控制端口画为短路?

知识点31练习题和讨论

知识点32

---

[①]　我们在 2.7 节讨论这一内容以及对应的 $u'_S$ 的计算。

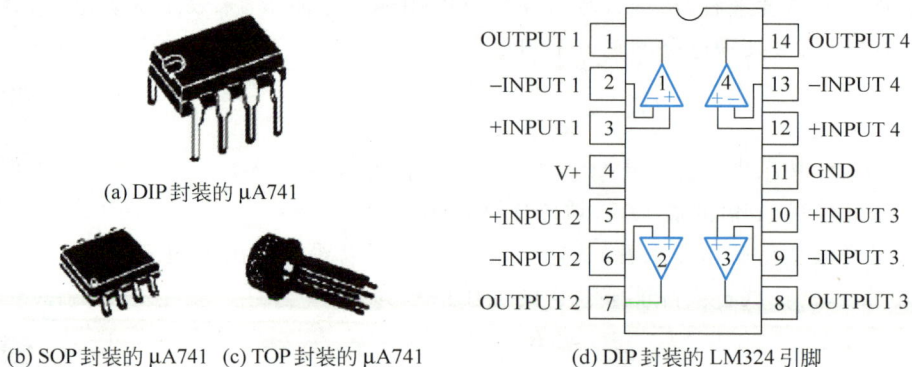

(a) DIP 封装的 μA741

(b) SOP 封装的 μA741　(c) TOP 封装的 μA741　　　　(d) DIP 封装的 LM324 引脚

图 1.7.4　运算放大器的常见封装方式

从上面的介绍可以看出，不同厂商生产的功能接近的运算放大器的外形和引脚有很大的差别，因此在使用某个具体的运算放大器之前需要仔细阅读其使用指南（DataSheet）。集成电路的 DataSheet 均可从生产厂商网站上免费下载。

运算放大器就是一个内部有几十上百个元件（包括前面介绍的 MOSFET）、经过集成和封装而成的信号处理元件。本书中运放的电路符号如图 1.7.5 所示，信号从运放左侧输入，经过处理，从右侧输出。左侧与"－"号相连的接线端称为反相输入端，与"＋"号相连的接线端称为同相输入端或非反相输入端，与±$V_{CC}$ 相连的两个接线端分别接正和负直流电压源对其供电，右侧的接线端为输出端。不过在大多数情况下，分析含运放电路并不需要画出供电电源，因此往往将运放元件简画为图 1.7.5(b)所示。

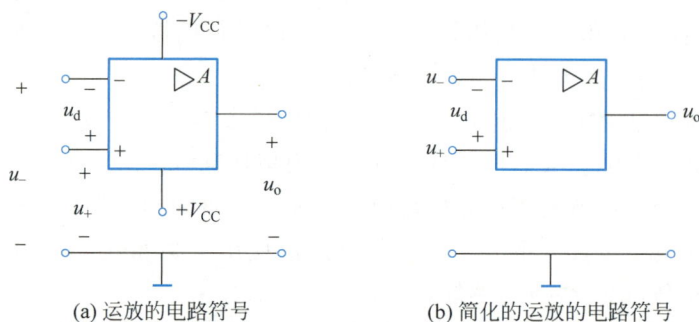

(a) 运放的电路符号　　　　　　　(b) 简化的运放的电路符号

图 1.7.5　运算放大器的电路符号

运放的供电方式

运算放大器的主要电气参数如下：

（1）供电电压（supply voltage）±$V_{CC}$

运放内部由若干晶体管组成。晶体管需要由直流电源供电方能正常工作。不同运算放大器的供电方式和供电电压不尽相同，有的需要±15V，有的需要±33V，有的则可以进行单电源供电。多种不同的供电方式和供电电压为用户提供了丰富的选择。

（2）开环放大倍数（open loop voltage gain）$A$

运算放大器最基本的功能就是放大，因此开环放大倍数是运算放大器最重要的性能指标之一。当运放工作在线性区时，有

$$u_o = A(u_+ - u_-) = Au_d \tag{1.7.3}$$

式中，$u_d$ 为运算放大器同相输入端与反相输入端的电压差。不同运算放大器的 $A$ 不相同，一般为 $10^5 \sim 10^7$，而且同一运算放大器的 $A$ 还会随温度的变化而变化。

（3）**输入电阻**（input resistance）$R_i$

它是从运算放大器的反相输入端和同相输入端看入的等效电阻。不同运算放大器的输入电阻也不相同，但基本上都在兆欧量级。

（4）**输出电阻**（output resistance）$R_o$

它是从运算放大器的输出端和接地端看入的等效电阻。其数值一般为欧姆量级。

（5）**饱和电压**（saturate voltage）$U_{sat}$

根据式（1.7.3）可知，运算放大器的输出电压与 $u_d$ 呈线性关系。但由于制造和供电方面的限制，这种线性关系在一定范围内成立，即不是所有的输入 $u_d$ 都能够产生 $Au_d$ 的输出。运算放大器的实际输入输出特性和近似特性如图 1.7.6 所示。

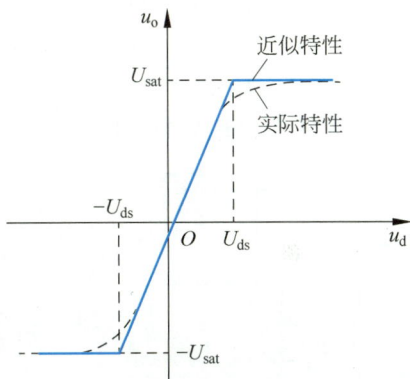

由图 1.7.6 可以看出，当输入 $u_d$ 在 $-U_{ds} \sim +U_{ds}$ 范围内时，式（1.7.3）成立，这个工作区域称为线性区。当 $u_d > +U_{ds}$ 时，运算放大器的输出为恒定的 $U_{sat}$，对外相当于一个独立电压源，这个工作区域称为**正向饱和区**。当 $u_d < -U_{ds}$ 时，运算放大器的输出

**图 1.7.6　运算放大器的输入输出特性**

为恒定的 $-U_{sat}$，对外也相当于一个独立电压源，这个工作区域称为**反向饱和区**。举例来说，如果某运算放大器的 $A = 10^5$，$U_{sat} = 13V$，则易知 $U_{ds} = 0.13mV$。

上述 5 个参数是运算放大器的基本电气参数，影响其运行的其他电气参数还包括输入失调电压、输入失调电流、输入偏置电流、压摆率（或转换速率）、增益带宽积、共模抑制比、静态功耗等。这些参数对运算放大器工作的影响将在模拟电子线路课程中介绍，读者也可阅读参考文献[13]。

通过对上述 5 个电气参数的讨论可以总结出直流或低频应用场合下运算放大器的电路模型，如图 1.7.7（a）所示。

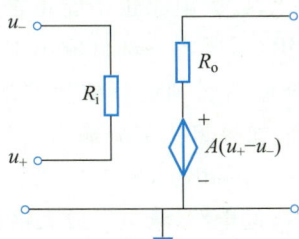

(a) 运算放大器的低频受控源模型　　　　　(b) 运算放大器的低频简化受控源模型

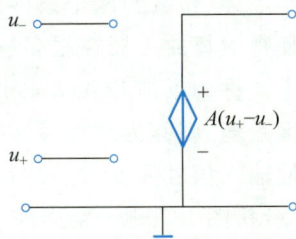

**图 1.7.7　运算放大器的低频受控源模型**

将图 1.7.7（a）作为前一小节介绍的电压型信号处理电路来看，容易知道，其电压放大倍数为 $A$，输入电阻为 $R_i$，输出电阻为 $R_o$。这说明可以在不考虑供电电源的情况下利用图 1.7.7（a）描述运放在线性区的所有性质，即它可以作为运放的电路模型。这就是抽象观

点的一个应用，即我们不关心运放的内部运行规律，而是用电路模型对其外特性进行了建模。

运放这个元件被设计和制造出来后就具有一些特殊属性：放大倍数特别大，输入电阻特别大，输出电阻特别小。后面我们说明很大的 $A$ 有什么价值，这里指出作为一个信号处理元件，具有特别大的 $R_i$ 和特别小的 $R_o$ 对于信号传递是有利的。

当然，大小都是相对而言的。一般来说，我们都会在运放以外的电路中使用千欧量级的电阻，即远小于运放的 $R_i$，远大于运放的 $R_o$。那么根据工程近似的观点，从运放的输入端口往左看，所连接的信号源的内阻远小于运放的 $R_i$，由于这两个电阻是串联关系，则我们认为 $R_i \to \infty$，对分析结果不会造成大的影响；从运放的输出端口往右看，连接的负载远大于运放的 $R_o$，由于这两个电阻是串联关系，则我们认为 $R_o = 0$，对分析结果也不会造成大的影响。将这两种观点体现在电路模型中，就可以得到（外接千欧量级电阻时）运放的简化模型如图 1.7.7(b) 所示。

下面我们讨论如何应用这个特别大的 $A$。如果直接将运算放大器输入端与信号源相连，则构成图 1.7.8 所示电路。

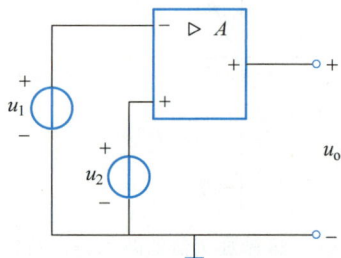

图 1.7.8　直接将信号源与运算放大器输入端相连的电路

根据式(1.7.3)可知，图 1.7.8 对信号具有放大作用，即有

$$u_o = A(u_2 - u_1)$$

但基于以下 3 点原因，这种运算放大器电路并不实用。

（1）$u_1$ 和 $u_2$ 的差取值范围太小，输入输出电压相差太大。

前面分析饱和电压时曾经计算过，如运算放大器的 $A = 10^5$，$U_{sat} = 13V$，则 $U_{ds} = 0.13mV$，也就是说，需要 $|u_2 - u_1| < 0.13mV$，这显然是难以做到的。即使满足了这一要求，输入电压和输出电压的幅值相差 $10^5$ 倍，这种电路也是很难正常工作的。

（2）不同运算放大器的开环增益相差很大。

不同运算放大器的 $A$ 值在 $10^5$ 到 $10^7$ 之间，因此只能针对一种输入情况尽力地寻找与之匹配的运算放大器方能构成满足要求的放大电路。

（3）运算放大器的开环增益随温度的变化而变化。

即使满足了上述(1)、(2)两个条件，如果温度发生变化，放大电路也不能正常工作。

因此要想使得运算放大器在很多场合都能够正常使用，需要将一部分输出引回到输入，这种电路连接方式称为反馈[①](feedback)。如果将一部分输出引到运算放大器的输入端而使输入信号强度减弱，则称为负反馈(negative feedback)；如果将一部分输出引到运算放大器的输入端而使输入信号强度增强，则称为正反馈(positive feedback)。

**例 1.7.2**　分析图 1.7.9(a)给出的含负反馈运算放大器的电路，求电压放大倍数 $u_o/u_i$。

**解**　图 1.7.9(b)给出了将运算放大器用图 1.7.7(b)所示简化受控源模型替代后的电路。这是个包含独立源、电阻和受控源的电路，可用前面讨论的元件约束和拓扑约束进行分析，即

---

① 反馈的概念不仅应用在运放电路中，在模拟电子技术基础和自动控制原理等课程中将给出反馈概念的准确描述并详细讨论各种反馈的方式及其对性能的影响。

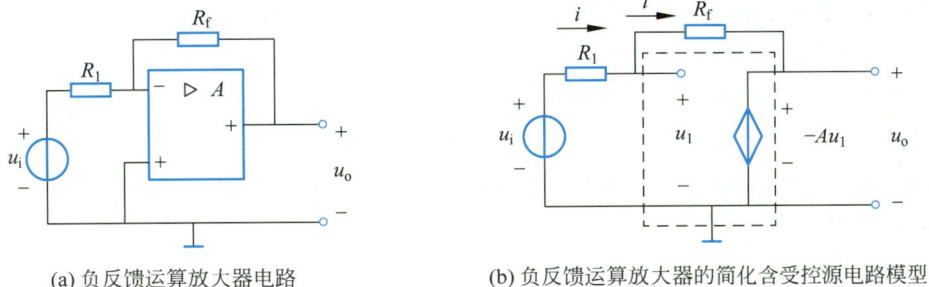

(a) 负反馈运算放大器电路　　　(b) 负反馈运算放大器的简化含受控源电路模型

图 1.7.9　负反馈运算放大器电路及其简化含受控源电路模型

$$\left.\begin{aligned} i &= \frac{u_i - u_1}{R_1} \\ i &= \frac{u_1 - u_o}{R_f} \\ -Au_1 &= u_o \end{aligned}\right\}, \quad \frac{u_o}{u_i} = -\frac{AR_f}{(R_f + R_1) + AR_1} \tag{1.7.4}$$

前已述及,不同运算放大器的 $A$ 值在 $10^5$ 到 $10^7$ 之间,并且在包含运算放大器的电路中外接电阻都为千欧量级。结合上述两个条件,由工程观点可知,如果运算放大器的开环增益 $A$ 很大,则

$$\frac{u_o}{u_i} = -\frac{AR_f}{(R_f + R_1) + AR_1} \approx -\frac{R_f}{R_1} \tag{1.7.5}$$

也就是说,图 1.7.9 所示电路的信号放大倍数与运算放大器的开环增益无关! 只需根据需要选择适当的电阻,使其比值等于所需的放大倍数即可。

下面回顾一下引入负反馈后,前面讨论的影响运算放大器实际应用的 3 个障碍是否还存在。首先,对运算放大器输入电压的要求比没有反馈低得多,只要满足 $-U_{sat} < u_i \dfrac{R_f}{R_1} < U_{sat}$ 即可,并且输入电压和输出电压在接近的数量级上。其次,不同运算放大器的开环增益和随温度变化的性质与图 1.7.9 所示电路的信号放大倍数无关,只要运算放大器的开环增益足够大即可。综合上述讨论可以看出,引入负反馈后,运算放大器可以应用于许多实际场合。

此外,负反馈对确保运算放大器始终工作于线性区是很有必要的。下面以图 1.7.9(a) 为例说明负反馈对噪声的抑制作用。噪声是无处不在的。假设只在图 1.7.9(a) 的输出端突然产生了一个正的小噪声。由于反馈的存在,这个正噪声的一部分会影响输入。由于是负反馈,这个输出端的小正噪声使得运算放大器的反相输入端电压有微小的增加。而运算放大器是将 $u_+ - u_-$ 放大 $A$ 倍的电路元件。由于 $u_+$ 端电压不变,$u_-$ 端电压有微小的增加,因此运算放大器的输出有微小的降低,从而抵消了输出端正的小噪声对电路的影响。

可以看出,在这个例子中,引入了负反馈,再和非常大的 $A$ 配合,就获得了稳定、合理的信号放大倍数。在实际应用中,经常采用这种开环放大倍数 $A$ 与负反馈的配合方式。当然依然需要控制输入信号的幅值使运放工作在线性区。不过,有时我们有意识地希望电路工作于正负饱和区,此时就要反其道而行之,引入正反馈。

例1.7.2信号处理电路的输入电阻和输出电阻

### 2. 理想运算放大器的电气特性

从图 1.7.9 所示电路的分析过程可以看出,如果把每个含负反馈运算放大电路都改画为含压控电压源的电路,就可以利用 KCL、KVL 和元件约束求出电路的解。但这样做往往比较麻烦。在实际工程应用中,对含负反馈运算放大电路需要使用比较快捷的分析方法。于是人们提出了理想运算放大器的模型。

理想运算放大器(ideal operational amplifier)是对运算放大器模型的进一步抽象。如果运算放大器同时满足以下 3 个条件[①],则称为理想运算放大器:

(1) 输入电阻 $R_i$ 为无穷大;

(2) 输出电阻 $R_o$ 为零;

(3) 开环放大倍数 $A$ 为无穷大。

理想运放元件的提出是工程近似观点的进一步应用。如果我们选择开环放大倍数 $A$ 比较大的运放,始终保持运放的外接电阻为千欧量级,就可以把实际运放的 3 个参数理想化,即得到具有无穷大输入电阻、零值输出电阻和无穷大开环放大倍数的理想运放元件。理想运放的电路符号如图 1.7.10 所示。

当然我们可以画出与上面这 3 个条件匹配的等效电路模型,就是在图 1.7.7(b)中用∞取代 $A$,然后就可以继续例 1.7.2 的分析过程,用电路模型取代理想运放后,应用元件约束和拓扑约束求解电路。但是很快地我们就会发现,可以总结出理想运放的几个特性,利用这些特性,不画电路模型就可以方便地求解电路。

对比图 1.7.10 和图 1.7.5(b)可知,理想运算放大器的电路符号除开环放大倍数为∞外,其他电路符号与运算放大器的相同。

易知理想运算放大器的输入输出特性如图 1.7.11 所示。

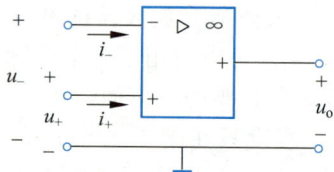

图 1.7.10　理想运算放大器的电路符号

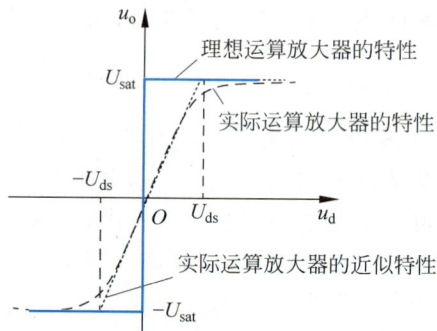

图 1.7.11　理想运算放大器的输入输出特性

分析含理想运算放大器的电路时,绝大多数情况下,并不需要例 1.7.2 的方法,即用电路模型取代理想运放,然后用元件约束和拓扑约束进行分析,而是有更为简便的方法。

下面讨论为什么含理想运算放大器的电路分析起来比较简单。

首先,根据理想运算放大器的性质(1),得

$$i_+ = i_- = 0 \tag{1.7.6}$$

即理想运算放大器的反相输入端和同相输入端均没有电流流入,就像反相输入端与外部电路、同相输入端与外部电路断开时没有电流流过的情形一样。当然,反相输入端与外部电路、同相输入

---

① 在模拟电子学课程中还会讨论理想运算放大器的其他条件。

端与外部电路始终是保持连接关系的,否则待处理信号就进不来了,因此式(1.7.6)称作"虚断"。

其次,根据理想运算放大器的性质(3)和式(1.7.3),可知

$$\infty \cdot (u_+ - u_-) = u_o \in [-U_{sat}, +U_{sat}] \tag{1.7.7}$$

由于运算放大器的输出是一个有限值,因此必然有

$$u_+ = u_- \tag{1.7.8}$$

即理想运算放大器的反相输入端和同相输入端始终等电位,就像二者短路时等电位的情形一样,当然这二者之间始终不是短路的,否则待处理信号就进不来了,因此式(1.7.8)称为"虚短"。

请注意,"虚断"的讨论只用到了理想运放输入电阻无穷大的条件,这个条件无论如何都能成立;"虚短"的讨论则用到了理想运放开环放大倍数无穷大并且工作于线性区的条件,这个条件必须确保运放输出不饱和才能成立。

知识点32练习题和讨论

## 1.7.3 含负反馈理想运算放大器电路的分析

知识点33

下面我们通过一系列例子说明,利用式(1.7.6)和式(1.7.8)可以方便地分析含负反馈理想运算放大器的电路。

**例 1.7.3** 分析图 1.7.12 所示的电压跟随器。

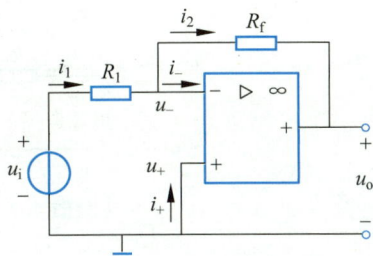

**解** 根据虚短可知 $u_i = u_+ = u_- = u_o$。

图 1.7.12 所示电路具有使输出电压和输入电压相同的功能,即输出电压能够跟随输入电压,因此得名。电压跟随器的输入电阻为无穷大,而输出电阻为零,因此它能够很好地将信号源电路与负载电路隔离,从而消除了负载效应。

为什么电压跟随器输入电阻无穷大,输出电阻为零?

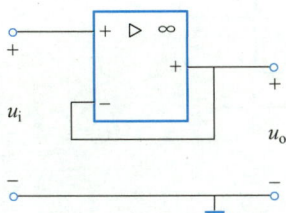

**例 1.7.4** 分析图 1.7.9(a)所示的反相比例放大器。

**解** 重画图 1.7.9(a),如图 1.7.13 所示。

图 1.7.12 电压跟随器

图 1.7.13 反相比例放大器

应用虚断,由式(1.7.6)可知 $i_+ = i_- = 0$。应用虚短,由式(1.7.8)可知 $u_+ = u_- = 0$。

在反相输入端应用 KCL 得 $i_1 = i_2$,在包含 $R_1$ 和 $R_f$ 的子电路中应用 KVL 和欧姆定律,得

$$\frac{u_i - 0}{R_1} = \frac{0 - u_o}{R_f} \tag{1.7.9}$$

$$u_o = -\frac{R_f}{R_1} u_i$$

图 1.7.13 电路实现了输入信号的反相比例放大,因此得名。比较例 1.7.4 和例 1.7.2 的分析过程可以发现,应用虚短和虚断来分析含负反馈理想运算放大器的电路比将运算放大器用压控电压源替代后分析等效电路要简单得多。

需要指出,式(1.7.9)能够成立的先决条件是运放工作于线性区,即 $|u_o| < U_{sat}$。另外,由式(1.7.9)可知,在包含负反馈理想运放的电路中,如果信号源从反相输入端进入,则输出与输入是反相关系。

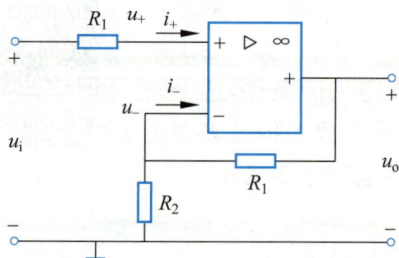

图 1.7.14 同相比例放大器

**例 1.7.5** 分析图 1.7.14 所示的同相比例放大器。

**解** 应用虚断,由式(1.7.6)可知 $i_+ = i_- = 0$。应用虚短,式(1.7.8)可知 $u_i = u_+ = u_-$。

由于 $i_- = 0$,因此 $R_1$ 和 $R_2$ 构成了分压电路,有

$$u_i = \frac{R_2}{R_1 + R_2} u_o$$
$$u_o = \left(1 + \frac{R_1}{R_2}\right) u_i \tag{1.7.10}$$

图 1.7.14 所示电路可以实现输入信号的同相比例放大,因此得名。观察式(1.7.10)可以发现,同相比例放大器的放大倍数一定大于 1。请读者思考放大倍数小于 1 的同相比例放大器的构成方法。

同样,式(1.7.10)能够成立的先决条件是运放工作于线性区,即 $|u_o| < U_{sat}$。另外,由式(1.7.10)可知,在包含负反馈理想运放的电路中,如果信号源从同相输入端进入,则输出、输入是同相关系。

**例 1.7.6** 分析图 1.7.15 所示的反相加法器。

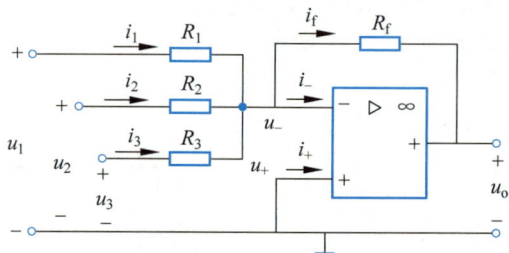

图 1.7.15 反相加法器

**解** 应用虚断,由式(1.7.6)可知 $i_+ = i_- = 0$。应用虚短,由式(1.7.8)可知 $u_+ = u_- = 0$。在运算放大器反相输入端应用 KCL,在所有电阻上应用 KVL 和欧姆定律,得

$$\frac{u_1 - 0}{R_1} + \frac{u_2 - 0}{R_2} + \frac{u_3 - 0}{R_3} = \frac{0 - u_o}{R_f}$$
$$u_o = -\left(\frac{R_f}{R_1} u_1 + \frac{R_f}{R_2} u_2 + \frac{R_f}{R_3} u_3\right) \tag{1.7.11}$$

式中,$\frac{R_f}{R_1}$、$\frac{R_f}{R_2}$、$\frac{R_f}{R_3}$ 分别为 $u_1$、$u_2$ 和 $u_3$ 进行反相加法的权重。如果取 $R_f = R_1 = R_2 = R_3$,则可实现 $-(u_1 + u_2 + u_3)$ 的运算,因此图 1.7.15 所示电路称为反相加法器。请读者思考用

现有的手段构成同相加法器的方法。

**例 1.7.7**　分析图 1.7.16 所示的**减法器**。

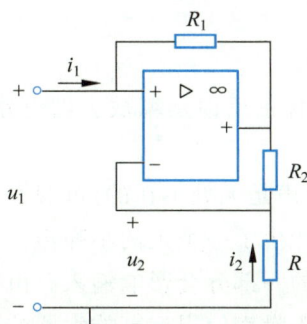

**解**　应用虚断、虚短并在运算放大器反相输入端应用 KCL，得

$$\frac{u_1 - u}{R_1} = \frac{u - u_o}{R_f}$$

应用虚断并在运算放大器同相输入端应用分压关系，得

$$u = \frac{R_f}{R_1 + R_f} u_2$$

联立上面两式可消去中间变量 $u$，得到

图 1.7.16　减法器

$$u_o = -\frac{R_f}{R_1}(u_1 - u_2) \tag{1.7.12}$$

即图 1.7.16 所示电路可以实现输入信号的相减运算，因此得名。

加法器和减法器电路同样需要确保输出不饱和，它们也再次印证了在负反馈理想运放电路中，接入反相输入端的信号源在输出端表现为反相，接入同相端的信号源在输出端表现为同相。

前面我们介绍了多种利用负反馈理想运算放大器实现的"运算"电路，这其实揭示了"运算放大器"名称的由来，就是用元件的放大功能和外围电路实现信号的各种运算功能。

**例 1.7.8**　分析图 1.7.17 所示的**负电阻**电路。

**解**　应用虚短，由式（1.7.8）可知

$$u_1 = u_+ = u_- = u_2$$

在 $R$ 电阻上应用欧姆定律，得

$$u_2 = -i_2 R$$

在从理想运算放大器同相输入端经 $R_1$ 到输出端，再经 $R_2$ 到反相输入端的回路中应用 KVL，利用虚短和虚断可知

$$i_1 R_1 = i_2 R_2$$

图 1.7.17　负电阻

联立上述 3 个方程并消去中间变量 $u_2$ 和 $i_2$，得到从 $u_1$ 两端看进去的等效电阻为

$$R_i = \frac{u_1}{i_1} = -\frac{R_1}{R_2} R \tag{1.7.13}$$

负电阻电路为什么是负反馈电路？

知识点33练习题和讨论

由于 $R_1$、$R_2$ 和 $R$ 均为实际正电阻，因此从 $u_1$ 两端看进去的等效电阻是负的。负电阻有多种实现方法，图 1.7.17 给出了其中一种。

再次指出，用虚短来分析含负反馈理想运算放大器电路的前提是式（1.7.7）成立，即运算放大器处于线性区。如果运算放大器输入的幅值较大，使得理论输出的幅值超过 $\pm U_{sat}$，则式（1.7.7）不再成立，即虚短也不再成立了。例如，在例 1.7.4 中，如果 $U_{sat} = 10V$，$u_i = -2V$，同时 $R_f/R_1 = 10$，则虚短不再成立，式（1.7.9）不再成立，运算放大器的输出为 $U_{sat} = 10V$。

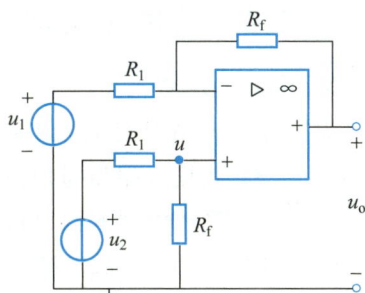

## 1.7.4 其他含理想运算放大器电路的分析

### 1. 电压比较器

从1.7.2小节对图1.7.8所示电路的讨论可知，直接把两个信号接到运算放大器的反相输入端和同相输入端是不能起到正常的信号放大作用的。不过根据此时运算放大器的输出特点可以将其用于比较两个信号的大小。图1.7.8中，如果 $u_1 > u_2$，则输出 $-U_{sat}$，反之亦然。只要 $u_1 - u_2 > 0$，运放始终输出 $-U_{sat}$。这个特性非常适合用来作信号检测，称这种电路为电压比较器，如图1.7.18所示。

图1.7.18中 $u_{ref}$ 被称为参考电压。只要输入 $u_i > u_{ref}$，则输出 $u_o$ 即为 $-U_{sat}$，反之亦然。图1.7.19给出了 $u_{ref} = 0$（即同相输入端接地）情况下电压比较器的传输特性。

知识点34

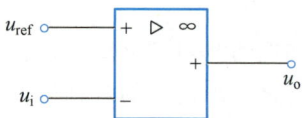

图1.7.18 由理想运算放大器构成的电压比较器

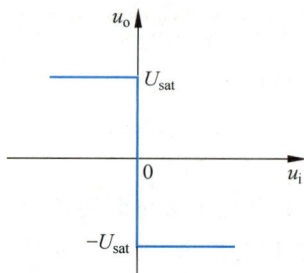

图1.7.19 电压比较器的传输特性

### 2. 含正反馈理想运算放大器的电路

如果将图1.7.9(a)中运放的两个输入端调换一下，则得到含正反馈运算放大器电路，如图1.7.20所示。

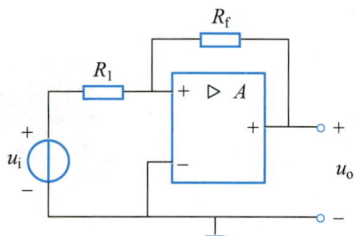

图1.7.20 含正反馈运算放大器电路

电路分析如下。由于噪声是无处不在的，可假设只在图1.7.20的输出端突然产生了一个正的小噪声。由于反馈的存在，这个正噪声的一部分会影响输入。由于是正反馈，这个输出端的小正噪声使得运算放大器的同相输入端电压有微小的增加。而运算放大器是将 $u_+ - u_-$ 放大 $A$ 倍的电路元件。由于 $u_-$ 端电压不变，$u_+$ 端电压有微小的增加，因此运算放大器的输出也有微小的增加，从而加剧了输出端正的小噪声对电路的影响，最终使得输出达到 $+U_{sat}$。反过来，如果输出端突然产生了一个负的小噪声，由于正反馈的影响也会使得输出达到 $-U_{sat}$。因此正反馈运算放大器的输出始终为 $+U_{sat}$ 或 $-U_{sat}$，从而起不到信号放大的作用。

对于含正反馈理想运算放大器来说，其输入电阻为无穷大，因此虚断仍然成立。由于是正反馈，运放的输出始终为 $+U_{sat}$ 或 $-U_{sat}$，不存在 $\infty \cdot (u_+ - u_-) = u_0 \in [-U_{sat}, +U_{sat}]$ 的关系，因此虚短不再成立。分析含正反馈理想运算放大器电路时一般需要假设输出为 $+U_{sat}$，再利用虚断和 KCL、KVL，即可求得电路的解。下面以正反馈理想运算放大器构成的

图 1.7.21 所示滞回比较器为例,分析正反馈理想运算放大器电路。

图 1.7.21 中 $R_2$ 和 $R_1$ 构成正反馈。假设运放输出为 $+U_{\mathrm{sat}}$,根据虚断有

$$u_+ = \frac{R_1}{R_1+R_2}U_{\mathrm{sat}} \tag{1.7.14}$$

显然,在运放输出正饱和的假设下,$u_i < \dfrac{R_1}{R_1+R_2}U_{\mathrm{sat}}$ 时运放的输出始终为 $+U_{\mathrm{sat}}$。一旦 $u_i$ 增加至大于 $\dfrac{R_1}{R_1+R_2}U_{\mathrm{sat}}$,由于 $R_2$ 与 $R_1$ 构成的正反馈的作用,使得运放输出变为 $-U_{\mathrm{sat}}$。此时根据虚断有

$$u_+ = -\frac{R_1}{R_1+R_2}U_{\mathrm{sat}} \tag{1.7.15}$$

在这种输出条件下,当 $u_i > -\dfrac{R_1}{R_1+R_2}U_{\mathrm{sat}}$ 时运放的输出始终为 $-U_{\mathrm{sat}}$。一旦 $u_i$ 减小至小于 $-\dfrac{R_1}{R_1+R_2}U_{\mathrm{sat}}$,由于 $R_2$ 和 $R_1$ 构成的正反馈的作用,又使得运放输出变为 $+U_{\mathrm{sat}}$。根据上述分析结果,可绘制出图 1.7.21 所示滞回[①]比较器的传输特性,如图 1.7.22 所示。

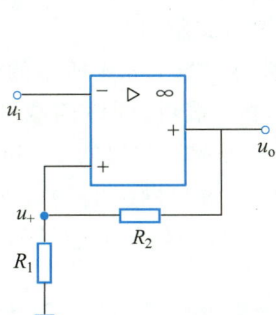

滞回比较器的
实用价值

图 1.7.21　滞回比较器　　　　图 1.7.22　滞回比较器的传输特性

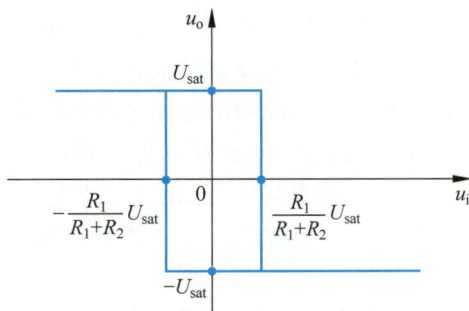

图 1.7.22 中 $\pm\dfrac{R_1}{R_1+R_2}U_{\mathrm{sat}}$ 称为滞回电压,二者之差称为滞回宽度。实际应用中可以通过改变 $R_1$ 和 $R_2$ 的值来获得需要的滞回电压。对比图 1.7.19 和图 1.7.22 可知,当滞回比较器输入电压增加或减少到滞回电压后,比较器的输出才发生改变,利用这一特性可以在检测信号时在一定程度上消除噪声的干扰。

知识点34练习题
和讨论

①　与许多其他技术术语一样,"滞回"源于希腊语,含义是"延迟"或"滞后",或阻碍前一状态的变化。工程中常用"滞回"描述非对称操作,即从 $A$ 到 $B$ 和从 $B$ 到 $A$ 是互不相同的。在磁现象、非可塑性形变以及比较器电路中都存在滞回。

# 1.8 二端口网络

1.3 节～1.6 节介绍了三端元件 MOSFET，1.7 节讨论了运算放大器。运算放大器可由若干 MOSFET 构成，但在使用时，人们并不关心其内部 MOSFET 的工作情况，只考虑接线端上的 $u$-$i$ 关系。基于这个思想，1.7 节并没有深入分析运算放大器内部电路，而是针对其外特性讨论了若干信号运算和放大电路的分析方法。这种抽象的观点是分析和设计复杂电路的前提。本节进一步进行抽象，讨论一种特殊的四端网络——二端口网络在端口上的 $u$-$i$ 关系。

电气工程中的有源器件（如晶体管）、滤波器、微波电路、变压器、传输线等元件或子电路均可用二端口网络模型进行建模和分析。

## 1.8.1 二端口网络的参数和方程

### 1. 二端口网络

式(0.6.1)给出了端口的定义，通常称之为端口条件。1.5 节中讨论了很多二端网络即一端口网络的性质和等效变换规律。本节讨论包含两个端口的网络——二端口网络。对多端口网络感兴趣的读者可阅读参考文献[14]。

知识点35

在工程实际中研究信号及能量的传输和变换时，经常遇到如图 1.8.1 所示的电路。

如果线性无独立源四端网络的 4 个接线端能够构成一个二端口，则该四端网络称为二端口网络(two-port network)或简称为二端口[1]，如图 1.8.2 所示。左边的 $u_1$ 和 $i_1$ 构成端口 1，右边的 $u_2$ 和 $i_2$ 构成端口 2。图 1.8.2 也给出了本书中二端口网络的端口支路量的参考方向。有时候把端口 1 称为信号或能量的输入端口，端口 2 称为信号或能量的输出端口。

图 1.8.1　线性无独立源四端网络

图 1.8.2　二端口网络

如果两个二端网络之间只有一个四端网络相连（图 1.8.3），则根据广义 $KCL$ 易知，1—1′间构成一个端口，2—2′间构成另一个端口。因此该四端网络是一个二端口网络。

但如果还有其他元件将两个二端网络连接起来（图 1.8.4），则情况可能发生变化。

在图 1.8.4 中，利用广义 $KCL$ 可知，虚线框内的电路构成一个二端口网络。但仔细考察网络3可知，一般情况下，接线端1和接线端2之间并不等电位，因此有电流 i 流过电阻 R，应用 $KCL$ 可知

---

① 二端口网络的概念是 Franz Breisig 于 1920 年提出的。

图 1.8.3 两个二端网络间只有四端网络相连

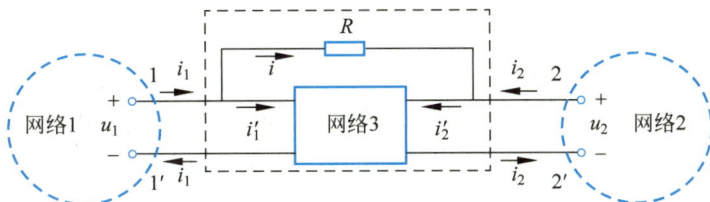

图 1.8.4 端口条件被破坏

$$i'_1 = i_1 - i$$
$$i'_2 = i_2 + i$$

如果 $i \neq 0$，则 $i'_1 \neq i_1$，$i'_2 \neq i_2$。因此网络 3 不构成二端口网络。

通过上面的讨论可以得出结论：在二端口网络的两个端口之间连接支路可能会破坏原有的端口条件，使其不再成为二端口网络。因此对于一般的四端网络来说，如果想用二端口网络的分析和综合方法对其进行抽象，则需要验证其是否满足端口条件。

三端网络可以看作二端口网络。设两个二端网络之间只有一个三端网络相连，如图 1.8.5 所示。

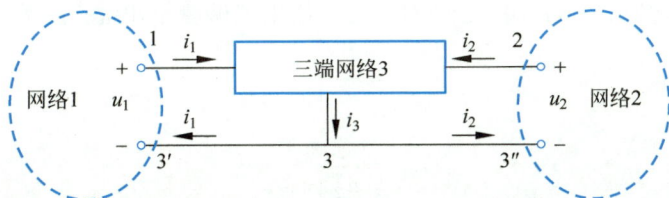

图 1.8.5 两个二端网络间只由三端网络相连

由图 1.8.5 可知，三端网络的接线端 3 作为公共端，与网络 1 和网络 2 分别连接于接线端 $3'$ 和接线端 $3''$。由于 3—$3'$ 和 $3''$ 其实是一个点，则对于流过 3 的 $i_3 = i_1 + i_2$ 来说，如果我们人为指定 $i_1$ 从 3—$3'$ 向左流，$i_2$ 从 3—$3'$ 向右流，并没有违反 $KVL$ 和 $KCL$。因此，如果需要的话，该三端网络可以看成二端口网络。

这一结论可以进一步推广：有公共端的 $n+1$ 端网络可看作 $n$ 端口网络。

对于图 1.8.2 所示的二端口网络来说，人们仅对其端口的 u-i 关系感兴趣。二端口网络存在 $u_1$、$i_1$ 和 $u_2$、$i_2$ 这 4 个端口支路量。一般来说，可以用两组 u-i 关系来描述其端口特性，每个端口特性都是用两个支路量来表示另外两个支路量。于是，对于一个二端口网络来说可能有 6 种 u-i 关系，如表 1.8.1 所示。

表 1.8.1　二端口的 6 种 $u$-$i$ 关系

| 自变量 | | 因变量 | |
|---|---|---|---|
| $u_1$ | $u_2$ | $i_1$ | $i_2$ |
| $i_1$ | $i_2$ | $u_1$ | $u_2$ |
| $u_2$ | $i_2$ | $u_1$ | $i_1$ |
| $u_2$ | $i_1$ | $u_1$ | $i_2$ |
| $u_1$ | $i_1$ | $u_2$ | $i_2$ |
| $u_1$ | $i_2$ | $u_2$ | $i_1$ |

### 2. $G$ 参数和方程

对于一个二端口网络，如果用 $u_1$ 和 $u_2$ 表示 $i_1$ 和 $i_2$，则可以写成如下形式：

$$\begin{bmatrix} i_1 \\ i_2 \end{bmatrix} = \begin{bmatrix} G_{11} & G_{12} \\ G_{21} & G_{22} \end{bmatrix} \begin{bmatrix} u_1 \\ u_2 \end{bmatrix} \tag{1.8.1}$$

式中，$G_{11}$、$G_{12}$、$G_{21}$、$G_{22}$ 为二端口网络的参数。由式(1.8.1)可知，这些参数具有电导的量纲，因此称这些参数为 $G$ 参数，参数矩阵 $\boldsymbol{G} = \begin{bmatrix} G_{11} & G_{12} \\ G_{21} & G_{22} \end{bmatrix}$ 为电导参数矩阵或 $G$ 参数矩阵，式(1.8.1)为 $G$ 参数方程。

接下来分两种情况讨论如何求 $G$ 参数矩阵。

第一种情况是二端口内部电路未知，只能通过测量端口的电压和电流来间接获得其电导参数矩阵。如果二端口网络允许短路，则可以依次假设在每个端口上施加独立电压源，将另一个端口短路，测量此时端口上的电压和电流，并求出电导参数矩阵。

如果在端口 2 上施加一个电压 $u_2$，对端口 1 进行短路（如图 1.8.6(a)所示），即 $u_1 = 0$，则式(1.8.1)可简化为 $i_1 = G_{12} u_2$，$i_2 = G_{22} u_2$。如果能够测量出 $u_2$、$i_1$ 和 $i_2$，则有

$$\left. \begin{aligned} G_{12} &= \frac{i_1}{u_2} \bigg|_{u_1=0} \\ G_{22} &= \frac{i_2}{u_2} \bigg|_{u_1=0} \end{aligned} \right\} \tag{1.8.2}$$

同理，在端口 1 上施加一个电压 $u_1$，对端口 2 进行短路（如图 1.8.6(b)所示），可求出

$$\left. \begin{aligned} G_{11} &= \frac{i_1}{u_1} \bigg|_{u_2=0} \\ G_{21} &= \frac{i_2}{u_1} \bigg|_{u_2=0} \end{aligned} \right\} \tag{1.8.3}$$

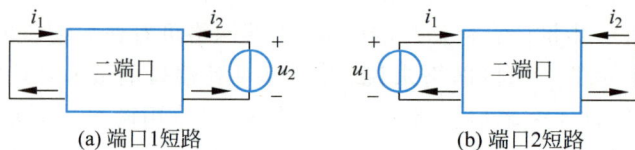

(a) 端口1短路　　　　　(b) 端口2短路

图 1.8.6　求 $G$ 参数矩阵的电路

式中，$G_{11}$ 和 $G_{22}$ 称为入端电导（同一端口电流与电压的比值），$G_{12}$ 和 $G_{21}$ 称为转移电导（不同端口电流与电压的比值）。由于上述方法利用端口短路来求参数，因此电导参数矩阵

有时也称为短路参数矩阵。这种方法需要做实验并根据测量结果才能获得二端口的参数，因此称为实验测定法。此外，由于这种方法不需要知道二端口内部拓扑和参数，因此也称为黑箱法。

第二种情况是二端口内部电路已知，这时可以利用 KCL、KVL 和元件特性来推导出端口上的电压及电流关系，即用 $u_1$ 和 $u_2$ 来表示 $i_1$ 和 $i_2$。由于这种方法需要知道二端口内部拓扑和参数，因此也称为白箱法。

对于图 1.3.3($c$) 所示的 VCCS 来说，其端口 u-i 关系可以表示为 G 参数方程，即

$$\begin{bmatrix} i_1 \\ i_2 \end{bmatrix} = \begin{bmatrix} 0 & 0 \\ g_m & 0 \end{bmatrix} \begin{bmatrix} u_1 \\ u_2 \end{bmatrix}$$

**例 1.8.1**  求图 1.8.7 所示电路的 G 参数。

**解**  根据式(1.8.1)，需要列写两个独立的 u-i 方程。由于 G 参数是用电压来表示电流，因此比较适合列写独立的 KCL 方程，分别在 $G_b$ 两端的节点上应用 KCL，得

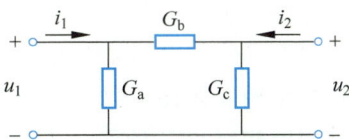

图 1.8.7  例 1.8.1 图

$$i_1 = u_1 G_a + (u_1 - u_2) G_b = (G_a + G_b) u_1 - G_b u_2$$
$$i_2 = u_2 G_c + (u_2 - u_1) G_b = -G_b u_1 + (G_b + G_c) u_2$$

因此有 $G_{11} = G_a + G_b$，$G_{22} = G_c + G_b$，$G_{12} = G_{21} = -G_b$。读者也可用实验测定法来分别求 4 个 G 参数。

例 1.8.1 的答案中有

$$G_{12} = G_{21} \tag{1.8.4}$$

这种二端口称为互易二端口(reciprocal two-port)。互易二端口中仅有 3 个独立参数。

互易的含义可以这样理解：假设只有一个激励加在二端口的一个端口上，另一个端口是响应。比如前面讨论的求 G 参数的实验测定法中，可以将施加的电压源作为激励，而另一侧的短路电流作为响应。互易的意思就是，同一个激励在左侧作用对右侧产生的响应，和其在右侧作用对左侧产生的响应相同。即激励无论作用在哪侧，其在对侧产生的响应是一样的，这其实也就是互易二字的字面含义。在图 1.8.6(a)所示电路中，根据式(1.8.1)可得对侧响应为

$$i_1^1 = G_{12} u_2$$

其中电流的下标表示端口，上标表示第 1 次施加激励。在图 1.8.6(b)所示电路中，根据式(1.8.1)可得对侧响应为

$$i_2^2 = G_{21} u_1$$

根据互易的定义可知，在 $u_1 = u_2$ 的情况下，应有 $i_1^1 = i_2^2$，因此有

$$G_{12} = G_{21}$$

图 1.8.7 所示电路是互易二端口并非巧合，应用第 2 章介绍的互易定理可知：由线性电阻构成的二端口一定是互易二端口，反之则未必成立。

进一步地，如果互易二端口中两个端口互换后外特性完全一样，即激励在左侧作用时在左侧和右侧产生的响应，和将该激励换到右侧后在右侧和左侧的响应分别相同，即从激励看出，无论其放在左侧还是右侧，其在己侧和对侧产生的响应都是一样的，则称之为对称二端口(symmetrical two-port)。下面用一个端口施加电压源激励，另一个端口短路来说明这个定义。在图 1.8.6(a)所示电路中，根据式(1.8.1)可得响应为

$$i_2^1 = G_{22}u_2, \quad i_1^1 = G_{12}u_2$$

同理,在图 1.8.6(b)所示电路中,响应为

$$i_2^2 = G_{21}u_1, \quad i_1^2 = G_{11}u_1$$

所谓两个端口互换后外特性完全一样,指的就是在图 1.8.6(a)和(b)所示电路中当 $u_1 = u_2$ 时,有 $i_1^1 = i_2^2$, $i_2^1 = i_1^2$,即无论激励施加在哪个端口上,激励施加端口上的响应和相对端口上的响应是不变的。因此得到对称二端口的充分必要条件为

$$\left.\begin{array}{c} G_{12} = G_{21} \\ G_{11} = G_{22} \end{array}\right\} \tag{1.8.5}$$

对称二端口中仅有两个独立参数。满足式(1.8.5)的二端口称为**电气对称二端口**,即满足对称电气关系的二端口。再分析图 1.8.7 所示电路。如果 $G_a = G_c$,则其电导参数矩阵满足式(1.8.5),该电路是对称二端口。另外,从结构上来看,该电路从端口 1 和端口 2 看进去的拓扑结构和元件参数完全一样,因此必然满足两个端口互换后外特性完全一样。这种情况称为**结构对称二端口**。显然,结构对称二端口一定是电气对称二端口,但结构不对称的二端口也有可能是电气对称二端口。

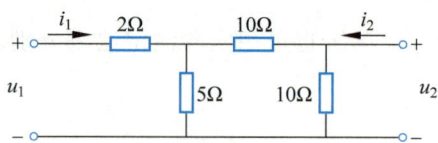

图 1.8.8　例 1.8.2 图

例 1.8.2　判断图 1.8.8 所示电路是否为对称二端口。

解　显然,该电路是结构不对称的。由于该电路完全由线性电阻构成,因此是互易二端口。接下来只需讨论是否满足 $G_{11} = G_{22}$。用实验测定法求其 $G$ 参数。将端口 1 和端口 2 分别短路得到图 1.8.9。

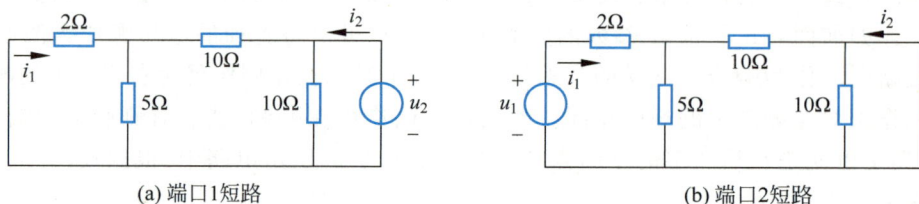

(a) 端口1短路　　　　　　　　　　(b) 端口2短路

图 1.8.9　用实验测定法求图 1.8.8 所示电路的 $G$ 参数矩阵

由式(1.8.2)得

$$G_{22} = 1/[(2 \mathbin{/\mkern-5mu/} 5 + 10) \mathbin{/\mkern-5mu/} 10]\text{S} = 3/16\text{S} = 0.1875\text{S}$$

由式(1.8.3)得

$$G_{11} = 1/(10 \mathbin{/\mkern-5mu/} 5 + 2)\text{S} = 3/16\text{S} = 0.1875\text{S}$$

因此图 1.8.9 所示电路是电气对称的,是对称二端口。

例 1.8.3　求图 1.8.10 所示电路的 $G$ 参数。

解　分别在 $G_b$ 两端的节点上应用 KCL,得

$$i_1 = u_1 G_a + (u_1 - u_2)G_b = (G_a + G_b)u_1 - G_b u_2$$

$$i_2 = -gu_1 + (u_2 - u_1)G_b = -(g + G_b)u_1 + G_b u_2$$

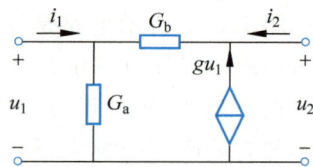

图 1.8.10　例 1.8.3 图

因此有

$$G_{11} = G_a + G_b, \quad G_{22} = G_b, \quad G_{12} = -G_b, \quad G_{21} = -g - G_b$$

由例 1.8.3 可知,包含受控源的二端口网络一般不是互易二端口,即有 4 个独立参数。

### 3. $R$ 参数和方程

对于一个二端口网络,如果用 $i_1$ 和 $i_2$ 表示 $u_1$ 和 $u_2$,则可以写成如下形式:

$$\begin{bmatrix} u_1 \\ u_2 \end{bmatrix} = \begin{bmatrix} R_{11} & R_{12} \\ R_{21} & R_{22} \end{bmatrix} \begin{bmatrix} i_1 \\ i_2 \end{bmatrix} \tag{1.8.6}$$

式中,$R_{11}$、$R_{12}$、$R_{21}$、$R_{22}$ 为二端口网络的参数。由式(1.8.6)可知,这些参数具有电阻的量纲,因此称这些参数为 $R$ 参数,参数矩阵 $\boldsymbol{R} = \begin{bmatrix} R_{11} & R_{12} \\ R_{21} & R_{22} \end{bmatrix}$ 为电阻参数矩阵或 $R$ 参数矩阵,式(1.8.6)为 $R$ 参数方程。

考虑式(1.8.1),如果方程中的系数矩阵不奇异,则可以将 $u_1$ 和 $u_2$ 作为未知量,求解该式得

$$\left. \begin{aligned} u_1 &= \frac{1}{G_{11}G_{22} - G_{12}G_{21}}(G_{22}i_1 - G_{12}i_2) \\ u_2 &= \frac{1}{G_{11}G_{22} - G_{12}G_{21}}(-G_{21}i_1 + G_{11}i_2) \end{aligned} \right\} \tag{1.8.7}$$

比较式(1.8.6)和式(1.8.7),并应用式(1.8.4),可知 $R$ 参数表示的互易二端口条件为

$$R_{12} = R_{21} \tag{1.8.8}$$

类似地,容易知道 $R$ 参数表示的对称二端口条件为

$$\left. \begin{aligned} R_{12} &= R_{21} \\ R_{11} &= R_{22} \end{aligned} \right\} \tag{1.8.9}$$

如果矩阵 $\boldsymbol{R}$ 和矩阵 $\boldsymbol{G}$ 非奇异,则有

$$\left. \begin{aligned} \boldsymbol{R} &= \boldsymbol{G}^{-1} \\ \boldsymbol{G} &= \boldsymbol{R}^{-1} \end{aligned} \right\} \tag{1.8.10}$$

类似于电导参数矩阵,求电阻参数矩阵也分两种情况来讨论。

第一种情况是二端口内部电路未知,只能通过测量端口的电压和电流来间接获得其电阻参数矩阵。如果二端口网络允许开路,则可以依次在每个端口上施加独立电流源,将另一个端口开路,测量此时端口上的电压和电流,并求出电阻参数矩阵。设在端口 2 上施加一个电流 $i_2$,对端口 1 进行开路,即 $i_1 = 0$,于是式(1.8.6)可简化为 $u_1 = R_{12}i_2$,$u_2 = R_{22}i_2$。如果能够测量出 $i_2$、$u_1$ 和 $u_2$,则有

$$\left. \begin{aligned} R_{12} &= \left. \frac{u_1}{i_2} \right|_{i_1=0} \\ R_{22} &= \left. \frac{u_2}{i_2} \right|_{i_1=0} \end{aligned} \right\} \tag{1.8.11}$$

同理,在端口 1 上施加一个电流 $i_1$,对端口 2 进行开路,可求出

$$\left. \begin{aligned} R_{11} &= \left. \frac{u_1}{i_1} \right|_{i_2=0} \\ R_{21} &= \left. \frac{u_2}{i_1} \right|_{i_2=0} \end{aligned} \right\} \tag{1.8.12}$$

式中，$R_{11}$ 和 $R_{22}$ 称为入端电阻（同一端口电压与电流的比值），$R_{12}$ 和 $R_{21}$ 称为转移电阻（不同端口电压与电流的比值）。由于上述方法利用端口开路来求参数，因此电阻参数矩阵有时也称为开路参数矩阵。

第二种情况是二端口内部电路已知，则可以利用 KCL、KVL 和元件特性来推导出端口上的电压电流关系，即用 $i_1$ 和 $i_2$ 来表示 $u_1$ 和 $u_2$。

对于图 1.3.3(b)所示的 CCVS 来说，其端口 $u$-$i$ 关系可以表示为 $R$ 参数方程

$$\begin{bmatrix} u_1 \\ u_2 \end{bmatrix} = \begin{bmatrix} 0 & 0 \\ r_m & 0 \end{bmatrix} \begin{bmatrix} i_1 \\ i_2 \end{bmatrix}$$

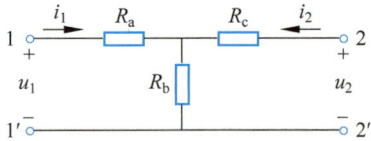

**例 1.8.4** 求图 1.8.11 所示电路的 $R$ 参数。

**解** 根据式(1.8.6)，需要列写两个独立的 $u$-$i$ 方程。由于电阻参数矩阵是用电流来表示电压，因此比较适合列写独立的 KVL 方程。分别在 $1$—$R_a$—$R_b$—$1'$ 回路和 $2$—$R_c$—$R_b$—$2'$ 回路上应用 KVL，得

图 1.8.11 例 1.8.4 图

$$u_1 = i_1 R_a + (i_1 + i_2)R_b = (R_a + R_b)i_1 + R_b i_2$$
$$u_2 = i_2 R_c + (i_1 + i_2)R_b = R_b i_1 + (R_b + R_c)i_2$$

因此有 $R_{11} = R_a + R_b$，$R_{22} = R_c + R_b$，$R_{12} = R_{21} = R_b$。读者也可用实验测定法分别求 4 个 $R$ 参数。

图 1.8.11 所示电路完全由线性电阻构成，因此是互易二端口，有 $R_{12} = R_{21}$。此外，当 $R_a = R_c$ 时，该电路电气对称，且结构对称，是对称二端口。

下面用二端口参数和方程的观点重新分析电阻的 Y-△ 变换。将图 1.5.7(a)所示的△接电阻重画为图 1.8.12(a)所示的 Π 接电阻，将图 1.5.7(b)所示的 Y 接电阻重画为图 1.8.12(b)所示的 T 接电阻。Π 接电阻和 T 接电阻在通信电路、三相电力电路中均有广泛的应用。

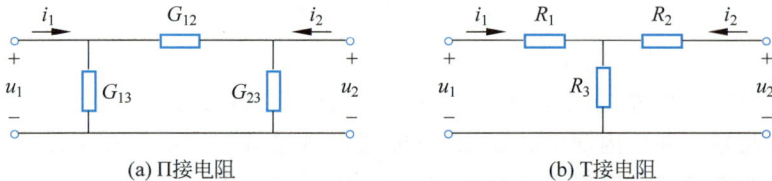

(a) Π接电阻        (b) T接电阻

图 1.8.12 从二端口参数和方程的观点来看待电阻的 Y-△ 变换

由例 1.8.1 的结果可知，图 1.8.12(a)所示 Π 接电阻电路的 $G$ 参数方程为
$$i_1 = (G_{13} + G_{12})u_1 - G_{12}u_2$$
$$i_2 = -G_{12}u_1 + (G_{12} + G_{23})u_2$$

由例 1.8.4 的结果可知，图 1.8.12(b)所示 T 接电阻电路的 $R$ 参数方程为
$$u_1 = (R_1 + R_3)i_1 + R_3 i_2$$
$$u_2 = R_3 i_1 + (R_3 + R_2)i_2$$

利用式(1.8.7)并进行对应项的参数比较，可方便地得到式(1.5.29)～式(1.5.31)。反之，应用 $R$ 参数方程到 $G$ 参数方程的推导，也可方便地得到式(1.5.32)～式(1.5.34)。

### 4. T 参数和方程

对式(1.8.1)进行变形得(用 $u_2$ 和 $i_2$ 表示 $u_1$ 和 $i_1$)

$$u_1 = -\frac{G_{22}}{G_{21}}u_2 + \frac{1}{G_{21}}i_2 \\ i_1 = \left(G_{12} - \frac{G_{11}G_{22}}{G_{21}}\right)u_2 + \frac{G_{11}}{G_{21}}i_2 \Bigg\} \tag{1.8.13}$$

写成矩阵形式为[①]

$$\begin{bmatrix} u_1 \\ i_1 \end{bmatrix} = \begin{bmatrix} T_{11} & T_{12} \\ T_{21} & T_{22} \end{bmatrix} \begin{bmatrix} u_2 \\ -i_2 \end{bmatrix} \tag{1.8.14}$$

其中，$T_{11}$、$T_{12}$、$T_{21}$、$T_{22}$ 为二端口网络的参数。由式(1.8.14)可知，$T_{11}$ 和 $T_{22}$ 没有量纲，$T_{12}$ 具有电阻的量纲，$T_{21}$ 具有电导的量纲。式(1.8.14)示出了二端口的一端对另一端的影响(即信号的传输过程)，因此称这些参数为 $T$ 参数($T$ 为英文 Transmission 的字头)，称参数矩阵 $\boldsymbol{T} = \begin{bmatrix} T_{11} & T_{12} \\ T_{21} & T_{22} \end{bmatrix}$ 为传输参数矩阵或 $T$ 参数矩阵，式(1.8.14)为 $T$ 参数方程。

比较式(1.8.13)和式(1.8.14)，并应用式(1.8.4)可知，互易二端口用 $T$ 参数表示的条件为

$$T_{11}T_{22} - T_{12}T_{21} = 1 \tag{1.8.15}$$

类似地，容易知道对称二端口用 $T$ 参数表示的条件为

$$T_{11}T_{22} - T_{12}T_{21} = 1, \quad T_{11} = T_{22} \tag{1.8.16}$$

类似于电导参数矩阵，求传输参数矩阵也分两种情况来讨论。

第一种情况是二端口内部电路未知，只能通过测量端口的电压和电流来间接获得其 $T$ 参数矩阵。如果端口 2 允许被开路和短路，则可以分别将端口 2 开路和短路，测量此时端口 1 的电压和电流，并求出传输参数矩阵。设在端口 1 上施加一个电压 $u_1$，对端口 2 进行开路，即 $i_2 = 0$，则式(1.8.14)可简化为 $u_1 = T_{11}u_2$，$i_1 = T_{21}u_2$。如果能够测量出此时的 $u_1$、$i_1$ 和 $u_2$，则有

$$T_{11} = \frac{u_1}{u_2}\bigg|_{i_2=0} \\ T_{21} = \frac{i_1}{u_2}\bigg|_{i_2=0} \Bigg\} \tag{1.8.17}$$

同理，在端口 1 上施加一个电流 $i_1$，对端口 2 进行短路，可求出

$$T_{12} = \frac{u_1}{-i_2}\bigg|_{u_2=0} \\ T_{22} = \frac{i_1}{-i_2}\bigg|_{u_2=0} \Bigg\} \tag{1.8.18}$$

第二种情况是二端口内部电路已知，则可以利用 KCL、KVL 和元件特性来推导出端口上的电压电流关系，即用 $u_2$ 和 $i_2$ 来表示 $u_1$ 和 $i_1$。

对于图 1.3.3(a)所示的 VCVS 来说，其端口 $u$-$i$ 关系可以表示为 $T$ 参数的形式：

$$\begin{bmatrix} u_1 \\ i_1 \end{bmatrix} = \begin{bmatrix} 1/\mu & 0 \\ 0 & 0 \end{bmatrix} \begin{bmatrix} u_2 \\ -i_2 \end{bmatrix}$$

---

① 1.8.3 小节解释了式(1.8.14)中 $i_2$ 的系数为 −1 的原因。

**例 1.8.5** 求图 1.8.13 所示电路的 $T$ 参数。

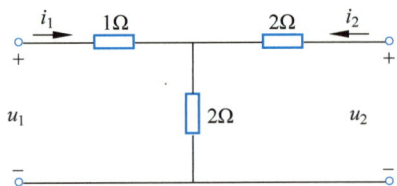

图 1.8.13 例 1.8.5 图

**解** 直接列写用 $u_2$ 和 $i_2$ 表示 $u_1$ 和 $i_1$ 的方程有些困难。但可以根据 KCL 和 KVL 列写独立的方程，经过推导得出 $T$ 参数方程。类似于例 1.8.4 的思路，列写两个 KVL 方程，得

$$u_1 = 3i_1 + 2i_2$$
$$u_2 = 2i_1 + 4i_2$$

经变换可得

$$u_1 = 1.5u_2 - 4i_2$$
$$i_1 = 0.5u_2 - 2i_2$$

整理上式得：$T_{11} = 1.5$，$T_{12} = 4\Omega$，$T_{21} = 0.5\text{S}$，$T_{22} = 2$。读者也可用实验测定法分别求 4 个 $T$ 参数。

为什么负电阻电路虚线框可以视为一个二端口？

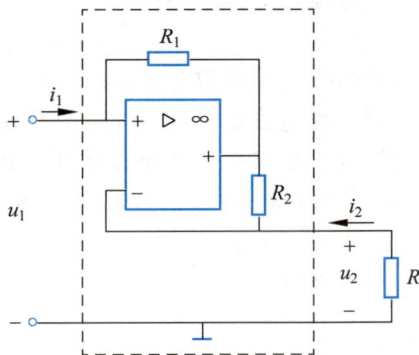

显然，图 1.8.13 中电路由线性电阻构成，因此是互易二端口，这一点可通过式(1.8.15)进行验证。但由于 $T_{11} \neq T_{22}$，因此不是对称二端口。

下面用 $T$ 参数的观点重新分析例 1.7.8 所示的负电阻电路。将图 1.7.17 重画，如图 1.8.14 所示。

根据线性工作区负反馈运算放大器的虚短和虚断，容易分析出图 1.8.14 虚线框中二端口的 $T$ 参数方程为

$$\begin{bmatrix} u_1 \\ i_1 \end{bmatrix} = \begin{bmatrix} 1 & 0 \\ 0 & -R_2/R_1 \end{bmatrix} \begin{bmatrix} u_2 \\ -i_2 \end{bmatrix}$$

再考虑到负载电阻 $R$ 的 $u$-$i$ 关系 $u_2 = -Ri_2$，易知

$$R_i = \frac{u_1}{i_1} = -\frac{R_1}{R_2}R < 0$$

进一步的分析表明，如果二端口网络的 $T$ 参数方程满足以下两式，则可以实现负电阻：

图 1.8.14 负电阻电路

$$\begin{bmatrix} u_1 \\ i_1 \end{bmatrix} = \begin{bmatrix} -k & 0 \\ 0 & 1 \end{bmatrix} \begin{bmatrix} u_2 \\ -i_2 \end{bmatrix} \tag{1.8.19}$$

$$\begin{bmatrix} u_1 \\ i_1 \end{bmatrix} = \begin{bmatrix} 1 & 0 \\ 0 & -k \end{bmatrix} \begin{bmatrix} u_2 \\ -i_2 \end{bmatrix} \tag{1.8.20}$$

满足式(1.8.19)的二端口称为电压反向型负电阻变换器，满足式(1.8.20)的二端口称为电流反向型负电阻变换器。显然图 1.8.14 中虚线部分二端口是一个电流反向型负电阻变换器。

**5. $H$ 参数及其他**

除已介绍的 3 种参数外，有时在分析电子器件的小信号电路模型时需要用 $i_1$ 和 $u_2$ 来表示 $u_1$ 和 $i_2$，即

$$\begin{bmatrix} u_1 \\ i_2 \end{bmatrix} = \begin{bmatrix} H_{11} & H_{12} \\ H_{21} & H_{22} \end{bmatrix} \begin{bmatrix} i_1 \\ u_2 \end{bmatrix} \tag{1.8.21}$$

这种方程称为 $H$ 参数方程，$H$ 为英文 Hybrid 的字头，意为混合参数。其中，$H_{11}$、$H_{12}$、$H_{21}$、$H_{22}$ 为二端口网络的参数。由式(1.8.21)可知，$H_{12}$ 和 $H_{21}$ 没有量纲，$H_{11}$ 具有电阻的量纲，$H_{22}$ 具有电导的量纲。

需要指出，$H$ 参数方程用 $i_1$ 和 $u_2$ 来表示 $u_1$ 和 $i_2$ 的方式是有其物理意义的。如图 1.8.15 所示为双极型 NPN 型晶体管的电路符号和小信号电路模型[①]。

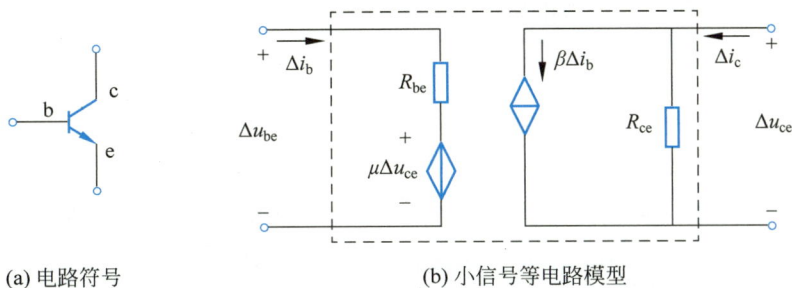

(a) 电路符号　　　　　　　　　(b) 小信号等电路模型

**图 1.8.15　双极型 NPN 型晶体管的电路符号及其小信号电路模型**

在图 1.8.15(b)左边子电路中应用 KVL，右边子电路中应用 KCL。易知，图 1.8.15(b)所示电路的 $H$ 参数方程为

$$\begin{bmatrix} \Delta u_{be} \\ \Delta i_c \end{bmatrix} = \begin{bmatrix} R_{be} & \mu \\ \beta & 1/R_{ce} \end{bmatrix} \begin{bmatrix} \Delta i_b \\ \Delta u_{ce} \end{bmatrix} \tag{1.8.22}$$

对比式(1.8.21)和式(1.8.22)可知，双极型晶体管小信号电路模型的每个 $H$ 参数均有其物理意义。

对于图 1.3.3(d)所示的 CCCS 来说，其端口 $u$-$i$ 关系可以表示为 $H$ 参数方程的形式，即

$$\begin{bmatrix} u_1 \\ i_2 \end{bmatrix} = \begin{bmatrix} 0 & 0 \\ \beta & 0 \end{bmatrix} \begin{bmatrix} i_1 \\ u_2 \end{bmatrix}$$

类似于前面的讨论，读者可自行推导 $H$ 参数矩阵的求法、互易条件和对称条件。

前面讨论的都是用两个支路量来表示另外两个支路量。在高频场合，一方面电路不再能够用集总参数模型表示，另一方面不能随意对端口进行短路和开路操作，因此难以用上述参数进行描述。根据分布参数电路的一些特点，人们利用能量的反射和透射提出了 $S$ 参数，解决了高频情况下二端口参数的定义和测量问题。对 $S$ 参数感兴趣的读者可阅读参考文献[15]。

接下来讨论为什么要研究这么多种类型的二端口参数及其方程。对于一个实际电路来说，往往不清楚其内部的拓扑连接和元件参数，只能够通过测量外特性对其进行建模和描述。因此针对某个实际的二端口电路，要视哪些端口支路量方便测量和哪些端口能够被短路或开路来求其二端口参数。此外，不是所有二端口网络都存在所有的参数，图 1.8.16 所示电路就是两个例子[②]。

前面已经介绍过，人们研究二端口网络的主要目的就是为了对电路进行抽象，从而便于分析和构造更复杂的电路。除此之外，还有另外一方面的考虑。在获得某个实际电路后，如

---

[①]　第 3 章将详细讨论小信号电路模型。

[②]　分别对应 $G$ 参数矩阵和 $R$ 参数矩阵奇异的情况。

果希望对其进行仿制或改进却无法获得其电路原理图,则可以考虑测量其接线端上的电压和电流关系,从而完成对该电路的建模。在此之后,只需构造出接线端电压和电流关系和原电路一样的等效电路,即可用另一种方式实现具有相同功能的电路。这种思路称为反向工程,是当前微电子和软件工程中的一个研究热点。在1.8.2小节中将应用反向工程的思路,研究获得二端口参数后如何构造出具有该参数的等效电路。

知识点35练习题和讨论

(a) 不存在R参数的二端口网络          (b) 不存在G参数的二端口网络

图 1.8.16　不存在某些参数的二端口网络

## 1.8.2　二端口网络的等效电路

很显然,构造已知参数的二端口网络的等效电路是不唯一的。这些相互等效的电路只是在端口的电压电流关系上一致。

知识点36

对于 $R$ 参数来说,有

$$u_1 = R_{11}i_1 + R_{12}i_2 \tag{1.8.23}$$

$$u_2 = R_{21}i_1 + R_{22}i_2 \tag{1.8.24}$$

式(1.8.23)表示一个 KVL 关系。等式左边为端口 1 上的电压,因此可以在端口 1 上构造一个串联连接的电路。类似地,也可以在端口 2 上构造一个串联连接的电路。其中的转移电阻和异端电流的乘积可用流控电压源 CCVS 来表示。得到的等效电路如图 1.8.17 所示。

从图 1.8.17 中容易看出,二端口网络吸收的功率为

$$p = u_1 i_1 + u_2 i_2 \tag{1.8.25}$$

此外还可以构造出只包含 1 个受控源的 $R$ 参数等效电路。

如果是互易二端口,则可以用 3 个电阻来构造其等效电路。根据例 1.8.4 的结论容易知道,如果是互易二端口(即 $R_{12}=R_{21}$),则可以构造出 T 形等效电路[1],如图 1.8.18 所示。其中,$R_b = R_{12} = R_{21}$,$R_a = R_{11} - R_{12}$,$R_c = R_{22} - R_{21}$。

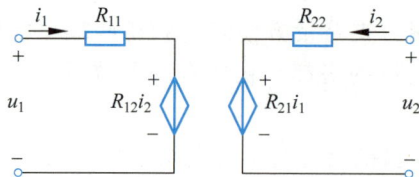

图 1.8.17　$R$ 参数的一种等效电路

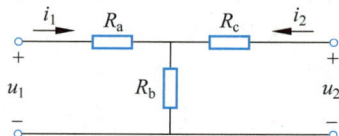

图 1.8.18　互易二端口 $R$ 参数的一种等效电路

---

[1]　当然也可以构造出 Π 形等效电路,但用 $R$ 参数构造 T 形等效电路更方便。

对于 $G$ 参数来说，有

$$i_1 = G_{11}u_1 + G_{12}u_2 \qquad (1.8.26)$$

$$i_2 = G_{21}u_1 + G_{22}u_2 \qquad (1.8.27)$$

式(1.8.26)表示一个 KCL 关系。等式左边为端口 1 上的电流，因此可以在端口 1 上构造一个并联连接的电路。类似地，也可以在端口 2 上构造一个并联连接的电路。其中的转移电导和异端电压的乘积可用压控电流源 VCCS 来表示。得到的等效电路如图 1.8.19 所示。

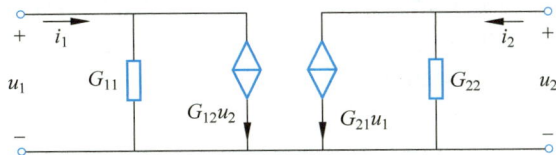

图 1.8.19　$G$ 参数的一种等效电路

此外还可以构造出只包含 1 个受控源的 $G$ 参数等效电路。

如果是互易二端口，则可以用 3 个电阻来构造其等效电路。根据例 1.8.1 的结论容易知道，如果是互易二端口(即 $G_{12}=G_{21}$)，则可以构造出等效电路[①]如图 1.8.20 所示。其中，$G_b = -G_{12} = -G_{21}$，$G_a = G_{11}+G_{12}$，$G_c = G_{22}+G_{21}$。

对于 $T$ 参数来说，没有直接的拓扑结构相对应，但可以通过参数比较的方法求得等效电路。

**例 1.8.6**　求用 $T$ 参数方程表示的互易二端口的等效电路。

**解**　由题知为互易二端口，因此可用 3 个电阻元件来构成。不妨将 3 个电阻元件接成 T 形，如图 1.8.21 所示。

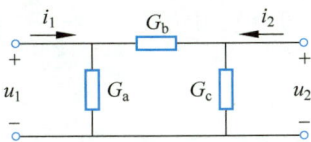

图 1.8.20　互易二端口 $G$ 参数的一种等效电路

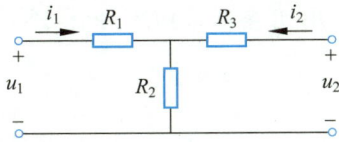

图 1.8.21　互易二端口 $T$ 参数的一种等效电路

用例 1.8.5 的方法求图 1.8.21 所示电路的 $T$ 参数方程，得

$$u_1 = \left(1 + \frac{R_1}{R_2}\right)u_2 + \left(R_1 + R_3 + \frac{R_1 R_3}{R_2}\right)(-i_2)$$

$$i_1 = \frac{1}{R_2}u_2 + \left(1 + \frac{R_3}{R_2}\right)(-i_2)$$

而 $T$ 参数二端口方程可写为

$$u_1 = T_{11}u_2 - T_{12}i_2$$

$$i_1 = T_{21}u_2 - T_{22}i_2$$

由于是互易二端口，因此只需比较函数关系简单的 3 个参数，可知

$$T_{11} = 1 + \frac{R_1}{R_2}, \quad T_{21} = \frac{1}{R_2}, \quad T_{22} = 1 + \frac{R_3}{R_2}$$

知识点36练习题
和讨论

---

①　当然也可以构造出 T 形等效电路，但用 $G$ 参数构造 Π 形等效电路更方便。

求解上面 3 个方程，得

$$R_1 = \frac{T_{11}-1}{T_{21}}, \quad R_2 = \frac{1}{T_{21}}, \quad R_3 = \frac{T_{22}-1}{T_{21}}$$

## 1.8.3 二端口网络的连接

在获得二端口网络的参数后，就完成了对其进行抽象建模的过程，可以在此基础上进一步分析和构造更为复杂的电路。利用二端口构造更为复杂的电路主要有 3 种方法：级联、并联和串联。

知识点37

### 1. 二端口的级联及其参数关系

将一个二端口的输出端口直接与另一个二端口的输入端口相连，就构成了两个二端口的级联关系，如图 1.8.22 所示。

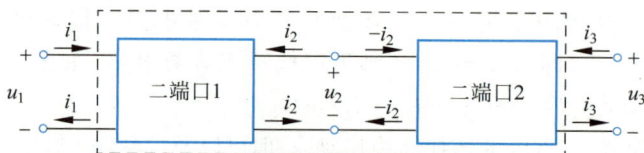

图 1.8.22 二端口的级联

很显然，在图 1.8.22 中，二端口 1 的输出电压等于二端口 2 的输入电压，二端口 1 的输出电流与二端口 2 的输入电流大小相等、方向相反。

如果用 $T$ 参数来描述两个二端口，则其电压电流关系可分别写为

$$\begin{bmatrix} u_1 \\ i_1 \end{bmatrix} = \boldsymbol{T}_1 \begin{bmatrix} u_2 \\ -i_2 \end{bmatrix}$$

$$\begin{bmatrix} u_2 \\ -i_2 \end{bmatrix} = \boldsymbol{T}_2 \begin{bmatrix} u_3 \\ -i_3 \end{bmatrix}$$

观察上面两式可知，如果将两个级联的二端口抽象为一个二端口（图 1.8.22 虚线内部分），则其端口电压电流关系可写为

$$\begin{bmatrix} u_1 \\ i_1 \end{bmatrix} = \boldsymbol{T}_1 \begin{bmatrix} u_2 \\ -i_2 \end{bmatrix} = \boldsymbol{T}_1 \boldsymbol{T}_2 \begin{bmatrix} u_3 \\ -i_3 \end{bmatrix} = \boldsymbol{T} \begin{bmatrix} u_3 \\ -i_3 \end{bmatrix} \tag{1.8.28}$$

其中

$$\boldsymbol{T} = \boldsymbol{T}_1 \boldsymbol{T}_2 \tag{1.8.29}$$

不难看出，上述两个二端口网络级联的关系可推广至 $n$ 个二端口网络级联。

级联二端口经常用来表示不同信号处理电路前后配合，共同达到某个整体性能的情况。在式 (1.8.14) 中使用 $-i_2$，可以很好地求取多个级联二端口对外的整体 $T$ 参数。

级联不会破坏端口条件。

### 2. 二端口的并联及其参数关系

将两个二端口的输入端口并联，输出端口也并联，则这两个二端口构成并联关系，如图 1.8.23 所示。

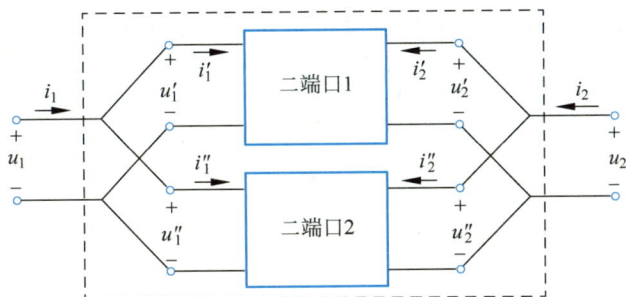

图 1.8.23　二端口的并联

如果用 $G$ 参数来描述两个二端口,则其电压电流关系可分别写为

$$\begin{bmatrix} i'_1 \\ i'_2 \end{bmatrix} = \boldsymbol{G}' \begin{bmatrix} u'_1 \\ u'_2 \end{bmatrix}$$

$$\begin{bmatrix} i''_1 \\ i''_2 \end{bmatrix} = \boldsymbol{G}'' \begin{bmatrix} u''_1 \\ u''_2 \end{bmatrix}$$

在左边和右边的并联处应用 KVL,得

$$u_1 = u'_1 = u''_1, \quad u_2 = u'_2 = u''_2$$

在左边和右边的并联处应用 KCL,得

$$i_1 = i'_1 + i''_1, \quad i_2 = i'_2 + i''_2$$

综合利用上面各式可知,如果将两个并联的二端口抽象为一个二端口(图 1.8.23 虚线内部分),则其端口电压电流关系可写为

$$\begin{bmatrix} i_1 \\ i_2 \end{bmatrix} = \begin{bmatrix} i'_1 \\ i'_2 \end{bmatrix} + \begin{bmatrix} i''_1 \\ i''_2 \end{bmatrix} = (\boldsymbol{G}' + \boldsymbol{G}'') \begin{bmatrix} u_1 \\ u_2 \end{bmatrix} = \boldsymbol{G} \begin{bmatrix} u_1 \\ u_2 \end{bmatrix} \tag{1.8.30}$$

式中

$$\boldsymbol{G} = \boldsymbol{G}' + \boldsymbol{G}'' \tag{1.8.31}$$

不难看出,上述两个二端口网络并联的关系可推广至 $n$ 个二端口网络并联。

　　需要指出,两个二端口并联时,其端口条件可能被破坏,此时上述关系式不再成立。但具有公共端的二端口将公共端并联在一起不会破坏端口条件。

有公共端的二端口的并联不会破坏端口条件

### 3. 二端口的串联及其参数关系

　　将两个二端口的输入端口串联,输出端口也串联,则这两个二端口构成串联关系,如图 1.8.24 所示。

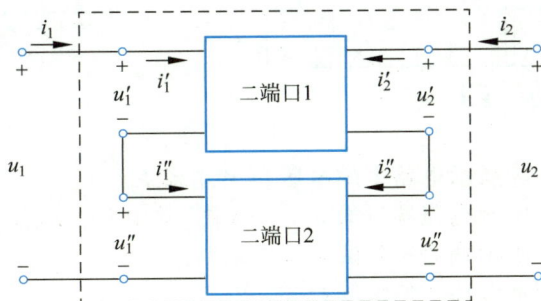

图 1.8.24　二端口的串联

如果用 $R$ 参数来描述两个二端口，则其电压和电流关系可分别写为

$$\begin{bmatrix} u'_1 \\ u'_2 \end{bmatrix} = \boldsymbol{R}' \begin{bmatrix} i'_1 \\ i'_2 \end{bmatrix}$$

$$\begin{bmatrix} u''_1 \\ u''_2 \end{bmatrix} = \boldsymbol{R}'' \begin{bmatrix} i''_1 \\ i''_2 \end{bmatrix}$$

在端口串联处应用 KCL，得

$$i_1 = i'_1 = i''_1, \quad i_2 = i'_2 = i''_2$$

在端口串联处应用 KVL，得

$$u_1 = u'_1 + u''_1, \quad u_2 = u'_2 + u''_2$$

综合利用上面各式可知，如果将两个串联的二端口抽象为一个二端口（图 1.8.24 虚线内部分），则其端口电压电流关系可写为

$$\begin{bmatrix} u_1 \\ u_2 \end{bmatrix} = \begin{bmatrix} u'_1 \\ u'_2 \end{bmatrix} + \begin{bmatrix} u''_1 \\ u''_2 \end{bmatrix} = (\boldsymbol{R}' + \boldsymbol{R}'') \begin{bmatrix} i_1 \\ i_2 \end{bmatrix} = \boldsymbol{R} \begin{bmatrix} i_1 \\ i_2 \end{bmatrix} \qquad (1.8.32)$$

📝 其中

$$\boldsymbol{R} = \boldsymbol{R}' + \boldsymbol{R}'' \qquad (1.8.33)$$

知识点37练习题和讨论

不难看出，上述两个二端口网络串联的关系可推广至 $n$ 个二端口网络串联。

类似地，两个二端口串联时，其端口条件可能被破坏，此时上述关系式就不再成立。但具有公共端的二端口在公共端进行串联不会破坏端口条件。

## 习题

1.1 题图 1.1 中每个方框表示一个二端元件。已知 $u_1 = 2\text{V}$，$u_3 = 3\text{V}$，$u_4 = 1\text{V}$，$i_1 = 1\text{A}$，$i_3 = 2\text{A}$。求：（1）其他各电压、电流；（2）每个元件吸收的功率；（3）电路中所有元件吸收的功率之和，并对此进行解释。

1.2 求题图 1.2 所示电路中各点的电压，即求 $u_\text{a}$、$u_\text{b}$、$u_\text{c}$、$u_\text{d}$、$u_\text{e}$、$u_\text{f}$、$u_\text{g}$、$u_\text{h}$、$u_\text{i}$ 和 $u_\text{j}$。

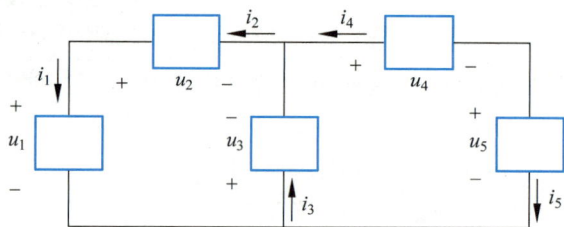

题图 1.1

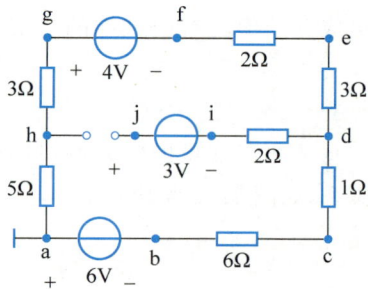

题图 1.2

1.3 分别求题图 1.3 所示电路中的电压 $U$ 和电流 $I$。

1.4 画出题图 1.4 所示电路端口的 $u$-$i$ 关系图，其中 $U_\text{S}$、$I_\text{S}$、$R_\text{S}$ 均大于零。

1.5 画出题图 1.5 所示电路端口的 $u$-$i$ 关系图。

1.6 求题图 1.6 所示电路中的电压 $U_\text{ab}$。

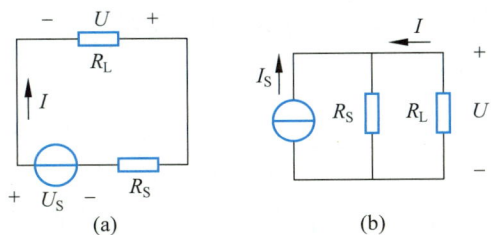

题图　**1.3**

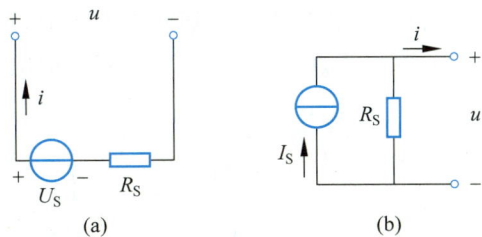

题图　**1.4**

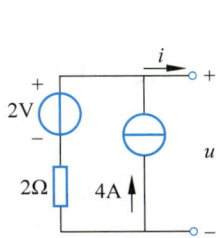

题图　**1.5**

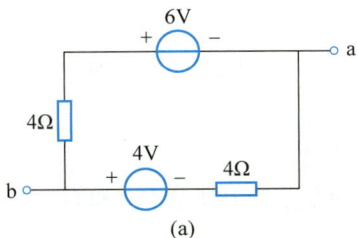

(a)

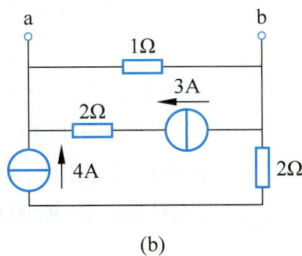

(b)

题图　**1.6**

**1.7**　求题图 1.7 所示电路中所标出的各电压和电流。

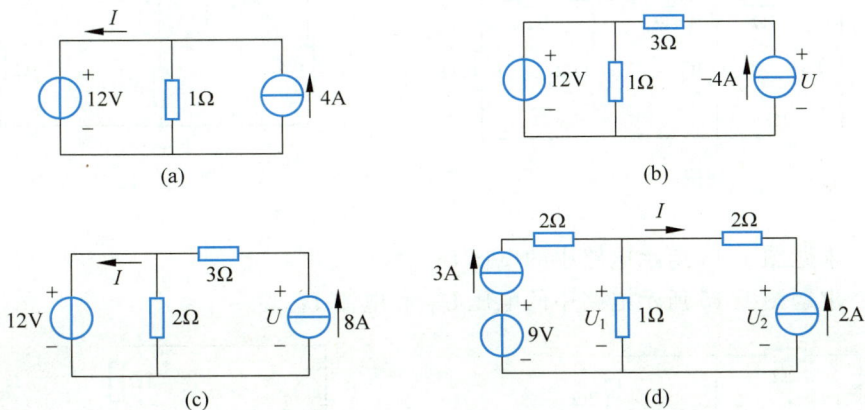

题图　**1.7**

**1.8**　求题图 1.8 所示电路中的电压 $U$ 和电流 $I$。

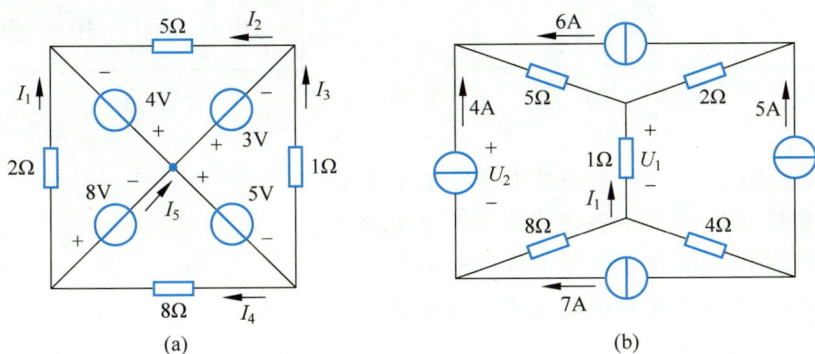

题图　**1.8**

1.9 已知题图 1.9 所示电路中流过 $40\Omega$ 电阻中的电流为 2A，求电流源电流 $I_S$。

1.10 求题图 1.10 所示电路中的电压 $U_1$ 和电流 $I_1$。

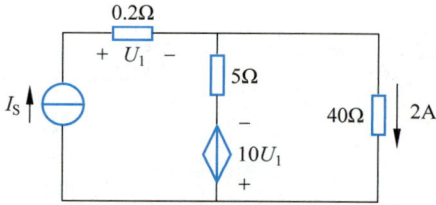

题图 **1.9**

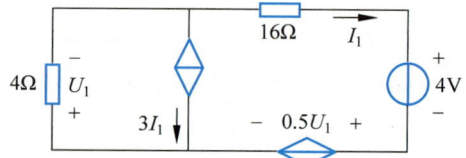

题图 **1.10**

1.11 关联参考方向下，电阻的 $\alpha > 90°$ 代表什么物理意义？从图书馆或参考书上找到 3 条关于 $\alpha > 90°$ 的电阻的信息。

1.12 求题图 1.12 所示电路中的电流 $I$。

1.13 求题图 1.13 所示电路中的节点电压 $U_1$、$U_2$ 和 $U_3$。

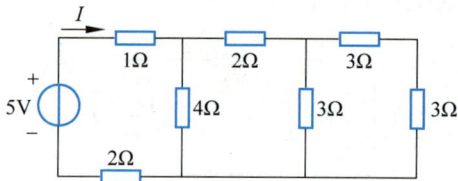

题图 **1.12**

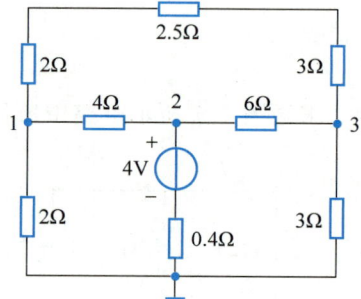

题图 **1.13**

1.14 求题图 1.14 所示电路中的电压 $U$。

1.15 求题图 1.15 所示电路中的电压 $U_1$ 和电流 $I_1$。

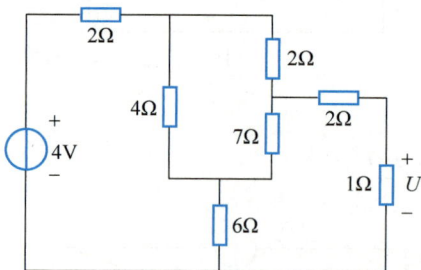

题图 **1.14**

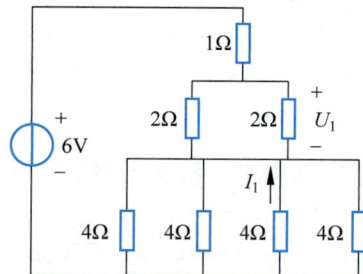

题图 **1.15**

1.16 求题图 1.16 所示各电路的等效电阻 $R_{ab}$。

1.17 求题图 1.17 所示各电路的等效电阻 $R$。

1.18 求题图 1.18 所示电路的等效电阻 $R$。

1.19 将题图 1.19 中各电路化成最简形式。

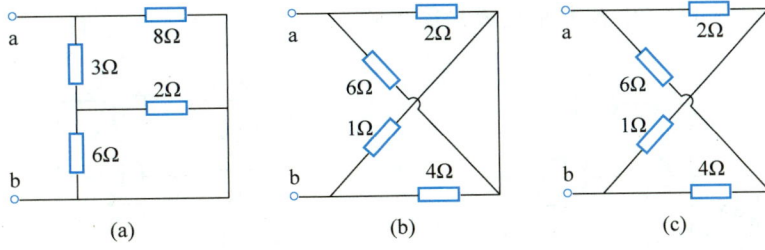

题图　1.16

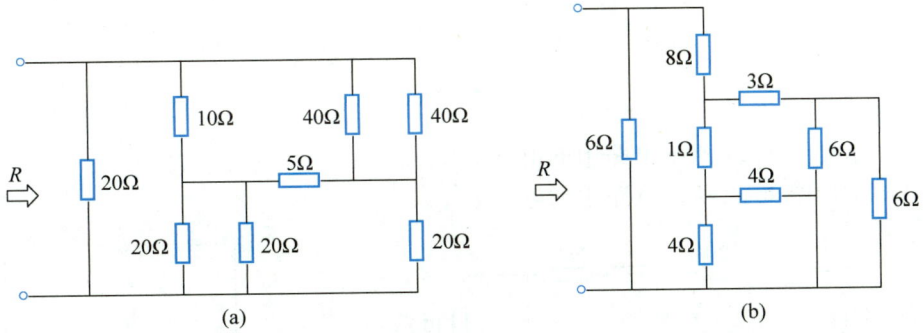

题图　1.17

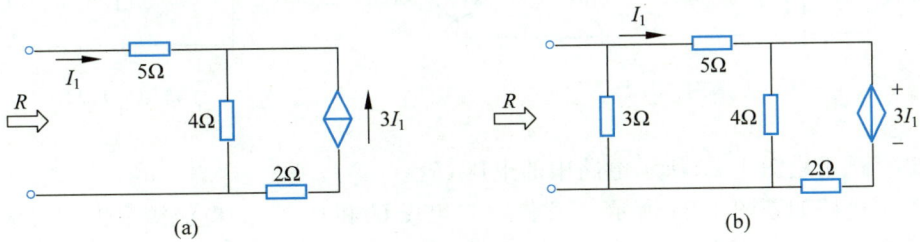

题图　1.18

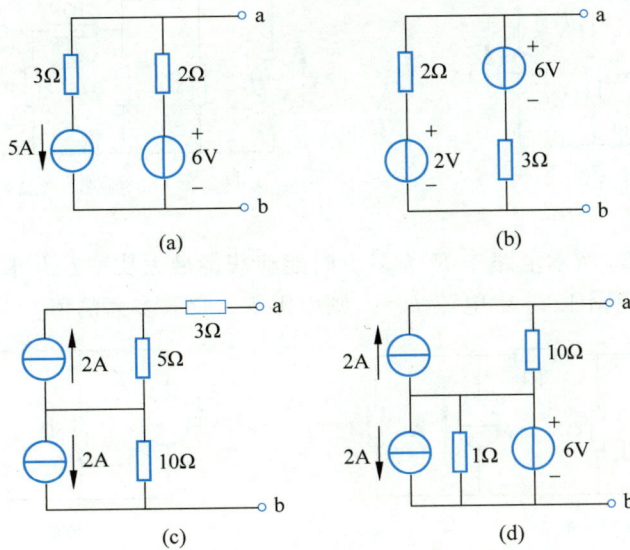

题图　1.19

1.20 将题图 1.20 中各电路化成最简形式。

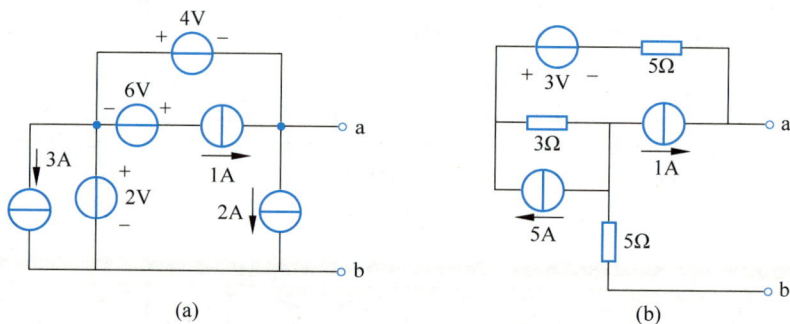

(a)                                    (b)

题图　1.20

1.21 求题图 1.21 所示电路中的电流 $I$。

1.22 求题图 1.22 所示电路中的电压 $u_{AB}$。

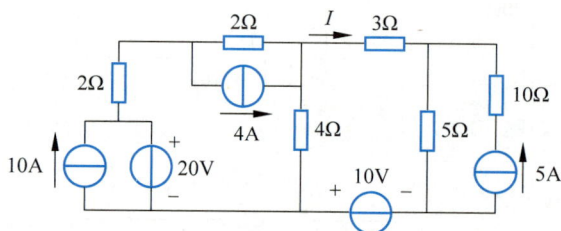

题图　1.21

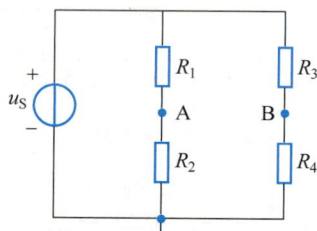

题图　1.22

1.23 试求题图 1.23 所示电路中的电压 $U_{ab}$。

1.24 电路如题图 1.24 所示。试求：(1)电压 $U$ 和 $U_1$；(2)电流源发出的功率。

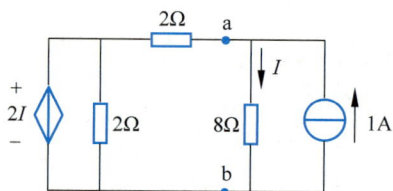

题图　1.23

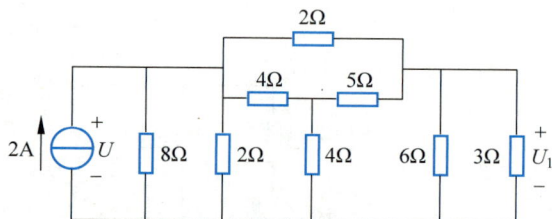

题图　1.24

1.25 题图 1.25 所示电路中 $R$ 为多少时能够获得最大功率？并求此最大功率。

1.26 若要使题图 1.26 中电流 $I=0$,则电阻 $R_x$ 应取多大的值？

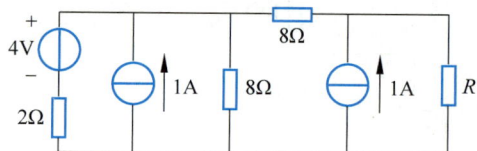

题图　1.25

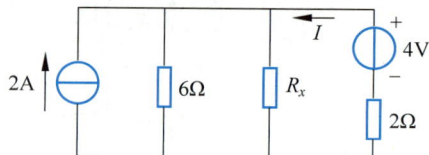

题图　1.26

1.27　求题图 1.27 所示电路中的电流 $I$。

1.28　如何用负反馈运算放大器电路实现放大倍数小于 1 的同相放大?

1.29　已知题图 1.29 所示电路中,电压源 $u_S(t)=3\sin100t$ V,求电流 $i(t)$。

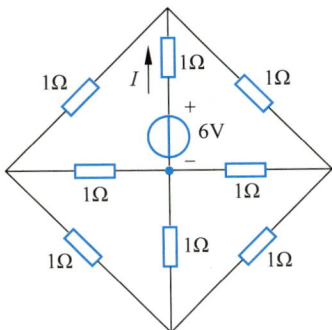

题图　**1.27**

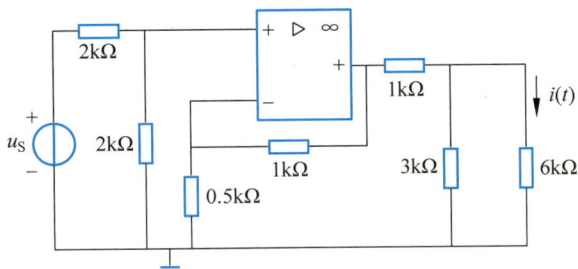

题图　**1.29**

1.30　求题图 1.30 所示电路中的 $I$。

1.31　已知电路如题图 1.31 所示,求:(1)输出电压 $U_o$;(2)从电压源 $U_S$ 两端看进去的入端电阻 $R_i$。

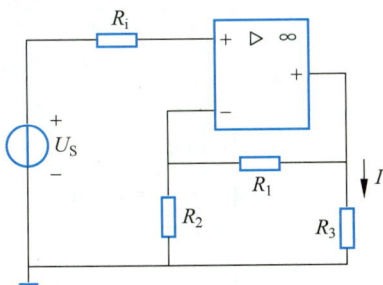

题图　**1.30**

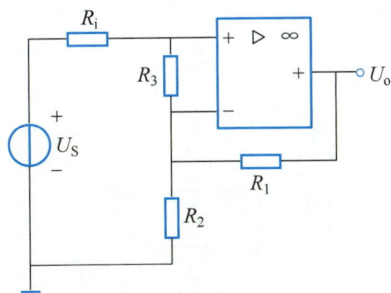

题图　**1.31**

1.32　题图 1.32 所示电路中电压 $u_1$ 和 $u_2$ 为已知,求输出电压 $u_o$。

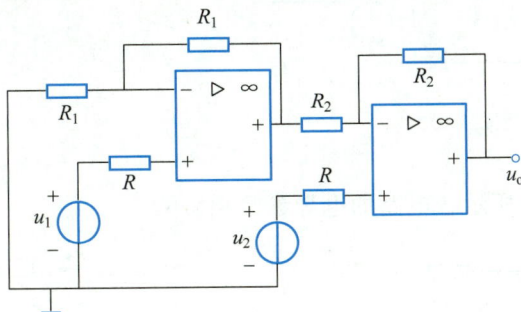

题图　**1.32**

1.33　运算放大器电路如题图 1.33 所示,求:(1)电压增益 $U_o/U_S$;(2)由电压源 $U_S$ 两端看进去的入端电阻 $R_i$。

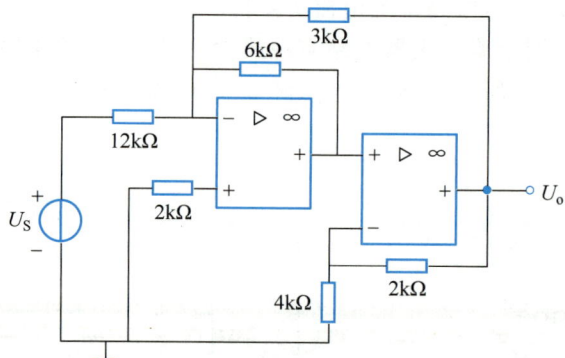

题图 1.33

1.34 已知题图 1.34 所示电路中的电压 $u_1$ 和 $u_2$，求输出电压 $u_o$。

1.35 判断题图 1.35 所示电路的作用。（提示：利用电压比较器的性质求 $u_i$ 取不同值时各个运放的输出。）

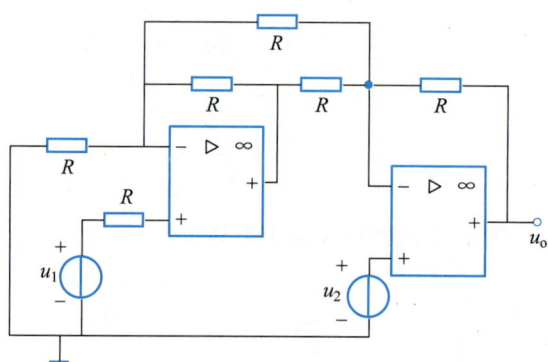

题图 1.34

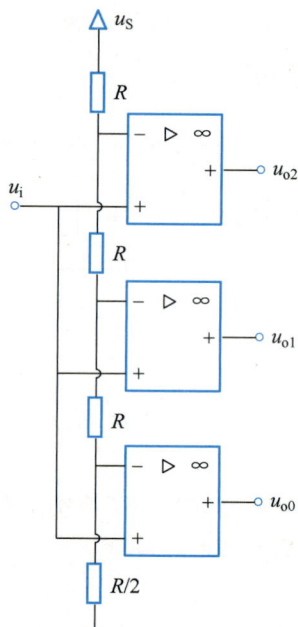

题图 1.35

1.36 求题图 1.36 所示各电路的电导参数矩阵 $\boldsymbol{G}$。

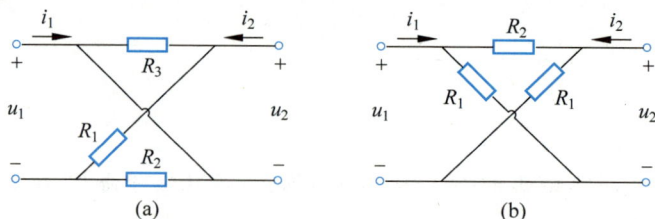

题图 1.36

1.37 求题图1.37所示电路的电阻参数矩阵 **R**。

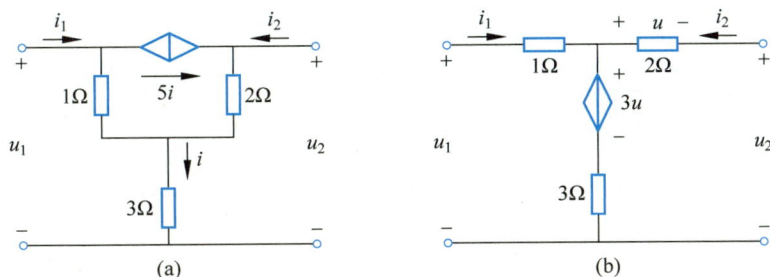

题图 **1.37**

1.38 已知题图1.38(a)所示电路是一个二端口网络。

(1) 求此二端口网络的传输参数矩阵 **T**。

(2) 在此二端口网络的两端接上电源和负载,如题图1.38(b)所示。此时电流 $I_2 = 2\text{A}$。根据 $T$ 参数计算 $U_{S1}$ 及 $I_1$。

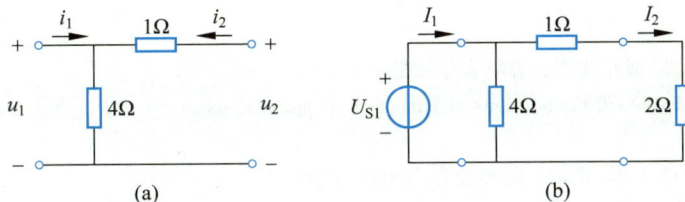

题图 **1.38**

1.39 (1) 用一个受控源实现电导参数矩阵 **G** 的等效电路,并证明该等效电路的端口方程就是电导参数矩阵方程。

(2) 用一个受控源实现电阻参数矩阵 **R** 的等效电路,并证明该等效电路的端口方程就是电阻参数矩阵方程。

1.40 用5V电源、N沟道 MOSFET 和电阻器构成一个半加器。半加器的输入为两个待求和的二进制量 $X$ 和 $Y$。输出有两个二进制量:和 $S$、进位 $A$。进位就是当一位二进制无法表示当前数值时,向更高级增加的量,例如当 $X=1$,$Y=1$ 时,$S=0$,$A=1$。对应着

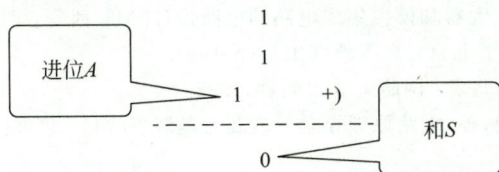

(提示:仿造投票表决系统的构造方法。)

1.41 计算用 N 沟道 MOSFET 构成的两输入 NAND 门(与非门)和两输入 NOR 门(与或门)消耗的最大功率。(注意:要求计算的是门消耗的功率,而不是 MOSFET 消耗的功率。)

1.42 已知题图1.42所示电路中,$d_0$ 和 $\bar{d}_0$、$d_1$ 和 $\bar{d}_1$、$d_2$ 和 $\bar{d}_2$ 分别互为逻辑反的关

系，判断该电路的作用。（提示：制表，填写出 $d_0$、$d_1$ 和 $d_2$ 所有组合状态下运放的输出，从中总结规律。）

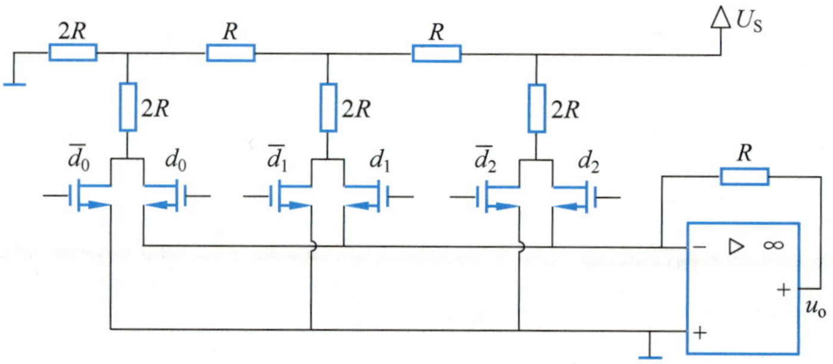

题图　**1.42**

# 参考文献

[1]　江缉光.电路原理[M].北京：清华大学出版社，1997.

[2]　AGARWAL A，LANG J. Foundations of Analog and Digital Electronic Circuits[M].San Francisco：Morgan Kaufmann，2005.

[3]　邱关源.电路[M].4 版.北京：高等教育出版社，1999.

[4]　李瀚荪.简明电路分析基础[M].北京：高等教育出版社，2002.

[5]　周守昌.电路原理[M].2 版.北京：高等教育出版社，2004.

[6]　ALEXANDER C K，SADIKU M N O. Fundamentals of Electric Circuits[M].2nd ed. New York：McGraw-Hill，2003.

[7]　HAYT W H，KEMMERLY J E，DURBIN S M. Engineering Circuit Analysis[M]. 6th ed. New York：McGraw-Hill，2002.

[8]　阎石.数字电子技术基础[M].4 版.北京：高等教育出版社，1998.

[9]　《无线电》编辑部.无线电元器件精汇[M].北京：人民邮电出版社，2000.

[10]　刘征宇.电子电路设计与制作[M].福州：福建科学技术出版社，2003.

[11]　赵凯华，陈熙谋.电磁学[M].2 版.北京：高等教育出版社，1985.

[12]　RASHID M H.电力电子技术手册[M].北京：机械工业出版社，2004.

[13]　FRANCO.基于运算放大器和模拟集成电路的电路设计[M].西安：西安交通大学出版社，2004.

[14]　周庭阳.$n$ 端口网络[M].北京：高等教育出版社，1991.

[15]　董树义.微波测量[M].北京：国防工业出版社，1985.

[16]　朱桂萍，于歆杰，陆文娟，等.电路原理导学导教及习题解答[M].北京：清华大学出版社，2009.

# 第 **2** 章

# 电路的系统化分析方法和电路定理

　　本章分为 3 个部分：2.1～2.4 节按照从直观到抽象的顺序介绍用计算机求解包含复杂拓扑和复杂元件电路时列写方程的规范化方法，其中的节点法和回路法（网孔法）是重点，对计算机求解和手工求解均具有重要价值；2.5～2.8 节讨论可以用于看待和分析电路的各种定理，其中的戴维南定理具有无与伦比的重要性；2.9 节则以比拟的方法介绍包含线性介质的磁场中若干物理量如何比拟为电路基本量，进而建模为磁路进行分析的过程。

## 2.1 2b 法和支路电流法

### 2.1.1  2b 法

下面用一个例子引入 2b 法。

知识点38

**例 2.1.1**  图 2.1.1 所示电路中，所有支路电压与电流采用关联参考方向。求电流 $I_1 \sim I_6$。

**解**  从电源端看入，A 点和地（D）之间的 5 个电阻构成了一个 H 形或桥形的子电路，可将其称为桥式电路或电桥。将电流 $I_1 \sim I_6$ 对应的支路分别称为支路 1～支路 6，支路上的电压分别为电压 $U_1 \sim U_6$。于是需要求解 12 个变量。在 6 条支路上应用支路约束，分别得到 6 个方程：

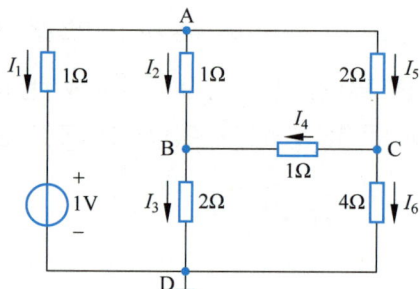

图 2.1.1  例 2.1.1 图

用二端元件定义支路所列写出的方程

$$U_1 = 1 + I_1$$
$$U_2 = I_2$$
$$U_3 = 2I_3$$
$$U_4 = I_4$$
$$U_5 = 2I_5$$
$$U_6 = 4I_6$$

在节点 A、B、C 上应用 KCL，得到 3 个方程：

$$I_1 + I_2 + I_5 = 0$$
$$-I_2 + I_3 - I_4 = 0$$
$$I_4 - I_5 + I_6 = 0$$

在电路的 3 个网孔中应用 KVL 得到 3 个方程：

$$U_1 - U_2 - U_3 = 0$$
$$U_2 - U_4 - U_5 = 0$$
$$U_3 + U_4 - U_6 = 0$$

联立上述 12 个方程即可求解出 $I_1 \sim I_6$。显然手工求解这样的线性代数方程非常麻烦。

从例 2.1.1 的分析过程可以发现：对于 6 条支路 4 个节点的电路来说，我们可以列写 6 个支路约束（有的支路约束中还会包含 KVL），包括 3 个 KCL 方程和 3 个 KVL 方程。这个结论是可以推广的，即对于任意的包含 $b$ 条支路 $n$ 个节点的电路来说，总共有 $b$ 个待求支路电压和 $b$ 个待求支路电流。可以列写出 $b$ 个独立的支路约束、$n-1$ 个独立的 KCL 约束和 $b-n+1$ 个独立的 KVL 约束[①]，于是就构成了 $2b$ 个独立的方程。理论上讲，可以求解出电路全部 $2b$ 个支路量，这就是 **2b 法**分析电路的基础。

如果有充分的计算能力和存储能力，显然这样处理电路具有非常好的规范性，便于计算

---

①  原因见 2.4 节。

机分析。但是计算能力和问题的待求解规模之间往往是一对矛盾体,人们既希望能够规范性地列写方程,便于计算机求解甚至手工求解,也希望方程数量明显小于 $2b$,于是就逐渐诞生了支路电流法(只列写并求解以支路电流为变量的方程)、节点电压法(只列写并求解以节点电压为变量的方程)、回路电流法(只列写并求解以回路电流为变量的方程)、割集电压法(只列写并求解以割集电压为变量的方程)及其各种变种。

同样,由于比较复杂的电路难以用手工求解,人们开发了许多计算机软件来辅助电路分析过程。这些软件实现了电子设计自动化(electronic design automation,EDA),极大地提高了电路分析与设计的效率和水平,其中最著名的就是 Spice(simulation program with integrated circuits emphasis)软件[①]。此外还有一种简单易学的 EDA 软件 Multisim[②],它使用 Spice 算法,采用图形界面,功能适合电路原理课程需要。

利用 $2b$ 法的思想,我们就可以方便地理解和证明功率守恒定理。

**功率守恒定理**  设电路有 $n$ 个节点和 $b$ 条支路,分别用 $u_k$ 和 $i_k(k=1,2,\cdots,b)$ 表示支路电压和支路电流。不失一般性,设 $u_k$ 和 $i_k$ 取关联参考方向。用 $u_{nj}(j=1,2,\cdots,n)$ 表示节点电压(节点电压的第一个下标 n 是英文 node 的缩写)[③]。要证明

$$\sum_{k=1}^{b} u_k i_k = 0 \tag{2.1.1}$$

即集总参数电路中所有元件吸收的瞬时功率的代数和为零。

**证明**

利用 KVL 可知,支路压降等于支路两端的电位差,即

$$u_k = u_{n\alpha} - u_{n\beta}$$

其中支路电压 $u_k$ 的"+"号标在节点 $\alpha$ 上,"−"号标在节点 $\beta$ 上。将上式代入式(2.1.1),等号左边部分得

$$\sum_{k=1}^{b} u_k i_k = \sum_{\text{所有支路}} (u_{n\alpha} - u_{n\beta}) i_k = \sum_{\text{所有支路}} (u_{n\alpha} - u_{n\beta}) i_{\alpha\beta} = \sum_{\text{所有支路}} (u_{n\alpha} i_{\alpha\beta} + u_{n\beta} i_{\beta\alpha})$$

由上式可知,共有 $2b$ 项相加,每一项是某节点电压和从该节点流出的一个支路电流的乘积。由于电路中有 $n$ 个节点,因此可以将这 $2b$ 项分成 $n$ 类,每类具有相同的节点电压。例如对于第 $j$ 类即第 $j$ 个节点,有

$$u_{nj} i_{j1} + u_{nj} i_{j2} + \cdots + u_{nj} i_{jm} = u_{nj} \sum_{l=1}^{m} i_{jl} = 0$$

式中,$m$ 为与节点 $j$ 直接相连的节点数量。上式最后一个等号利用了 KCL。由于所有的 $n$ 个节点都存在这样的关系,因此式(2.1.1)得证。

需要指出,式(2.1.1)的证明过程仅利用了 KCL 和 KVL,与元件约束无关。也就是说,这个结论对任何集总参数电路都成立。

知识点38练习题
和讨论

---

①  美国加利福尼亚大学伯克利分校于 1975 年开发。

②  其前身 Electronics Workbench(EWB)由加拿大交互图像技术公司(Interactive Image Technologies)开发,现在由美国国家仪器(NI)公司开发维护。

③  令参考点为第 $n$ 个节点,其节点电压为 $u_{nn}=0$。

## 2.1.2 支路电流法

支路电流法(branch current method)的核心思想是：以 $b$ 个支路电流为变量，根据元件约束，用 $b$ 个支路电流来表示 $b$ 个支路电压，只列写 $b-n+1$ 个独立 KVL 方程和 $n-1$ 个独立 KCL 方程，即可求解出 $b$ 个支路电流，再根据元件约束求解出 $b$ 个支路电压。

知识点39

仍以例 2.1.1 为例来说明支路电流法。图中所示电路中有 4 个节点，可以列出 4 个 KCL 方程，但只有 3 个是独立的，设 D 节点为参考节点。A、B、C 节点满足的 KCL 方程（电流以流出节点为正）如下：

$$\left.\begin{aligned}
\text{节点 A} \quad & I_1 + I_2 + I_5 = 0 \\
\text{节点 B} \quad & -I_2 + I_3 - I_4 = 0 \\
\text{节点 C} \quad & I_4 - I_5 + I_6 = 0
\end{aligned}\right\} \tag{2.1.2}$$

还需 3 个独立的 KVL 方程才能求出 6 个支路电流变量。3 个独立的 KVL 方程对应 3 个独立回路。独立回路的选取有多种方式。对于平面电路而言，可以选取网孔作为独立回路。另一个简单可行的方法是：每选取一个新回路时，使此回路包含一个新的支路电流变量，则新回路的 KVL 方程中至少包含一个新的变量，这个方程不可能由已列出的方程组合得出，因此是独立方程。此方法不仅适用于平面电路，对于非平面电路也适用。应注意，用这种方法选取回路是方程独立的充分条件。

在图 2.1.1 中选 3 个网孔为独立回路，按顺时针方向列 KVL 方程，有

$$\left.\begin{aligned}
-I_1 + I_2 + 2I_3 &= 1 \\
-I_2 + 2I_5 + I_4 &= 0 \\
-2I_3 - I_4 + 4I_6 &= 0
\end{aligned}\right\} \tag{2.1.3}$$

式(2.1.2)的 3 个独立 KCL 方程和式(2.1.3)的 3 个独立 KVL 方程就是求解 6 个电流变量所需的方程。

对于有 $b$ 条支路 $n$ 个节点的电路，支路电流法的列写过程归纳如下：

(1) 设定各支路电流的参考方向。

(2) 选 $n-1$ 个节点列 KCL 方程。

(3) 选 $b-n+1$ 个独立回路。对于平面电路，可选网孔为独立回路。一般地，也可根据每新选一个回路增加一条新支路的原则来选取独立回路。

(4) 对独立回路列 KVL 方程。

(5) 求解联立方程得支路电流。

(6)（如果需要）根据元件约束和求得的支路电流求解出支路电压。

需要指出，当电路中包含无伴电流源支路时，因为该支路的电压无法用支路电流来表示，因此直接应用支路电流法有困难[①]。

对于实际求解电路来说，$2b$ 法和支路电流法更多的意义是提供理论上的

知识点39练习题和讨论

---

① 这个问题在 2.3 节介绍回路电流法时也会遇到，届时会讨论解决方法。

完整性,因过程烦琐,实际应用较少。

## 2.2 节点电压法

支路电流法是以支路电流作为变量列写方程,虽说与 $2b$ 法相比变量数目有所减少,但支路电流法需要列写 KCL 和 KVL 两种形式的方程,仍有不便之处。本节介绍节点电压法,该方法可进一步减少分析电路所需的独立方程数。

知识点40

节点电压法是以节点电压为变量列写方程而命名的。在电路中任意选择一个节点作为**参考节点**(reference node),假设其电位为零,电路中其他各节点到参考节点的电压称为节点电压。由电位的单一性可知,设定的节点电压必然自动满足 KVL。下面以图 2.2.1 所示电路进行说明。

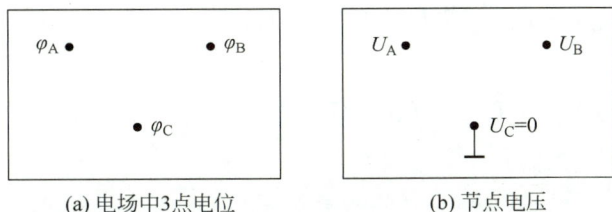

(a) 电场中3点电位　　　　(b) 节点电压

**图 2.2.1　节点电压与 KVL**

图 2.2.1(a)示出电场中 3 点电位分别为 $\varphi_A$、$\varphi_B$、$\varphi_C$,图 2.2.1(b)中假设节点 $C$ 的电位 $\varphi_C=0$,用接电路底板符号($\perp$)或用接地符号($\underline{\underline{\phantom{x}}}$)表示。那么,A 节点电压 $U_A=\varphi_A-\varphi_C=\varphi_A$,B 节点电压 $U_B=\varphi_B-\varphi_C=\varphi_B$,对图 2.2.1(b)中 3 点组成的回路应用 KVL,得

$$(U_A-U_B)+U_B-U_A\equiv 0$$

即无论 $U_A$ 和 $U_B$ 的数值为何,该 KVL 均成立。也就是说在以节点电压为未知量分析电路时,不必列写回路 KVL 方程,只要列写 $n-1$ 个节点的 KCL 方程即可。由于每条支路与两个节点相关联,支路电压就是这两个节点电压之差,而支路电流与支路电压之间存在元件约束,因此支路电流可由节点电压表示(除两个节点间仅是理想电压源外),于是可得以节点电压为独立变量的 $n-1$ 个节点的 KCL 方程。求解该方程得到节点电压,由节点电压可求出支路电压、电流和支路吸收的功率。这就是节点电压法的基本思想。

下面先以具体例子说明如何用节点电压法建立方程,并通过例子归纳出以节点电压为变量列写电路方程的规律。应用此规律通过观察电路可以直接列出所需的方程,不必再由列节点 KCL 入手去列写方程。

**例 2.2.1**　电路如图 2.2.2 所示。以节点电压 $U_{n1}$、$U_{n2}$、$U_{n3}$ 为变量,用节点电压法列写求解节点电压所需的方程。节点电压的第一个下标 n 是英文 node 的缩写。

**解**　图 2.2.2 所示电路中有 3 个独立节点①、②、③,其节点电压分别为 $U_{n1}$、$U_{n2}$ 和 $U_{n3}$,以此为变量对 3 个节点分别列写 KCL 方程。设流出节点的电流为正,则有下述方程:

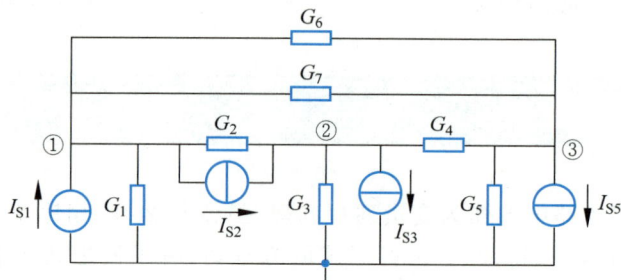

图 2.2.2 例 2.2.1 图

节点 ①
$$G_1 U_{n1} - I_{S1} + G_2(U_{n1} - U_{n2}) + I_{S2} + G_6(U_{n1} - U_{n3}) + G_7(U_{n1} - U_{n3}) = 0$$
节点 ②
$$G_2(U_{n2} - U_{n1}) - I_{S2} + G_3 U_{n2} + I_{S3} + G_4(U_{n2} - U_{n3}) = 0$$
节点 ③
$$G_4(U_{n3} - U_{n2}) + G_5 U_{n3} + I_{S5} + G_6(U_{n3} - U_{n1}) + G_7(U_{n3} - U_{n1}) = 0$$

$$(2.2.1)$$

整理式(2.2.1)，得

$$
\begin{aligned}
(G_1 + G_2 + G_6 + G_7)U_{n1} - G_2 U_{n2} - (G_6 + G_7)U_{n3} &= I_{S1} - I_{S2} \\
-G_2 U_{n1} + (G_2 + G_3 + G_4)U_{n2} - G_4 U_{n3} &= I_{S2} - I_{S3} \\
-(G_6 + G_7)U_{n1} - G_4 U_{n2} + (G_4 + G_5 + G_6 + G_7)U_{n3} &= -I_{S5}
\end{aligned}
\quad (2.2.2)
$$

可将式(2.2.2)写为矩阵形式：

$$
\begin{bmatrix} G_{11} & G_{12} & G_{13} \\ G_{21} & G_{22} & G_{23} \\ G_{31} & G_{32} & G_{33} \end{bmatrix}
\begin{bmatrix} U_{n1} \\ U_{n2} \\ U_{n3} \end{bmatrix}
=
\begin{bmatrix} I_{Sn1} \\ I_{Sn2} \\ I_{Sn3} \end{bmatrix}
\quad (2.2.3)
$$

式(2.2.3)就是求解节点电压 $U_{n1}$、$U_{n2}$ 和 $U_{n3}$ 所需方程的矩阵形式。

将式(2.2.3)与式(2.2.2)作一比较，并观察电路的连接关系，可归纳出仅由电导与电流源组成的电路节点电压法方程的列写规律。式(2.2.3)系数矩阵的对角线元素 $G_{11} = G_1 + G_2 + G_6 + G_7$，$G_{22} = G_2 + G_3 + G_4$ 和 $G_{33} = G_4 + G_5 + G_6 + G_7$ 分别是连接到节点①、节点②与节点③上的所有电导之和，称为各节点的 自电导（self-conductance）。称非对角线元素 $G_{12} = G_{21} = -G_2$，$G_{13} = G_{31} = -(G_6 + G_7)$ 和 $G_{23} = G_{32} = -G_4$ 为 互电导（mutual conductance）。互电导在数值上等于连接在两个非参考节点之间的所有电导之和并冠以负号。式(2.2.3)等号右边列向量中元素 $I_{Sn1} = I_{S1} - I_{S2}$，$I_{Sn2} = I_{S2} - I_{S3}$ 和 $I_{Sn3} = -I_{S5}$ 分别是流入节点①②③电流源电流的代数和，指向节点的电流源电流取为正，背离节点的电流源电流取为负。

自电导恒为正，互电导恒为负，这是基于各独立节点的电压均设为对参考节点的电压，并在列节点 KCL 方程时作了流出节点电流为正的假设。取本例节点①进行分析。假设只有节点①的电压单独作用，其他节点电压为 0，那么节点①电流中有一项为从连接到该节点的各电

导元件流出的电流 $(G_1+G_2+G_6+G_7)U_{n1}$。假设只有节点②的电压单独作用,其他节点电压为 0,同样会有经连接节点②各电导元件流出的电流 $(G_2+G_3+G_4)U_{n2}$,其中 $G_2U_{n2}$ 是由节点②流向节点①的电流,该电流对于节点①电流方程的贡献为 $-G_2U_{n2}$。在写节点方程时把电流前的正、负号纳入电导,就会得出结论:自电导恒为正,互电导恒为负。

式(2.2.3)等号左边表示从电阻支路流出节点的电流,等号右边表示从电流源支路流入节点的电流。流入节点的电流等于流出节点的电流,满足基尔霍夫电流定律。

上面例子中只含有电导和电流源。当某条支路含有有伴电压源时,可先将电压源和电阻串联支路等效变换成电流源和电导并联支路后,仍按式(2.2.3)的形式直接写出方程。

例 **2.2.2**　用节点电压法列写求解图 2.2.3(a)所示电路的节点电压所需的方程。

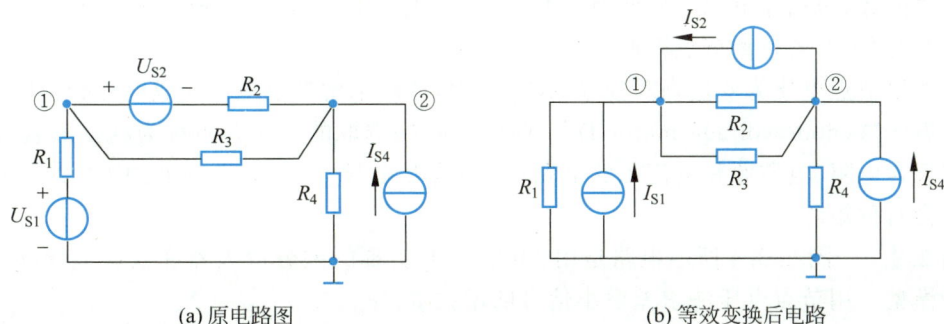

(a) 原电路图　　　　(b) 等效变换后电路

图 **2.2.3**　例 **2.2.2** 图

**解**　设节点电压为 $U_{n1}$、$U_{n2}$。

将电压源与电阻串联支路作电源等效变换,如图 2.2.3(b)所示。其中,$I_{S1}=U_{S1}/R_1$,$I_{S2}=U_{S2}/R_2$,方向如图中所示。观察电路连接关系,在节点①连有 $R_1$、$R_2$、$R_3$,节点①的自电导为这 3 个电阻倒数之和。节点②连有 $R_2$、$R_3$、$R_4$,节点②的自电导为这 3 个电阻倒数之和。节点①②之间接有电阻 $R_2$、$R_3$,互电导为这两个电阻倒数和的负数。再观察流入节点的电流源电流的情况,流入节点①的电流源电流为 $U_{S1}/R_1+U_{S2}/R_2$,流入节点②的电流源电流为 $I_{S4}-U_{S2}/R_2$,据此可直接写出下面的方程:

$$\begin{bmatrix} \dfrac{1}{R_1}+\dfrac{1}{R_2}+\dfrac{1}{R_3} & -\left(\dfrac{1}{R_2}+\dfrac{1}{R_3}\right) \\[2mm] -\left(\dfrac{1}{R_2}+\dfrac{1}{R_3}\right) & \dfrac{1}{R_2}+\dfrac{1}{R_3}+\dfrac{1}{R_4} \end{bmatrix} \begin{bmatrix} U_{n1} \\[2mm] U_{n2} \end{bmatrix} = \begin{bmatrix} \dfrac{U_{S1}}{R_1}+\dfrac{U_{S2}}{R_2} \\[2mm] I_{S4}-\dfrac{U_{S2}}{R_2} \end{bmatrix}$$

上式中等号右边包含两部分,一部分是原电路中电流源的电流,"+""−"取号仍以电流源电流的参考方向来定;另一部分是经电源等效变换后得到的等效电流源,它的大小等于电压源除以串联的电阻值,当电压源"+"极性连在该节点时取为"+",因为等效电流源的电流指向该节点,否则取为负。

归纳例 2.2.1 和例 2.2.2 的求解过程,将之推广到有 $n+1$ 个节点、仅含有电阻(电导)、电流源和有串联电阻的电压源支路的电路,比照式(2.2.3)形式,得

$$
\begin{bmatrix}
G_{11} & G_{12} & \cdots & G_{1k} & \cdots & G_{1n} \\
G_{21} & G_{22} & \cdots & G_{2k} & \cdots & G_{2n} \\
\vdots & \vdots & \vdots & & \vdots & \vdots \\
G_{k1} & G_{k2} & \cdots & G_{kk} & \cdots & G_{kn} \\
\vdots & \vdots & \vdots & & \vdots & \vdots \\
G_{n1} & G_{n2} & \cdots & G_{nk} & \cdots & G_{nn}
\end{bmatrix}
\begin{bmatrix}
U_{n1} \\ U_{n2} \\ \vdots \\ U_{nk} \\ \vdots \\ U_{nn}
\end{bmatrix}
=
\begin{bmatrix}
I_{Sn1} \\ I_{Sn2} \\ \vdots \\ I_{Snk} \\ \vdots \\ I_{Snn}
\end{bmatrix}
\tag{2.2.4}
$$

式中，$G_{kk}(k=1,2,\cdots,n)$为第 $k$ 个独立节点的自电导，数值上等于连接到第 $k$ 个节点的所有电导之和，恒为正；$G_{ij}(i,j=1,2,\cdots,n,i\neq j)$为节点 $i$ 和节点 $j$ 之间的互电导，数值上等于连接在第 $i$ 个和第 $j$ 个节点间的所有电导之和并冠以负号；$I_{Snk}(k=1,2,\cdots,n)$为流入 $k$ 节点的电流源（包括作电源等效变换后的电流源）电流的代数和，若电流源电流参考方向指向节点取为"＋"，若背离节点则取为"－"。

上述以节点电压为变量列写独立 KCL 方程，通过求解节点电压完成电路分析的方法称为节点电压法（node voltage method）。式（2.2.4）中选取的 $n$ 个节点称为独立节点。

在仅含电阻、电压源和电流源的电路中，因为互电导 $G_{ij}=G_{ji}$，因此式（2.2.4）中的系数矩阵为对称矩阵。

例 2.2.3　图 2.2.4 所示电路是用 MOSFET 实现的差分放大器在仅有差模输入时的小信号模型。用节点电压法求差模小信号的增益 $u_o/u_d$。

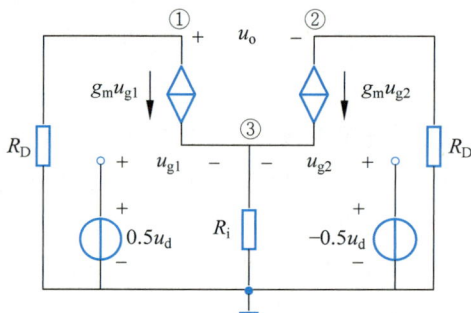

图 2.2.4　例 2.2.3 图

解　图 2.2.4 所示电路中包含有电阻、电压源和压控电流源。对于含有受控电源的电路列写节点 KCL 方程时，先把受控源当作独立源对待，仍可用前面归纳的一般规律来列写。对节点①、节点②和节点③分别列写节点方程为

$$
\left.
\begin{aligned}
\frac{1}{R_D}U_{n1} &= -g_m u_{g1} \\[2mm]
\frac{1}{R_D}U_{n2} &= -g_m u_{g2} \\[2mm]
\frac{1}{R_i}U_{n3} &= g_m u_{g1} + g_m u_{g2}
\end{aligned}
\right\}
\tag{2.2.5}
$$

式（2.2.5）所示方程是应用节点电压法得到的，但还不是最终所求的方程，此方程中还有两个非节点电压变量 $u_{g1}$ 和 $u_{g2}$。将 $u_{g1}$ 和 $u_{g2}$ 用节点电压表示，得

$$
u_{g1} = 0.5u_d - U_{n3}
$$

$$u_{g2} = -0.5u_d - U_{n3}$$

将上面两式代入式(2.2.5),经整理后得

$$\left.\begin{aligned}
\frac{1}{R_D}U_{n1} - g_m U_{n3} &= -0.5g_m u_d \\
\frac{1}{R_D}U_{n2} - g_m U_{n3} &= 0.5g_m u_d \\
\left(\frac{1}{R_i} + 2g_m\right)U_{n3} &= 0
\end{aligned}\right\} \tag{2.2.6}$$

求解式(2.2.6),得差模小信号的增益

$$u_o/u_d = \frac{U_{n1} - U_{n2}}{u_d} = -g_m R_D$$

由本例可知,由于电路中存在着受控源,方程系数不再对称。

对含有受控源电路应用节点电压法列写方程的步骤归纳如下:

(1) 先将受控源当成独立电源,按仅含电阻和独立电源电路列写方程的规律列出方程。

(2) 写出控制量和节点电压的关系方程。

(3) 整理得到以节点电压为独立变量的方程。

倘若电路中有与理想电流源串联的电阻,那么此类电阻对于用节点法列写的方程系数有何贡献呢?这个问题请读者结合本章习题进行思考,这里不再举例说明。

电路中有时会出现两个节点之间连有无伴电压源的支路。由于电压源无串联电阻,直观地看在自电导和互电导中会有零的倒数项存在,使得我们无法直接写出节点方程。其原因在于电压源支路中电流无法用节点电压直接表示出来。对此类电路应用节点电压法进行分析时,可以通过参考节点的灵活选取、增设电压源支路电流、引入广义节点或超节点的概念等方法予以解决。下面通过例子具体说明。

**例 2.2.4** 用节点电压法列写求解图 2.2.5 所示电路节点电压所需的方程。

**解** 将参考节点选在节点④。

节点法是以节点电压为变量,但列的方程是关于节点的 KCL 方程。由于电压源支路中电流是由外电路决定的,为此可以在无伴电压源 $U_{S3}$ 中先假设一个电流变量 $I$,如图 2.2.6 中所示。

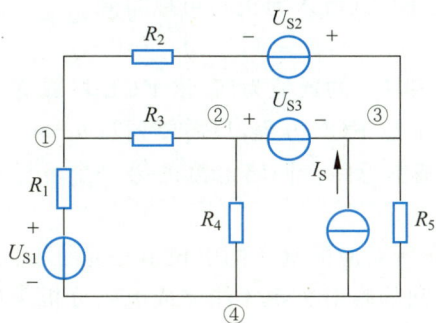

图 2.2.5 例 2.2.4 图

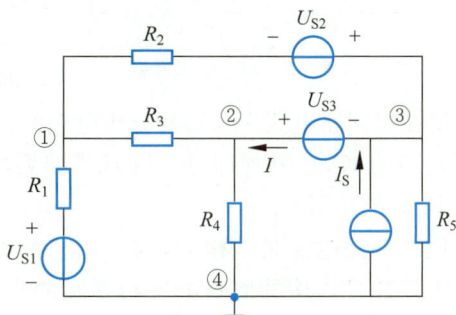

图 2.2.6 例 2.2.4 解图

存在理想电流源串联电阻支路时的节点电压法方程

分别列写节点①②③的 KCL 方程,有

$$\left(\frac{1}{R_1}+\frac{1}{R_2}+\frac{1}{R_3}\right)U_{n1}-\frac{1}{R_3}U_{n2}-\frac{1}{R_2}U_{n3}=\frac{U_{S1}}{R_1}-\frac{U_{S2}}{R_2} \qquad (2.2.7)$$

$$-\frac{1}{R_3}U_{n1}+\left(\frac{1}{R_3}+\frac{1}{R_4}\right)U_{n2}=I \qquad (2.2.8)$$

$$-\frac{1}{R_2}U_{n1}+\left(\frac{1}{R_2}+\frac{1}{R_5}\right)U_{n3}=I_S-I+\frac{U_{S2}}{R_2} \qquad (2.2.9)$$

上面 3 个方程除了 3 个节点电压变量外还有一个未知变量 $I$,4 个未知变量需要列写 4 个独立方程才能求解。应增加的补充方程为节点电压和电压源电压之间的约束关系,即

$$U_{n2}-U_{n3}=U_{S3} \qquad (2.2.10)$$

式(2.2.7)~式(2.2.10)就是求解节点电压所需的方程。

节点电压法以 $n-1$ 个独立的节点电压为未知变量,列写 $n-1$ 个独立 KCL 方程,进而替代电路分析。

# 2.3 回路电流法

节点电压法以自动满足 KVL 的节点电压为未知变量来建立方程,对于具有 $b$ 条支路 $n$ 个节点的电路只需建立 $n-1$ 个独立方程。

下面讨论与节点电压法对应的另外一种减少独立方程数量的方法。假设存在这样的一种电流,它们仅在指定的回路中循顺时针或逆时针方向流动,在节点上遇到有分叉的支路的时候,这种假想的电流不会分叉,只会按照指定的方向来流动。这种电流被称为回路电流(loop current)。需要指出,回路电流并不真实存在,只是一种虚构形式,无法测量。对于回路电流经过的每个节点来说,都是"同值入同值出",因此它们自然满足 KCL。

在图 2.3.1 示意图中,$I_1$、$I_2$ 和 $I_3$ 是真实的支路电流,而 $I_{l1}$ 则是虚构出的左侧网孔中顺时针方向流动的回路电流,在节点 a 上从左侧以 $I_{l1}$ 值流入,从下侧以 $I_{l1}$ 值流出(节点 b 同理);$I_{l2}$ 同样是虚构出的右侧网孔中顺时针方向流动的回路电流,在节点 a 上从下侧以 $I_{l2}$ 值流入,从右侧以 $I_{l2}$ 值流出(节点 b 同理)。如果在节点 a 上列写 KCL(流入为正),可以得到

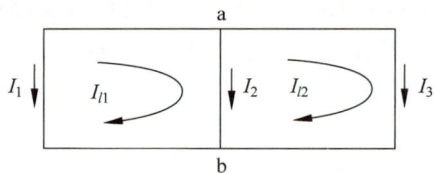

图 2.3.1　回路电流示意图

$$I_{l1}-I_{l1}+I_{l2}-I_{l2}=0$$

即无论 $I_{l1}$ 和 $I_{l2}$ 的数值为何,该 KCL 均成立。也就是说在以回路电流为未知量分析电路时,不必列写节点 KCL 方程,只需要列写 $b-n+1$ 个独立回路的 KVL 方程即可。这就是回路电流法的基本思路。回路电流的第一个下标 $l$ 是英文 loop 的缩写①。

但是回路电流是虚构的,这一点和前面节点电压所对应的真实的电位值是完全不同的。我们需要建立虚构的回路电流与真实的支路电流之间的映射关系才能完成电路分析。从理

_____

① 一般缩写用正体,但是字母 l 的正体与数字 1 有时难以区分,因此用斜体 $l$ 来表示。

论上来说,对于有 $n$ 个节点 $b$ 条支路的电路来说,只要我们指定任意 $b-n+1$ 个独立回路,就一定能用它们的线性组合来表示所有的支路电流。比如在图 2.3.1 所示电路中,支路 1 只流过回路电流 $I_{l1}$,支路 2 流过回路电流 $I_{l1}$ 和 $I_{l2}$,支路 3 只流过回路电流 $I_{l2}$,根据支路电流和回路电流的方向,可以知道

$$I_1 = -I_{l1}$$
$$I_2 = I_{l1} - I_{l2}$$
$$I_3 = I_{l2}$$

至于如何确保 $b-n+1$ 个回路是独立的,读者可以参考 2.4 节,这里只给出两个一般性的结论:①对任意电路来说,如果每个回路都确保其至少包含有一条支路不被其他回路所包含,则所有回路均独立;②对于平面电路来说,如果选择网孔作为回路,则所有回路均独立。

由于回路电流自动满足 KCL。若以回路电流作为独立变量建立方程就没有必要再列 KCL 方程,只需列写 KVL 方程即可。回路电流法就是以假设的回路电流为变量来建立方程。对于有 $b$ 条支路 $n$ 个节点的电路,独立的 KVL 方程数为 $b-n+1$,即有 $b-n+1$ 个独立的回路,只需对 $b-n+1$ 个独立回路列写 KVL 方程,解该联立方程组就可得回路电流。由于某条支路的电流是流经该支路的所有回路电流的代数和,因此,支路电流可由回路电流表示出来,然后进一步求支路电压和功率。这就是用回路电流法求解电路的基本思想。

下面先以具体的例子来说明回路电流法,并通过例子归纳出以回路电流为变量列写方程的规律。应用此规律,结合观察电路可以直接列出所需方程。

**例 2.3.1**　用回路电流法求图 2.3.2 所示电路中各支路电流 $I_1$、$I_2$ 和 $I_3$。

**解**　本例所示电路为平面电路,有 2 个网孔,显然有 2 个独立回路。设回路电流为 $I_{l1}$、$I_{l2}$,方向如图 2.3.2 所示。选循行方向和回路电流方向一致,对两个回路分别列写 KVL 方程

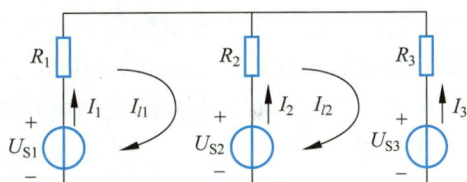

图 2.3.2　例 2.3.1 图

$$\left. \begin{array}{l} -U_{S1} + R_1 I_{l1} + R_2(I_{l1} - I_{l2}) + U_{S2} = 0 \\ -U_{S2} + R_2(I_{l2} - I_{l1}) + R_3 I_{l2} + U_{S3} = 0 \end{array} \right\} \tag{2.3.1}$$

整理式(2.3.1),得

$$\left. \begin{array}{l} (R_1 + R_2)I_{l1} - R_2 I_{l2} = U_{S1} - U_{S2} \\ -R_2 I_{l1} + (R_2 + R_3)I_{l2} = U_{S2} - U_{S3} \end{array} \right\} \tag{2.3.2}$$

不妨将式(2.3.2)写为矩阵形式,

$$\begin{bmatrix} R_1 + R_2 & -R_2 \\ -R_2 & R_2 + R_3 \end{bmatrix} \begin{bmatrix} I_{l1} \\ I_{l2} \end{bmatrix} = \begin{bmatrix} U_{S1} - U_{S2} \\ U_{S2} - U_{S3} \end{bmatrix} \tag{2.3.3}$$

式(2.3.3)中系数矩阵对角线元素 $R_{11} = R_1 + R_2$ 是回路 1 中所有电阻之和,$R_{22} = R_2 + R_3$ 是回路 2 中所有电阻之和,$R_{11}$、$R_{22}$ 分别称为回路 1、2 的**自电阻**(self-resistance)。由于在列写 KVL 方程时设定了循行方向为回路电流的方向,因此自电阻上产生的电压降总是正的。把电压降的正、负归入电阻,于是自电阻恒为正。非对角线元素 $R_{12} = R_{21} = -R_2$ 是回路 1 与回路 2 的公共电阻,称为**互电阻**(mutual resistance)。同样把电压降的正、负归入电阻,于是互电阻可能正,也可能负。当公共电阻上两个回路电流为同一方向时,互电阻为正;

当公共电阻上两个回路电流为相反方向时,互电阻为负。式(2.3.3)等号右边电压向量中的元素表示每个回路中所有电压源沿回路电流方向电压升的代数和,回路 1 中电压源的电压升为 $U_{S1}-U_{S2}$,回路 2 中电压源的电压升为 $U_{S2}-U_{S3}$。

总而言之,式(2.3.3)等号左边表示沿回路电流方向在电阻上的压降,等号右边表示沿回路电流方向在电源上的压升。显然电阻上压降的代数和等于电源上压升的代数和。

将此规律推广到有 $b$ 条支路、$l$ 个独立回路的仅含有电阻和独立电压源的电路,可得到以回路电流 $I_{lk}(k=1,2,\cdots,l)$ 为独立变量的回路电压方程,即

$$
\begin{bmatrix}
R_{11} & R_{12} & \cdots & R_{1k} & \cdots & R_{1l} \\
R_{21} & R_{22} & \cdots & R_{2k} & \cdots & R_{2l} \\
\vdots & \vdots & & \vdots & & \vdots \\
R_{k1} & R_{k2} & \cdots & R_{kk} & \cdots & R_{kl} \\
\vdots & \vdots & & \vdots & & \vdots \\
R_{l1} & R_{l2} & \cdots & R_{lk} & \cdots & R_{ll}
\end{bmatrix}
\begin{bmatrix}
I_{l1} \\ I_{l2} \\ \vdots \\ I_{lk} \\ \vdots \\ I_{ll}
\end{bmatrix}
=
\begin{bmatrix}
U_{Sl1} \\ U_{Sl2} \\ \vdots \\ U_{Slk} \\ \vdots \\ U_{Sll}
\end{bmatrix}
\tag{2.3.4}
$$

式(2.3.4)中,$R_{kk}(k=1,2,\cdots,l)$ 为第 $k$ 个回路的自电阻,恒为正;$R_{ij}(i,j=1,2,\cdots,l,i\neq j)$ 为第 $i$ 个回路与第 $j$ 个回路的互电阻。当互电阻上两个回路的电流方向相同时,互电阻为正;相反时,互电阻为负;当两个回路不相邻时,互电阻为零。$U_{Slk}(k=1,2,\cdots,l)$ 是第 $k$ 个回路中所有电压源沿回路电流方向的电压升的代数和。当电压源电压参考方向与回路电流方向相反时取为正,否则为负。

上述以回路电流为变量列写独立 KVL 方程,通过求解回路电流完成电路分析的方法称作**回路电流法**(loop current method)。式(2.3.4)中选取的 $l$ 个回路称为**独立回路**。

在仅含有电压源和电阻组成的电路中,因为互电阻 $R_{ij}=R_{ji}$,式(2.3.4)系数矩阵是对称矩阵。

对于平面电路而言,选择网孔电流作为未知变量求解电路称为**网孔电流法**(mesh current method)。用网孔电流法分析电路,列写方程的规律性较回路电流法的更强。当设定网孔电流方向均为顺(逆)时针时,由于相邻网孔电流在互电阻上方向一定相反,所以互电阻均为负。其他规律与回路电流法相同。

**例 2.3.2** 电路如图 2.3.3 所示。已知电压源 $U_S=5V$,电阻 $R_1=1\Omega,R_2=2\Omega,R_3=2\Omega,R_4=1\Omega$,压控电压源控制系数 $\mu=2$。用网孔电流法求受控电压源发出的功率。

**解** 设网孔电流如图 2.3.3 所示。观察电路得网孔 1、2 的自电阻分别为 $(R_1+R_2+R_3)$ 和 $(R_3+R_4)$,互电阻为 $-R_3$。在分析回路电压源的电压升时,先将受控电压源看作独立源,回路 1、2 的电压升分别为 $(U_S-\mu U_{R2})$ 和 $\mu U_{R2}$。建立方程,得

$$
\left.
\begin{aligned}
(R_1+R_2+R_3)I_{l1} - R_3 I_{l2} &= U_S - \mu U_{R2} \\
-R_3 I_{l1} + (R_3+R_4)I_{l2} &= \mu U_{R2}
\end{aligned}
\right\}
\tag{2.3.5}
$$

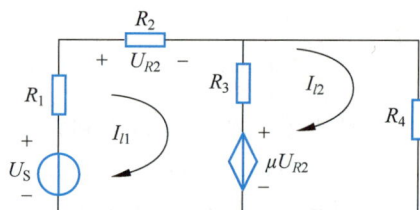

图 2.3.3 例 2.3.2 图

上面两个方程中有三个未知变量,还要增补一个方程,应该是控制量 $U_{R2}$ 与回路电流的关系

$$
U_{R2}=R_2 I_{l1}
$$

将上式代入式(2.3.5),并代入题中数值,得

$$\left.\begin{array}{c} 9I_{l1}-2I_{l2}=5 \\ -6I_{l1}+3I_{l2}=0 \end{array}\right\} \tag{2.3.6}$$

联立求解上式,得网孔电流分别为

$$I_{l1}=1\mathrm{A}$$
$$I_{l2}=2\mathrm{A}$$

则受控电压源发出的功率为

$$P_{发}=(I_{l2}-I_{l1})\mu U_{R2}=4\mathrm{W}$$

由式(2.3.6)可以看出,当电路中含有受控源时,方程系数矩阵不再对称。

下面对含有电阻、独立电压源和受控电压源电路回路电流法列写方程步骤归纳如下:

(1) 将受控电压源当成独立源,按仅含电阻和独立电源的电路列写方程的规律列出方程。

(2) 找出控制量与回路电流的关系方程。

(3) 整理得到以回路电流为独立变量的方程。

当电路中含有无伴电流源时,用回路电流法列写方程会遇到一点麻烦。原因是电流源的端电压是未知的。下面通过例子来说明此类电路的处理方法。

**例 2.3.3** 电路如图 2.3.4 所示。用回路电流法求解各支路电流。

**解** 选网孔电流为未知变量,如图 2.3.5 所示。

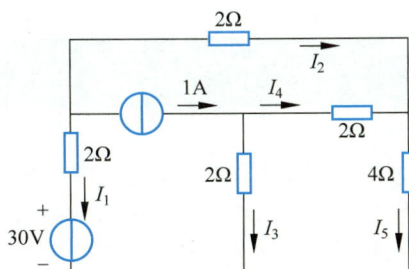

图 2.3.4 例 2.3.3 图

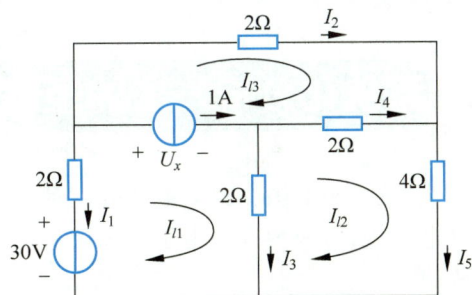

图 2.3.5 例 2.3.3 解

由于电流源处于相邻网孔的公共支路上,电流源对该相邻网孔的电流起了约束作用,但是仍需设电流源的端电压 $U_x$ 以便列写回路电压方程,$U_x$ 的参考方向如图 2.3.5 所示。3 个网孔的电压方程分别为

$$\left.\begin{array}{c} 4I_{l1}-2I_{l2}=30-U_x \\ -2I_{l1}+8I_{l2}-2I_{l3}=0 \\ -2I_{l2}+4I_{l3}=U_x \end{array}\right\} \tag{2.3.7}$$

式(2.3.7)有 3 个方程,4 个未知变量,要增补的方程就是电流源电流对相邻网孔电流的约束关系,即

$$I_{l1}-I_{l3}=1 \tag{2.3.8}$$

联立求解式(2.3.7)和式(2.3.8),得网孔电流

$$I_{l1}=5.5\mathrm{A}$$
$$I_{l2}=2.5\mathrm{A}$$

进而得各支路电流

$$I_{l3}=4.5\text{A}$$

$$I_1=-I_{l1}=-5.5\text{A}$$
$$I_2=I_{l3}=4.5\text{A}$$
$$I_3=I_{l1}-I_{l2}=3\text{A}$$
$$I_4=I_{l2}-I_{l3}=-2\text{A}$$
$$I_5=I_{l2}=2.5\text{A}$$

该例的另外两种
解法(含超网孔)

回路电流法也是分析电路的基本方法。对于回路少、节点多的电路宜用回路电流法。回路电流法也常用来分析含有晶体管的电路。网孔电流法只适用于平面电路，对于非平面电路可以采用节点电压法或回路电流法。

仔细分析 2.2 节和 2.3 节可以发现，网孔电流法和节点电压法有比较强的对应关系，即在平面电路中，如果指定所有网孔电流方向均为逆时针(或均为顺时针)，则回路法方程中所有互电阻均为负值，这可以类比于节点电压法方程中所有互电导均为负值。对于给出拓扑结构和参考点的某平面电路来说，网孔和节点是确定的，但是回路有多种选取方法。因此从完整性考虑，应该存在与回路电流对应的，某个灵活表示电压的方法，这就是割集电压，可以发展出用割集电压的线性组合来表示支路电压，从而列写 KCL 的一系列方程，这一方法称为割集电压法。我们将在 2.4.7 小节对其进行介绍。

知识点41练习题
和讨论

## 2.4 系统化分析方法的矩阵形式

在 2.1~2.3 节中介绍了电路的三种系统化分析方法，分别是支路电流法、节点电压法和回路电流法，后两种方法由于方程数量明显少于支路电流法，在实际分析电路的时候使用更为普遍。

对于一般的小型电路(比如独立节点数量和独立回路数量少于 10 个)，可以直接人工列写标准形式的节点电压方程和回路电流方程。列写这两类方程的时候，实际上是同时考虑了元件约束和拓扑约束，元件约束体现在方程中变量的系数里，而拓扑约束则体现在方程的形式上。但对于像电力系统这样的动辄成千上万个节点的大型复杂电路来说，人工列写标准形式的节点电压方程或回路电流方程几乎不可能，我们需要用更加普适的方法来列写方程，以便于利用计算机程序或软件求解。一个最直接的思路就是将元件约束和拓扑约束用不同的方程分开表示，虽然会增加方程的数量，但是在计算机算力大大提高的今天，求解更多数量的方程不是问题。

一旦将拓扑约束单独考虑，原来的复杂的电路就可以抽象为与元件特性无关的、只有节点和支路构成的"图"[1,2]。应用网络图论[1,2]和线性代数中矩阵的相关知识，我们就可以对这种"图"以支路的电压电流为变量列写电路的拓扑约束方程；再在原电路中以支路电压电流为变量写出每条支路的元件约束，两组方程联立，就可以进行计算机求解了。

图论是由瑞士数学家欧拉创立的。1736 年，29 岁的欧拉向圣彼得堡科学院递交了《哥尼斯堡的七座桥》的论文，在解答问题的同时，开创了数学的一个新的分支——图论与几何拓扑。时至今日，图论已经在物流、网络流等多个领域取得了广泛的应用。

## 2.4.1 基本概念

知识点42

### 1. 图/有向图

图(graph,简写为 G)是由支路(又称线段)和节点(又称顶点)构成的集合,每一条支路通常都接在两个节点之间。与电路对应的图只表示支路与节点的连接关系,与支路元件无关。图 2.4.1 所示中图(a)和图(b)两个不同的电路具有相同结构形式的图,都有 3 个节点和 4 条支路,如图 2.4.1(c)所示。

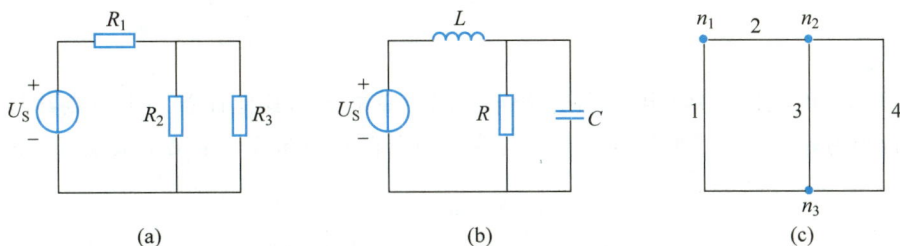

图 2.4.1　电路及其对应的图

需要指出的是,图中的节点是可以孤立存在的,移去一条支路并不意味着也移去这条支路所连接的节点。例如,移去图 2.4.2(a)中的支路 1,得到图 2.4.2(b)所示的图,就出现了一个孤立节点 $n_1$。

另外,有些图中还会出现一条支路只连接于一个节点的情况,如图 2.4.3 所示,这时就形成了一个"自环"。在电路中一般不允许出现这种连接,因此本书不考虑含有自环的图。

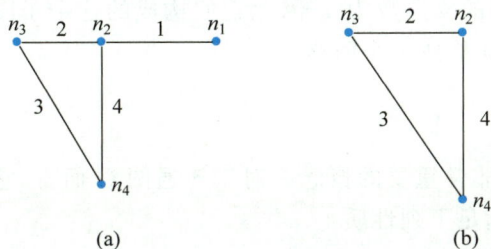

图 2.4.2　有孤立节点的图

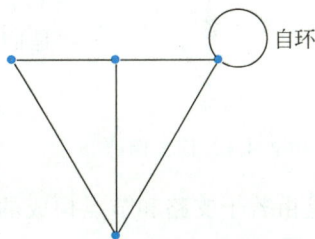

图 2.4.3　有自环的图

如果图的每一条支路都规定了方向,则称为有向图,如图 2.4.4 所示,否则称为无向图。对于与电路对应的有向图而言,有向图中的支路方向表示原电路中支路电压和支路电流的关联参考方向。

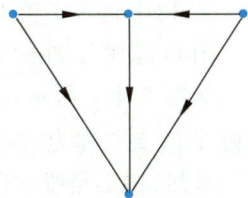

图 2.4.4　有向图

### 2. 子图

如果图 $G_1$ 中所有的节点和支路都包含在图 G 中,而图 G 中至少有一条支路或者一个节点不在图 $G_1$ 中,则称图 $G_1$ 是图 G 的子图。如图 2.4.5 所示,$G_1$、$G_2$ 都是 G 的子图。

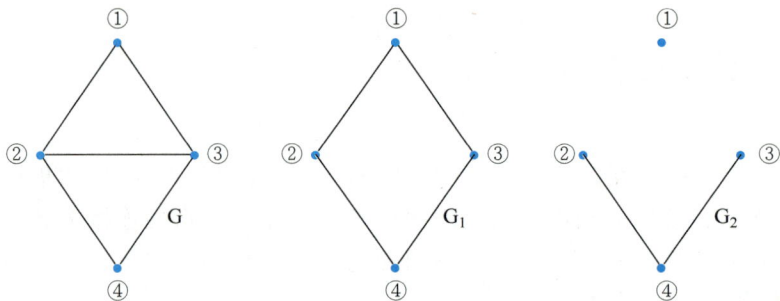

图 2.4.5　图与子图

### 3. 连通图

如果图 G 中从任一节点出发,经过若干支路后总能到达其他任意一个节点,则称图 G 为连通图,否则为非连通图。非连通图至少分成了两个孤立的部分。本书下文重点讨论连通图。

### 4. 回路

从图 G 中某一节点出发,经过若干条支路后,又回到该节点,则称这些支路构成了一个回路。显然,回路是图 G 的一个子图。回路还需满足以下要求:

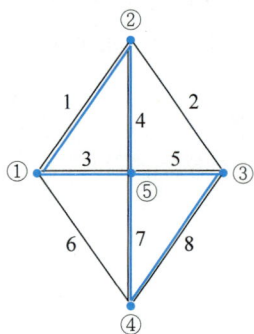

图 2.4.6　图与回路

① 连通;

② 不包含自环;

③ 与每个节点连接的支路数都是2。

例如,在图 2.4.6 中,从节点1出发,经过支路1、4、7、8、5、3,最后又回到节点1,但是在这些支路及其所连接的节点构成的这个子图中,节点5连接的支路数为4,因此它们构成的这个子图不是回路。而支路1、3、4构成一个回路。

### 5. 树(tree)

树是图论中一个非常重要的概念。对于连通图 G 而言,它的树是由若干支路和节点构成的一个子图,并且满足下列性质:

① 树是连通的;

② 树中没有回路;

③ 树中包含了图 G 所有的节点。

图 G 除树 T 外的其余部分构成余树。

如图 2.4.7 所示,连通图 G 中的支路1、2、3、7、8 及其所连接的节点构成一个树 T。构成树 T 的支路称为"树支",图 G 中的其余支路称为"连支"。

显然,树不是唯一的。对于一个有 $n$ 个节点、$b$ 条支路的连通图来说,树的选择有 $n^{n-2}$ 种,每一个树中都有$(n-1)$条树支,相应地,有$(b-n+1)$条连支。回顾 2.2 节和 2.3 节的内容,我们知道,对于一个有 $n$ 个节点、$b$ 条支路的电路来说,其独立节点数为$(n-1)$,独立回路数为$(b-n+1)$,它们与树支、连支在数值上分别相等,这将为我们在下文中的分析带来启发。

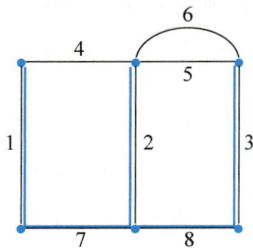

图 2.4.7　图与树

### 6. 割集(cut set)

割集是图论中另一个非常重要的概念。对于连通图 G 而言,它的割集是由若干支路构成的一个子图,并且满足下列性质:

① 把割集中所有支路都移去,图 G 将变为不连通的两部分;

② 保留割集中任意一条支路,把割集中的其余支路移去,得到的图仍然是连通的。

例如在图 2.4.8 中,移去支路 3、4、5,连通图 G 分为两个不连通的部分,分别是节点④和支路 1、2 以及节点①②③的集合;保留支路 3、4、5 中的任何一条,图仍然保持连通,因此,支路 3、4、5 构成一个割集。

选择割集的一种比较简单易行的方法是在图中画一个闭合面,如果移去穿过该闭合面的支路后,图分为两个不连通的部分,则穿过该闭合面的支路集合就构成一个割集。例如在图 2.4.8 中,画一闭合面 a,穿过该闭合面的支路 1、3 构成一个割集;穿过闭合面 b 的支路 1、4、5 也构成一个割集。显然,割集也是不唯一的。

根据树支和割集的性质,可以得出:割集中不能全部都是连支。因为如果都是连支,那么把这些连支移除后,剩下的树仍然是连通的,不满足割集的要求,因此每一个割集中至少含有一条树支。

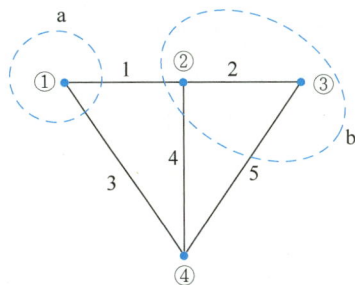

图 2.4.8 图与割集

知识点42练习题和讨论

知识点43

## 2.4.2 表示图的三个基本矩阵

对于一个有向图,其支路与节点、支路与回路、支路与割集的关系都可以用矩阵来表示。下面分别介绍。

### 1. 节点关联矩阵 A

节点关联矩阵 $A$ 表示的是支路与节点的关系,每一行对应一个节点,每一列对应一条支路,因此对于有 $n$ 个节点、$b$ 条支路的有向图来说,其节点关联矩阵的规模为 $n \times b$。矩阵 $A$ 中第 $i$ 行第 $j$ 列的元素 $a_{ij}$ 的取值规则约定如下:

$$a_{ij} = \begin{cases} 0, & \text{支路 } j \text{ 与节点 } i \text{ 不相连} \\ 1, & \text{支路 } j \text{ 与节点 } i \text{ 相连,且支路方向离开节点} \\ -1, & \text{支路 } j \text{ 与节点 } i \text{ 相连,且支路方向指向节点} \end{cases}$$

根据上述规则,对于图 2.4.9 所示的有向图 G,可以写出其节点关联矩阵为

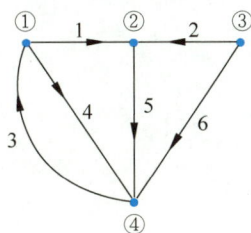

图 2.4.9 有向图 G

$$A_a = \begin{array}{c} \\ ① \\ ② \\ ③ \\ ④ \end{array} \begin{array}{c} \quad 1 \quad 2 \quad 3 \quad 4 \quad 5 \quad 6 \\ \begin{bmatrix} 1 & 0 & -1 & 1 & 0 & 0 \\ -1 & -1 & 0 & 0 & 1 & 0 \\ 0 & 1 & 0 & 0 & 0 & 1 \\ 0 & 0 & 1 & -1 & -1 & -1 \end{bmatrix} \end{array}$$

观察矩阵 $A_a$ 会发现,其每一列只有两个非零元素,且这两个

121

元素之和为 0。这一点也很好理解，因为每一条支路都只能接在两个节点之间，而且必然是离开一个节点，指向另一个节点。将矩阵 $A_a$ 所有行相加得到一个全零的行向量，即矩阵 $A_a$ 不满秩（因为图 G 中 $n$ 个节点不完全独立），因此称为**增广关联矩阵**（augmented incidence matrix）。可以证明，矩阵 $A_a$ 的秩为 $(n-1)$。

选择图 G 中任意一个节点作为参考节点，对应地，划去矩阵 $A_a$ 中该节点对应的那一行，得到的节点关联矩阵称为降阶关联矩阵 $A$（简称**关联矩阵**）。由于选择参考节点是电路分析的必要步骤，因此今后若不做特别说明，节点关联矩阵都是指降阶关联矩阵。对于图 2.4.9 所示的有向图 G，若选节点④作为参考节点，其对应的降阶关联矩阵 $A$ 为

$$
\begin{array}{c}
\text{支路} \\
\text{节点}
\end{array}
\begin{array}{cccccc}
1 & 2 & 3 & 4 & 5 & 6
\end{array}
$$

$$
A = \begin{array}{c} ① \\ ② \\ ③ \end{array}
\begin{bmatrix}
1 & 0 & -1 & 1 & 0 & 0 \\
-1 & -1 & 0 & 0 & 1 & 0 \\
0 & 1 & 0 & 0 & 0 & 1
\end{bmatrix}
$$

有向图 G 与它的节点关联矩阵 $A$ 有一一对应的关系，根据有向图 G 可以写出其节点关联矩阵 $A$，根据节点关联矩阵 $A$ 也可以画出支路与节点连接关系唯一确定的有向图 G。

### 2. 基本回路矩阵 $B$

根据 2.3 节的介绍可知，一个电路的独立回路的选择是不唯一的，而且上文提到过，独立回路数就等于连支数。因此，对于有向图 G，如果选定了一个树，根据树的性质，可以用下述方法得到一组独立回路：每条连支都可以与连通其两端的树支路径构成一个回路，每新增一条连支就得到一个新的回路，每个回路里有且只有一条连支，这样的一组独立回路就称为**基本回路**（也称为**单连支回路**）。对于有 $n$ 个节点、$b$ 条支路的图来说，基本回路数为 $(b-n+1)$。

**基本回路矩阵 $B$** 就是描述支路与基本回路关系的矩阵，每一行对应一个单连支回路，每一列对应一条支路，因此对于有 $n$ 个节点、$b$ 条支路的有向图来说，其基本回路矩阵的规模为 $(b-n+1) \times b$。矩阵 $B$ 中第 $i$ 行第 $j$ 列的元素 $b_{ij}$ 的取值规则约定如下：

$$
b_{ij} = \begin{cases}
0, & \text{支路 } j \text{ 不在回路 } i \text{ 中} \\
1, & \text{支路 } j \text{ 在回路 } i \text{ 中，且支路 } j \text{ 方向与回路 } i \text{ 方向相同} \\
-1, & \text{支路 } j \text{ 在回路 } i \text{ 中，且支路 } j \text{ 方向与回路 } i \text{ 方向相反}
\end{cases}
$$

规定回路 $i$ 的方向就是回路中那条唯一的连支的方向。

为了规范化，列写基本回路矩阵时，规定支路按照先树支、后连支，树支连支编号按照从小到大的顺序排列。

仍以图 2.4.9 所示的有向图 G 为例，选择支路 1、2、5 为树，根据上述规则，可以写出其基本回路矩阵为

$$
\begin{array}{c}
\text{支路} \\
\text{连支}
\end{array}
\begin{array}{ccc|ccc}
\overbrace{\begin{array}{ccc} 1 & 2 & 5 \end{array}}^{\text{树支}_t} & & & \overbrace{\begin{array}{ccc} 3 & 4 & 6 \end{array}}^{\text{连支}_l} & &
\end{array}
$$

$$
B = \begin{array}{c} 3 \\ 4 \\ 6 \end{array}
\begin{bmatrix}
\begin{array}{ccc|ccc}
1 & 0 & 1 & 1 & 0 & 0 \\
-1 & 0 & -1 & 0 & 1 & 0 \\
0 & -1 & -1 & 0 & 0 & 1
\end{array}
\end{bmatrix}
$$

$$
\underbrace{\qquad\qquad}_{B_t} \quad \underbrace{\qquad\qquad}_{B_l}
$$

进一步,可将基本回路矩阵简写为

$$\boldsymbol{B}=\begin{bmatrix}\boldsymbol{B}_t & \boldsymbol{B}_1\end{bmatrix} \tag{2.4.1}$$

前半部分 $\boldsymbol{B}_t$ 表示的是树支与基本回路的关系,后半部分 $\boldsymbol{B}_1$ 表示的是连支与基本回路的关系,根据基本回路的定义及列写规则, $\boldsymbol{B}_1$ 显然是一个单位矩阵。

### 3. 基本割集矩阵 $\boldsymbol{Q}$

根据 2.2 节的介绍可知,一个电路的独立节点的选择是不唯一的;根据 2.4.1 节的介绍还可知,一个有向图的树的选择也是不唯一的;而且上文提到过,独立节点数就等于树支数。因此,对于有向图 G,如果选定了一个树,根据树的性质,可以用下述方法得到一组独立割集:每条树支与相应的连支构成一个割集,每个割集里有且只有一条树支,这样的一组独立割集就称为**基本割集**(也称为**单树支割集**)。基本割集的选择是不唯一的,但基本割集的数量是确定的,对于有 $n$ 个节点、$b$ 条支路的有向图来说,基本割集的数量为 $(n-1)$。

**基本割集矩阵 $\boldsymbol{Q}$** 就是描述支路与基本割集关系的矩阵,每一行对应一个单树支割集,每一列对应一条支路,因此对于有 $n$ 个节点、$b$ 条支路的有向图来说,其基本割集矩阵的规模为 $(n-1)\times b$。矩阵 $\boldsymbol{Q}$ 中第 $i$ 行第 $j$ 列的元素 $q_{ij}$ 的取值规则约定如下:

$$q_{ij}=\begin{cases}0, & \text{支路 } j \text{ 不在割集 } i \text{ 中}\\1, & \text{支路 } j \text{ 在割集 } i \text{ 中,且支路 } j \text{ 方向与割集 } i \text{ 方向相同}\\-1, & \text{支路 } j \text{ 在割集 } i \text{ 中,且支路 } j \text{ 方向与割集 } i \text{ 方向相反}\end{cases}$$

规定割集 $i$ 方向就是割集中那条唯一的树支的方向。

为了规范化,列写基本割集矩阵时,同样规定支路按照先树支、后连支,树支连支编号按照从小到大的顺序排列。

仍以图 2.4.9 所示的有向图 G 为例,仍然选择支路 1、2、5 为树,选定的基本割集如图 2.4.10 所示,进一步可以写出其基本割集矩阵为

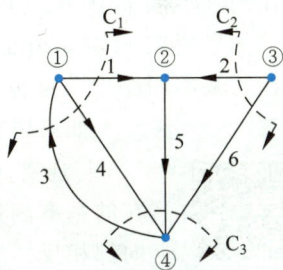

图 2.4.10 以支路(1,2,5)为树的基本割集

$$\boldsymbol{Q}=\begin{array}{c}\\1\\2\\5\end{array}\begin{bmatrix}1 & 0 & 0 & -1 & 1 & 0\\0 & 1 & 0 & 0 & 0 & 1\\0 & 0 & 1 & -1 & 1 & 1\end{bmatrix}$$

进一步,可将基本割集矩阵简写为

$$\boldsymbol{Q}=\begin{bmatrix}\boldsymbol{Q}_t & \boldsymbol{Q}_1\end{bmatrix} \tag{2.4.2}$$

前半部分 $\boldsymbol{Q}_t$ 表示的是树支与基本割集的关系,根据基本割集的定义及列写规则, $\boldsymbol{Q}_t$ 显然是一个单位矩阵;后半部分 $\boldsymbol{Q}_1$ 表示的是连支与基本割集的关系。

由式(2.4.1)、式(2.4.2)可以看出,对于有向图 G,选定一个树后,在支路排列顺序相同(一般先树支、后连支,树支连支编号都由小到大)的情况下,基本回路矩阵中的 $\boldsymbol{B}_t$ 和基本割集矩阵中的 $\boldsymbol{Q}_1$ 具有如下关系:

$$\boldsymbol{B}_t=-\boldsymbol{Q}_1^{\mathrm{T}} \tag{2.4.3}$$

这一关系可以结合具体有向图加以解释。

仍以图 2.4.10 所示的有向图 G 为例，选择支路 1、2、5 为树，则相应的基本回路如表 2.4.1 所示，相应的基本割集如表 2.4.2 所示。

表 2.4.1　选支路 1、2、5 为树时有向图 G 的基本回路

| 回路编号 | 所含连支 | 所含树支 |
|:---:|:---:|:---:|
| $L_1$ | 3 | 1（＋）、5（＋） |
| $L_2$ | 4 | 1（－）、5（－） |
| $L_3$ | 6 | 2（－）、5（－） |

表中树支后括号中的＋、－表示该树支方向与连支所表示的回路方向之间的关系，"＋"表示二者方向一致，"－"表示二者方向相反。

表 2.4.2　选支路 1、2、5 为树时有向图 G 的基本割集

| 割集编号 | 所含树支 | 所含连支 |
|:---:|:---:|:---:|
| $C_1$ | 1 | 3（－）、4（＋） |
| $C_2$ | 2 | 6（＋） |
| $C_3$ | 5 | 3（－）、4（＋）、6（＋） |

表中连支后括号中的＋、－表示该连支方向与树支所表示的割集方向之间的关系，"＋"表示二者方向一致，"－"表示二者方向相反。

由表 2.4.1 和表 2.4.2 可以看出：

如果连支 $i$（例如连支 3）所在的基本回路中包含树支 $j$（此时为树支 1、5），那么树支 $j$ 所在的基本割集中一定包含连支 $i$（树支 1、5 所在的基本割集中都包含连支 3）。

如果树支 $j$（例如树支 1）所在的基本割集中包含连支 $i$（此时为连支 3、4），那么连支 $i$ 所在的基本回路中一定包含树支 $j$（连支 3、4 所在的基本回路中都包含树支 1）。

如果树支 $j$ 的方向与连支 $i$ 所在的基本回路的方向一致（或相反）（树支 1、5 与连支 3 所在的基本回路的方向都一致），那么连支 $i$ 的方向与树支 $j$ 所在的基本割集的方向相反（或一致）（连支 3 与树支 1、5 所在的基本割集的方向都相反），反之亦然。由此可得 $\boldsymbol{B}_t$ 与 $\boldsymbol{Q}_l$ 互为负转置的关系。

对于其他支路，读者可以自行验证，此处不再赘述。

知识点43练习题和讨论

## 2.4.3　拓扑约束的矩阵形式

至此，我们就可以写出分别用节点关联矩阵 $\boldsymbol{A}$、基本回路矩阵 $\boldsymbol{B}$ 和基本割集矩阵 $\boldsymbol{Q}$ 表示的拓扑约束，即 KCL、KVL 的矩阵形式。

知识点44

### 1. 用节点关联矩阵 $\boldsymbol{A}$ 表示的 KCL/KVL

设某电路对应的有向图中有 $n$ 个节点、$b$ 条支路，支路电压、支路电流以及节点电压的列向量分别为

$$\boldsymbol{u} = \begin{bmatrix} u_1 & u_2 & \cdots & u_b \end{bmatrix}^{\mathrm{T}}$$

$$\boldsymbol{i} = \begin{bmatrix} i_1 & i_2 & \cdots & i_b \end{bmatrix}^{\mathrm{T}}$$

$$\boldsymbol{u}_{\mathrm{n}} = \begin{bmatrix} u_{\mathrm{n1}} & u_{\mathrm{n2}} & \cdots & u_{\mathrm{n}n-1} \end{bmatrix}^{\mathrm{T}}$$

支路电压、电流取关联参考方向,规定为与有向图中支路的方向一致,节点电压即为有向图中节点相对参考点的电压。

用节点关联矩阵 $\boldsymbol{A}$ 表示的 KCL 方程的矩阵形式为

$$\boldsymbol{A}\boldsymbol{i} = \boldsymbol{0} \tag{2.4.4}$$

式(2.4.4)中等号左边得到的每一行恰好是每个节点所连接的所有支路的电流的代数和,也就是节点的 KCL 方程,且流出的电流记为正,流入的电流记为负。

根据支路电压和节点电压的关系,可以得出

$$\boldsymbol{u} = \boldsymbol{A}^{\mathrm{T}}\boldsymbol{u}_{\mathrm{n}} \tag{2.4.5}$$

即每条支路电压都可以表示为其两端节点的电压差,且等于有向支路的始端电压减去终端电压。这就是用节点关联矩阵 $\boldsymbol{A}$ 表示的 KVL 方程矩阵形式。

仍以图 2.4.9 所示有向图为例(为方便阅读起见,重画于图 2.4.11),取节点④为参考节点,支路电压、支路电流、节点电压分别为

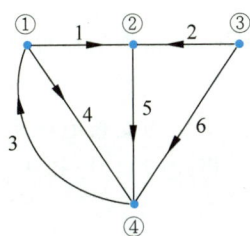

图 2.4.11 有向图 G

$$\boldsymbol{u} = \begin{bmatrix} u_1 & u_2 & u_3 & u_4 & u_5 & u_6 \end{bmatrix}^{\mathrm{T}}$$

$$\boldsymbol{i} = \begin{bmatrix} i_1 & i_2 & i_3 & i_4 & i_5 & i_6 \end{bmatrix}^{\mathrm{T}}$$

$$\boldsymbol{u}_{\mathrm{n}} = \begin{bmatrix} u_{\mathrm{n1}} & u_{\mathrm{n2}} & u_{\mathrm{n3}} \end{bmatrix}^{\mathrm{T}}$$

则

$$\boldsymbol{A}\boldsymbol{i} = \begin{bmatrix} 1 & 0 & -1 & 1 & 0 & 0 \\ -1 & -1 & 0 & 0 & 1 & 0 \\ 0 & 1 & 0 & 0 & 0 & 1 \end{bmatrix} \begin{bmatrix} i_1 \\ i_2 \\ i_3 \\ i_4 \\ i_5 \\ i_6 \end{bmatrix} = \begin{bmatrix} i_1 - i_3 + i_4 \\ -i_1 - i_2 + i_5 \\ i_2 + i_6 \end{bmatrix} = \boldsymbol{0}$$

$$\boldsymbol{A}^{\mathrm{T}}\boldsymbol{u}_{\mathrm{n}} = \begin{bmatrix} 1 & 0 & -1 & 1 & 0 & 0 \\ -1 & -1 & 0 & 0 & 1 & 0 \\ 0 & 1 & 0 & 0 & 0 & 1 \end{bmatrix}^{\mathrm{T}} \begin{bmatrix} u_{\mathrm{n1}} \\ u_{\mathrm{n2}} \\ u_{\mathrm{n3}} \end{bmatrix} = \begin{bmatrix} u_{\mathrm{n1}} - u_{\mathrm{n2}} \\ -u_{\mathrm{n2}} + u_{\mathrm{n3}} \\ -u_{\mathrm{n1}} \\ u_{\mathrm{n1}} \\ u_{\mathrm{n2}} \\ u_{\mathrm{n3}} \end{bmatrix} = \begin{bmatrix} u_1 \\ u_2 \\ u_3 \\ u_4 \\ u_5 \\ u_6 \end{bmatrix} = \boldsymbol{u}$$

### 2. 用基本回路矩阵 $\boldsymbol{B}$ 表示的 KCL/KVL

由于基本回路矩阵中支路是按照先树支、后连支,树支连支按照从小到大的顺序排列的,因此用基本回路矩阵 $\boldsymbol{B}$ 表示 KCL/KVL 时,支路电压和支路电流列向量中支路的排列顺序也要随之改变。

仍以图 2.4.11 为例,选择支路 1、2、5 作为树,支路电压和支路电流列向量分别为

$$\boldsymbol{u} = \begin{bmatrix} u_1 & u_2 & u_5 & u_3 & u_4 & u_6 \end{bmatrix}^{\mathrm{T}} = \begin{bmatrix} \boldsymbol{u}_{\mathrm{t}} \\ \boldsymbol{u}_{\mathrm{l}} \end{bmatrix} \tag{2.4.6}$$

$$\boldsymbol{i} = \begin{bmatrix} i_1 & i_2 & i_5 & i_3 & i_4 & i_6 \end{bmatrix}^{\mathrm{T}} = \begin{bmatrix} \boldsymbol{i}_{\mathrm{t}} \\ \boldsymbol{i}_{\mathrm{l}} \end{bmatrix} \tag{2.4.7}$$

其中

$\boldsymbol{u}_{\mathrm{t}} = \begin{bmatrix} u_1 & u_2 & u_5 \end{bmatrix}^{\mathrm{T}}$,表示树支电压列向量;

$\boldsymbol{u}_{\mathrm{l}} = \begin{bmatrix} u_3 & u_4 & u_6 \end{bmatrix}^{\mathrm{T}}$,表示连支电压列向量;

$\boldsymbol{i}_{\mathrm{t}} = \begin{bmatrix} i_1 & i_2 & i_5 \end{bmatrix}^{\mathrm{T}}$,表示树支电流列向量;

$\boldsymbol{i}_{\mathrm{l}} = \begin{bmatrix} i_3 & i_4 & i_6 \end{bmatrix}^{\mathrm{T}}$,表示连支电流列向量。

用基本回路矩阵 $\boldsymbol{B}$ 表示的 KVL 方程的矩阵形式为

$$\boldsymbol{Bu} = \boldsymbol{0} \tag{2.4.8}$$

根据矩阵相乘的运算规则可知,式(2.4.8)左边得到的每一行恰好是每个基本回路中所有支路电压的代数和,也就是回路的 KVL 方程,且与回路方向相同的支路电压记为正,与回路方向相反的支路电压记为负。

将式(2.4.1)和式(2.4.6)代入式(2.4.8),展开得

$$\boldsymbol{u}_{\mathrm{l}} = -\boldsymbol{B}_{\mathrm{t}}\boldsymbol{u}_{\mathrm{t}} \tag{2.4.9}$$

由于基本回路是单连支回路,因此在每个回路中,唯一的连支支路的电压都可以用其余树支支路的电压的线性组合来表示,这就是式(2.4.9)的物理含义,是 KVL 的另一种表达形式。

根据 2.3 节的内容可知,支路电流可以用回路电流的线性组合来表示,对于基本回路而言,回路电流就是连支电流,因此可以得到

$$\boldsymbol{i} = \boldsymbol{B}^{\mathrm{T}}\boldsymbol{i}_{\mathrm{l}} \tag{2.4.10}$$

将式(2.4.1)和式(2.4.7)代入式(2.4.10),展开得

$$\boldsymbol{i}_{\mathrm{t}} = \boldsymbol{B}_{\mathrm{t}}^{\mathrm{T}}\boldsymbol{i}_{\mathrm{l}} \tag{2.4.11}$$

即每条树支电流都可以用连支电流的线性组合来表示:当树支在某连支形成的基本回路里且方向与回路方向相同时,该连支电流对该树支电流的贡献为$+1$;当树支在某连支形成的基本回路里且方向与回路方向相反时,该连支电流对该树支电流的贡献为$-1$;当树支不在某连支形成的基本回路里时,该连支电流对该树支电流的贡献为零。这就是式(2.4.11)的物理含义,是 KCL 的另一种表达形式。

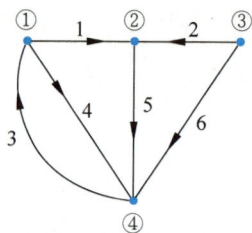

图 2.4.12　有向图 G

将式(2.4.10)代入式(2.4.4),得

$$\boldsymbol{Ai} = \boldsymbol{AB}^{\mathrm{T}}\boldsymbol{i}_{\mathrm{l}} = \boldsymbol{0}$$

上式对任意的连支电流 $\boldsymbol{i}_{\mathrm{l}}$ 都成立,因此

$$\boldsymbol{AB}^{\mathrm{T}} = \boldsymbol{0} \tag{2.4.12}$$

这就是节点关联矩阵与基本回路矩阵的关系。这一关系也可以根据有向图中节点、支路与回路的连接关系直接加以证明[3]。

为方便阅读起见,将图 2.4.11 重画于图 2.4.12,取支路 1、2、5 为树,有

$$\boldsymbol{Bu}=\begin{bmatrix}1 & 0 & 1 & 1 & 0 & 0\\-1 & 0 & -1 & 0 & 1 & 0\\0 & -1 & -1 & 0 & 0 & 1\end{bmatrix}\begin{bmatrix}u_1\\u_2\\u_5\\u_3\\u_4\\u_6\end{bmatrix}=\begin{bmatrix}u_1+u_5+u_3\\-u_1-u_5+u_4\\-u_2-u_5+u_6\end{bmatrix}=\boldsymbol{0}$$

$$-\boldsymbol{B}_t\boldsymbol{u}_t=-\begin{bmatrix}1 & 0 & 1\\-1 & 0 & -1\\0 & -1 & -1\end{bmatrix}\begin{bmatrix}u_1\\u_2\\u_5\end{bmatrix}=\begin{bmatrix}-u_1-u_5\\u_1+u_5\\u_2+u_5\end{bmatrix}=\begin{bmatrix}u_3\\u_4\\u_6\end{bmatrix}=\boldsymbol{u}_1$$

$$\boldsymbol{B}^T\boldsymbol{i}_1=\begin{bmatrix}1 & 0 & 1 & 1 & 0 & 0\\-1 & 0 & -1 & 0 & 1 & 0\\0 & -1 & -1 & 0 & 0 & 1\end{bmatrix}^T\begin{bmatrix}i_3\\i_4\\i_6\end{bmatrix}=\begin{bmatrix}i_3-i_4\\-i_6\\i_3-i_4-i_6\\i_3\\i_4\\i_6\end{bmatrix}=\begin{bmatrix}i_1\\i_2\\i_5\\i_3\\i_4\\i_6\end{bmatrix}=\boldsymbol{i}$$

$$\boldsymbol{B}_t^T\boldsymbol{i}_1=\begin{bmatrix}1 & 0 & 1\\-1 & 0 & -1\\0 & -1 & -1\end{bmatrix}^T\begin{bmatrix}i_3\\i_4\\i_6\end{bmatrix}=\begin{bmatrix}i_3-i_4\\-i_6\\i_3-i_4-i_6\end{bmatrix}=\begin{bmatrix}i_1\\i_2\\i_5\end{bmatrix}=\boldsymbol{i}_t$$

### 3. 用基本割集矩阵 $Q$ 表示的 KCL/KVL

由于基本割集与基本回路、树支与连支分别是对偶[1]的,因此可以根据用基本回路矩阵 $\boldsymbol{B}$ 表示的 KCL/KVL 直接写出用基本割集矩阵 $\boldsymbol{Q}$ 表示的 KCL/KVL,其相应的物理含义也可以利用对偶性质得出。

用基本割集矩阵 $\boldsymbol{Q}$ 表示的 KCL 方程的矩阵形式为

$$\boldsymbol{Qi}=\boldsymbol{0} \tag{2.4.13}$$

根据矩阵相乘的运算规则可知,式(2.4.14)左边得到的每一行恰好是每个基本割集中所有支路电流的代数和,根据割集的性质,这就是一个广义的 KCL 方程,且与割集方向(即树支方向)相同的支路电流记为正,与割集方向相反的支路电流记为负。

将式(2.4.2)和式(2.4.7)代入式(2.4.13),展开得

$$\boldsymbol{i}_t=-\boldsymbol{Q}_1\boldsymbol{i}_1 \tag{2.4.14}$$

由于基本割集是单树支割集,因此在每个割集中,唯一的树支支路的电流都可以用其余连支支路的电流的线性组合来表示,这就是式(2.4.14)的物理含义,是 KCL 的另一种表达形式。对比式(2.4.11)和式(2.4.14),可以得出 $\boldsymbol{Q}_1=-\boldsymbol{B}_t^T$,即式(2.4.3)。

根据式(2.4.10),利用对偶原理[2]可以写出

$$\boldsymbol{u}=\boldsymbol{Q}^T\boldsymbol{u}_t \tag{2.4.15}$$

将式(2.4.2)和式(2.4.6)代入式(2.4.15),展开得

---

① 对偶的概念将在 2.8 节中详细介绍。

② 参见 2.8.3 节。

$$u_1 = Q_1^T u_t \qquad (2.4.16)$$

即每条连支的电压都可以用树支电压的线性组合来表示。这其实就是单连支回路的 KVL。

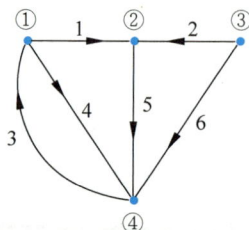

将式(2.4.10)代入式(2.4.13)，得

$$Qi = QB^T i_1 = 0$$

上式对任意的连支电流 $i_L$ 都成立，因此

$$QB^T = 0 \qquad (2.4.17)$$

这就是基本割集矩阵与基本回路矩阵的关系。

为方便阅读起见，将图 2.4.11 重画于图 2.4.13，取支路 1、2、5 为树，有

图 2.4.13　有向图 G

$$Qi = \begin{bmatrix} 1 & 0 & 0 & -1 & 1 & 0 \\ 0 & 1 & 0 & 0 & 0 & 1 \\ 0 & 0 & 1 & -1 & 1 & 1 \end{bmatrix} \begin{bmatrix} i_1 \\ i_2 \\ i_5 \\ i_3 \\ i_4 \\ i_6 \end{bmatrix} = \begin{bmatrix} i_1 - i_3 + i_4 \\ i_2 + i_6 \\ i_5 - i_3 + i_4 + i_6 \end{bmatrix} = 0$$

$$Q_1 i_1 = \begin{bmatrix} -1 & 1 & 0 \\ 0 & 0 & 1 \\ -1 & 1 & 1 \end{bmatrix} \begin{bmatrix} i_3 \\ i_4 \\ i_6 \end{bmatrix} = \begin{bmatrix} -i_3 + i_4 \\ +i_6 \\ -i_3 + i_4 + i_6 \end{bmatrix} = \begin{bmatrix} -i_1 \\ -i_2 \\ -i_5 \end{bmatrix} = -i_t$$

$$Q^T u_t = \begin{bmatrix} 1 & 0 & 0 & -1 & 1 & 0 \\ 0 & 1 & 0 & 0 & 0 & 1 \\ 0 & 0 & 1 & -1 & 1 & 1 \end{bmatrix}^T \begin{bmatrix} u_1 \\ u_2 \\ u_5 \end{bmatrix} = \begin{bmatrix} u_1 \\ u_2 \\ u_5 \\ -u_1 - u_5 \\ u_1 + u_5 \\ u_2 + u_5 \end{bmatrix} = \begin{bmatrix} u_1 \\ u_2 \\ u_5 \\ u_3 \\ u_4 \\ u_6 \end{bmatrix} = u$$

$$Q_1^T u_t = \begin{bmatrix} -1 & 1 & 0 \\ 0 & 0 & 1 \\ -1 & 1 & 1 \end{bmatrix}^T \begin{bmatrix} u_1 \\ u_2 \\ u_5 \end{bmatrix} = \begin{bmatrix} -u_1 - u_5 \\ u_1 + u_5 \\ u_2 + u_5 \end{bmatrix} = \begin{bmatrix} u_3 \\ u_4 \\ u_6 \end{bmatrix} = u_1$$

以上拓扑约束的矩阵形式整理如表 2.4.3 所示。

表 2.4.3　拓扑约束的矩阵形式

| | | 节点关联矩阵 A | 基本回路矩阵 B | 基本割集矩阵 Q |
|---|---|---|---|---|
| KCL | 表达式 | $Ai = 0$ | $i = B^T i_1$<br>$i_t = B_t^T i_1$ | $Qi = 0$<br>$i_t = -Q_1 i_1$ |
| | 物理含义 | 流出节点的电流的代数和为 0 | 树支电流可以用连支电流的线性组合来表示 | 广义 KCL；树支电流可以用连支电流的线性组合来表示 |

续表

|  |  | 节点关联矩阵 $A$ | 基本回路矩阵 $B$ | 基本割集矩阵 $Q$ |
|---|---|---|---|---|
| KVL | 表达式 | $u = A^{\mathrm{T}} u_n$ | $Bu = 0$<br>$u_1 = -B_t u_t$ | $u = Q^{\mathrm{T}} u_t$<br>$u_1 = Q_1^{\mathrm{T}} u_t$ |
|  | 物理含义 | 支路电压等于节点电压之差 | 回路中所有支路的电压的代数和为 0；连支电压可以用树支电压的线性组合来表示 | 连支电压可以用树支电压的线性组合来表示 |

### 2.4.4　典型支路及其约束的矩阵形式

知识点45

在电路分析的不同场合,对于支路的定义是不一样的,有时认为一个元件就是一条支路,有时将串联的若干元件视为一条支路,而在用矩阵形式分析大型复杂电路时,约定**典型支路**如图 2.4.14 所示。规定在这个典型支路中,有且只有一个电阻 $R_k$,独立电压源和独立电流源可以没有。图 2.4.14 中,$u_k$、$i_k$ 为支路电压、电流,$u_{ek}$、$i_{ek}$ 为电阻元件上的电压、电流。注意约定的参考方向。

由图 2.4.14 可以得出

$$u_{ek} = R_k i_{ek} \quad \text{或} \quad i_{ek} = G_k u_{ek} \tag{2.4.18}$$

式中,$G_k = \dfrac{1}{R_k}$ 是第 $k$ 条支路的电导。

$$u_{ek} = u_k + u_{Sk}, \quad i_{ek} = i_k + i_{Sk} \tag{2.4.19}$$

将式(2.4.19)代入式(2.4.18),整理得

$$u_k = R_k i_k + R_k i_{Sk} - u_{Sk} \tag{2.4.20}$$

或

图 2.4.14　典型支路

$$i_k = G_k u_k + G_k u_{Sk} - i_{Sk} \tag{2.4.21}$$

式(2.4.20)和式(2.4.21)就是第 $k$ 条支路的元件约束。

对于一个有 $b$ 条典型支路的电路,写出其所有支路的元件约束,并将支路电压(电流)、元件电压(电流)、电压(电流)源都用列向量表示

$$u = \begin{bmatrix} u_1 & u_2 & \cdots & u_b \end{bmatrix}^{\mathrm{T}}, \quad i = \begin{bmatrix} i_1 & i_2 & \cdots & i_b \end{bmatrix}^{\mathrm{T}}$$

$$u_S = \begin{bmatrix} u_{S1} & u_{S2} & \cdots & u_{Sb} \end{bmatrix}^{\mathrm{T}}, \quad i_S = \begin{bmatrix} i_{S1} & i_{S2} & \cdots & i_{Sb} \end{bmatrix}^{\mathrm{T}}$$

$$u_e = \begin{bmatrix} u_{e1} & u_{e2} & \cdots & u_{eb} \end{bmatrix}^{\mathrm{T}}, \quad i_e = \begin{bmatrix} i_{e1} & i_{e2} & \cdots & i_{eb} \end{bmatrix}^{\mathrm{T}}$$

用对角阵表示所有支路的电阻或电导,即

$$R = \mathrm{diag} \begin{bmatrix} R_1 & R_2 & \cdots & R_b \end{bmatrix}, \quad G = \mathrm{diag} \begin{bmatrix} G_1 & G_2 & \cdots & G_b \end{bmatrix}$$

支路约束的矩阵形式可以表示为

$$u = Ri + Ri_S - u_S \tag{2.4.22}$$

或

$$i = Gu + Gu_S - i_S \tag{2.4.23}$$

以图 2.4.15(a)所示的电路为例,其对应的有向图如图 2.4.15(b)所示,按照图中给定

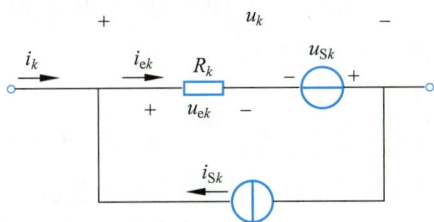

的支路编号及参考方向，可以写出

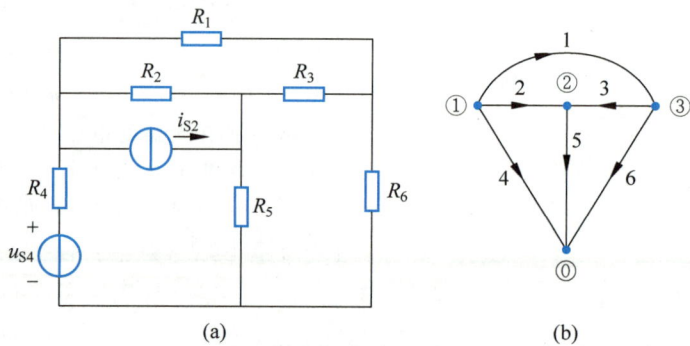

图 2.4.15　电路及有向图

$$\boldsymbol{u} = \begin{bmatrix} u_1 & u_2 & u_3 & u_4 & u_5 & u_6 \end{bmatrix}^{\mathrm{T}}, \quad \boldsymbol{i} = \begin{bmatrix} i_1 & i_2 & i_3 & i_4 & i_5 & i_6 \end{bmatrix}^{\mathrm{T}}$$

$$\boldsymbol{u}_{\mathrm{S}} = \begin{bmatrix} 0 & 0 & 0 & -u_{\mathrm{S4}} & 0 & 0 \end{bmatrix}^{\mathrm{T}}, \quad \boldsymbol{i}_{\mathrm{S}} = \begin{bmatrix} 0 & -i_{\mathrm{S2}} & 0 & 0 & 0 & 0 \end{bmatrix}^{\mathrm{T}}$$

$$\boldsymbol{R} = \mathrm{diag} \begin{bmatrix} R_1 & R_2 & R_3 & R_4 & R_5 & R_6 \end{bmatrix}$$

$$\boldsymbol{G} = \mathrm{diag} \begin{bmatrix} \dfrac{1}{R_1} & \dfrac{1}{R_2} & \dfrac{1}{R_3} & \dfrac{1}{R_4} & \dfrac{1}{R_5} & \dfrac{1}{R_6} \end{bmatrix}$$

根据式(2.4.22)，有

$$\begin{bmatrix} u_1 \\ u_2 \\ u_3 \\ u_4 \\ u_5 \\ u_6 \end{bmatrix} = \begin{bmatrix} R_1 & & & & & \\ & R_2 & & & \boldsymbol{0} & \\ & & R_3 & & & \\ & & & R_4 & & \\ & \boldsymbol{0} & & & R_5 & \\ & & & & & R_6 \end{bmatrix} \begin{Bmatrix} \begin{bmatrix} i_1 \\ i_2 \\ i_3 \\ i_4 \\ i_5 \\ i_6 \end{bmatrix} + \begin{bmatrix} 0 \\ -i_{\mathrm{S2}} \\ 0 \\ 0 \\ 0 \\ 0 \end{bmatrix} \end{Bmatrix} - \begin{bmatrix} 0 \\ 0 \\ 0 \\ -u_{\mathrm{S4}} \\ 0 \\ 0 \end{bmatrix} = \begin{bmatrix} R_1 i_1 \\ R_2 i_2 - R_2 i_{\mathrm{S2}} \\ R_3 i_3 \\ R_4 i_4 + u_{\mathrm{S4}} \\ R_5 i_5 \\ R_6 i_6 \end{bmatrix}$$

知识点45练习题
和讨论

　　根据2.4.3节介绍的KCL/KVL的矩阵形式，以及式(2.4.22)和式(2.4.23)所示的支路元件约束的矩阵形式，对于大型复杂电路，写出这两类约束所需的矩阵或列向量，借助计算机就可以实现快速求解。根据求解过程所使用的变量不同，主要有三类方法，分别是节点电压法(以节点电压为变量列写方程)、回路电流法(以回路电流为变量列写方程)和割集电压法(以割集电压为变量列写方程)，以下分别介绍。

## 2.4.5　节点电压方程的矩阵形式

　　为表述方便，将式(2.4.4)式(2.4.5)表示的用节点关联矩阵 $\boldsymbol{A}$ 表示的 KCL、KVL 方程重写如下：

知识点46

$$\boldsymbol{Ai} = \boldsymbol{0} \tag{2.4.24}$$

$$\boldsymbol{u} = \boldsymbol{A}^{\mathrm{T}} \boldsymbol{u}_{\mathrm{n}} \tag{2.4.25}$$

将式(2.4.23)的支路特性和式(2.4.25)都代入式(2.4.24)，得

$$AGA^{\mathrm{T}}u_{\mathrm{n}} = Ai_{\mathrm{S}} - AGu_{\mathrm{S}} \tag{2.4.26}$$

这就是以节点电压 $u_{\mathrm{n}}$ 为变量的节点电压方程,方程左侧的系数矩阵 $AGA^{\mathrm{T}}$ 就是节点电导矩阵,记为 $G_{\mathrm{n}}$,即

$$G_{\mathrm{n}} = AGA^{\mathrm{T}} \tag{2.4.27}$$

式(2.4.26)右侧第一项 $Ai_{\mathrm{S}}$ 表示流入节点的电流源的电流的代数和,第二项 $AGu_{\mathrm{S}}$ 则表示由电压源和电阻串联支路变换得到的流入节点的电流。可以看出,与 2.2 节中节点电压方程系数的物理含义是完全一致的。

根据式(2.4.26)求解得到节点电压 $u_{\mathrm{n}}$,再代入式(2.4.25),可以得到支路电压 $u$,最后代入式(2.4.23),可以得到支路电流 $i$,整个电路求解完毕。

**例 2.4.1**　电路如图 2.4.15(a)所示,其有向图及节点编号如图 2.4.16 所示。写出节点电压法求解电路所需的节点关联矩阵 $A$、支路导纳矩阵、支路电压列向量、支路电流列向量、电压源列向量、电流源列向量,并简述求解过程。

**解**　根据图 2.4.15(a)所示电路及图 2.4.16 所示有向图,得

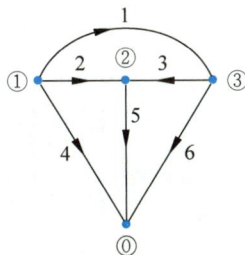

图 2.4.16　图 2.4.15(a)所示电路的有向图

$$A = \begin{bmatrix} 1 & 1 & 0 & 1 & 0 & 0 \\ 0 & -1 & -1 & 0 & 1 & 0 \\ -1 & 0 & 1 & 0 & 0 & 1 \end{bmatrix}$$

$$u = \begin{bmatrix} u_1 & u_2 & u_3 & u_4 & u_5 & u_6 \end{bmatrix}^{\mathrm{T}}, \quad i = \begin{bmatrix} i_1 & i_2 & i_3 & i_4 & i_5 & i_6 \end{bmatrix}^{\mathrm{T}}$$

$$u_{\mathrm{S}} = \begin{bmatrix} 0 & 0 & 0 & -u_{\mathrm{S4}} & 0 & 0 \end{bmatrix}^{\mathrm{T}}, \quad i_{\mathrm{S}} = \begin{bmatrix} 0 & -i_{\mathrm{S2}} & 0 & 0 & 0 & 0 \end{bmatrix}^{\mathrm{T}}$$

$$G = \mathrm{diag}\begin{bmatrix} \dfrac{1}{R_1} & \dfrac{1}{R_2} & \dfrac{1}{R_3} & \dfrac{1}{R_4} & \dfrac{1}{R_5} & \dfrac{1}{R_6} \end{bmatrix}$$

可以计算得到节点导纳矩阵为

$$G_{\mathrm{n}} = AGA^{\mathrm{T}} = \begin{bmatrix} \dfrac{1}{R_1}+\dfrac{1}{R_2}+\dfrac{1}{R_4} & -\dfrac{1}{R_2} & -\dfrac{1}{R_1} \\[2mm] -\dfrac{1}{R_2} & \dfrac{1}{R_2}+\dfrac{1}{R_3}+\dfrac{1}{R_5} & -\dfrac{1}{R_3} \\[2mm] -\dfrac{1}{R_1} & -\dfrac{1}{R_3} & \dfrac{1}{R_1}+\dfrac{1}{R_3}+\dfrac{1}{R_6} \end{bmatrix}$$

其对角线元素就是节点的自电导,非对角线元素就是对应节点之间的互电导。

$$Ai_{\mathrm{S}} - AGu_{\mathrm{S}} = \begin{bmatrix} -i_{\mathrm{S2}} \\ i_{\mathrm{S2}} \\ 0 \end{bmatrix} - \begin{bmatrix} -\dfrac{u_{\mathrm{S4}}}{R_4} \\ 0 \\ 0 \end{bmatrix} = \begin{bmatrix} -i_{\mathrm{S2}}+\dfrac{u_{\mathrm{S4}}}{R_4} \\ i_{\mathrm{S2}} \\ 0 \end{bmatrix}$$

每一行表示的就是流入节点的总电流。

当电路中含有受控源时,节点电压方程的矩阵形式就要复杂一些。由于节点电压方程本质上是以节点电压为变量列写的 KCL 方程,因此处理压控电流源最容易,本书只介绍以元件电压 $u_{ek}$ 为控制量的受控电流源的处理方法。含有受控源的第 $k$ 条典型支路如

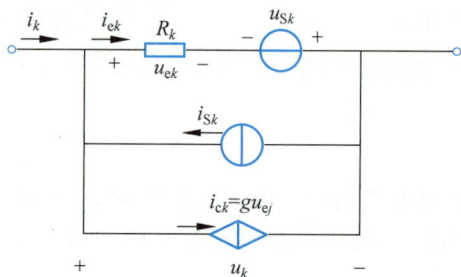

图 2.4.17 含压控电流源的典型支路

图 2.4.17 所示，图中 $u_{ej}$ 表示支路 $j$ 中电阻 $R_j$ 两端的电压，注意参考方向设定。

写出图 2.4.17 所示支路的电压电流关系，有

$$i_k = G_k u_{ek} + i_{ck} - i_{Sk}$$
$$= G_k u_{ek} + g u_{ej} - i_{Sk}$$

对于其他支路，依然有

$$i_j = G_j u_{ej} - i_{Sj} \quad j = 1,2,\cdots b, j \neq k$$

整理成矩阵形式如下

$$
\begin{bmatrix} i_1 \\ i_2 \\ \vdots \\ i_k \\ \vdots \\ i_j \\ \vdots \\ i_b \end{bmatrix}
=
\begin{bmatrix}
G_1 & & & & & & & \\
 & G_2 & & & & & & \\
 & & \ddots & & & & & \\
G_k & \cdots & g & & & & & \\
 & & & \ddots & & & & \\
 & & & & G_j & & & \\
 & & & & & \ddots & & \\
 & & & & & & G_b
\end{bmatrix}
\begin{bmatrix} u_{e1} \\ u_{e2} \\ \vdots \\ u_{ek} \\ \vdots \\ u_{ej} \\ \vdots \\ u_{eb} \end{bmatrix}
-
\begin{bmatrix} i_{S1} \\ i_{S2} \\ \vdots \\ i_{Sk} \\ \vdots \\ i_{Sj} \\ \vdots \\ i_{Sb} \end{bmatrix}
$$

（第 $j$ 列，第 $k$ 行）

知识点46练习题和讨论

改写为

$$i = G_{\mathrm{m}} u_e - i_S$$

其中，$G_{\mathrm{m}}$ 为考虑受控源后修正得到的支路导纳矩阵。又 $u_e = u + u_S$，因此

$$i = G_{\mathrm{m}} u + G_{\mathrm{m}} u_S - i_S \tag{2.4.28}$$

用节点电压法求解时所需的其他电压、电流列向量与不含受控源时的情况相同。

## 2.4.6 回路电流方程的矩阵形式

回路电流电路方程顾名思义就是以回路电流为变量列写的方程。当选择基本回路（单连支回路）作为一组独立回路时，回路电流就是连支电流。

知识点47

为表述方便，将式（2.4.8）和式（2.4.10）表示的用基本回路矩阵 $\boldsymbol{B}$ 表示的 KVL、KCL 方程分别重写为

$$\boldsymbol{B u} = \boldsymbol{0} \tag{2.4.29}$$

$$\boldsymbol{i} = \boldsymbol{B}^{\mathrm{T}} \boldsymbol{i}_1 \tag{2.4.30}$$

将式（2.4.22）的支路特性和式（2.4.30）都代入式（2.4.29），得

$$\boldsymbol{B R B}^{\mathrm{T}} \boldsymbol{i}_1 = \boldsymbol{B u}_S - \boldsymbol{B R i}_S \tag{2.4.31}$$

这就是以连支电流 $\boldsymbol{i}_1$ 为变量的回路电流方程，方程左侧的系数矩阵 $\boldsymbol{B R B}^{\mathrm{T}}$ 称为回路电阻矩阵，记为 $\boldsymbol{R}_1$，即

$$\boldsymbol{R}_1 = \boldsymbol{B R B}^{\mathrm{T}} \tag{2.4.32}$$

右侧第一项 $\boldsymbol{B u}_S$ 表示沿回路方向电压源的电压升代数和，第二项 $\boldsymbol{B R i}_S$ 则表示由电流源和与之并联的电阻变换得到的电压源的电压升。可以看出，与 2.3 节中回路电流方程系数的

物理含义是完全一致的。

　　根据式(2.4.31)求解得到连支电流 $i_L$，再代入式(2.4.30)，可以得到支路电流 $i$，最后代入式(2.4.22)，可以得到支路电压 $u$，整个电路求解完毕。

　　在以回路电流为变量列写矩阵形式的方程时，比较容易处理的是以连支电流为控制量的流控电压源，处理方法与节点电压法中对压控电流源的处理方法类似，本书不予赘述。

### 2.4.7　割集电压方程的矩阵形式

知识点48

　　割集电压方程，顾名思义就是以割集电压为变量列写的方程。当选择基本割集(单树支割集)作为一组独立割集时，割集电压就是树支电压。"割集电压"与"回路电流"是一组对偶变量，以下结论或方程都可以利用对偶原理[①]从相关的回路电流方程得到。

　　为表述方便，将式(2.4.13)和式(2.4.15)表示的用基本割集矩阵 $Q$ 表示的 KCL、KVL 方程分别重写如下：

$$Qi = 0 \qquad (2.4.33)$$

$$u = Q^T u_t \qquad (2.4.34)$$

将式(2.4.23)的支路特性和式(2.4.34)都代入式(2.4.33)，得

$$QGQ^T u_t = Qi_S - QGu_S \qquad (2.4.35)$$

这就是以树支电压 $u_t$ 为变量的割集电压方程，类似地，方程左侧的系数矩阵 $QGQ^T$ 称为割集电导矩阵，记为 $G_t$，即

$$G_t = QGQ^T \qquad (2.4.36)$$

右侧第一项 $Qi_S$ 表示流入割集的电流源的电流代数和，第二项 $QGu_S$ 则表示由电压源和电阻串联支路变换得到的流入割集的电流，与节点电压方程非常相似，因为与一个节点相连的所有支路就可以看成是一个割集。

　　根据式(2.4.35)求解得到树支电压 $u_t$，再代入式(2.4.34)，可以得到支路电压 $u$，最后代入式(2.4.23)，可以得到支路电流 $i$，整个电路求解完毕。

　　在以割集电压为变量列写矩阵形式的方程时，比较容易处理的是以树支电压为控制量的压控电流源，处理方法与节点电压法中对压控电流源的处理方法类似，本书不予赘述。

## 2.5　叠加定理和齐性定理

### 2.5.1　叠加定理

知识点49

　　对于一个单输入单输出的线性代数系统来说，激励 $x$ 和响应 $y$ 的关系可以表示为

---

①　参见 2.8.3 节。

$$y = f(x) = ax \qquad (2.5.1)$$

其中 $a$ 是由系统确定的系数。线性系统有两个性质：齐次性（homogeneity property）和可加性（additivity property）。

齐次性是指如果激励 $x$ 变成 $kx$（其中 $k$ 是某一个常数），则响应 $y$ 变为 $ky$。

可加性是指如果激励 $x$ 可以分解为 $x_1 + x_2$，则响应 $y$ 是 $y_1 + y_2$，其中 $y_1 = kx_1$，$y_2 = kx_2$。

对于更复杂的双输入单输出线性代数系统来说，激励 $x_1$、$x_2$ 和响应 $y$ 之间的关系可以表示为

$$y = f(x_1, x_2) = ax_1 + bx_2 \qquad (2.5.2)$$

其中 $a$ 和 $b$ 是由系统确定的系数。如果我们定义

$$y' = f(x_1, x_2)\big|_{x_2=0} = ax_1 \qquad (2.5.3)$$

$$y'' = f(x_1, x_2)\big|_{x_1=0} = bx_2 \qquad (2.5.4)$$

则容易知道

$$y = y' + y'' \qquad (2.5.5)$$

这其实就是从数学角度对叠加定理的解释。显然上面的讨论可以推广到任意复杂的多输入多输出线性代数系统。

从电路的视角来看待上述讨论的话，设激励包括 2 个独立源 $x_1$ 和 $x_2$，系数 $a$、$b$ 由电路中各线性电阻和线性受控源的系数来构成，响应则可能是任何一个支路量。式(2.5.5)则意味着某个支路量可以视作两个场景下分别求解该支路量得到的数值之和，这两个场景分别是某个独立源单独作用。这其实就是电路层面对叠加定理最朴素的理解。这个理解可以推广到多个独立源作用的电路。

下面我们用一个例子来说明这一理解。

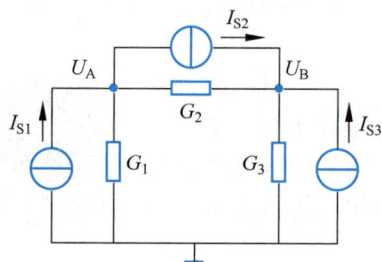

图 2.5.1　例 2.5.1 图

**例 2.5.1**　图 2.5.1 所示电路中有 3 条支路，每条支路有 1 个电导和 1 个电流源并联组成。试分析节点电压 $U_A$ 与电流源激励间的关系。

**解**　由节点电压法可得到响应（节点电压 $U_A$、$U_B$）与激励（独立电流源）之间关系方程为

$$(G_1 + G_2)U_A - G_2 U_B = I_{S1} - I_{S2}$$
$$-G_2 U_A + (G_2 + G_3)U_B = I_{S2} + I_{S3}$$

联立求解上面方程，得节点电压 $U_A$

$$U_A = \frac{G_2 + G_3}{G_1 G_2 + G_1 G_3 + G_2 G_3} I_{S1} - \frac{G_3}{G_1 G_2 + G_1 G_3 + G_2 G_3} I_{S2} + \frac{G_2}{G_1 G_2 + G_1 G_3 + G_2 G_3} I_{S3}$$

$$(2.5.6)$$

节点电压 $U_A$ 由 3 项组成，每一项均为一个具有电阻量纲的比例系数和电流源的乘积。式(2.5.6)表明了线性电路中节点电压是各电流源 $I_{S1}$、$I_{S2}$ 和 $I_{S3}$ 的线性组合。

在图 2.5.1 所示电路中，分别令其中一个电流源作用，其余两个电流源不作用（即将电流源进行开路处理），可得到 3 个子电路，如图 2.5.2(a)、(b)和(c)所示。对该 3 个子电路分别进行节点电压分析，可得

$$U_{A1} = \frac{G_2 + G_3}{G_1 G_2 + G_1 G_3 + G_2 G_3} I_{S1} \qquad (2.5.7)$$

$$U_{A2} = -\frac{G_3}{G_1 G_2 + G_1 G_3 + G_2 G_3} I_{S2} \qquad (2.5.8)$$

$$U_{A3} = \frac{G_2}{G_1 G_2 + G_1 G_3 + G_2 G_3} I_{S3} \qquad (2.5.9)$$

式(2.5.7)、式(2.5.8)和式(2.5.9)分别是式(2.5.6)等号右边的第一项、第二项和第三项。由此可得出结论,由3个电流源共同作用产生的节点电压等于每个电流源单独作用在该节点上产生的电压之和。

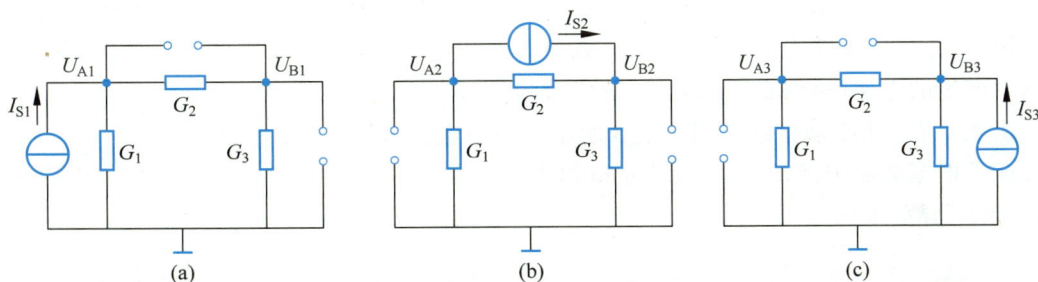

图 2.5.2　例 2.5.1 的 3 个子电路

下面将上面的分析推广到一般的线性电路。设线性电路有 $b$ 条支路,每条支路由 1 个电导和电流源并联组成;有 $n$ 个独立节点,节点电压分别为 $U_1$、$U_2$、$\cdots$、$U_k$、$\cdots$、$U_n$,则可列出下面的以节点电压为变量的方程:

$$\left.\begin{aligned}
G_{11}U_1 + G_{12}U_2 + \cdots + G_{1k}U_k + \cdots + G_{1n}U_n &= I_{S11} \\
G_{21}U_1 + G_{22}U_2 + \cdots + G_{2k}U_k + \cdots + G_{2n}U_n &= I_{S22} \\
\vdots \\
G_{k1}U_1 + G_{k2}U_2 + \cdots + G_{kk}U_k + \cdots + G_{kn}U_n &= I_{Skk} \\
\vdots \\
G_{n1}U_1 + G_{n2}U_2 + \cdots + G_{nk}U_k + \cdots + G_{nn}U_n &= I_{Snn}
\end{aligned}\right\} \qquad (2.5.10)$$

求解线性方程组(2.5.10),得

$$U_k = \frac{\Delta_k}{\Delta} = \frac{\Delta_{1k}}{\Delta} I_{S11} + \frac{\Delta_{2k}}{\Delta} I_{S22} + \cdots + \frac{\Delta_{jk}}{\Delta} I_{Sjj} + \cdots + \frac{\Delta_{nk}}{\Delta} I_{Snn} \quad k = 1, 2, \cdots, n$$

$$(2.5.11)$$

式中,“$\Delta$”为方程组(2.5.10)的系数行列式;$\Delta_k$ 是以方程组等号右边列向量 $[I_{S11}, I_{S22}, \cdots, I_{Sjj}, \cdots, I_{Snn}]^{\mathrm{T}}$ 替换 $\Delta$ 中第 $k$ 列向量后得到的 $n$ 阶行列式;$\Delta_{jk}$ 为划去 $\Delta_k$ 中第 $j$ 行 $(j = 1, 2, \cdots, n)$ 和第 $k$ 列的代数余子式;$I_{Sjj}$ 是流入第 $j (j = 1, 2, \cdots, n)$ 个节点的所有电流源电流的代数和。由于 $I_{Sjj}$ 中包含有电流源 $I_{Sm} (m = 1, 2, \cdots, b)$ 中的若干项,将 $I_{Sm}$ 各项的系数合并,式(2.5.11)可改写成以各电流源 $I_{Sm}$ 为独立变量的表示形式,即

$$U_k = \frac{1}{G_{k1}} I_{S1} + \frac{1}{G_{k2}} I_{S2} + \cdots + \frac{1}{G_{km}} I_{Sm} + \cdots + \frac{1}{G_{kb}} I_{Sb} = \sum_{m=1}^{b} \frac{1}{G_{km}} I_{Sm} \qquad (2.5.12)$$

系数 $1/G_{km}$ 是式(2.5.11)中电流源 $I_{Sm}$ 的各系数之和,具有电阻的量纲。系数 $1/G_{km}$ 仅由电路的结构和参数决定,与电流源的电流大小无关。第 $m$ 项 $I_{Sm}/G_{km}$ 则表示电流源 $I_{Sm}$ 单独作用对节点 $k$ 的电压所作的贡献 $U_{km}$,式(2.5.12)表明了节点电压 $U_k$ 等于各电流源单独作用在节点 $k$ 上所产生电压的代数和。

通过上面的例子证明了,线性电路中节点电压与作为激励的电流源之间满足可加性。若电路中包含电压源,可以通过电源等效变换将其转换为电流源。此外,一般来说由于支路电压和支路电流都可由节点电压的线性组合来表示,由此可以得出线性电阻电路中响应(电压或电流)与激励(电压源、电流源)之间满足可加性。线性电路的这个重要性质可用叠加定理来表述。

**叠加定理**(superposition theorem)　在一个具有唯一解的线性电路中,各独立电源共同作用时,在任一支路中产生的电流(任意两点间的电压)等于各独立电源单独作用时在该支路中产生的电流(该两点间的电压)的代数和。

**例 2.5.2**　用叠加定理求图 2.5.3 所示电路中电阻 $R_2$ 两端电压 $U$。

**解**　根据叠加定理,图 2.5.3 所示电路中电压 $U$ 可分别由图 2.5.4(a)和(b)电路中电压 $U'$ 和 $U''$ 叠加得到。

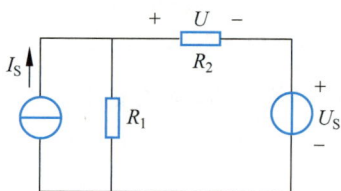

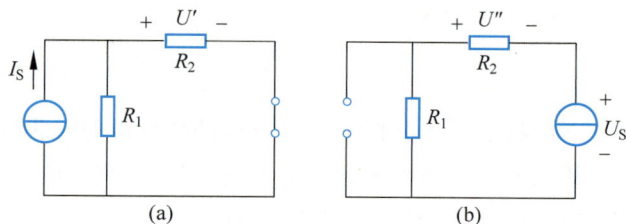

图 2.5.3　例 2.5.2 图　　　　图 2.5.4　例 2.5.2 的两个子电路

图 2.5.4(a)所示电路中,电流源单独作用,电压源不作用,应将其两端短路。电阻 $R_2$ 上电压为

$$U' = I_S \frac{R_1 R_2}{R_1 + R_2}$$

图 2.5.4(b)所示电路中,电压源单独作用,电流源不作用,应将其两端开路。由串联电阻分压得

$$U'' = -\frac{R_2}{R_1 + R_2} U_S$$

电阻 $R_2$ 两端电压

$$U = U' + U'' = \frac{R_1 R_2}{R_1 + R_2} I_S - \frac{R_2}{R_1 + R_2} U_S = \frac{R_1 R_2 I_S - R_2 U_S}{R_1 + R_2}$$

需要说明,如果从求解简便性角度来说,例 2.5.2 的解题方法肯定不是最优方案,这里就是说明叠加定理的应用步骤而已。

下面举例说明当电路中含有受控电源时,如何应用叠加定理。

**例 2.5.3**　用叠加定理求图 2.5.5 所示电路中电压 $U$ 和电流 $I$。

**解**　电压源和电流源单独作用的电路如图 2.5.6(a)和(b)所示。在用叠加定理分析含

有受控源电路时,受控源仍保留在电路中,其控
制量和受控源之间的控制关系不变,只不过控制
量不再是原电路中的 $U$,而分别是图 2.5.6(a)和
(b)所示电路中的 $U_1$ 和 $U_2$。

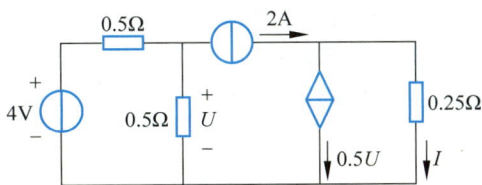

图 2.5.5　例 2.5.3 图

观察图 2.5.6(a)所示电路,由电阻分压得
$$U_1 = 2V$$
则

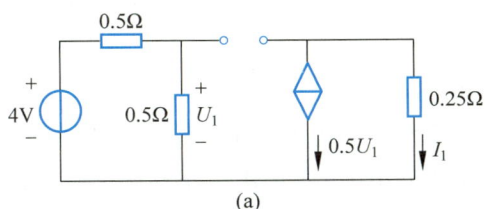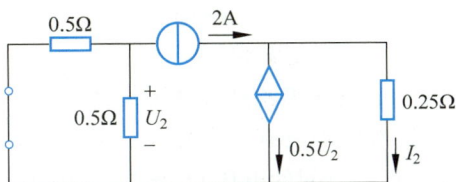

(a)　　　　　　　　　　　　　　　(b)

图 2.5.6　图 2.5.5 的两个子电路

$$I_1 = -0.5U_1 = -1A$$

观察图 2.5.6(b)所示电路,两个 $0.5\Omega$ 电阻并联,流过的电流为 $2A$,得
$$U_2 = -0.25 \times 2 = -0.5(\text{V})$$
则
$$I_2 = 2 - 0.5U_2 = 2.25(\text{A})$$
得
$$U = U_1 + U_2 = 2 - 0.5 = 1.5(\text{V})$$
$$I = I_1 + I_2 = -1 + 2.25 = 1.25(\text{A})$$

在本例计算中仅对独立电源进行了叠加处理,受控源作为电路元件被保留。

从物理本质上讲,受控源是能量或信号的处理元件或子电路的模型,并非电路的源;从
数学上讲,受控源的相关系数构成了式(2.5.2)中的 $a$ 或 $b$,并非其中的 $x_1$ 或 $x_2$(或
式(2.5.12)中的 $G_{ij}$,而非 $I_{Sjj}$)。因此受控源是不参与叠加的。

应用叠加定理有时能够把一个较为复杂的电路化为由电阻串并联的简单电路,以简化
计算过程。但是假若串并联关系很复杂且又含有受控源的话,计算也未必简单,所以只有在
应用叠加定理后子电路较为简单,可方便地计算出待求量时才被采用。

叠加定理是线性电路中很重要的一个定理,它是推导其他一些电路定理的依据,也是第
6 章要讨论的周期性非正弦激励下求线性动态电路稳态响应的基本方法。在进行电路设计
时,也常用到叠加的概念。

在应用叠加定理时应注意定理适用的范围。叠加定理只适用于求线性电路中的电压和
电流,不能应用叠加定理求功率。例如,当电流 $i_1$ 流过电阻 $R$,电阻吸收的功
率 $P_1 = Ri_1^2$,电流 $i_2$ 流过电阻 $R$,电阻吸收的功率 $P_2 = Ri_2^2$。假如有电流
$(i_1 + i_2)$ 流过电阻 $R$,吸收的功率 $P_{1+2} = R(i_1 + i_2)^2 \neq P_1 + P_2$。由于功率
是电流(电压)的二次函数,电流(电压)与功率之间是非线性关系,所以不能用
叠加定理求功率。类似地,对于非线性电路叠加定理也是不适用的。

知识点49练习题
和讨论

总结一下：在应用叠加定理时，不作用的电压源的电压为零，用短路线来替代电压源；不作用的电流源的电流为零，将电流源移去后作开路处理；当电路中含有受控源时，由于受控源并不是电路的激励，它是受电路中电压（电流）控制的，一般将它保留在电路中。

## 2.5.2 齐性定理

**齐性定理**（homogeneous theorem） 对于一个具有唯一解的线性电路，当电路中所有的独立电源都变化 $k$ 倍，那么电路中各支路电流（任意两点间的电压）同样也变化 $k$ 倍。

知识点50

齐性定理其实就是线性系统齐次性在电路中的体现。

如果电路中只有一个独立电源作用，则齐性定理表示了这样一种关系，即电路中各支路电流（任意两点间的电压）与该电压源的电压（电流源的电流）成正比。或者说，齐性定理表明电路中的响应与产生该响应的激励成正比。读者可以方便地应用叠加定理证明齐性定理，这里不再赘述。

**例 2.5.4** 求图 2.5.7 所示电路中输出端电阻上电流 $I$。

**解** 本例可由电源端开始应用电阻串、并联和分压或分流关系计算电流 $I$，但计算过程很繁琐。

不妨换一种思路进行分析。假设输出支路中电流 $I'_1 = 1\mathrm{A}$，如图 2.5.8 所示。

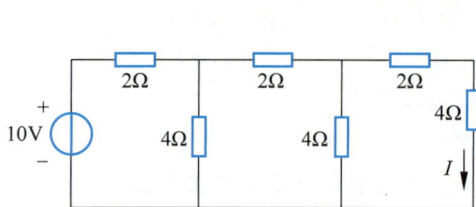

图 2.5.7 例 2.5.4 图

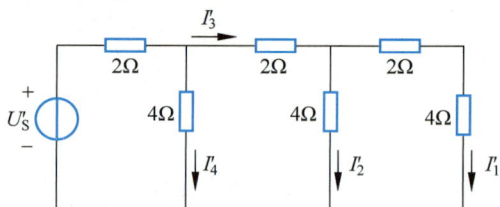

图 2.5.8 应用齐性定理求解例 2.5.4

应用 KCL 和 KVL 可计算出产生 1A 电流所需电压源电压 $U'_S$，得到比例系数 $k = U_S/U'_S$。由于该电路是线性电路，且只有 10V 独立电压源，由比例系数 $k$ 可以求出任意输入电压值 $U_S$ 产生的输出电流 $I$

$$I = kI'_1$$

假设图 2.5.8 所示电路中流过电阻 4Ω 中的电流 $I'_1 = 1\mathrm{A}$，由 KCL、KVL 得出

$$I'_2 = \frac{6I'_1}{4} = 1.5\mathrm{A}$$

$$I'_3 = I'_1 + I'_2 = 2.5\mathrm{A}$$

$$I'_4 = \frac{2I'_3 + 6I'_1}{4} = 2.75\mathrm{A}$$

$$U'_S = 2(I'_3 + I'_4) + 4I'_4 = 21.5\mathrm{V}$$

比例系数

$$k = \frac{10}{U_S'} = \frac{10}{21.5} = 0.465$$

根据齐性定理,由比例系数 $k$ 可求出 10V 电压源产生的电流为

$$I = kI_1' = 0.465 \times 1 = 0.465(A)$$

有时将以上的分析方法称为单位电流法。显然也可以用单位电压法进行计算。

**例 2.5.5**　图 2.5.9 所示电路方框中为含独立电源的线性电阻网络,已知当激励电压源 $U_S = 5V$ 时,电阻 $R_2$ 两端电压 $U_{R2} = 7V$;当激励电压源 $U_S = 8V$ 时,电阻 $R_2$ 两端电压 $U_{R2} = 10V$;若激励电压源 $U_S = 10V$,问此时电阻 $R_2$ 两端电压 $U_{R2}$ 是多少?

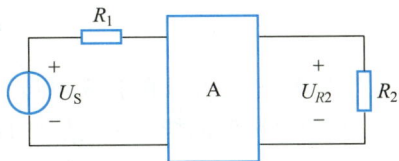

图 2.5.9　例 2.5.5 图

**解**　本题是多个独立电源作用于电路产生响应的问题,可以用叠加定理将电源归结为方框内和方框外两部分加以讨论。假设方框外电压源 $U_S = 1V$ 单独作用,在电阻 $R_2$ 两端产生电压为 $U_1$;方框内电源单独作用,在电阻 $R_2$ 两端产生电压为 $U_2$。由齐性定理和叠加定理得

$$5U_1 + U_2 = 7$$

$$8U_1 + U_2 = 10$$

解得 $U_S = 1V$ 单独作用时在电阻 $R_2$ 两端产生电压为 $U_1 = 1V$;方框内电源单独作用时在电阻 $R_2$ 两端产生电压为 2V。易得

$$U_{R2} = 10 \times 1 + 2 = 12(V)$$

本例计算中体现了线性电路线性性质(满足可加性和齐次性)。在分析计算此类问题时,必须先假设变量再建立线性方程组求解。要注意其与求解数学问题的区别,也就是说所设的变量(如本例中 $U_1$、$U_2$)应要有物理意义。

知识点50练习题和讨论

# 2.6 替代定理

**替代定理**(substitution theorem)　给定任意一个电路,假设某一条支路两端的电压为 $U$,流经该支路的电流为 $I$,则该支路可以用一个电压为 $U$ 的独立电压源替代,电压源的极性与原支路电压极性相同;该支路也可以用一个电流为 $I$ 的独立电流源替代,电流源的电流方向与流经原支路电流方向相同。替代后电路中各支路电压电流与替代前电路中相应的变量相等。

替代定理是对电路进行等效变换的一种形式,是用电压源或电流源来替代某条支路或部分电路,替代前后电路中各支路电压电流不发生变化。替代定理的应用较为广泛,它不仅适用于线性电路,也可推广至非线性电路分析。

知识点51

先用一个例子来说明替代定理。图 2.6.1(a)所示电路中,可求出 ab 两点间的电压为 10V,由 a 点流入右边端口的电流是 2A。那么,就可以用一个电流为 2A 的电流源(如图 2.6.1(b))或一个电压为 10V 的电压源(如图 2.6.1(c))来替代 ab 右边的一端口电路,替代前后 7A 电流源的端电压和 2Ω 电阻的电压、电流相等。

替代定理的证明如下。不失一般性,在图 2.6.2(a)所示电路 a—b 右边支路中串接两

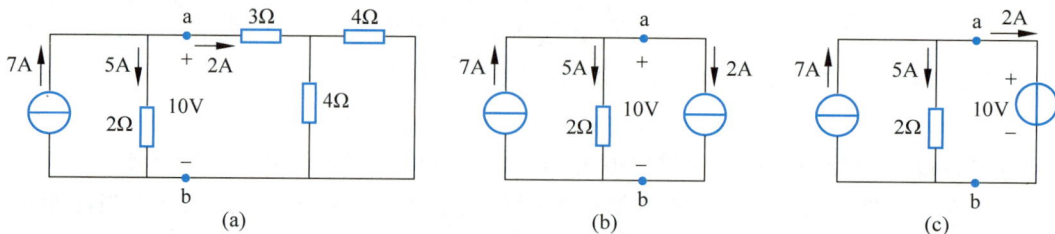

图 2.6.1 替代定理例图

个电压相等、极性相反的独立电压源，如图 2.6.2(b)所示。令电压源的大小等于 ab 端口电压 $U$，显然电压源的接入不会影响原电路（ab 左边端口）中各支路电压、电流。图 2.6.2(b)中 c 点和 b 点的电位相等，可将 c 和 b 两点短路，得到图 2.6.2(c)所示的电路。这样做不会影响电路其他部分的电压和电流，从而定理得以证明。类似地，可以证明用电流源替代的正确性。

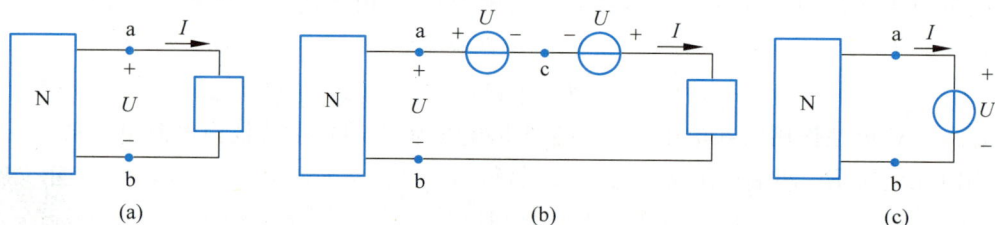

图 2.6.2 替代定理证明用图

也可以这样来理解替代定理。假设图 2.6.2(a)所示电路 ab 左边一端口中含有独立电源和电阻，其端口的伏安关系为 $u=U_0-R_0i$。为简单起见，不妨假设右边一端口为电阻支路，有 $u=Ri$。这两条曲线在 $ui$ 平面上交点处（$P$ 点）的电压、电流就是端口电压、电流（$U$、$I$），如图 2.6.3 所示。用电压值为 $U$ 的电压源或用电流值为 $I$ 的电流源来替代右边电阻支路，反映到 $u$、$i$ 平面上分别就是用过 $P$ 点的平行于电流轴或电压轴的直线替代斜率为 $R$ 的斜线，显然替代后左边一端口内各支路电压、电流不会发生改变。理论上可以用任意一条和 $u=U_0-R_0i$ 只有在 $P$ 点处有交点的伏安关系所代表的一端口来替代右边一端口，但用电

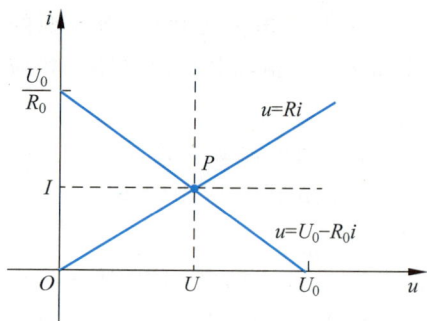

图 2.6.3 说明替代定理用图

压源或电流源做替代显然是最简单的。前面这个讨论其实就揭示了替代定理是可以应用于非线性电路的，即图 2.6.3 中的两条代表线性电路的直线均可以被替换为代表非线性电路的曲线，只要其交点唯一且不变，电路工作状态就没有发生改变。

需要指出，这里讨论的替代和绪论中讨论的等效不是一个概念。这里是指替代前后电路的工作点不变，而绪论中讨论的等效是指端口对外的 $u$-$i$ 关系等效。

替代定理的应用举例如下。

**例 2.6.1** 已知图 2.6.4(a)所示电路方框内为线性电阻电路，5V 电压激励作用在 2Ω

电阻上产生的电压为 $2V$。求图 $2.6.4(b)$ 所示电路 $2\Omega$ 电阻上的电压 $U$。

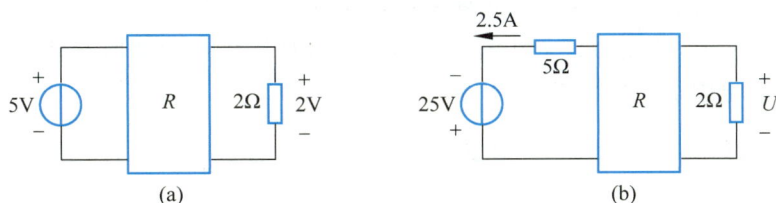

(a)　　　　　　　　　　　　　　　(b)

图 2.6.4　例 2.6.1 图

解　将图 $2.6.4(b)$ 中 $25V$ 电压源和 $5\Omega$ 电阻串联支路用 $12.5V$ 电压源替代，如图 $2.6.5$ 所示。由齐性定理可得 $2\Omega$ 电阻的电压为

$$U = -(12.5/5)\times 2 = -5(V)$$

图 2.6.5　用替代定理求解例 2.6.1

大多数情况下，无法仅利用替代定理获得对电路求解上的便利，替代定理更多的是提供了一种看待电路的更高阶的视角，并且提供了一个证明其他电路定理的手段。但是叠加定理、替代定理和下一节介绍的戴维南/诺顿定理相结合则对求解某些类型的题目来说很有用。

在应用替代定理时，要注意替代前后两个电路中待求变量的解必须存在且唯一，否则替代定理不适用。此外还需要被替代的支路和电路中其他支路之间无耦合关系。

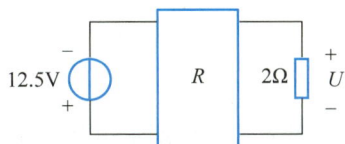

知识点51练习题和讨论

# 2.7　戴维南定理和诺顿定理

在分析一个复杂电路问题时，有时并不一定要得到各条支路电流（电压），而是仅对某一部分电流（电压）感兴趣，此时就可以将感兴趣部分以外的剩余电路进行等效变换，使电路得以简化。本节要讨论的是剩余电路对外的等效电路。假如剩余电路是一个仅含有电阻的一端口，那么它对外的等效电路是一个电阻，其值可由电阻串联、并联关系或电阻△-Y 等效变换得到。如果剩余电路是一个仅含有电阻和受控电源的一端口，那么它对外的等效电路也是一个电阻，端口的电压和电流的比值就是该电阻的阻值。对于含有独立电源和电阻的简单电路，总可以通过电源的等效变换和简单计算推得端口上电压和电流的关系，据此可得出它对外的等效电路。那么，一个含有多个独立电源、电阻和受控源的复杂电路，从它的任意端口看进去，其对外的等效电路是什么？端口电压 $u$ 和电流 $i$ 的关系又是如何呢？这就是本节要介绍的戴维南定理和诺顿定理的内容。

## 2.7.1　戴维南定理

知识点52

戴维南定理（Thevenin's theorem）[①]可描述如下。任意一个由线性电阻、线性受控源和

————————————

①　由法国电报工程师戴维南（M. Leon Thevenin，1857—1926）于 1883 年提出。

独立电源组成的一端口电路(图 2.7.1(a))对外部的作用都可以用一个理想电压源和电阻的串联电路来等效(图 2.7.1(b))。此理想电压源在数值上等于一端口电路在端口处的开路电压(open-circuit voltage)$u_{oc}$(图 2.7.1(c))，电阻是该端口内部所有独立电源不起作用时端口处的等效电阻 $R_i$(图 2.7.1(d))。

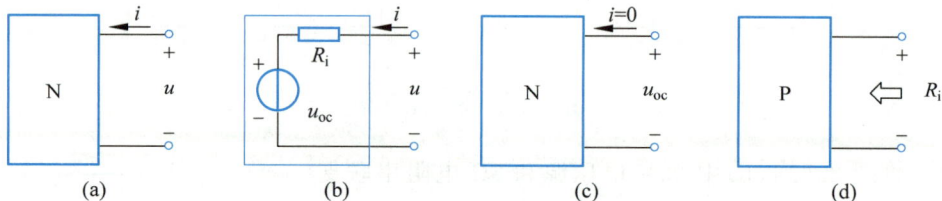

图 2.7.1　戴维南定理说明用图

图 2.7.1(b)所示电压源和电阻串联电路被称为戴维南等效电路(Thevenin's equivalent circuit)。图 2.7.1(d)所示的电阻 $R_i$ 称为戴维南等效电阻(Thevenin's equivalent resistance)。

下面对戴维南定理做一般性证明。

图 2.7.2(a)所示一端口电路内部是含有电阻、独立电源和受控电源的线性电路。下面讨论其端口电压、电流的关系。为了用电流 $i$ 来表示端口电压 $u$，在端口加一个电流源激励[1]，如图 2.7.2(b)所示。根据叠加定理，端口的电压 $u$ 可以看作由端口内部所有独立源和外施电流源激励共同作用产生的

$$u = u_1 + u_2$$

其中，电压 $u_1$ 是端口内所有独立电源置零(图 2.7.2(c))仅由外施电流源激励产生的电压

$$u_1 = R_i i$$

式中 $R_i$ 是图 2.7.2(c)所示电路中该一端口的等效电阻。

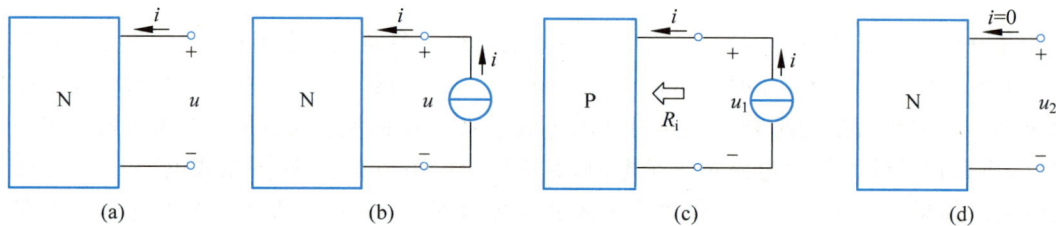

图 2.7.2　证明戴维南定理用图

电压 $u_2$ 是外施电流源不作用，仅由端口内所有独立电源产生的电压，即为端口开路电压。即

$$u_2 = u_{oc}$$

根据叠加定理，有

$$u = u_1 + u_2 = u_{oc} + R_i i \tag{2.7.1}$$

对图 2.7.1(b)所示电路应用 KVL，也可以得到式(2.7.1)。因此，无论端口内部电路结构多么复杂，端口上电压、电流可表示为式(2.7.1)所示的简单关系，也就是说可以将该一端口

---

[1]　应用替代定理，将端口电流 $i$ 用电流源来替代也可以得到图 2.7.2(b)所示电路。

等效为一个电压源 $u_{oc}$ 和一个电阻 $R_i$ 相串联的电路(图2.7.1(b))。当该一端口外接负载时,图2.7.1(a)所示电路和图2.7.1(b)所示电路对负载而言是相互等效的,如果将相同的负载接到这两个电路的端口上,则在负载上将得到相同的电压和电流。

戴维南等效电路包括一个电压源和一个电阻。电压源的电压是端口开路时的开路电压,可用节点电压法、回路电流法、叠加定理或简单电阻电路分析方法直接求得。戴维南等效电阻的求解方法可以用白箱和黑箱两种视角来看待。如果一端口网络内部的拓扑结构和元件参数均已知,则将其内部独立源置零后,就可以用1.5.1小节讨论的各种方法来求其入端电阻,即为戴维南等效电阻,这就是白箱法。当然还存在另外一个场景,即一端口内部的拓扑和参数均未知,我们只能测量得到端口支路量。在这种场景下,有两种处理思路。思路1就是我们测量图2.7.1(a)两种实际工况下端口电压电流,设其分别为 $(u_1,i_1)$ 和 $(u_2,i_2)$。则根据式(2.7.1),可以得到关于待求量 $u_{oc}$ 和 $R_i$ 的两个线性代数方程

$$\begin{cases} u_1 = u_{oc} + R_i i_1 \\ u_2 = u_{oc} + R_i i_2 \end{cases} \tag{2.7.2}$$

求解式(2.7.2)即可得到开路电压和等效电阻。思路2是我们第一步测量图2.7.1(a)的一种特殊工况(开路)下的 $(u_1,i_1)$,即为 $(u_{oc},0)$(注意电压参考方向为上正);第二步测量图2.7.1(a)的另一种特殊工况(短路)下的 $(u_2,i_2)$,即为 $(0,-i_{sc})$(注意电流 $i_2$ 参考方向为向左,我们将端口短路电流 $i_{sc}$ 的方向定义为图2.7.1(a)中向右,即对外电路来说与 $u_{oc}$ 关联),于是式(2.7.2)就变成了

$$\begin{cases} u_{oc} = u_{oc} \\ 0 = u_{oc} - R_i i_{sc} \end{cases}$$

求解上式易知

$$R_i = \frac{u_{oc}}{i_{sc}} \tag{2.7.3}$$

与式(2.7.2)相比,思路2的方法无需求解方程,只需要测量端口上对外电路来说关联参考方向下的 $u_{oc}$ 和 $i_{sc}$,则立刻可应用式(2.7.3)求出 $R_i$。从等效的观点来看,在2.7.1(b)中将端口短路(短路电流参考方向自上而下),也可以得到式(2.7.3)。

**例2.7.1**　已知图2.7.3所示电路中,电压源 $U_S=5\text{V}$,电流源 $I_S=0.2\text{A}$,电阻 $R_1=R_2=10\Omega$。求电阻 $R$ 分别为 $2\Omega$ 和 $5\Omega$ 时的电流 $I$。

**解**　如果用前面介绍的各种方法分别求解电阻 $R$ 为 $2\Omega$ 和 $5\Omega$ 的电路,则这道题其实是两道题。这里我们可以从电阻 $R$ 连接的端口往左看,先求该一端口网络的戴维南等效电路,然后很容易求解 $R$ 分别为 $2\Omega$ 和 $5\Omega$ 时的电流。求开路电压 $U_{oc}$ 的电路如图2.7.4所示。

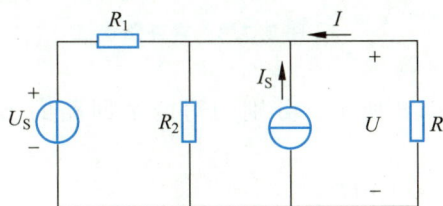

图 2.7.3　例 2.7.1 图　　　　　　　　　　图 2.7.4　求开路电压

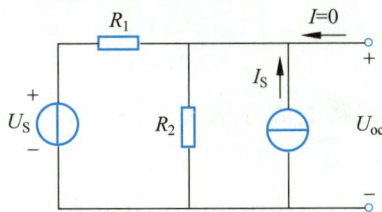

以图 2.7.4 中电压源负极所在节点为参考节点，列出如下节点电压方程：

$$\left(\frac{1}{R_1}+\frac{1}{R_2}\right)U_{oc}=\frac{U_S}{R_1}+I_S$$

整理上式并代入数值后，得开路电压

$$U_{oc}=3.5V$$

再求图 2.7.4 所示电路的戴维南等效电阻 $R_i$。将电压源和电流源都置零，即将电压源移去后两端短路，将电流源移去后两端开路，得到求戴维南等效电阻的电路如图 2.7.5 所示。端口等效电阻为电阻 $R_1$ 和 $R_2$ 的并联值，即

$$R_i=\frac{R_1 R_2}{R_1+R_2}=5\Omega$$

图 2.7.3 所示电路的戴维南等效电路如图 2.7.6 所示。其端口电压、电流关系为

$$U=3.5+5I$$

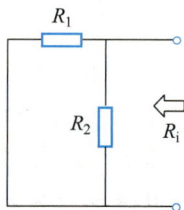

图 2.7.5　求等效电阻

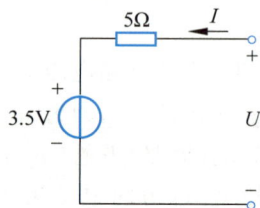

图 2.7.6　戴维南等效电路

于是很容易求解出电阻 $R=2\Omega$ 时 $I=-0.5A$；$R=5\Omega$ 时 $I=-0.35A$。

例 2.7.1 提示我们，如果某支路元件参数发生改变时，要求该支路上的电压或电流，则先求出从该支路看出的戴维南等效电路，然后在等效电路层面求解该支路参数改变前后的支路量，有时候会比分别直接求解两个电路要更简便。

下面举例说明含有受控源的线性一端口电路的戴维南等效电路的求解方法。

例 2.7.2　求图 2.7.7 所示一端口电路的戴维南等效电路。

解　先求端口开路电压 $U_{oc}$（图 2.7.8）。

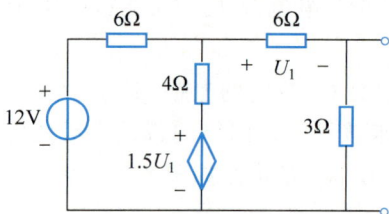

图 2.7.7　例 2.7.2 图

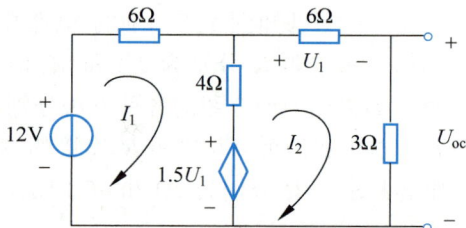

图 2.7.8　求开路电压

设回路电流分别为 $I_1$ 和 $I_2$，方向如图 2.7.8 所示。分别列写两个回路的 KVL 方程，得

$$\left.\begin{array}{l}10I_1-4I_2=12-1.5U_1\\-4I_1+13I_2=1.5U_1\end{array}\right\} \qquad (2.7.4)$$

控制量与回路电流的关系为

$$U_1 = 6I_2 \qquad\qquad (2.7.5)$$

联立求解式(2.7.4)、式(2.7.5),得

$$I_1 = 0.8\mathrm{A}$$
$$I_2 = 0.8\mathrm{A}$$

开路电压

$$U_{\mathrm{oc}} = 3I_2 = 2.4\mathrm{V}$$

下面用式(2.7.3)来求 $R_i$。

求端口短路电流 $I_{\mathrm{sc}}$ 的电路如图 2.7.9 所示。注意到 3Ω 电阻被短路,所以在图中不出现。

以所设回路电流 $I_1$ 和 $I_{\mathrm{sc}}$ 为变量列写回路电压方程,得

$$\left.\begin{array}{c} 10I_1 - 4I_{\mathrm{sc}} = 12 - 1.5U_1 \\ -4I_1 + 10I_{\mathrm{sc}} = 1.5U_1 \end{array}\right\} \qquad (2.7.6)$$

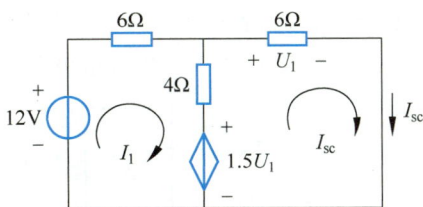

图 2.7.9　求短路电流

控制量关系为

$$U_1 = 6I_{\mathrm{sc}} \qquad (2.7.7)$$

求解式(2.7.6)和式(2.7.7),得短路电流

$$I_{\mathrm{sc}} = 1.6\mathrm{A}$$

戴维南等效电阻为

$$R_i = \frac{U_{\mathrm{oc}}}{I_{\mathrm{sc}}} = \frac{2.4}{1.6} = 1.5\Omega$$

例 2.7.2 提示我们,求解戴维南等效电路,其实就是求解两个比原电路拓扑结构更为简单的电路(因为求开路电压是某条支路开路,求短路电流是某条支路短路),可以采用前面介绍的各种方法。

**例 2.7.3** 图 2.7.10 所示电路中网络 A 为含独立源电阻网络。当 $R_2 = 0$ 时,$U_1 = 12\mathrm{V}$,$I_2 = 8\mathrm{A}$;当 $R_2 \to \infty$ 时,$U_1 = 6\mathrm{V}$,$U_2 = 36\mathrm{V}$。(1)求 $R_2$ 为何值时其上获得最大功率,并求其最大功率;(2)求当 $R_2 = 9\Omega$ 时电压 $U_1$ 和 $U_2$ 的值。

**解** (1)如果我们能够从电阻 $R_2$ 往左看,求出其戴维南等效电路,则根据式(1.5.42)可知,当 $R_2$ 的数值等于戴维南内阻时,其上获得最大功率。根据题意可知,从电阻 $R_2$ 往左看 $U_{\mathrm{oc}}$(即场景 2 的 $U_2$)为 36V,$I_{\mathrm{sc}}$(即场景 1 的 $I_2$)为 8A,根据式(2.7.3)可知,$R_i = 4.5\Omega$。可得从 $R_2$ 往左看的戴维南等效电路如图 2.7.11 所示。因此可知 $R_2$ 为 4.5Ω 时其上获得最大功率,值为 $U_{\mathrm{oc}}^2/4R_i = 72\mathrm{W}$。

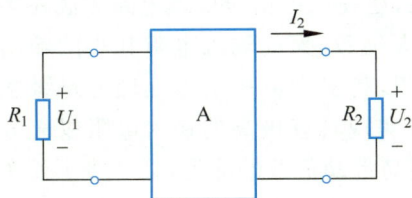

图 2.7.10　例 2.7.3 图

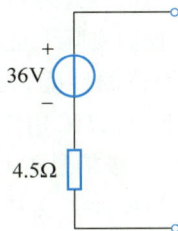

图 2.7.11　例 2.7.3 从 $R_2$ 往左看的戴维南等效电路

（2）本问有多种解法，这里介绍综合应用替代定理、叠加定理和戴维南定理的解法。在两种场景下，将 $R_2$ 所在支路用不同的独立电压源来进行替代，即得到图 2.7.12(a)(0V 电压源)和图 2.7.12(b)(36V 电压源)。在图 2.7.12(a)和图 2.7.12(b)中应用叠加定理，设网络 A 内所有独立源作用、A 右侧独立电压源不作用时 $R_1$ 上电压为 $B$；网络 A 内所有独立源不作用、A 右侧单位独立电压源作用时 $R_1$ 上电压系数为 $k$，则根据场景 1 和场景 2 可以有

$$\begin{cases} B + k \times 0 = U' = 12\text{V} \\ B + k \times 36 = U'' = 6\text{V} \end{cases} \tag{2.7.8}$$

求解式(2.7.8)易知 $B = 12\text{V}, k = -1/6$。

根据图 2.7.11 可知，当 $R_2 = 9\Omega$ 时，图 2.7.10 中 $U_2 = 24\text{V}$。因此可以用 24V 独立电压源替代 $R_2$，得到图 2.7.12(c)场景 3 所示电路。在该电路中应用叠加定理可知，此时的 $U''' = (12 - 1/6 \times 24)\text{V} = 8\text{V}$，这就是图 2.7.10 场景 3 中的 $U_1$。

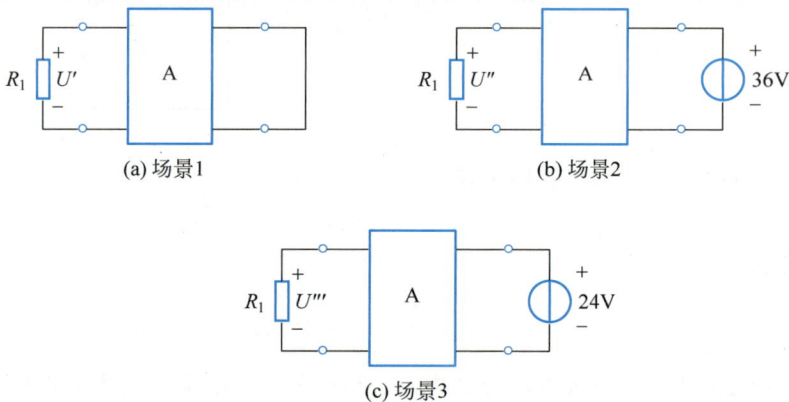

(a) 场景1  (b) 场景2  (c) 场景3

图 2.7.12　例 2.7.3 的 3 种场景中将 $R_2$ 替代为独立电压源

例 2.7.3 提示我们，求某电阻能够获得的最大功率时，求从它向外看的戴维南等效电路，是一种比较直观便捷的求解思路。此外综合应用戴维南定理、替代定理和叠加定理，可以解决一类"方框题"。

除有利于求解电路外，戴维南定理对深化电路的认识也很有帮助。1.5.1 小节中简化平衡电桥、1.5.2 小节中进行独立电压源转移和 2.6 节证明替代定理所依据的一个重要结论，即等电位点间连接任意阻值的电阻，不会影响该电路其余支路量的值，其根源就是从该支路向外看，得到的戴维南等效电路的开路电压为零，因此该电路阻值为任意值时其上电流均为零。

此外，在 1.7.1 小节中介绍了电压型信号处理电路的 3 个性能指标。现在，从戴维南定理的视角来看，其实信号处理电路的输出电阻就是从输出端向左看入的戴维南等效电阻。

另外，受限于我们实际上能够获取的元器件的特性，往往一级信号处理电路无法在多个性能指标上实现期待的性能，比如同时具有恰当的放大倍数、大的输入电阻和小的输出电阻。在这种情况下，可以采用 1.8.3 小节中级联的思想，将多个电压信号处理电路级联起来。比如构成一个 3 级信号处理电路，第 1 级专门设计实现具有极高的输入电阻以充分获得信号，第 3 级专门设计实现具有很小的输出电阻以提高带动负载的能力，第 2 级主要考虑具有恰当的放大倍数，使其和第 1、第 2 两级配合起来能够满足总体在信号放大倍数方面的需要。这些信号处理的级联的观点，从戴维南定理的视角来看，都顺理成章。

通过前面几个例子分析,读者对于如何求解一端口电路的戴维南等效电路的步骤和方法已有所了解。那么,在应用戴维南定理时还需要注意些什么呢?不妨回顾一下该定理的证明过程,其中用到了叠加定理,那么这也就限制了该定理仅适用于线性电路,对于非线性电路是不适用的。但是,如果被等效端口的外部电路中存在非线性元件,只要作戴维南等效变换的电路是线性的,那么定理仍是适用的。另外,在应用戴维南定理求解外部电路中变量时,被等效变换的一端口电路是通过端口和外部电路相连的,也就是说两部分电路间是通过端口电流和电压建立联系的。当被等效的一端口内部和外部电路之间有控制量和受控源的控制关系时,无论端口内部是控制量或是受控源,经等效变换后均消失了,其结果使原电路中受控源与控制量之间的对应关系不再存在。所以,当被等效的电路与外部电路间存在着电路变量间控制关系时(控制量是端口的电压或电流除外),用经戴维南等效变换后的电路去计算外部电路中电压(电流)会导致错误的结果。最后指出,不是所有的一端口电路都存在戴维南等效电路的。例如一端口内部是电流源和电阻串联的支路,则该一端口的戴维南等效电路不存在。

知识点52练习题和讨论

知识点53

## 2.7.2　诺顿定理

诺顿定理[1](Norton's theorem)可描述如下。任意一个由线性电阻、线性受控源和独立电源组成的一端口电路(图 2.7.13(a))对外部的作用都可以用一个理想电流源 $I_{sc}$ 和电导 $G_i$ 的并联电路来等效(图 2.7.13(b))。此理想电流源 $I_{sc}$ 在数值上等于该一端口电路端口的短路电流(short-circuit current)(图 2.7.13(c)),电导 $G_i$ 是该端口内部所有独立源不起作用时端口处的等效电导(图 2.7.13(d))。图 2.7.13(b)所示的电流源和电导并联电路被称为诺顿等效电路。

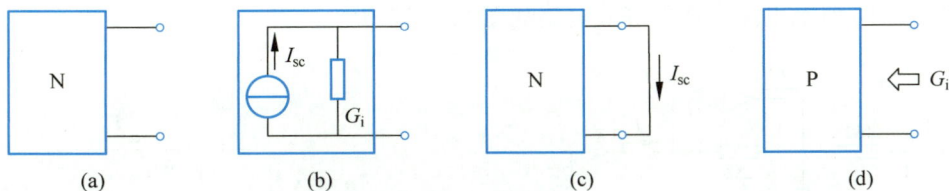

图 2.7.13　诺顿定理

仿照戴维南定理的证明,在端口处施加理想电压源,再应用叠加定理,就可以证明诺顿定理,这里不再赘述。

下面举例说明诺顿等效电路的求解过程。

例 2.7.4　求图 2.7.14 所示电路 ab 端口的诺顿等效电路。

解　求短路电流 $I_{sc}$ 的电路如图 2.7.15(a)所示,将该电路改画为如图 2.7.15(b)所示[2]。按图中所选回路电流列KVL 方程:

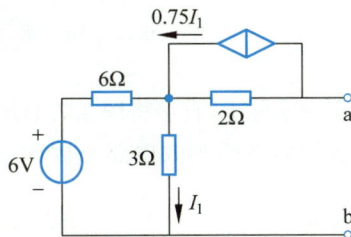

图 2.7.14　例 2.7.4 图

---

[1]　在戴维南定理发表 43 年后,1926 年由美国贝尔电话实验室的工程师 E. I. Norton 提出。

[2]　这一结论的依据是 1.5.2 小节介绍的受控源等效变换。

$$9I_1 + 6I_{sc} = 6$$
$$6I_1 + 8I_{sc} = 6 - 1.5I_1$$

解得

$$I_{sc} = 0.333\text{A}$$

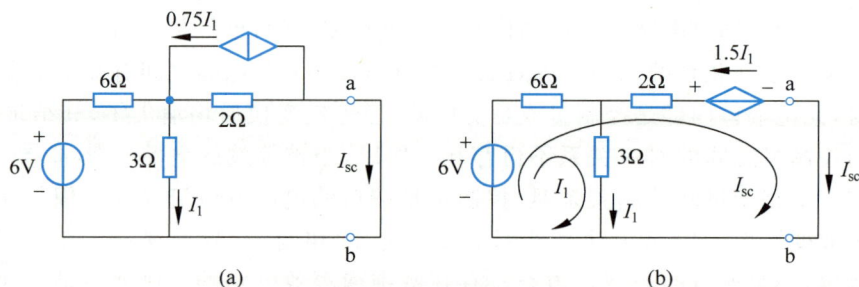

图 2.7.15　求短路电流

用加压求流法求诺顿等效电阻电路如图 2.7.16 所示。易知

$$I_1 = \frac{2}{3}I$$
$$U = 2(I - 0.75I_1) + 3I_1$$

整理得

$$U = 3I$$

诺顿等效电导

$$G_i = \frac{I}{U} = 0.333\text{S}$$

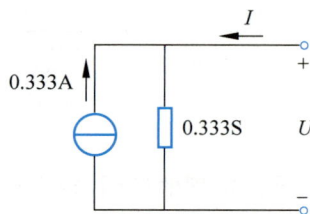

图 2.7.14 所示电路的诺顿等效电路如图 2.7.17 所示。

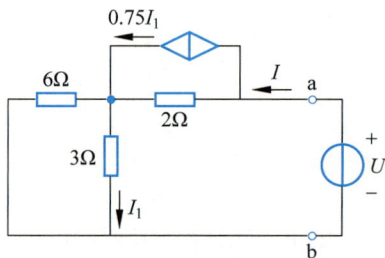

图 2.7.16　求等效电阻　　　　　图 2.7.17　诺顿等效电路

实际上,直接将图 2.7.1(b)所示的戴维南等效电路进行电源等效变换就可得到图 2.7.13(b)所示的诺顿等效电路。因此,诺顿等效电导和戴维南等效电阻互为倒数关系,即

$$G_i = \frac{1}{R_i}, \quad R_i = \frac{1}{G_i}$$

开路电压与短路电流之间有如下关系:

$$i_{sc} = \frac{u_{oc}}{R_i}, \quad u_{oc} = R_i i_{sc}$$

类似地,我们还可以得到结论:如果电路中某电阻支路电流为零,则从该支路往外看得到的诺顿等效电路的短路电流一定为零,因此该支路替换为任意电阻值,不会影响电路的其余支路量。这一结论对于证明独立电流源转移是有帮助的。

诺顿定理适用范围与应用时注意的问题和戴维南定理相同,这里不再详述。不是所有的一端口电路都存在诺顿等效电路。当一端口电路的戴维南等效电阻为零时,即戴维南等效电路是电压源(电压源与电阻并联)时,显然其诺顿等效电路不存在。

知识点53练习题和讨论

# 2.8 其他定理

本节介绍电路理论中的其他一些定理。它们在理论推导、某些特殊电路的求解以及电路综合等场合均具有重要价值。

## 2.8.1 特勒根定理

知识点54

由 2.1 节的讨论已知,在同一电路中,支路电流 $[i_1, i_2, \cdots, i_b]^T$ 满足 KCL,支路电压 $[u_1, u_2, \cdots, u_b]^T$ 满足 KVL,在支路电流和电压取为关联参考方向下,有 $\sum_{k=1}^{b} u_k i_k = 0$,即电路中所有元件吸收功率的代数和为零。本小节中介绍的特勒根定理要讨论的是:分属于不同电路中满足 KCL 的电流和满足 KVL 的电压之间存在的数学关系。

**1. 具有相同拓扑结构的电路**

图 2.8.1 中(a)和(b)所示的两个电路具有相同的支路数、节点数,而且支路和节点的连接关系也相同,称它们是**具有相同的拓扑结构的电路**。

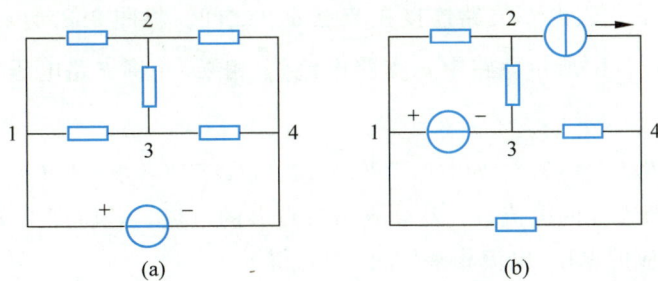

图 2.8.1 两个拓扑结构相同的电路

不考虑图 2.8.1 中所示(a)、(b)两个电路中支路元件的性质,仅考虑它们之间的连接方式。将对应的节点取相同的标号,可以把电路抽象为图 2.8.2(a)、(b)所示的拓扑图。两个电路的拓扑图相同。

设两个电路的对应支路取相同支路号,各支路电压、电流均取关联的参考方向。拓扑图中箭头方向表示原电路中电压、电流的参考方向,得到有向图如图 2.8.3(a)、(b)所示。

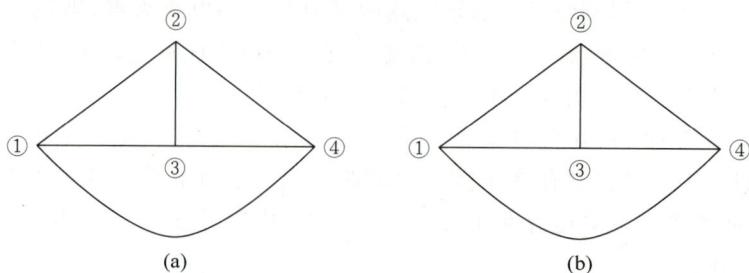

图 2.8.2 拓扑图

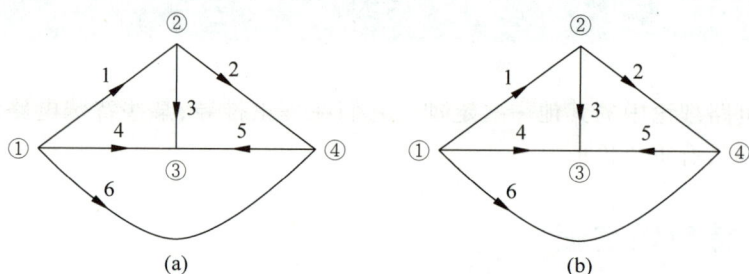

图 2.8.3 有向图

### 2. 特勒根定理

设网络 $N$ 和 $\hat{N}$ 具有相同的拓扑结构，且作下面约定：(1)对应支路取相同的参考方向；(2)各支路电压、电流均取关联的参考方向。

**特勒根定理**[①](Tellegen's theorem) 描述如下。电路 $N(\hat{N})$ 的所有支路中每个支路的电压 $u_k(\hat{u}_k)$ 与电路 $\hat{N}(N)$ 对应的支路电流 $\hat{i}_k(i_k)$ 的乘积之和为零，即

$$\sum_{k=1}^{b} u_k \hat{i}_k = 0, \quad \sum_{k=1}^{b} \hat{u}_k i_k = 0 \tag{2.8.1}$$

定理的证明如下。假设 $k$ 支路连接在节点 $\alpha$、$\beta$ 之间。将图 2.8.4(a)所示电路中 $k$ 支路电压 $u_k$ 和图 2.8.4(b)所示电路中 $k$ 支路电流 $\hat{i}_k$ 相乘，并将支路电压 $u_k$ 写成节点电压之差 $(u_\alpha - u_\beta)$，得

$$u_k \hat{i}_k = (u_\alpha - u_\beta)\hat{i}_{\alpha\beta} = u_\alpha \hat{i}_{\alpha\beta} - u_\beta \hat{i}_{\alpha\beta} = u_\alpha \hat{i}_{\alpha\beta} + u_\beta \hat{i}_{\beta\alpha} \tag{2.8.2}$$

式中，$\hat{i}_{\alpha\beta}$ 表示流出节点 $\alpha$ 的电流，$\hat{i}_{\beta\alpha}$ 表示流出节点 $\beta$ 的电流。若将图 2.8.4(a)与(b)所示电路中所有支路对应的电压、电流相乘后再求和，得

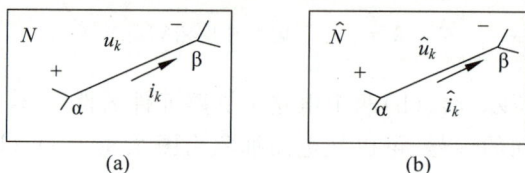

图 2.8.4 特勒根定理的证明

---

① 由特勒根于 1952 年提出，故名。

$$u_1\hat{i}_1 + u_2\hat{i}_2 + \cdots + u_b\hat{i}_b \tag{2.8.3}$$

根据式(2.8.2),将式(2.8.3)中的支路电压用节点电压表示,再把同一个节点电压前的各电流系数合并,得到如下形式的表达式(对于有 $n$ 个节点的电路,等号右边有 $n$ 项):

$$\sum_{k=1}^{b} u_k\hat{i}_k = u_{n1}\sum_{n1}\hat{i} + \cdots + u_{nk}\sum_{nk}\hat{i} + \cdots + u_{nn}\sum_{nn}\hat{i} = 0 \tag{2.8.4}$$

式中, $\sum_{nk}\hat{i}$ 表示流出节点 $k$ 的所有支路电流和,显然等式(2.8.4)成立。同理可证

$$\sum_{k=1}^{b}\hat{u}_k i_k = 0$$

特勒根定理把一个电路中满足 KVL 的一组电压和另一个电路中的满足 KCL 的一组电流用数学形式联系起来。定理仅反映了这两组电压、电流之间满足的数学关系。式(2.8.4)中的乘积项具有功率的量纲,因此也称特勒根定理为特勒根似功率守恒定理(Tellegen's quasi-power theorem)。

由证明过程可以看到,特勒根定理是从基尔霍夫定律推导得到的,因此应用范围非常普遍。它适用于任何集总参数电路,不论元件是线性还是非线性,时变还是非时变,激励源的种类是什么,特勒根定理总是成立的。特勒根定理是电路理论中一个重要的定理,经常用它证明其他的一些定理,如下面要介绍的互易定理在应用特勒根定理后证明就变得很简单。此外,可以将特勒根定理推广到其他集总系统中。

下面举例说明特勒根定理的应用。

**例 2.8.1**　已知电路如图 2.8.5 所示,图中方框内均为电阻。求电流 $i_x$。

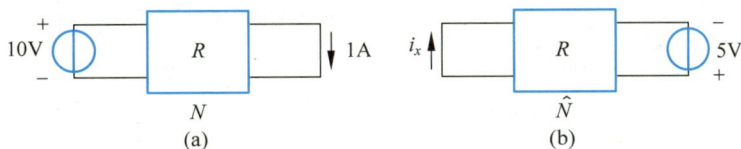

图 2.8.5　例 2.8.1 图

**解**　设电流 $i_1$ 和 $i_2$ 的方向(可以任意假设)如图 2.8.6 所示。

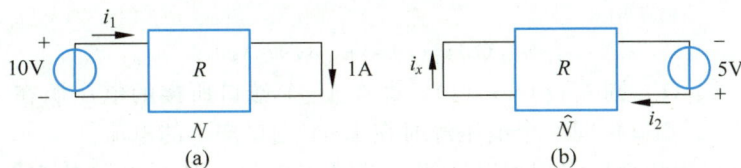

图 2.8.6　求解例 2.8.1 图

在应用特勒根定理时要注意到定理证明时给出的 2 个约定。具体到本例,方框外的两条对应支路的电压电流参考方向均设为由上指向下。那么,在写定理表达式时,图中凡参考方向不符合该约定的变量前均要添加负号,如电流 $i_1$、$i_x$ 和 5V 电压。由特勒根定理,得

$$10\times(-i_x) + 0\times i_2 + \sum_{k=3}^{b} u_k\hat{i}_k = 0$$

$$0 \times (-i_1) + (-5) \times 1 + \sum_{k=3}^{b} \hat{u}_k i_k = 0$$

在电阻二端口网络中有

$$\sum_{k=3}^{b} u_k \hat{i}_k = \sum_{k=3}^{b} i_k R_k \hat{i}_k = \sum_{k=3}^{b} i_k \hat{u}_k$$

易得

$$-10i_x = -5$$

$$i_x = 0.5A$$

知识点54练习题和讨论

## 2.8.2　互易定理

互易性是线性物理系统的一个重要性质,线性电路仅是具有互易性的物理系统中的一类。下面介绍电路中互易定理的两种表述形式。

知识点55

### 1. 互易定理(reciprocal theorem)的第一种形式

给定一个仅含有线性电阻的二端口,在 1—1′端口接入电压源激励 $u_{S1}(t)$,在 2—2′端口处有短路电流响应 $i_2(t)$,如图 2.8.7(a)所示;在 2—2′端口接入电压源激励 $u_{S2}(t)$,在输入端口 1—1′处有短路电流响应 $i_1(t)$,如图 2.8.7(b)所示。

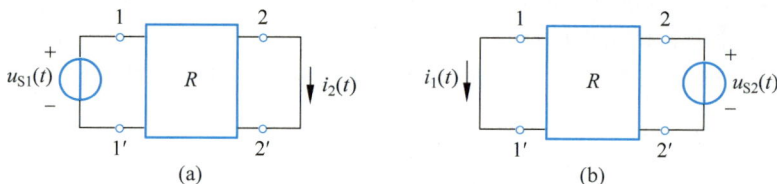

图 2.8.7　互易定理的第一种形式

互易定理表明

$$\frac{i_2(t)}{u_{S1}(t)} = \frac{i_1(t)}{u_{S2}(t)} \tag{2.8.5}$$

或

$$u_{S1}(t)i_1(t) = u_{S2}(t)i_2(t)$$

若 $u_{S2}(t) = u_{S1}(t)$,则 $i_1(t) = i_2(t)$。即在 1—1′端口所接的电压源在 2—2′端口产生的电流等于在 2—2′端口接同一个电压源时在 1—1′端口产生的电流。

互易定理可以用特勒根定理加以证明。设图 2.8.7(a)所示电路共有 $b$ 条支路。方框内$(b-2)$条支路的电压、电流分别记为 $u_k(t)$、$i_k(t)$ $(k=3,\cdots,b)$;图 2.8.7(b)所示电路方框内与图 2.8.7(a)所示电路方框内各对应支路电压、电流记为 $\hat{u}_k(t)$、$\hat{i}_k(t)$ $(k=3,\cdots,b)$。应用特勒根定理,得到

$$\left. \begin{aligned} u_{S1}(t)i_1(t) + 0 + \sum_{k=3}^{b} u_k(t)\hat{i}_k(t) = 0 \\ 0 + u_{S2}(t)i_2(t) + \sum_{k=3}^{b} \hat{u}_k(t)i_k(t) = 0 \end{aligned} \right\} \tag{2.8.6}$$

图 2.8.7(a)、(b)电路方框内是同一个电阻电路，有

$$u_k(t)\hat{i}_k(t)=i_k(t)R\hat{i}_k(t)=i_k(t)\hat{u}_k(t)$$

式(2.8.6)上、下两式中求和号内各对应项相等，即和式相等

$$\sum_{k=3}^{b} u_k(t)\hat{i}_k(t)=\sum_{k=3}^{b}\hat{u}_k(t)i_k(t)$$

将式(2.8.6)中上、下两式相减，得

$$u_{S1}(t)i_1(t)=u_{S2}(t)i_2(t)$$

互易定理第一种形式得以证明。

### 2. 互易定理的第二种形式

给定一个仅含有线性电阻的二端口，在 1—1′端口接入电流源激励 $i_{S1}(t)$，在 2—2′端口处有开路电压响应 $u_2(t)$，如图 2.8.8(a)所示；在 2—2′端口接入电流源激励 $i_{S2}(t)$，在 1—1′端口处有开路电压响应 $u_1(t)$，如图 2.8.8(b)所示。

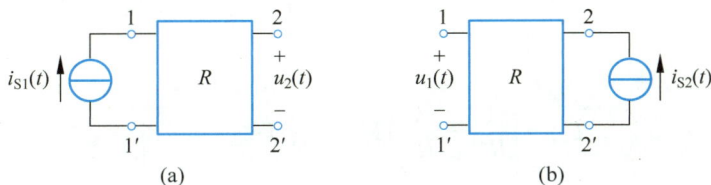

图 2.8.8　互易定理的第二种形式

互易定理表明

$$\frac{u_2(t)}{i_{S1}(t)}=\frac{u_1(t)}{i_{S2}(t)} \tag{2.8.7}$$

或

$$i_{S1}(t)u_1(t)=i_{S2}(t)u_2(t)$$

若接入的两个电流源相等，则在另一个端口产生的电压响应也相等，即

$$u_1(t)=u_2(t)$$

互易定理第二种形式的证明过程与第一种形式的证明类似，这里不再赘述。

式(2.8.5)中 $i_2(t)/u_{S1}(t)$ 与 $i_1(t)/u_{S2}(t)$ 具有电导的量纲。实际上，它们就是图 2.8.7 所示二端口电路的短路电导参数矩阵中 $G_{21}$ 与 $G_{12}$ 的负数(注意到图 2.8.7 中 $i_1$、$i_2$ 的方向与定义 $G$ 参数时 $i_1$、$i_2$ 的方向正好相反)，$G_{21}$ 是 1—1′端口到 2—2′端口的转移电导，$G_{12}$ 是 2—2′端口到 1—1′端口的转移电导。

$$\left.\frac{i_2(t)}{u_{S1}(t)}\right|_{u_{S2}=0}=-G_{21},\quad \left.\frac{i_1(t)}{u_{S2}(t)}\right|_{u_{S1}=0}=-G_{12}$$

当二端口短路电导参数满足 $G_{12}=G_{21}$ 时，该二端口具有互易性质，称为**互易二端口**(reciprocal two-port)。

同样地，式(2.8.7)中 $u_2(t)/i_{S1}(t)$ 与 $u_1(t)/i_{S2}(t)$ 具有电阻的量纲。实际上，它们就是图 2.8.8 所示二端口电路的开路电阻参数矩阵中 $R_{21}$ 与 $R_{12}$，$R_{21}$ 是 1—1′端口到 2—2′

端口的转移电阻，$R_{12}$ 是 2—2′端口到 1—1′端口的转移电阻。

$$\frac{u_2(t)}{i_{S1}(t)}\Big|_{i_{S2}=0}=R_{21}, \quad \frac{u_1(t)}{i_{S2}(t)}\Big|_{i_{S1}=0}=R_{12}$$

当二端口开路电阻参数满足 $R_{12}=R_{21}$ 时，该二端口具有互易性质，称为互易二端口。

综上所述，短路电导参数矩阵 $\boldsymbol{G}$（开路电阻参数矩阵 $\boldsymbol{R}$）对称是二端口（可以推广到 $n$ 端口）为互易二端口的充分必要条件。此外容易看出，由线性电阻构成的二端口网络是互易二端口。

下面举例说明互易定理的应用。

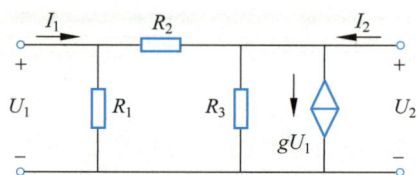

图 2.8.9　例 2.8.2 图

**例 2.8.2**　试判断由线性电阻和线性受控源组成的如图 2.8.9 所示二端口是否具有互易性。

**解**　列出图 2.8.9 所示二端口的短路电导参数方程

$$\left.\begin{aligned}I_1&=\frac{U_1}{R_1}+\frac{U_1-U_2}{R_2}\\[2mm]I_2&=gU_1+\frac{U_2}{R_3}+\frac{U_2-U_1}{R_2}\end{aligned}\right\}$$

经整理，得

$$\left.\begin{aligned}I_1&=\left(\frac{1}{R_1}+\frac{1}{R_2}\right)U_1-\frac{1}{R_2}U_2\\[2mm]I_2&=\left(g-\frac{1}{R_2}\right)U_1+\left(\frac{1}{R_3}+\frac{1}{R_2}\right)U_2\end{aligned}\right\}$$

短路电导矩阵为

$$\boldsymbol{G}=\begin{bmatrix}\dfrac{1}{R_1}+\dfrac{1}{R_2} & -\dfrac{1}{R_2}\\[3mm] g-\dfrac{1}{R_2} & \dfrac{1}{R_2}+\dfrac{1}{R_3}\end{bmatrix}$$

它不是对称矩阵，据此可判断出图 2.8.9 所示二端口是非互易的。

通过此例可以看出，含有受控源的线性非时变电路一般情况下是非互易电路，但也存在特例。

**例 2.8.3**　已知图 2.8.10(a)、(b)所示两电路方框中为同一电阻网络。图(a)所示电路中 $U_{S1}=2\text{V}$，$I_2=0.25\text{A}$，图(b)所示电路中 $U_{S2}=10\text{V}$。求图(b)所示电路中 $2\Omega$ 电阻的端电压 $U$。

**解**　本例所示电路具有互易性。将图 2.8.10(a)中 2V 电压源和电流 $I_2$ 互换位置（注意方向）得图 2.8.11 所示电路。

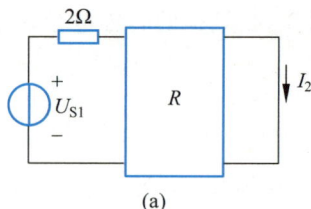

(a)

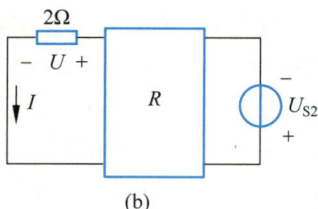

(b)

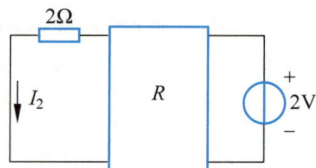

图 2.8.10　例 2.8.3 图

图 2.8.11　电压源和电流
互换后的电路

图 2.8.10(b)所示电路与图 2.8.11 所示电路仅激励大小、方向不同,由齐性性质易得

$$k = -\frac{10}{2} = -5$$

则图 2.8.10(b)中电流为

$$I = kI_2 = -5 \times 0.25\mathrm{A} = -1.25\mathrm{A}$$

电压为

$$U = 2 \times (-1.25)\mathrm{V} = -2.5\mathrm{V}$$

知识点55练习题和讨论

## 2.8.3 对偶电路和对偶原理

知识点56

自然界中存在着很多相似的物理系统,虽然它们分属不同的范畴(如电学、力学等),但是描述各自系统的数学模型是属于同一类方程。在电路中,也存在着某种相似或对应的关系,譬如有电流 $I$ 流过电阻 $R$ 会产生电压 $U=RI$;有电压 $U$ 作用于电导 $G$ 会产生电流 $I = GU$。把电阻 $R$ 换成对应的电导 $G$,电压 $U$ 换成电流 $I$,电流 $I$ 换成电压 $U$,则描述电阻特性关系 $U=RI$ 就换成了电导的特性关系 $I=GU$。电路中的这种相似称作对偶(dual)。这里,电阻与电导是对偶元件,电压与电流是对偶变量,$U=RI$ 与 $I=GU$ 是对偶关系式。在基尔霍夫定律的表述中,KCL 是针对节点的,$\sum i = 0$;KVL 是针对回路的,$\sum u = 0$。将电流 $i$ 与电压 $u$ 互换,节点和回路互换,KCL 与 KVL 的表述就可以互换,KCL 与 KVL 是一对对偶的定律。电路中还有对偶术语、对偶连接方式等,统称为对偶元素。表 2.8.1 中列出了一些对偶元素。

表 2.8.1 对偶元素表

| 术语 | 节点 | 网孔 |
|---|---|---|
|  | 树支 | 连支 |
|  | 开路 | 短路 |
| 变量 | 电压 | 电流 |
|  | 节点电压 | 网孔电流 |
|  | 树支电压 | 连支电流 |
| 元件 | 电阻 | 电导 |
|  | 电感 | 电容 |
|  | 电压源 | 电流源 |
| 连接方式 | 串联 | 并联 |
|  | 星形 | 三角形 |
| 定律 | KCL | KVL |
| 定理 | 戴维南定理 | 诺顿定理 |
|  | 互易定理形式 1 | 互易定理形式 2 |

如果描述两个电路的方程具有相同的形式,而方程中的变量可以用对偶的元素互换,则称这两个电路为对偶电路(duality circuit)。

图 2.8.12 所示电路中(a)和(b)就互为对偶电路，下面来验证一下。

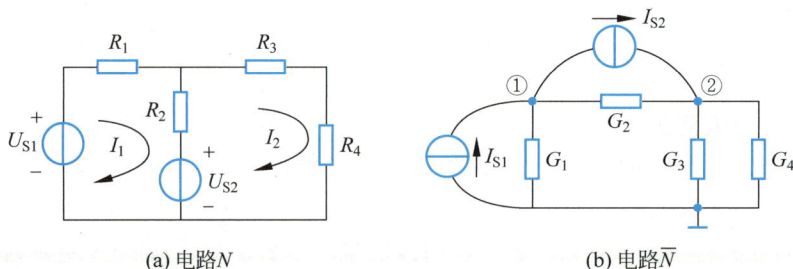

(a) 电路 $N$  (b) 电路 $\overline{N}$

图 2.8.12 对偶电路

对于图 2.8.12(a)所示电路用网孔电流法，列写出两个网孔的电压方程如下

$$\left.\begin{aligned}(R_1 + R_2)I_1 - R_2 I_2 &= U_{S1} - U_{S2}\\ -R_2 I_1 + (R_2 + R_3 + R_4)I_2 &= U_{S2}\end{aligned}\right\} \quad (2.8.8)$$

对于图 2.8.12(b)所示电路用节点电压法，列写出两个节点的电流方程如下

$$\left.\begin{aligned}(G_1 + G_2)U_1 - G_2 U_2 &= I_{S1} - I_{S2}\\ -G_2 U_1 + (G_2 + G_3 + G_4)U_2 &= I_{S2}\end{aligned}\right\} \quad (2.8.9)$$

式(2.8.8)和式(2.8.9)是具有相同形式的线性代数方程组，将式(2.8.8)中的电阻 $R$ 换成电导 $G$，电流 $I$ 换成电压 $U$，电压源 $U_S$ 换成电流源 $I_S$，则式(2.8.8)就转换成了式(2.8.9)。反过来，将式(2.8.9)中的电导 $G$ 换成电阻 $R$，电压 $U$ 换成电流 $I$，电流源 $I_S$ 换成电压源 $U_S$，则式(2.8.9)就转换成了式(2.8.8)。也就是说将两个表达式中对偶元素互换后，方程可以彼此转换。因此电路 $N$ 和电路 $\overline{N}$ 互为对偶电路。

若抛开物理量的物理概念，当对偶元素数值相同时，如 $R_1 = G_1$，$U_{S1} = I_{S1}$，…，则式(2.8.8)的解与式(2.8.9)的解相同。对于图 2.8.12(a)、(b)所示两个电路而言，只需要求出图 2.8.12(a)所示电路的网孔电流解就可以写出图 2.8.12(b)所示电路的节点电压解。如果分析一个电路比较麻烦，但其对偶电路比较简单，则可以利用对偶性来减少分析电路的工作量。

接下来讨论如何根据一个已知电路来求其对偶电路。由已知电路得到其对偶电路，一种方法是列出电路的网孔方程(节点方程)，写出对偶的方程，再据此画出对偶电路。此外，还有一种更简便的作图方法——描点法，可以由已知电路画出其对偶电路。

画图过程可以归纳为以下几步：

(1) 在电路网孔中描点，这些点与对偶电路中独立节点相对应。

(2) 在电路外描一点，这个点与对偶电路中参考节点相对应。

(3) 连接相邻网孔中的两个点，使每条连线与公共支路上一个元件相交，并画上对偶的元件。

(4) 连接网孔中的点和电路外的点，使每条连线与外网孔上各个元件相交，并画上对偶元件。

经过以上 4 个步骤就可以得到原电路的对偶电路。

在网孔电流为顺时针设定的前提下，对偶电路中电压源和电流源的极性可以按如下的规则标定：

（1）原网孔中所包含的电压源沿顺时针方向电压是升高的，则在对偶电路中与之对偶的电流源方向应指向该网孔对应的节点。

（2）若网孔中所包含的电流源的电流方向和网孔电流方向一致，则在对偶电路中与之对偶的电压源的正极性落在该网孔对应的节点上。

**例 2.8.4** 画出图 2.8.13 所示电路的对偶电路。

**解** 该电路有两个网孔，分别在网孔内描点，标上①②，它们对应于对偶电路中的独立节点①和②。在电路外面描一个点，该点对应于对偶电路中参考节点。穿过电阻 $R_2$ 连线节点①②，画上电导 $G_2$。穿过电压源 $U_{S2}$ 连线节点①②，画上电流源 $I_{S2}$，电流源 $I_{S2}$ 的方向应由节点①

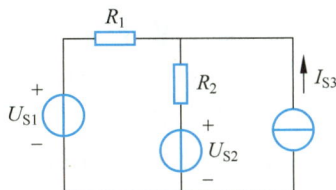

图 2.8.13 例 2.8.4 图

指向节点②。穿过电阻 $R_1$ 连线节点①和地节点，画上电导 $G_1$。穿过电压源 $U_{S1}$，连线①和地节点，画上电流源 $I_{S1}$，电流源 $I_{S1}$ 的方向由地节点指向①节点。穿过电流源 $I_{S3}$，连线节点②和地节点，画上电压源 $U_{S3}$，电压的"＋"极性落在参考节点上。以上陈述过程如图 2.8.14 所示。重画后得到原电路的对偶电路，如图 2.8.15 所示。读者可建立图 2.8.13 所示电路网孔方程和图 2.8.15 所示电路的节点方程来验证所画对偶电路的正确性。

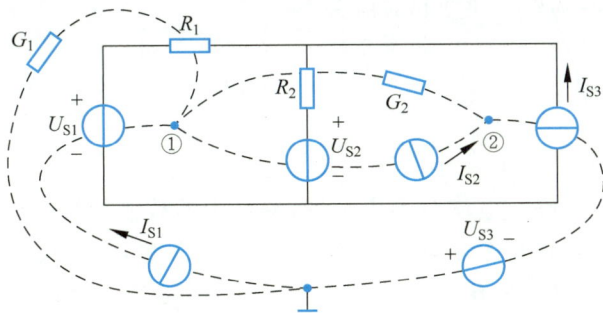

图 2.8.14 描点法画对偶电路图

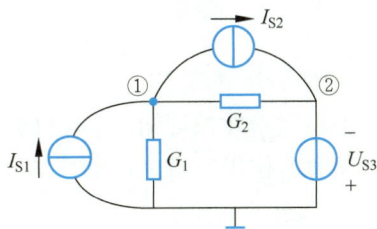

图 2.8.15 图 2.8.13 所示电路的对偶电路

有两个互为对偶的电路 $N$ 和 $\overline{N}$，如果对电路 $N$ 有结论（方程式）成立，则将其中的所有各电路变量、元件、连接方式等分别用与之对偶的元素替换后所得到的结论（方程式）对于电路 $\overline{N}$ 也是成立的。这就是**对偶原理**（principle of duality）。

因为电路 $N$ 和 $\overline{N}$ 是对偶的，如果对电路 $N$ 的结论被证明是成立的话，由于描述对偶的两个电路的数学形式是相同的，就可采用与前述证明过程相同的方法（引用对偶的概念）证明电路 $\overline{N}$ 中的结论成立。由电路 $N$ 和 $\overline{N}$ 得出的结论互为对偶。例如，对一个含有独立电源、线性电阻和受控源的电路，用戴维南定理表述可等效为电压源和电阻串联，用诺顿定理表述则被等效为电流源和电导的并联。两个定理的证明过程也是对偶的。

在应用时要注意，上面介绍的描点法求对偶电路只适用于平面电路。因为该法缘于网孔和节点的对偶。还需注意对偶电路和等效电路是两个完全不同的概念，不要混淆。

对偶的概念在网络分析和网络综合中有很多应用。

知识点56练习题和讨论

## 2.9  电路的比拟——磁路

与其他形式的物理系统（比如力学系统、热学系统、磁学系统等）相比，电路系统相对是比较容易实现与测量的。正是由于电路的这一特点，在研究其他形式的物理系统时，就诞生了一种方法——比拟（也有的文献中称为"类比"），即将能够用同样的数学模型描述的两个物理系统，如力学系统与电学系统，或热学系统与电学系统，或磁学系统与电学系统，在描述各自系统的物理参数之间建立起一定的对应关系，然后对电学系统建立电路模型进行研究，再将研究得到的结果根据参数对应关系映射回原系统，就可以理解原系统中发生的物理过程，乃至发现原系统的一些物理规律了。

知识点57

本书介绍利用电路的一些定理、定律及分析方法对"磁路"进行比拟研究的方法。本节主要介绍磁路的一些基本物理量和定理、定律，具体分析方法将在3.8节中加以介绍。需要说明的是，由于磁现象是在三维空间分布的，因此对磁现象的研究本质上应该是磁"场"的问题，需要用"场"的一些分析方法，如偏微分方程求解、数值分析软件仿真求解等，但是当这些在三维空间分布的磁场在空间集中呈现出某些有限特征时，就可以抽象、简化为磁"路"来处理，相应的物理量也就可以与电路中的某些物理量建立起对应关系。

### 2.9.1  磁场的几个基本物理量

#### 1. 磁感应强度 $B$

由物理学知识可知[1]，电和磁是密不可分的，电流会产生磁场，磁场中的载流导线会受到磁场力的作用。磁感应强度 $B$ 是描述磁场的一个基本物理量。它是一个矢量，定义式为

$$\mathrm{d}\boldsymbol{F} = I\mathrm{d}\boldsymbol{l} \times \boldsymbol{B} \tag{2.9.1}$$

其中，$I\mathrm{d}l$ 表示载流导线中长度为 $\mathrm{d}l$ 的电流元，方向为电流的参考方向，$\mathrm{d}\boldsymbol{F}$ 表示电流元 $I\mathrm{d}l$ 受到的磁场力，$\boldsymbol{B}$ 就是该点的磁感应强度。

在国际单位制（SI）中，磁感应强度的单位名称为特[斯拉]，符号为 T，显然有

$$\mathrm{T}(特) = \frac{\mathrm{N}(牛)}{\mathrm{A} \cdot \mathrm{m}(安 \cdot 米)} \tag{2.9.2}$$

在电磁系统中，以前常用的还有高斯单位制。在高斯单位制中，磁感应强度的单位名称是高[斯]，符号是 Gs。高[斯]与特[斯拉]的换算关系是

$$1\mathrm{T} = 10^4 \mathrm{Gs} \tag{2.9.3}$$

磁感应强度在磁场中的分布可以形象地用磁感应线来表示，如图 2.9.1 所示，磁感应线上任意一点的切线方向就表示该点的磁感应强度方向，磁感应线的疏密则可以定性表示磁感应强度的强弱，例如图中 M 点的磁感应强度的数值就大于 N 点的磁感应强度的数值。

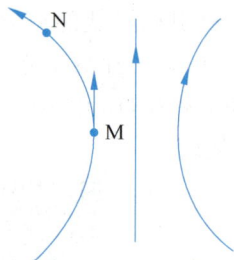

图 2.9.1  磁感应线示意图

**2. 磁通量 Φ**

穿过空间一个面 $S$ 的磁感应强度 $\boldsymbol{B}$ 的通量称为磁通量,定义式为

$$\Phi = \int_S \boldsymbol{B} \cdot \mathrm{d}\boldsymbol{S} = \int_S B\cos\alpha \cdot \mathrm{d}S \qquad (2.9.4)$$

其中,$\alpha$ 是磁感应强度 $\boldsymbol{B}$ 的方向与面元 $\mathrm{d}\boldsymbol{S}$ 的法线方向的夹角,如图 2.9.2 所示。

由式(2.9.4)可知,当磁感应强度垂直穿过面 $S$,即 $\alpha=0$ 时,穿过单位面积的磁通量就等于磁感应强度的量值;从这个角度来说,磁感应强度又称为磁通量密度。

磁通量是标量。在国际单位制中,它的单位名称是韦[伯],符号是 Wb。在高斯单位制中,磁通的单位名称是麦[克斯韦],符号是 Mx,二者的换算关系是

$$1\mathrm{Wb} = 10^8 \mathrm{Mx} \qquad (2.9.5)$$

由式(2.9.4)和式(2.9.2),可知

$$\mathrm{Wb} = \mathrm{T} \cdot \mathrm{m}^2 = \frac{\mathrm{N} \cdot \mathrm{m}}{\mathrm{A}} \qquad (2.9.6)$$

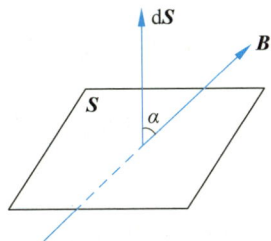

图 2.9.2　穿过面 $S$ 的磁通量

**3. 磁场强度 H**

为研究磁场中磁介质的作用[1,2],引入另一个基本物理量——磁场强度 $\boldsymbol{H}$,它与磁感应强度 $\boldsymbol{B}$ 的关系是

$$\boldsymbol{B} = \mu\boldsymbol{H} \qquad (2.9.7)$$

式中,$\mu$ 为表示磁介质磁化特性的一个参数,称为磁导率[3]。$\mu$ 为常数的磁介质称为线性磁介质,如真空以及其他非铁磁材料等。

在国际单位制中,磁场强度的单位名称是安[培]每米(A/m);在高斯单位制中,磁场强度的单位名称是奥[斯特],符号是 Oe,二者的转换关系是

$$1\mathrm{A/m} = 4\pi \times 10^{-3} \mathrm{Oe} \qquad (2.9.8)$$

由磁感应强度和磁场强度的单位,可以推导出磁导率 $\mu$ 的单位名称是亨[利]每米,如式(2.9.9)所示。

$$\frac{\mathrm{T}}{\mathrm{A/m}} = \frac{\mathrm{Wb/m}^2}{\mathrm{A/m}} = \frac{\mathrm{Wb}}{\mathrm{A} \cdot \mathrm{m}} = \frac{\mathrm{H}}{\mathrm{m}} \qquad (2.9.9)$$

式中,H(亨)是国际单位制中电感的单位(这将在本书 4.1.2 节中介绍)。磁导率有时也被称为电感率。

为表征磁介质导磁能力的相对强弱,通常使用的是相对磁导率 $\mu_\mathrm{r}$,它定义为

$$\mu_\mathrm{r} = \frac{\mu}{\mu_0} \qquad (2.9.10)$$

式中,$\mu_0 = 4\pi \times 10^{-7} \mathrm{H/m}$,为真空磁导率。$\mu_\mathrm{r}$ 是一个不带量纲的数值。

工程计算中,$\boldsymbol{B}$ 通常以 Gs 为单位,$\boldsymbol{H}$ 以 A/cm 为单位,此时真空中的 $\boldsymbol{B}$-$\boldsymbol{H}$ 之间有比较简单的数值关系:

$$H_0 = 0.8B_0$$

空气中的 $\boldsymbol{B}$-$\boldsymbol{H}$ 也可使用这一近似数值关系。

各种物质按照其导磁能力强弱,可以分为铁磁物质和非铁磁物质两大类。铁磁物质包括元素周期表中铁族元素及其合金,除此之外的物质都是非铁磁物质。非铁磁物质的磁导率与真空相差不大,工程上一般认为其相对磁导率为1。铁磁物质的相对磁导率范围可以

从数十到几万不等，各自有不同的应用场合。由于非铁磁物质（最常见的是空气）与铁磁物质的相对磁导率相差至少一个数量级，因此当空气中存在铁磁物质时，可以近似认为磁通量几乎完全被束缚在铁磁物质中，空气中的漏磁通可以忽略。

铁磁物质的磁导率 $\mu$ 的另一个重要特点是，它不是一个常数，因此，由式(2.9.7)可知，铁磁物质的磁感应强度 $B$ 与磁场强度 $H$ 之间是非线性关系，这一点将在 3.8 节中详细介绍。

## 2.9.2 磁场定理/定律

根据物理学的内容，存在两个重要的磁场定理/定律，分别是磁通连续性定理和安培环路定律。

### 1. 磁通连续性定理

磁场中的磁感应线是闭合的，在磁场中穿出任一闭合面的磁通量的代数和恒为零，这一特性称为磁通连续性定理，写成表达式为

$$\oint_S \boldsymbol{B} \cdot \mathrm{d}\boldsymbol{S} = 0 \tag{2.9.11}$$

这意味着在磁场中任取一个闭合面，如果有磁感应线从其中一部分面上穿入，那么这部分磁感应线一定会从其余的某一部分面上穿出。

### 2. 安培环路定律

安培环路定律表述的是磁场强度与磁场中的电流之间的关系，即：磁场强度沿一闭合曲线的积分等于穿过此闭合曲线所限定的面上的电流的代数和；电流的正负按照右手螺旋定则来判断，如果电流的参考方向与闭合曲线的积分方向满足右手螺旋定则，则求代数和时，该电流前取正号，否则取负号。

安培环路定律的数学表达式为

$$\oint_l \boldsymbol{H} \cdot \mathrm{d}\boldsymbol{l} = \sum_i I_i \tag{2.9.12}$$

以图 2.9.3 为例，根据图中标出的电流参考方向和闭合曲线的积分方向，有

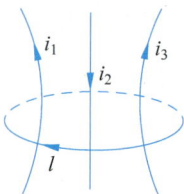

$$\oint_l \boldsymbol{H} \cdot \mathrm{d}\boldsymbol{l} = -i_1 + i_2 - i_3$$

图 2.9.3 安培环路定律的例图

## 2.9.3 磁路定律

磁路是用铁磁物质做成的、具有某种形状的供磁感应线通过的闭合回路。构造磁路的目的是在指定空间获得一定强度的磁场。如图 2.9.4 所示就是一个典型的磁路结构（常见于双绕组变压器），周围介质是空气。穿过整个磁路的磁通量 $\Phi_0$ 称为主磁通，只穿过部分磁路，在空气中形成回路的磁通量 $\Phi_s$ 称为漏磁通。由于构成磁路的铁磁物质的相对磁导率远大于1，因此主磁通远大于漏磁通。磁路中主磁通与漏磁通的关系可以形象地比拟为电路中流经导体回路的电流与流过导体外绝缘物质的漏电流的关系，但良导体与绝缘介质的电导率之比要远大于铁磁物质与其周围非铁磁物质的磁导率之比，因此忽略漏电流对计算结果带来的影响要远小于忽略

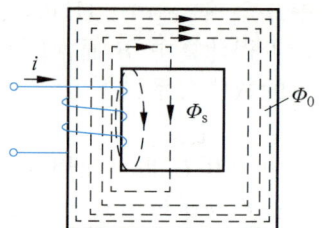

图 2.9.4 磁路中的主磁通与漏磁通

漏磁通对计算结果带来的影响。

当磁路结构及磁场分布满足以下假设时,就可以将磁"场"的问题简化为磁"路"的问题进行分析计算:

(1) 磁路中的主磁通远大于漏磁通,漏磁通对计算结果的影响可忽略;

(2) 由铁磁物质构成的磁路可以分为若干段,在每一段中都是均匀磁化的;

(3) 在磁路的每一段,可取导磁体沿磁感应线方向的平均长度作为该段的磁路长度;

(4) 铁磁材料的磁化特性可以用其基本磁化曲线表示。(基本磁化曲线表示的是磁感应强度 $B$ 与磁场强度 $H$ 之间的关系,这一点将在 3.8 节中介绍)

在满足上述假设的前提下,可推导出下述磁路的基本定律。

### 1. 磁路的 KCL 定律

根据磁通连续性定理,在磁路的分岔处作一闭合面,则连接至分岔点的各段磁路流入分岔点的磁通量的代数和等于零,即

$$\sum_i \Phi_i = 0 \tag{2.9.13}$$

从形式上看,式(2.9.13)与电路中的 KCL 完全一样,因此磁通连续性定理也称为磁路的 KCL 定律。

图 2.9.5 所示磁路中,根据磁路的 KCL 定律有

$$\sum_i \Phi_i = \Phi_1 - \Phi_2 - \Phi_3 = 0$$

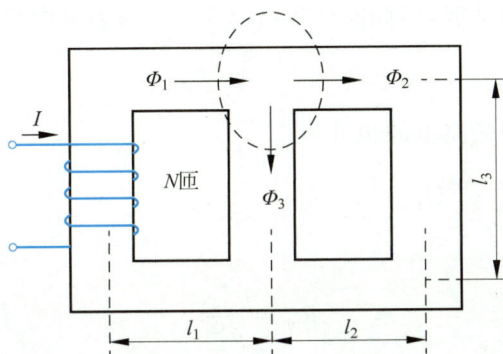

图 2.9.5 磁路的 KCL 定律用图

### 2. 磁路的 KVL 定律

仍以图 2.9.5 所示磁路为例,设各段磁路中的磁通都均匀分布,则磁感应强度和磁场强度也是均匀分布的,各段磁路的截面面积如图 2.9.6 所示。

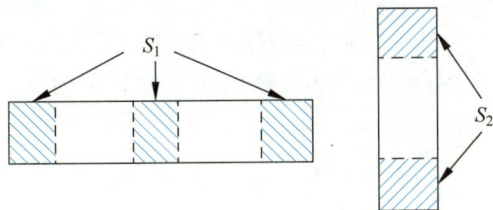

图 2.9.6 图 2.9.5 所示磁路中各段磁路的截面面积

将磁场强度 $\boldsymbol{H}$ 在磁路中从 a 点到 b 点的线积分

$$\int_a^b \boldsymbol{H} \cdot \mathrm{d}\boldsymbol{l} = U_m \qquad (2.9.14)$$

称为 ab 两点之间的磁压（或磁位差），加下标"m"以与电压区别。若 a、b 之间磁场强度均匀分布，磁路长度为 $l_{ab}$，则 ab 两点之间的磁压 $U_m = H l_{ab}$。

根据安培环路定律，图 2.9.5 所示左侧磁回路中有

$$\oint_l \boldsymbol{H} \cdot \mathrm{d}\boldsymbol{l} = H_1 l_3 + 2H_2 l_1 + H_3 l_3 = NI \qquad (2.9.15)$$

式中，

$$H_1 = \frac{B_1}{\mu} = \frac{\Phi_1}{\mu S_1}，为最左侧垂直支路中的磁场强度值$$

$$H_2 = \frac{B_2}{\mu} = \frac{\Phi_1}{\mu S_2}，为上、下水平支路中的磁场强度值$$

$$H_3 = \frac{B_3}{\mu} = \frac{\Phi_3}{\mu S_1}，为中间垂直支路中的磁场强度值$$

式(2.9.15)中线圈电流与匝数的乘积定义为

$$F_m = NI \qquad (2.9.16)$$

称为**磁动势**。再根据式(2.9.14)给出的磁压的定义，式(2.9.15)可以改写为

$$U_{m1} + U_{m2} + U_{m3} = F_m$$

形式上与电路中的 KVL 完全一样，左侧表示沿着磁路积分方向的磁压的代数和，而右侧表示沿着磁路积分方向的磁动势，因此安培环路定律也称为磁路中的 KVL 定律。

### 3. 磁路中的欧姆定律

式(2.9.15)中第一段磁路上的积分为

$$U_{m1} = H_1 l_3 = \frac{\Phi_1}{\mu S_1} l_3 = \frac{l_3}{\mu S_1} \Phi_1$$

令

$$R_m = \frac{l_3}{\mu S_1} \qquad (2.9.17)$$

称为最左侧垂直磁路的**磁阻**，加下标"m"以与电阻区别。其他支路可以做类似推导。在国际单位制中，磁阻的单位名称为每亨［利］，符号为 1/H，推导如下

$$\frac{\dfrac{m}{\dfrac{H}{m} \cdot m^2} = \frac{1}{H}}$$

**磁导**是磁阻的倒数，因此磁导的单位名称为亨［利］，符号为 H，与电感的单位名称相同。

利用磁阻，磁压可以表示为

$$U_m = Hl = R_m \Phi \qquad (2.9.18)$$

这就是**磁路的欧姆定律**。在国际单位制中，磁压的单位名称为安［培］，符号为 A，与电流的单位一致，推导如下

$$\frac{1}{H} \cdot \mathrm{Wb} = \mathrm{A} \quad 或 \quad \mathrm{A/m} \cdot \mathrm{m} = \mathrm{A}$$

需要特别指出的是，由于磁阻 $R_m$ 与磁导率 $\mu$ 有关，因此对于铁磁物质来说，它不是一

个常数,换言之,磁压与磁通之间不是线性关系,这一点与我们前面学过的线性电阻是不一样的。正因如此,磁路的具体分析需要借鉴非线性电路的分析方法,这将在 3.8 节中加以具体介绍。

知识点57练习题和讨论

至此,我们可以建立起磁路中各物理量与电路中相应的各物理量之间的对应关系,如表 2.9.1 所示。

表 2.9.1　磁路与电路中的比拟

| 磁　　　路 | 电　　　路 |
| --- | --- |
| 磁通 $\Phi$,单位 Wb | 电流 $I$,单位 A |
| 磁压 $U_m$,单位 A | 电压 $U$,单位 V |
| 磁阻 $R_m$,单位 1/H | 电阻 $R$,单位 Ω |
| 磁导率 $\mu$,单位 H/m | 电导率 $\sigma$,单位 S/m |
| 磁动势 $F_m$,单位 A | 电动势 $E$,单位 V |
| 磁路的 KCL 定律 $\sum_i \Phi_i = 0$ | 基尔霍夫电流定律 $\sum_i I_i = 0$ |
| 磁路的 KVL 定律 $\sum_i H_i l_i = F_m$ | 基尔霍夫电压定律 $\sum_i U_i = E$ |
| 磁路的欧姆定律 $U_m = R_m \Phi$ | 欧姆定律 $U = RI$ |

# 习题

2.1　用支路电流法求题图 2.1 所示电路中各支路电流。

2.2　用支路电流法求题图 2.2 所示电路中 12V、6V 电压源各自发出的功率。

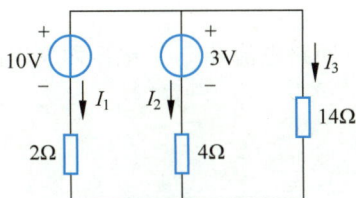

题图　2.1

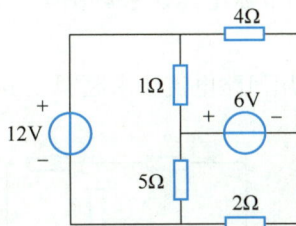

题图　2.2

2.3　用节点电压法求题图 2.3 所示电路中各支路电流 $I_1 \sim I_6$。

2.4　用节点电压法求题图 2.4 所示电路中电流 $I$。

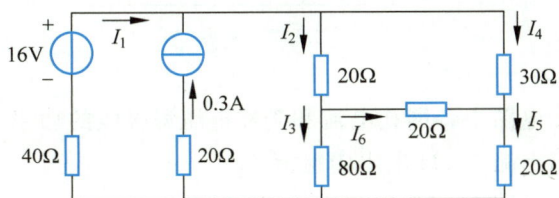

题图　2.3

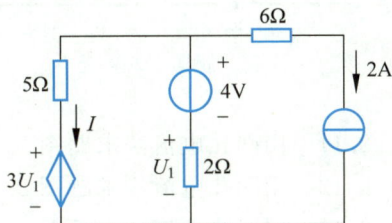

题图　2.4

2.5 用节点电压法求题图 2.5 所示电路中独立电源各自发出的功率。

2.6 用节点电压法求题图 2.6 所示电路中节点电压 $U_1$、$U_2$。

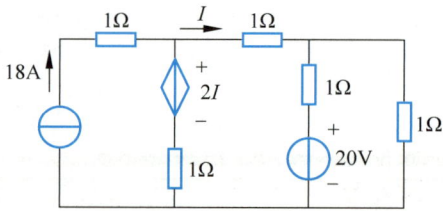

题图 2.5

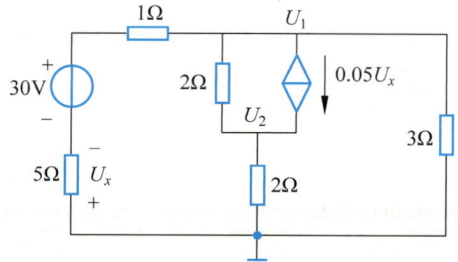

题图 2.6

2.7 用节点电压法求题图 2.7 所示电路中电流 $I_1$、$I_2$。

2.8 用节点电压法求题图 2.8 所示电路中控制量电流 $I_1$、电压 $U_1$。

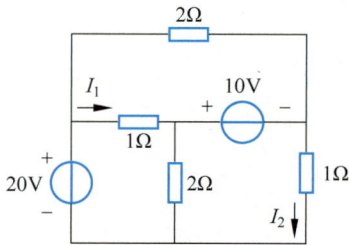

题图 2.7

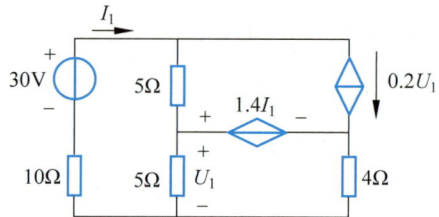

题图 2.8

2.9 用节点电压法求题图 2.9 所示运算放大器电路输出电压 $u_o$ 与输入电压 $u_i$ 的比值 $u_o / u_i$。

2.10 用回路电流法求题图 2.10 所示电路中各回路电流和 50V 电压源发出的功率。

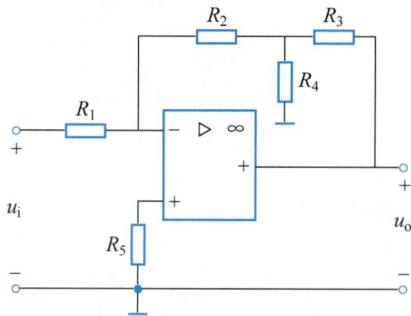

题图 2.9

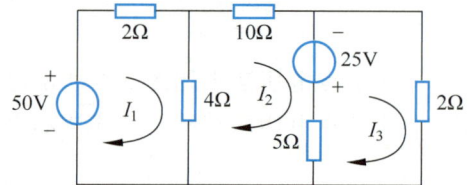

题图 2.10

2.11 用网孔电流法求题图 2.11 所示电路中各网孔电流和受控电压源吸收的功率。

2.12 用网孔电流法求题图 2.12 所示电路中 5Ω 电阻中电流 $I$。

2.13 用回路电流法求题图 2.13 所示电路中 15Ω 电阻上输出电压 $U_o$。

2.14 用叠加定理求题图 2.14 所示电路中电流 $I$。

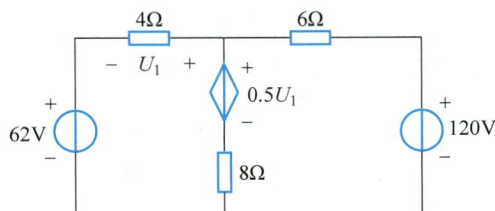

题图 **2.11**

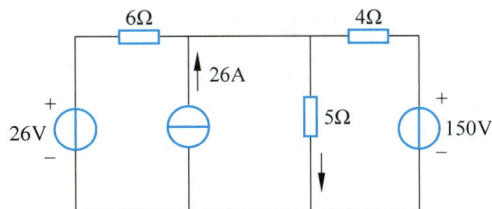

题图 **2.12**

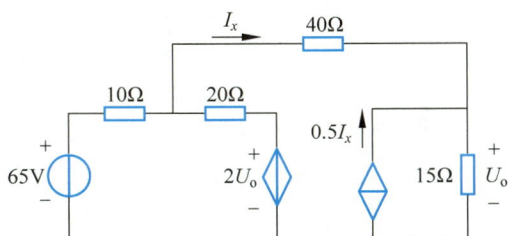

题图 **2.13**

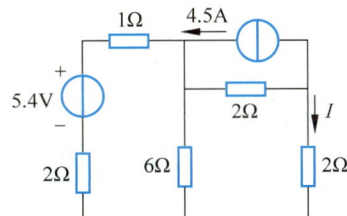

题图 **2.14**

2.15 用叠加定理求题图 2.15 所示电路中电压 $U$。

2.16 电路如题图 2.16 所示。当 $U_{S1}=8V$，$U_{S2}=12V$，$I_S=0$ 时，电流表的读数为 1.2A；当 $U_{S1}=10V$，$U_{S2}=6V$，$I_S=1.2A$ 时，电流表的读数为 1.2A；求当 $U_{S1}=12V$，$U_{S2}=3V$，$I_S=1.8A$ 时电流表的读数。

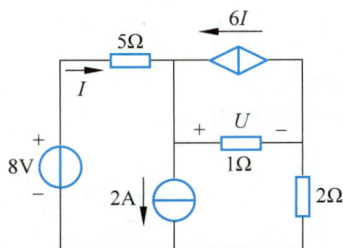

题图 **2.15**

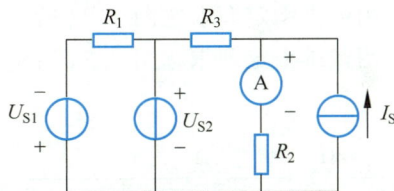

题图 **2.16**

2.17 用叠加定理求题图 2.17 所示电路中电压 $u_o$。

2.18 题图 2.18 所示电路中方框 A 为含有独立电源线性电阻网络。已知 $U_S=1V$，$I_S=1A$ 时，电流 $I=6A$；$U_S=4V$，$I_S=3A$ 时，电流 $I=12A$；当 $U_S=5V$，$I_S=4A$ 时，电流 $I=16A$。问 $U_S=3V$，$I_S$ 为多少时电流 $I=8A$?

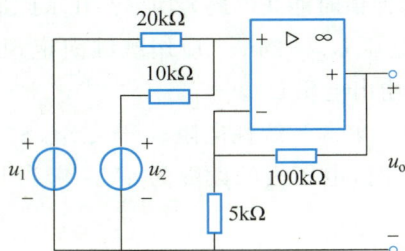

题图 **2.17**

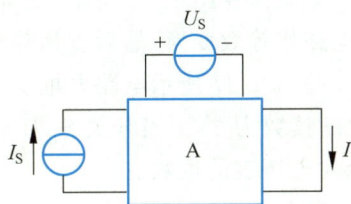

题图 **2.18**

2.19 电路如题图 2.19 所示。已知电流 $I=6A$，求网络 N 发出的功率。

2.20 已知题图 2.20 所示电路中流过电阻 $R$ 的电流 $I=1A$，求电阻 $R$ 的值。

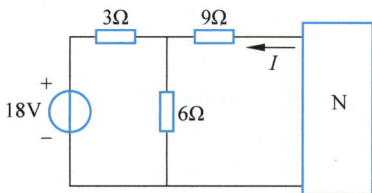

题图 2.19

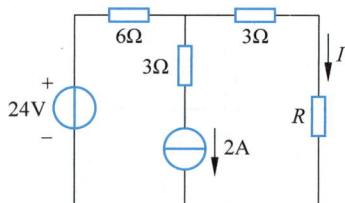

题图 2.20

2.21 题图 2.21 所示电路中方框 P 为电阻网络。当 $R=R_1$ 时，测得电压 $U_1=5V$，$U_2=2V$；当 $R=R_2$ 时，测得电压 $U_1=4V$，$U_2=1V$。求当电阻 $R$ 被短路时，电流源 $I_S$ 的端电压 $U_1$。

2.22 电路如题图 2.22 所示，用戴维南定理分别求电阻 $R$ 为 $2\Omega$ 和 $4\Omega$ 时电流 $I$。

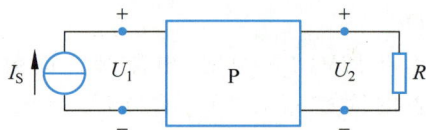

题图 2.21

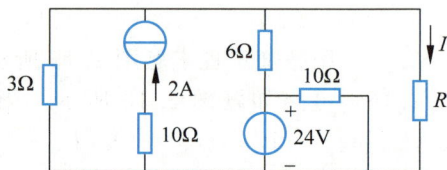

题图 2.22

2.23 用戴维南定理求题图 2.23 所示电路中电压 $U_o$。

2.24 用戴维南定理求题图 2.24 所示电路中 $2\Omega$ 电阻的电压 $U$。

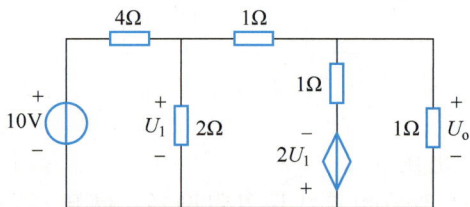

题图 2.23

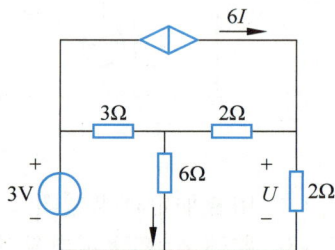

题图 2.24

2.25 试问题图 2.25 所示电路中电阻 $R_L$ 为何值时能获得最大功率？并求此最大功率。

2.26 电路如题图 2.26 所示，已知电压源电压 $U_S=24V$。应用戴维南定理将运算放大器输入电路作等效变换，然后求运算放大器的输出电压 $U_o$。

2.27 题图 2.27 所示电路方框 A 中含有独立电源与线性电阻。开关 $S_1$、$S_2$ 均为断开时，电压表的读数为 6V；当开关 $S_1$ 闭合 $S_2$ 断开时，电压表的读数为 4V。求当开关 $S_1$ 断开 $S_2$ 闭合时电压表的读数。

2.28 题图 2.28 所示电路方框 A 中含有独立电源与线性电阻。当 $R=5\Omega$ 时，$I=1.6A$；当 $R=2\Omega$ 时，$I=2A$。问当 $R$ 为何值时，$R$ 吸收功率最大？并求此最大功率。

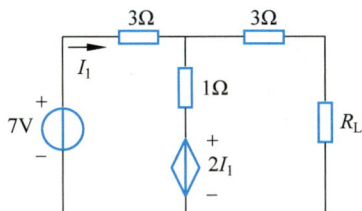

题图　**2.25**

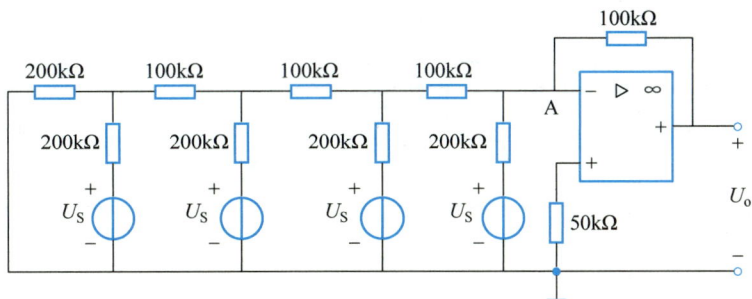

题图　**2.26**

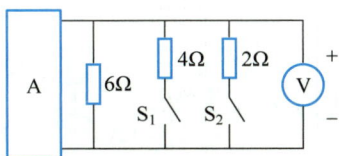

题图　**2.27**

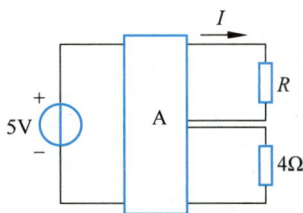

题图　**2.28**

2.29　题图 2.29 所示电路中方框 P 为电阻网络。已知图(a)所示电路中 $U_S=10V$，$R_1=1\Omega$，$U_2=4/3V$，$I_1=2A$；图(b)所示电路中 $I_S=2A$，$R_2=4\Omega$，$U_1=12V$，问电压 $U_2$ 是多少？

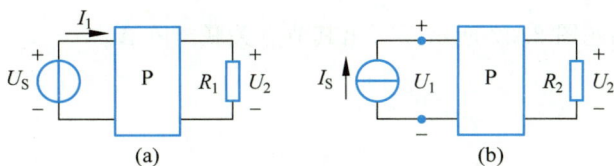

题图　**2.29**

2.30　题图 2.30 所示电路中方框 P 为电阻网络。已知图(a)所示电路中 $U_{S1}=20V$，$I_1=-10A$，$I_2=2A$；图(b)所示电路中 $U_{S2}=10V$，求 $3\Omega$ 电阻中电流。

2.31　题图 2.31 所示电路中方框 R 为电阻网络。当 $U_S=3V$，$R_1=20\Omega$，$R_2=5\Omega$ 时测得 $I=1.2A$，$I_1=0.1A$，$I_2=0.2A$；当 $U_S=5V$，$R_1=10\Omega$，$R_2=10\Omega$ 时测得 $I=2A$，$I_2=0.2A$。求此种情况下的电流 $I_1$。

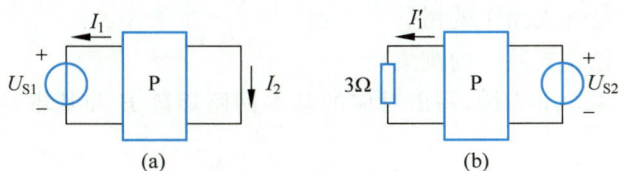

题图　**2.30**

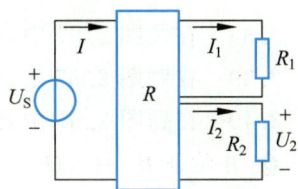

题图　**2.31**

2.32　求题图 2.32 所示二端口网络的 $R$ 参数，并讨论该二端口的互易性。

2.33　求题图 2.33 所示二端口网络的 $G$ 参数，并讨论该二端口的互易性。

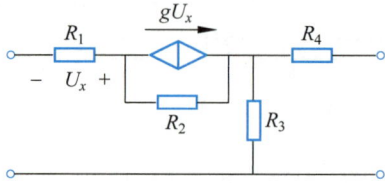

题图　**2.32**

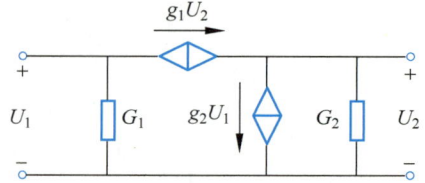

题图　**2.33**

2.34　用互易定理求题图 2.34 所示电路中电流表的读数。

2.35　用互易定理求题图 2.35 所示电路中电阻电流 $I$。

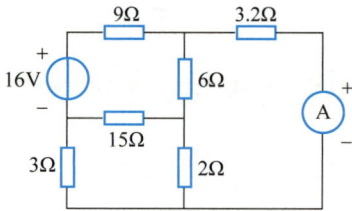

题图　**2.34**

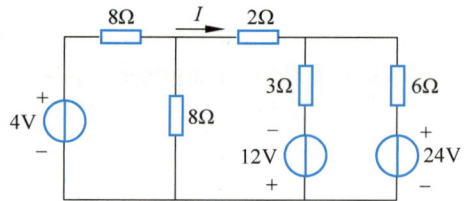

题图　**2.35**

2.36　题图 2.36 所示电路中方框 P 为电阻网络。已知图（a）所示电路中 $U_S = 12V$，$U_2 = 8V$，$I_1 = 2A$；图（b）所示电路中 $I_S = 5A$，$R_1 = 2\Omega$，问流过电阻 $R_1$ 中的电流 $I$ 是多少？（建议不用特勒根定理。）

2.37　有向图如题图 2.37 所示。写出其节点关联矩阵 **A**。

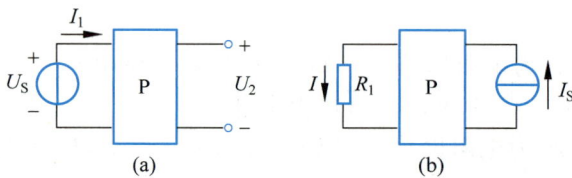

题图　**2.36**

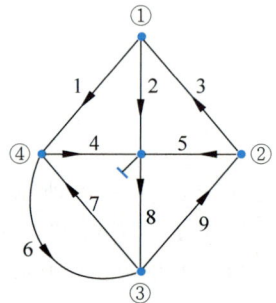

题图　**2.37**

2.38　在题图 2.37 中，找出所有包含支路 1 的树。

2.39　在题图 2.37 中，找出所有包含支路 6 的割集。

2.40　在题图 2.37 中，选支路 3、4、5、7 为树，写出对应的基本回路矩阵 **B** 和基本割集矩阵 **Q**，并验证 $\boldsymbol{B}_t^{\mathrm{T}} = -\boldsymbol{Q}_1$。

2.41　电路及其有向图如题图 2.41 所示，其中 $M \neq \sqrt{L_1 L_2}$。根据图中给出的节点和支路编号，简述用节点电压法求解电路的步骤，并列写求解电路所需的矩阵和列向量。矩阵及列向量中的支路和节点编号按照从小到大的顺序排列。

2.42　在题图 2.41 中，选支路 1、3、5、7 为树，简述用回路电流法求解电路的步骤，并列写求解电路所需的矩阵和列向量。矩阵及列向量中的支路编号按照先树支后连支、树支连支编号从小到大的顺序排列。

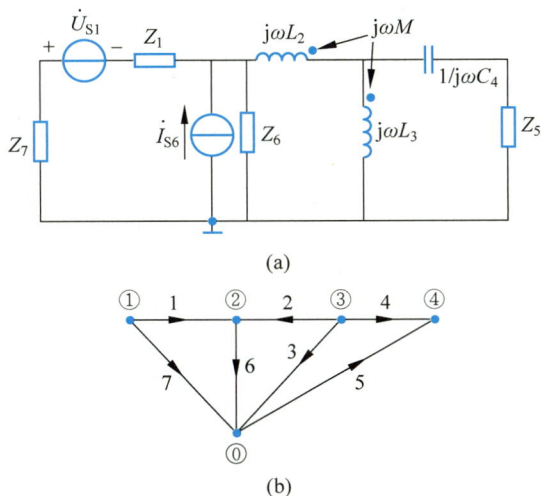

(a)

(b)

题图　**2.41**

2.43　在题图 2.41 中,选支路 3、5、6、7 为树,简述用割集电压法求解电路的步骤,并列写求解电路所需的矩阵和列向量。矩阵及列向量中的支路编号按照先树支后连支、树支连支编号从小到大的顺序排列。

2.44　电路及其有向图如题图 2.44 所示。根据图中给出的节点和支路编号,简述用节点电压法求解电路的步骤,并列写求解电路所需的矩阵和列向量。矩阵及列向量中的支路和节点编号按照从小到大的顺序排列。

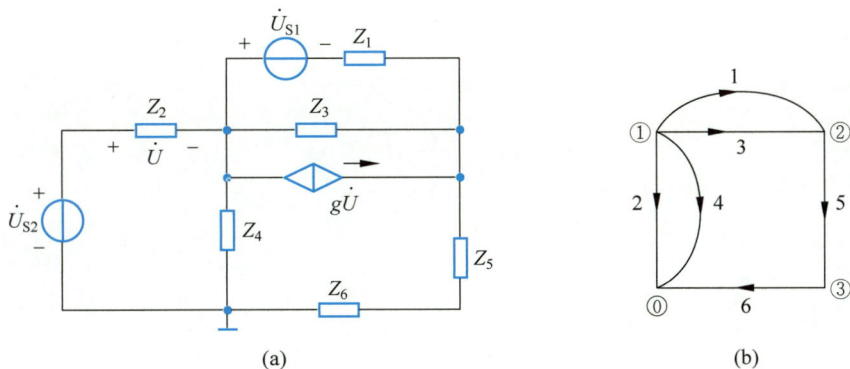

(a)

(b)

题图　**2.44**

# 参考文献

[1]　江缉光.电路原理[M].2 版.北京:清华大学出版社,1997.
[2]　邱关源.电路[M].4 版.北京:高等教育出版社,1999.

［3］　肖达川.线性与非线性电路［M］.北京：科学出版社,1992.

［4］　ALEXANDER C K,SADIKU M N O. Fundamentals of Electric Circuits［M］. 2nd ed. Singapore：McGraw-Hill,2003.

［5］　俞大光.电工基础［M］.修订本.北京：人民教育出版社,1965.

［6］　林争辉.电路理论［M］.1 卷.北京：高等教育出版社,1988.

［7］　陈希有.电路理论基础［M］.北京：高等教育出版社,2004.

［8］　周守昌.电路原理［M］.2 版.北京：高等教育出版社,2004.

［9］　吴锡龙.电路分析［M］.北京：高等教育出版社,2004.

［10］　AGARWAL A,LANG J. Foundations of Analog and Digital Electronic Circuits［M］. San Francisco：Morgan Kaufmann,2005.

［11］　特里克.电路分析导论［M］.北京：人民教育出版社,1981.

［12］　崔勇,张小平.图论与代数结构［M］.北京：清华大学出版社,2022.

［13］　韩旭,孙立山.电路中网络矩阵之间关系的拓扑证明［J］.电气电子教学学报,2009,31(4)：36-38.

# 第 **3** 章

# 非线性电阻电路分析

　　本章讨论非线性电阻的性质,研究 4 种非线性电阻电路的分析方法：解析解法、图解法、分段线性法和小信号法。在此基础上讨论确定 MOSFET 工况的方法,并以此为基础介绍用 MOSFET 构成模拟系统的基本单元——小信号放大器。最后介绍非线性电阻的其他一些实际应用。

# 3.1　非线性电阻和非线性电阻电路

## 3.1.1　非线性电阻

关联参考方向下，线性电阻（linear resistance）的电路符号和 $u$-$i$ 关系分别如图 3.1.1

和式（3.1.1）所示。

$$R = \frac{u}{i} = \tan\alpha = 常数 \qquad (3.1.1)$$

非线性电阻（nonlinear resistance）的电压电流呈非线性代数关系，可以一般性地表示为[①]

$$u = f(i) \qquad (3.1.2)$$

或

$$i = g(u) \qquad (3.1.3)$$

其电路符号如图 3.1.2 所示。

(a) 线性电阻的符号　　　(b) 线性电阻的u-i关系

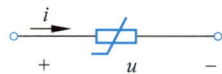

图 3.1.1　线性电阻

图 3.1.2　非线性电阻的符号

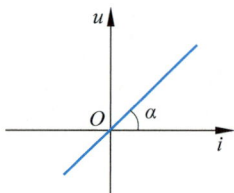

整流二极管是一种最常用的非线性电阻，其电路符号和 $u$-$i$ 关系分别如图 3.1.3 和式（3.1.4）所示

$$i = I_S(e^{\frac{u}{U_{TH}}} - 1) \qquad (3.1.4)$$

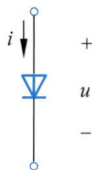

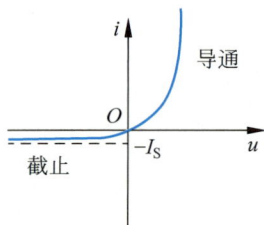

(a) 整流二极管的符号　　　(b) 整流二极管的u-i关系[②]

图 3.1.3　整流二极管

---

①　式（3.1.2）和式（3.1.3）都需要满足在 $i=0$ 时 $u=0$，即 $u$-$i$ 特性曲线要过原点。根据附录 A 的讨论可知，电阻这一电路模型是对导体中的载流子在电场力驱动下定向运动能力的描述。没有电场，则没有电场力，也就没有电流。因此电阻模型的 $u$-$i$ 特性曲线必须过原点。

②　本章中描绘 $u$-$i$ 关系的时候，出于遵循业内习惯的考虑，经常将横轴画为 $u$，这一点与前面章节不同，请注意。

式中,$U_{TH}$ 为常数(典型值为 $25\text{mV}$),$I_S$ 称为整流二极管的反向饱和电流(硅二极管的典型 $I_S$ 值为 $10^{-12}\text{A}$)。二极管应用十分广泛,用于整流时称为整流二极管。本章将讨论二极管的多种应用实例。

隧道二极管是另一种非线性电阻,其电路符号和 $u\text{-}i$ 关系分别如图 3.1.4 和式(3.1.5)所示

$$i = g(u) = a_0 u + a_1 u^2 + a_2 u^3 \tag{3.1.5}$$

式中 $a_0$、$a_1$、$a_2$ 均为系数。观察隧道二极管的 $u\text{-}i$ 特性曲线可以发现,给定一个电压可求出唯一对应的电流,反之则不然。这种非线性电阻称为"压控型"。另外,从图 3.1.4(b)可以看出,在 $u$ 为横轴,$i$ 为纵轴的 $u\text{-}i$ 平面上,特性曲线的形状类似字母 N,因此也可称为 N 形非线性电阻。

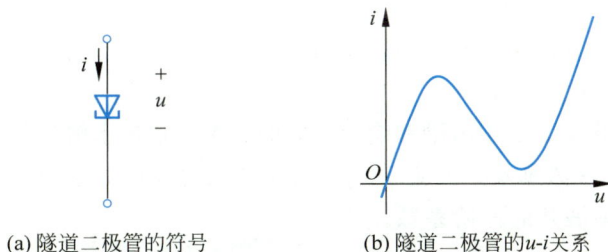

(a)隧道二极管的符号          (b)隧道二极管的$u\text{-}i$关系

图 3.1.4    隧道二极管

充气二极管也是一种非线性电阻,其电路符号和 $u\text{-}i$ 关系分别如图 3.1.5 和式(3.1.6)所示

$$u = f(i) = a_0 i + a_1 i^2 + a_2 i^3 \tag{3.1.6}$$

式中 $a_0$、$a_1$、$a_2$ 均为系数。观察充气二极管的 $u\text{-}i$ 特性曲线可以发现,给定一个电流可求出唯一对应的电压,反之不然。这种非线性电阻称为"流控型"。类似地,也可称之为 S 形非线性电阻。

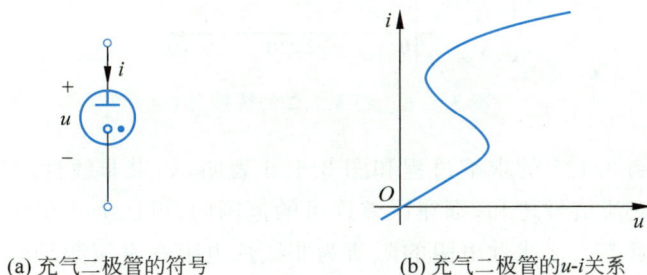

(a) 充气二极管的符号          (b) 充气二极管的$u\text{-}i$关系

图 3.1.5    充气二极管

与线性电阻相比,非线性电阻有更为丰富的电气特性,因而具有广泛的应用价值。

(1) 非线性电阻的 $u\text{-}i$ 关系不满足齐次性和可加性。

例 3.1.1    非线性电阻 $u\text{-}i$ 关系为 $u = f(i) = 50i + 0.5i^3$,用 $i_1 = 2\text{A}$,$i_2 = 10\text{A}$ 来验证该电阻是否满足齐次性和可加性。

解    齐次性和可加性的定义分别如式(1.6.4)和式(1.6.5)所示。

$i_1 = 2\text{A}$ 时,$u = 50 \times 2\text{V} + 0.5 \times 2^3 \text{V} = 104\text{V}$。

$i_2 = 10A$ 时，$u = 50 \times 10V + 0.5 \times 10^3 V = 1000V \neq 104V \times 5$，因此不满足齐次性。

$i = i_1 + i_2 = 12A$ 时，$u = 50 \times 12V + 0.5 \times 12^3 V = 1464V \neq 104V + 1000V$，因此不满足可加性。

非线性电阻不满足齐次性和可加性，因此叠加定理对非线性电阻电路不再适用。类似地，戴维南定理对包含非线性电阻的一端口网络也不再适用。

（2）将非线性电阻的 $u\text{-}i$ 关系在某点进行泰勒展开，如果可忽略高阶项，则该点附近的小扰动及其响应之间为线性关系。

**例 3.1.2** 非线性电阻 $u\text{-}i$ 关系为 $u = f(i) = 50i + 0.5i^3$，激励为 $i = 2.01A$，求响应 $u$。

**解** 
$$u = f(2 + 0.01) = 50 \times (2 + 0.01)V + 0.5 \times (2 + 0.01)^3 V$$
$$= 50 \times 2V + 0.5 \times 2^3 V + 50 \times 0.01V + 0.5 \times 3 \times 2^2 \times 0.01V +$$
$$0.5 \times 3 \times 2 \times 0.01^2 V + 0.5 \times 0.01^3 V$$
$$\approx 50 \times 2V + 0.5 \times 2^3 V + 56 \times 0.01V$$
$$= f(2) + 56 \times 0.01(V)$$

图 3.1.6 表示了例 3.1.2 中激励和响应之间的关系。根据求解过程可知，在工作点 2A 附近忽略高阶项后，0.01A 激励及其响应 $56 \times 0.01A$ 之间为线性关系，其中 56 为该非线性电阻 $u\text{-}i$ 关系在 2A 点泰勒展开的一阶系数。

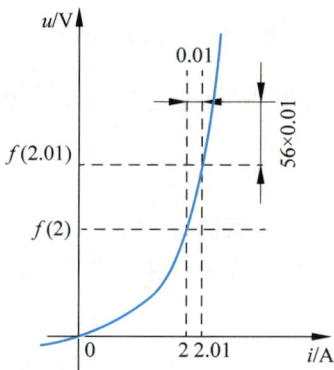

图 3.1.6 例 3.1.2 的图解分析

例 3.1.2 的求解过程和图 3.1.6 表明，如果非线性电阻的激励为大直流与小交流信号之和，则在误差许可的范围内，可认为小交流信号作用在一个线性电阻上。该线性电阻的阻值为非线性电阻在直流激励处进行泰勒展开的一阶系数。非线性电阻的这个特性非常有助于分析和设计小信号电路。

## 3.1.2 非线性电阻电路及其解存在的唯一性

一般来讲，负载和处理电路中包含非线性元件的电路列写出的方程为非线性方程，它是**非线性电路**（nonlinear circuit）。如果一个电路对应的数学模型是非线性代数方程，则称之为**非线性电阻电路**（nonlinear resistive circuit）。从物理的角度来看，负载或处理电路中包括有非线性电阻的电路一般情况下为非线性电阻电路。

知识点59

线性电阻电路的求解对应着线性代数方程组的求解。对于 $n$ 个节点，$b$ 个支路的非病态电路来说,一般可以找到 $(n-1)$ 个独立的 KCL 方程和 $(b-n+1)$ 个独立的 KVL 方程,再加上 $b$ 个元件约束,可以列写出 $2b$ 个独立线性代数方程,从而求出所有支路量的唯一解。与线性电阻电路不同,非线性电阻电路对应着非线性代数方程组,可能有多个解或没有解。

图 3.1.7(a) 就是包含隧道二极管的多解电路。由图 3.1.7(b) 所示的 $u$-$i$ 关系可以看出,该电路可能存在 A、B、C 这 3 个解。

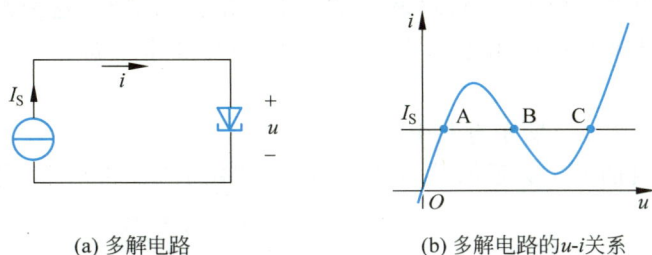

(a) 多解电路　　　　　　(b) 多解电路的 $u$-$i$ 关系

图 3.1.7　包含隧道二极管的多解电路

另一方面,非线性电阻也可能无解。图 3.1.8(a) 就是包含整流二极管的无解电路。由图 3.1.8(b) 所示的 $u$-$i$ 关系可以看出,该电路无解。

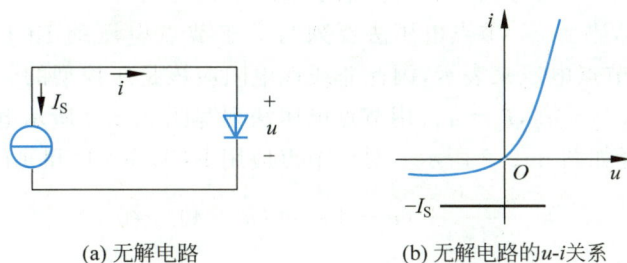

(a) 无解电路　　　　　　(b) 无解电路的 $u$-$i$ 关系

图 3.1.8　包含整流二极管的无解电路

由于非线性电阻电路存在多解和无解的可能,因此研究非线性电阻电路解的存在性和唯一性就成为很重要的问题。关于这方面有很多专门的讨论,读者可参考相应的书籍和论文,本书只介绍其中的一个充分条件,感兴趣的读者可阅读参考文献[7]和[8]。

首先需要定义严格递增电阻。如果在一个电阻的 $u$-$i$ 特性曲线上找任意 2 点 $(u_1,i_1)$ 和 $(u_2,i_2)$ 都满足

$$(u_2-u_1)\times(i_2-i_1)>0 \tag{3.1.7}$$

则该电阻称为**严格递增电阻**。图 3.1.9 给出了一个严格递增电阻的例子。不失一般性,在图中设 $u_2>u_1$。

非线性电阻电路存在唯一解的一个充分条件是:电路中的每个电阻都是严格的递增电阻,而且在每个电阻的电压 $u\to\infty$ 时,相应的电流 $i\to\infty$,同时电路中不存在仅由独立电压源构成的回路和仅由独立电流源连接而成的节点[①]。

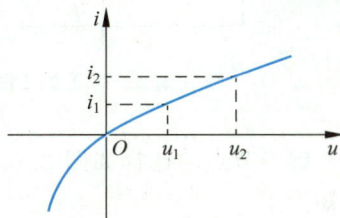

图 3.1.9　严格递增电阻

---

① 更严格的描述应该是不存在仅由独立电流源构成的割集。

## 3.2 非线性电阻电路的解析解法

和线性电阻电路一样,原则上只需确定电路的拓扑结构和元件约束,就可以列写出关于支路量的代数方程,求解该方程即可得出电路的解。这种方法称为解析解法。但对于非线性电阻电路来说,方程的列写和求解都不像线性电阻电路那么容易。

知识点60

**例 3.2.1** 求图 3.2.1 所示电路中的 $u$。

**解** 整流二极管的 $u$-$i$ 关系如式(3.1.4)所示,应用 KVL 和元件特性可知

$$\frac{U_S - u}{R} = I_S(e^{\frac{u}{U_{TH}}} - 1)$$

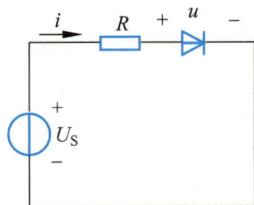

显然,这是一个关于 $u$ 的超越方程。目前人们没有方法能够得到这种方程的解析解。

第 2 章详细讨论了节点电压法和回路电流法。下面来研究这些方法在非线性电阻电路中的应用。

图 3.2.1　例 3.2.1 图

节点电压法要列写关于节点电压的 KCL 方程,元件约束和 KVL 关系都需要用节点电压来表示,因此非线性电阻应该是压控型的。

**例 3.2.2** 已知 $i_2 = u_2^5$, $i_3 = u_3^3$,用节点电压法列写图 3.2.2 所示电路的方程。

**解** 节点的选择如图 3.2.2 所示。对该节点应用 KCL、KVL 和元件约束,可知

$$\frac{u-2}{1} + (u-1)^5 + (u-4)^3 = 0$$

**例 3.2.3** 已知 $i_3 = 5u_3^3$, $i_4 = 10u_4^{\frac{1}{3}}$, $i_5 = 15u_5^{\frac{1}{5}}$,用节点电压法列写图 3.2.3 所示电路的方程。

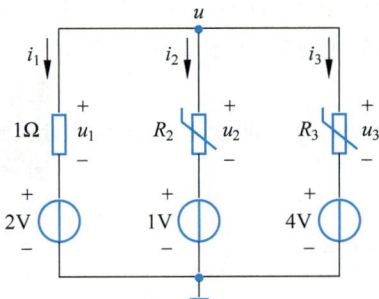

图 3.2.2　例 3.2.2 图

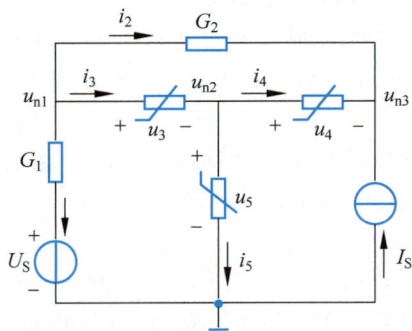

图 3.2.3　例 3.2.3 图

**解** 节点的选择如图 3.2.3 所示。在 3 个节点上分别应用 KCL、KVL 和元件约束,可知

$$G_1(u_{n1} - U_S) + G_2(u_{n1} - u_{n3}) + 5(u_{n1} - u_{n2})^3 = 0$$

$$-5(u_{n1} - u_{n2})^3 + 10(u_{n2} - u_{n3})^{\frac{1}{3}} + 15u_{n2}^{\frac{1}{5}} = 0$$

$$-10(u_{n2} - u_{n3})^{\frac{1}{3}} - G_2(u_{n1} - u_{n3}) - I_S = 0$$

于是得到了 3 个关于节点电压的非线性代数方程,但通常需要利用数值手段并借助计算机才能求解。

仔细研究上述方程的列写过程可以发现,如果不是压控型非线性电阻,则列写节点电压方程比较困难。

回路电流法要列写关于回路电流的 KVL 方程,元件约束和 KCL 关系都需要用回路电流来表示,因此非线性电阻应该是流控型的。

**例 3.2.4** 已知 $u_3 = 20i_3^3$,用回路电流法列写图 3.2.4 所示电路的方程。

**解** 回路的选择如图 3.2.4 所示。在 2 个回路上分别应用 KCL、KVL 和元件约束,可知

$$2i_{l1} + 2(i_{l1} - i_{l2}) = 2$$

$$-2(i_{l1} - i_{l2}) + 20i_{l2}^3 = 0$$

于是得到了关于回路电流的非线性代数方程组,但通常需要用数值手段才能求解。

图 3.2.4 例 3.2.4 图

仔细研究上述方程列写过程可以发现,如果不是流控型非线性电阻,则列写回路电流方程比较困难。

至此讨论了非线性电阻电路方程的列写。一般来说,由此得到的非线性代数方程(组)无法求出解析解,因此必须研究其数值算法。在数值分析或数学实验课程中将讲授求解非线性代数方程(组)的数值方法,其中最主要的方法包括牛顿法、高斯-塞德尔迭代法等。MATLAB® 软件提供了 fsolve、fzero 等若干函数,可方便地以数值方式求解非线性代数方程(组)。

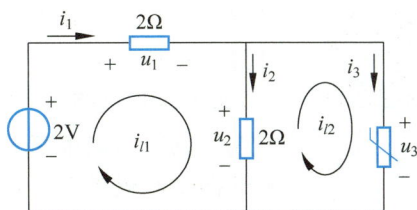

知识点60练习题和讨论

## 3.3 非线性电阻电路的图解法

现在从另一个角度来分析由二极管和电源构成的非线性电阻电路,如图 3.3.1 所示。从图 3.3.1 中 A-B 向左看得到的 $u$-$i$ 关系为

知识点61

$$u = U_S - R_S i$$

向右看得到的 $u$-$i$ 关系为

$$i = I_S(e^{\frac{u}{U_{TH}}} - 1)$$

由于这两个子电路在接线端上的电压电流参考方向相同,可以在一幅图中画出这两个函数关系,如图 3.3.2 所示。

图 3.3.1 中 A-B 左边子电路 $u$-$i$ 特性曲线与 A-B 右边子电路 $u$-$i$ 特性曲线的交点确定了该电路中非线性电阻两端的电压和流经非线性电阻的电流。通常称该点为**工作点**(quiescent point)或 **Q 点**(Q-point)。

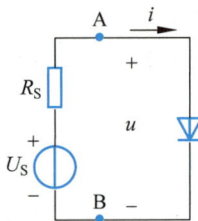

图 3.3.1  含二极管的电路

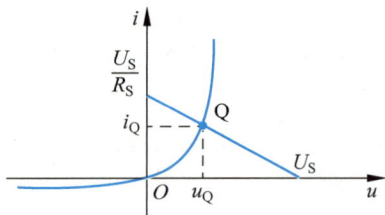

图 3.3.2  图 3.3.1 电路的图解法

知识点61练习题和讨论

图 3.3.2 中非线性电阻的 $u\text{-}i$ 特性曲线是根据其函数关系画出的。实际情况中往往还存在着另外一种情况，即并不清楚非线性电阻的工作机理，只是通过测量接线端的电压电流获得了一条 $u\text{-}i$ 特性曲线。根据前面的讨论可知，如果此时电路中只有 1 个非线性电阻，就可以先求从非线性电阻向外看的一端口网络的戴维南等效电路，然后在同一坐标轴下画出非线性电阻的 $u\text{-}i$ 特性曲线和戴维南等效电路的 $u\text{-}i$ 特性曲线，二者的交点即确定了该非线性电阻两端的电压和流经非线性电阻的电流。这种方法被称为非线性电阻电路的图解法。

图解法的最大优点是直观、简便，因此在电子线路中得到广泛应用。稍后在 3.7 节中还要看到这种方法的实际应用。

## 3.4  非线性电阻电路的分段线性法

在实际测量出非线性电阻元件 $u\text{-}i$ 特性曲线后，既可以尝试用图解法分析电路，也可以对得到的特性曲线进行插值或拟合[①]，求得其 $u\text{-}i$ 关系表达式，然后用列方程的方法来分析非线性电阻电路。

上述两种方法都会牺牲一定的精度。图解法在制图和读取工作点数据的时候可能出现误差，列方程法在插值或拟合时以及用数值方法求解非线性代数方程（组）时可能出现误差。

### 3.4.1  非线性电阻元件的分段线性模型

下面换一种思路来考虑问题。既然很难找到精确求解非线性电阻电路的方法，不妨从简化非线性电阻的模型入手，将其 $u\text{-}i$ 特性曲线在一定范围内视做直线，整个 $u\text{-}i$ 特性曲线就变为连续的折线。这样得到的模型称为非线性电阻的分段线性模型，如图 3.4.1 所示。

知识点62

这种对非线性电阻模型分段线性化的方法可以使分析过程明显简化。以图 3.4.1 为例，如果知道该非线性电阻工作在 $O\text{-}A$ 段，则显然可以在原电路中用一个线性电阻替换这个非线性电阻，其阻值为

---

① 插值和拟合是数值分析或数学实验课程的概念，大致的意思是寻找一个函数来表示实际测量得到的若干点，使得产生的误差足够小。

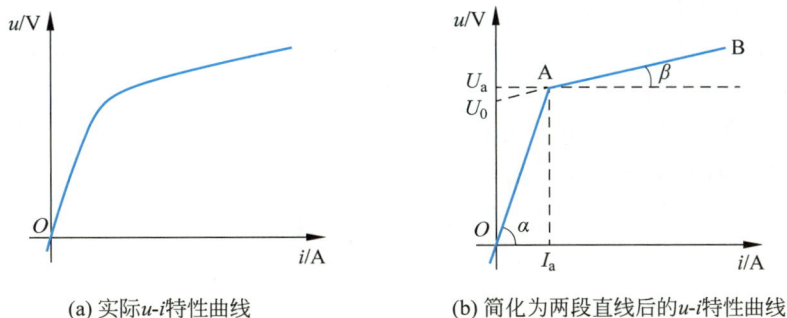

(a) 实际$u$-$i$特性曲线　　　　　　　　(b) 简化为两段直线后的$u$-$i$特性曲线

图 3.4.1　非线性电阻 $u$-$i$ 特性曲线的分段线性简化

$$R_a = \tan\alpha \qquad\qquad (3.4.1)$$

式(3.4.1)对应的子电路如图 3.4.2(a)所示。如果知道该非线性电阻工作在 A-B 段,则可以沿 B→A 方向延长该直线,使其与 $u$ 轴交于 $U_0$ 点。在原电路中可用一个线性电阻与独立电压源的串联替换这个非线性电阻,其 $u$-$i$ 关系为

$$u = U_0 + iR_b, \quad R_b = \tan\beta \qquad\qquad (3.4.2)$$

式(3.4.2)对应的子电路如图 3.4.2(b)所示。

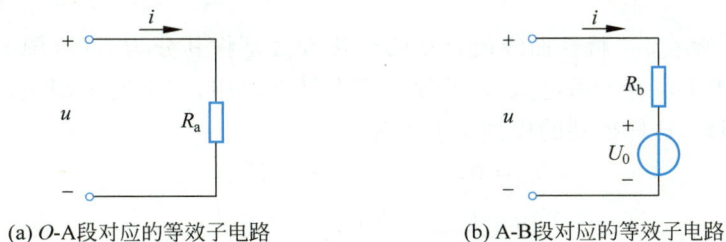

(a) $O$-A段对应的等效子电路　　　　　　(b) A-B段对应的等效子电路

图 3.4.2　图 3.4.1(b)对应的等效子电路

　　当然,用图 3.4.1(b)中的 $O$-A 和 A-B 两段直线来替代图 3.4.1(a)中的曲线将产生误差。是否采用这样的模型简化要视引起的误差是否在工程许可范围内而定。如果对简化模型的精度不满意,也可以进一步增加折线的数量。采用这种方法,理论上可以满足任意精度的要求,但从下面的分析可以看出,电路的求解随分段数量的增加而越来越复杂。因此在应用分段线性法求解非线性电阻电路时需要在精度和方便程度中寻求折中。

　　下面我们对图 3.4.1(b)所示的分段线性模型做进一步的研究。在 $O$-A 段,该非线性电阻可看作线性电阻是有条件的,条件为 $i < I_a$ 或 $u < U_a$。同样在 A-B 段,该非线性电阻可看作线性电阻和独立电压源串联也是有条件的,条件为 $i > I_a$ 或 $u > U_a$。于是可以比较完整地写出该非线性电阻的 $u$-$i$ 关系:

$$\left.\begin{array}{ll} u = iR_a, & R_a = \tan\alpha, \quad i < I_a \\ u = U_0 + iR_b, & R_b = \tan\beta, \quad i > I_a \end{array}\right\} \qquad (3.4.3)$$

式(3.4.3)[①]给出了对图 3.4.2(b)所示分段线性模型的完整描述。

---

① 式(3.4.3)中没有考虑 $I_a$ 点的情况。其原因在于实际电路中 $i = I_a$ 的情况几乎不可能精确发生。当然也可以将式(3.4.3)中的"<"和">"修改为"≤"和"≥"。

前面介绍的是对实际测量的 $u\text{-}i$ 特性曲线进行分段线性简化的方法。实际上这种方法同样适用于已知 $u\text{-}i$ 函数关系的非线性电阻。下面来仔细研究对整流二极管的 $u\text{-}i$ 函数关系进行分段线性简化的方法。

整流二极管的 $u\text{-}i$ 函数关系为式(3.1.4)，在图 3.4.3 所示的参考方向下，某整流二极管的实际 $u\text{-}i$ 特性曲线如图 3.4.4 所示。

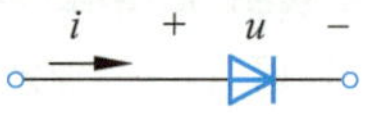

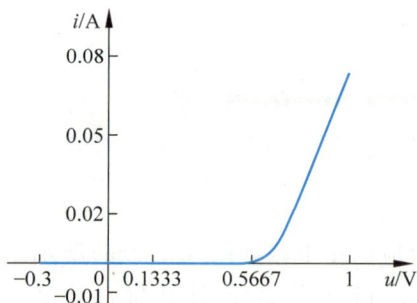

图 3.4.3　整流二极管的参考方向

图 3.4.4　整流二极管的 $u\text{-}i$ 特性曲线

观察图 3.4.4 可以发现，$u$ 小于某个数值时，$i$ 基本上为 0，$u$ 大于该值后，$i$ 随 $u$ 的增加而显著增加。

对图 3.4.4 所示 $u\text{-}i$ 特性曲线最直观的简化方法是将其分为两段（图 3.4.5）。在第 1 段中，二极管基本上没有流通电流（即开路），而在第 2 段中，二极管可用线性电阻与电压源串联的电路来等效，这样得到的模型可表示为

$$\left.\begin{array}{ll} i=0, & u<U_{\mathrm{sd}} \\ u=U_{\mathrm{sd}}+iR, & i>0 \end{array}\right\} \tag{3.4.4}$$

两段中的等效电路表示在图 3.4.5 中。称这种分段线性模型为模型 1。

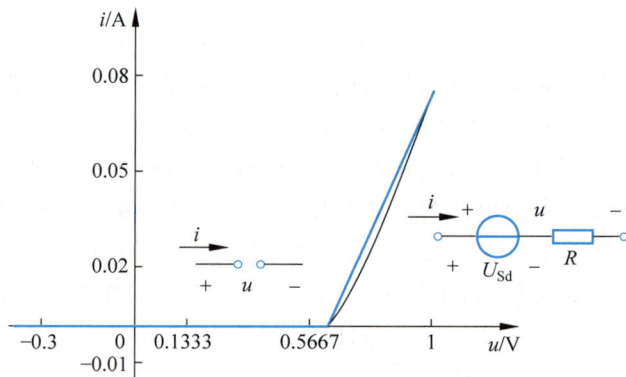

图 3.4.5　整流二极管的模型 1

式(3.4.4)中第 2 区段的 $R$ 值的确定要视整流二极管的实际工作区域确定。此外第 2 区段的条件也可定为 $u>U_{\mathrm{sd}}$。$U_{\mathrm{sd}}$ 称为二极管的导通电压。不同二极管的导通电压各不相同。硅二极管的 $U_{\mathrm{sd}}$ 一般为 0.6V，锗二极管的 $U_{\mathrm{sd}}$ 一般为 0.2V。

观察图 3.4.5 中的第 2 区段可知等效电路中的 $R$ 的阻值在几欧的量级。如果整流二

极管以外电路中电阻的阻值都远大于几欧量级(如在 kΩ 以上),则在工程误差允许的范围内该电阻可近似为短路。从这个观点出发,可将图 3.4.4 所示 $u$-$i$ 特性曲线分为两段(图 3.4.6)。在第 1 段中,二极管可用开路来等效,而在第 2 段中,二极管可用电压源来等效,这样得到的模型可表示为

$$\left. \begin{array}{l} i=0, \qquad u<U_{\mathrm{sd}} \\ u=U_{\mathrm{sd}}, \quad i>0 \end{array} \right\} \qquad (3.4.5)$$

两段中的等效电路表示在图 3.4.6 中。称这种分段线性模型为模型 2。

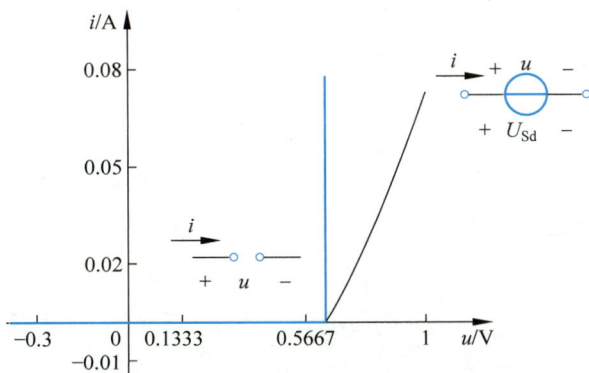

图 3.4.6　整流二极管的模型 2

当然,也可以从另一个角度来进一步简化图 3.4.5 所示的模型 1。如果整流二极管所在电路中所有元件两端的电压都远大于 $U_{\mathrm{sd}}$,则在工程误差允许的范围内该电压源值可近似为零。从这个观点出发,可将图 3.4.4 所示 $u$-$i$ 特性曲线分为如图 3.4.7 所示的两段。在第 1 段中,二极管可用开路来等效,而在第 2 段中,二极管可用电阻来等效(当然其阻值要视整流二极管的实际工作区域而定),这样得到的模型可表示为

$$\left. \begin{array}{l} i=0, \qquad u<0 \\ u=Ri, \quad i>0 \end{array} \right\} \qquad (3.4.6)$$

两段中的等效电路表示在图 3.4.7 中。称这种分段线性模型为模型 3。

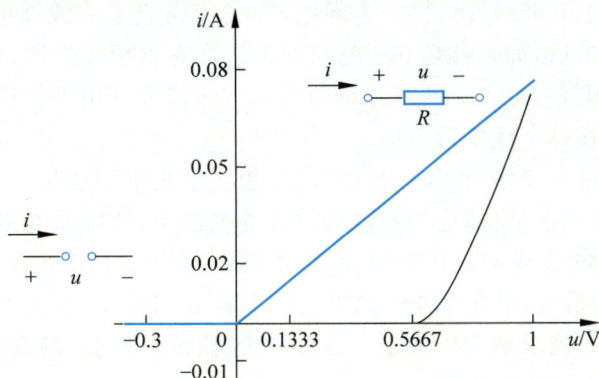

图 3.4.7　整流二极管的模型 3

最后，如果 $U_{sd}$ 和 $R$ 都可在工程误差允许的范围内忽略，则可将图 3.4.4 所示 $u$-$i$ 特性曲线分为如图 3.4.8 所示的两段。在第 1 段中，二极管可用开路来等效，而在第 2 段中，二极管可用短路来等效，这样得到的模型可表示为

$$\left.\begin{array}{ll} i=0, & u<0 \\ u=0, & i>0 \end{array}\right\} \tag{3.4.7}$$

两段中的等效电路表示在图 3.4.8 中。称这种分段线性模型为模型 4，有时也称之为理想二极管模型。

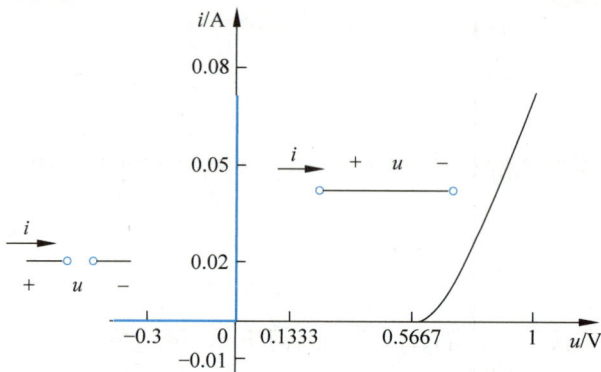

图 3.4.8　整流二极管的模型 4

知识点62练习题和讨论

显然，从模型 1 到模型 4，误差越来越大，但得到的模型越来越便于分析。这充分体现了实际工程问题中需要在精度和方便程度间进行折中的观点。

## 3.4.2　分段线性法

### 1. 用"假设—检验"思想求解包含分段线性模型的电路

上一小节讨论了根据元件的非线性 $u$-$i$ 关系经过适度简化，建立其分段线性模型的过程，其中蕴含着一些近似观点。

知识点63

本小节来回答这样一个问题，即我们完成了非线性电阻电路中每个非线性元件的分段线性建模后，如果确切知道它（们）都工作在哪个线性段，则该电路在当前工况下就是一个线性电阻电路，第 1、2 两章介绍的所有方法都可以用于分析，但是我们如何知道某个非线性电阻工作在哪个线性段上呢？

这就需要用到非常重要的"假设—检验"的思想。事先不知道某个非线性电阻工作在哪段，只需任意假设其工作于某段，应用该段的线性等效模型，使得原电路成为线性电路，求解该电路得到线性模型的接线端电压和电流，判断接线端电压和电流是否满足该段的条件。如果条件满足，则假设成立，求解完毕；如果条件不满足，则假设不成立，再假设其工作于另一段，继续上述过程，直到求解完毕为止。这种基于"假设—检验"的方法对于求解含分段线性模型的非线性电阻电路十分有效。

非线性电阻元件的分段线性建模和基于"假设—检验"思想的求解过程共同构成了非线性电阻电路的分段线性法。

需要指出,一方面由于非线性电阻电路本身可能多解或无解,另一方面用分段线性模型来代替原来的非线性模型也可能产生多解或无解,从而使得上述"假设—检验"过程可能得出该非线性元件满足多个区段条件或不满足任何区段条件的情况。对于这种情况的讨论超出了本书的范围。本节中始终假设非线性电阻电路本身存在唯一解,分段线性模型覆盖了非线性电阻所有工作范围,不会产生多解或无解的情况。

**例 3.4.1**　如图 3.4.9 所示,已知非线性电阻当 $i<1$A 时 $u=2i$；$i>1$A 时 $u=i+1$。求 $u$。

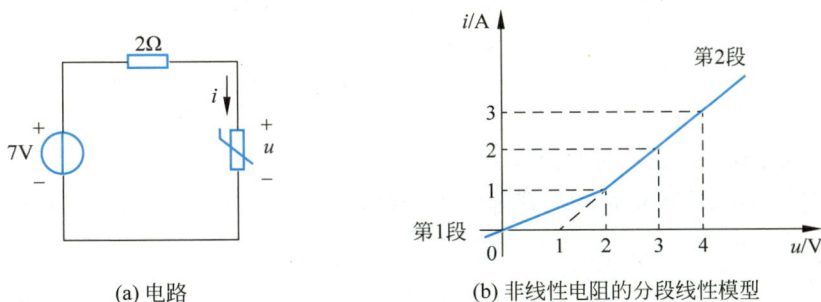

图 3.4.9　例 3.4.1 电路和非线性电阻的分段线性模型

**解**　假设非线性电阻工作在第 1 段,条件为 $i<1$A,得到的线性电阻电路如图 3.4.10(a)所示。容易求得 $i=1.75$A$>1$A,因此假设错误。

假设非线性电阻工作在第 2 段,条件为 $i>1$A,得到的线性电阻电路如图 3.4.10(b)所示。容易求得 $i=2$A$>1$A,因此假设正确。$u=(1+2\times1)$V$=3$V。

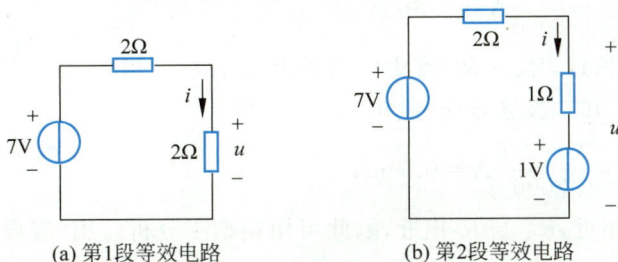

图 3.4.10　例 3.4.1 电路在两段中的等效电路

**例 3.4.2**　图 3.4.11 所示电路中 $u_S=10\sin t$ V,分别用模型 4 和模型 2 来分析下面含硅整流二极管的电路——求通过二极管的电流。

**解**　用"假设—检验"的方法进行分析。

(1) 用模型 4

假设整流二极管等效为短路(条件为 $i>0$),有

$$i=\frac{u}{R}=\frac{10\sin t}{R}$$

显然,当且仅当 $\sin t>0$ 时假设成立。

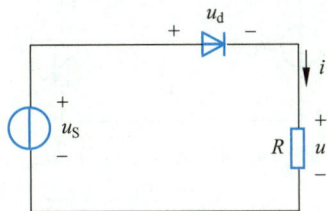

图 3.4.11　例 3.4.2 图

假设整流二极管等效为开路(条件为 $u_d<0$),有

$$u_d=10\sin t$$

显然,当且仅当 $\sin t<0$ 时假设成立。

综上所述，$\sin t > 0$ 时二极管等效为短路，$i = \dfrac{10\sin t}{R}$；$\sin t < 0$ 时，二极管等效为开路，$i = 0$。

（2）用模型 2

假设整流二极管等效为开路（条件为 $u_d < 0.6\text{V}$），有

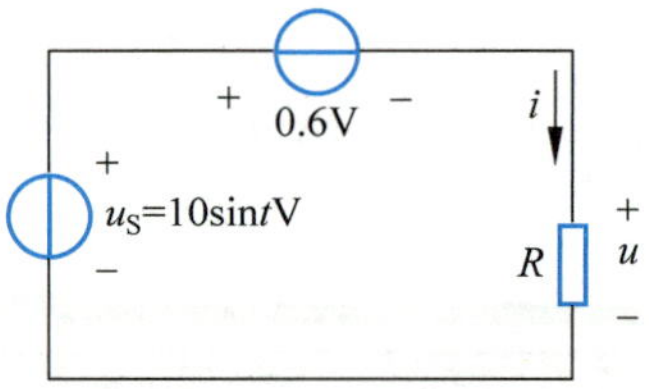

图 3.4.12 例 3.4.2 电路的一种等效电路

$$u_d = 10\sin t\ \text{V}$$

显然，当且仅当 $10\sin t < 0.6$ 时假设成立。

假设整流二极管等效为电压源（条件为 $i > 0$），此时的等效电路如图 3.4.12 所示。

易知

$$i = \frac{10\sin t - 0.6}{R}$$

显然，当且仅当 $10\sin t > 0.6$ 时假设成立。

综上所述，$10\sin t < 0.6$ 时二极管等效为开路，$i = 0$；$10\sin t > 0.6$ 时，二极管等效为电压源，$i = \dfrac{10\sin t - 0.6}{R}$。

**例 3.4.3** 选择合适的二极管分段线性模型，分别求图 3.4.13 所示电路在下列条件下的电流 $i$。已知二极管 $U_{sd} = 0.6\text{V}$，导通后电阻为 $R = 10\Omega$。设：（1）$U_S = 15\text{V}，R_S = 2\text{k}\Omega$；（2）$U_S = 2\text{V}，R_S = 2\text{k}\Omega$；（3）$U_S = 2\text{V}，R_S = 40\Omega$。

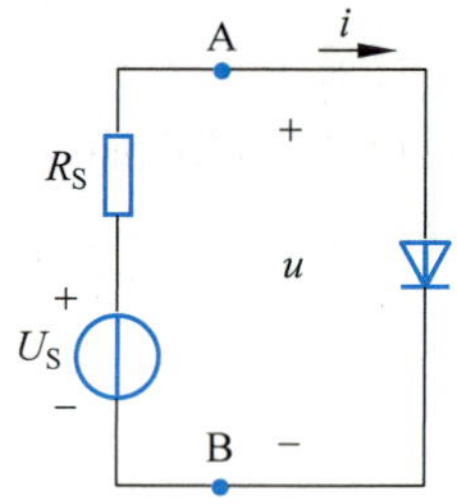

**解** （1）$U_S \gg U_{sd}，R_S \gg R$，因此可用模型 4 分析。用"假设—检验"方法易知二极管导通，此时

$$i = \frac{15}{2000}\text{A} = 7.5\text{mA}$$

（2）$U_S$ 与 $U_{sd}$ 相近，$R_S \gg R$，因此可用模型 2 分析。用"假设—检验"方法易知二极管导通，此时

$$i = \frac{2 - 0.6}{2000}\text{A} = 0.7\text{mA}$$

图 3.4.13 例 3.4.3 图

（3）$U_S$ 与 $U_{sd}$ 相近，$R_S$ 与 $R$ 相近，因此可用模型 1 分析。用"假设—检验"方法易知二极管导通，此时

$$i = \frac{2 - 0.6}{40 + 10}\text{A} = 28\text{mA}$$

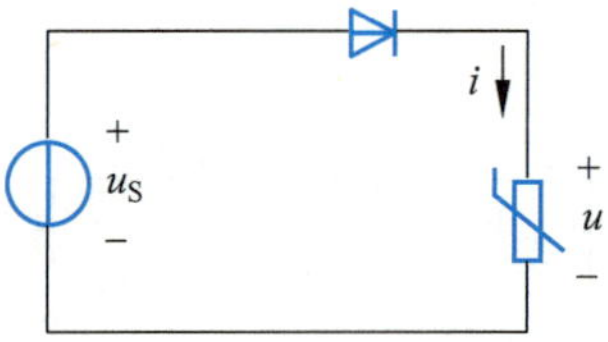

图 3.4.14 含 2 个分段线性模型的电路

由前面的讨论可知，在实际电路中确定和选择非线性电阻的分段模型需要考虑非线性电阻端口电压、电流和求解难度等方面的因素。

下面用二极管的模型 4 分析图 3.4.14 所示电路（其中的非线性电阻 $u$-$i$ 特性如图 3.4.9(b)所示）。

整流二极管的模型 4 有 2 个工作区段，非线性电阻也有 2 个工作区段。要想最终确定两个非线性电阻的真正工作点，需要分析图 3.4.15 所示的 4 个电路并验证是否满足条件。

如果电路中存在 $n$ 个非线性电阻，第 $i$ 个非线性电阻有 $m_i$ 个工作区段，则采用"假

设 — 检验"的方法可能需要分析 $\prod_{i=1}^{n} m_i$ 个等效电路才能完成电路的分析。当然，如果对于非线性电阻的 $u$-$i$ 关系非常熟悉，则往往可以去掉若干不可能的工作区段，从而大大简化求解过程。

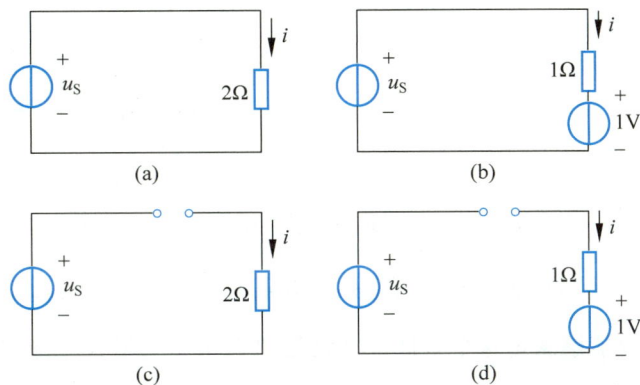

图 3.4.15　图 3.4.14 所示电路的 4 种等效电路

### 2. 用"假设—检验"思想判断 MOSFET 的工作区域

1.6.2 小节比较全面地介绍了 N 沟道增强型 MOSFET 元件的 3 个工作区域、对应的电路模型和条件。在一个包含 MOSFET 的电路中，我们可以用"假设—检验"的思想来判断其工作于哪个区域中。

例 3.4.4　已知 $U_S=10\text{V}$，$K=0.5\text{mA/V}^2$，$U_T=1\text{V}$，$R_D=9\text{k}\Omega$，$R_{ON}=1\text{k}\Omega$，判断 $u_{GS}=5\text{V}$ 和 $u_{GS}=1.5\text{V}$ 时 MOSFET 的工作区域。

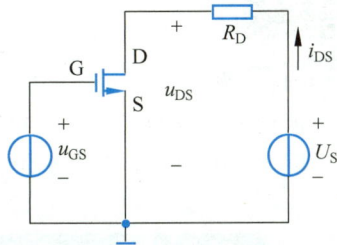

图 3.4.16　例 3.4.4 图

解　将图 3.4.16 和图 1.6.7 进行比较可以发现，当 $u_{GS}=5\text{V}$ 时图 3.4.16 所示电路就是图 1.6.7 所示的反相器电路。第 1 章中不加证明地应用了 $u_{GS}=5\text{V}$ 时 MOSFET 的 D-S 之间等效为 $R_{ON}$ 的结论。在这里用"假设—检验"的方法来验证这一结论。

（1）$u_{GS}=5\text{V}$

由于 $u_{GS}=5\text{V}>U_T=1\text{V}$，因此 MOSFET 肯定导通。

假设 MOSFET 工作于恒流区，电路模型如图 3.4.17(b)所示。在右边的回路中列写 KVL 并应用压控电流源的性质，有

$$u_{DS}=U_S-i_{DS}R_D$$

$$i_{DS}=\frac{K(u_{GS}-U_T)^2}{2}$$

将数值代入可求得 $u_{DS}=-26\text{V}$，不满足 $u_{DS}>u_{GS}-U_T$ 的条件，假设不成立。

假设 MOSFET 工作于电阻区，电路模型如图 3.4.17(a)所示。易知 $u_{DS}=1\text{V}$，满足 $u_{DS}<(u_{GS}-U_T)$ 的条件，假设成立。

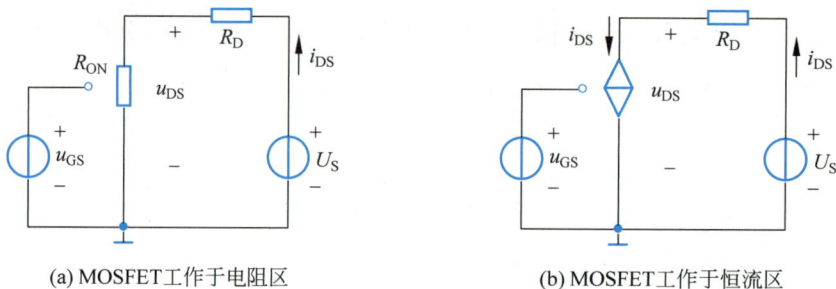

(a) MOSFET工作于电阻区　　　　　　　(b) MOSFET工作于恒流区

图 3.4.17　图 3.4.16 所示电路的 2 种电路模型

因此 MOSFET 工作于电阻区，D-S 之间为电阻 $R_{\mathrm{ON}}$。从前面的分析可以看出，只要满足 $\dfrac{R_{\mathrm{ON}}}{R_{\mathrm{ON}}+R_{\mathrm{D}}}U_{\mathrm{S}}<(u_{\mathrm{GS}}-U_{\mathrm{T}})$，D-S 之间即可等效为电阻 $R_{\mathrm{ON}}$。一般来说，$U_{\mathrm{T}}=1\mathrm{V}$，$R_{\mathrm{D}}\gg R_{\mathrm{ON}}$，因此只要 $u_{\mathrm{GS}}$ 比较大，就能够满足这个条件。这就是图 1.6.9 中用 $R_{\mathrm{ON}}$ 模型的原因。

（2）$u_{\mathrm{GS}}=1.5\mathrm{V}$

由于 $u_{\mathrm{GS}}=1.5\mathrm{V}>U_{\mathrm{T}}=1\mathrm{V}$，因此 MOSFET 肯定导通。

假设 MOSFET 工作于电阻区，电路模型如图 3.4.17(a)所示。易知 $u_{\mathrm{DS}}=1\mathrm{V}$，不满足 $u_{\mathrm{DS}}<(u_{\mathrm{GS}}-U_{\mathrm{T}})$ 的条件，假设不成立。

假设 MOSFET 工作于恒流区，电路模型如图 3.4.17(b)所示。在右边的回路中列写 KVL 并应用压控电流源的性质，有

$$u_{\mathrm{DS}}=U_{\mathrm{S}}-i_{\mathrm{DS}}R_{\mathrm{D}}$$

$$i_{\mathrm{DS}}=\dfrac{K(u_{\mathrm{GS}}-U_{\mathrm{T}})^{2}}{2}$$

知识点63练习题
和讨论

将数值代入可求得 $u_{\mathrm{DS}}=9.44\mathrm{V}$，满足 $u_{\mathrm{DS}}>(u_{\mathrm{GS}}-U_{\mathrm{T}})$ 的条件，假设成立。

因此 MOSFET 工作于恒流区，D-S 之间等效为压控电流源。

## 3.5 非线性电阻电路的小信号法

### 3.5.1　小信号法

前面 3 节从不同的角度讨论了非线性电阻电路的解法。本节讨论一种特殊的情况，即存在小扰动的直流激励非线性电阻电路。这是实际工程中经常遇到的情况。

知识点64

在这种电路中，我们非常关心小扰动引起的响应。3.1 节讨论非线性电阻的特点时曾得出结论：如果非线性电阻的激励由直流和交流两部分组成，同时交流的工作范围比较小，则在其工作点附近可用线性电阻来近似。这就是本节用小信号法来分析存在小扰动的直流激励非线性电阻电路的基本出发点。

下面以图 3.5.1 所示含二极管的非线性电阻电路为例说明小信号法的思路。图 3.5.1 中 $U_{\mathrm{S}}$ 是理想直流独立电压源，其作用是确保整流二极管始终处于导通状态，$\Delta u_{\mathrm{S}}(t)$ 表示足够小的扰动，可看作小信号，$R_{\mathrm{S}}$ 表示电源的线性内阻。

由于 $\Delta u_S(t)$ 是时间函数,因此二极管上的电压 $u$ 和电流 $i$ 一定是时间函数,我们不妨分别设其为 $u(t)$ 和 $i(t)$。对图 3.5.1 列写 KVL 方程得到

$$U_S + \Delta u_S(t) = R_S i(t) + u(t) \tag{3.5.1}$$

应用二极管的 $u$-$i$ 关系得到

$$i(t) = I_S(e^{\frac{u(t)}{U_{TH}}} - 1) \tag{3.5.2}$$

其中 $I_S$ 和 $U_{TH}$ 为二极管的特性参数。

**图 3.5.1** 含二极管的非线性电阻电路

我们既可以联立式(3.5.1)和式(3.5.2),求解关于电压 $u$ 和电流 $i$ 的非线性代数方程组,用解析法求解;也可以从图 3.5.1 中 A-B 点分别往左和往右看,画出这两个一端口的 $u$-$i$ 特性[①],求其交点,用图解法求解;还可以对式(3.5.2)所示的二极管 $u$-$i$ 特性进行某种程度的分段线性简化,进而用分段线性法求解。但是,一方面由于 $\Delta u_S(t)$ 是时间的函数,上述求解过程并不容易;另一方面考虑到 $\Delta u_S(t)$ 可以视作小信号,我们可以在这种特殊场景下发展出一种全新的求解方法。这就是小信号法的由来。

小信号法的基本思路是:由于 $\Delta u_S(t)$ 可以视作小信号,待求解的二极管上的电压 $u(t)$ 和通过的电流 $i(t)$ 一定是在某一个直流基础数值上下波动的时间函数,二者之间满足式(3.5.2)。我们不妨分别设这两个待求的直流基础数值为 $U_0$ 和 $I_0$,那么就有 $u(t) = U_0 + \Delta u(t)$ 和 $i(t) = I_0 + \Delta i(t)$,其中的 $\Delta u(t)$ 和 $\Delta i(t)$ 分别是待求的时间函数。这个时候,式(3.5.1)可以写作

$$U_S + \Delta u_S(t) = R_S(I_0 + \Delta i(t)) + (U_0 + \Delta u(t)) \tag{3.5.3}$$

还可以对式(3.5.2)进行泰勒展开如下

$$i(t) = I_0 + \Delta i(t) = I_S(e^{\frac{u(t)}{U_{TH}}} - 1) = I_S(e^{\frac{U_0 + \Delta u(t)}{U_{TH}}} - 1)$$

$$= I_S(e^{\frac{U_0}{U_{TH}}} - 1) + \frac{di}{du}\Big|_{u=U_0} \Delta u(t) + \frac{1}{2!} \frac{d^2 i}{du^2}\Big|_{u=U_0} \Delta u(t)^2 + \cdots \tag{3.5.4}$$

考虑到 $\Delta u_S(t)$ 可以视作小信号,其引起的时间波动函数 $u(t)$ 和 $i(t)$ 的数值会比较小,那么在满足一定条件下,我们就可以在一定误差范围内忽略 2 次及以上高次项[②],因此得到

$$i(t) = I_0 + \Delta i(t) = I_S(e^{\frac{U_0}{U_{TH}}} - 1) + \frac{di}{du}\Big|_{u=U_0} \Delta u(t) \tag{3.5.5}$$

观察式(3.5.5)可以有 3 点循序渐进的发现:

**图 3.5.2** 求解式(3.5.6)对应的工作点电路

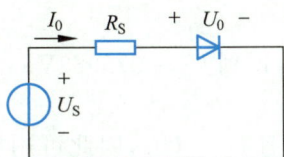

(1) $U_0$ 和 $I_0$ 是两个待求的直流基础值,不会由带时间项的激励确定,因此我们可以根据直流激励来求解它们,即

$$\left.\begin{array}{l} U_S = R_S I_0 + U_0 \\ I_0 = I_S(e^{\frac{U_0}{U_{TH}}} - 1) \end{array}\right\} \tag{3.5.6}$$

这其实对应着图 3.5.2 所示电路。

---

① 由于 $\Delta u_S(t)$ 的存在,往左看的 $u$-$i$ 特性并不是一条线,而是一个工作带。

② 详见参考文献[9]。

直流电压 $U_0$ 与直流电流 $I_0$ 确定了二极管的直流工作点（$Q$ 点），实现这一直流工作点所需的直流电压源 $U_S$ 称为偏置电压（biasing voltage）。由于图 3.5.2 用来求解工作点，因此经常被称为工作点电路。图 3.5.2 所示工作点电路或式（3.5.6）是非线性电阻电路或非线性代数方程组，可以用到 3.2 节～3.4 节介绍的各种方法来分析求解。

（2）在获得 $U_0$ 和 $I_0$ 后，考虑到式（3.5.6）表示的 $U_0$-$I_0$ 关系，观察可知式（3.5.3）和式（3.5.5）可以简化为

$$\left.\begin{aligned}
\Delta u_S(t) &= R_S \Delta i(t) + \Delta u(t) \\
\Delta i(t) &= \frac{\mathrm{d}i}{\mathrm{d}u}\Big|_{u=U_0} \Delta u(t)
\end{aligned}\right\} \tag{3.5.7}$$

这是关于时间函数 $\Delta u(t)$ 和 $\Delta i(t)$ 的线性代数方程组，可以对应一个线性电阻电路。第一个式子是 KVL，第二个式子是欧姆定律，电导为 $\frac{\mathrm{d}i}{\mathrm{d}u}\big|_{u=U_0}$[①]，我们可以画出式（3.5.7）对应的

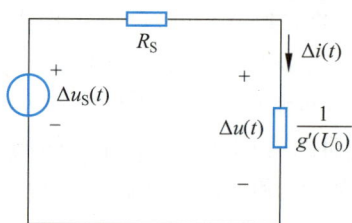

图 3.5.3 求解式（3.5.7）对应的
小信号电路

线性电阻电路如图 3.5.3 所示。由于图 3.5.3 用来求解时间函数小信号带来的时间函数小扰动，因此经常被称为小信号电路。图 3.5.3 所示小信号电路或式（3.5.7）是线性电阻电路或线性代数方程组，可以用到第 1、2 章介绍的各种方法。

（3）上面两步其实就是把式（3.5.3）和式（3.5.5）的包含时间函数的非线性代数方程组的求解，解耦成为式（3.5.6）所示的直流非线性代数方程的求解以及式（3.5.7）所示的包含时间函数的线性代数方程的求解两个步骤。当然最终的结果需要统合为

$$\left.\begin{aligned}
u(t) &= U_0 + \Delta u(t) \\
i(t) &= I_0 + \Delta i(t)
\end{aligned}\right\} \tag{3.5.8}$$

这就是小信号法的整体思路。

例 3.5.1 已知图 3.5.1 中二极管 $u$-$i$ 特性为 $i = I_S(\mathrm{e}^{\frac{u}{U_{TH}}} - 1)$，其中 $U_{TH} = 25\mathrm{mV}$，$I_S = 10^{-12}\mathrm{A}$。$U_S = 50\mathrm{V}$，$R_S = 2000\Omega$，$\Delta u_S(t) = 500\sin(1000t)\mathrm{mV}$。求电流 $i$ 和二极管两端电压 $u$。

解 考虑到二极管的 $u$-$i$ 特性和 $\Delta u_S(t) \ll U_S$，可用小信号法分析该电路。

（1）求直流工作点。求直流工作点电路如图 3.5.2 所示。

如果用列方程求解，应用 KVL 和元件约束并代入元件参数，可得

$$\frac{50 - U_0}{2000} = 10^{-12}(\mathrm{e}^{\frac{U_0}{25 \times 10^{-3}}} - 1)$$

用 MATLAB® 的 fsolve 函数可方便地求解上述非线性超越方程，得到 $U_0 = 0.5983\mathrm{V}$。由此可解得 $I_0 = 24.7\mathrm{mA}$。

如果用分段线性法求解，由于 $R_S$ 远大于二极管导通电阻 $R$，且 $U_S \gg U_{sd}$，因此可用模型 4 分析。用"假设—检验"的方法易知二极管导通，此时

$$I_0 = \frac{50}{2000}\mathrm{A} = 25\mathrm{mA}$$

---

① 请注意这个电导的数值是由工作点的 $U_0$-$I_0$ 关系决定的，即不同工况下，是不一样的。

进一步求得 $U_0 = 0.5986\text{V}$。

（2）求小信号响应。二极管在工作点的小信号线性电阻值为

$$R_\text{d} = \frac{1}{\dfrac{\text{d}i}{\text{d}u}\bigg|_{u=U_0}} = \frac{25 \times 10^{-3}}{10^{-12}\,\text{e}^{\frac{u}{25 \times 10^{-3}}}}\bigg|_{u=0.5983} = 1.01\Omega$$

画出小信号电路如图 3.5.3 所示。

易知

$$\Delta i = \frac{500\sin(1000t)}{2000 + 1.01} = 0.250\sin(1000t)\,\text{mA}$$

$$\Delta u = \frac{1.01}{2000 + 1.01} \times 500\sin(1000t) = 0.252\sin(1000t)\,\text{mV}$$

（3）合成。根据式（3.5.8）可知

$$i = [24.7 + 0.250\sin(1000t)]\,\text{mA}$$

$$u = [598.3 + 0.252\sin(1000t)]\,\text{mV}$$

## 3.5.2　小信号模型和小信号电路

知识点65

从前面介绍小信号法思路的过程可以发现，图 3.5.2 和图 3.5.3 所示电路与图 3.5.1 所示电路的拓扑结构没有发生改变，只是各个元件的参数发生了变化。于是这就给我们另外一个启示，即不需要从式（3.5.6）得到图 3.5.2，从式（3.5.7）得到图 3.5.3，而是可以反过来，搞清楚不同元件在工作点电路和小信号电路中的不同参数，根据图 3.5.1 直接画出求工作点的图 3.5.2 和求小信号响应的图 3.5.3，再根据这两个电路进行求解。这个过程跳过了从式（3.5.3）到式（3.5.5）的推导过程，可以更便捷地求解电路。

图 3.5.2 所示工作点电路的获得其实是简单的，只需要在图 3.5.1 中去掉小扰动 $\Delta u_\text{S}(t)$，把所有时间函数支路量改为工作点的直流量即可。

关于如何得到图 3.5.3 所示小信号电路，则需要根据不同类型的元件，考虑在工作点确定后，不同元件在 $\Delta u(t)$ 和 $\Delta i(t)$ 之间的关系，即得到其小信号模型。

首先是非线性电阻，不失一般性，设其为流控型，$u$-$i$ 关系为 $u = f(i)$，则其在小信号电路中是一个线性电阻，$u$-$i$ 关系为

$$\Delta u(t) = \frac{\text{d}f(i)}{\text{d}i}\bigg|_{i=I_0} \cdot \Delta i(t) \tag{3.5.9}$$

其中 $I_0$ 是其工作点电流。压控型电阻也可得到类似的结论。

定义 $R_\text{d} = \dfrac{\text{d}f(i)}{\text{d}i}\bigg|_{i=I_0}$ 为非线性电阻的动态电阻，与之对应的静态电阻定义为 $R_\text{s} = \dfrac{U_0}{I_0}$。二者的比较用图 3.5.4 所示某元件的 $u$-$i$ 关系加以说明。其中 $Q$ 为工作点。从图 3.5.4 可以清楚地看

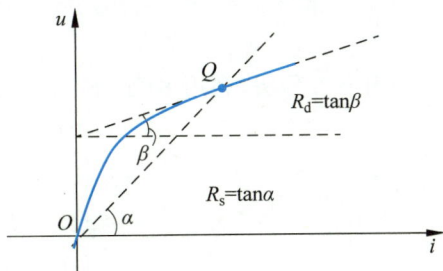

图 3.5.4　静态电阻和动态电阻

出静态电阻与动态电阻二者的区别和联系。需要指出,动态电阻和静态电阻均与工作点有关。同理,我们可以定义出**动态电导**和**静态电导**。动态电阻和动态电导也分别称为**微分电阻**和**微分电导**。

对于图 3.1.7(b)的 $u$-$i$ 关系,易知 B 点所在位置的静态电阻为正,动态电阻为负。负动态电阻可以用来构成自激振荡器,被广泛地用于电子线路中。

要想在一定范围内产生负静态电阻,一定需要有源元件。1.7 节讨论了如何用运算放大器构成负静态电阻。

对于线性电阻来说,其 $u$-$i$ 关系为 $u=Ri$,代入式(3.5.9)易知在小信号电路中仍为线性电阻,阻值不变。

对于提供直流偏置的理想直流独立电压源和电流源来说,它们的作用体现在求解工作点电路中,其输出不会因为小信号激励而发生改变,即在小信号电路中理想直流独立电压源和电流源不作用。也就是说,电压源表现为短路,电流源表现为开路。

下面以非线性的压控电流源为例,说明非线性受控源在小信号电路中的模型。设非线性压控电流源为 $i=f(u_1)$,其中 $u_1$ 为控制量。类似于非线性电阻的处理方法,其 $u$-$i$ 关系在工作点泰勒展开一阶项的系数即为其小信号电路模型中线性压控电流源的系数,即

$$\Delta i(t)=\frac{\mathrm{d}f(u_1)}{\mathrm{d}u_1}\bigg|_{u_1=U_1}\Delta u_1(t) \tag{3.5.10}$$

其中 $U_1$ 是其控制量的工作点电压。

对于线性受控源来说,仍以线性压控电流源为例,其 $i=gu_1$,代入式(3.5.10)易知在小信号电路中仍为线性压控电流源,控制系数不变。

**例 3.5.2** 已知图 3.5.5 所示电路中 $u(t)=(7+U_m\sin\omega t)\mathrm{V}$,$\omega=100\mathrm{rad/s}$,$U_m$ 足够小,$R_1=2\Omega$。非线性电阻 $r_2$ 的 $u$-$i$ 关系为 $u_2=i_2+2i_2^3$,$r_3$ 的 $u$-$i$ 关系为 $u_3=2i_3+i_3^3$。求电压 $u_2$ 和电流 $i_1,i_2,i_3$。

**解** (1)求直流工作点。画直流激励作用电路如图 3.5.6 所示。

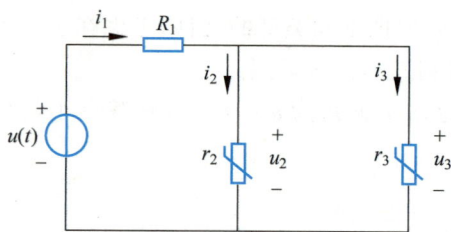

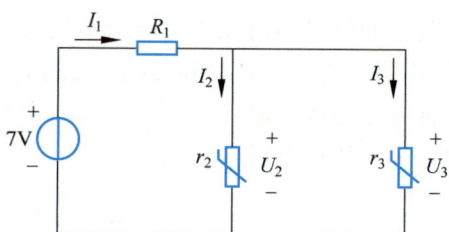

图 3.5.5 例 3.5.2 图     图 3.5.6 图 3.5.5 电路求直流工作点的电路

采用列方程法,利用 KCL、KVL 和元件约束得到下面的方程,并求解出工作点:

$$\begin{cases}2I_1+U_2=7\\U_2=U_3\\I_1=I_2+I_3\\U_2=I_2+2I_2^3\\U_3=2I_3+I_3^3\end{cases}\Rightarrow\begin{cases}I_1=2\mathrm{A}\\I_2=1\mathrm{A}\\I_3=1\mathrm{A}\\U_2=3\mathrm{V}\\U_3=3\mathrm{V}\end{cases}$$

（2）求小信号响应。先求两个非线性电阻的小信号电路模型（动态电阻），分别为：

$$R_{2d} = \frac{du_2}{di_2}\bigg|_{i_2=I_2} = 1 + 6i_2^2\bigg|_{i_2=1A} = 7\,\Omega$$

$$R_{3d} = \frac{du_3}{di_3}\bigg|_{i_3=I_3} = 2 + 3i_3^2\bigg|_{i_3=1A} = 5\,\Omega$$

画出小信号电路如图 3.5.7 所示。

图 3.5.7 是简单串并联电路，容易求解出

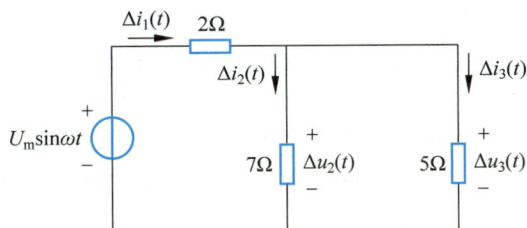

图 3.5.7　图 3.5.5 电路的小信号电路

$$\Delta i_1 = U_m\sin\omega t / (2 + 5 \,/\!/\, 7) = 0.2033U_m\sin\omega t\,\mathrm{V}$$

$$\Delta i_2 = \Delta i_1 \times 5/12 = 0.0847U_m\sin\omega t\,\mathrm{V}$$

$$\Delta i_3 = \Delta i_1 \times 7/12 = 0.1186U_m\sin\omega t\,\mathrm{V}$$

$$\Delta u_2 = 7 \times \Delta i_2 = 0.593U_m\sin\omega t\,\mathrm{V}$$

（3）合成

$$i_1 = (2 + 0.2033U_m\sin\omega t)\,\mathrm{A}, \quad i_2 = (1 + 0.0847U_m\sin\omega t)\,\mathrm{A}$$

$$i_3 = (1 + 0.1186U_m\sin\omega t)\,\mathrm{A}, \quad u_2 = (3 + 0.5932U_m\sin\omega t)\,\mathrm{V}$$

知识点65练习题和讨论

# 3.6　用 MOSFET 构成模拟系统的基本单元——小信号放大器

在模拟系统中，往往需要将微弱的电信号增强到可以检测和利用的程度，这种技术称为放大。对于放大来说，有两点基本要求：首先，放大后得到的信号波形应与放大前的信号波形相似，即信号失真小；另外，信号经放大后电压幅值或电流幅值应有所增加，一般情况下，其伏安乘积（$u \times i$）应达到足够的数值，即信号功率被放大。实现放大功能的电路称为放大器。电压和电流均可用来表示信号，因此又可分为电压放大器和电流放大器两种。如果经过一个放大器后信号仍然无法达到可检测和利用的程度，则往往需要将多个放大器级连起来，形成多级放大器。多级放大器最后一级的输出将直接与负载相连，对功率有一定的要求，因此又称为功率放大器。

知识点66

信号的波形和功率均被放大器放大。这部分能量不能凭空产生，必须由电源提供。放大器就是利用直流电源提供能量，在较小的信号作用下产生较大的信号供给负载，从而达到信号放大的目的。放大器既涉及信号处理（放大），也涉及能量处理（将直流能量转换为交流能量）。

从方法论角度来说，在 3.5 节中，我们讨论了如果激励是一个大值直流加小值扰动的情况，可以用小信号法来分析小扰动激励对电路造成的影响。在本节中，将小值扰动替换为小值待放大信号，依然可以用小信号法来分析该小值待放大信号经过电路后的变化情况。

关于 MOSFET 元件，我们从 1.3.1 小节对其进行引入，通过仿真研究了它的外特性，并用式（1.3.1）和式（1.3.2）描述了它在电阻区和电流源区的工作特性；在 1.6.2 小节又进一步用图 1.6.6 描述了它的电路模型；在 1.6.3 小节使得 MOSFET 在截止区和电阻区工作，从而构成逻辑门电路，形成了数字系统的基本单元；3.4.2 小节则利用"假设—检验"法根据外电路的参数确定 MOSFET 的工作区。本节中我们通过设计合理的外电路参数，确

保 MOSFET 工作在电流源区，以实现电压小信号放大的目的，构成了模拟系统的基本单元——**小信号放大器**[1]。

综上所述，本节在 MOSFET 元件模型中综合应用小信号法和"假设—检验"思想，需要读者反复查阅比较前文内容才能融会贯通。

下面用一个例子来说明 MOSFET 放大器的性能。

**例 3.6.1** 分析图 3.6.1 所示电路。已知 $U_S = 10V$，$K = 0.5mA/V^2$，$U_T = 1V$，$R_D = 9k\Omega$。$u_{GS} = U_{GS} + \Delta u_{GS}$，其中 $U_{GS} = 1.5V$ 为直流偏置电压，$\Delta u_{GS}$ 为待放大的小信号。

**解** 本例中的 $u_{GS}$ 为大值直流与小值待放大信号之和，我们可以采用 3.5 节介绍的小信号法来分析图 3.6.1 所示电路。

（1）求直流工作点。假设 MOSFET 工作于恒流区，画直流激励作用电路如图 3.6.2 所示。

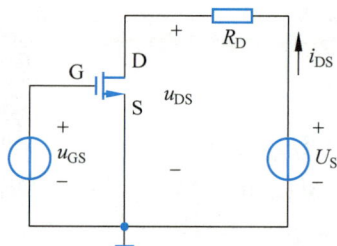

图 3.6.1  例 3.6.1 图（MOSFET 小信号放大器）

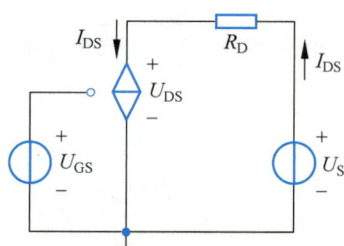

图 3.6.2  图 3.6.1 电路求直流工作点的电路

根据 KVL、KCL 和元件约束，列写并求解如下：

$$\begin{cases} U_{DS} = U_S - I_{DS}R_D \\ I_{DS} = \dfrac{K(U_{GS} - U_T)^2}{2} \end{cases}$$

推出

$$U_{DS} = U_S - \frac{K(U_{GS} - U_T)^2}{2}R_D = 9.44V$$

满足 $U_{GS} > U_T$ 和 $U_{DS} > U_{GS} - U_T$ 的条件，假设成立[2]。

（2）求小信号响应。对于 MOSFET 的非线性压控电流源模型来说，其小信号电路模型（式(3.5.9)）为

$$\begin{aligned} \Delta i_{DS} &= \frac{d\left(\dfrac{K(u_{GS} - U_T)^2}{2}\right)}{du_{GS}}\Bigg|_{u_{GS} = U_{GS}} \cdot \Delta u_{GS} \\ &= K(U_{GS} - U_T)\Delta u_{GS} \\ &= g_m \Delta u_{GS} \\ &= 0.25 \times 10^{-3} \Delta u_{GS} \end{aligned}$$

---

[1] 第 4 章和第 6 章还将讨论考虑 MOSFET 寄生参数后，对电路分析和设计的影响。

[2] 严格来讲，我们还需要检验该工况下 MOSFET 不工作于截止区和电阻区，这里略去。

其中 $g_m = K(U_{GS} - U_T)$ 称为 MOSFET 小信号模型的 **跨导**。画出小信号电路，如图 3.6.3 所示。

容易求出

$$\Delta u_{DS} = -\Delta i_{DS} \cdot R_D = -2.25\Delta u_{GS}$$

信号由 G-S 输入，D-S 输出，因此可知小信号的放大倍数为

$$\frac{\Delta u_o}{\Delta u_i} = \frac{\Delta u_{DS}}{\Delta u_{GS}} = -2.25$$

显然，小信号输入电压被反相放大了 2.25 倍。

（3）合成

$$u_o = u_{DS} = (9.44 - 2.25\Delta u_i)\text{V}$$

图 3.6.3 所示小信号电路中待放大的小信号从 MOSFET 的 G-S 输入，经放大后从 D-S 输出，输入输出共用源极，因此称为 **共源放大电路**。

除例 3.6.1 所示共源放大器外，MOSFET 还可以构成共漏、共栅等不同小信号处理电路。根据 1.7.1 小节的讨论，它们都有各自的信号放大倍数、输入电阻和输出电阻，在不同场合都具有其实用价值。

下面讨论一个问题，即运算放大器构成的各种电路、MOSFET 构成的小信号放大器中都有直流电源，但为什么图 1.7.2 所示电压型信号处理电路中没有独立源？

根据 3.5 节知识和本节例可知，在利用 MOSFET 和运算放大器进行各种模拟信号处理的过程中，理想直流独立电压源起到的作用是确定非线性元件的工作点[①]，而在考虑待处理的小信号的时候，理想直流独立电压源的作用则体现在由工作点确定的非线性元件的小信号模型的参数上（本节例中的 $g_m$ 参数和运算放大器的 $A$ 参数），因此在考虑小信号处理电路的时候，就不包括理想直流独立电压源了。也就是说，图 1.7.2 所示电压型信号处理电路其实是小信号电路，因此没有理想直流独立电压源。此外我们把所有的待处理信号都放到左侧输入端口上，处理后的信号都放到右侧输出端口上。因此图 1.7.2 所示电压型信号处理电路中没有独立源。

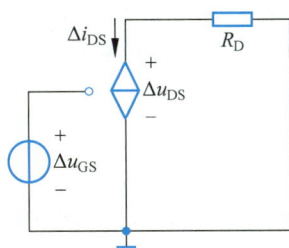

图 3.6.3　图 3.6.1 电路的小信号电路

图 3.6.1 电路对应小信号处理电路的输入电阻和输出电阻

知识点66练习题和讨论

## 3.7　非线性电阻的其他应用举例

3.2 节～3.6 节介绍了非线性电阻电路分析的 4 种方法并用小信号法分析了由 MOSFET 构成的放大电路。非线性电阻在电气工程中得到了广泛的应用。本节以二极管为主介绍几个典型实例。

知识点67

### 3.7.1　利用二极管的单向开关性质

通过前文的讨论可以知道，正向电压大于某个阈值后，二极管表现为小电阻或短路（称

---

① 运算放大器内部包含几十至几百个类似于 MOSFET 这样的晶体管，在可放大信号的工作区段内均有非线性。

为导通或开通①），否则表现为开路(称为关断或截止)。因此可以将二极管看作一个开关，当正向电压大于阈值后开关闭合，不过只能允许正向电流通过，因此称为单向开关。

### 1. 整流

所谓整流，是指将电压或电流从交流调整为直流。例 3.4.2 所示电路就是一个半波整流电路，不妨重画为图 3.7.1。

二极管采用模型 4，沿用例 3.4.2 的分析结果可知，当 $\sin t > 0$ 时，二极管导通，$u = u_S$；当 $\sin t < 0$ 时，二极管关断，$u = 0$。画出 $u_S$（实线）和 $u$（虚线）的波形如图 3.7.2 所示。

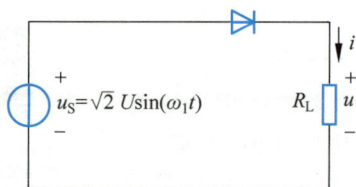

图 3.7.1　二极管的半波整流电路　　　　图 3.7.2　半波不控整流电路的电压波形

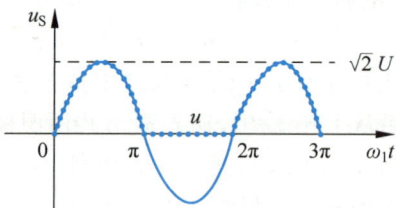

由图 3.7.2 易知，引入二极管后，负载 $R_L$ 上获得直流。由于电源每个周期中只有一半波形对负载起作用，因此称为半波整流。此外，该电路对二极管的导通和关断没有任何控制措施，因此称为不控整流。可以根据图 3.7.2 计算出 $u$ 的平均值为

$$\overline{U} = \frac{1}{2\pi}\int_0^\pi \sqrt{2}\,U\sin(\omega_1 t)\,\mathrm{d}(\omega_1 t) = \frac{\sqrt{2}}{\pi}U \approx 0.45U \tag{3.7.1}$$

上述基于二极管的半波整流电路有两点不能令人满意。其一在于只利用了电源的一半波形，效率不高，同时负载电压平均值也不高。其二在于不能控制导通段的波形，也就不能控制负载上的电压。对于第一点，人们设计了其他电路（如二极管桥式整流电路），可以实现电源每个周期的正负波形对负载均起作用，称为全波整流。对于第二点，可以用可控的电力开关来改进。可控的电力开关包括晶闸管、电力 MOSFET、栅极可关断晶闸管 GTO、绝缘栅双极型晶体管 IGBT 等。

### 2. 限幅和箝位

所谓限幅，指的是将信号的幅值限制在某个范围之内。所谓箝位，指的是使得某个节点的电压不大于（或不小于）某个事先指定的值。限幅和箝位是两个比较相似的概念，限幅更侧重于对信号的处理，箝位更侧重于对节点电压的控制。讨论限幅和箝位时，人们往往使用二极管的模型 4。

图 3.7.3 给出了两种串联限幅的电路。

为简单起见，不讨论负载输入电阻造成的影响，即认为 $u_o$ 端开路。观察图 3.7.3(a) 可知，$u_i > 0$ 时，二极管导通，$u_o = u_i$；$u_i < 0$ 时，二极管截止，$u_o = 0$。对于图 3.7.3(b) 来说，$u_i > U$ 时，二极管导通，$u_o = u_i$；$u_i < U$ 时，二极管截止，$u_o = U$。如果输入信号是正弦，两种

---

① 导通更强调稳定状态，开通更强调从关断到导通的过渡过程。

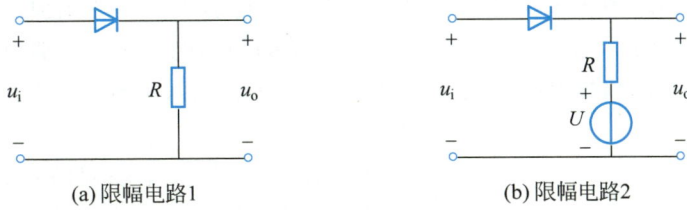

(a) 限幅电路1          (b) 限幅电路2

图 3.7.3　串联限幅电路

情况下的输入波形(实线)、输出波形(虚线)分别如图 3.7.4(a)和(b)所示。

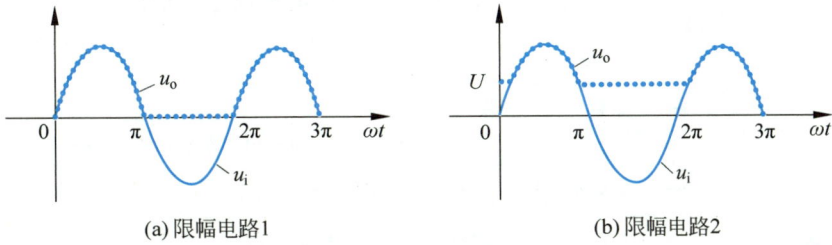

(a) 限幅电路1          (b) 限幅电路2

图 3.7.4　串联限幅电路的输入输出波形

由图 3.7.4 可知,图 3.7.3 所示的两种电路分别将输入信号的幅值限制在大于零和大于 $U$ 的范围内,达到了限幅的目的。图 3.7.3 所示的限幅电路中二极管串联于信号的传输通路中,因此称为**串联限幅**电路。当然,还可以构造出将输入信号限制在小于某个值范围内的串联限幅电路。

图 3.7.5 给出了两种并联限幅的电路。

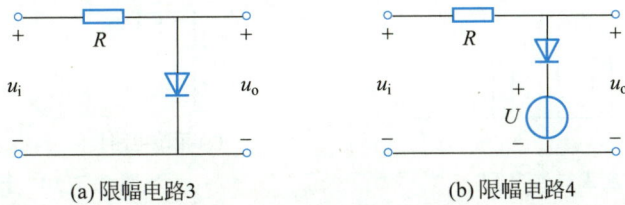

(a) 限幅电路3          (b) 限幅电路4

图 3.7.5　并联限幅电路

观察图 3.7.5(a)可知,$u_i > 0$ 时,二极管导通,$u_o = 0$;$u_i < 0$ 时,二极管截止,$u_o = u_i$。对于图 3.7.5(b)来说,$u_i > U$ 时,二极管导通,$u_o = U$;$u_i < U$ 时,二极管截止,$u_o = u_i$。如果输入信号是正弦,两种情况下的输入波形(实线)、输出波形(虚线)分别如图 3.7.6(a)和(b)所示。

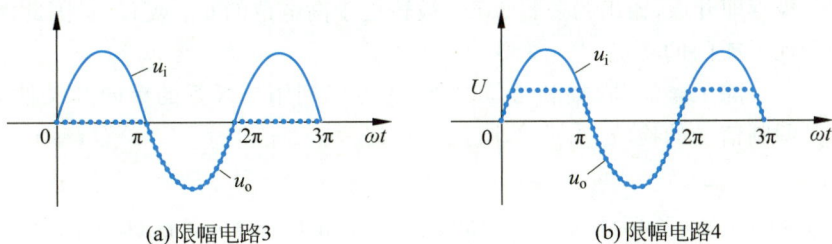

(a) 限幅电路3          (b) 限幅电路4

图 3.7.6　并联限幅电路的输入输出波形

由图 3.7.6 可知,图 3.7.5 所示的两种电路分别将输入信号的幅值限制在小于零和小于 $U$ 的范围内,达到了限幅的目的。图 3.7.5 所示的限幅电路中二极管并联于信号的传输通路中,因此称为**并联限幅**电路。当然,还可以构造出将输入信号限制在大于某个值范围内的并联限幅电路。

此外,还可以将 2 个限幅结合起来,实现将输入信号的幅值限制在某一区间的功能。

限幅电路有许多实际应用。举例来说,现有正负交替脉冲序列如图 3.7.7 所示,希望将其变为全正脉冲序列,实现这一功能的模块电路如图 3.7.8 所示,得到的波形如图 3.7.9 所示。

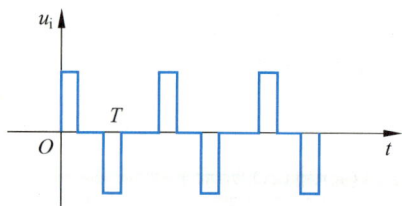

图 3.7.7　正负脉冲序列

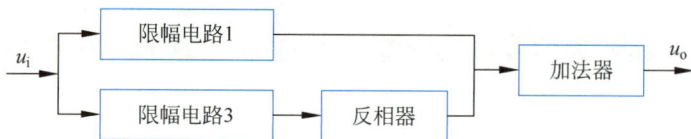

图 3.7.8　实现全正脉冲序列的电路

图 3.7.8 中的限幅电路 1 和限幅电路 3 的原理如前文所述,反相器和加法器在第 1 章中都有介绍。

图 3.7.10 给出了 2 个简单的箝位电路[1]。由图 3.7.10 可知,对于箝位电路 1 来说,节点电压 $u_{n1}$ 不会小于 $U$;对于箝位电路 2 来说,节点电压 $u_{n2}$ 不会大于 $U$。利用这个性质可以构成与门电路和或门电路。

图 3.7.9　全正脉冲序列

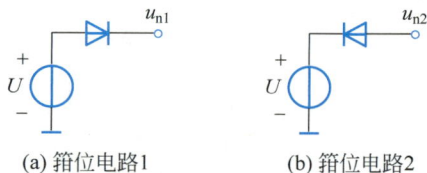

(a) 箝位电路1　　(b) 箝位电路2

图 3.7.10　箝位电路

用二极管构成的两输入与门电路如图 3.7.11 所示。当两个输入均为逻辑 1 时,两个二极管均关断,输出为 $U_S$,表示逻辑 1。只要有 1 个输入为逻辑 0,二极管即开通,输出为逻辑 0,$U_o$ 被箝位于低电位的 $U_{i1}$ 或 $U_{i2}$。因此图 3.7.11 实现了与门的功能。

用二极管构成的两输入或门电路如图 3.7.12 所示。当两个输入均为逻辑 0 时,两个二极管均关断,输出为 0,表示逻辑 0。只要有 1 个输入为逻辑 1,二极管即开通,输出为逻辑 1,$U_o$ 被箝位于高电位的 $U_{i1}$ 或 $U_{i2}$。因此图 3.7.12 实现了或门的功能。

知识点67练习题和讨论

除了整流、限幅和箝位之外,还可以利用二极管的单向开关性质进行幅度调制信号的检波。

---

①　此处介绍的箝位电路是指限定直流电压的箝位技术。此外,在电子线路中还有其他类型带有动态元件的箝位电路,详见文献[2]。

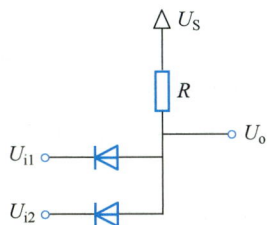

图 3.7.11　二极管构成的两输入与门　　　　图 3.7.12　二极管构成的两输入或门

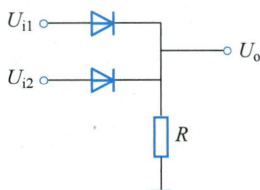

## 3.7.2　利用稳压二极管的稳压性质

知识点68

稳压二极管也称为齐纳二极管，是一类特殊的二极管，其电路符号和 $u\text{-}i$ 关系如图 3.7.13 所示。

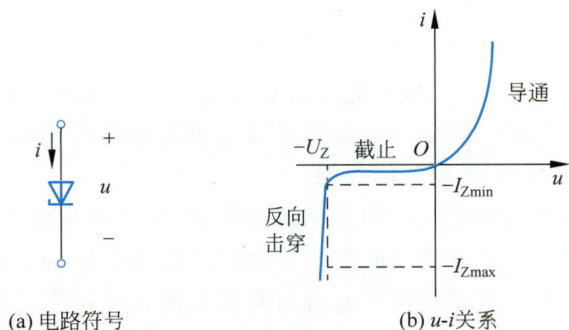

(a) 电路符号　　　　　　　(b) $u\text{-}i$ 关系

图 3.7.13　稳压二极管及其 $u\text{-}i$ 关系

对于一般的二极管来说，如果反向电压过大，会导致反向击穿而被损坏。但对于稳压二极管来说，只要流过的反向电流在一定范围内（$I_{Z\min} < |i| < I_{Z\max}$），接线端电压始终保持在 $u \approx -U_Z$。

可以利用稳压二极管来实现稳压的功能，如图 3.7.14(a) 所示。

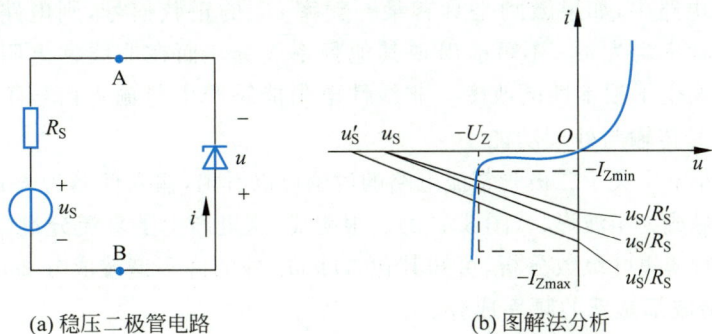

(a) 稳压二极管电路　　　　　　(b) 图解法分析

图 3.7.14　稳压二极管稳压性能的图解法分析

图 3.7.14(a) 所示电路中，$u_S$ 表示待稳压的电源电压，$R_S$ 表示电源内阻。用图解法分析这个电路。从 A-B 向左看，子电路的 $u\text{-}i$ 关系为

$$u = -u_S - R_S i$$

将其画在稳压二极管的 $u$-$i$ 关系曲线上，得到图 3.7.14(b)。如果待稳压电源从 $u_S$ 波动到 $u'_S$，但内阻不变，则其 $u$-$i$ 关系为原直线的平移；如果待稳压电源电压不变，但内阻波动到 $R'_S$，则其 $u$-$i$ 关系为原直线改变了斜率。从图 3.7.14(b)可知，只要流经稳压二极管的电流满足 $I_{Zmin} < |i| < I_{Zmax}$，均可将其电压稳定为 $u \approx -U_Z$。

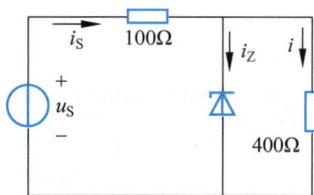

图 3.7.15　稳压电路

例 3.7.1　图 3.7.15 中稳压二极管参数为 $U_Z = 6\text{V}$，$I_{Zmin} = 10\text{mA}$，$I_{Zmax} = 40\text{mA}$，$u_S = (10 + \sin t)\text{V}$。判断图 3.7.15 所示电路中稳压二极管是否能够正常工作于反向击穿段。

解　用"假设—检验"的方法来分析图 3.7.15 所示电路。假设稳压管工作于反向击穿段，则 $u = U_Z = 6\text{V}$，$i = 15\text{mA}$，条件是 $10\text{mA} < i_Z < 40\text{mA}$。

易知 $u_S$ 的最大值为 11V，此时有 $i_S = (11-6)/100\text{A} = 50\text{mA}$，$i_Z = 35\text{mA}$。$u_S$ 的最小值为 9V，此时有 $i_S = (9-6)/100\text{A} = 30\text{mA}$，$i_Z = 15\text{mA}$。

综上所述，图 3.7.15 中稳压二极管工作正常。

从例 3.7.1 可以看出，稳压二极管能够将输入带有一定波动的非理想直流电源电压稳定在指定电压，即实现了**稳压**功能。当然，如果直流电源电压波动幅度比较大，稳压二极管也会离开反向击穿段，从而失去稳压的效果。

知识点68练习题和讨论

二极管的种类和应用实例相当丰富，这里再举出几个常见的二极管应用实例。变容二极管两端的寄生电容随接线端电压的变化而变化，可用于频率调制。光电二极管的输出电流与其接受的光照强度成正比，可以用作光测量或光电池。不同类型发光二极管的端电压达到特定值后可以发出不同颜色的光。隧道二极管和充气二极管中的负动态电阻段可能产生自激振荡，从而实现信号发生的功能。

## 3.7.3　利用非线性电阻产生新的频率成分

在线性电阻电路中，如果激励是具有某一频率 $\omega_1$ 的正弦信号，则电路中各电压、电流的频率均为 $\omega_1$，不可能出现其他频率成分。而在非线性电阻电路中，这一情况发生了根本性的改变。非线性电阻能够产生与输入信号不同的频率成分，从而实现各类信号传输与处理功能。

知识点69

回顾 3.7.1 小节中关于二极管整流电路的讨论可以看出，输入信号为 $\sin\omega_1 t$，经二极管整流作用后输出信号成为半波形状(图 3.7.2)。很明显，这里产生了直流分量(即零频率分量)。如果对此波形进行傅里叶级数分析，可知其包含除 $\omega_1$ 外的许多谐波成分 $2\omega_1$、$3\omega_1$、……。显然，直流和各次谐波都是新的频率成分。

下面再举几个例子。

例 3.7.2　非线性电阻 $u$-$i$ 关系为 $u = f(i) = i^2$，激励为 $i = \cos\omega_1 t$，求响应 $u$。

解　$u = f(i) = \cos^2\omega_1 t = \dfrac{1}{2}(1 + \cos 2\omega_1 t)$

可以看出，频率为 $\omega_1$ 的余弦激励信号经非线性电阻作用产生的响应包括直流和频率为 $2\omega_1$ 的余弦信号。激励和响应的波形如图 3.7.16 所示。

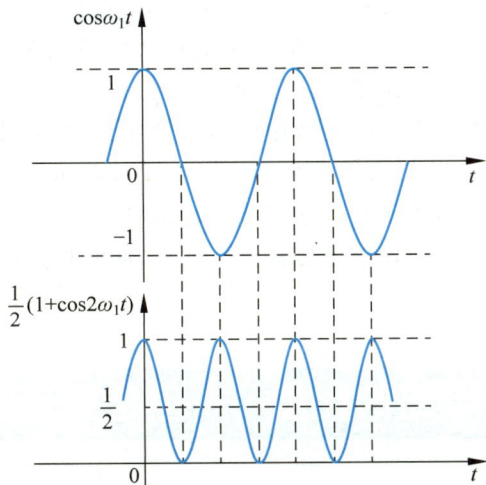

图 3.7.16　平方关系非线性电阻的激励和响应

很明显，具有"平方"运算功能的非线性电阻可以产生 2 倍频率的信号，在通信系统中称此功能为倍频。读者容易想到，如果利用具有 3 次方运算功能的非线性电阻，就可以产生 3 倍频率（$3\omega_1$）的信号。

利用非线性电阻产生新频率成分的功能在通信和信号处理领域得到广泛应用。下面举出另一个例子。这个例子的功能称为混频。所谓混频是将频率不同（$\omega_1$ 和 $\omega_2$）的两个正弦信号相加作为激励，期望产生两频率之差的正弦信号，即响应信号频率为（$\omega_1-\omega_2$）。

**例 3.7.3**　分析图 3.7.17 所示混频电路，其中进行混频的两个输入信号为 $u_1=U_{1\mathrm{m}}\cos\omega_1 t$，$u_2=U_{2\mathrm{m}}\cos\omega_2 t$，输出信号为 $i$。压控型非线性电阻的 $u$-$i$ 关系为

$$i=u+u^2$$

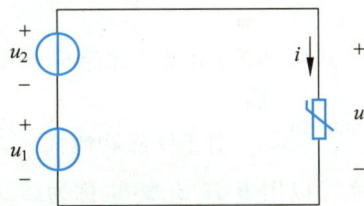

图 3.7.17　非线性混频电路

**解**　由电路可知，$u=u_1+u_2$，则

$$i=(U_{1\mathrm{m}}\cos\omega_1 t+U_{2\mathrm{m}}\cos\omega_2 t)+(U_{1\mathrm{m}}\cos\omega_1 t+U_{2\mathrm{m}}\cos\omega_2 t)^2$$

$$=\frac{1}{2}U_{1\mathrm{m}}^2+\frac{1}{2}U_{2\mathrm{m}}^2+U_{1\mathrm{m}}\cos\omega_1 t+U_{2\mathrm{m}}\cos\omega_2 t+\frac{1}{2}U_{1\mathrm{m}}^2\cos 2\omega_1 t+$$

$$\frac{1}{2}U_{2\mathrm{m}}^2\cos 2\omega_2 t+U_{1\mathrm{m}}U_{2\mathrm{m}}\cos((\omega_1-\omega_2)t)+U_{1\mathrm{m}}U_{2\mathrm{m}}\cos((\omega_1+\omega_2)t)$$

在输出电流中出现了 7 种频率成分（直流、$\omega_1$、$\omega_2$、$2\omega_1$、$2\omega_2$、$\omega_1+\omega_2$、$\omega_1-\omega_2$）。可以根据需要，利用滤波器从输出信号中提取所需频率成分。例如普通的超外差接收机要对接收信号与本地振荡信号进行混频，取出频率为二者之差的信号进行放大。

现在来回顾一下图 0.3.6 所示无线通信系统的实例。在那里希望由 $\cos\Omega t$ 和 $\cos\omega_c t$ 产生 $\cos(\omega_c\pm\Omega)t$ 的调制信号。利用上述非线性电阻的功能即可实现这一要求。从本质上讲，将 $\cos\Omega t$ 和 $\cos\omega_c t$ 进行相乘运算即可得到它们的和频与差频信号。因此也可利用模

拟乘法器来实现该功能,而乘法器也需借助非线性电阻来实现(见习题3.12)。

知识点69练习题和讨论

必须指出,信号经非线性电阻作用产生各次谐波的现象虽然得到广泛应用,但在电气工程与信息科学领域中有时也会产生不利影响。例如电力系统运行过程中,谐波往往会增加系统损耗甚至造成装置的损坏。又如一般的晶体管放大器虽然工作在小信号线性区,但是这只是一种近似分析。晶体管特性的非线性作用将使放大器输出信号产生失真,也即当单频正弦信号作激励时,输出的放大信号可能出现谐波。在设计放大器工作状态时应尽量将此失真减低。另外,在通信系统中,由于存在一些非线性器件,各信号之间相互耦合可能产生一些寄生频率成分,引入干扰,从而使信号传输产生失真,通常称这种现象为交叉调制干扰,必须尽力削弱或消除。

## 3.8 非线性电阻电路的比拟——恒定磁通的磁路计算

在本书的2.9节里我们已经比较全面地介绍了磁路和电路的比拟,包括磁路中的各种物理量以及磁通连续性定理、安培环路定理和磁路中的欧姆定律与相应的电路物理量以及电路定理定律的比拟。铁磁物质的 $B$-$H$ 特性类似于电路元件的 $u$-$i$ 特性,而且铁磁物质的磁导率 $\mu$ 不是一个常数,从而导致其磁阻也不是一个常数,磁压 $U_{\mathrm{m}}$ 与磁通量 $\Phi$ 之间也是非线性关系,因此对磁路的分析就类似于非线性电路的分析。

### 3.8.1 B-H 曲线

式(2.9.7)给出了磁感应强度 $B$ 与磁场强度 $H$ 的关系

$$B = \mu H$$

知识点70

对于铁磁物质而言,在其不同的磁化过程中,$\mu$ 是随之不断变化的,$B$-$H$ 之间的关系可以用 B-H 曲线(也称为磁化曲线)来表示。下面介绍铁磁物质的几种典型的磁化曲线。

#### 1. 起始磁化曲线

对于处于磁中性(即 $B=0$, $H=0$)的铁磁物质,当受到一个方向不变、强度单调增大的磁场作用时,测得的磁化曲线就称为起始磁化曲线。

测量磁化曲线即 $B$-$H$ 曲线可以用图3.8.1所示方法。待测量的铁磁物质是一细环状铁芯,截面积为 $S$,几何中心线的周长为 $l$,其上环绕的线圈匝数为 $N$,初始时处于磁中性。

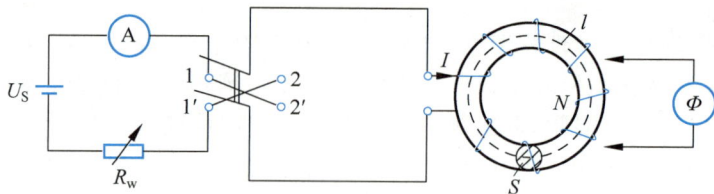

图 3.8.1 测量起始磁化曲线的电路

开关合向端钮 $11'$ 后,通过调节电阻 $R_{\rm w}$,使缠绕其上的线圈中的电流单调增大,铁磁物质中的磁通量也随之单调增大。线圈中的电流可以用电流表测得,铁磁物质中的磁通量可以用磁通计测得,而且根据磁通量与磁感应强度的关系,以及安培环路定理有

$$B = \frac{\Phi}{S}, \quad H = \frac{NI}{l}$$

可见,$B\text{-}H$ 曲线与 $\Phi\text{-}I$ 曲线具有相同的形状。

铁磁物质的起始磁化曲线一般如图 3.8.2 所示。

由图 3.8.2 可以看出,$B\text{-}H$ 曲线是非线性的,$\mu = B/H$ 不是一个常数。当电流 $I$ 较小,处于起始阶段(图 3.8.2 中从原点到 a 点),磁导率较小;ab 段 $B\text{-}H$ 曲线近似为一直线段,b 点处 $B\text{-}H$ 曲线斜率最大,磁导率 $\mu$ 达到最大值;随着电流 $I$ 继续增大,$H$ 随之增大时,$B$ 有趋于饱和的现象,c、d 点对应的磁导率 $\mu$ 越来越小,$B\text{-}H$ 曲线的斜率即 $\mu\text{-}H$ 曲线最终趋于真空磁导率。

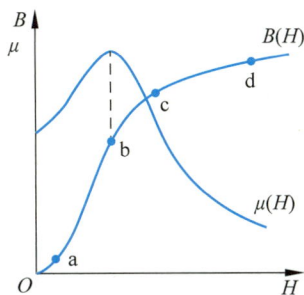

图 3.8.2　铁磁物质的起始磁化曲线

**2. 磁滞回线**

在实际工程应用中,铁磁物质经常处于交变磁场中(如工频变压器的铁芯),磁场的强度和方向都是周期性变化的,此时就不能简单地用起始磁化曲线表示 $B\text{-}H$ 之间的关系了。

为此,我们仍然可以用图 3.8.1 所示的测量方法,使电流从某一最大值 $I_{\rm m}$ 开始,单调减小到 $-I_{\rm m}$,然后再单调增大到 $I_{\rm m}$;磁场强度相应地从 $H_{\rm m}$ 单调减小到 $-H_{\rm m}$,再单调增大到 $H_{\rm m}$;如此反复多次。在这一过程中测量磁通 $\Phi$ 和磁感应强度 $B$ 的相应变化。画出这一过程的 $B\text{-}H$ 曲线,如图 3.8.3 所示。图 3.8.3(a)表明,在最初的几次反复磁化中,磁场强度到达最大值时,对应的磁感应强度的最大值略有不同;但多次反复磁化后,$B\text{-}H$ 曲线就变成了一条关于原点对称[①]的闭合曲线,如图 3.8.3(b)所示,这条曲线就称为**磁滞回线**[②]。

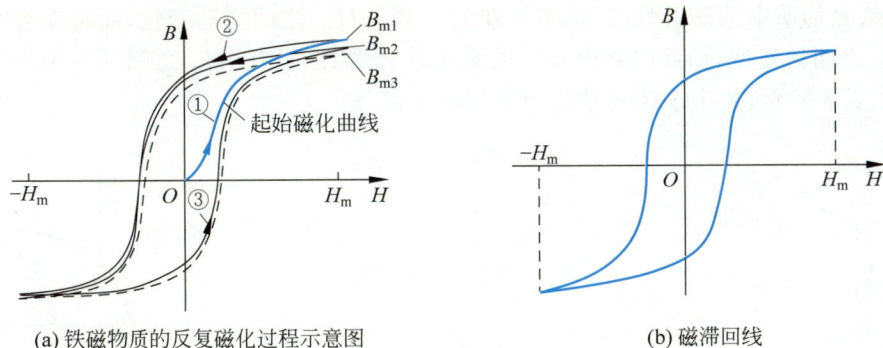

(a) 铁磁物质的反复磁化过程示意图　　　　(b) 磁滞回线

图 3.8.3　铁磁物质的磁滞回线

---

①　各向同性的铁磁物质的磁滞回线是关于原点对称的,而各向异性的铁磁物质的磁滞回线关于原点是不对称的。

②　滞回(hysteresis),源于希腊语,工程上常用它表示非对称变化或操作,表示事物在 A 和 B 两个状态之间变化时,从 A 向 B 的转变点和从 B 向 A 的转变点是不一样的。在磁现象、非可塑变形以及比较器电路中都存在滞回现象。

对于一种铁磁物质,每个 $H_m$ 都对应着一条磁滞回线。通常 $H_m$ 越大,磁滞回线包围的面积越大,如图 3.8.4 所示;但当 $H_m$ 足够大时,磁滞回线的面积达到极限,不再随着 $H_m$ 的增大而增加。这个包围面积最大的磁滞回线就称为**极限磁滞回线**(也叫**饱和磁滞回线**)。工程上通常用极限磁滞回线来表示铁磁物质的特性。

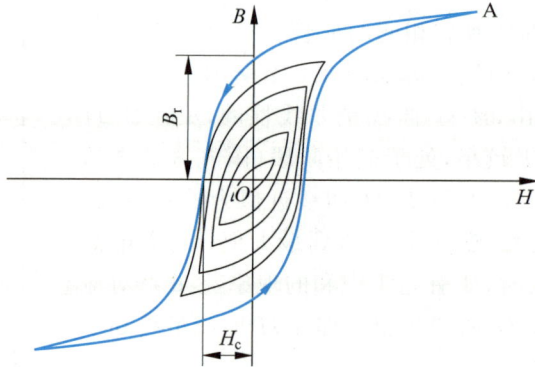

图 3.8.4　极限磁滞回线

在极限磁滞回线上,当磁场强度 $H=0$ 时,磁感应强度的值记为 $B_r$,称为**剩磁**;磁感应强度 $B=0$ 时,磁场强度的值记为 $H_c$,称为**矫顽磁力**(或**矫顽力**),它是为了使磁感应强度降为零所需施加的与磁感应强度方向相反的磁场强度的值。

不同的铁磁物质的矫顽磁力的值相差很大。矫顽力比较小(一般小于 100A/m)的铁磁物质容易被磁化,也容易退磁,如铁镍合金、纯铁、铸铁、铸钢、电工硅钢片等。这类物质称为**软磁材料**,主要用作磁头材料、变压器或电机铁芯等。由于软磁材料的矫顽力较小,因此其极限磁滞回线的形状就比较窄长,如图 3.8.5(a)所示。另一类矫顽力比较大(一般大于 100A/m,甚至可达 $10^4$ A/m)的铁磁物质称为**硬磁材料**,其难以被磁化,也难以退磁,如钨钢、铁氧体、钕铁硼,主要用作磁带材料或永久磁铁等。由于硬磁材料的矫顽力较大,因此其极限磁滞回线的形状就比较扁宽,如图 3.8.5(b)所示。

如果铁磁物质中的磁场强度 $H$ 不是在 $H_m$ 和 $-H_m$ 之间周期变化,而是在某两个数值 $H_1$ 和 $H_2$ 之间往复变化,此时铁磁物质的磁化就会沿着 $H_1$ 和 $H_2$ 之间的一个小的回线进行,如图 3.8.6 所示,这个小回线就称为**局部磁滞回线**。

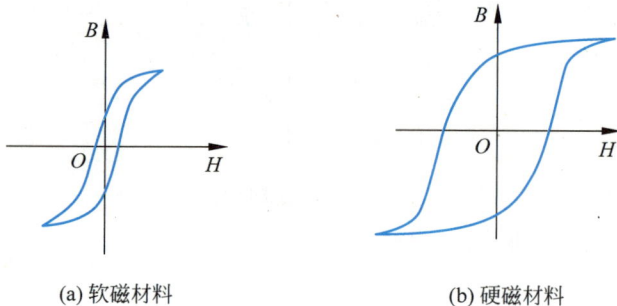

(a) 软磁材料　　　　(b) 硬磁材料

图 3.8.5　不同铁磁物质的极限磁滞回线

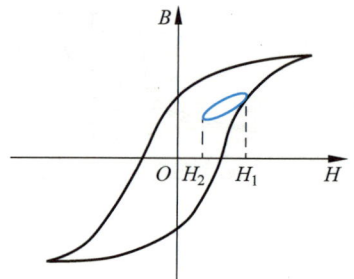

图 3.8.6　局部磁滞回线

### 3. 基本磁化曲线

由于磁滞回线是一条闭合曲线，$B$-$H$ 之间不是一一对应的关系，这给磁路计算带来了很大困难。为此，连接图 3.8.4 中对应不同 $H_m$ 的磁滞回线的顶点，得到一条 $B$-$H$ 曲线，称为基本磁化曲线，如图 3.8.7 所示。基本磁化曲线忽略了磁特性的不可逆性质，但是保留了其饱和与非线性特征，具有平均意义，因此也称为平均磁化曲线。

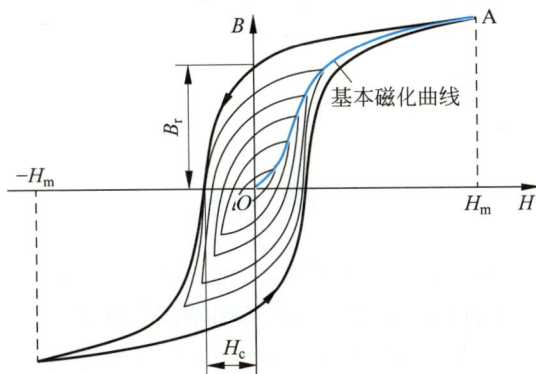

图 3.8.7 基本磁化曲线

知识点70练习题和讨论

在磁路计算中，通常用基本磁化曲线来近似表示铁磁材料的特性，这显然为磁路计算带来了较大误差，尤其是硬磁材料，误差更大。磁路计算的精度要远低于电路计算的精度。

## 3.8.2 恒定磁通情况下无分支磁路的计算

知识点71

本书只讨论恒定磁通的磁路，即磁路中的磁通不随时间变化，对应的激磁电流也保持不变，为直流电流。

无分支磁路就是只有一个回路的磁路。本书 2.9.3 节中介绍了进行磁路计算必须满足的若干前提条件，包括漏磁通可忽略、磁路形状规则且分段均匀磁化、可以用基本磁化曲线表示铁磁材料特性等。

磁路计算按照已知条件和待求变量可以分为两类问题：已知磁路中的磁通 $\Phi$，求激磁电流 $I$；已知激磁电流 $I$，求磁路中的磁通 $\Phi$。下面分别介绍。

### 1. 第一类问题：已知磁路中的磁通 $\Phi$，求激磁电流 $I$

无分支磁路如图 3.8.8 所示，铁芯中流过恒定磁通 $\Phi$，线圈匝数为 $N$。求磁动势 $F_m = NI$ 或激磁电流 $I$ 的步骤如下：

（1）将磁路分段，分段依据是保证每一段的截面积相同；取每一段中心线的长度作为磁路长度。

如图 3.8.8 中，磁路可分为 3 段，分别是：上下水平磁路，磁路长度为 $2l_1$，磁路的截面积为 $S_1 = ab$；左侧和右侧垂直磁路（气隙除外），磁路长度为 $2l_2 - l_a$，磁路的截面积为 $S_2 = ac$；气隙，磁路长度为 $l_a$，这一段磁路的截面积计算稍微复杂一点，要考虑磁场的边缘效应。

如图 3.8.9 所示，当磁场通过气隙时，磁感应强度的分布在边缘处有向外扩展的趋势，即为"边缘效应"（也称为散磁现象）。

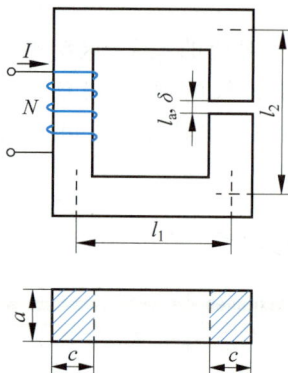

图 3.8.8　无分支磁路结构图

图 3.8.9　磁场在气隙处的边缘效应

当气隙长度远小于磁路截面尺寸时，即图 3.8.8 中 $l_a \ll a$，$l_a \ll c$，可以近似认为磁感应强度在磁路截面的各个方向都向外扩张了一个较小的量，对于图 3.8.8 中所示的矩形截面，考虑边缘效应后，截面的长和宽分别变为 $a+\delta$、$c+\delta$，则磁场通过气隙时的截面积扩展为 $S_a = (a+\delta)(c+\delta)$，忽略高阶小量，有 $S_a \approx ac + \delta(a+c)$。

如果磁路截面是圆形，半径为 $r$，且 $l_a \ll r$，也可以近似认为磁感应强度在磁路截面的半径方向都向外扩张了一个较小的量，气隙中心处磁路半径为 $r+0.5\delta$，则磁场通过气隙时的截面积为 $S_a = \pi(r+0.5\delta)^2$，忽略高阶小量，有 $S_a \approx \pi r^2 + \pi r \delta$。

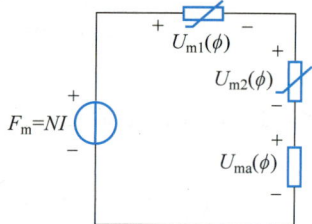

图 3.8.10　图 3.8.8 所示磁路的磁路图

根据磁路分段结果以及安培环路定理，就可以画出相应的磁路图，如图 3.8.10 所示，与铁芯磁路对应的磁阻是非线性的，而与气隙磁路对应的磁阻是线性的。

（2）计算每一段磁路上中的磁感应强度。

铁芯通常是由硅钢片叠拼而成的，因此考虑每片硅钢片表面的绝缘等因素，磁通通过铁芯的有效截面积要略小于铁芯的几何截面积，通常乘以一个略小于 1 的填充系数 $k$。因此，图 3.8.8 所示磁路中，各段磁路中的磁感应强度为

$$B_1 = \frac{\Phi}{kS_1}, \quad B_2 = \frac{\Phi}{kS_2}, \quad B_a = \frac{\Phi}{S_a}$$

（3）根据步骤（2）中计算出的各段磁路中的磁感应强度 $B$，查铁磁材料的 $B\text{-}H$ 曲线（基本磁化曲线），找出各段磁路中对应的磁场强度 $H_1$、$H_2$；对于气隙，有 $H_a = \dfrac{B_a}{\mu_0}$。

（4）计算各段磁路上的磁位差。

$$U_{m1} = 2H_1 l_1, \quad U_{m2} = H_2(2l_2 - l_a), \quad U_{ma} = H_a l_a$$

（5）根据图 3.8.10 所示磁路图，即可求得磁动势 $F_m$ 或励磁电流 $I$。

$$F_m = NI = U_{m1} + U_{m2} + U_{ma}$$

例 3.8.1　磁路尺寸如图 3.8.11 所示。铁芯材料为硅钢片 D21，其 $B\text{-}H$ 曲线中若干点对应的数据如表 3.8.1 所示，填充系数为 0.9，气隙长度 $l_a = 2\text{mm}$，边缘扩张 $\delta = 2\text{mm}$，励磁绕组匝数为 120 匝。求在该磁路中获得 $\Phi = 1.5 \times 10^4 \text{Mx}$ 所需的励磁电流。

表 3.8.1　硅钢片 D21 的 *B-H* 数据表

| B/T | 0.6 | 0.7 | 1.0 | 1.2 | 1.3 | 1.4 | 1.6 | 1.8 |
|---|---|---|---|---|---|---|---|---|
| H/(A/m) | 220 | 270 | 530 | 875 | 1170 | 1445 | 2110 | 2640 |

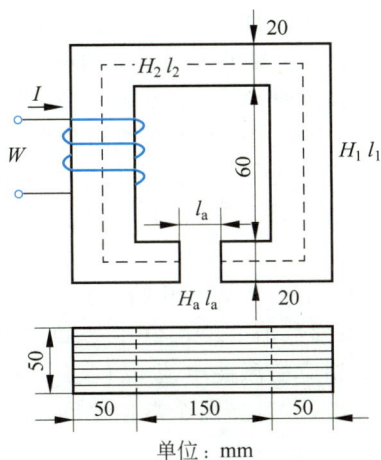

图 3.8.11　有气隙的磁路

**解**　根据材料和截面尺寸,将同材料同截面的取为一段,分别为 $l_1$、$l_2$、$l_a$,如图 3.8.11 中所示。

(1) 计算各段的长度 $l$ 和截面积 $S$

$$l_1=(6+1+1)\text{cm}\times 2=16\text{cm},\quad S_1=5\text{cm}\times 5\text{cm}\times 0.9=22.5\text{cm}^2$$

$$l_2=(15+5)\text{cm}\times 2-0.2\text{cm}=39.8\text{cm},\quad S_2=2\text{cm}\times 5\text{cm}\times 0.9=9\text{cm}^2$$

$$l_a=0.2\text{cm},\quad S_a=2\text{cm}\times 5\text{cm}+(2+5)\text{cm}\times 0.2\text{cm}=11.4\text{cm}^2$$

(2) 计算各段的磁感应强度

$$B_1=\frac{\Phi}{S_1}=\frac{1.5\times 10^4\,\text{Mx}}{22.5\text{cm}^2}=6667\text{Gs}$$

$$B_2=\frac{\Phi}{S_2}=\frac{1.5\times 10^4\,\text{Mx}}{9\text{cm}^2}=16667\text{Gs}$$

$$B_a=\frac{\Phi}{S_a}=\frac{1.5\times 10^4\,\text{Mx}}{11.4\text{cm}^2}=13158\text{Gs}$$

(3) 查表 3.8.1,采用插值法确定磁场强度

$$H_1=253.3\text{A/m},\quad H_2=2286.7\text{A/m}$$

$$H_a=0.8B_a=10528\text{A/cm}$$

(4) 利用安培环路定理求励磁电流

$$U_{m1}=H_1l_1=40.5\text{A},\quad U_{m2}=H_2l_2=910.1\text{A},\quad U_{ma}=H_al_a=2105\text{A}$$

$$U_{m1}+U_{m2}+U_{ma}=NI,\quad I=25.5\text{A}$$

可以看出,虽然气隙长度 $l_a$ 远小于磁路中其他部分的长度,但气隙两端的磁压 $U_{ma}$ 却占了整个磁路磁压的大部分,原因是气隙中的磁导率 $\mu_0$(近似为真空磁导率)远远小于铁磁材料的磁导率 $\mu$,从而导致在截面积尺寸基本相当的情况下,气隙中的磁场强度远远大于铁磁材

料中的磁场强度。$l_2$ 段的截面积明显小于 $l_1$ 段，在磁通量 $\Phi = 1.5 \times 10^4 \text{Mx}$ 作用下已处于饱和状态，因此对应的 $\mu$ 值显著下降，磁阻增大，其上的磁压降远远大于 $l_1$ 段上的磁压降。

**2. 第二类问题：已知激磁电流 $I$，求磁路中的磁通 $\Phi$**

由于铁磁物质的 $B$-$H$ 特性是非线性的，因此无法直接把上面第一类问题的求解过程倒过来，由激磁电流 $I$ 求出磁通 $\Phi$。通常可采用以下两种方法：

（1）逼近法：先假设一个磁通初值 $\Phi^{(0)}$，根据第一类问题的求解步骤，算出相应的激磁电流 $I^{(0)}$；比较 $I^{(0)}$ 与已知电流 $I$ 的大小，由于基本磁化曲线是单调递增的，若 $I^{(0)} < I$，则增大 $\Phi^{(0)}$ 至 $\Phi^{(1)}$，反之则减小 $\Phi^{(0)}$ 至 $\Phi^{(1)}$，再次进行第一类问题计算，得到 $I^{(1)}$，比较 $I^{(1)}$ 与已知电流 $I$ 的大小；如此反复，当计算结果 $I^{(n)}$ 与已知电流 $I$ 足够接近时，问题求解结束。

（2）查表法：将磁通 $\Phi$ 从 0 开始，到一个足够大的值，在此区间内取足够小的步长，得到一系列数值 $0, \Phi_1, \Phi_2, \cdots, \Phi_n$，对于每一个磁通按第一类问题的求解步骤计算出相应的激磁电流 $0, I_1, I_2, \cdots, I_n$。将已知的激磁电流 $I$ 与求得的激磁电流值进行对比，两个数值之间可以采取简单的线性插值，从而求出对应的磁通 $\Phi$。

知识点71练习题和讨论

### 3.8.3　恒定磁通情况下有分支磁路的计算

有分支磁路中存在 2 个或 2 个以上回路，在分支处满足磁通连续性定理。图 3.8.12 是一个典型的有分支磁路，与无分支磁路的分析类似，有分支磁路的计算也分为第一类问题和第二类问题。

知识点72

**1. 第一类问题：已知某一段磁路中的磁通 $\Phi$，求激磁电流 $I$**

对于图 3.8.12 所示磁路，假设已知第 3 段磁路中的磁通 $\Phi_3$，要求激磁电流 $I$，步骤如下：
（1）将磁路分段，并画出磁路图，如图 3.8.13 所示。

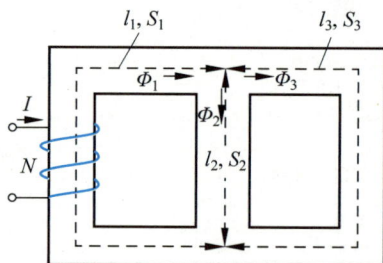

图 3.8.12　有分支磁路示意图

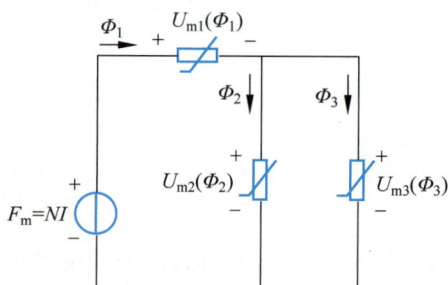

图 3.8.13　图 3.8.12 所示磁路的磁路图

（2）由已知的磁通 $\Phi_3$ 求出第 3 段磁路上的磁感应强度 $B_3 = \dfrac{\Phi_3}{S_3}$；

（3）查铁磁材料的基本磁化曲线，得出第 3 段磁路上的磁场强度 $H_3$，进一步得出 $U_{m3} = H_3 l_3$；

（4）由图 3.8.12 所示磁路图可以看出，$U_{m2} = U_{m3}$，因此 $H_2 = \dfrac{U_{m2}}{l_2}$，再由基本磁化曲线

查得 $B_2$,进一步有 $\varPhi_2 = B_2 S_2$;

(5)根据磁通连续性定理有 $\varPhi_1 = \varPhi_2 + \varPhi_3$,进一步有 $B_1 = \dfrac{\varPhi_1}{S_1}$,由基本磁化曲线查得 $H_1$,则 $U_{m1} = H_1 l_1$;

(6)由图 3.8.12 所示磁路图可得 $F_m = NI = U_{m1} + U_{m2}$,求解完毕。

读者不妨思考一下,以下两种情况该如何求解激磁电流 $I$:

(1)第 3 段磁路中含有一小段气隙;

(2)第 2 段磁路上也有一个匝数为 $W_2$ 的激磁线圈,激磁电流为 $I_2$。

**2. 第二类问题:已知激磁电流 $I$,求各段磁路中的磁通量 $\varPhi$**

有分支磁路的第二类问题的求解思路与无分支磁路类似,也要转化为第一类问题的求解,只是计算过程更加复杂,有时甚至无法求解,本书不再赘述。

# 习题

3.1 题图 3.1 所示电路中非线性电阻的 $u$-$i$ 关系为 $i = 0.013u - 0.33 \times 10^{-6} u^3$,已知 $u = 115\text{V}$,求非线性电阻吸收的功率和电源发出的功率。

3.2 已知非线性电阻的电压、电流关系为 $u = 2i + 3i^3$,求 $i = 1\text{A}$ 和 $i = 2\text{A}$ 时的静态电阻和动态电阻。

3.3 题图 3.3(a)所示电路中非线性电阻的伏安特性如题图 3.3(b)和(c)所示。分别在下列两种情况下求出电流源端电压 $u$:(1)$i_S = 0.5\text{A}$;(2)$i_S = -1\text{A}$。

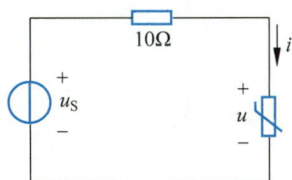

题图 3.1

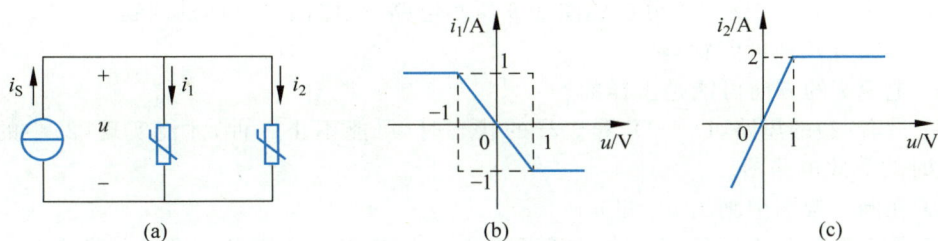

题图 3.3

3.4 求题图 3.4 所示电路中二极管 D 所在的支路电流 $i$(选择合适的二极管模型)。

3.5 选用合适的二极管模型,求题图 3.5 电路中的 $i$ 并画图。

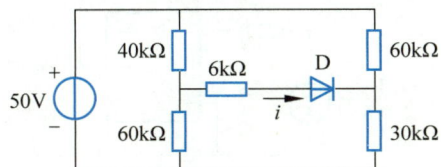

题图 3.4

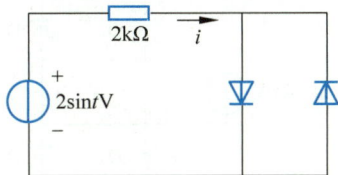

题图 3.5

3.6 已知某三端元件的电路符号和电路模型分别如题图 3.6(a)和(b)所示,图(b)中包含了理想二极管模型。求图(c)所示电路中的 $U_o$。

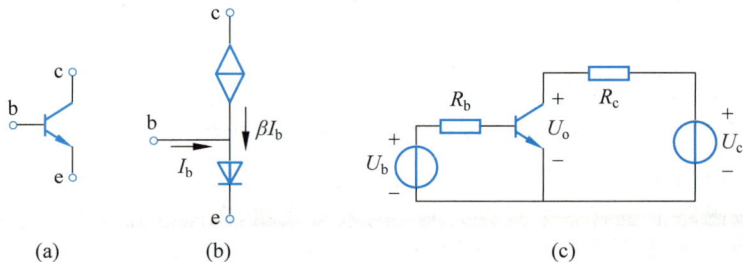

(a)　　　(b)　　　(c)

题图 **3.6**

3.7 题图 3.7 所示电路中,非线性电阻的伏安特性为 $u = i + 0.5i^3$,电压源电压 $U_S = 10\text{V}$,$u_S(t) = 0.9\sin(10^3 t)\text{V}$,$R = 2\Omega$。用小信号法求电流 $i$。

3.8 在题图 3.8 所示电路中,(1)用分段线性法求 $u_d$,在同一幅图中画出 $u_S$ 和 $u_d$ 的波形。二极管采用模型 4。(2)用分段线性法求 $u$,在同一幅图中画出 $u_S$ 和 $u$ 的波形。二极管采用模型 1。

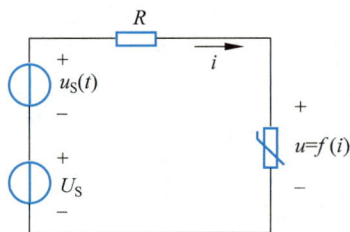

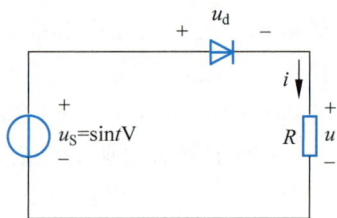

题图 **3.7**　　　　　　　　　　题图 **3.8**

3.9 用二极管的模型 4 分析题图 3.9 所示电路,顺序回答下面的问题。

(1)总共有几种可能状态?

(2)电流 $i$ 的方向可能是怎样的?

(3)沿着(2)的思路,$D_1 \sim D_4$ 是怎样的状态时(可能不止一种)才能实现(2)中的电流? 画出此时的等效电路图。

(4)在同一幅图中画出 $u_S$ 和 $u$。

(5)从上面的分析过程,总结出如何更简便地用二极管的模型 4 进行电路分析。

3.10 题图 3.10 中元件 X 的 $u$-$i$ 特性为 $i = A\text{e}^{u/B}$,其中 $A$、$B$ 均为常数。分析题图 3.10 所示电路的 $u_o$-$u_i$ 关系(即指出该电路实现了怎样的运算)。

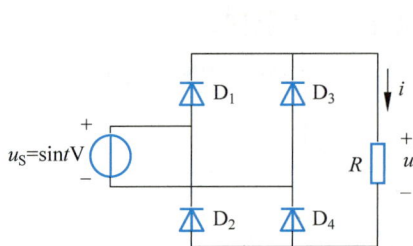

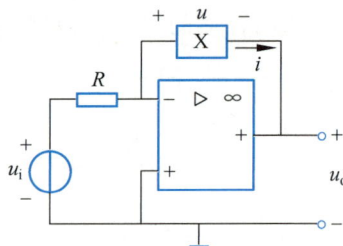

题图 **3.9**　　　　　　　　　　题图 **3.10**

3.11 题图 3.11 中元件 X 的 $u\text{-}i$ 特性同题 3.10。分析题图 3.11 所示电路的 $u_o\text{-}u_i$ 关系（即指出该电路实现了怎样的运算）。

3.12 对题图 3.10 和题图 3.11 所示电路进行抽象，结合书中介绍的运算电路，设计出能够实现两个输入信号相乘功能的运算电路，在此基础上设计出能够实现信号平方功能的运算电路。

3.13 设计出能够实现两个输入信号相除功能的运算电路。

（提示：既可对题图 3.10 和图 3.11 所示电路进行抽象并结合书中介绍的运算电路，也可对题 3.12 得到的电路进行抽象并结合书中介绍的运算电路。）

3.14 对题 3.12 得到的电路进行抽象，结合书中介绍的运算电路设计出能够实现信号开方功能的运算电路。

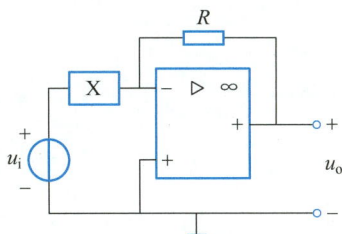

题图 3.11

3.15 在例 3.6.1 的基础上，分析使得 MOSFET 工作在恒流区的 $u_{GS}$ 范围。

3.16 不改变例 3.6.1 电路拓扑结构和 MOSFET 的参数，如果希望得到更大的小信号放大倍数，可以采取怎样的措施？解释为什么这样的措施能够有效。进一步讨论影响小信号放大倍数的因素。

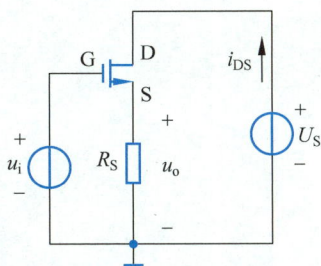

题图 3.17

3.17 在题图 3.17 所示电路中，$u_i = 2\text{V}$，$U_S = 5\text{V}$，$K = 2\text{mA/V}^2$，$U_T = 1\text{V}$，$R_S = 1\text{k}\Omega$，$R_{ON} = 1\text{k}\Omega$。

（1）用"假设—检验"的方法判断 MOSFET 工作于哪个区。

（2）求此时的 $u_o$。

3.18 在题 3.17 的基础上，（1）画出题图 3.17 所示电路的小信号电路，注明 MOSFET 的 G、D、S 端，标出 $\Delta u_i$、$\Delta u_o$ 和 $\Delta u_{GS}$、$\Delta u_{DS}$。

（2）求此时的小信号放大倍数，即 $\dfrac{\Delta u_o}{\Delta u_i}$。

3.19 非线性电阻 $u\text{-}i$ 关系为 $u = f(i) = 50i + 0.5i^3$，激励为 $i = 2\sin(2\pi \times 50t)\text{A}$，求响应 $u$ 中的频率成分。

3.20 画出例 3.6.1 中输入电压和输出电压的示意波形图（包括直流工作点和小信号）。

# 参考文献

[1] 江缉光.电路原理[M].北京：清华大学出版社,1997.

[2] AGARWAL A,LANG J. Foundations of Analog and Digital Electronic Circuits[M]. San Francisco：Morgan Kaufmann，2005.

[3] 周守昌.电路原理[M].2 版.北京：高等教育出版社,2004.

[4] 肖达川.线性与非线性电路[M].北京：科学出版社,1992.

[5] 俞大光.电工基础[M].修订本.北京：人民教育出版社,1965.

[6] 德陶佐.系统、网络与计算：基本概念[M].北京：人民教育出版社,1978.

[7] 蔡少棠.非线性电路理论[M].北京：人民教育出版社,1981.

[8] 蔡少棠.非线性网络理论引论[M].北京：人民教育出版社,1980.

# 第2篇
# 集总参数动态电路

　　本篇讨论包含储能元件电容和/或电感的集总参数电路的分析方法。第4~5章为暂态分析，讨论动态电路从一个稳态到另一个稳态的过渡过程，其中第4章讨论直流激励下最常见的一阶电路和二阶电路的分析；第5章讨论任意激励作用下和高阶复杂动态电路的分析。第6~7章为正弦稳态分析，讨论动态电路在最常见的信号和能量形式——正弦激励情况下的稳态分析方法，其中第6章介绍单个频率或多个频率的正弦激励作用下，动态电路各支路量的稳态值和功率的求解；第7章在此基础上讨论4个不同的应用方向。

# 第 **4** 章

# 暂态分析1

　　本章有 4 个部分,讨论直流激励作用下一阶和二阶动态电路的求解。4.1 节介绍动态电路的关键元件电容和电感的性能,其地位与 1.1 节类似;4.2 节~4.3 节介绍集总参数非时变动态电路对应的常系数常微分方程的列写和初值的获取,其地位与 1.4 节类似,有了方程和初值,具体求解过程就变成数学问题了;4.4 节讨论微分方程为一阶方程时,非常具有电路原理课程特色的分析思路,即将微分方程及其初值的获取和求解的过程,转化为一系列电阻电路的获取和求解过程,从而使得动态电路的求解可以很好地应用前篇电阻电路求解的若干技巧;4.5 节将这一思想在二阶微分方程对应的动态电路中进行应用。

## 4.1 电容和电感

动态电路的一个重要特征是当电路结构或元件参数发生变化时（例如电路中某条支路的断开或接入，信号的突然注入等），电路原来的稳定工作状态就有可能发生改变，变到一个新的稳定工作状态。而这种转变是需要时间的，这种转变过程就称为过渡过程（又称暂态过程）。这一点与电阻电路截然不同，电阻电路的工作状态的改变是在瞬时完成的，不会经历过渡过程。

当然，动态电路也具有稳定状态。如果动态电路中的各电学量不随时间改变或随时间周期性改变，就称此电路进入了稳定状态，简称稳态。

之所以动态电路会从一个稳定工作状态经过一个暂态过程改变为另一个稳定工作状态，是由于其包含了至少一个有维持其状态不变倾向或者能力的元件，这就是本节介绍的电容和电感。

### 4.1.1 电容

在工程实际中，存在着各种各样的电容器（capacitor），如图 4.1.1 所示。它们的应用极

知识点73

为广泛，如收音机中的调谐电路、计算机中的动态存储器等。电容器虽然品种、规格各异，但就其构成原理来说，都是由两块金属极板间隔以不同的介质（如云母、瓷介质、绝缘纸、聚酯膜、电解质等）组成的。当在极板上加上电压后，两块极板上将分别聚集等量的正、负电荷，并在介质中建立起电场从而具有电场能量。将电源移去后，电荷可继续聚集在极板上，电场继续存在。所以说，电容器是一种能够储存电荷或以电场形式储存电能的基本器件。电容（capacitance）就是反映这种物理现象的理想化的电路模型。

| (a) 安规电容 | (b) 瓷片电容 | (c) 电解电容 | (d) 独石电容 |
| (e) 金属膜电容 | (f) 可调电容 | (g) 纽扣式法拉电容 | (h) 贴片钽电容 |

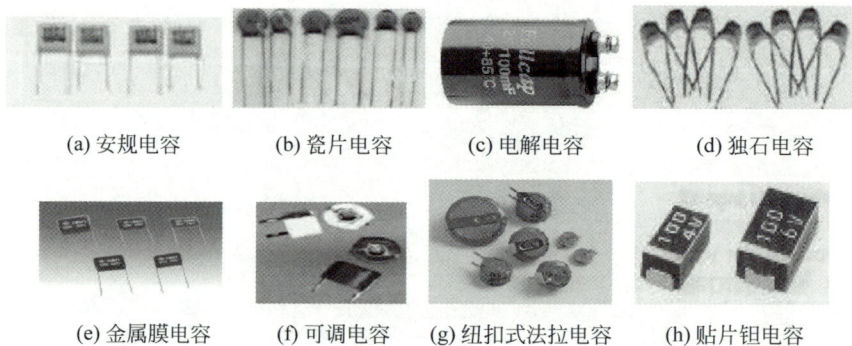

图 4.1.1　几种常见的电容器

集成电路中的电容一般有 PN 结电容和 MOS 电容，使用较多的是 MOS 电容。它是利用金属与扩散区、多晶硅与金属、两层多晶硅或两层金属之间形成的电容来获得的，得到的电容量为

$$C = \frac{A\varepsilon_{ox}}{T_{ox}}$$

式中，$C$ 为电容值，是一个正实常数，它取决于电容器中导体的几何形状、尺寸和导体间介质的介电常数；$A$ 是极板面积；$\varepsilon_{ox}$ 是平板间介质（此处是 $SiO_2$）的绝对介电常数；$T_{ox}$ 是平板间介质的厚度。在与集成电路工艺兼容的情况下，$T_{ox}$ 不可能做得很薄，因此提高电容量只能以增大面积为代价。

例如，一个 MOS 电容的 $T_{ox} = 100nm$，$\varepsilon_{ox} = 3.46 \times 10^{-11} F/m$，因此单位面积的电容 $C_{ox} = 3.46 \times 10^{-4} pF/\mu m^2$。如要制造一个 $34.6pF$ 的电容器，需要的面积为 $10^5 \mu m^2$。而一个小功率双极型晶体管所占的面积约为 $4 \times 10^3 \mu m^2$，因此一个 $34.6pF$ 的电容器的面积相当于约 25 个晶体管的面积。可见，在集成电路中要获得一个较大容量的电容器是相当困难的。因此，在集成电路中要尽可能避免使用电容这类无源元件[①]。

线性电容的电路符号如图 4.1.2(a)所示，图中电压 $u$ 和电荷 $q$ 的极性一致，即电压的正（负）极性所在的极板上储存的是正（负）电荷，此时有

$$q = Cu$$

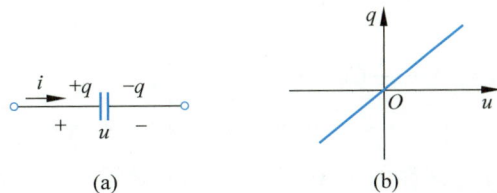

图 4.1.2 线性电容元件的电路符号及其库伏特性

在国际单位制中，电容的单位名称是法［拉］[②]，符号是 F。这个单位非常大，常用 $\mu F$、$pF$ 作为电容的单位，$1F = 10^6 \mu F = 10^{12} pF$。工程中常用电容器的电容量一般约几皮法至几千微法。

线性电容的库伏特性如图 4.1.2(b)所示，它是一条过原点的直线。如果电容的电压、电流取关联参考方向，则有

$$i = \frac{dq}{dt} = \frac{d(Cu)}{dt} = C\frac{du}{dt} \tag{4.1.1}$$

上式表明电容电流和电压的变化率成正比。在电容电压为理想直流的情况下，流过电容的电流为零，因此电容有隔断直流（简称隔直）的作用。

也可用电容电流表示电容电压，对式(4.1.1)积分得

$$u = \frac{1}{C}\int_{-\infty}^{t} i\, dt \tag{4.1.2}$$

假定 $t = -\infty$ 为此电容第一次充电的时刻，或电容反复充电过程中某一次电容电压等于零的时刻。由式(4.1.2)可知：电容电压在某一时刻 $t$ 的数值并不仅仅取决于该时刻的电流值，而是取决于从 $-\infty$ 到 $t$ 所有时刻的电流值，也就是说，电容是一种有"记忆"的元件。与

---

① 电阻也是如此。无源元件在集成电路中所占面积一般都要比有源元件大。

② 为纪念法拉第而命名。法拉第（Michael Faraday，1791—1867），英国物理学家、化学家。

之相比，电阻的电压仅与该时刻的电流值有关，是无记忆的元件。

式(4.1.2)可改写为

$$u = \frac{1}{C}\int_{-\infty}^{t_0} i\,\mathrm{d}t + \frac{1}{C}\int_{t_0}^{t} i\,\mathrm{d}t = u(t_0) + \frac{1}{C}\int_{t_0}^{t} i\,\mathrm{d}t \tag{4.1.3}$$

式中，$t_0$ 是一个任意选定的初始时刻。该式表明：如果知道了电容的初始电压 $u(t_0)$ 以及从初始时刻以后开始作用的电流 $i(t)$（$t > t_0$），就可以确定初始时刻以后任一时刻的电容电压 $u(t)$（$t \geqslant t_0$）。

式(4.1.3)还反映了电容的另一个重要性质——电容电压的连续性。如果电容电流在 $[t_a, t_b]$ 区间内是有界的，那么电容电压在 $(t_a, t_b)$ 区间内就是连续的。这一结论在后面的动态电路分析中经常用到。

在电压、电流的关联参考方向下，线性电容吸收的功率为

$$p = ui = Cu\frac{\mathrm{d}u}{\mathrm{d}t}$$

从 $t = -\infty$ 到 $t$ 时刻，电容吸收的能量为

$$w = \int_{-\infty}^{t} p\,\mathrm{d}\xi = \int_{-\infty}^{t} Cu(\xi)\frac{\mathrm{d}u(\xi)}{\mathrm{d}\xi}\mathrm{d}\xi = C\int_{u(-\infty)}^{u(t)} u(\xi)\,\mathrm{d}u(\xi)$$
$$= \frac{1}{2}Cu^2(t) - \frac{1}{2}Cu^2(-\infty)$$

电容吸收的全部能量都以电场能量的形式储存在元件的电场中。假设在 $t = -\infty$ 时，$u(-\infty) = 0$，电容在任一时刻储存的电场能量 $w_C(t)$ 就等于它吸收的能量，即

$$w_C(t) = \frac{1}{2}Cu^2(t) \tag{4.1.4}$$

电容模型就是对实际电路中存储电场能量这一物理特性进行建模的结果。

如果在 $t_0$ 和 $t_1$ 两个时间点上，电容电压并不相同，各自为 $u(t_0)$ 和 $u(t_1)$，则电容上存储的电场能量也相应地发生了改变。在实际电路中，我们不可能获得无穷大功率，因此能量的改变不可能在瞬间发生，这就是包含电容的电路需要一个过渡过程的根本原因。

理想化的电容不消耗能量，也不能释放出多于它吸收或储存的能量，它是一种无源元件。

实际的电容器除了有储能作用外，还会消耗一部分电能。这主要是由于介质不可能是理想的，其中多少存在一些漏电流。由于电容器消耗的功率与所加电压直接相关，因此可用电容与电阻的并联电路模型来表示实际电容器，如图 4.1.3 所示[①]。

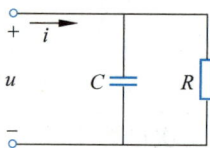

图 4.1.3　实际电容器直流及低频时的电路模型

每个电容器所能承受的电压是有限度的。电压过高，介质就会被击穿，从而丧失电容器的功能。因此，一个实际的电容器除了要标明它的电容量外，还要标明它的额定工作电压。使用电容器不应高于它的额定工作电压。

电容除了可以作为实际电容器的模型外，还可以表示在许多场合广泛存在的电容效应。例如，在两根架空输电线之间以及每一条输电线与地之间都有分布电容，MOSFET 的电

---

①　在工业应用中，也有用电容串联电阻的模型来对实际电容器进行建模的情况。

极之间也存在着杂散电容(或称寄生电容)。是否要在电路模型中考虑这些电容,必须视电路的工作条件及研究需要而定。一般来说,当电路的工作频率很高时,则不能忽略这些电容的作用,应以适当的方式在电路模型中将它们反映出来。

图4.1.4(a)表示的是一个N沟道增强型MOSFET[①]的结构示意图。图中标明了它的N型源极和漏极、P型衬底、沟道区域、栅极导体以及将栅极与沟道分隔开的硅氧化物绝缘体。

当MOSFET的工作频率越来越高时,MOSFET中的各种寄生电容就越来越不可忽略,包括栅极与漏极、栅极与源极、栅极与基层、漏极与源极、漏极与基层和源极与基层之间的电容。这些电容绝大多数都是$u_{GS}$和$u_{DS}$的函数。其中对MOSFET的性能影响最大的就是MOSFET栅极与源极之间的电容$C_{GS}$。在本书中我们将主要讨论$C_{GS}$,并且假定它是一个恒定的电容。

(a) 结构示意图　　(b) 符号

图4.1.4　N沟道增强型MOSFET结构示意图及其电路符号

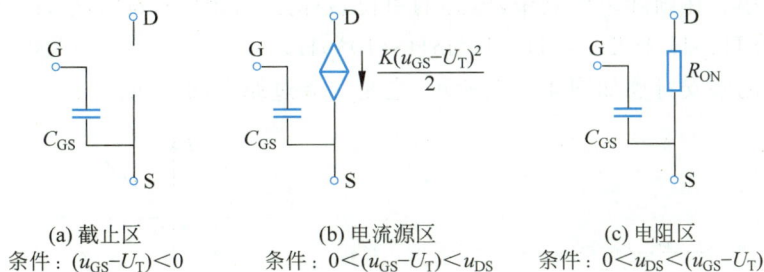

在图1.6.6基础上考虑寄生电容$C_{GS}$,得到更为精确的MOSFET电路模型,如图4.1.5所示。

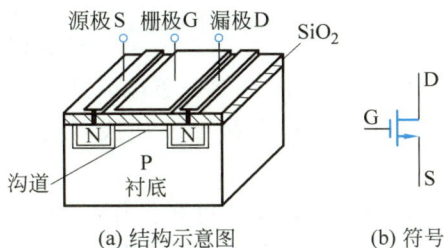

(a) 截止区　　　　　　(b) 电流源区　　　　　　(c) 电阻区
条件:$(u_{GS}-U_T)<0$　条件:$0<(u_{GS}-U_T)<u_{DS}$　条件:$0<u_{DS}<(u_{GS}-U_T)$

图4.1.5　考虑寄生电容$C_{GS}$后N沟道增强型MOSFET在不同工况下的电路模型

因为该模型中包含一个栅极与源极之间的电容,因此当连接到MOSFET栅极的输入电压信号变化时,栅极与源极之间的电压不能在瞬间发生跳变,而是需要一段时间才能上升到导通阈值$U_{OH}$或下降到关断阈值$U_{OL}$,然后由MOSFET构成的门电路的输出才会发生变化。4.4节将对此做深入讨论。

知识点73练习题和讨论

为了叙述方便,本书后面的章节中,电容这个术语及其符号$C$不仅表示一个电容元件,还表示这个元件的参数。如不加特别申明,本书中讨论的电容都是线性非时变电容。

知识点74

## 4.1.2　电感

实际电感器通常是由线圈构成的,如图4.1.6所示。当线圈中流过电流时,线圈中以及周围就会产生磁场而具有磁场能量。电感器(inductor)是一种以磁场形式储存能量的基本器件。电感(inductance)就是反映这种物理现象的理想化的电路模型。

---

① MOSFET详细的工作原理见参考文献[2]。

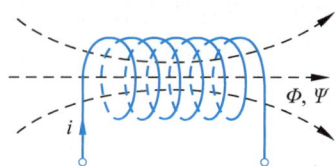

图 4.1.6　电感线圈及其磁通线

电阻器、电容器和电感器是分立元件电路中经常使用的无源元件，但在集成电路中使用的无源元件只有电阻和电容。这是由于集成电路是在硅平面工艺上制作的，而与其他可在硅平面制成的平面元件相比，电感的制造特别困难。如果确实需要，可作为集成电路的外接元件处理。此外集成电路在高频情况下，应考虑互连线的寄生电感。

图 4.1.6 中，$\Phi$ 是电感电流产生的穿过每匝线圈的磁通，它的单位名称是韦［伯］[①]，符号为 Wb。磁通量 $\Phi$ 与 $N$ 匝线圈交链，相应的磁链 $\Psi$ 可表示为

$$\Psi = N\Phi$$

由电磁感应定律可知：当流过线圈的电流发生变化时，磁链也随之变化，线圈中会产生感应电动势来抵制电流的变化。

线性电感的电路符号如图 4.1.7 所示。

磁链是电感电流的函数，取磁链 $\Psi$ 和电流 $i$ 的方向符合右手螺旋定则，如图 4.1.6 所示，则有

$$\Psi = Li$$

式中，$L$ 为电感值，是一个正实常数。它取决于电感器中线圈的匝数、尺寸、形状和线圈周围磁介质的磁导率。在国际单位制中，电感的单位名称是亨［利］[②]，符号为 H。当电感值较小时，还可以用 mH、$\mu$H 来表示，$1\text{H} = 10^3\text{mH} = 10^6\mu\text{H}$。

线性电感的韦安特性如图 4.1.8 所示，它是一条过原点的直线。

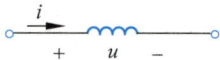

图 4.1.7　线性电感的电路符号

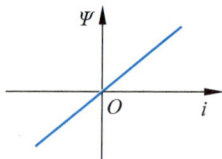

图 4.1.8　线性电感的韦安特性

如果电感的电压、电流取关联参考方向，如图 4.1.7 所示，则有

$$u = \frac{\mathrm{d}\Psi}{\mathrm{d}t} = \frac{\mathrm{d}(Li)}{\mathrm{d}t} = L\frac{\mathrm{d}i}{\mathrm{d}t} \tag{4.1.5}$$

上式就是电感元件的电流和电压的关系式，它表明电感电压和电流的变化率成正比。在流经电感电流为理想直流的情况下，电感两端的电压为零，电感相当于短路。

对式 (4.1.5) 作积分，得到用电感电压表示电感电流的表达式为

$$i = \frac{1}{L}\int_{-\infty}^{t} u\,\mathrm{d}t \tag{4.1.6}$$

上式表明电感电流在某一时刻 $t$ 的数值并不仅仅取决于该时刻电感两端电压的值，而是取决于从 $-\infty$ 到 $t$ 所有时刻的电压的值。换言之，电感也是一种有"记忆"的元件。

---

[①]　韦伯（Wilhelm Eduard Weber，1804—1891），德国物理学家。

[②]　亨利（Joseph Henry，1797—1878），美国物理学家。

式(4.1.6)还可改写为

$$i = \frac{1}{L}\int_{-\infty}^{t_0} u\, dt + \frac{1}{L}\int_{t_0}^{t} u\, dt = i(t_0) + \frac{1}{L}\int_{t_0}^{t} u\, dt \qquad (4.1.7)$$

与式(4.1.3)类似,上式中的 $t_0$ 也是一个任意选定的初始时刻。该式表明:如果已知电感的初始电流 $i(t_0)$ 以及从初始时刻以后开始作用的电压 $u(t)$ $(t > t_0)$,就可以确定初始时刻以后任一时刻流过电感的电流 $i(t)$ $(t \geq t_0)$。

式(4.1.7)还反映了电感的另一个重要性质——电感电流的连续性。如果加在电感两端的电压在 $[t_a, t_b]$ 区间内是有界的,那么电感电流在 $(t_a, t_b)$ 区间内就是连续的。这一结论在后面的电路分析中也会经常用到。

在电压、电流的关联参考方向下,线性电感吸收的功率为

$$p = ui = Li\,\frac{di}{dt}$$

从 $t = -\infty$ 到 $t$ 时刻,电感元件吸收的能量为

$$w = \int_{-\infty}^{t} p\, d\xi = \int_{-\infty}^{t} Li(\xi)\,\frac{di(\xi)}{d\xi}\, d\xi$$

$$= L\int_{i(-\infty)}^{i(t)} i(\xi)\, di(\xi)$$

$$= \frac{1}{2}Li^2(t) - \frac{1}{2}Li^2(-\infty)$$

电感吸收的全部能量都以磁场能量的形式储存在元件的磁场中。假设在 $t = -\infty$ 时, $i(-\infty) = 0$,电感在任一时刻储存的磁场能量 $w_L(t)$ 就等于它吸收的能量,即

$$w_L(t) = \frac{1}{2}Li^2(t) \qquad (4.1.8)$$

电感模型就是对实际电路中存储磁场能量这一物理特性进行建模的结果。

如果在 $t_0$ 和 $t_1$ 两个时间点上,电感电流并不相同,各自为 $i(t_0)$ 和 $i(t_1)$,则电感上存储的磁场能量也相应地发生了改变。在实际电路中,我们不可能获得无穷大功率,因此能量的改变不可能在瞬间发生,这就是包含电感的电路需要一个过渡过程的根本原因。

理想化的电感不消耗能量,也不能释放出多于它吸收或储存的能量,它也是一种无源元件。

实际的电感器除有储能作用外,还会消耗一部分电能,这主要是由于构成电感的线圈导线多少存在一些电阻的缘故。由于电感器消耗的功率与流过电感器的电流直接相关,因此可用电感与电阻的串联电路模型来表示实际电感器,如图4.1.9所示。

每个电感器承受电流的能力是有限的,流过的电流过大,会使线圈过热或使线圈受到过大电磁力的作用而发生机械形变,甚至烧毁线圈。因此,一个实际的电感器除了要标明它的电感量外,还要标明它的额定工作电流,使用时电感器电流不应高于它的额定工作电流。

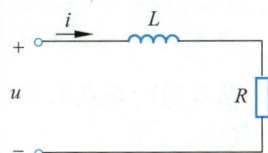

图 4.1.9　实际电感器低频时的电路模型

为了叙述方便,本书后面的章节中,电感这个术语以及它的符号 $L$ 不仅表示一个电感元件,还表示这个元件的参数。如不加特别申明,本书中讨论的电感都是线性非时变电感,当线圈周围的磁介质为非铁磁物质时就属于这种

知识点74练习题
和讨论

情况。

由式(4.1.1)、式(4.1.2)、式(4.1.5)和式(4.1.6)可以看出：电感、电容的电压电流关系都是通过微分或积分来表示的，因此电感元件和电容元件称为**动态元件**或**储能元件**；相应地，含有电感或电容的电路就称为**动态电路**。

### 4.1.3　电容、电感的串并联

设 $n$ 个电容串联，如图 4.1.10(a)所示。设流过各电容的电流为 $i$，各电容的电压分别为 $u_1$、$u_2$、$\cdots$、$u_n$，它们的初始电压分别为 $u_1(0)$、$u_2(0)$、$\cdots$、$u_n(0)$，电压与电流为关联参考方向，如图 4.1.10 所示。

知识点75

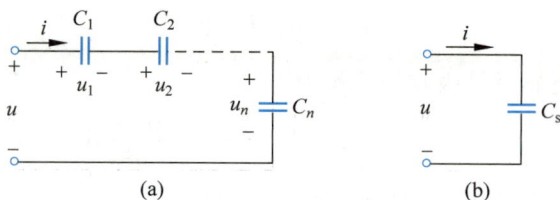

图 4.1.10　串联电容的等效

根据 KVL，得

$$u = u_1 + u_2 + \cdots + u_n$$

又根据式(4.1.3)，有

$$u_1 = u_1(0) + \frac{1}{C_1}\int_0^t i\,\mathrm{d}t$$

$$u_2 = u_2(0) + \frac{1}{C_2}\int_0^t i\,\mathrm{d}t$$

$$\vdots$$

$$u_n = u_n(0) + \frac{1}{C_n}\int_0^t i\,\mathrm{d}t$$

因此

$$u = u_1(0) + u_2(0) + \cdots + u_n(0) + \left(\frac{1}{C_1} + \frac{1}{C_2} + \cdots + \frac{1}{C_n}\right)\int_0^t i\,\mathrm{d}t$$

从等效的观点来看，由上式可得图 4.1.10(a)所示电路的等效电路如图 4.1.10(b)所示，其中

$$u(0) = u_1(0) + u_2(0) + \cdots + u_n(0)$$

$$\frac{1}{C_s} = \frac{1}{C_1} + \frac{1}{C_2} + \cdots + \frac{1}{C_n} \tag{4.1.9}$$

换句话说，等效电容的倒数等于所有串联电容的倒数之和（下标"s"表示串联，series connection），而等效电容的初始电压等于所有串联电容初始电压的代数和。

类似地，根据 KCL 和式(4.1.1)，不难得出，$n$ 个电容并联的等效电容为

$$C_p = C_1 + C_2 + \cdots + C_n \tag{4.1.10}$$

即等效电容等于 $n$ 个并联电容的和（下标"p"表示并联，parallel connection）。需要说明的是，此处未考虑电容的初始电压。如果各个并联电容的初始电压不等，则在并联瞬间电荷将重新分配，达到一致的初始电压值。下面的电感串联也有类似的情况。

设 $n$ 个电感串联，如图 4.1.11(a)所示。设流过各电感的电流为 $i$，各电感的电压分别为 $u_1$、$u_2$、$\cdots$、$u_n$，极性如图 4.1.11 所示，都与电流 $i$ 为关联参考方向。

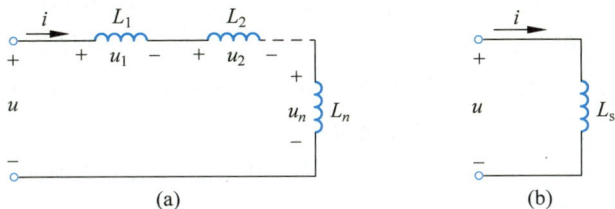

图 4.1.11　串联电感的等效

根据 KVL，得

$$u = u_1 + u_2 + \cdots + u_n$$

又根据式(4.1.5)，有

$$u_1 = L_1 \frac{di}{dt}$$

$$u_2 = L_2 \frac{di}{dt}$$

$$\vdots$$

$$u_n = L_n \frac{di}{dt}$$

因此

$$u = (L_1 + L_2 + \cdots + L_n) \frac{di}{dt}$$

根据等效的定义，由上式可得图 4.1.11(a)所示电路的等效电路，如图 4.1.11(b)所示，图中

$$L_s = L_1 + L_2 + \cdots + L_n \tag{4.1.11}$$

换句话说，等效电感等于所有串联电感的总和。如果串联电感的初始电流不等，则在串联瞬间磁通将重新分配，达到一致的初始电流。

类似地，若 $n$ 个电感并联，根据 KCL 和式(4.1.7)，不难得出其等效电感为

$$i(0) = i_1(0) + i_2(0) + \cdots + i_n(0)$$

$$\frac{1}{L_p} = \frac{1}{L_1} + \frac{1}{L_2} + \cdots + \frac{1}{L_n} \tag{4.1.12}$$

知识点75练习题和讨论

即等效电感的倒数等于所有并联电感的倒数之和，且等效电感电流的初始值等于所有并联电感初始值的代数和。

## 4.2 动态电路方程的列写

无论是电阻电路还是动态电路，在列写方程方面所需要遵循的原则都是一样的，即根据拓扑约束和元件约束来列写。两者最大的不同在于电阻电路中所有元件的电压和电流之间都是代数关系，而动态电路中的电容和电感的电压和电流之间是微分或积分的关系。因此，用来描述电阻电路的是一个或一组代数方程，而用来描述动态电路的则是一个或一组微分方程。如果电路中的电感或电容元件是线性非时变的，那么描述此电路的就是一个或一组常系数线性常微分方程。

**知识点76**

**例 4.2.1**  电路如图 4.2.1 所示，列写电路方程。

**解**  这是一个简单的 $RC$ 串联电路。图 4.2.1 中电阻和电容上流过的电流都是 $i_C$。根据 KVL 和欧姆定律，有

$$u_S = u_R + u_C = Ri_C + u_C \tag{4.2.1}$$

又根据电容的 $u\text{-}i$ 关系，有

$$i_C = C\frac{\mathrm{d}u_C}{\mathrm{d}t}$$

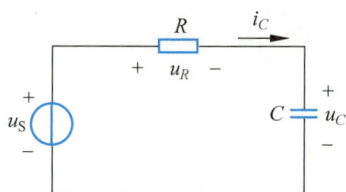

图 4.2.1  RC 电路

将上式代入式（4.2.1），整理得

$$\frac{\mathrm{d}u_C}{\mathrm{d}t} + \frac{1}{RC}u_C = \frac{1}{RC}u_S \tag{4.2.2}$$

这是一个关于 $u_C$ 的一阶常系数线性常微分方程。如果能够求解出 $u_C$，那么就可以得到电路中所有元件或支路上的电压和电流。

如果我们要以 $i_C$ 为变量来列写方程，则需要考虑电容的积分关系，即

$$u_C = \frac{1}{C}\int i_C\,\mathrm{d}t \tag{4.2.3}$$

将其代入式（4.2.1）得到

$$u_S = Ri_C + \frac{1}{C}\int i_C\,\mathrm{d}t \tag{4.2.4}$$

这是一个关于变量 $i_C$ 的积分方程，要想用数学中求解常微分方程的方法对其进行求解，需要对其两端求导可得

$$\frac{\mathrm{d}i_C}{\mathrm{d}t} + \frac{1}{RC}i_C = \frac{1}{R}\frac{\mathrm{d}u_S}{\mathrm{d}t} \tag{4.2.5}$$

于是就获得了以 $i_C$ 为变量的一阶常系数线性常微分方程，其中对于给定的电源电压 $u_S$ 来说，$\mathrm{d}u_S/\mathrm{d}t$ 是一个给定的数值或时间 $t$ 的函数。在式（4.2.3）中并没有考虑式（4.1.3）中电容电压的初值，主要有两点考虑。其一，在后续的处理中，为求得常微分方程，有时会对得到的拓扑约束进行求导，此时初值代表的常数就会被消去。其二，储能元件初值的作用主要体现在常微分方程的初始边界条件上，这一点在 4.3 节讨论。

类似地，考虑电阻上的 $u\text{-}i$ 关系，即

$$i_C = \frac{1}{R} u_R$$

将其代入式(4.2.5)并整理可得

$$\frac{\mathrm{d}u_R}{\mathrm{d}t} + \frac{1}{RC} u_R = \frac{\mathrm{d}u_S}{\mathrm{d}t} \tag{4.2.6}$$

于是就获得了以 $u_R$ 为变量的一阶常系数线性常微分方程。

**例 4.2.2** 电路如图 4.2.2 所示，以 $u_C$ 和 $i_L$ 为变量列写电路方程。

**解** 图中共有 5 个支路量，如 $i_R$、$i_C$、$i_L$、$u_C$ 和 $u_L$，只要我们能根据拓扑约束和元件约束，列写出 5 个独立方程，原则上来说，就可以得到关于任意支路量的微分方程。这 5 个方程为

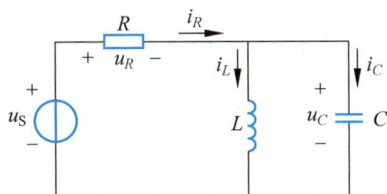

图 4.2.2 **RLC** 电路

$$i_R = i_L + i_C \tag{4.2.7}$$

$$u_S = u_R + u_C \tag{4.2.8}$$

$$u_C = L \frac{\mathrm{d}i_L}{\mathrm{d}t} \tag{4.2.9}$$

$$i_C = C \frac{\mathrm{d}u_C}{\mathrm{d}t} \tag{4.2.10}$$

$$u_R = R i_R \tag{4.2.11}$$

关于支路量 $u_C$，以式(4.2.7)为基础，综合式(4.2.11)和式(4.2.8)代入 $i_R$，式(4.2.9)转化为积分式代入 $i_L$，式(4.2.10)代入 $i_C$ 后可得

$$\frac{u_S - u_C}{R} = \frac{1}{L} \int u_C + C \frac{\mathrm{d}u_C}{\mathrm{d}t} \tag{4.2.12}$$

对式(4.2.12)两端求导，并使得 $u_C$ 二阶导系数为 1，可得

$$\frac{\mathrm{d}^2 u_C}{\mathrm{d}t^2} + \frac{1}{RC} \frac{\mathrm{d}u_C}{\mathrm{d}t} + \frac{1}{LC} u_C = \frac{1}{RC} \frac{\mathrm{d}u_S}{\mathrm{d}t} \tag{4.2.13}$$

类似地，关于支路量 $i_L$，以式(4.2.7)为基础，综合式(4.2.11)、式(4.2.8)和式(4.2.9)代入 $i_R$，综合式(4.2.8)和式(4.2.9)代入 $i_C$ 可得

$$\frac{u_S - L \frac{\mathrm{d}i_L}{\mathrm{d}t}}{R} = i_L + LC \frac{\mathrm{d}^2 i_L}{\mathrm{d}t^2} \tag{4.2.14}$$

整理式(4.2.14)并使得 $i_L$ 二阶导系数为 1，可得

$$\frac{\mathrm{d}^2 i_L}{\mathrm{d}t^2} + \frac{1}{RC} \frac{\mathrm{d}i_L}{\mathrm{d}t} + \frac{1}{LC} i_L = \frac{1}{RLC} u_S \tag{4.2.15}$$

沿用上述方法，可以得到所有 5 个支路量的二阶微分方程。

例 4.2.2 所示方法具有普适性，原则上来说，利用电路的拓扑约束和元件约束(动态元件可能需要考虑微分关系或积分关系)，我们可以列写出任意复杂电路中任一支路量的高阶微分方程。

比较式(4.2.2)、式(4.2.5)和式(4.2.6)，以及式(4.2.13)和式(4.2.15)可以发现，以不同的支路量为变量来列写同一电路的方程，等号右端项有所不同，但是左端变量各阶导数的系数是完全一样的。根据附录B所介绍的数学求解过程，这一特点意味着同一电路中各个支路量的变化方式和变化速度是完全一样的。这个特点有助于我们总结4.4.2节和4.5.2节电路的直觉求解方法。

知识点76练习题和讨论

## 4.3 动态电路方程的初始条件

在电阻电路中，列写出代数方程后，就可以用数学手段对其进行求解了。但是仅仅根据4.2节内容列写出动态电路的微分方程，还不能对其进行求解，需要根据实际物理场景给出一些边界条件。对于本书第2篇的对时间 $t$ 的常微分方程来说，需要给出的是时间边界条件；对于第4篇的对时间 $t$ 和位移 $x$ 的偏微分方程来说，需要给出的是空间边界条件或时间与空间边界条件。从数学求解的角度出发，对于一阶常微分方程，只需给出待求变量在任意某时间点的数值，就可以用附录B所示数学方法进行求解；二阶电路需要给出待求变量在任意某时间点的数值和一阶导数数值，即可完成求解。也就是说，只有完整给出动态电路对应的常微分方程及其时间边界条件后，才算完成方程列写，进入数学求解过程。

知识点77

动态电路中电路结构或参数变化引起的电路变化统称为**换路**(switch)。假设动态电路在 $t=0$ 时刻发生换路，为了以后的分析方便，把换路前一瞬间记为 $t=0^-$，把换路刚刚发生后的一瞬间记为 $t=\mathbf{0^+}$。

电路分析中，最常见的时间边界条件就是求出换路后 $0^+$ 时刻支路量的数值（如果需要还可以包括其一阶、二阶……导数数值）即支路量的**初值**或方程的**初始条件**。换路定律是获得初值的重要方法。

下面我们来探索动态电路中最关键的电容和电感元件在换路前后的性质，由此得出换路定律。

对于线性电容，它在任一时刻的电压为

$$u_C(t)=u_C(t_0)+\frac{1}{C}\int_{t_0}^t i_C\,\mathrm{d}t$$

上式两边都乘以 $C$，得

$$q(t)=q(t_0)+\int_{t_0}^t i_C\,\mathrm{d}t$$

令 $t_0=0^-,t=0^+$，得

$$u_C(0^+)=u_C(0^-)+\frac{1}{C}\int_{0^-}^{0^+} i_C\,\mathrm{d}t \tag{4.3.1}$$

$$q(0^+)=q(0^-)+\int_{0^-}^{0^+} i_C\,\mathrm{d}t \tag{4.3.2}$$

从上两式可以看出：在换路发生前后即从 $0^-$ 到 $0^+$ 的瞬间，如果电容电流 $i_C$ 是有限值，那么这两式中的积分项就等于零，电容电压和电容上的电荷在换路前后保持不变，即

$$u_C(0^+) = u_C(0^-) \tag{4.3.3}$$

$$q(0^+) = q(0^-) \tag{4.3.4}$$

对于一个在 $t = 0^-$ 时刻电压 $u_C(0^-) = U_0$ 的电容,如果在换路瞬间电容电流为有限值,则 $u_C(0^+) = u_C(0^-) = U_0$,在换路瞬间该电容可视为一个电压值为 $U_0$ 的电压源。若 $t = 0^-$ 时刻 $u_C(0^-) = 0$,则在换路瞬间该电容相当于短路。

对于线性电感,它在任一时刻的电流为

$$i_L(t) = i_L(t_0) + \frac{1}{L} \int_{t_0}^{t} u_L \, \mathrm{d}t$$

上式两边都乘以 $L$,得

$$\Psi(t) = \Psi(t_0) + \int_{t_0}^{t} u_L \, \mathrm{d}t$$

令 $t_0 = 0^-$,$t = 0^+$,得

$$i_L(0^+) = i_L(0^-) + \frac{1}{L} \int_{0^-}^{0^+} u_L \, \mathrm{d}t \tag{4.3.5}$$

$$\Psi(0^+) = \Psi(0^-) + \int_{0^-}^{0^+} u_L \, \mathrm{d}t \tag{4.3.6}$$

从上两式可以看出:在换路发生前后即从 $0^-$ 到 $0^+$ 的瞬间,如果电感电压 $u_L$ 是有限值,那么这两式中的积分项就等于零,电感中的电流和磁链在换路前后保持不变,即

$$i_L(0^+) = i_L(0^-) \tag{4.3.7}$$

$$\Psi(0^+) = \Psi(0^-) \tag{4.3.8}$$

对于一个在 $t = 0^-$ 时刻电流为 $i_L(0^-) = I_0$ 的电感,如果在换路瞬间电感两端电压为有限值,则有 $i_L(0^+) = i_L(0^-) = I_0$,在换路瞬间该电感可视为一个电流值为 $I_0$ 的电流源。若 $t = 0^-$ 时刻 $i_L(0^-) = 0$,则在换路瞬间该电感相当于开路。

**换路定律**　在换路瞬间,如果流过电容的电流为有限值,则换路前后电容电压保持不变;如果电感两端电压为有限值,则换路前后电感电流保持不变。

在大多数情况下,流过电容的电流和电感上的电压均为有限值,因此换路定律一般是成立的。但是如果电路的激励为瞬间无穷大的函数,或者电路的拓扑结构导致换路后电容电压需要因满足 KVL 而跳变,或者电感电流需要因满足 KCL 而跳变,则换路定律的条件就不再成立了。这些特殊情况将在第 5 章讨论。

根据换路定律可以得出求解任意支路量换路后 $0^+$ 时刻数值的方法,即首先根据换路前的电路状态,求出 $u_C(0^-)$ 和/或 $i_L(0^-)$;如果换路定律成立,则可求出 $u_C(0^+)$ 和/或 $i_L(0^+)$;在 $0^+$ 时刻将其分别替代为独立电压源和独立电流源,求解 $0^+$ 时刻电阻电路,即可得到任意支路量的 $0^+$ 值。

**例 4.3.1**　图 4.3.1 所示电路在换路前已经到达稳态,$t = 0$ 时打开开关 S。求初始值 $u_C(0^+)$、$i(0^+)$ 和 $u_R(0^+)$。

**解**　在换路发生前,电路已到达稳态,因为是直流激励,此时电容支路相当于开路。有

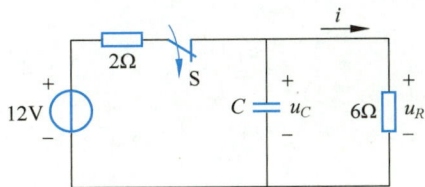

图 4.3.1　例 4.3.1 图

$$u_C(0^-) = 12 \times \frac{6}{2+6} \text{V} = 9\text{V}$$

在换路发生瞬间,流过电容的电流不会无穷大,电容电压不会发生跳变,根据换路定律即式(4.3.3),有

$$u_C(0^+) = u_C(0^-) = 9\text{V}$$

为了求得其他变量的初始值,可以将电容用一个电压为 $u_C(0^+)$ 的电压源替代,电压源极性与电容电压的极性相同,得到原电路在 $t=0^+$ 时刻的等效电路,如图4.3.2所示。

求解图4.3.2所示电路,得

$$u_R(0^+) = u_C(0^+) = 9\text{V}$$

$$i(0^+) = \frac{u_C(0^+)}{6} = 1.5\text{A}$$

**例4.3.2** 图4.3.3所示电路在换路前已经到达稳态,在 $t=0$ 时将开关S合上,求初始值 $i_L(0^+)$、$u_L(0^+)$、$i_1(0^+)$ 和 $i_2(0^+)$。

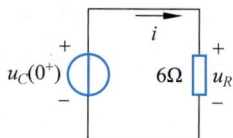

图4.3.2 图4.3.1在 $t=0^+$ 时刻的等效电路

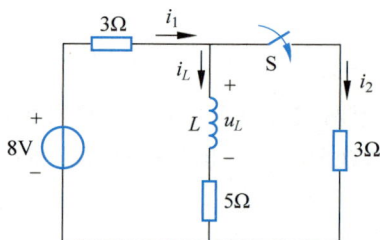

图4.3.3 例4.3.2图

**解** 在换路发生前,电路已经到达稳态,因为是直流激励,此时电感相当于短路,有

$$i_L(0^-) = \frac{8}{3+5}\text{A} = 1\text{A}$$

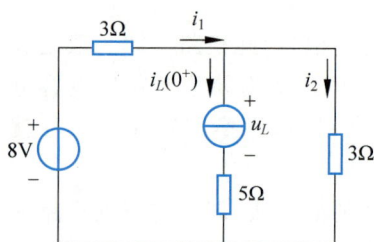

图4.3.4 图4.3.3在 $t=0^+$ 时刻的等效电路

在换路发生瞬间,电感两端的电压不会无穷大,电感电流不会跳变,因此根据换路定律即式(4.3.7),有

$$i_L(0^+) = i_L(0^-) = 1\text{A}$$

为了求得其他变量的初始值,可以将电感用一个电流为 $i_L(0^+)$ 的电流源替代,电流源的电流方向与电感电流的方向相同,得到原电路在 $t=0^+$ 时刻的等效电路,如图4.3.4所示。

利用叠加定理求解图4.3.4所示电路,求得其他几个变量的初始值分别为

$$u_L(0^+) = 8 \times \frac{3}{3+3}\text{V} - i_L(0^+) \times \left(5 + \frac{3 \times 3}{3+3}\right)\text{V} = -2.5\text{V}$$

$$i_1(0^+) = \frac{8}{3+3}\text{A} + i_L(0^+) \times \frac{3}{3+3}\text{A} = 1.83\text{A}$$

$$i_2(0^+) = \frac{8}{3+3}\text{A} - i_L(0^+) \times \frac{3}{3+3}\text{A} = 0.83\text{A}$$

如果是二阶(及更高阶)常微分方程,还需要求某支路量一阶及以上导数的初值。这时,就需要根据元件约束和拓扑约束,找到该支路量一阶(及更高阶)导数的某个物理含义值,然后再根据换路后的等效电路求出该物理含义值,进而求出一阶(及更高阶)导数初值[①]。这个过程有时需要一些经验和技巧。下面以一个简单的二阶电路的例子来说明这种方法的应用。

**例 4.3.3** 图 4.3.5 所示电路在换路前已经到达稳态,已知 $C=0.5F,L=1H$,电容电压的初始值 $u_C(0^-)=5V$,在 $t=0$ 时将开关 S 合上。求初始值 $i_C(0^+)$、$u_L(0^+)$、$\left.\dfrac{du_C}{dt}\right|_{t=0^+}$、$\left.\dfrac{di_L}{dt}\right|_{t=0^+}$ 和 $\left.\dfrac{di}{dt}\right|_{t=0^+}$。

**解** 与例 4.3.1、例 4.3.2 的分析类似,根据换路前的电路可以确定

$$i_L(0^-)=\frac{4}{2+2}=1A$$

在换路瞬间,电容电压和电感电流都不会发生跳变,根据换路定律,有

$$i_L(0^+)=i_L(0^-)=1A$$

$$u_C(0^+)=u_C(0^-)=5V$$

为了求得其他变量的初始值,可以将电感用一个电流为 $i_L(0^+)$ 的电流源替代,将电容用一个电压为 $u_C(0^+)$ 的电压源替代,得到原电路在 $t=0^+$ 时刻的等效电路,如图 4.3.6 所示。

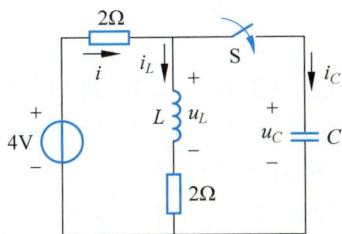

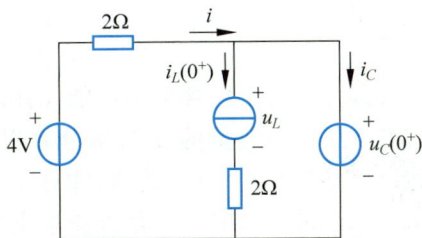

图 4.3.5 例 4.3.3 图    图 4.3.6 图 4.3.5 在 $t=0^+$ 时刻的等效电路

利用叠加定理求解图 4.3.6 所示电路,求得其他几个变量的初始值分别为

$$u_L(0^+)=-i_L(0^+)\times 2+u_C(0^+)=3V$$

$$i_C(0^+)=\frac{4}{2}-i_L(0^+)-\frac{u_C(0^+)}{2}=-1.5A$$

在本例中,根据电容和电感的 $u\text{-}i$ 特性可知:$C\dfrac{du_C}{dt}=i_C,L\dfrac{di_L}{dt}=u_L$,因此可以在图 4.3.6 中分别求出 $i_C(0^+)$ 和 $u_L(0^+)$,然后可得

$$\left.\frac{du_C}{dt}\right|_{t=0^+}=\frac{1}{C}i_C(0^+)=-3V/s$$

$$\left.\frac{di_L}{dt}\right|_{t=0^+}=\frac{1}{L}u_L(0^+)=3A/s$$

---

① 5.3 节将介绍更具有一般性意义的方法。

本例的难点在于 $\mathrm{d}i/\mathrm{d}t$ 本身并没有像 $\mathrm{d}u_C/\mathrm{d}t$ 和 $\mathrm{d}i_L/\mathrm{d}t$ 那样，与动态元件的 $u\text{-}i$ 特性建立直接的联系。根据替代定理，我们可以把电感替代为电流值待求的独立电流源，电容替代为电压值待求的独立电压源，如图 4.3.7 所示。

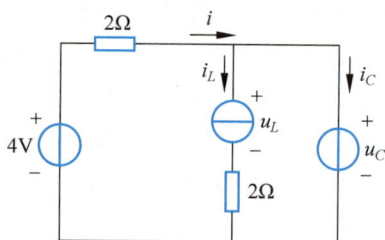

图 4.3.7　求 $\left.\dfrac{\mathrm{d}i}{\mathrm{d}t}\right|_{t=0^+}$ 所用电路

如果我们能够做到用替代电容的独立电压源的电压、替代电感的独立电流源的电流、电路中真正独立源的电压和电流的线性组合来表示电流 $i$，那么 $\mathrm{d}i/\mathrm{d}t$ 在 $0^+$ 时刻其实也是可以表示为若干具有物理含义的支路量（比如流过替代电容的独立电压源的电流和替代电感的独立电流源上的电压）的线性组合。于是我们有

$$i = \frac{4 - u_C}{2}$$

等号两边求导数并在 $0^+$ 时刻取值，可以得到

$$\left.\frac{\mathrm{d}i}{\mathrm{d}t}\right|_{t=0^+} = -\frac{1}{2}\left.\frac{\mathrm{d}u_C}{\mathrm{d}t}\right|_{t=0^+} = -\frac{1}{2C}\left.i_C\right|_{t=0^+}$$

将前面求得的结果代入易知 $\left.\dfrac{\mathrm{d}i}{\mathrm{d}t}\right|_{t=0^+} = 1.5\,\mathrm{A/s}$。

本例讨论的方法具有普适性，可以求得任意支路量的一阶导初值。读者可以练习求出 $\left.\dfrac{\mathrm{d}i_C}{\mathrm{d}t}\right|_{t=0^+}$ 和 $\left.\dfrac{\mathrm{d}u_L}{\mathrm{d}t}\right|_{t=0^+}$。

知识点77练习题和讨论

对于包含更多储能元件的 $n$ 阶电路来说，需要用 4.2 节知识列写以某支路量为变量的 $n$ 阶微分方程，并且求出该支路量、其一阶导数……$(n-1)$ 阶导数在 $0^+$ 时刻的值，才算完成了数学建模，进而可以用附录 B 所示的数学方法进行求解。但是求任意支路量二阶以上导数的 $0^+$ 值并不容易。这个问题系统性的解决方法放到 5.4 节来讨论。

## 4.4　一阶动态电路

用一阶常微分方程来描述的电路称为一阶动态电路，简称为一阶电路（first order circuit）。只含有一个动态元件（电容或电感）的电路是一阶电路[①]。本书只限于讨论线性非时变的动态电路，因此以后所称的一阶电路都是指线性非时变的一阶电路，所称的一阶常微分方程也是指一阶常系数线性常微分方程。

如果一阶电路中只含有一个动态元件，则可以把该动态元件以外的电阻电路用戴维南定理等效为电压源与电阻串联的形式，或用诺顿定理等效为电流源与电阻并联的形式，原电路就可变换为简单的 $RC$ 电路或 $RL$ 电路。

---

① 一些特殊的有多个动态元件的电路所列写出来的方程还是一阶常微分方程，也是一阶电路。

## 4.4.1　一阶动态电路的经典解法

经典法求解一阶电路,首先要根据 KCL、KVL 以及元件特性建立描述电路的一阶微分方程,然后解方程得到所求的电路变量。

图 4.4.1 所示电路中,电容电压的初始值 $u_C(0^-)=U_0$,$t=0$ 时开关 S 闭合,求换路后电容电压 $u_C(t)(t\geqslant 0)$。

首先,建立描述电路的一阶微分方程,根据例 4.2.1 有

$$U_S=RC\frac{\mathrm{d}u_C}{\mathrm{d}t}+u_C \qquad (4.4.1)$$

上式是一阶非齐次常微分方程,根据附录 B 它的解由两部分组成

图 4.4.1　一阶 RC 电路

$$u_C=u_{Ch}+u_{Cp}$$

式中,$u_{Ch}$[①] 是式(4.4.1)对应的齐次方程

$$RC\frac{\mathrm{d}u_C}{\mathrm{d}t}+u_C=0$$

的通解;$u_{Cp}$ 为非齐次方程的一个特解。写出齐次方程的特征方程如下

$$RCp+1=0$$

特征根为

$$p=-\frac{1}{RC}$$

因此,齐次方程的通解为

$$u_{Ch}=Ae^{pt}=Ae^{-\frac{1}{RC}t}, \quad t\geqslant 0 \qquad (4.4.2)$$

非齐次方程的特解可以认为与输入函数具有相同的形式,观察可得

$$u_{Cp}=U_S, \quad t\geqslant 0$$

因此,式(4.4.1)的解为

$$u_C(t)=u_{Ch}+u_{Cp}$$
$$=Ae^{-\frac{1}{RC}t}+U_S, \quad t\geqslant 0 \qquad (4.4.3)$$

为了确定上式中的积分常数 $A$,必须先求出电容电压的初始值。根据换路定律,有

$$u_C(0^+)=u_C(0^-)=U_0$$

令式(4.4.3)中 $t=0^+$,并代入初始条件,得

$$u_C(0^+)=A+U_S=U_0$$
$$A=U_0-U_S$$

电容电压为

$$u_C(t)=U_S+(U_0-U_S)e^{-\frac{1}{RC}t}, \quad t\geqslant 0$$

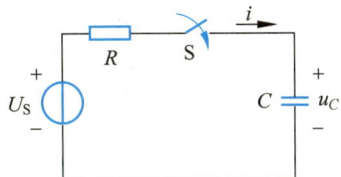

---

① 下标"h"是 homogeneous(通解)的首字母,下标"p"是 particular(特解)的首字母。

上式就是电容电压的**全响应**,其中与齐次方程解对应的那部分响应$(U_0-U_S)\mathrm{e}^{-\frac{1}{RC}t}$ $(t\geqslant0)$称为**自由响应**,也称为**自由分量**；与非齐次方程的特解对应的那部分响应$U_S$称为**强制响应**,也称为**强制分量**。

根据电容电压,还可求出电路中的电流为

$$i=C\frac{\mathrm{d}u_C}{\mathrm{d}t}=C\times\left(-\frac{1}{RC}(U_0-U_S)\mathrm{e}^{-\frac{1}{RC}t}\right)=\frac{U_S-U_0}{R}\mathrm{e}^{-\frac{1}{RC}t}, \quad t\geqslant0$$

从电容电压和电流的表达式可以看出：它们的变化部分都是按照同样的指数规律变化的,变化的快慢取决于指数中$RC$乘积的大小,而这个乘积仅仅取决于电路的结构和电路中各元件的参数。当电阻的单位取$\Omega$,电容的单位取F时,有

$$1\Omega\times1\mathrm{F}=\frac{1\mathrm{V}}{\mathrm{A}}\times\frac{1\mathrm{C}}{\mathrm{V}}=1\mathrm{s}$$

可见,$RC$具有时间的量纲——s,因此称为$RC$电路的**时间常数**(time constant),用$\tau$表示。时间常数$\tau$的大小反映了一阶电路过渡过程的快慢,$\tau$是反映过渡过程特征的一个重要的物理量。设电容电压为定值,若$R$不变,$\tau$越大,意味着$C$越大,则电路中储能越多,电路的过渡过程时间就越长；若$C$不变,$\tau$越大,意味着$R$越大,则电容充电(或放电)电流越小,电路的过渡过程时间也就越长。

引入$\tau$后,电容电压和电流可表示为

$$u_C(t)=U_S+(U_0-U_S)\mathrm{e}^{-\frac{t}{\tau}}, \quad t\geqslant0 \tag{4.4.4}$$

$$i=\frac{U_S-U_0}{R}\mathrm{e}^{-\frac{t}{\tau}}, \qquad t\geqslant0 \tag{4.4.5}$$

它们的波形如图4.4.2所示(设$U_0<U_S$)。

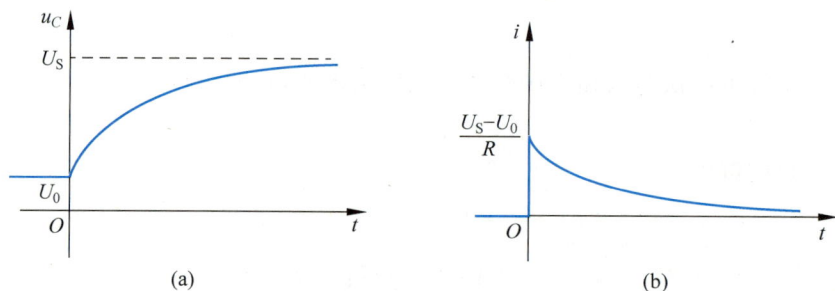

**图 4.4.2　电容电压和电流的波形**

从图4.4.2中可以看出：电压和电流经过一段时间后,都会从初始状态变化到一个新的稳态,这段时间的长短是由$\tau$决定的。

下面讨论电容电压中的自由响应部分随时间$t$的变化情况。根据式(4.4.2)可知,当$t=0$时,

$$u_{Ch}=A\mathrm{e}^0=A$$

当$t=\tau$时,

$$u_{Ch}=A\mathrm{e}^{-1}=0.368A$$

即经过一个时间常数后,自由分量衰减了$63.2\%$,变为初始值的$36.8\%$。$t=2\tau,t=3\tau,$

$t=4\tau\cdots\cdots$时刻,电容电压的自由分量的值列于表 4.4.1 中。

表 4.4.1　时间常数与自由分量的关系

| $t$ | 0 | $\tau$ | $2\tau$ | $3\tau$ | $4\tau$ | $5\tau$ | $\cdots$ | $\infty$ |
|---|---|---|---|---|---|---|---|---|
| $u_{Ch}$ | $A$ | $0.368A$ | $0.135A$ | $0.05A$ | $0.018A$ | $0.0067A$ | $\cdots$ | 0 |

　　从表 4.4.1 中可以看出,虽然理论上要经过无限长的时间,自由分量才能衰减到零;但经过 $3\tau$ 后,其值就衰减为 $5\%$,$5\tau$ 后衰减为小于 $1\%$。因此工程上一般认为经过 $3\tau\sim5\tau$ 后过渡过程结束,电路到达了一个新的稳态。

　　再分析一个 $RL$ 电路的例子。图 4.4.3 所示电路中,设电感电流的初始值 $i_L(0^-)=I_0$,$t=0$ 时开关 S 从 1 合向 2。求换路后电感电流 $i_L(t)(t\geqslant0)$。

　　先建立描述换路后电路的一阶微分方程,根据 4.2 节方法,可以得到

图 4.4.3　一阶 $RL$ 电路

$$U_S=Ri_L+L\frac{\mathrm{d}i_L}{\mathrm{d}t}$$

上式也是一阶非齐次常微分方程,求出它的解为

$$i_L=i_{Lh}+i_{Lp}=A\mathrm{e}^{-\frac{R}{L}t}+\frac{U_S}{R},\quad t\geqslant0 \tag{4.4.6}$$

根据换路定律,电感电流的初始条件为

$$i_L(0^+)=i_L(0^-)=I_0$$

令式(4.4.6)中 $t=0^+$,并代入初始条件,得

$$i_L(0^+)=A+\frac{U_S}{R}=I_0$$

$$A=I_0-\frac{U_S}{R}$$

因此,电感电流为

$$i_L(t)=\frac{U_S}{R}+\left(I_0-\frac{U_S}{R}\right)\mathrm{e}^{-\frac{R}{L}t},\quad t\geqslant0$$

继而可求得电感电压为

$$u_L=L\frac{\mathrm{d}i_L}{\mathrm{d}t}=(U_S-RI_0)\mathrm{e}^{-\frac{R}{L}t},\quad t\geqslant0$$

　　从电感电流和电压的表达式可以看出:它们的变化部分也都是按照同样的指数规律变化的,变化的快慢取决于指数中 $L/R$ 的大小。当电阻的单位取 $\Omega$,电感的单位取 H 时,有

$$\frac{1\mathrm{H}}{\Omega}=\frac{1\mathrm{Wb}}{1\mathrm{A}\times1\Omega}=\frac{1\mathrm{Wb}}{1\mathrm{V}}=1\mathrm{s}$$

可见,$L/R$ 也具有时间的量纲——s,因此称为 $RL$ 电路的时间常数,也用 $\tau$ 表示。设电感电流为定值,若 $R$ 不变,$\tau$ 越大,意味着 $L$ 越大,则电路中储能越多,电路的过渡过程时间就越长;若 $L$ 不变,$\tau$ 越大,意味着 $R$ 越小,则电感充电(或放电)的电路消耗的功率越小,电路的过渡过程时间也就越长。

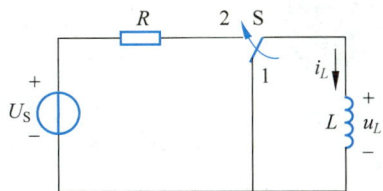

引入 $\tau$ 后，电感电流和电压可分别表示为

$$i_L(t) = \frac{U_S}{R} + \left(I_0 - \frac{U_S}{R}\right)e^{-\frac{t}{\tau}}, \quad t \geqslant 0 \tag{4.4.7}$$

$$u_L = L\frac{\mathrm{d}i_L}{\mathrm{d}t} = (U_S - RI_0)e^{-\frac{t}{\tau}}, \quad t \geqslant 0 \tag{4.4.8}$$

对于一阶电路来说，表征其支路量变化速率这一物理特性的时间常数是数学上求解微分方程得到的特征根的负倒数，该对照关系值得关注。

总结一阶 $RC$ 电路和一阶 $RL$ 电路的求解过程，得出经典法求解一阶电路的一般步骤为：

（1）建立描述电路的微分方程；

（2）求齐次微分方程的通解和非齐次微分方程的一个特解；

（3）将齐次微分方程的通解与非齐次微分方程的一个特解相加，得到非齐次微分方程的通解，利用初始条件确定通解中的系数。

知识点78练习题和讨论

## 4.4.2 求解一阶动态电路的直觉方法——三要素法

虽然第1篇讨论了负电阻，但在后续诸篇中，除非极个别情况，我们讨论的都是正值电阻、电容、电感构成的动态电路。对于一阶电路来说，其微分方程的特征根总是负值，时间常数总是正值。这就意味着齐次方程的通解（即自由分量）总是随着时间逐渐衰减为零，任何一个支路量在物理上的稳态解其实就是其在数学上非齐次方程的一个特解（即强制分量）。因此，我们就可以画出稳态电路，求解支路量的稳态解，从而避免从数学上根据微分方程的特点，找到非齐次方程的特解（即强制分量）。这样就使得我们可以完全从物理学角度出发求解一阶电路。

知识点79

有了这个基本想法，我们重新审视 4.4.1 节中的式（4.4.4）、式（4.4.5）、式（4.4.7）和式（4.4.8）可以发现，无论是 $RC$ 电路还是 $RL$ 电路，一阶电路响应的变化部分都是按指数规律变化的；它们有各自的初始值和稳态值；同一个电路中所有变量的时间常数是一样的。基于这种发现，本节将介绍求解一阶动态电路的一种简便方法——三要素法，有些文献也称为直觉法（intuition analysis）[①]，它适用于求解直流和正弦激励作用下一阶电路中任一支路量的响应。

设 $f(t)$ 为电路中任意待求支路的电压或电流，并且设 $f(0^+)$、$f(t)|_{t\to\infty}$ 分别表示该支路量的初始值和强制分量（也就是稳态分量），$\tau$ 表示电路的时间常数。根据 4.4.1 小节中的分析和前面的讨论，有

$$f(t) = f(t)|_{t\to\infty} + Ae^{-\frac{t}{\tau}}, \quad t \geqslant 0$$

在直流激励下，电路到达新的稳态时，电容相当于开路，电感相当于短路，支路量的稳态值也是一个直流量。$f(t)|_{t\to\infty}$ 可简记为 $f(\infty)$。

---

① 实际上直觉法和三要素法略有不同。前者侧重于从画图的角度来求解一阶电路，后者侧重于代公式求解，但二者所需的特征量都是一样的，故本书中对二者不加区分。

将初始条件代入上式,得出积分常数

$$A = f(0^+) - f(\infty)$$

因此,待求支路量为

$$f(t) = f(\infty) + [f(0^+) - f(\infty)]\,\mathrm{e}^{-\frac{t}{\tau}}, \quad t \geqslant 0 \tag{4.4.9}$$

从式(4.4.9)可以看出,只要求出以下三个要素,就可以写出待求的电压或电流。这三个要素如下:

$f(0^+)$——支路量的初始值,4.3 节中已讨论过。

$f(\infty)$——支路量的稳态分量。

$\tau$——电路的时间常数。$RC$ 电路的时间常数 $\tau = R_\mathrm{i} C$,$RL$ 电路的时间常数 $\tau = \dfrac{L}{R_\mathrm{i}}$,$R_\mathrm{i}$

是从电路的储能元件两端看进去的戴维南等效电阻。

利用式(4.4.9)求解直流激励下一阶电路的方法称为三要素法。

在直流激励作用下,换路前稳态是一个电阻电路(电容视作开路,电感视作短路),应用换路定律求 $0^+$ 时刻支路量值也是求解电阻电路,换路后稳态也是一个电阻电路,求时间常数所需的戴维南电路还是个电阻电路。因此应用三要素法后,其实从根本上就避免了列写微分方程,而是通过求解一系列不同的电阻电路,找到各个关键参数,代入式(4.4.9)后直接得到支路量的表达式。这是电路原理这门课程将物理性质和数学规律巧妙结合的一个典型例子。

下面用三要素法重解图 4.4.1 所示电路。为方便起见,将电路重画如图 4.4.4 所示。

电容电压的三要素为

$$u_C(0^+) = U_0, \quad u_C(\infty) = U_\mathrm{S}, \quad \tau = RC$$

代入式(4.4.9),得

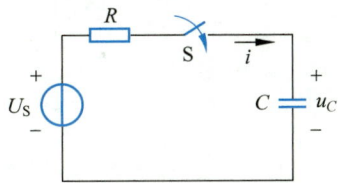

图 4.4.4　一阶 $RC$ 电路

$$
\begin{aligned}
u_C(t) &= u_C(\infty) + [u_C(0^+) - u_C(\infty)]\,\mathrm{e}^{-\frac{t}{\tau}}\\
&= U_\mathrm{S} + (U_0 - U_\mathrm{S})\mathrm{e}^{-\frac{t}{\tau}}, \quad t \geqslant 0
\end{aligned}
$$

与式(4.4.4)完全一致。

电容电流同样可用三要素法求解。电容电流的三要素为

$$i_C(0^+) = \frac{U_\mathrm{S} - U_0}{R}, \quad i_C(\infty) = 0, \quad \tau = RC$$

代入式(4.4.9),得

$$
\begin{aligned}
i_C(t) &= i_C(\infty) + [i_C(0^+) - i_C(\infty)]\,\mathrm{e}^{-\frac{t}{\tau}}\\
&= \frac{U_\mathrm{S} - U_0}{R}\mathrm{e}^{-\frac{t}{\tau}}, \quad t \geqslant 0
\end{aligned}
$$

与式(4.4.5)也完全一致。

下面我们用三要素法来求解稍微复杂一些的一阶电路。

例 4.4.1　图 4.4.5 所示电路中开关 S 换路前已达稳态,$t = 0$ 时刻开关闭合,求换路后的电压 $u_R$。

解　画换路前稳态电阻电路如图 4.4.6 所示,其中电容视为开路。

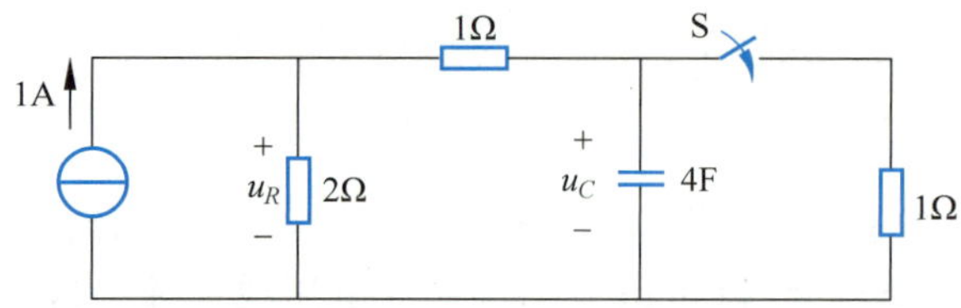

图 4.4.5　例 4.4.1 用图

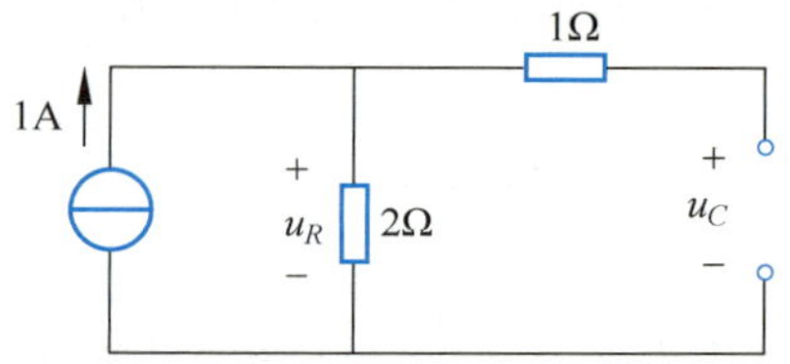

图 4.4.6　例 4.4.1 求 $u_C(0^-)$ 所需电阻电路

易知，$u_C(0^-)=2\mathrm{V}$。

画 $0^+$ 电路如图 4.4.7 所示，其中用 2V 电压源替代电容。

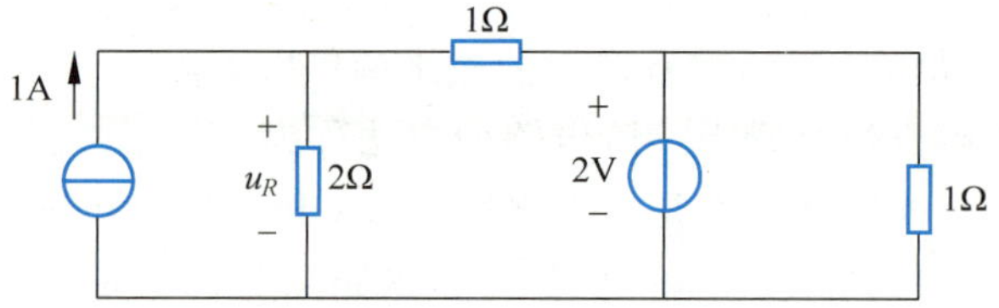

图 4.4.7　例 4.4.1 求 $u_R(0^+)$ 所需电阻电路

可以求出，$u_R(0^+)=2\mathrm{V}$。

画稳态电路如图 4.4.8 所示，其中电容视为开路。

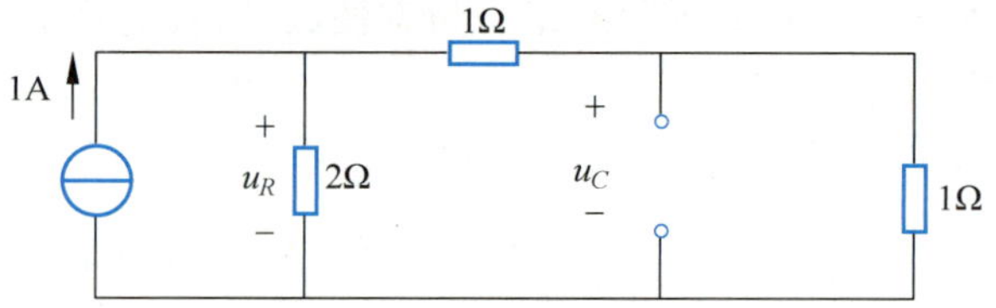

图 4.4.8　例 4.4.1 求 $u_R(\infty)$ 所需电阻电路

可以求出，$u_R(\infty)=1\mathrm{V}$

从电容向外看，求其戴维南等效电阻为 $R_{\mathrm{eq}}=(1+2)//1=3/4\,\Omega$，因此可知，$\tau=3\mathrm{s}$。

将上面 3 个要素的数值代入式(4.4.9)可得

$$u_R(t)=(1+\mathrm{e}^{-\frac{t}{3}})\mathrm{V},\quad t\geqslant 0$$

对于任意复杂的一阶电路来说，只要其特征根为负值，且稳态值便于用电路方法求解[1]，我们可以通过求解一系列相应的电阻电路（直流激励情况下）获得三要素，从而可以规范地求出任意支路量的过渡过程。

**例 4.4.2**　脉冲序列作用下的 $RC$ 电路。脉冲序列是电子电路中很常见的一种信号。当信号频率很高时，电子电路中的各种杂散电容就不容忽视。因此，讨论脉冲序列作用下的 $RC$ 电路对分析实际电子电路的性能有重要意义。图 4.4.9(a)所示脉冲序列作用于图 4.4.9(b)所示 $RC$ 电路，电容将处于不断的充电和放电过程中。求电容电压 $u_C$ 随时间变化的规律。

---

[1]　最常见的两种情况是本章讨论的直流激励作用下的稳态和第 6 章讨论的正弦激励作用下的稳态。

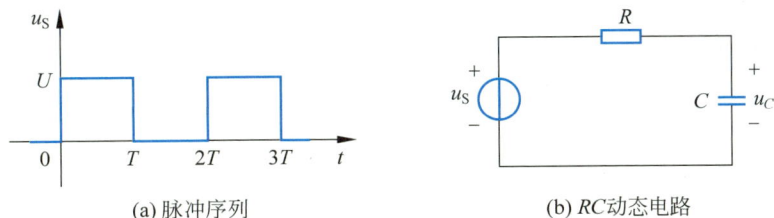

(a) 脉冲序列　　　　　(b) RC动态电路

**图 4.4.9　例 4.4.2 题图**

**解**　设脉冲序列信号的周期为 $2T$（这样假设主要是为了下面分析时列写表达式更为简便）。当电源电压 $u_S = U$ 时，电容处于充电状态；而当 $u_S = 0$ 时，电容则处于放电状态。电路的时间常数 $\tau = RC$ 对电路的表现有着重要的影响。下面分两种情况分别加以讨论。

（1）$T \gg \tau$

在这种情况下，可以认为在电源电压发生跳变时，电路中由上一次电压跳变引起的过渡过程（无论是充电还是放电）已经结束，电路到达稳态。电容电压随时间变化的曲线如图 4.4.10 所示。

（2）$T < \tau$ 或 $T$ 与 $\tau$ 大致相当

为了讨论方便，这里假设 $T = \tau$。在 $0 \sim T$ 时间内，电容充电，电容电压从零开始上升。到 $t = T$ 时，由于 $T = \tau$，电路还没有到达稳态，输入电压就变为 0，电容转而放电。同样，到 $t = 2T$ 时，电容放电也未到达稳态，输入电压又变为 $U$，电容再次转为充电。图 4.4.11 给出了仿真得到的电容电压的波形。参数选择如下：$U = 100\text{V}, T = 0.005\text{s}, C = 20\mu\text{F}, R = 1000\Omega$。

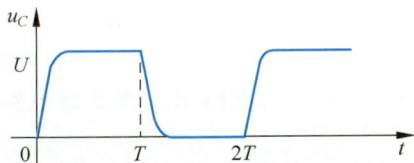

**图 4.4.10　$T \gg \tau$ 时电容电压的波形**

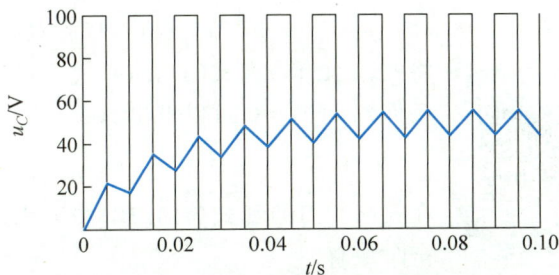

**图 4.4.11　$T = \tau$ 情况下脉冲序列和电容电压的波形**

从图 4.4.11 中可以看出：在最初的几个周期内，每次充电开始时的电容电压不断升高，经过一段时间以后，每一个周期开始时电容充电的起始值等于该周期结束时电容放电的终值，电容电压进入了一个周期性变化的稳态过程。在实际问题中，一般更感兴趣的就是这个稳态的运行情况。

请注意，这里所说的稳态，并非支路量恒定不变，而是指任意支路量在经过一个周期后，能够变化回其周期起始时的数值，这是动态过程中的稳态之意。

设稳态时电容每个周期的充电起始值（即放电终值）为 $U_1$，充电终值（即放电起始值）为 $U_2$，根据三要素法可以分别写出电容电压在充电和放电过程中的表达式。为了计算方便，不妨将稳态的计时起点设为 0。

充电过程中

$$u_C(0) = U_1, \quad u_C(\infty) = U, \quad \tau = RC$$

$$u_C(t) = U + (U_1 - U)e^{-t/\tau} \tag{4.4.10}$$

当 $t = T$ 时，有 $u_C(T) = U_2$，即

$$U_2 = U + (U_1 - U)e^{-T/\tau} \tag{4.4.11}$$

放电过程中

$$u_C(T^+) = U_2, \quad u_C(\infty) = 0, \quad \tau = RC$$

$$u_C(t) = U_2 e^{-(t-T)/\tau} \tag{4.4.12}$$

当 $t = 2T$ 时，有 $u_C(2T) = U_1$，即

$$U_1 = U_2 e^{-T/\tau} \tag{4.4.13}$$

由式(4.4.11)和式(4.4.13)解得

$$U_1 = \frac{Ue^{-T/\tau}}{1 + e^{-T/\tau}}, \quad U_2 = \frac{U}{1 + e^{-T/\tau}}$$

有了 $U_1$ 和 $U_2$ 的值，代入式(4.4.10)和式(4.4.12)不难写出进入稳态后电容电压的表达式。

如果要想求出如图 4.4.11 所示包含暂态和稳态的全动态过程，则需要回归 4.4.1 小节中关于强制响应和自由响应的思想，即

$$u_C(t) = u_{Ch}(t) + u_{Cp}(t) \tag{4.4.14}$$

对于一阶 $RC$ 电路来说，自由响应的表达式为

$$u_{Ch}(t) = Ae^{-\frac{t}{RC}} \tag{4.4.15}$$

其中 $A$ 为待求系数。对于 $0 \sim T$ 区间来说，强制响应为

$$u_{Cp}(t) = U + (U_1 - U)e^{-\frac{t}{RC}} \tag{4.4.16}$$

将式(4.4.15)和式(4.4.16)代入式(4.4.14)，并且利用时间边界条件（即初值条件）$u_C(0) = 0$ 可以求出 $A = -U_1$，即

$$u_{Ch}(t) = -U_1 e^{-\frac{t}{RC}} \tag{4.4.17}$$

在式(4.4.10)和式(4.4.12)中分别加入式(4.4.17)，就给出了该动态电路的全时域解。

知识点79练习题和讨论

### 4.4.3 几个应用实例

一阶电路在信号处理和能量处理方面均有许多应用。下面利用三要素法讨论动态电路的实际应用。

知识点80

**例 4.4.3** *RC 微分电路与积分电路*

电路如图 4.4.12 所示。电源电压 $u_S = U$，电容无初始储能，$t = 0$ 时闭合开关 S，换路前电路已经到达稳态。求输出电压 $u_o$。

**解** 利用三要素法求解。对于图 4.4.12(a)，有

$$u_C(0^+) = 0, \quad u_C(\infty) = U, \quad \tau = RC$$

$$u_C(t) = U(1 - e^{-t/\tau}), \quad t \geqslant 0$$

$$u_o(t) = u_i(t) - u_C(t) = Ue^{-t/\tau}, \quad t \geqslant 0$$

输入 $u_i$ 和输出 $u_o$ 的波形如图 4.4.13 所示。

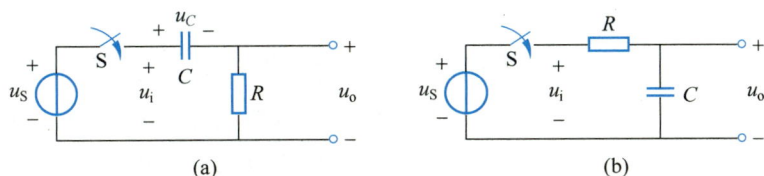

图 4.4.12　例 4.4.3 用图

从图 4.4.13 可以非常直观地看出：在输入发生剧烈变化时，有大的输出；在输入不变时，输出为零。这里显然隐含着微分的概念，这种理解也可以从描述电路的微分方程得到。

描述图 4.4.12(a)所示电路的微分方程为

$$RC\frac{\mathrm{d}u_C}{\mathrm{d}t} + u_C = u_i$$

当 $RC \ll 1$ 时，$u_C \approx u_i$，因此

$$u_o = RC\frac{\mathrm{d}u_C}{\mathrm{d}t} \approx RC\frac{\mathrm{d}u_i}{\mathrm{d}t} \tag{4.4.18}$$

输出是输入的近似微分。因此，图 4.4.12(a)所示电路是一个近似微分电路。这种电路在信号处理领域应用广泛。如果要从信号中提取它的突变部分(略去稳定部分)，就可以利用微分运算。例如在图形处理技术中，借助微分电路可以勾画出物体的边缘轮廓。

对于图 4.4.12(b)所示电路，有

$$u_o(0^+) = 0, \quad u_o(\infty) = U, \quad \tau = RC$$

$$u_o(t) = U(1 - \mathrm{e}^{-t/\tau}), \quad t \geqslant 0$$

输入 $u_i$ 和输出 $u_o$ 的波形如图 4.4.14 所示。

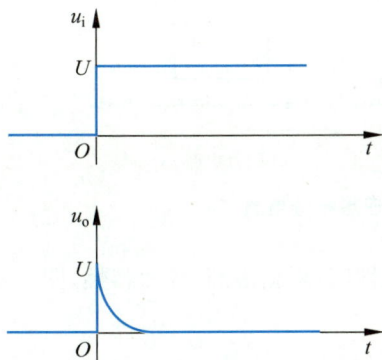

图 4.4.13　图 4.4.12(a)所示电路的
输入和输出波形

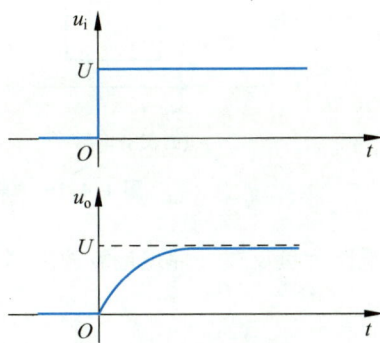

图 4.4.14　图 4.4.12(b)所示电路的
输入和输出波形

同样从图 4.4.14 可以看出：如果电路的时间常数足够大，那么在换路后一小段时间内，输出电压近似为输入电压的积分。这一点也可以从描述电路的微分方程得到。

图 4.4.12(b)所示电路的微分方程为

$$RC\frac{\mathrm{d}u_C}{\mathrm{d}t} + u_C = u_i$$

当 $RC \gg 1$ 时，$u_i \approx RC \dfrac{\mathrm{d}u_C}{\mathrm{d}t}$，有

$$u_o = u_C \approx \frac{1}{RC}\int u_i \mathrm{d}t \tag{4.4.19}$$

输出是输入的近似积分。因此，图 4.4.12(b) 所示电路是一个近似积分电路。信号经积分运算后其效果与前述微分运算相反，波形的突变部分可以变得平滑。利用这一作用可以削弱信号中混入的"毛刺"（噪声）干扰，如图 4.4.15 所示。

图 4.4.15 中，待传输信号是输入信号 $u_i$ 左边的矩形脉冲，而右边的干扰信号（小毛刺）是传输过程中混入的噪声。适当选择 $RC$ 积分电路的时间常数，就可以将干扰基本消除。从图 4.4.15 中可以看到，

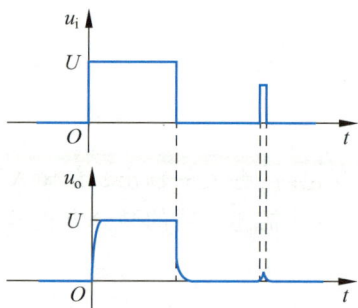

图 4.4.15  利用积分电路去除小"毛刺"

虽然输出信号略有失真（上升、下降时间延迟），但大体上保持不变，在允许失真的条件下，去除了干扰毛刺。积分电路更重要的实际应用将在稍后说明。

图 4.4.12 所示电路只能实现近似微分和近似积分。在许多实际问题中，希望尽量减小近似误差，提高电路性能，得到更加接近理想的积分和微分电路。为此可以借助运算放大器来解决这个问题。

**例 4.4.4**  理想积分电路和理想微分电路。图 4.4.16 所示电路为由理想运算放大器构成的微分电路和积分电路。求输出电压 $u_o$ 与输入电压 $u_i$ 的关系。

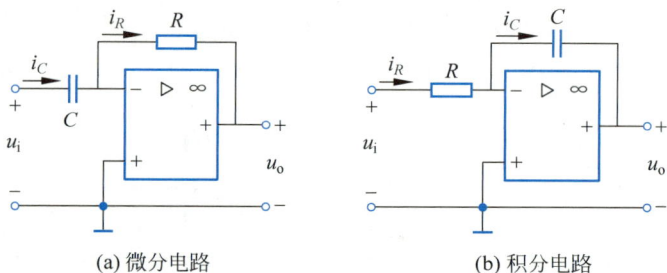

(a) 微分电路　　　　　　　　　　　(b) 积分电路

图 4.4.16  理想微分和理想积分电路

**解**  电路为负反馈。理想运算放大器工作于线性区，根据虚断、虚短特性，图 4.4.16(a) 中有

$$i_C = C\frac{\mathrm{d}u_i}{\mathrm{d}t}, \quad i_R = -\frac{u_o}{R}$$

因为 $i_C = i_R$，得

$$C\frac{\mathrm{d}u_i}{\mathrm{d}t} = -\frac{u_o}{R}$$

$$u_o = -RC\frac{\mathrm{d}u_i}{\mathrm{d}t} \tag{4.4.20}$$

输出电压 $u_o$ 与输入电压 $u_i$ 的一阶导数成正比，此电路称为微分电路。

对于图 4.4.16(b)，有

$$i_C = -C \frac{\mathrm{d}u_o}{\mathrm{d}t}, \quad i_R = \frac{u_i}{R}$$

因为 $i_C = i_R$，得

$$-C \frac{\mathrm{d}u_o}{\mathrm{d}t} = \frac{u_i}{R}$$

$$u_o = -\frac{1}{RC} \int u_i \mathrm{d}t \tag{4.4.21}$$

输出电压 $u_o$ 与输入电压 $u_i$ 的积分成正比，该电路称为积分电路。

积分电路的应用领域相当广泛，最常见的是利用它产生直线斜升波形。若图 4.4.16(b) 所示电路的输入信号为矩形波 $u_i$，经积分运算后就可以得到输出为斜升信号 $u_o$，如图 4.4.17 所示。这种锯齿状波形在电子线路中具有广泛应用，通常在电视系统中的扫描电路以及各种电子仪器（如示波器、数字电压表等）都需要产生各种类型的锯齿波。当然，由于各类实际系统的不同功能要求，具体实现的电路与图 4.4.16(b) 会有差异，但它们的基本原理都是对矩形波进行积分。

下面讨论正反馈运算放大器在动态电路中的应用。

例 4.4.5　脉冲序列发生器。产生脉冲序列有很多种方法，图 4.4.18 所示电路就是一个简单的脉冲序列发生器。图 4.4.18 所示电路是一个正反馈运放电路（这在后续的电子线路课程中还将详细介绍），因此它的输出只能为 $U_{sat}$ 或 $-U_{sat}$，$U_{sat}$ 是运放的饱和电压。根据 1.7.4 小节介绍的正反馈理想运算放大器电路分析方法，可知虚短不再成立，但是虚断始终成立。

包含二端口网络的一阶例

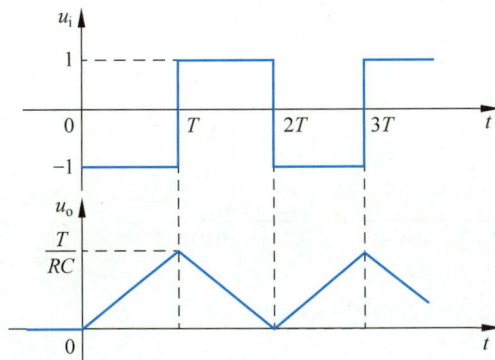

图 4.4.17　利用积分电路产生直线斜升信号

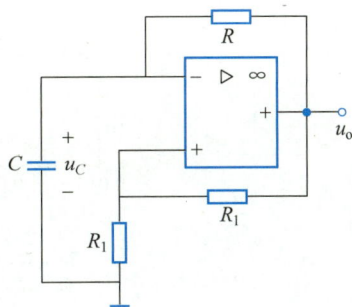

图 4.4.18　脉冲序列发生器电路

设电容的初始状态为零，即 $u_C(0^-) = 0$。实际电路中噪声无处不在，假设某个小扰动导致输出电压 $u_o = -U_{sat}$，电容开始充电。由于虚断成立，充电时的电路模型如图 4.4.19 所示。

利用三要素法，

$$u_C(0^+) = 0, \quad u_C(\infty) = -U_{sat}, \quad \tau = RC$$

求得电容电压为

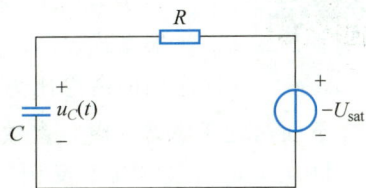

图 4.4.19　运放输出为 $-U_{sat}$ 时的电路模型

$$u_C(t) = -U_{\text{sat}}(1 - \mathrm{e}^{-t/\tau})$$

在这一过程中，由于虚断成立，可知 $u^+$ 始终为 $-0.5U_{\text{sat}}$。电容电压按指数规律下降，当 $u_C = -0.5U_{\text{sat}}$ 时，输出发生跳变，$u_o = U_{\text{sat}}$。电路相当于发生了换路，考虑到虚断，换路后的电路模型如图 4.4.20 所示。

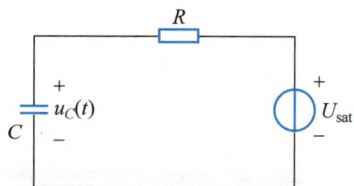

图 4.4.20　运放输出为 $+U_{\text{sat}}$ 时的电路模型

仍然利用三要素法，

$$u_C(0^+) = -0.5U_{\text{sat}}, \quad u_C(\infty) = U_{\text{sat}}, \quad \tau = RC$$

求得电容电压为

$$u_C(t) = U_{\text{sat}} + (-0.5U_{\text{sat}} - U_{\text{sat}})\mathrm{e}^{-t/\tau} \quad (4.4.22)$$

在这一过程中，由于虚断成立，可知 $u^+$ 始终为 $+0.5U_{\text{sat}}$。电容电压按指数规律上升，当 $u_C = 0.5U_{\text{sat}}$ 时，输出发生跳变，$u_o = -U_{\text{sat}}$。电路模型重新回到图 4.4.19，只不过此时电容的初值 $u_C(0^+) = 0.5U_{\text{sat}}$。此时电路进入稳态，即电容电压发生周期性变化。

进入稳态后，根据三要素法，

$$u_C(0^+) = 0.5U_{\text{sat}}, \quad u_C(\infty) = -U_{\text{sat}}, \quad \tau = RC$$

电容电压下降时的变化规律为

$$u_C(t) = -U_{\text{sat}} + (0.5U_{\text{sat}} + U_{\text{sat}})\mathrm{e}^{-t/\tau} \quad (4.4.23)$$

电容电压上升时的变化规律仍然如式（4.4.22）所示。

图 4.4.21 是用仿真软件对图 4.4.18 所示电路进行仿真得到的电容电压和输出电压波形。参数选择为：$R = 1\text{k}\Omega, C = 1\mu\text{F}$。图中从 $u = 0$ 至方波产生的过程是电路正反馈导致运放输出为饱和电压的过程，不是本书关注的重点。

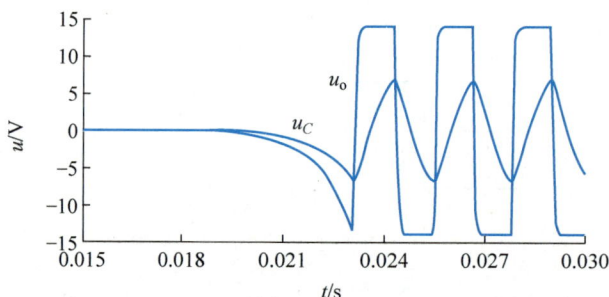

图 4.4.21　脉冲序列发生器的仿真结果

根据式（4.4.23），可以求出产生的脉冲序列的周期：

$$u_C(t)\big|_{t=0.5T} = -U_{\text{sat}} + (0.5U_{\text{sat}} + U_{\text{sat}})\mathrm{e}^{-0.5T/\tau} = -0.5U_{\text{sat}}$$

$$T = 2RC\ln 3$$

根据式（4.4.22）可以求出同样的结果。用图 4.4.18 所示电路产生的脉冲序列的占空比为 $50\%$。请读者思考如何改变脉冲序列的占空比[①]。

下面讨论考虑寄生电容参数后对由 MOSFET 构成的反相器的影响。

例 4.4.6　MOSFET 反相器的动态过程。

示波器探头
补偿例

---

① 考虑 1.7.4 小节讨论的滞回比较器。

图 4.4.22(a)所示是一个由两个 MOSFET 反相器构成的缓冲器电路,用反相器的电路符号还可将电路简单表示成图 4.4.22(b)所示形式。如果它的输入 $u_{i1}$ 是如图 4.4.22(c)所示的一理想方波,在理想情况下将得到如图 4.4.22(d)所示的输出波形 $u_{o1}$,它也是一理想方波,且输出与输入在同一时刻发生并完成从高到低(或从低到高)的变化。事实上,在一个实际的电路中,输出波形更有可能如图 4.4.22(e)所示,输出的变化并不是在瞬间完成的,它需要经过一小段时间完成从高到低(或从低到高)的变化。产生这种现象的原因就是在 MOSFET 的栅极与源极之间存在寄生电容 $C_{GS}$。可以利用图 4.1.5 所示 MOSFET 模型得到缓冲器对输入 $u_{i1}$ 分别为 0 和 1 时的电路模型,如图 4.4.23 所示,据此可以解释这种延迟是如何产生的。

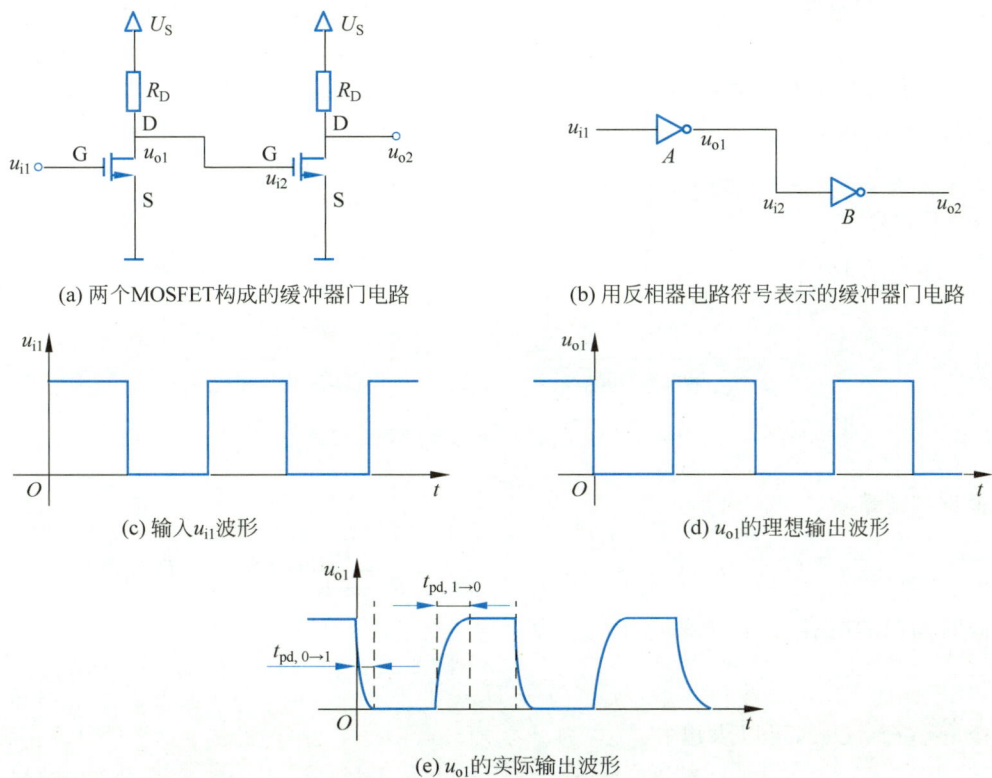

(a) 两个MOSFET构成的缓冲器门电路

(b) 用反相器电路符号表示的缓冲器门电路

(c) 输入$u_{i1}$波形

(d) $u_{o1}$的理想输出波形

(e) $u_{o1}$的实际输出波形

**图 4.4.22 MOSFET 缓冲器及其输入输出波形**

如图 4.4.23(b)所示,当加到反相器 A 的 $u_{i1}$ 对应于逻辑 1 时,到达稳态后,反相器 A 中的 MOSFET 将导通,反相器 B 中的 MOSFET 将关断。如图 4.4.23(a)所示,当加到反相器

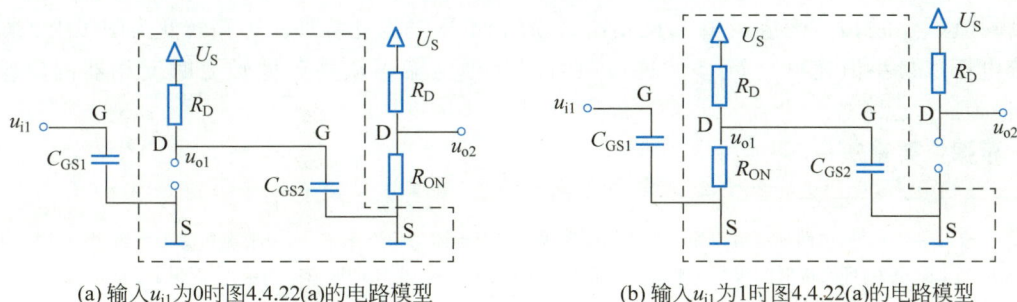

(a) 输入$u_{i1}$为0时图4.4.22(a)的电路模型

(b) 输入$u_{i1}$为1时图4.4.22(a)的电路模型

**图 4.4.23 用 MOSFET 的寄生电容模型表示的图 4.4.22(a)的电路模型**

$A$ 的 $u_{i1}$ 对应于逻辑 0 时,到达稳态后,反相器 $A$ 中的 MOSFET 将关断,反相器 $B$ 中的 MOSFET 将导通。因此,当交替变化的 1 和 0 加到反相器的输入端,并且假设反相器的输出在输入发生每一次转变后都能到达稳态时,电路模型分别为图 4.4.23 中(a)和(b)两个电路。

下面先定性分析电路,然后给出定量计算。设逻辑 0 对应的电压是 0V,逻辑 1 对应的电压是 5V。考虑 $u_{i1}$ 为 0 很长时间后的情形,并着重分析图 4.4.23(a)中虚线框里的那一部分电路。由于电路处于稳态,电容 $C_{GS2}$ 表现为开路,其上电压就是 $U_S$。当 $u_{i1}$ 从 0 向 1 跳变时,反相器 $A$ 导通[1]。在反相器 $A$ 导通的那一瞬间,电容 $C_{GS2}$ 上的电压是 $U_S$。此后 $C_{GS2}$ 要放电,放电等效电路如图 4.4.24(a)所示,直至其上电压即反相器 $A$ 的输出电压 $u_{o1}$ 下降到有效的逻辑输出低阈值 $U_{oL}$ 以下,$u_{o1}$ 才会变成逻辑 0,反相器 $B$ 中的 MOSFET 才会关断,电路转变为图 4.4.23(b)。电容电压从最大值放电至 $U_{oL}$ 的这一段时间就称为输入从低到高转变时反相器的**传输延迟**,记为 $t_{pd,0\to1}$[2]。一般有 $R_D \gg R_{ON}$,电容电压最终将是一个非常小的值(接近 0V)。

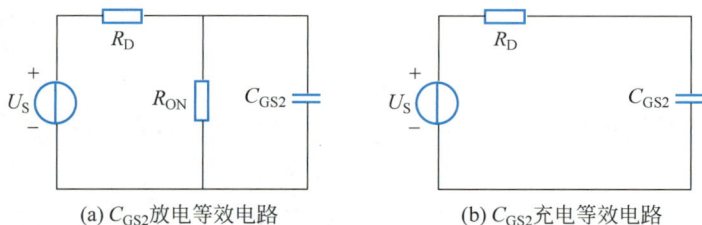

(a) $C_{GS2}$放电等效电路　　　　　　(b) $C_{GS2}$充电等效电路

**图 4.4.24　$C_{GS2}$ 放电与充电等效电路**

根据三要素法,

$$u_{o1}(0^+)=U_S, \quad u_{o1}(\infty)\approx0, \quad \tau_{discharge}=\frac{R_L R_{ON}}{R_L+R_{ON}}C_{GS2}\approx R_{ON}C_{GS2}$$

求这段时间内的电容 $C_{GS2}$ 上的电压 $u_{o1}$ 为

$$u_{o1}(t)\approx U_S e^{-\frac{t}{\tau_{discharge}}} \tag{4.4.24}$$

令 $u_{o1}(t)=U_{oL}$,可以求出 $t_{pd,0\to1}$ 为

$$t_{pd,0\to1}=\tau_{discharge}(\ln U_S-\ln U_{oL}) \tag{4.4.25}$$

接着分析 $u_{i1}$ 从 1 向 0 跳变时的情形。$u_{i1}$ 从 1 向 0 跳变,反相器 $A$ 中的 MOSFET 关断。仍然着重分析虚线框里的那一部分电路。在反相器 $A$ 中的 MOSFET 关断的那一瞬间,电容 $C_{GS2}$ 上的电压几乎为 0,此时 $U_S$ 通过 $R_L$ 对 $C_{GS2}$ 充电,其上电压即反相器 $A$ 的输出电压 $u_{o1}$ 上升,充电等效电路如图 4.4.24(b)所示。当这个电压上升超过有效的逻辑输出高阈值 $U_{oH}$ 时,$u_{o1}$ 变成逻辑 1,反相器 $B$ 中的 MOSFET 才导通。电路转变为图 4.4.23(a)。电容电压从最小值充电至 $U_{oH}$ 的这一段时间就称为输入从高到低转变时反相器的**传输延迟**,记为 $t_{pd,1\to0}$。

根据三要素法,

---

[1]　输入信号 $u_{i1}$ 的电路模型可以用一个理想电压源与一个电阻的串联来表示,一般电压源的内阻很小,因此 $C_{GS1}$ 的充电时间常数很小,即充电时间很短。此处忽略不计,即认为 $C_{GS1}$ 上电压的改变是与输入信号同时完成的。

[2]　pd(propagation delay)传输延迟。

$$u_{o1}(0^+) \approx 0, \quad u_{o1}(\infty) = U_S, \quad \tau_{charge} = R_L C_{GS2}$$

求这段时间内的电容 $C_{GS2}$ 上的电压 $u_{o1}$ 为

$$u_{o1}(t) \approx U_S(1 - e^{-\frac{t}{\tau_{charge}}}) \tag{4.4.26}$$

令 $u_{o1}(t) = U_{oH}$，可以求出 $t_{pd,1\to0}$ 为

$$t_{pd,1\to0} = \tau_{charge}(\ln U_S - \ln(U_S - U_{oH})) \tag{4.4.27}$$

由式(4.4.25)和式(4.4.27)可以看出：一般来说，一个数字门的 $t_{pd,0\to1}$ 和 $t_{pd,1\to0}$ 是不相等的。通常情况下放电要比充电快。

如果知道了 MOSFET 的各个参数，如 $U_{oL}$、$U_{oH}$、$R_{oN}$、$C_{GS}$ 以及与之连接的外电路的有关参数，就可以很容易地确定它的传输延迟。

例 4.4.6 的分析表明，由于 MOSFET 反相器寄生电容的存在，可能影响电路的正常工作。由于电容的充放电过程导致了传输信号延迟，因而限制了数字系统的工作速度。为了提高反相器的工作速度，必须尽可能减小 $C_{GS}$ 的影响或更换新型高速器件。在 7.1 节中还将讨论正弦稳态工作情况下 MOSFET 的分布电容对放大器产生的不利影响，请读者注意对比。

前面讨论的都是一阶电路用于处理信号，下面介绍一个用一阶电路处理能量的例子。

**例 4.4.7　降压斩波器**。将一个固定的直流电压变换成可变的直流电压称为 DC/DC 变换，由于 DC/DC 变换常通过对一直流电源供电的电路进行通断的控制来完成的，因此亦称直流斩波（chopper）。

图 4.4.25(a)是最基本的斩波器电路图，负载为纯电阻。当 MOSFET 导通时，直流电压就加到负载 $R$ 上，输出电压 $u_o$ 为 $u_S$；当 MOSFET 断开时，输出电压为零。输出的电压和电流波形如图 4.4.25(b)所示。

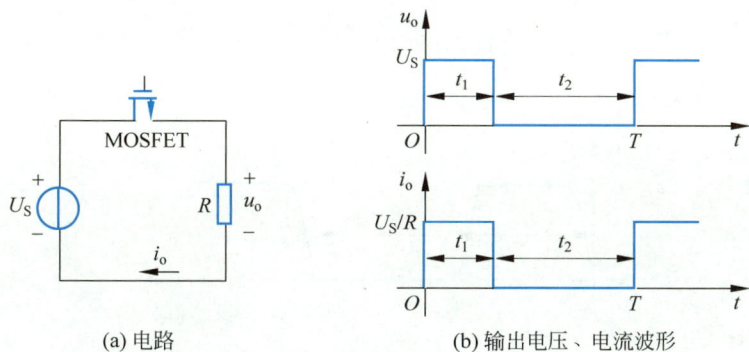

(a) 电路　　　　　　　　(b) 输出电压、电流波形

**图 4.4.25　基本的降压斩波器电路及其输出电压、电流波形**

设 MOSFET 导通持续时间为 $t_1$，关断持续时间为 $t_2$，则斩波器的工作周期 $T = t_1 + t_2$。输出电压平均值为

$$U_{o\,av} = \frac{1}{T}\int_0^{t_1} u_o \mathrm{d}t = \frac{t_1}{T}U_S = kU_S$$

其中，$k = \dfrac{t_1}{T}$ 称为斩波器的输出电压波形的占空比。输出电压的有效值为

$$U_{o\,rms} = \sqrt{\frac{1}{T}\int_0^{t_1} u_o^2 \mathrm{d}t} = \sqrt{k}\,U_S$$

由图 4.4.25(b)所示波形可以看出，输出电压的脉动很大，这会在负载上产生很大的谐波。为了平滑输出电压的脉动，可以对图 4.4.25(a)所示电路做一点改进，如图 4.4.26 所示。

当 MOSFET 导通时，二极管 D 处于反向截止状态，电感中的电流从零开始逐渐上升，电感充电；当 MOSFET 关断时，由于电感中的电流不能突变，电流不会像图 4.4.25(b)所示的那样立刻变为零，而是通过二极管 D 续流，电阻 $R$ 不断消耗能量，电流减小，电感放电。充电和放电回路如图 4.4.27(a)、(b)所示。

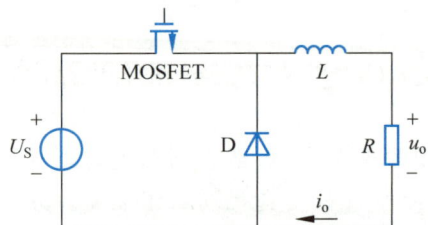

图 4.4.26 改进后的降压斩波器电路

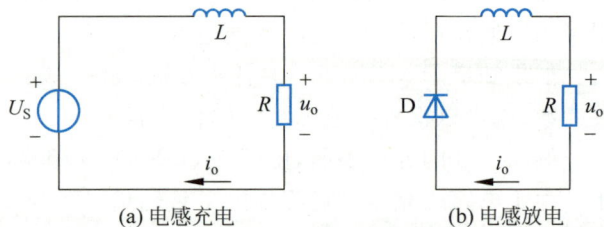

(a)电感充电　　　(b)电感放电

图 4.4.27 改进后的降压斩波器在不同时段的等效电路

下面分两种情况讨论。

(1) $t_1 \gg \dfrac{L}{R}$，$t_2 \gg \dfrac{L}{R}$

$\dfrac{L}{R} = \tau$ 是电感充电和放电的时间常数，上述条件表明 MOSFET 导通和关断的持续时间都远远大于电路的时间常数，电路会很快到达新的稳态。输出电压表达式如下：

$$u_o = U_S(1 - e^{-\frac{t}{\tau}}) , 0 < t \leqslant t_1 \tag{4.4.28}$$

$$u_o = U_S e^{-\frac{(t-t_1)}{\tau}} , t_1 < t \leqslant T \tag{4.4.29}$$

波形如图 4.4.28 所示。

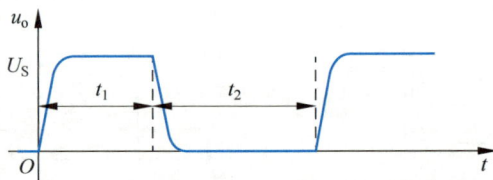

图 4.4.28 $t_1 \gg \dfrac{L}{R}$，$t_2 \gg \dfrac{L}{R}$ 时的输出电压波形

由图 4.4.28 可以看出：这种参数选择显然没有达到平滑输出的目的。

(2) $t_1 < \dfrac{L}{R}$，$t_2 < \dfrac{L}{R}$，且 $t_1 > t_2$

此时，由于 MOSFET 导通和关断的持续时间小于充电和放电回路的时间常数或与时间常数相当，因此在 MOSFET 导通和关断的持续时间内输出电压都不能达到新的恒定稳态。但经过足够多的充、放电周期后，电路会到达一个周期性变化的稳定状态。每一个周期开始时，电感充电的起始值等于该周期结束时电感放电的终止值，表现在输出电压上就是输出电压的最大值和最小值保持不变，波形如图 4.4.29 所示。

其中,$U_1$ 为稳态时每个周期输出电压的最大值,$U_2$ 为输出电压的最小值。根据三要素法,可以分别写出稳态时电感在充电和放电过程中输出电压的表达式。为了计算方便,将稳态的计时起点设为零。

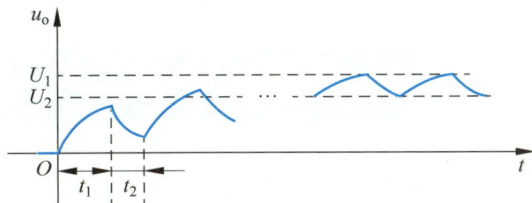

图 4.4.29　$t_1 < \dfrac{L}{R}$,$t_2 < \dfrac{L}{R}$,且 $t_1 > t_2$ 时的输出电压波形

MOSFET 导通、电感充电期间,输出电压为

$$u_o = U_S + (U_2 - U_S) e^{-\frac{t}{\tau}} \quad (4.4.30)$$

MOSFET 关断、电感放电期间时,输出电压为

$$u_o = U_1 e^{-\frac{(t-t_1)}{\tau}} \tag{4.4.31}$$

在充电结束即 $t = t_1$ 时,有

$$U_S + (U_2 - U_S) e^{\frac{-t_1}{\tau}} = U_1 \tag{4.4.32}$$

在放电结束即 $t = t_1 + t_2$ 时,有

$$U_1 e^{\frac{-t_2}{\tau}} = U_2 \tag{4.4.33}$$

求解式(4.4.32)、式(4.4.33),得

$$U_1 = \frac{U_S(1 - e^{-t_1/\tau})}{1 - e^{-T/\tau}}, \quad U_2 = \frac{U_S(1 - e^{-t_1/\tau})}{e^{t_2/\tau} - e^{-t_1/\tau}} \tag{4.4.34}$$

无论从输出电压的计算结果还是波形都可以看出：输出电压的脉动大大减小了。

图 4.4.26 为实用的降压斩波电路,在实际使用中,往往电感 $L$ 值较大,我们还可以应用工程近似观点对其进行估算。

由于电感具有保持其上电流不变的特性,因此对于大值电感 $L$ 来说,可以设图 4.4.27 中的 $i_o = I_o$,由此 $u_o = U_o$。在图 4.4.27(a)电感充电的时段内,电感吸收的能量为

$$W_{L\_abs} = (U_S - U_o) \times I_o \times t_1 \tag{4.4.35}$$

在图 4.4.27(b)电感放电的时段内,电感发出的能量为

$$W_{L\_dis} = U_o \times I_o \times t_2 \tag{4.4.36}$$

在稳定工作状态,对于电感来说,一个周期内吸收和发出的能量一定是相同的,因此有 $(U_S - U_o) \times I_o \times t_1 = U_o \times I_o \times t_2$,即

$$U_o = U_S \frac{t_1}{t_1 + t_2} \tag{4.4.37}$$

根据式(4.4.37),电阻 $R$ 上的电压 $U$ 比电源 $U_S$ 要低,因此实现了直流低损耗平滑降压的功能。我们可以通过控制 MOSFET 在一个周期内开通和关断的时间来调节输出电压的幅值。式(4.4.37)以简洁的表达式给出了降压斩波器的输出电压与 MOSFET 控制的占空比之 $t_1/(t_1 + t_2)$ 间的关系。读者不妨尝试一下将式(4.4.34)代入式(4.4.30)和式(4.4.31),并在 $0 - (t_1 + t_2)$ 时间段内求输出电压的平均值,再将其与式(4.4.37)进行比较。这个例子清晰说明了工程近似观点的强大功能。

电容滤波的全波不控整流例

知识点80练习题和讨论

## 4.5 二阶动态电路

用二阶常微分方程描述的电路称为二阶动态电路，简称为 二阶电路（second-order circuit）。二阶动态电路中可能含有两个动态性能不同的储能元件，也有可能含有两个动态性能相同且相互独立的储能元件。

### 4.5.1 二阶动态电路的经典解法

根据 4.2 节可以列写出二阶电路的微分方程；根据 4.3 节可以求出二阶电路中任意支路量的初值和一阶导数初值；根据附录 B，我们可以用数学的方法对上述过程得到的微分方程初值问题完成求解。下面用若干实例的求解过程来讨论二阶电路的一些物理特性。

知识点81

图 4.5.1 是一个 $RLC$ 串联电路，在 $t=0$ 时闭合开关。假设电容电压的初始值 $u_C(0^-)=10\text{V}$，电感电流的初始值 $i_L(0^-)=0$。$L=1\text{H}$，$C=0.25\text{F}$，分别求 $(1)R=5\Omega$，$(2)R=4\Omega$，$(3)R=1\Omega$ 和 $(4)R=0$ 时电路中的响应 $u_C(t)$。

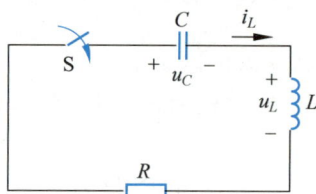

图 4.5.1 RLC 串联电路

首先建立描述电路的微分方程。利用 4.2 节介绍的方法，容易知道

$$LC\frac{\mathrm{d}^2 u_C}{\mathrm{d}t^2}+RC\frac{\mathrm{d}u_C}{\mathrm{d}t}+u_C=0 \tag{4.5.1}$$

这是一个二阶线性齐次常微分方程，特解为零，电路没有强制响应，自由响应即为全响应。

根据附录 B 所示方法，式(4.5.1)的特征方程是

$$LCp^2+RCp+1=0$$

求出其特征根为

$$p_{1,2}=-\frac{R}{2L}\pm\sqrt{\left(\frac{R}{2L}\right)^2-\frac{1}{LC}}$$

上式表明：特征根仅与电路的参数和结构有关，而与激励和初始储能无关。电路中 $R$、$L$、$C$ 参数的不同，特征根会出现不同的情况。

令 $\alpha=\dfrac{R}{2L}$，$\omega_0=\sqrt{\dfrac{1}{LC}}$，特征根有四种情况：

$$p_{1,2}=-\alpha\pm\sqrt{\alpha^2-\omega_0^2}=\begin{cases}-\alpha\pm\alpha_\mathrm{d}, & \alpha>\omega_0>0\\ -\alpha, & \alpha=\omega_0\\ -\alpha\pm\mathrm{j}\omega_\mathrm{d}, & 0<\alpha<\omega_0\\ \pm\mathrm{j}\omega_0, & \alpha=0\end{cases} \tag{4.5.2}$$

式(4.5.2)中，$p_1$ 取"$\pm$"中的"$+$"号，$p_2$ 取"$-$"号。并且定义

$$\alpha_\mathrm{d}=\sqrt{\alpha^2-\omega_0^2}, \quad \omega_\mathrm{d}=\sqrt{\omega_0^2-\alpha^2}$$

对应特征根的不同形式,齐次微分方程的解即电路的自由响应的表达式如表 4.5.1 所示。

表 4.5.1　特征根的不同形式对应的自由响应

| 特征根的形式 | 自由响应的一般表达式 | 阻尼性质及自由响应形式 |
|---|---|---|
| $p_1 = -\alpha + \alpha_d, p_2 = -\alpha - \alpha_d$ 两个不相等的负实根 | $u_{Ch} = A_1 e^{p_1 t} + A_2 e^{p_2 t}$ | 过阻尼非振荡衰减 |
| $p_1 = p_2 = -\alpha$ 两个相等的负实根 | $u_{Ch} = (A_1 + A_2 t) e^{p_1 t}$ | 临界阻尼非振荡衰减 |
| $p_1 = -\alpha + j\omega_d, p_2 = -\alpha - j\omega_d$ 两个共轭复根 | $u_{Ch} = k e^{-\alpha t} \sin(\omega_d t + \psi)$ | 欠阻尼衰减振荡 |
| $p_1 = +j\omega_0, p_2 = -j\omega_0$ 两个共轭虚根 | $u_{Ch} = k \sin(\omega_0 t + \psi)$ | 无阻尼无衰减振荡 |

从式(4.5.2)和表 4.5.1 可以看出:二阶电路微分方程的特征根有可能出现两个共轭复根或共轭虚根的情况,在这两种情况下,电路的自由响应会出现振荡。这是与一阶电路不同的响应形式。电路是人为设计制造出来处理能量和信号的,大多数有实际应用价值或者有可能引起危险或事故的二阶电路,都是这种自由响应出现振荡的情况,需要特别关注。

下面分别讨论图 4.5.1 中 4 种不同的 $R$ 取值对应的电路响应,并对这些响应做物理解释。

(1) $R = 5\Omega$

电路的特征根为

$$p_1 = -\frac{R}{2L} + \sqrt{\left(\frac{R}{2L}\right)^2 - \frac{1}{LC}} = -1$$

$$p_2 = -\frac{R}{2L} - \sqrt{\left(\frac{R}{2L}\right)^2 - \frac{1}{LC}} = -4$$

它是两个不等的负实根,电路处于过阻尼(over-damped)状态。此时,电容电压为

$$u_C = u_{Ch} = A_1 e^{p_1 t} + A_2 e^{p_2 t}, \quad t \geqslant 0 \tag{4.5.3}$$

根据换路定律,有

$$u_C(0^+) = u_C(0^-) = 10$$

$$i_L(0^+) = i_L(0^-) = 0$$

由于 $i = C \dfrac{\mathrm{d}u_C}{\mathrm{d}t}$,因此

$$\frac{\mathrm{d}u_C}{\mathrm{d}t}\bigg|_{t=0^+} = \frac{i_L(0^+)}{C} = 0$$

将电容电压及其一阶导数的初值代入式(4.5.3),得

$$\left.\begin{array}{r} A_1 + A_2 = 10 \\ -A_1 - 4A_2 = 0 \end{array}\right\}$$

解出积分常数 $A_1$ 和 $A_2$ 分别为

$$\left.\begin{array}{c} A_1 = 13.33 \\ A_2 = -3.33 \end{array}\right\}$$

电容电压为

$$u_C = (13.33\mathrm{e}^{-t} - 3.33\mathrm{e}^{-4t})\mathrm{V}, \quad t \geqslant 0$$

电容电压 $u_C$ 随时间变化的曲线如图 4.5.2 所示（由仿真得到）。

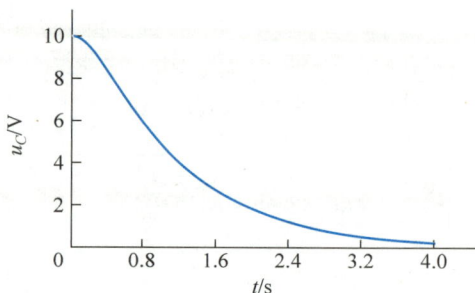

图 4.5.2 过阻尼状态下 $u_C$ 随时间的变化曲线

从图 4.5.2 中可以看出：$u_C$ 一直在衰减，而且 $u_C \geqslant 0$。

读者不妨以 $i_L$ 为变量列写方式，仿照上面的方法求解并绘制变化曲线。可以发现，在整个暂态过程中，电容电压一直在减少，它一直在放电，这意味着其上存储的电场能一直在减少。电感在一段时间内电流在增加，某时刻后电流开始逐渐降低为零，这意味着其上存储的磁场能有增减过程，它有充放电过程。电阻始终有电流流过，这意味着其上始终在消耗能量。整个电路暂态过程中的能量流动过程就是在第一时间段内，电容给电感充电，同时通过电阻放电；在第二时间段内，电容和电感一起通过电阻放电。

（2）$R = 4\Omega$

电路的特征根

$$p_1 = p_2 = -2$$

它是两个相等的负实根，电路处于临界阻尼(critical damped)状态。此时，电容电压为

$$u_C = u_{Ch} = (A_1 + A_2 t)\mathrm{e}^{-2t}$$

将上文求出的电容电压及其一阶导数的初值代入上式，得

$$\left.\begin{array}{c} u_C(0^+) = A_1 = 10 \\ \dfrac{\mathrm{d}u_C}{\mathrm{d}t}\bigg|_{t=0^+} = -2A_1 + A_2 = 0 \end{array}\right\}$$

求出积分常数 $A_1$ 和 $A_2$，为

$$A_1 = 10, \quad A_2 = 20$$

电容电压为

$$u_C = (10 + 20t)\mathrm{e}^{-2t}\mathrm{V}, \quad t \geqslant 0$$

电容电压 $u_C$ 随时间变化的曲线如图 4.5.3 所示（由仿真得到）。

由图 4.5.3 可以看出：电容电压在临界阻尼状态下也是非振荡衰减的，其波形与

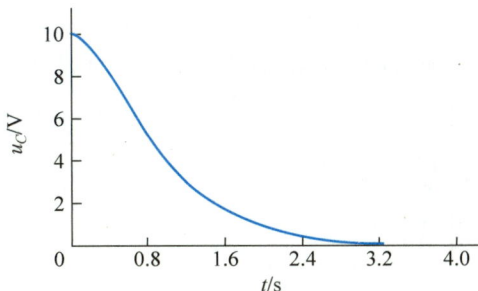

**图 4.5.3** 临界阻尼状态下 $u_C$ 随时间的变化曲线

图 4.5.2 类似。

读者不妨以 $i_L$ 为变量列写方式，仿照上面的方法求解并绘制变化曲线。可以发现，整个暂态过程的能量流动过程类似于过阻尼，即在第一时间段内，电容给电感充电，同时通过电阻放电；在第二时间段内，电容和电感一起通过电阻放电。

（3）$R = 1\Omega$

电路的特征根

$$p_{1,2} = -\frac{R}{2L} \pm \sqrt{\left(\frac{R}{2L}\right)^2 - \frac{1}{LC}} = -0.5 \pm \text{j}0.5\sqrt{15}$$

$$p_1 = -0.5 + \text{j}1.94, \quad p_2 = -0.5 - \text{j}1.94$$

它是两个共轭复根，电路处于**欠阻尼**（under-damped）状态。此时，电容电压可设为

$$u_C = u_{Ch} = k\,\text{e}^{-\alpha t}\sin(\omega_d t + \psi) \tag{4.5.4}$$

上式中，$\alpha = \dfrac{R}{2L} = 0.5$，表征了响应的衰减速率，称为电路的**衰减系数**；$\omega_d = \sqrt{\dfrac{1}{LC} - \left(\dfrac{R}{2L}\right)^2} =$

1.94，表征了响应的振荡速率，称为电路的**有阻尼衰减振荡角频率**；$\omega_0 = \sqrt{\alpha^2 + \omega_d^2} = \sqrt{\dfrac{1}{LC}}$，

称为电路的**无阻尼振荡角频率**或**自然振荡角频率**。

将电容电压及其一阶导数的初值代入式(4.5.4)，得

$$\left.\begin{aligned} u_C(0^+) = k\sin\psi = 10 \\[2mm] \frac{\text{d}u_C}{\text{d}t}\bigg|_{t=0^+} = -\alpha\sin\psi + \omega_d\cos\psi = 0 \end{aligned}\right\}$$

求出积分常数 $k$ 和 $\varphi$，为

$$k = 10.33, \quad \psi = \arctan\left(\frac{\omega_d}{\alpha}\right) = 75.5°$$

电容电压为

$$u_C = 10.33\text{e}^{-0.5t}\sin(1.94t + 75.5°)\text{V}, \quad t \geqslant 0$$

上式表明：在过渡过程中，电容电压的大小和方向都发生了变化，意味着电容储能发生了变化，它与电路的其他部分发生了能量交换。进一步求出电感电流有助于分析清楚电路在过渡过程中的能量变化情况。电感电流为

$$i_L = C\frac{\text{d}u_C}{\text{d}t} = 0.25 \times \frac{\text{d}}{\text{d}t}[10.33\text{e}^{-0.5t}\sin(1.94t + 75.5°)]\text{A}$$

$$=-5.17\mathrm{e}^{-0.5t}\sin(1.94t)\mathrm{A}, \quad t \geqslant 0$$

电容电压 $u_C$ 和电感电流 $i_L$ 随时间变化的曲线如图 4.5.4 所示。

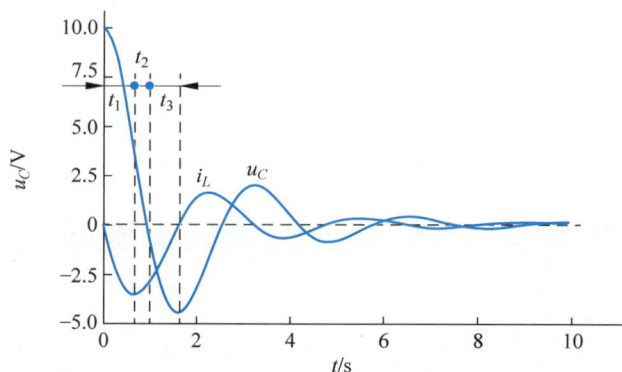

图 4.5.4　欠阻尼状态下 $u_C$、$i_L$ 随时间的变化曲线

以图 4.5.4 中的半个周期为例，下面说明了电路在过渡过程中的能量变化情况，如表 4.5.2 所示。时间 $t_1$、$t_2$ 和 $t_3$ 可以由电容电压 $u_C$ 或电感电流 $i_L$ 的表达式求得。令 $\dfrac{\mathrm{d}i_L}{\mathrm{d}t}=0$，得

$$\omega_\mathrm{d}t_1=\psi=75.5°$$

令 $u_C=0$，得

$$\omega_\mathrm{d}(t_1+t_2)=\pi-\psi=104.5°$$

令 $i_L=0$，得

$$\omega_\mathrm{d}(t_1+t_2+t_3)=180°$$

根据上述三个等式，可以很容易地求出 $t_1$、$t_2$ 和 $t_3$。第二个半周期的情况和第一个半周期类似。如此周而复始，由于电阻不断消耗能量，电容中的电场能和电感中的磁场能不断减少，因此电容电压 $u_C$ 和电感电流 $i_L$ 的振幅不断衰减直到能量消耗完毕，$u_C$ 和 $i_L$ 最终都衰减到零。在上述过程中，既有电容给电感充电的过程，也有反过来电感给电容充电的过程，即电场能和磁场能有多次往复转化，这是欠阻尼二阶电路的一个重要特征。这种自由响应有振荡的现象在一阶电路中是不可能出现的，因为一阶电路中只有一个独立的储能元件。

表 4.5.2　欠阻尼状态下 $RLC$ 电路中电容电压、电感电流和能量的变化

| | $t_1$ 时间段 | $t_2$ 时间段 | $t_3$ 时间段 |
|---|---|---|---|
| $\|u_C\|$ | 减小 | 减小 | 增大 |
| $\|i_L\|$ | 增大 | 减小 | 减小 |
| 电容储能 | 减少 | 减少 | 增加 |
| 电感储能 | 增加 | 减少 | 减少 |
| 能量转换关系图 |  |  |  |

（4）$R=0$

电路的特征根

$$p_{1,2}=-\frac{R}{2L}\pm\sqrt{\left(\frac{R}{2L}\right)^2-\frac{1}{LC}}=\pm\mathrm{j}2$$

$$p_1=\mathrm{j}2, \quad p_2=-\mathrm{j}2$$

它是两个共轭虚根,电路处于<u>无阻尼</u>状态。

$\alpha=\dfrac{R}{2L}=0$,衰减指数为零,说明响应在过渡过程中无衰减;$\omega_\mathrm{d}=\omega_0=\dfrac{1}{\sqrt{LC}}=2\mathrm{rad/s}$。

设电容电压为

$$u_C=u_{C\mathrm{h}}=k\sin(2t+\psi)$$

将电容电压及其一阶导数的初值代入上式,得

$$\left.\begin{aligned}u_C(0^+)&=k\sin\psi=10\\[2mm]\left.\frac{\mathrm{d}u_C}{\mathrm{d}t}\right|_{t=0^+}&=2\cos\psi=0\end{aligned}\right\}$$

求得积分常数 $k$ 和 $\psi$,

$$k=10, \quad \psi=90°$$

电容电压为

$$u_C=10\sin(2t+90°)\mathrm{V}, \quad t\geqslant0$$

电容电压 $u_C$ 随时间变化的曲线如图 4.5.5 所示。

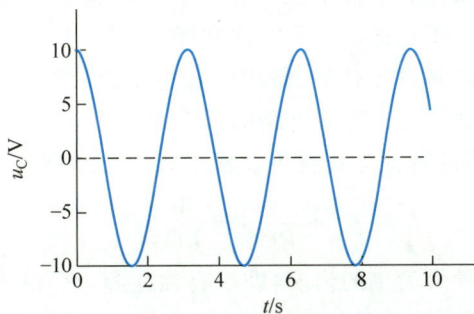

图 4.5.5　无阻尼状态下 $u_C$ 随时间的变化曲线

从电容电压 $u_C$ 的表达式及其随时间变化的曲线都可以看出:电容电压是无衰减振荡形式。这是因为理想化的电容和电感都不消耗能量,电路在初始时刻储存的能量将在电容和电感之间来回交换。

读者不妨以 $i_L$ 为变量列写方式,仿照上面的方法求解并绘制变化曲线。可以发现,整个暂态过程的能量流动过程是这样的:第 1 个 1/4 周期电容给电感充电,把电场能全部转换为磁场能;第 2 个 1/4 周期电感给电容反向充电,把磁场能全部转换为电场能;后面两个 1/4 周期重复前面的过程。

从图 4.5.5 到图 4.5.4、图 4.5.3 和图 4.5.2 可以发现,如果 $RLC$ 串联二阶电路中没有电阻,则它是无阻尼形式;随着电阻值的增加,整个电路从欠阻尼,逐渐变成临界阻尼和

过阻尼形式。在这个过程中，随阻值增大，电容和电感上能量交换的次数越来越少，这就说明了"阻尼"的含义。

根据 4.2 节所介绍的方程列写可知，图 4.5.1 所示电路中任一支路量列写的微分方程的特征方程均相同，这意味着在同样的参数条件下，无论电路处于过阻尼、临界阻尼、欠阻尼或无阻尼中的哪一种工作状态，电路中所有支路量变化的形式都是一样的，要么都振荡，要么都不振荡。

在图 4.5.1 所示的 $RLC$ 串联二阶电路中，所有支路量的二阶微分方程对应的特征方程均为

$$p^2 + \frac{R}{L}p + \frac{1}{LC} = 0 \tag{4.5.5}$$

下面我们分析一下图 4.5.6 所示的 $RLC$ 并联二阶电路。

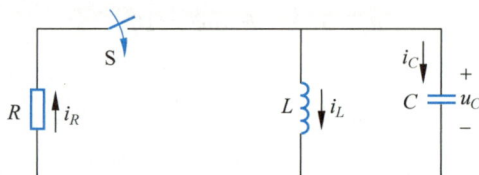

图 4.5.6　$RLC$ 并联电路

该电路在 $t=0$ 时刻闭合开关。我们可以进行与 $RLC$ 串联电路完全并行的分析过程，得到在不同元件参数情况下，该电路过阻尼、临界阻尼、欠阻尼和无阻尼状态的条件、支路量和能量转化过程。但是如果读者掌握了 2.8.3 小节的对偶原理的话，则这个过程就会被极大地简化。根据对偶原理，图 4.5.6 所示电路和图 4.5.1 所示电路是对偶电路，因此根据图 4.5.1 所示电路求解出的任意支路量、得出的任意结论，均可以经过 $R \leftrightarrow G$、$C \leftrightarrow L$、$u \leftrightarrow i$ 的对偶关系，得到图 4.5.6 所示电路的所有结论。比如，最重要的代表所有支路量变化方式的 $RLC$ 并联电路的特征方程就可以根据式（4.5.5）直接得到

$$p^2 + \frac{1}{RC}p + \frac{1}{LC} = 0 \tag{4.5.6}$$

上面我们只讨论了两种最简单的情况，即没有独立源，只有一个电阻、一个电容、一个电感构成的 $RLC$ 串联或并联二阶电路的分析，但是根据 4.2 节和 4.3 节的知识，其实包含独立源的任意复杂二阶电路的分析过程与这两种情况没有根本性区别，都需要经过根据拓扑约束和元件约束列写关于某支路量的二阶常微分方程，利用换路定律和元件约束求其初值和一阶导数初值，然后用相应的数学方法求解。

通过此前的分析我们知道，二阶电路中任何一个支路量的变化形式和变化速率是完全一样的，不同支路量之间的区别只是由于激励（对应于等号右边项）不同导致非齐次特解不同，以及由于支路量初值和一阶导数初值不同导致的非齐次特解的待定系数不同而已。因此如果只需要求某个二阶电路是过阻尼、临界阻尼、欠阻尼、无阻尼中哪种过渡过程状态的话，其实如果该电路的激励为零（即等号右边项为 0）时，可以等效为 $RLC$ 串联或 $RLC$ 并联的话，我们可以不用列方程，直接根据式（4.5.5）和式（4.5.6）得到其特征方程，进而确定响应形式。

知识点81练习题和讨论

我们当前还不具备与一阶动态电路用三要素法求解类似的流程,即可以不列写二阶常微分方程,而是通过求解一系列具有特定物理含义的电阻电路,获得稳态值便于求解的任意复杂的二阶电路的支路量的过渡过程。这个方法将在5.4节讨论。

## 4.5.2  求解二阶动态电路的直觉方法

知识点82

4.5.1节求解二阶动态电路采用的是经典法。经典法求解二阶动态电路的过程就是求解二阶微分方程的过程。在很多时候,尤其在工程实际中,并不需要知道响应的解析结果,而是只需知道几个可以表征响应性质的特征量,例如初始值、稳态值以及过渡过程的阻尼性质。在这种情况下,无需求解微分方程,可以用更简便的方法迅速地得到所需结果。与一阶动态电路类似,这种方法在有些文献中也称为直觉法。

图4.5.7所示电路中,已知 $R=0.5\Omega$,$L=1\text{H}$,$C=0.25\text{F}$,$i_S=2\text{A}$,$u_C(0^-)=3\text{V}$,$i_L(0^-)=0$。开关S在 $t=0$ 时从1合向2。定性分析电路的响应 $u_C$ 和 $i_L$。

首先求 $u_C$ 和 $i_L$ 及其一阶导数的初值。根据换路定律,有

$$u_C(0^+)=u_C(0^-)=3\text{V}$$
$$i_L(0^+)=i_L(0^-)=0$$

根据图4.5.8所示的 $0^+$ 时刻等效电路,得

$$\left.\frac{du_C}{dt}\right|_{t=0^+}=\frac{1}{C}\left[i_S(0^+)-i_L(0^+)-\frac{u_C(0^+)}{R}\right]=-16\text{V/s}$$

$$\left.\frac{di_L}{dt}\right|_{t=0^+}=\frac{u_C(0^+)}{L}=3\text{A/s}$$

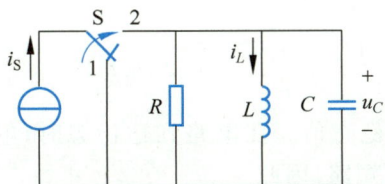

图4.5.7    包含独立源的 $RLC$ 并联电路          图4.5.8   图4.5.7所示电路 $0^+$ 时刻的等效电路

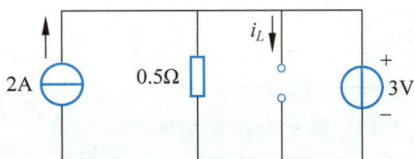

其次求 $u_C$ 和 $i_L$ 的稳态值。激励是一个直流源,在电路到达稳态时,电容相当于开路,电感相当于短路,因此

$$u_C(\infty)=0$$
$$i_L(\infty)=i_S=2\text{A}$$

最后,确定过渡过程的阻尼(过阻尼、欠阻尼或临界阻尼)性质。由于响应形式仅取决于特征根形式,与激励以及电路变量的选取无关,因此可以将电路中所有激励置零,得到图4.5.6所示的 $RLC$ 并联电路,其特征方程如式(4.5.6)所示。

代入参数值,即

$$p^2+8p+4=0$$

特征方程的根的判别式 $\Delta=8^2-4\times4>0$，特征根是两个不相等的负实根，电路处于过阻尼状态，因此在过渡过程中响应是不振荡衰减形式。

至此，可以定性地画出电路的响应，如图4.5.9所示。注意在曲线中要定性体现变量的一阶导数的初值，该初值在曲线上就表现为初始时刻曲线的切线斜率。

再以图4.5.10所示 $RLC$ 串联电路为例，已知 $R=1\Omega,L=1\mathrm{H},C=0.25\mathrm{F},U_S=4\mathrm{V}$，$u_C(0^-)=10\mathrm{V},i_L(0^-)=0$。在 $t=0$ 时将开关合上。用直觉法定性画出响应 $u_C(t)$、$i_L(t)$ 的曲线。

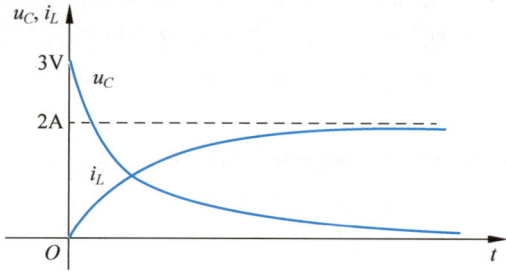

图 4.5.9　图 4.5.7 所示电路中 $u_C$、$i_L$ 的曲线

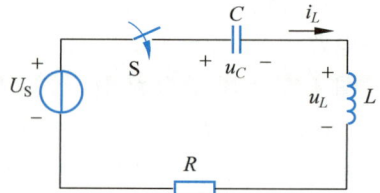

图 4.5.10　包含独立源的 $RLC$ 串联电路

先求 $u_C$ 和 $i_L$ 及其一阶导数的初始值。根据换路定律，有

$$u_C(0^+)=u_C(0^-)=10\mathrm{V}$$

$$i_L(0^+)=i_L(0^-)=0$$

根据图 4.5.11 所示的 $0^+$ 时刻等效电路，得

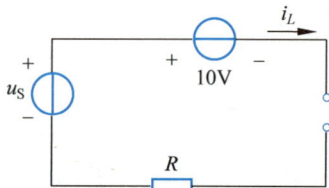

图 4.5.11　图 4.5.10 所示电路 $0^+$ 时刻的等效电路

$$\frac{\mathrm{d}u_C}{\mathrm{d}t}\Big|_{t=0^+}=\frac{1}{C}i_L(0^+)=0$$

$$\frac{\mathrm{d}i_L}{\mathrm{d}t}\Big|_{t=0^+}=\frac{U_S-u_C(0^+)}{L}=-6\mathrm{A/s}$$

再求 $u_C$ 和 $i_L$ 的稳态值。在电路到达稳态时，电容相当于开路，电感相当于短路，因此

$$u_C(\infty)=4\mathrm{V},\quad i_L(\infty)=0\mathrm{A}$$

最后确定过渡过程的阻尼性质。将电路中所有激励置零，可以发现这是一个 $RLC$ 串联电路，根据式（4.5.5）并代入数值有

$$p^2+p+4=0$$

特征方程的根的判别式 $\Delta=1^2-4\times4<0$，特征根是一对共轭复根，电路处于欠阻尼状态，因此在过渡过程中响应是衰减振荡形式。为了更加准确地定性画出响应曲线，还要判断响应大约经过几个周期后衰减至稳态。

求出上述微分方程的两个特征根分别为

$$p_1=-0.5+\mathrm{j}1.94,\quad p_2=-0.5-\mathrm{j}1.94$$

在 4.5.1 节中已经阐述过，$\alpha=0.5$ 表示响应的衰减系数，而 $\omega_d=1.94$ 表示响应的有阻尼衰减振荡角频率。参考一阶电路中时间常数的概念，电路大约经过 $3\tau\sim5\tau$ 的时间过渡过程基本结束，即衰减接近完毕。对于此二阶电路，与 $\tau$ 对应的时间为

$$\tau' = \frac{1}{\alpha} = 2s$$

而振荡周期为

$$T = \frac{2\pi}{\omega_d} = 3.24s$$

因此，$\frac{3\tau'}{T} = 1.85$，$\frac{5\tau'}{T} = 3.08$，电路经 2～3 个振荡周期后，过渡过程已基本结束，响应进入稳态阶程。

根据以上讨论的结果，可以定性画出响应波形，如图 4.5.12 所示。同样要注意在曲线中定性体现变量的一阶导数的初值，该初值在曲线上就表现为 $t = 0$ 时刻曲线的切线斜率。

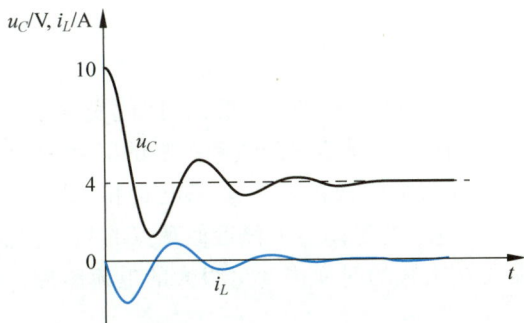

图 4.5.12    图 4.5.10 所示电路电容电压和电感电流的波形

到此为止，对于那些独立源置零后是 *RLC* 串联或并联的二阶电路来说，可以有类似于 4.4.2 小节的方法，即不用列写微分方程，而是将对原电路的动态时域求解转化为求解一系列电阻电路并获得若干关键参数，最终可以得到任意支路量的表达式并且定性绘制其波形图。

对于任意二阶电路，甚至高阶电路，也存在这样时域的处理思路，具体方法将在 5.4.1 小节介绍。当然，学完第 8 章后，还会获得另外一种变换域的求解思路。

知识点82练习题和讨论

知识点83

### 4.5.3    几个应用实例

下面我们介绍几个二阶电路的实际应用。

图 4.4.26 讨论了降压斩波电路，这个一阶电路可以实现直流的低损耗平滑降压。要想实现直流的低损耗平滑升压，需要用到二阶电路。图 4.5.13 就是一种升压斩波器电路。

我们讨论该电路的稳态运行。当 MOSFET 的 G-S 间加高电平信号时，D-S 导通且可视为短路；此时二极管不会有电流流过，视为开路。该电路可视为左侧的一个电压源给电感充电的一阶电路和右侧的一个 *RC* 一阶电路，这个时间段长度定义为 $t_{ON}$。当 MOSFET 的 G-S 间加低电平信号

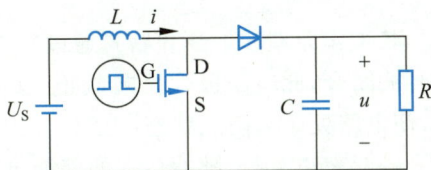

图 4.5.13    升压斩波电路

时，D-S 截止且可视为开路。此时电感电流流过二极管，二极管视为短路。该电路就是一个

典型的二阶电路,这个时间段长度定义为 $t_{OFF}$。我们可以综合应用 4.4 节和 4.5 节知识具体分析并给出每个支路量的表达式。但是,对于工程应用来说,往往只需要了解最核心的指标。因此类似于例 4.4.7 所示方法,在实际应用过程中,一般取较大值的 $L$ 和较大值的 $C$,使得流过电感的电流可粗略地认为不变,即为 $I$;电容上的电压可粗略地认为不变,即为 $U$。

在 $t_{ON}$ 时段的等效电路如图 4.5.14(a)所示,电感吸收的能量为

$$W_{L\_abs} = U_S \times I \times t_{ON} \tag{4.5.7}$$

在 $t_{OFF}$ 时段的等效电路如图 4.5.14(b)所示,电感发出的能量为

$$W_{L\_dis} = (U - U_S) \times I \times t_{OFF} \tag{4.5.8}$$

在稳定工作状态,对于电感来说,一个周期内吸收和发出的能量一定是相同的,因此有 $U_S \times I \times t_{ON} = (U - U_S) \times I \times t_{OFF}$,即

$$U = U_S \frac{t_{ON} + t_{OFF}}{t_{OFF}} \tag{4.5.9}$$

根据式(4.5.9),电阻 $R$ 上的电压 $U$ 比电源 $U_S$ 要高,因此实现了低损耗平滑升压的功能。我们可以通过控制 MOSFET 在一个周期内开通和关断的时间来调节输出电压的幅值。读者不妨将前面提到的具体分析两个阶段的一阶动态电路和二阶动态电路所得结果求平均值,并将其与式(4.5.9)进行比较,进而体会工程近似观点的强大功能。

在科学研究中有时需要在很短的时间内产生很大的电流脉冲。产生电流脉冲的装置称为**脉冲电源**。

图 4.5.15 所示的二阶动态电路是构成脉冲电源的一种有效方法。其中 $R$ 是电感线圈的绕线电阻,$L$ 为其电感,$C$ 是储能电容,D 是电力二极管,$R_L$ 是需要脉冲电流的负载,S 是开关,可以由空气动力开关实现,也可以由电力电子开关实现。

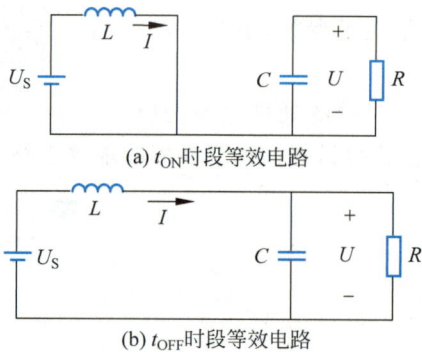

(a) $t_{ON}$ 时段等效电路

(b) $t_{OFF}$ 时段等效电路

图 4.5.14　工程估算时升压斩波电路的等效电路

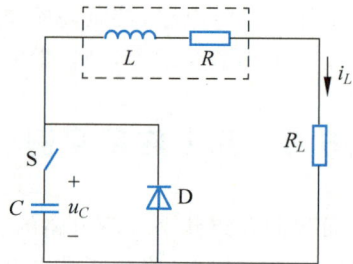

图 4.5.15　二阶脉冲电源电路示意图

其工作原理如下。开始先通过其他电路给电容充电,充至 $u_C = U > 0$,然后在某一时刻使开关闭合,此时二极管反向截止。$C$-$L$-$R$-$R_L$ 构成一个二阶电路。选择 $C$、$L$ 和 $R$ 的参数,使电路处于欠阻尼状态,电流 $i_L$ 为衰减振荡波形。

一般来说,用于脉冲功率的储能电容不能承受很高的反向电压,因此必须对电容提供保护措施。与电容并联的电力二极管 D 就起到了这种作用,在电容电压衰减到零以后,$D$-$L$-$R$-$R_L$ 形成一阶放电回路,确保电容不承受电路中的负电压,电感电流也不会发生振荡。图 4.5.16 给出了仿真软件绘制的二阶脉冲电源的电流波形。

图 4.5.15 所示的二阶脉冲电源发生电路称为**脉冲形成单元**（pulse forming unit, PFU）。如果将若干个 PFU 并联为负载 $R_L$ 提供电流，同时调整不同 PFU 的参数和导通时间，就可以产生接近于方波的脉冲电流，便于实际应用。图 4.5.17 所示就是由 4 个在不同时刻开关闭合的 PFU 并联形成的脉冲电流。

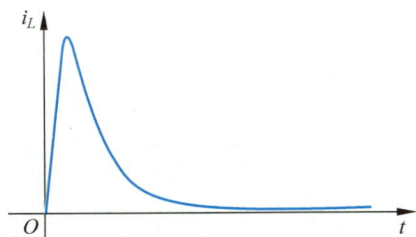

图 4.5.16 二阶脉冲电源模块发出的电流波形

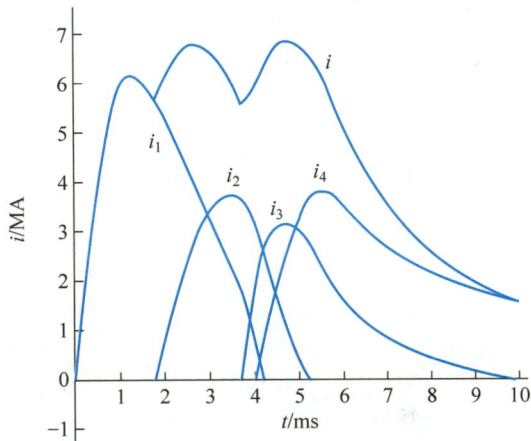

图 4.5.17 4 个 PFU 产生的脉冲电流

图 4.5.17 中 $i_1$、$i_2$、$i_3$、$i_4$ 分别表示 4 个并联 PFU 电流，$i$ 为流过负载 $R_L$ 的电流，可近似看作方波脉冲电流。随着 PFU 级数的增多，$i$ 可越来越接近方波。

实际应用中会更多地利用到二阶电路在正弦稳态下的一些特性，在第 7 章中将详细讨论。

知识点83练习题和讨论

# 习题

4.1 题图 4.1 所示电路中所有开关在 $t=0$ 时动作。分别画出 $0^+$ 时刻各电路的等效电路图，并求出图中所标电压、电流在 $0^+$ 时刻的值。设所有电路在换路前均已处于稳态。

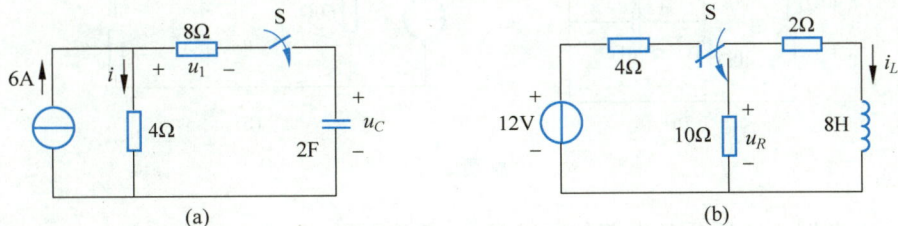

题图 4.1

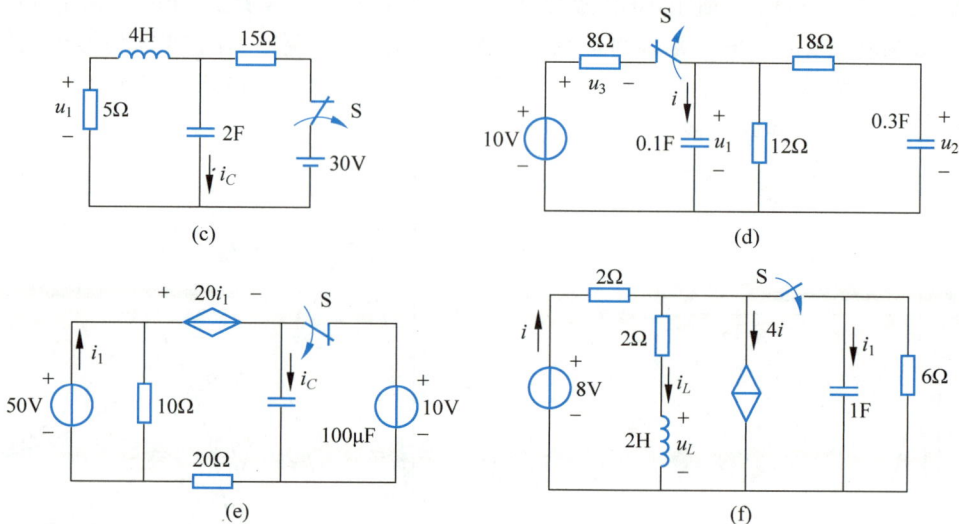

(c)

(d)

(e)

(f)

题图 4.1（续）

4.2　题图 4.2 所示电路中，$u_S = 100\sin(1000t + 60°)\,\text{V}$，$i_S = 3\sin(50t + 45°)\,\text{A}$，$t < 0$ 时电路处于稳态，$t = 0$ 时合上开关 S。求换路后瞬间图中所标出电压和电流的初始值。

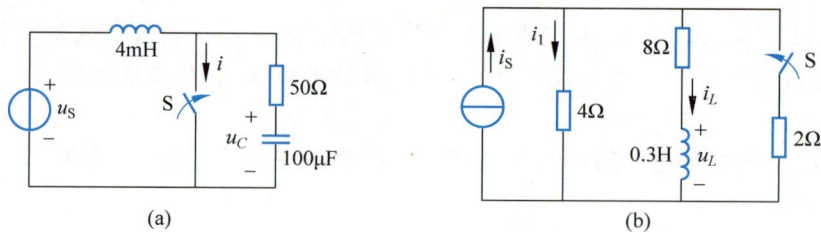

(a)

(b)

题图　4.2

4.3　题图 4.3 所示电路中，$t = 0$ 时打开开关 S。求换路后瞬间电感电流和电容电压初始值及其一阶导数的初始值。

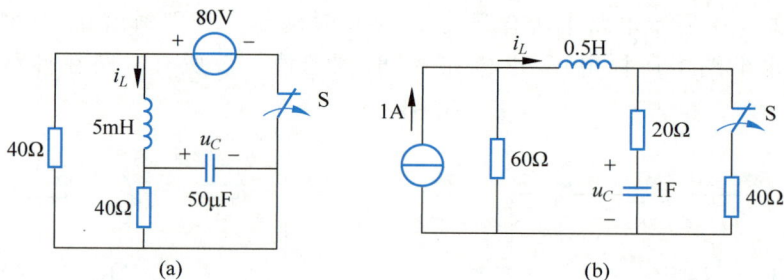

(a)

(b)

题图　4.3

4.4　求题图 4.4 所示各电路的时间常数，其中题图 4.4(c)中 $r < 2R$。

4.5　题图 4.5 所示电路原处于稳态，$t = 0$ 时合上开关 S。求电容电压 $u_C(t)$，并定性画出其变化曲线。

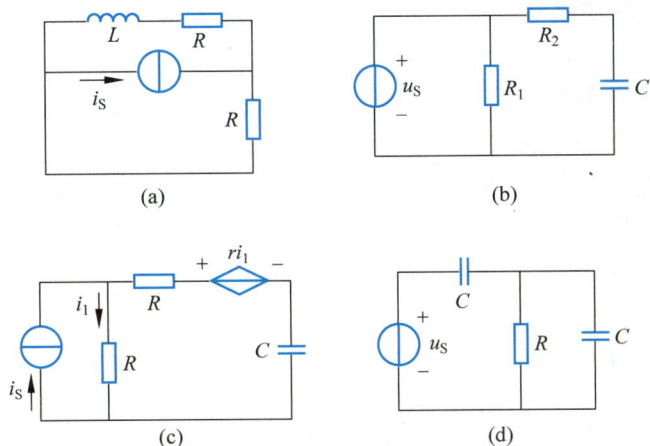

题图 4.4

4.6 题图 4.6 所示电路换路前已处于稳态，$t=0$ 时打开开关 S。求流过电感的电流 $i_L(t)$，并定性画出其变化曲线。

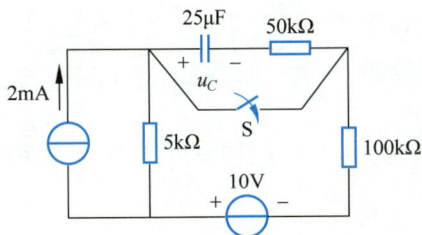

题图 4.5

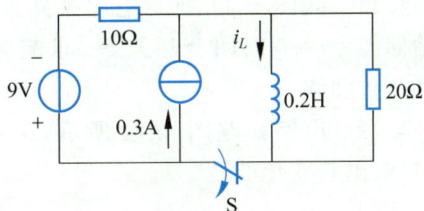

题图 4.6

4.7 在题图 4.7(a)所示电路中两个 MOSFET 的工作特性为 $u_i<1$V 时，D-S 开路；$u_i>1$V 时，D-S 间相当于电阻 $R_{ON}$。实际情况中，G-S 之间存在杂散电容，设 $C_{GS}=1$nF。已知 MOSFET 的 $R_{ON}=100\Omega$，$R_L=10$k$\Omega$，$U_S=5$V，$u_i$ 波形如题图 4.7(b)所示。求：(1)当 $t=50\mu$s 时，$u_i$ 从"1"变为"0"后，$u_o$ 要多长时间之后才能从"1"变为"0"？(2)当 $t=100\mu$s 时，$u_i$ 从"0"变为"1"后，$u_o$ 要多长时间之后才能从"0"变为"1"？（"1""0"加引号表示逻辑 1 和逻辑 0。）

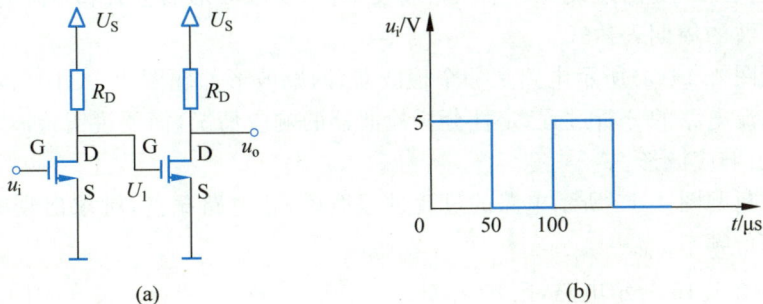

题图 4.7

4.8 题图 4.8 所示电路中，$t=0$ 时打开开关 S，$t=0.1$s 时 $i_L=0.5$A。求 $u_1(t)$，并定性画出其变化曲线。

4.9 电路如题图 4.9 所示，$t=0$ 时闭合开关 S，求 $i$。

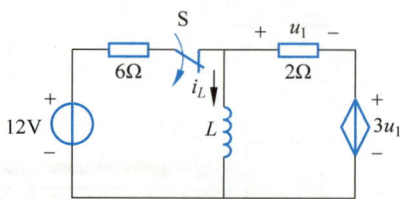

题图 4.8

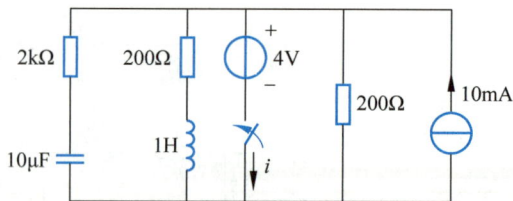

题图 4.9

4.10 题图 4.10 所示电路中，已知 $R=25\Omega$，$C=100\mu$F，$u_C(0^-)=0$，$t=0$ 时闭合开关 S。求：

（1）当 $u_S=100\sin(314t+30°)$V 时，$u_C$ 和 $i$；

（2）当 $u_S=100\sin(314t+\alpha)$V 时，问初相位 $\alpha$ 等于多少时电路中无过渡过程？并求此时的电容电压 $u_C$。

4.11 题图 4.11 所示电路换路前已达稳态，电容无初始储能。$t=0$ 时闭合开关 S。求响应 $u_C(t)$，并定性画出其变化曲线。

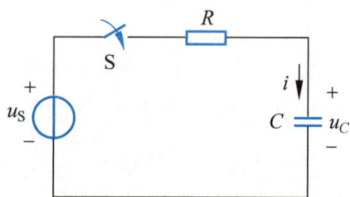

题图 4.10

4.12 电路如题图 4.12 所示。$t=0$ 时闭合开关 $S_1$，$t=1$s 时闭合开关 $S_2$。求 $u_C$ 和 $i_C$，并画出其变化曲线。

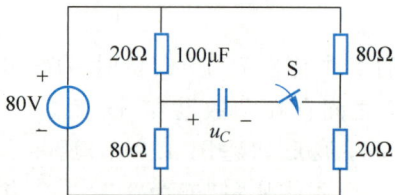

题图 4.11

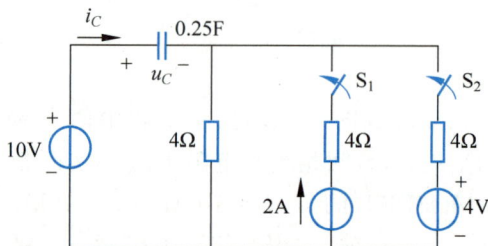

题图 4.12

4.13 从例 4.4.5 出发设计一个三角波发生器，要求波形的上升和下降时间不同，并分析求出该三角波的周期表达式。

4.14 题图 4.14(a)所示电路是一个检波器，激励波形如题图 4.14(b)所示。仿照加电容后的全波整流电路的分析过程，定性分析检波器的响应情况，简要说明检波实现了什么功能，并定性画出响应波形。

4.15 判断题图 4.15 所示电路的过渡过程性质，若电路振荡，则求出衰减系数 $\alpha$ 及有阻尼衰减振荡角频率 $\omega_d$。

4.16 题图 4.16 所示电路，已知 $u_C(0^-)=8$V，$i_L(0^-)=2$A，$t=0$ 时闭合开关 S。求 $u_C(t)$ 和 $i_2(t)$，并画出其变化曲线。

4.17 题图 4.17 所示电路中，已知电感无初始储能，电容初始储能为 0.08J。$t=0$ 时

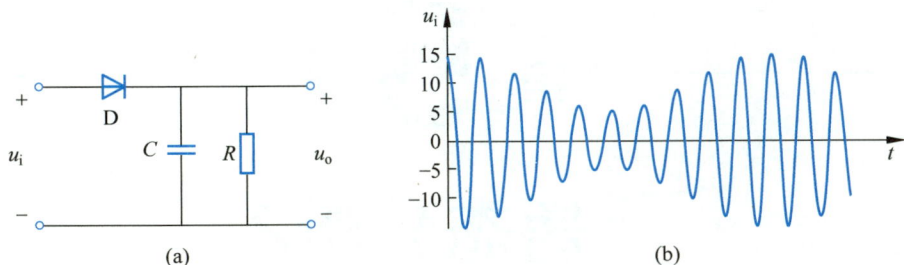

题图　**4.14**

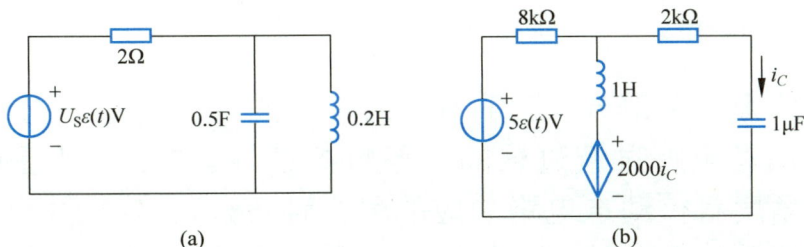

(a)　　　　　　　　　(b)

题图　**4.15**

闭合开关 S,电容电压的响应为 $u_C=40\mathrm{e}^{-100t}\cos(400t)\,\mathrm{V}$。求 $R$、$L$、$C$ 和 $i(t)$。

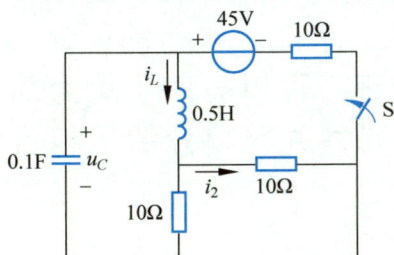

题图　**4.16**

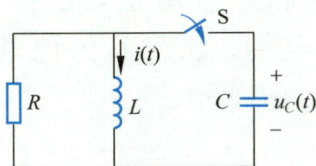

题图　**4.17**

# 参考文献

[1]　AGARWAL A,LANG J. Foundations of Analog and Digital Electronic Circuits[M]. San Francisco：Morgan Kaufmann,2005.

[2]　SEDRA A,SMITH K. 微电子电路[M].5 版.北京：电子工业出版社,2006.

[3]　江缉光.电路原理[M].北京：清华大学出版社,1997.

[4]　邱关源.电路[M].4 版.北京：高等教育出版社,1999.

[5]　李瀚荪.简明电路分析基础[M].北京：高等教育出版社,2002.

[6]　周守昌.电路原理[M].2 版.北京：高等教育出版社,2004.

[7]　陈希有.电路理论基础[M].北京：高等教育出版社,2004.

[8]　ALEXANDER C,SADIKU M. Fundamentals of Electric Circuits[M].影印版.北京：清华大学出版社,2000.

[9]　郑君里,应启珩,杨为理.信号与系统[M].2 版.北京：高等教育出版社,2000.

[10]　江泽佳.网络分析的状态变量法[M].北京：人民教育出版社,1979.

# 第 **5** 章

# 暂态分析2

　　本章分为 3 个部分。5.1 节～5.3 节的内容介绍了分析任意激励作用下动态电路过渡过程的一般性方法,其中 5.1 节提供了从物理或能量角度看待动态电路响应的另一种方法,5.2 节讨论了在零状态时某个特殊的激励——单位冲激函数产生的响应,5.3 节利用单位冲激响应和任意激励的卷积积分求任意激励作用下的零状态响应。5.4 节从另外一个视角看待动态电路,将电路建模为一阶常微分方程组,进而发展出与第 4 章和 5.1 节～5.3 节完全平行的另外一种求解思路,即状态变量法,此外该节的一些细节可以有助于更为简洁地求解二阶电路。5.5 节讨论非线性动态元件并简单介绍了包含这类元件电路的分析方法。

# 5.1　全响应的分解

在 4.4 节、4.5 节中已经介绍过动态电路的全响应对应着描述电路的微分方程的全解。全响应可以分为自由响应和强制响应，自由响应的形式与齐次微分方程解的形式相同，强制响应对应非齐次微分方程的特解。这是从数学的角度分解全响应。

此外，还可以从响应产生的物理本质来分解全响应。从叠加的角度考虑，动态电路的响应由两部分能量的作用产生，一是外加激励带来的能量，二是电路中动态元件的初始储能。当电路没有外加激励时，动态电路的响应仅由初始储能作用产生，称为零输入响应。而当电路无初始储能时，动态电路的响应仅由外加激励作用产生，称为零状态响应。动态电路的全响应等于其零输入响应加上零状态响应。下面分别介绍这两种响应。

## 5.1.1　零输入响应

知识点84

动态电路中没有外加激励，仅由电路中动态元件的初始储能引起的响应称为零输入响应（zero-input response）。在实际电路中，零输入响应是可以通过实验测量得到的。

求解一阶电路的零输入响应既可用经典法，也可直接用三要素法，具体的求解过程与 4.4.1 小节和 4.4.2 小节讨论的一样。

图 5.1.1 所示电路中，设电容的初始电压 $u_C(0^-)=U_0$，$t=0$ 时将开关 S 闭合。显然，当开关闭合以后，电容与电阻会形成放电回路，放电电流流经电阻，电阻要消耗能量，零输入响应最终将趋于零。

用三要素法求电容电压过程如下

$$u_C(0^+)=u_C(0^-)=U_0, \quad u_C(\infty)=0, \quad \tau=RC$$

$$u_C(t)=u_C(\infty)+[u_C(0^+)-u_C(\infty)]e^{-\frac{t}{\tau}}$$

$$=U_0 e^{-\frac{t}{\tau}}, \quad t \geqslant 0$$

上式表明：RC 电路的零输入响应是一个从初始值开始，按指数规律衰减的函数，最终衰减到零。零输入响应中只有自由分量，没有强制分量。

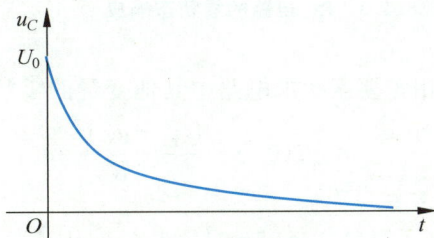

电容电压的零输入响应波形如图 5.1.2 所示。

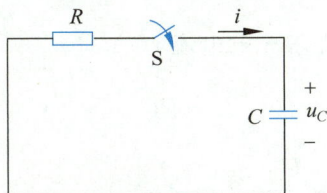

图 5.1.1　RC 电路的零输入响应　　　图 5.1.2　电容电压的零输入响应波形

再用三要素法求电路中的电流

$$i(0^+) = -\frac{u_C(0^+)}{R} = -\frac{U_0}{R}, \quad i(\infty) = 0, \quad \tau = RC$$

$$i(t) = i(\infty) + [i(0^+) - i(\infty)]e^{-\frac{t}{\tau}} = -\frac{U_0}{R}e^{-\frac{t}{\tau}}, \quad t \geqslant 0$$

由此可见，图 5.1.1 所示一阶电路中，电容电压和放电电流的零输入响应都与动态元件的初始条件成正比。这一结论可以推广到任一零输入电路。在二阶或高阶电路中，若电路的所有动态元件的初始条件都同比例增大或减小，则零输入响应也增大或减小相同的比例。这就是线性系统的齐次性。这种性质称为零输入线性。

## 5.1.2　零状态响应

动态电路的"零状态"是指电路中所有储能元件在换路时刻的储能皆为零，即电容电压和电感电流的初始条件皆为零。零状态响应（zero-state response）指动态电路在零初始状态下由外加激励引起的响应。与零输入响应一样，在实际的电路中，零状态响应也是可以通过实验测量的。

图 5.1.3 所示电路中，电容无初始储能。$t = 0$ 时将开关 S 闭合。开关闭合后，电源通过电阻对电容充电，因此该电路的过渡过程也就是电容充电的过程。用三要素法求电容电压

$$u_C(0^+) = 0, \quad u_C(\infty) = U_S, \quad \tau = RC$$

$$u_C(t) = u_C(\infty) + [u_C(0^+) - u_C(\infty)]e^{-\frac{t}{\tau}}$$

$$= U_S(1 - e^{-\frac{t}{\tau}}), \quad t \geqslant 0$$

上式表明：$RC$ 电路的零状态响应是一个从零开始按指数规律增长的函数，最终到达稳态。零状态响应中既有自由分量，也有强制分量。电容电压的波形如图 5.1.4 所示。

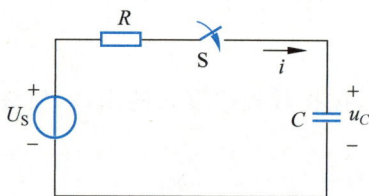

图 5.1.3　$RC$ 电路的零状态响应

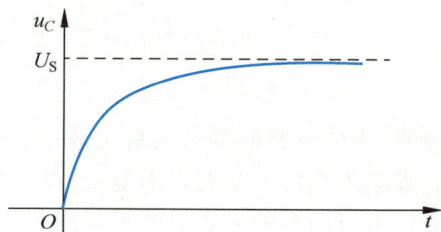

图 5.1.4　电容电压的零状态响应波形

再用三要素法求电路中其他变量的零状态响应。先求充电电流 $i(t)$

$$i(0^+) = \frac{U_S - u_C(0^+)}{R} = \frac{U_S}{R}, \quad i(\infty) = 0, \quad \tau = RC$$

$$i(t) = i(\infty) + [i(0^+) - i(\infty)]e^{-\frac{t}{\tau}} = \frac{U_S}{R}e^{-\frac{t}{\tau}}, \quad t \geqslant 0$$

再求电阻电压

$$u_R(0^+) = U_S - u_C(0^+) = U_S, \quad u_R(\infty) = 0, \quad \tau = RC$$

$$u_R(t) = u_R(\infty) + [u_R(0^+) - u_R(\infty)]e^{-\frac{t}{\tau}} = U_S e^{-\frac{t}{\tau}}, \quad t \geqslant 0$$

由此可见，在图 5.1.3 所示的一阶电路中，所有变量的零状态响应都与激励成正比。这个结论可以推广到任一零状态电路。在二阶或高阶电路中，若电路中所有激励都同比例增大或减小，则零状态响应也增大或减小相同的比例。这就是线性系统的齐次性。若某个激励由两个部分构成，则该激励引起的零状态响应是两个激励分别单独作用引起的零状态响应之和。这就是线性系统的可加性。这些性质称为零状态线性。

知识点85练习题和讨论

知识点86

## 5.1.3　全响应

前面介绍了动态电路全响应的两种分解方法：

$$全响应 = 自由响应 + 强制响应$$

$$全响应 = 零输入响应 + 零状态响应$$

前者是从微分方程经典法的求解过程得到，后者则是从区分起始储能和外加激励的作用得到。下面以一个数值例子说明这两种分解方法的区别。

图 5.1.5(a) 所示电路中，已知电容电压的初始值 $u_C(0^-) = U_0$，$t = 0$ 时将开关 S 闭合。

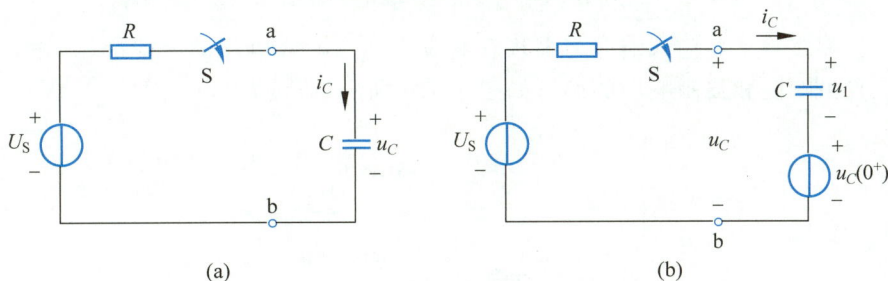

图 5.1.5　$RC$ 电路的全响应

其电路分析如下。具有初始储能的电容可以用一个没有初始储能的电容与一个电压值等于电容初始电压的电压源的串联支路来等效，如图 5.1.5(b) 所示。在图 5.1.5(b) 中存在两个独立电压源，根据叠加定理，该电路中任一支路的电压、电流都应该是这两个独立源分别单独作用时产生的响应的代数和。电容电压当然也不例外。要注意的是待求的电容电压在图 5.1.5(b) 中对应的是 ab 两端的电压，其响应可用叠加定理求得，每个独立源单独作用时的电路如图 5.1.6 所示。

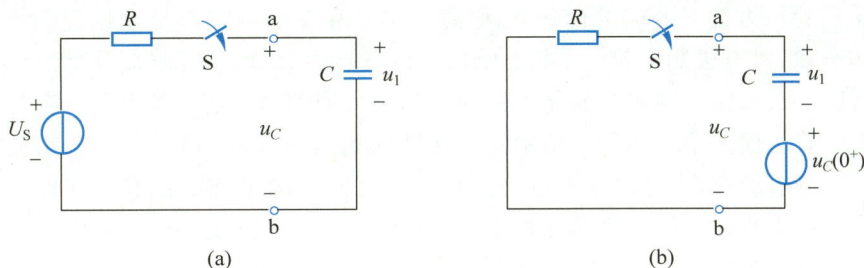

图 5.1.6　$RC$ 电路全响应的分解

　　求图 5.1.6(a)所示电路中电容电压的响应就可得到图 5.1.5(a)电路中电容电压的零状态响应为

$$u_{C\,zs}(t) = U_S(1 - e^{-\frac{t}{\tau}}), \quad t \geqslant 0$$

其中 zs 是 zero state 的首字母。

　　求图 5.1.6(b)所示电路中电容电压的响应，就可得到图 5.1.5(a)电路中电容电压的零输入响应，

$$u_{C\,zi}(t) = U_0 e^{-\frac{t}{\tau}}, \quad t \geqslant 0$$

其中 zi 是 zero input 的首字母。

　　再对图 5.1.5(a)所示电路直接用三要素法，

$$u_C(0^+) = U_0, \quad u_C(\infty) = U_S, \quad \tau = RC$$

$$u_C(t) = u_C(\infty) + [u_C(0^+) - u_C(\infty)]e^{-\frac{t}{\tau}}$$

$$= \underbrace{U_S}_{\text{强制响应}} + \underbrace{(U_0 - U_S)e^{-\frac{t}{\tau}}}_{\text{自由响应}}$$

$$= \underbrace{U_0 e^{-\frac{t}{\tau}}}_{\text{零输入响应}} + \underbrace{U_S(1 - e^{-\frac{t}{\tau}})}_{\text{零状态响应}}$$

　　显然，全响应等于零输入响应与零状态响应之和。电容电压的全响应、零输入响应、零状态响应、自由响应和强制响应的波形如图 5.1.7 所示(假设 $U_S > U_0$)。

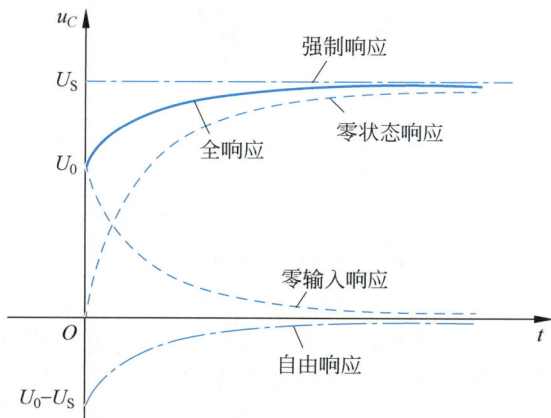

图 5.1.7　RC 电路全响应的两种分解方法比较

　　无论采用哪种方法对响应进行分解，电路中实际存在的响应都是全响应。零输入响应中只有自由分量，没有强制分量；零状态响应中既有自由分量，又有强制分量。

　　零输入响应与储能元件的初始条件有线性关系，零状态响应与外加激励有线性关系。如果电路中储能元件的初始条件不为零，由于全响应中零输入分量的存在，导致全响应与外加激励之间不满足齐次性和可加性。这个特点对于我们将任意激励分解为若干简单激励的线性组合，然后应用叠加定理求解该激励作用下电路的响应是不利的。

知识点86练习题
和讨论

若要求任意激励作用下电路的全响应,可以分别求解电路的零输入响应(与激励无关)和零状态响应。而求零状态响应时,可以将任意激励分解为一些简单激励的线性组合,再求出这些简单激励的零状态响应,利用零状态下激励和响应之间的齐次性和可加性(即利用5.3节介绍的卷积积分)就可以得到任意激励下的零状态响应。因此,将全响应分解为零输入响应加零状态响应就从原则上解决了任意激励作用下电路全响应的求解问题。

## 5.2　单位阶跃响应和单位冲激响应

### 5.2.1　单位阶跃函数与单位阶跃响应

知识点87

#### 1. 单位阶跃函数

单位阶跃函数(unit step function)定义为

$$\varepsilon(t) = \begin{cases} 0, & t < 0 \\ 1, & t > 0 \end{cases} \tag{5.2.1}$$

波形如图 5.2.1 所示。$t = 0$ 时,$\varepsilon(t)$ 发生了跳变。

单位阶跃函数可以用来描述开关的动作,即作为开关的数学模型,因而有时也称它为开关函数。图 5.2.2(a)、(b)所示的两个电路都表示网络 N 在 $t = 0$ 时刻接通到电源 $U_S$。

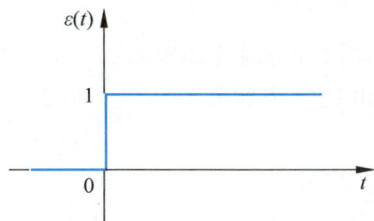

图 5.2.1　单位阶跃函数

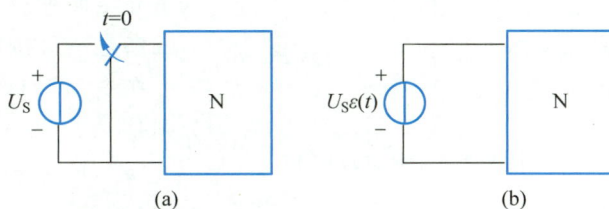

图 5.2.2　用阶跃函数描述开关动作

定义任一时刻 $t_0$ 起始的单位阶跃函数为

$$\varepsilon(t - t_0) = \begin{cases} 0, & t < t_0 \\ 1, & t > t_0 \end{cases} \tag{5.2.2}$$

$\varepsilon(t - t_0)$ 可以看成是把 $\varepsilon(t)$ 沿时间轴平移 $t_0$ 的结果,称之为延迟的单位阶跃函数,波形如图 5.2.3 所示($t_0 > 0$)。

用单位阶跃函数以及它的延迟函数可以组合成许多复杂信号,如在电子电路中经常遇到的矩形脉冲和脉冲序列,如图 5.2.4 所示。

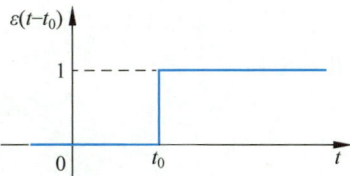

图 5.2.3　延迟的单位阶跃函数

图 5.2.4(a)所示矩形脉冲可以表示为

$$f(t) = \varepsilon(t) - \varepsilon(t - t_0) \tag{5.2.3}$$

图 5.2.4(b)所示脉冲序列可以表示为

$$f(t) = \varepsilon(t) - \varepsilon(t - t_0) + \varepsilon(t - 2t_0) - \varepsilon(t - 3t_0) + \cdots$$

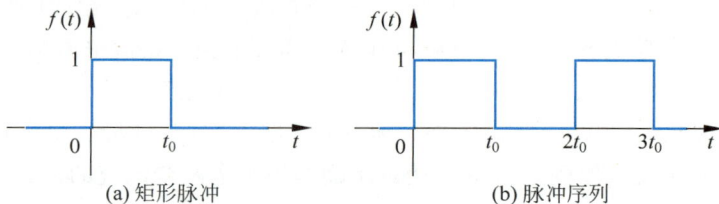

图 5.2.4　矩形脉冲和脉冲序列

(a) 矩形脉冲　　　　(b) 脉冲序列

### 2. 单位阶跃响应

电路在单位阶跃函数作为激励作用下产生的零状态响应称为单位阶跃响应（unit step response）。

当电路的激励为 $\varepsilon(t)$V 或 $\varepsilon(t)$A 时，相当于在 $t=0$ 时将 1V 电压源或 1A 电流源接入电路，因此，单位阶跃响应与直流激励下的零状态响应形式相同。一般用 $s(t)$ 表示单位阶跃响应。如果电路的输入是幅值为 $A$ 的阶跃信号 $A\varepsilon(t)$，则根据零状态响应的线性性质，电路的零状态响应就是 $As(t)$。由于非时变电路的参数是不随时间变化的，因此在延迟的单位阶跃信号 $\varepsilon(t-t_0)$ 作用下，电路的零状态响应为 $s(t-t_0)$。

**例 5.2.1**　图 5.2.5 所示电路中，开关 S 在位置 1 时电路已达稳态。$t=0$ 时将开关 S 从位置 1 扳向位置 2，$t=1$s 时又将开关 S 从位置 2 扳向位置 1。求电容电压 $u_C(t)(t\geqslant 0)$。

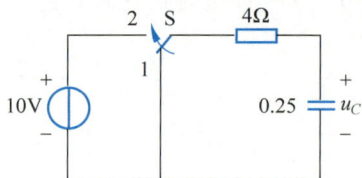

图 5.2.5　例 5.2.1 图

**解**　本例即所谓二次换路问题，可用多种方法求解，这里介绍两种。

**解法一**　按电路的工作过程分时间段求解。

在 $0\leqslant t<1$s 时，电容电压是零状态响应。3 个要素分别是

$$u_C(0^+)=0, \quad u_C(\infty)=10\text{V}, \quad \tau=RC=1\text{s}$$

则电容电压为

$$u_C(t)=10(1-\mathrm{e}^{-t})\text{V}, \quad 0\leqslant t<1\text{s}$$

在第 2 次换路前一瞬间，电容电压 $u_C(1^-)=6.32$V。

在 $t\geqslant 1$s 时，开关又换接到位置 1，电容电压是零输入响应。由换路定律可得

$$u_C(1^+)=u_C(1^-)=6.32\text{V}$$

又

$$u_C(\infty)=0, \quad \tau=RC=1\text{s}$$

则电容电压为

$$u_C(t)=6.32\mathrm{e}^{-(t-1)}\text{V}, \quad t\geqslant 1\text{s}$$

即

$$u_C(t)=\begin{cases}10(1-\mathrm{e}^{-t})\text{V}, & 0\leqslant t<1\text{s} \\ 6.32\mathrm{e}^{-(t-1)}\text{V}, & t\geqslant 1\text{s}\end{cases}$$

**解法二**　用阶跃函数及其延迟描述开关动作，作用在 $RC$ 串联电路上的激励可表示为

$$u_\text{S}=10[\varepsilon(t)-\varepsilon(t-1)]\text{V}$$

$RC$ 电路的单位阶跃响应为

$$s(t) = (1 - e^{-\frac{t}{\tau}})\varepsilon(t)$$

利用线性电路的线性性质和非时变性质,图 5.2.5 电路中电容电压的响应为

$$u_C(t) = 10(1 - e^{-t})\varepsilon(t) - 10(1 - e^{-(t-1)})\varepsilon(t-1)$$

写成时间分段形式,为

$$u_C(t) = \begin{cases} 10(1 - e^{-t})\text{V}, & 0 \leqslant t < 1\text{s} \\ 6.32e^{-(t-1)}\text{V}, & t \geqslant 1\text{s} \end{cases}$$

与第一种方法求得的结果相同。

### 5.2.2　单位冲激函数与单位冲激响应

#### 1. 单位冲激函数

单位冲激函数(unit impulse function)定义为

$$\left.\begin{array}{l} \delta(t) = 0, \quad t \neq 0 \\ \int_{-\infty}^{+\infty} \delta(t)\mathrm{d}t = 1 \end{array}\right\} \tag{5.2.4}$$

单位冲激函数可以看成是单位脉冲函数 $p(t)$ 的极限情况。图 5.2.6(a)所示是一个面积为 1 的矩形脉冲函数,称为单位脉冲函数(unit pulse function)。单位脉冲的宽为 $\Delta$,高为 $\frac{1}{\Delta}$。在保持矩形面积不变的前提下,当脉冲宽度越来越窄时,它的高度就越来越大。当 $\Delta \rightarrow 0$ 时, $\frac{1}{\Delta} \rightarrow \infty$,得到一个宽度趋于零而幅度趋于无穷大,面积仍为 1 的脉冲,这就是单位冲激函数 $\delta(t)$,如图 5.2.6(b)所示。称脉冲函数的面积为取极限后冲激函数的强度。强度为 $k$ 的冲激函数可用图 5.2.6(c)表示,此时箭头旁应注明 $k$。单位冲激函数是强度为 1 的冲激函数。

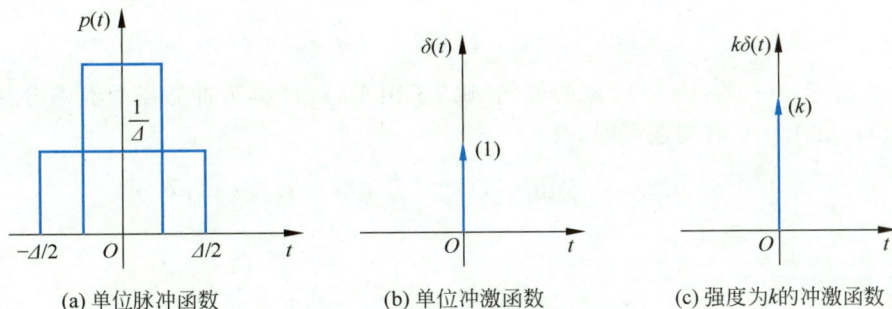

(a) 单位脉冲函数　　　　(b) 单位冲激函数　　　　(c) 强度为k的冲激函数

**图 5.2.6　冲激函数的形成及其符号**

与单位阶跃函数的延迟一样,延迟的单位冲激函数定义为

$$\left.\begin{array}{l} \delta(t - t_0) = 0, \quad t \neq t_0 \\ \int_{-\infty}^{+\infty} \delta(t - t_0)\mathrm{d}t = 1 \end{array}\right\} \tag{5.2.5}$$

波形如图 5.2.7(a)所示。还可以用 $k\delta(t - t_0)$ 表示一个强度为 $k$、发生在 $t_0$ 时刻的冲激函数,如图 5.2.7(b)所示。

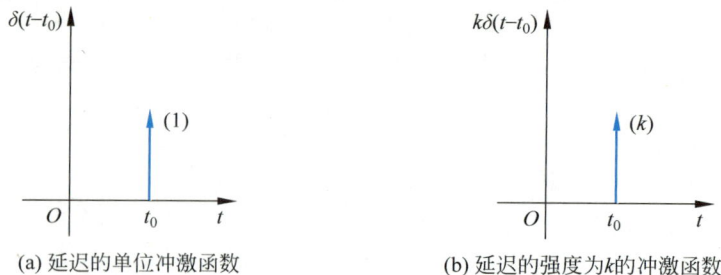

(a) 延迟的单位冲激函数　　　　　　(b) 延迟的强度为$k$的冲激函数

图 5.2.7　延迟的冲激函数

单位冲激函数具有下面两个重要性质。

(1) 单位冲激函数对时间的积分等于单位阶跃函数。

根据单位冲激函数的定义，有

$$\int_{-\infty}^{t} \delta(\xi)\mathrm{d}\xi = \begin{cases} 0, & t < 0 \\ 1, & t > 0 \end{cases}$$

即

$$\int_{-\infty}^{t} \delta(\xi)\mathrm{d}\xi = \varepsilon(t) \tag{5.2.6}$$

反过来，单位阶跃函数对时间的一阶导数等于单位冲激函数[①]，即

$$\frac{\mathrm{d}}{\mathrm{d}t}\varepsilon(t) = \delta(t) \tag{5.2.7}$$

(2) 单位冲激函数的筛分性质

对于任意一个在 $t = 0$ 时刻连续的函数 $f(t)$，根据单位冲激函数的定义，有

$$f(t)\delta(t) = f(0)\delta(t) \tag{5.2.8}$$

因此

$$\int_{-\infty}^{\infty} f(t)\delta(t)\mathrm{d}t = f(0)\int_{-\infty}^{\infty} \delta(t)\mathrm{d}t = f(0) \tag{5.2.9}$$

单位冲激函数把 $f(t)$ 在 $t = 0$ 时刻的值给"筛"了出来，因此称为冲激函数有筛分性质。类似地，当 $f(t)$ 在 $t = t_0$ 时刻连续时，有

$$\int_{-\infty}^{\infty} f(t)\delta(t-t_0)\mathrm{d}t = f(t_0)\int_{-\infty}^{\infty} \delta(t-t_0)\mathrm{d}t = f(t_0) \tag{5.2.10}$$

## 2. 单位冲激响应

电路在单位冲激函数作为激励作用下产生的零状态响应称为单位冲激响应（unit impulse response）。

当单位冲激电流 $\delta_i(t)$ 作用到初始电压为零的电容上时，电容电压为

$$C\frac{\mathrm{d}u_C}{\mathrm{d}t} = \delta_i(t)$$

---

　　① 　单位阶跃函数在 $t = 0$ 时刻不连续，微积分中对不连续函数是无法定义其导数的，但在广义函数中有严格定义，且在工程实际中符合直觉。因此，认为单位冲激函数是单位阶跃函数的导数是可接受的。在后续课程"信号与系统"中还将对冲激函数及其导数做更深入的讨论。

对上式两端进行积分,积分上下限分别设为 $0^-$ 和 $0^+$,可以得到

$$u_C(0^+) - u_C(0^-) = \frac{1}{C}\int_{0^-}^{0^+}\delta_i(t)\mathrm{d}t \tag{5.2.11}$$

$$u_C(0^+) = \frac{1}{C}\mathrm{V}$$

即单位冲激电流使电容电压从零跳变到 $\frac{1}{C}\mathrm{V}$。这与前面阐述的换路定律并不矛盾,因为换路定律成立的前提条件是"在换路过程中流过电容的电流为有限值",显然这一条件在冲激电流流过电容时不再满足。

类似地,当单位冲激电压 $\delta_u(t)$ 作用到初始电流为零的电感两端时,电感电流为

$$i_L(0^+) - i_L(0^-) = \frac{1}{L}\int_{0^-}^{0^+}\delta_u(t)\mathrm{d}t \tag{5.2.12}$$

$$i_L(0^+) = \frac{1}{L}\mathrm{A}$$

单位冲激电压使电感电流从零跳变到 $\frac{1}{L}\mathrm{A}$。

**例 5.2.2** 图 5.2.8 是一个单位冲激电流作用下的 $RC$ 电路,求该电路的单位冲激响应 $u_C(t)$ 和 $i_C(t)$。

**解** 单位冲激响应可以分成两个时间段来看待。第一个时间段是从 $0^-$ 到 $0^+$,我们需要判断零状态的电容电压或电感电流是否由于单位冲激源而发生了跳变,如果发生跳变,跳变为何值;第二个时间段是 $0^+$ 以后,单位冲激源的值为零,此时即为由跳变后的储能元件初值导致的零输入响应。因此分析单位冲激响应的关键是第一个时间段,对此可以有多种思路。

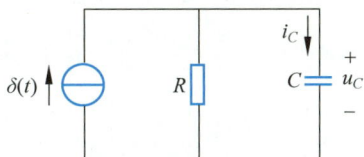

图 5.2.8 例 5.2.2 图

**解法一** 建立 $0^- \sim 0^+$ 期间描述电路的方程

$$C\frac{\mathrm{d}u_C}{\mathrm{d}t} + \frac{u_C}{R} = \delta(t) \tag{5.2.13}$$

分析上式,电容电压中不可能含有冲激电压成分。如果电容电压中含有冲激电压,则方程的左边就会出现冲激的导数,方程左右两边就不可能相等。

将式(5.2.13)两边积分,得

$$C\int_{0^-}^{0^+}\frac{\mathrm{d}u_C}{\mathrm{d}t}\mathrm{d}t + \int_{0^-}^{0^+}\frac{u_C}{R}\mathrm{d}t = \int_{0^-}^{0^+}\delta(t)\mathrm{d}t$$

电容电压中不含有冲激,上式等号左边第二项为零;再根据冲激函数的定义,有

$$C\int_{0^-}^{0^+}\frac{\mathrm{d}u_C}{\mathrm{d}t}\mathrm{d}t = 1$$

$$C[u_C(0^+) - u_C(0^-)] = 1$$

又因为 $u_C(0^-) = 0$,因此

$$u_C(0^+) = \frac{1}{C}\mathrm{V}$$

上式表明冲激电流作用使得电容电压在换路瞬间从零跳变到 $\frac{1}{C}\mathrm{V}$。

根据上面的分析可知，在这一过程中，有

$$i_C = \delta(t)$$

$t>0^+$ 后，冲激电流为零，电路中的响应为零输入响应。电容电压为

$$u_C(t) = \frac{1}{C} e^{-\frac{t}{RC}}$$

同理，利用三要素法可知，$i_C(0^+) = -\frac{1}{RC}$，$i_C(\infty) = 0$，因此在这一过程中，有

$$i_C = -\frac{1}{RC} e^{-\frac{t}{RC}} \varepsilon(t)$$

综上所述，电容电压可表示为

$$u_C(t) = \frac{1}{C} e^{-\frac{t}{RC}} \varepsilon(t)$$

上式中利用阶跃函数表示了电容电压在 $t=0$ 时刻的跳变。

电容电流可以表示为

$$i_C = \delta(t) - \frac{1}{RC} e^{-\frac{t}{RC}} \varepsilon(t)$$

当然，如果我们利用电容电压的微分关系也可以知道

$$i_C = C \frac{\mathrm{d}u_C}{\mathrm{d}t} = C \frac{\mathrm{d}}{\mathrm{d}t} \left( \frac{1}{C} e^{-\frac{t}{RC}} \varepsilon(t) \right)$$

$$= \frac{\mathrm{d}}{\mathrm{d}t}(\varepsilon(t)) e^{-\frac{t}{RC}} + \frac{\mathrm{d}}{\mathrm{d}t}(e^{-\frac{t}{RC}}) \varepsilon(t)$$

$$= \delta(t) - \frac{1}{RC} e^{-\frac{t}{RC}} \varepsilon(t)$$

上式推导过程中用到了式(5.2.8)。

电容电压和电容电流的波形如图 5.2.9 所示。

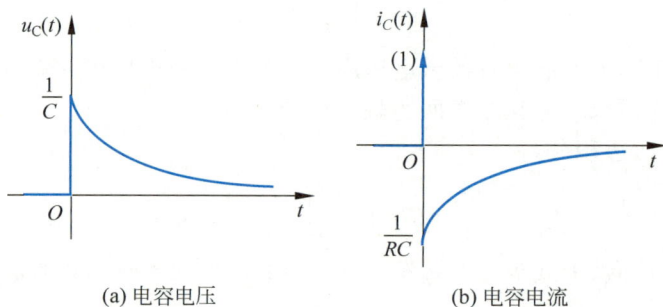

(a) 电容电压　　　　(b) 电容电流

**图 5.2.9　RC 电路的单位冲激响应**

**解法二**　用零值电压源在 $t=0^-$ 到 $t=0^+$ 期间替代电容。

我们可以写出 $t=0^-$ 到 $t=0^+$ 期间电容 $u$-$i$ 的积分关系，即

$$u_C(0^+) - u_C(0^-) = \frac{1}{C} \int_{0^-}^{0^+} i_C \mathrm{d}t \tag{5.2.14}$$

根据式(5.2.14)，确定 $u_C(0^+)$ 的关键在于 $t=0^-$ 到 $t=0^+$ 期间是否有冲激电流流过电容。这就涉及在这一期间如何看待电容的问题。根据替代定理，在任意时刻，只要确保解

的唯一性,均可用电容电压的实际值来替代电容。但当前的问题是在 $t=0^-$ 到 $t=0^+$ 这一时刻上电容电压有可能发生跳变。这里面我们需要一个基本结论,就是无论如何,电容电压都不可能在这个时刻跳变为无穷大,即电容的储能不可能在一个时刻达到无穷大;电容电压最多由于冲激电流的作用跳变到某一有限值,即冲激电流代表了一个瞬间无穷大的功率(代表了实际情况中非常短的时间内的大脉冲功率),使得电容的储能一下子发生有限的变化。电容电压有可能在 $t=0^-$ 到 $t=0^+$ 期间发生变化,我们不妨用某个有限值 $U$ 所对应的独立电压源对其进行替代,得到的电路如图 5.2.10(a)所示。

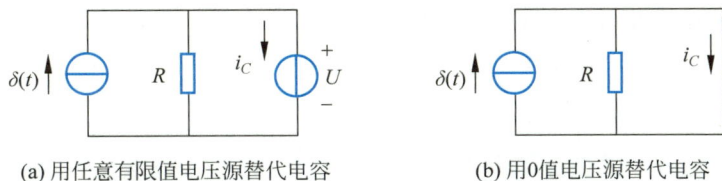

(a) 用任意有限值电压源替代电容          (b) 用0值电压源替代电容

**图 5.2.10  求 $t=0^-$ 到 $t=0^+$ 期间电容电流**

在图 5.2.10(a)中可用叠加定理求电容电流 $i_C$。但根据式(5.2.14),由任意有限值 $U$ 导致的电容电流的有限值在该式从 $t=0^-$ 到 $t=0^+$ 的积分结果为零。因此不妨用零值电压源(即短路线)在 $t=0^-$ 到 $t=0^+$ 期间替代电容,得到图 5.2.10(b),用这一电路求 $i_C$,然后再用式(5.2.14)确定 $u_C(0^+)$。

根据图 5.2.10(b)易知

$$i_C = \delta(t)$$

根据式(5.2.14)易知

$$u_C(0^+) = \frac{1}{C}$$

接下来的求解过程同解法一。

解法二得到的结论可以推广,即求单位冲激响应时,可以在 $t=0^-$ 到 $t=0^+$ 期间将电容用零值电压源即短路替代,电感用零值电流源即开路替代,求短路线上的电容电流和开路两端的电感电压,再用 $t=0^-$ 到 $t=0^+$ 期间电容和电感的 $u$-$i$ 积分关系求 $u_C(0^+)$ 和 $i_L(0^+)$。

**解法三**  由单位阶跃响应求单位冲激响应。

线性非时变电路有一个重要性质:如果激励 $x$ 产生的零状态响应为 $y$,那么激励 $\dfrac{\mathrm{d}x}{\mathrm{d}t}$ 产生的零状态响应为 $\dfrac{\mathrm{d}y}{\mathrm{d}t}$。因为单位冲激函数可以表示为单位阶跃函数的一阶导数,所以如果用 $h(t)$ 表示电路的单位冲激响应,它与电路的单位阶跃响应 $s(t)$ 的关系为

$$h(t) = \frac{\mathrm{d}s(t)}{\mathrm{d}t} \qquad (5.2.15)$$

式(5.2.15)证明如下。

前面已经指出,单位冲激函数可以看成是单位脉冲函数的极限情况,即

$$\delta(t) = \lim_{\Delta \to 0} \frac{1}{\Delta}[\varepsilon(t) - \varepsilon(t-\Delta)] = \frac{\mathrm{d}}{\mathrm{d}t}\varepsilon(t)$$

设单位阶跃函数 $\varepsilon(t)$ 对应的零状态响应即单位阶跃响应为 $s(t)$,根据线性电路的性质和动

态电路的"零状态线性"性质,则 $\varepsilon(t)/\Delta$ 对应的零状态响应为 $s(t)/\Delta$,$\varepsilon(t-\Delta)/\Delta$ 对应的零状态响应为 $s(t-\Delta)/\Delta$。取 $\Delta \rightarrow 0$ 时的极限,得

$$h(t) = \lim_{\Delta \rightarrow 0} \frac{1}{\Delta}[s(t)-s(t-\Delta)] = \frac{\mathrm{d}}{\mathrm{d}t}s(t)$$

这就证明了单位冲激响应等于单位阶跃响应的导数。

对于例 5.2.2,电容电压的单位阶跃响应为

$$s(t) = R(1 - \mathrm{e}^{-\frac{t}{RC}})\varepsilon(t)$$

根据式(5.2.15),电容电压的单位冲激响应为

$$h(t) = \frac{\mathrm{d}s(t)}{\mathrm{d}t} = R(1 - \mathrm{e}^{-\frac{t}{RC}})\delta(t) + R \times \frac{1}{RC}\mathrm{e}^{-\frac{t}{RC}}\varepsilon(t)$$

$$= \frac{1}{C}\mathrm{e}^{-\frac{t}{RC}}\varepsilon(t)$$

上式演算过程中用到了单位冲激函数 $f(t)\delta(t) = f(0)\delta(t)$ 的性质。

同样的方法还可以求电容电流。用三要素法或利用已求得的电容电压的单位阶跃响应,可求出电容电流的单位阶跃响应为

$$s(t) = \mathrm{e}^{-\frac{t}{RC}}\varepsilon(t)$$

则电容电流的单位冲激响应为

$$h(t) = \frac{\mathrm{d}(t)}{\mathrm{d}t} = -\frac{1}{RC}\mathrm{e}^{-\frac{t}{RC}}\varepsilon(t) + \mathrm{e}^{-\frac{t}{RC}}\delta(t)$$

$$= -\frac{1}{RC}\mathrm{e}^{-\frac{t}{RC}}\varepsilon(t) + \delta(t)$$

与解法一求得的结果一致。需要注意的是,用单位阶跃响应求导的方法求电路的单位冲激响应时,电路的单位阶跃响应要表示成全时间域的函数。

下面以 $RLC$ 串联电路为例,讨论二阶电路的单位冲激响应。

**例 5.2.3**  图 5.2.11 所示电路无初始储能,$u_S = \delta(t)\mathrm{V}$,$R = 125\Omega$,$L = 0.25\mathrm{H}$,$C = 100\mu\mathrm{F}$。求电路的单位冲激响应 $u_C$、$i$ 和 $u_L$。

**解**  与一阶类似,二阶电路的单位冲激响应也有三种求解方法,这里只给出一种,另外两种请读者参看右侧二维码对应的内容。

将电路分成 $t < 0^-$,$t = 0^- \rightarrow t = 0^+$ 和 $t > 0^+$ 共 3 个时间段考虑。

$t < 0^-$ 时,$u_S = 0$,$u_C(0^-) = 0$,$i(0^-) = 0$,因此 $u_L(0^-) = 0$。

在 $t = 0^-$ 到 $t = 0^+$ 期间,将电容用零值电压源短路替代,电感用零值电流源开路替代,得到图 5.2.12 所示电路。

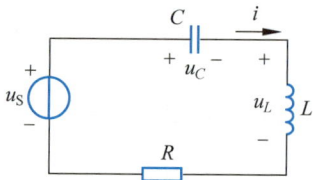

图 5.2.11  单位冲激激励作用下的 $RLC$ 串联电路

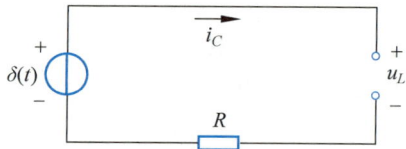

图 5.2.12  例 5.2.3 求储能元件 $0^+$ 值所需电路

在图 5.2.12 中易知 $i_C=0$，$u_L=\delta(t)$。根据 $t=0^-$ 到 $t=0^+$ 期间电感的 $u$-$i$ 积分关系

$$i_L(0^+)-i_L(0^-)=\frac{1}{L}\int_{0^-}^{0^+}u_L\,\mathrm{d}t \qquad (5.2.16)$$

可知

$$i_L(0^+)=4\mathrm{A}$$

由于 $t=0^-$ 到 $t=0^+$ 期间 $i_C=0$，可知 $u_C(0^+)=0$。

$t>0^+$ 以后，$\delta(t)=0$，电路中的响应就是 $RLC$ 串联二阶电路的零输入响应。将元件参数代入式(4.5.6)，得到特征根为

$$p_1=-100，\quad p_2=-400$$

特征根是两个不相等的负实根，电路处于过阻尼状态，因此电容电压为

$$u_C=A_1\mathrm{e}^{p_1t}+A_2\mathrm{e}^{p_2t}，\quad t\geqslant 0$$

根据前面求得的电路的起始值，有

$$u_C(0^+)=A_1+A_2=0$$

$$\left.\frac{\mathrm{d}u_C}{\mathrm{d}t}\right|_{t=0^+}=-100A_1-400A_2=\frac{1}{C}i_L(0^+)=40000$$

解得

$$A_1=133.3，\quad A_2=-133.3$$

可求得电容电压为

$$u_C=133.3(\mathrm{e}^{-100t}-\mathrm{e}^{-400t})\varepsilon(t)\mathrm{V}$$

电感电流为

$$i=C\frac{\mathrm{d}u_C}{\mathrm{d}t}=(-1.333\mathrm{e}^{-100t}+5.333\mathrm{e}^{-400t})\varepsilon(t)\mathrm{A}$$

电感电压为

$$u_L=L\frac{\mathrm{d}i}{\mathrm{d}t}=\delta(t)+(33.3\mathrm{e}^{-100t}-533.3\mathrm{e}^{-400t})\varepsilon(t)\mathrm{V}$$

该例的另外
两种解法

根据前面的讨论可知，对于任意复杂程度的高阶电路来说，只要我们在单位冲激函数作用的时间段内，将所有电容替换为短路，所有电感替换为开路，该电路即成为电阻电路，利用第 1 篇讨论的方法可以求出短路线上的电流和开路两端的电压，如果包含单位冲激函数，则可以利用电容和电感积分形式的元件约束求其在 $t=0^+$ 的值，此后就是高阶零输入响应的求解问题了。

知识点88练习题
和讨论

## 5.2.3　电容电压和电感电流的跳变

知识点89

有了冲激函数的概念，可以更深入地帮助我们理解 4.3 节讨论的换路定律。在这一节将说明，如果在换路时刻，流过电容的电流为有限值，则电容电压保持不变；电感两端的电压为有限值，则电感电流保持不变。的确，对于第 4 章讨论的电路来说，换路定律始终是成立的。但是有两种情况，使得换路定律不成立。

情况一是电路中有的激励是冲激函数，根据 5.2.2 小节的讨论，在换路时刻，电容电压或电感电流可能会跳变。这个过程对应的物理含义是瞬间出现的脉冲功率，使得储能元件

的能量发生了跃变。

情况二是电路中并没有冲激激励，但是换路后，为确保 KCL 和 KVL 能够成立，电容电压或电感电流必须发生跳变，当然这同时也意味着，在没有外加冲激激励作用的场景下，电路中"自动"产生了一个流过电容的冲激电流或者施加在电感两端的冲激电压。下面我们进一步说明这一情况。

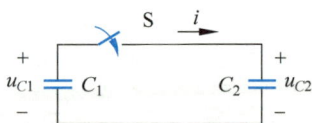

**图 5.2.13　电容电压跳变的例子**

对于图 5.2.13 所示电路来说，换路前电容 $C_1$ 两端的电压为 $u_{C1}(0^-)=U_0$，电容 $C_2$ 为零状态，即 $u_{C2}(0^-)=0$。

换路后，为了确保 KVL 成立，必须要满足

$$u_{C1}(0^+)=u_{C2}(0^+) \tag{5.2.17}$$

此外，换路后，其实 $C_1$ 的上极板和 $C_2$ 的上极板就是一个节点。我们可以认为换路瞬间有个无穷大的功率，使得该节点上各电容的电荷进行了重新分配，但是换路前后该节点上的总电荷不会发生改变，这个性质被称为节点 电荷守恒 原理，即

$$C_1 U_0 = C_1 u_{C1}(0^+) + C_2 u_{C2}(0^+) \tag{5.2.18}$$

联立式(5.2.17)和式(5.2.18)可以求出

$$u_{C1}(0^+)=u_{C2}(0^+)=\frac{C_1}{C_1+C_2}U_0 \tag{5.2.19}$$

用单位阶跃函数可以更好地表征变化的过程，得 $u_{C1}(t)$、$u_{C2}(t)$ 的全时间域函数

$$u_{C1}(t)=U_0\varepsilon(-t)+\frac{C_1}{C_1+C_2}U_0\varepsilon(t) \tag{5.2.20}$$

$$u_{C2}(t)=\frac{C_1}{C_1+C_2}U_0\varepsilon(t) \tag{5.2.21}$$

利用电容 $C_1$ 上 $u$-$i$ 关系的微分形式，对式(5.2.20)两端求导后可知在换路瞬间有

$$i(t)=-C_1\frac{\mathrm{d}}{\mathrm{d}t}(u_{C1}(t))=\frac{C_1 C_2}{C_1+C_2}U_0\delta(t) \tag{5.2.22}$$

类似地，利用电容 $C_2$ 上 $u$-$i$ 关系的微分形式，对式(5.2.21)两端求导后可知在换路瞬间有

$$i(t)=C_2\frac{\mathrm{d}}{\mathrm{d}t}(u_{C2}(t))=\frac{C_1 C_2}{C_1+C_2}U_0\delta(t) \tag{5.2.23}$$

对上面过程的物理解释为：为了确保 KVL 成立，换路瞬间电容某个极板所对应的节点上的电荷发生了瞬时的再分配，这个分配是由电路自动在电容上产生的冲激电流来完成的。请读者自行研究换路前 $t=0^-$ 时刻和换路后 $t=0^+$ 时刻系统的总储能，并思考导致储能变化的原因。

**另一道电荷守恒例题**

不难知道，如果图 5.2.13 所示电路中串联有电阻，则换路瞬间电容电压不会发生跳变，因为如果电容电压跳变了，则电路中会有冲激电流，该电流在电阻上会产生冲激电压，从而使得 KVL 不再成立。

对于图 5.2.14 所示电路来说，换路前流过电感 $L_1$ 的电流为 $i_{L1}(0^-)=I_0$，电感 $L_2$ 为零状态，即 $i_{L2}(0^-)=0$。

换路后，为了确保 KCL 成立，必须要满足

$$i_{L1}(0^+)=i_{L2}(0^+) \tag{5.2.24}$$

此外，换路后，电感 $L_1$ 和 $L_2$ 在同一回路中。我们可以认为换路瞬间有个无穷大的功率，使

得该回路中的各电感的磁链进行了重新分配,但是换路瞬间该回路上的总磁链不会发生改变,这个性质被称为回路磁链守恒原理,即

$$L_1 I_0 = L_2 i_{L1}(0^+) + L_2 i_{L2}(0^+) \quad (5.2.25)$$

联立式(5.2.24)和式(5.2.25)可以求出

$$i_{L1}(0^+) = i_{L2}(0^+) = \frac{L_1}{L_1 + L_2} I_0 \quad (5.2.26)$$

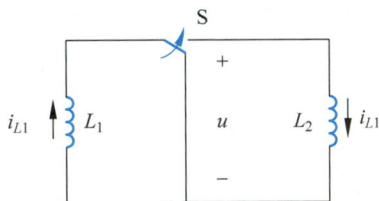

图 5.2.14　电感电流跳变的例子

用单位阶跃函数可以更好地表征变化的过程,得 $i_{L1}(t)$、$i_{L2}(t)$ 全时间域函数

$$i_{L1}(t) = I_0 \varepsilon(-t) + \frac{L_1}{L_1 + L_2} I_0 \varepsilon(t) \quad (5.2.27)$$

$$i_{L2}(t) = \frac{L_1}{L_1 + L_2} I_0 \varepsilon(t) \quad (5.2.28)$$

利用电感 $L_1$ 上 $u$-$i$ 关系的微分形式,对式(5.2.27)两端求导后可知在换路瞬间有

$$u(t) = -L_1 \frac{\mathrm{d}}{\mathrm{d}t}(i_{L1}(t)) = \frac{L_1 L_2}{L_1 + L_2} I_0 \delta(t) \quad (5.2.29)$$

类似地,利用电感 $L_2$ 上 $u$-$i$ 关系的微分形式,对式(5.2.28)两端求导后可知在换路瞬间有

$$u(t) = L_2 \frac{\mathrm{d}}{\mathrm{d}t}(i_{L2}(t)) = \frac{L_1 L_2}{L_1 + L_2} I_0 \delta(t) \quad (5.2.30)$$

对上面过程的物理解释为:为了确保 KCL 成立,换路瞬间电感所在回路上的磁链发生了瞬时的再分配,这个分配是由电路自动在电感上产生的冲激电压来完成的。请读者自行研究换路前 $t = 0^-$ 时刻和换路后 $t = 0^+$ 时刻系统的总储能,并思考导致储能变化的原因。

不难知道,如果图 5.2.13 所示电路中并联有电阻,则换路瞬间不会发生电感电流跳变,因为如果电感电流跳变了,则电路中会有冲激电压,该电压在电阻上会产生冲激电流,从而使得 KCL 不再成立。

前面两个例子说明,在换路瞬间,由于拓扑结构的改变,同时需要确保 KVL 或 KCL 成立,迫使电路中产生了冲激电流或冲激电压,造成电容电压跳变或电感电流跳变,$t = 0^+$ 时刻的跳变值可以用节点电荷守恒原理或回路磁链守恒原理来求得。

前面给出的例子均是用电荷守恒原理或磁链守恒原理来求 $0^+$ 时刻电容电压或电感电流的跳变值。需要指出,如果换路后,电容正负极板间不存在回路使得电容正负极板上的电荷得以中和,或者存在着使得电感上磁链得以无损流通的回路,则依然需要用电荷守恒原理或磁链守恒原理来求解稳态时的电容电压或电感电流。

电荷守恒求终值例

知识点89练习题和讨论

# 5.3　卷积积分

通过前面的讨论可以知道,线性非时变电路的零状态响应是与外加激励呈线性关系的。到目前为止所讨论的外加激励都是非常简单的,或是常量或是可用简单的解析式表示的信

知识点90

号形式，因此用经典法求解并不觉得十分困难。但是，如果外加激励是用复杂的解析式表示的，甚至是实验测得的信号，根本没有解析表达式，此时用解微分方程的方法来求动态电路的响应是非常困难的。本节将介绍如何运用卷积积分（convolution integration）求在任意激励下线性电路的零状态响应。

假设任意激励 $f(t)$ 的波形如图 5.3.1 所示，$t=0$ 时刻起作用于电路，求电路在 $t=t_0$（$t_0>0$）时刻的响应。

由于电路中含有电感、电容等记忆元件，因此电路在 $t=t_0$ 时刻的响应取决于从零到 $t_0$ 时刻的所有激励情况。将从 $t=0$ 到 $t=t_0$ 时刻均匀分为 $N$ 段，激励可看成如图 5.3.2 所示的一系列宽度为 $\Delta\tau=\dfrac{t_0}{N}$，高度为 $f(k\Delta\tau)(k=0,1,2,\cdots,N-1)$ 的矩形脉冲的合成。$\Delta\tau$ 越小，脉冲幅值与函数值越为逼近。

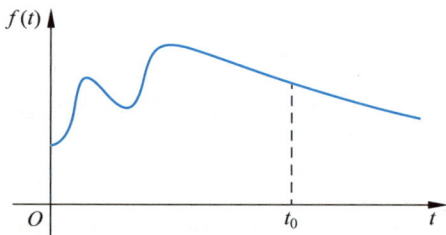

图 5.3.1　作用于电路的任意激励

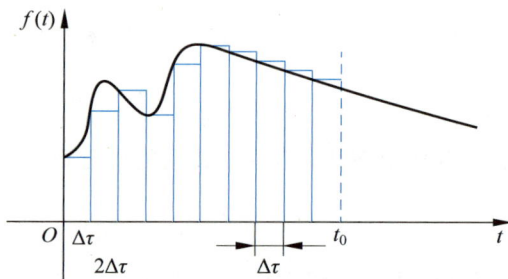

图 5.3.2　将从 $t=0$ 到 $t=t_0$ 时刻的激励分解成 $N$ 个矩形脉冲的和

利用单位阶跃函数及其延迟，可以将从 $t=0$ 到 $t=t_0$ 时刻的激励表示为

$$f(t)\approx f(0)[\varepsilon(t)-\varepsilon(t-\Delta\tau)]+f(\Delta\tau)[\varepsilon(t-\Delta\tau)-\varepsilon(t-2\Delta\tau)]$$
$$+\cdots+f((N-1)\Delta\tau)[\varepsilon(t-(N-1)\Delta\tau)-\varepsilon(t-N\Delta\tau)]$$

$$f(t)=\lim_{N\to\infty}\sum_{k=0}^{N-1}f(k\Delta\tau)[\varepsilon(t-k\Delta\tau)-\varepsilon(t-(k+1)\Delta\tau)]$$

$$=\lim_{N\to\infty}\sum_{k=0}^{N-1}f(k\Delta\tau)\Delta\tau\frac{1}{\Delta\tau}[\varepsilon(t-k\Delta\tau)-\varepsilon(t-(k+1)\Delta\tau)]$$

$$=\lim_{N\to\infty}\sum_{k=0}^{N-1}f(k\Delta\tau)\Delta\tau p(t-k\Delta\tau),\quad 0\leqslant t\leqslant t_0 \tag{5.3.1}$$

式中，$p(t-k\Delta\tau)=\dfrac{1}{\Delta\tau}[\varepsilon(t-k\Delta\tau)-\varepsilon(t-(k+1)\Delta\tau)]$ 是延迟的单位脉冲函数（因为该脉冲的面积为1）。

设单位脉冲函数 $p(t)$ 在电路中产生的零状态响应为 $h_p(t)$，则根据线性电路的齐次性、可加性以及非时变性质，电路在 $t_0$ 时刻的响应等于 $t_0$ 时刻以前所有脉冲产生的在 $t_0$ 时刻的响应之和：

$$r(t_0)=\lim_{N\to\infty}\sum_{k=0}^{N-1}f(k\Delta\tau)\Delta\tau h_p(t_0-k\Delta\tau) \tag{5.3.2}$$

当 $N \to \infty$ 时, $\Delta\tau \to d\tau$, $k\Delta\tau \to \tau$, $\sum \to \int$, 单位脉冲函数变成单位冲激函数, $p(t) \to \delta(t)$, 对应的响应就是单位冲激响应, 即 $h_p(t) \to h(t)$, 式(5.3.2)可改写为

$$r(t_0) = \int_0^{t_0} f(\tau)h(t_0 - \tau)d\tau$$

由于 $t_0$ 的任意性, 可将 $t_0$ 改写为 $t$, 得到

$$r(t) = \int_0^t f(\tau)h(t - \tau)d\tau \tag{5.3.3}$$

我们定义式(5.3.3)等号右侧为函数 $f(t)$ 和函数 $h(t)$ 从 $t=0$ 到 $t$ 时刻的卷积积分 $f(t) * h(t)$。

从式(5.3.3)可得出结论: 线性非时变电路在任意激励 $f(t)$ 作用下的零状态响应 $r(t)$ 等于该激励与电路的单位冲激响应 $h(t)$ 的卷积。需要强调, 卷积积分只能求出电路的零状态响应, 若要求电路的全响应, 还必须加上电路的零输入响应。

在数学上, 两个时间函数 $f_1(t)$ 和 $f_2(t)$ 的卷积积分 $f_1(t) * f_2(t)$ 的定义为

$$f_1(t) * f_2(t) = \int_{-\infty}^{\infty} f_1(\tau)f_1(t - \tau)d\tau \tag{5.3.4}$$

在进行电路分析时, 我们往往设定在 $t=0$ 时刻换路, 而将换路前激励对换路后的影响放到换路时刻电容电压和电感电流上。在求解电路的过渡过程中, 将某支路量的解分为零输入响应和零状态响应之和, 其中零输入响应代表了由换路前激励带来的系统初始储能导致的响应(换路后激励为零), 零状态响应代表了由换路后激励带来的响应(系统初始储能为零, 即不考虑换路前激励的影响)。这就是式(5.3.3)的积分下限是 $t=0$, 而式(5.3.4)是 $t \to -\infty$ 的根源。至于积分上限, 那只不过是考虑的时间段不同而已, 式(5.3.3)考虑到任意时间 $t$, 而式(5.3.4)考虑到 $t \to +\infty$, 二者没有根本性区别。

卷积积分有3个重要性质, 分别是交换律、对加法的分配律和结合律, 如式(5.3.5)、式(5.3.6)和式(5.3.7)所示, 证明过程见参考文献[9]。

$$f_1(t) * f_2(t) = f_2(t) * f_1(t) \tag{5.3.5}$$

$$f_1(t) * [f_2(t) + f_3(t)] = [f_1(t) * f_2(t)] + [f_1(t) * f_3(t)] \tag{5.3.6}$$

$$[f_1(t) * f_2(t)] * f_3(t) = f_1(t) * [f_2(t) * f_3(t)] \tag{5.3.7}$$

下面我们讨论任意函数 $f(t)$ 和单位冲激函数 $\delta(t)$ 的卷积积分

$$f(t) * \delta(t) = \delta(t) * f(t) = \int_{0^-}^{t} \delta(\tau)f(t - \tau)d\tau = f(t) \tag{5.3.8}$$

式(5.3.8)中最后一个等号的推导应用了单位冲激函数 $\delta(t)$ 的筛分性质。式(5.3.8)表明, 任意 $f(t)$ 与单位冲激函数 $\delta(t)$ 进行卷积积分的结果是函数 $f(t)$ 自身。

如果我们将式(5.3.1)采用类似的方法进行极限化, 即当 $N \to \infty$ 时, $\Delta\tau \to d\tau$, $k\Delta\tau \to \tau$, $\sum \to \int$, 单位脉冲函数变成单位冲激函数, $p(t) \to \delta(t)$ 则式(5.3.1)就变成了式(5.3.8), 这从另一个角度说明了我们对激励进行分段并取极限后, 其实是对激励与单位冲激函数进行了卷积积分。当然根据式(5.3.8), 激励并没有发生改变。

**例 5.3.1** 图 5.3.3 所示电路中, $u_S = 2e^{-t}\varepsilon(t)$V,

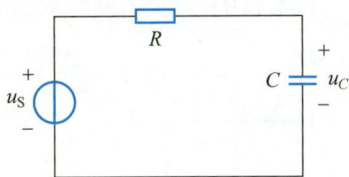
图 5.3.3 例 5.3.1 图

$R=2\Omega$，$C=0.2\mathrm{F}$，$u_C(0^-)=2\mathrm{V}$。求电容电压 $u_C(t)$。

**解**　本题要求的是电容电压的全响应，可以利用经典法求电容电压的自由响应和强制响应而得到，此处不再介绍。下面将全响应分解为零输入响应和零状态响应后分别求解。

（1）先求电容电压的零输入响应

$$u_C(0^+)=u_C(0^-)=2\mathrm{V}$$

$$u_{Czi}=u_C(0^+)\mathrm{e}^{-\frac{1}{RC}t}=2\mathrm{e}^{-2.5t}\mathrm{V}，\quad t\geqslant 0$$

（2）再求电容电压的单位冲激响应

$$h(t)=\frac{1}{RC}\mathrm{e}^{-\frac{1}{RC}t}=2.5\mathrm{e}^{-2.5t}\mathrm{V}，\quad t\geqslant 0$$

（3）用卷积积分方法求电路的零状态响应

$$u_{Czs}=u_S(t)*h(t)=\int_0^t 2\mathrm{e}^{-\tau}\times 2.5\mathrm{e}^{-2.5(t-\tau)}\mathrm{d}\tau$$

$$=5\mathrm{e}^{-2.5t}\times\int_0^t \mathrm{e}^{1.5\tau}\mathrm{d}\tau$$

$$=3.33\mathrm{e}^{-2.5t}\times \mathrm{e}^{1.5\tau}\Big|_0^t$$

$$=3.33(\mathrm{e}^{-t}-\mathrm{e}^{-2.5t})\mathrm{V}，\quad t\geqslant 0$$

（4）电路的全响应＝零输入响应＋零状态响应

$$u_C(t)=u_{Czi}+u_{Czs}$$

$$=(3.33\mathrm{e}^{-t}-1.33\mathrm{e}^{-2.5t})\mathrm{V}，\quad t\geqslant 0$$

**例 5.3.2**　已知某电路变量的单位冲激响应 $h(t)=2\mathrm{e}^{-2t}\varepsilon(t)$ 如图 5.3.4(a)所示，激励 $f(t)$ 如图 5.3.4(b)所示，求该电路变量的零状态响应。

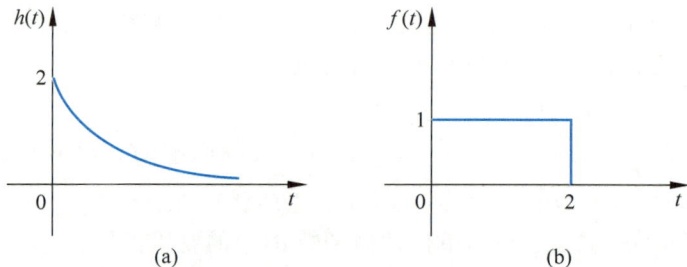

(a)　　　　　　　　　　(b)

**图 5.3.4　例 5.3.2 图**

**解**　利用卷积积分，电路变量的零状态响应为

$$r(t)=f(t)*h(t)=\int_0^t f(\tau)h(t-\tau)\mathrm{d}\tau$$

在本题中，对于不同时刻的响应即 $t$ 取不同的值时，在 $(0,t)$ 范围内 $f(\tau)$ 的值不是连续变化的，有 0 和 1 两种情况，需要分段处理。为了更直观地理解卷积积分的含义，下面我们借助图形来描述卷积积分的过程。

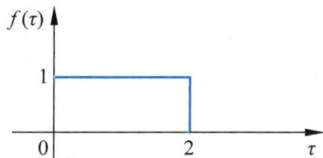

**图 5.3.5　$f(\tau)$ 的波形**

图 5.3.5 给出了激励 $f(\tau)$ 的波形，它与图 5.3.4(b)完全相同，只是横坐标变为 $\tau$；图 5.3.6 给出了 $h(-\tau)$ 的波形，它是图 5.3.4(a)所示单位冲激响应对纵轴的镜像，

$h(t-\tau)(t\geqslant 0)$ 就是 $h(-\tau)$ 沿横轴向右平移 $t$。当 $0\leqslant t\leqslant 2$s 时 $h(t-\tau)$ 如图 5.3.7 所示。

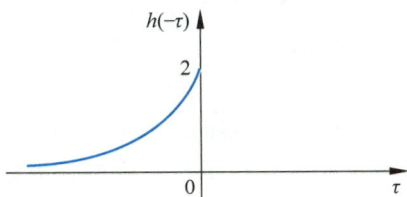

图 5.3.6　$h(-\tau)$ 的波形

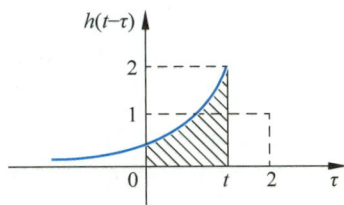

图 5.3.7　$h(t-\tau)(0\leqslant t\leqslant 2)$ 的波形

由图 5.3.7 可知：当 $0\leqslant t\leqslant 2$s 时，电路的零状态响应为

$$r(t)=f(t)*h(t)=\int_0^t f(\tau)h(t-\tau)\mathrm{d}\tau$$

$$=\int_0^t 2\mathrm{e}^{-2(t-\tau)}\mathrm{d}\tau=1-\mathrm{e}^{-2t}$$

当 $t\geqslant 2$s 时，$h(t-\tau)$ 如图 5.3.8 所示。此时，电路的零状态响应

$$r(t)=f(t)*h(t)=\int_0^t f(\tau)h(t-\tau)\mathrm{d}\tau$$

$$=\int_0^2 2\mathrm{e}^{-2(t-\tau)}\mathrm{d}\tau=\mathrm{e}^{-2t}(\mathrm{e}^4-1)=53.6\mathrm{e}^{-2t}$$

利用卷积交换律
求解例5.3.2

利用单位阶跃函数
性质求卷积积分

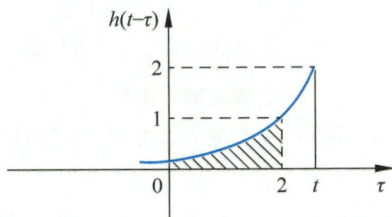

图 5.3.8　$h(t-\tau)(t\geqslant 2)$ 的波形

综合上面两个时间段的结果可知

$$r(t)=\begin{cases}1-\mathrm{e}^{-2t}, & 0\leqslant t\leqslant 2\mathrm{s}\\ 53.6\mathrm{e}^{-2t}, & t\geqslant 2\mathrm{s}\end{cases} \tag{5.3.9}$$

由于卷积积分在数学上体现出来的是求面积，因此对于有限值函数来说，其卷积积分是连续的，即式（5.3.9）中 $t=2$s 时两个表达式的值应该是一样的，这一点有时可以用来判断卷积积分结果的正确性。

有了卷积积分，从本质上就解决了任意激励作用下任意复杂电路过渡过程的求解问题。

知识点90练习题
和讨论

## 5.4　状态变量法

第 4 章和本章的前几节的基本思路是利用 $n$ 阶电路的拓扑约束和元件约束列写关于某支路量的 $n$ 阶常微分方程，获得其零阶至 $(n-1)$ 阶导数初值，然后用相应的数学方法来求

解。本节讨论与之完全不同的另外一个思路，即对于 $n$ 阶电路来说，利用拓扑约束和元件约束列写 $n$ 个独立的 1 阶常微分方程组，获得 $n$ 个初值，然后用相应的数学方法来求解。本节讨论的状态变量、状态方程、输出方程等概念，在后续信号与系统、自动控制原理等课程有非常广泛的应用。

此外，利用状态方程和输出方程，可以将任意复杂的二阶电路的求解转换为一系列有特定物理含义的电阻电路的求解，这样就使得二阶电路的求解获得了与一阶电路类似的规范化过程。

## 5.4.1 状态方程的列写

对于某个动态电路，如果已知 $n$ 个独立变量在 $t_0$ 时刻的初始值以及 $t \geqslant t_0$ 时电路的激

▷

知识点91

励，就可以完全确定 $t \geqslant t_0$ 时电路中的所有响应，那么这 $n$ 个独立变量就称为电路的一组**状态变量**（state variable）。以状态变量为未知量列写的一阶微分方程组就称为电路的**状态方程**。由于计算机求解一阶微分方程组要比求解高阶微分方程容易一些，因此用计算机求解动态电路时一般都采用状态变量法。

设 $x_1$、$x_2$、$\cdots$、$x_n$ 是电路的一组状态变量，状态变量的列向量为 $\boldsymbol{X} = [x_1, x_2, \cdots, x_n]^{\mathrm{T}}$，状态变量一阶导数的列向量为 $\dot{\boldsymbol{X}} = \left[\dfrac{\mathrm{d}x_1}{\mathrm{d}t}, \dfrac{\mathrm{d}x_2}{\mathrm{d}t}, \cdots, \dfrac{\mathrm{d}x_n}{\mathrm{d}t}\right]^{\mathrm{T}}$，输入量（即电路中的所有独立源）的列向量为 $\boldsymbol{V} = [v_1, v_2, \cdots, v_m]^{\mathrm{T}}$，维数为 $m \times 1$。则状态方程的标准形式为

$$\dot{\boldsymbol{X}} = \boldsymbol{A}\boldsymbol{X} + \boldsymbol{B}\boldsymbol{V} \tag{5.4.1}$$

其中 $\boldsymbol{A}$ 为 $n \times n$ 矩阵，$\boldsymbol{B}$ 为 $n \times m$ 矩阵。状态方程的左边是状态变量的一阶导数，方程的右边只含有状态变量和输入量。

一个电路的状态变量的选择是不唯一的，但考虑到状态方程的左边是状态变量的一阶导数，而电容电压和电感电流的一阶导数有明确的物理意义。又因电容电流

$$i_C = C \frac{\mathrm{d}u_C}{\mathrm{d}t} \propto \frac{\mathrm{d}u_C}{\mathrm{d}t}$$

电感电压

$$u_L = L \frac{\mathrm{d}i_L}{\mathrm{d}t} \propto \frac{\mathrm{d}i_L}{\mathrm{d}t}$$

因此列写状态方程时一般选择 $u_C$、$i_L$ 作为状态变量。当然也可以选 $q$、$\varPsi$ 作为状态变量。

观察式（5.4.1）可知，如果用电容电压和电感电流作为状态变量，其物理本质是用电容电压、电感电流和独立源的线性组合来表示电容电流和电感电压。

状态变量法不仅适用于线性网络，也适用于非线性网络，而且状态方程便于利用计算机进行数值求解。

电路**输出方程**的标准形式为

$$\boldsymbol{Y} = \boldsymbol{C}\boldsymbol{X} + \boldsymbol{D}\boldsymbol{V} \tag{5.4.2}$$

式中，$\boldsymbol{Y}$ 是表示**输出变量**的列向量，$\boldsymbol{X}$、$\boldsymbol{V}$ 的含义与状态方程中的含义相同。这是一个代数方程，方程的左边是输出量，方程右边只有状态变量和输入量。

观察式（5.4.2）可知，如果用电容电压和电感电流作为状态变量，输出方程的物理本质

是用电容电压、电感电流和独立源的线性组合来表示某些支路量。

列写线性电路的状态方程和输出方程可以采用不同的方法。

一般来说,对于不太复杂的电路可以用直观的方法来列写,只需要确保能够用独立源、电容电压和电感电流的线性组合来表示电容电流和电感电压即可获得。

对于比较复杂的电路,我们可以利用替代定理,将电容替代为电压值待求的独立电压源,电感替代为电流值待求的独立电流源,在获得的电阻电路中求流过这些独立电压源的电流(对应着电容电流)和这些独立电流源两端的电压(对应着电感电压),然后等式两端分别除以电容值和电感值即可获得式(5.4.1),在该电路中求解输出支路量的表达式即可获得式(5.4.2)。

下面以图 5.4.1 所示电路来说明上述方法的应用,以 $u_C$ 和 $i_L$ 为状态变量,$u_1$ 和 $i_1$ 为输出变量。

将图 5.4.1 中所有电容替换为独立电压源,电感替换为独立电流源,获得如图 5.4.2 所示电阻电路。

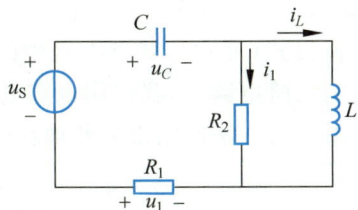

图 5.4.1　待列写状态方程和输出方程的电路

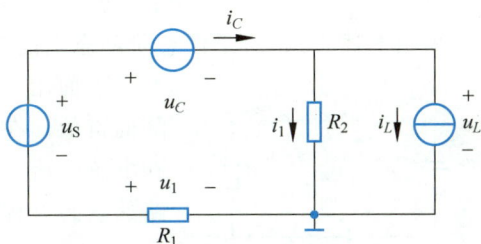

图 5.4.2　求图 5.4.1 所示电路状态方程和输出方程所需电阻电路

图 5.4.2 中同时给出了我们选择的参考点,可以以唯一的节点电压 $u_L$ 为变量来列写节点法方程为

$$\left(\frac{1}{R_1}+\frac{1}{R_2}\right)u_L = \frac{u_S - u_C}{R_1} - i_L \tag{5.4.3}$$

此外容易知道

$$i_C = \frac{u_L}{R_2} + i_L \tag{5.4.4}$$

$$i_1 = \frac{u_L}{R_2} \tag{5.4.5}$$

$$u_1 = -i_C R_1 \tag{5.4.6}$$

联立上面 4 式并且利用电容和电感的元件的 $u$-$i$ 微分关系,不难求得状态方程为

$$\frac{\mathrm{d}u_C}{\mathrm{d}t} = -\frac{1}{(R_1+R_2)C}u_C + \frac{R_2}{(R_1+R_2)C}i_L + \frac{1}{(R_1+R_2)C}u_S$$

$$\frac{\mathrm{d}i_L}{\mathrm{d}t} = -\frac{R_2}{(R_1+R_2)L}u_C - \frac{R_1R_2}{(R_1+R_2)L}i_L + \frac{R_2}{(R_1+R_2)L}u_S$$

写成矩阵形式则有

$$\begin{bmatrix} \dfrac{\mathrm{d}u_C}{\mathrm{d}t} \\[2mm] \dfrac{\mathrm{d}i_L}{\mathrm{d}t} \end{bmatrix} = \dfrac{1}{R_1+R_2} \begin{bmatrix} -\dfrac{1}{C} & \dfrac{R_2}{C} \\[2mm] -\dfrac{R_2}{L} & -\dfrac{R_1 R_2}{L} \end{bmatrix} \begin{bmatrix} u_C \\ i_L \end{bmatrix} + \begin{bmatrix} \dfrac{1}{(R_1+R_2)C} \\[2mm] \dfrac{R_2}{(R_1+R_2)L} \end{bmatrix} u_S \tag{5.4.7}$$

联立式(5.4.3)～式(5.4.6)，可求得输出方程为

$$u_1 = \frac{R_1}{R_1+R_2}u_C - \frac{R_1 R_2}{R_1+R_2}i_L - \frac{R_1}{R_1+R_2}u_S$$

$$i_1 = -\frac{1}{R_1+R_2}u_C - \frac{R_1}{R_1+R_2}i_L + \frac{1}{R_1+R_2}u_S$$

写成矩阵形式则有

$$\begin{bmatrix} u_1 \\ i_1 \end{bmatrix} = \begin{bmatrix} \dfrac{R_1}{R_1+R_2} & -\dfrac{R_1 R_2}{R_1+R_2} \\[2mm] -\dfrac{1}{R_1+R_2} & -\dfrac{R_1}{R_1+R_2} \end{bmatrix} \begin{bmatrix} u_C \\ i_L \end{bmatrix} + \begin{bmatrix} -\dfrac{R_1}{R_1+R_2} \\[2mm] \dfrac{1}{R_1+R_2} \end{bmatrix} u_S \tag{5.4.8}$$

采用上述方法，对于任意阶动态电路都可以规范化地列写出其状态方程和输出方程。

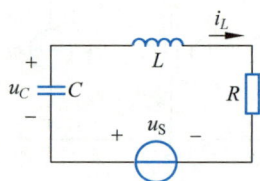

图 5.4.3　探索状态方程 **A** 矩阵特征值和特征方程的关系例图

下面用一个简单例子来探讨式(5.4.1)状态方程中的 **A** 矩阵的价值。在图 5.4.3 所示的二阶电路中，我们用电容电压 $u_C$ 和电感电流 $i_L$ 为状态变量，用任何方法都能很方便地获得该电路的状态方程为

$$\begin{bmatrix} \dfrac{\mathrm{d}u_C}{\mathrm{d}t} \\[2mm] \dfrac{\mathrm{d}i_L}{\mathrm{d}t} \end{bmatrix} = \begin{bmatrix} 0 & -\dfrac{1}{C} \\[2mm] \dfrac{1}{L} & -\dfrac{R}{L} \end{bmatrix} \begin{bmatrix} u_C \\ i_L \end{bmatrix} + \begin{bmatrix} 0 \\[2mm] \dfrac{1}{L} \end{bmatrix} u_S \tag{5.4.9}$$

下面我们求式(5.4.9)中 **A** 矩阵的特征值，即

$$\begin{vmatrix} \lambda & \dfrac{1}{C} \\[2mm] -\dfrac{1}{L} & \lambda + \dfrac{R}{L} \end{vmatrix} = \lambda^2 + \frac{R}{L}\lambda + \frac{1}{LC} = 0 \tag{5.4.10}$$

不难发现，式(5.4.10)其实就是图 5.4.3 所示电路在零输入时 $RLC$ 串联的特征方程，也是以任意支路量为变量列写二阶方程对应的特征方程。

这其实并不是一个巧合。动态电路的过渡过程完全是由于储能元件上能量的变化来决定的。如果我们用独立的储能元件的特征量(电容电压和电感电流)作为状态变量列写出的状态方程的 **A** 矩阵，其实就完全表征了所有储能元件能量变化过程，其特征值即为高阶动态电路微分方程对应特征方程的特征根就是顺理成章的。

可以利用这一思路，在不列写微分方程的情况下，规范化地通过求解一系列电阻电路，求解任意复杂二阶电路的支路量。下面举一个例子来说明。

**例 5.4.1**　图 5.4.4 所示电路中开关 S 在 $t=0$ 时刻闭合，求电阻电流 $i_R(t)$ 的零状态响应。

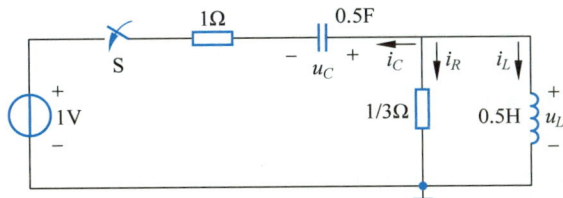

图 5.4.4　例 5.4.1 电路

**解**　图 5.4.4 所示电路的零输入情况并非 $RLC$ 串联或 $RLC$ 并联,因此我们无法直接利用式(4.5.5)和式(4.5.6)获得其特征方程,但是可以很好地利用状态方程的 $\boldsymbol{A}$ 矩阵求出其特征根。下面我们列写以 $u_C$ 和 $i_L$ 为状态变量的状态方程和以 $i_R$ 为输出量的输出方程。为此,将电容用值为 $u_C$ 的独立电压源替代,电感用值为和 $i_L$ 的独立电流源替代,得到图 5.4.5 所示的电阻电路。

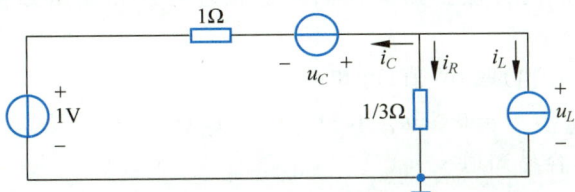

图 5.4.5　列写图 5.4.4 电路状态方程对应的电阻电路

在图 5.4.5 所示电路中,以唯一的节点电压 $u_L$ 为变量,可列写节点电压方程

$$(1+3)u_L = u_C + 1 - i_L$$

容易解得

$$u_L = 0.25u_C - 0.25i_L + 0.25 \qquad (5.4.11)$$

在 $1\Omega$ 电阻上应用 KVL 可知

$$i_C = -u_C + u_L - 1 = -0.75u_C - 0.25i_L - 0.75 \qquad (5.4.12)$$

利用电容和电感微分形式的 $u\text{-}i$ 特性可获得状态方程

$$\begin{bmatrix} \dfrac{\mathrm{d}u_C}{\mathrm{d}t} \\[2mm] \dfrac{\mathrm{d}i_L}{\mathrm{d}t} \end{bmatrix} = \begin{bmatrix} -1.5 & -0.5 \\ 0.5 & -0.5 \end{bmatrix} \begin{bmatrix} u_C \\ i_L \end{bmatrix} + \begin{bmatrix} -1.5 \\ 0.5 \end{bmatrix} \qquad (5.4.13)$$

在 $1/3\Omega$ 电阻上应用欧姆定律可知

$$i_R = 3u_L = 0.75u_C - 0.75i_L + 0.75 \qquad (5.4.14)$$

下面我们求式(5.4.13)所示特征方程的 $\boldsymbol{A}$ 矩阵的特征值,即

$$\begin{vmatrix} \lambda + 1.5 & 0.5 \\ -0.5 & \lambda + 0.5 \end{vmatrix} = \lambda^2 + 2\lambda + 1 = 0 \qquad (5.4.15)$$

容易求得两个相等的实数特征值为 $\lambda_1 = \lambda_2 = -1$,即该电路处于临界阻尼状态。

由于特征值为负,因此齐次通解会随着时间衰减为零,数学上的非齐次特解即为物理上的稳态解。因此我们可以画出图 5.4.4 所示电路达到稳态后的等效电阻电路(图 5.4.6)。

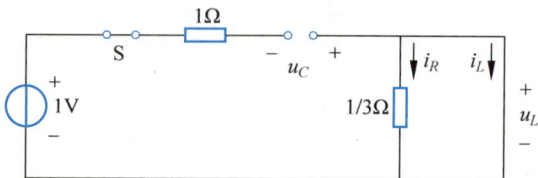

图 5.4.6 求图 5.4.4 电路稳态解对应的电阻电路

易知 $i_R(\infty)=0$。因此图 5.4.4 所示电路中 $i_R$ 的全解表达式可以写为式(5.4.16)，其中 $A_1$ 和 $A_2$ 为待定系数。

$$i_R=(A_1+A_2 t)\mathrm{e}^{-t}, \quad t>0^+ \tag{5.4.16}$$

在 4.3 节我们介绍了用换路定律并且画 $t=0^+$ 等效电阻电路求任意支路量在 $t=0^+$ 值的方法，也讨论了用独立源和 $u_C$、$i_L$ 的线性组合来表示任意支路量[1]，并且对其求导数后取 $0^+$ 值求得一阶导数初值的方法。如果我们知道状态方程和输出方程，其实不必画 $t=0^+$ 电路。

对输出方程式(5.4.14)取 $0^+$ 值，可知

$$i_R(0^+)=0.75u_C(0^+)-0.75i_L(0^+)+0.75(0^+)$$

由于是求零状态响应，容易知道

$$i_R(0^+)=0.75\mathrm{A} \tag{5.4.17}$$

对式输出方程式(5.4.14)求导数，将状态方程式(5.4.13)代入，取 $0^+$ 值，并且应用零状态条件可知

$$\begin{aligned}
\frac{\mathrm{d}i_R}{\mathrm{d}t}(0^+)&=0.75\frac{\mathrm{d}u_C}{\mathrm{d}t}(0^+)-0.75\frac{\mathrm{d}i_L}{\mathrm{d}t}(0^+)\\
&=0.75(-1.5u_C(0^+)-0.5i_L(0^+)-1.5(0^+))-\\
&\quad 0.75(0.5u_C(0^+)-0.5i_L(0^+)+0.5(0^+))\\
&=-1.5\mathrm{A/s}
\end{aligned} \tag{5.4.18}$$

将式(5.4.17)和式(5.4.18)代入式(5.4.16)可以求出 $A_1=0.75$，$A_2=-0.75$，因此图 5.4.4 所示电路中电阻电流 $i_R$ 的零状态响应为

$$i_R=0.75(1-t)\mathrm{e}^{-t}, \quad t>0^+ \tag{5.4.19}$$

本例的求解过程可以推广到任意复杂的二阶电路，即我们只需要画出求状态方程所需的电阻电路和求稳态解所需的电阻电路，就可以以确定性的步骤完成电路的分析。需要指出，对某个具体二阶电路来说，这个方法未必是最简求解方法，但是一定能求解出来的方法。

这一思路其实可以推广到任意复杂的高阶电路，即对 $n$ 阶电路来说，我们以感兴趣的支路量为输出量，多次对输出方程和状态方程求导并取 $0^+$ 时刻的值可以求出任意支路量的 $0\sim(n-1)$ 阶导数的 $0^+$ 值。但一般来说，对高阶电路的分析往往直接列写状态方程和输出方程，并用 5.4.2 小节介绍的方法进行求解即可。

知识点91练习题和讨论

---

① 这其实就是输出方程。

## 5.4.2　状态方程的解析求解

本节简单介绍线性状态方程在时域中的解析求解方法[①]。

对于某个动态电路,它的状态方程的标准形式和初始条件分别为

$$
\begin{bmatrix} \dot{x}_1 \\ \dot{x}_2 \\ \vdots \\ \dot{x}_n \end{bmatrix} = \begin{bmatrix} a_{11} & a_{12} & \cdots & a_{1n} \\ a_{21} & a_{22} & \cdots & a_{2n} \\ \vdots & \vdots & & \vdots \\ a_{n1} & a_{n2} & \cdots & a_{nn} \end{bmatrix} \begin{bmatrix} x_1 \\ x_2 \\ \vdots \\ x_n \end{bmatrix} + \begin{bmatrix} b_{11} & b_{12} & \cdots & b_{1r} \\ b_{21} & b_{22} & \cdots & b_{2r} \\ \vdots & \vdots & & \vdots \\ b_{n1} & b_{n2} & \cdots & b_{nr} \end{bmatrix} \begin{bmatrix} v_1 \\ v_2 \\ \vdots \\ v_r \end{bmatrix}
$$

$$
\begin{bmatrix} x_1(0) \\ x_2(0) \\ \vdots \\ x_n(0) \end{bmatrix} = \begin{bmatrix} \xi_1 \\ \xi_2 \\ \vdots \\ \xi_n \end{bmatrix}
$$

或写成

$$
\dot{\boldsymbol{X}}(t) = \boldsymbol{A}\boldsymbol{X}(t) + \boldsymbol{B}\boldsymbol{V}(t) \tag{5.4.20}
$$

$$
\boldsymbol{X}(0) = \boldsymbol{\xi} \tag{5.4.21}
$$

式(5.4.20)和一阶微分方程形式上相似,它的解答为

$$
\boldsymbol{X}(t) = \underbrace{\mathrm{e}^{\boldsymbol{A}t}\boldsymbol{\xi}}_{\text{零输入响应}} + \underbrace{\int_0^t \mathrm{e}^{\boldsymbol{A}(t-\tau)}\boldsymbol{B}\boldsymbol{V}(\tau)\mathrm{d}\tau}_{\text{零状态响应}} \tag{5.4.22}
$$

式(5.4.22)中第一项是满足初始条件式(5.4.21)的零输入响应,第二项则是零状态响应。

式(5.4.22)中 $\mathrm{e}^{\boldsymbol{A}t}$ 称为**矩阵指数**。它的求解有多种方法,本书只介绍矩阵对角线化的方法。

对于 $n \times n$ 矩阵 $\boldsymbol{A}$,先求其特征值

$$
\det[\lambda \boldsymbol{I} - \boldsymbol{A}] = 0
$$

上式是一个关于 $\lambda$ 的 $n$ 次代数方程式,称为矩阵 $\boldsymbol{A}$ 的特征方程。特征方程的根 $\lambda_1$、$\lambda_2$、$\cdots$、$\lambda_n$ 称为矩阵 $\boldsymbol{A}$ 的特征值。在 $n \le 4$ 的情况下,这些特征值(根)容易求出;在 $n \ge 5$ 的情况下,一般需用数值计算方法求出它们的值。

根据 $\boldsymbol{A}$ 的特征值,构造一个对角阵

$$
\boldsymbol{\Lambda} = \mathrm{diag}[\lambda_1, \lambda_2, \cdots, \lambda_n]
$$

假设矩阵 $\boldsymbol{A}$ 的特征值各不相同,在这种情况下矩阵 $\boldsymbol{A}$ 与对角矩阵 $\boldsymbol{\Lambda}$ 相似。

矩阵 $\boldsymbol{A}$ 与对角矩阵 $\boldsymbol{\Lambda}$ 之间的关系是

$$
\boldsymbol{A} = \boldsymbol{P}\boldsymbol{\Lambda}\boldsymbol{P}^{-1}
$$

上式中

$$
\underset{n \times n}{\boldsymbol{P}} = [p_1, p_2, \cdots, \underset{n \times 1}{p_i}, \cdots, p_n]
$$

---

① 状态方程用 Laplace 变换法解析求解更为简便,参见参考文献[9]和本书第 8 章。

称为对角化变换矩阵。向量 $\boldsymbol{p}_i$ 是 $\boldsymbol{A}$ 的属于特征值 $\lambda_i$ 的特征向量（$n$ 维列向量），满足

$$\boldsymbol{A}\boldsymbol{p}_i = \lambda_i \boldsymbol{p}_i \quad i = 1, 2, 3, \cdots, n$$

因为

$$e^{\boldsymbol{\Lambda}t} = \text{diag}\,[\,e^{\lambda_1 t},\ e^{\lambda_2 t},\ \cdots,\ e^{\lambda_n t}\,]$$

又 $\boldsymbol{A} = \boldsymbol{P}\boldsymbol{\Lambda}\boldsymbol{P}^{-1}$，于是得

$$e^{\boldsymbol{A}t} = \boldsymbol{P}e^{\boldsymbol{\Lambda}t}\boldsymbol{P}^{-1}$$

以上所述用矩阵对角化方法计算 $e^{\boldsymbol{A}t}$ 的步骤可归纳如下：

（1）由矩阵 $\boldsymbol{A}$ 的特征方程

$$\det[\boldsymbol{A} - \lambda\boldsymbol{I}] = 0$$

解出特征值 $\lambda_1$、$\lambda_2$、$\cdots$、$\lambda_n$（假设各特征值相异）。

（2）对每一特征值 $\lambda_i$，由下式求出其特征向量 $\boldsymbol{p}_i$

$$[\boldsymbol{A} - \lambda_i\boldsymbol{I}]\boldsymbol{p}_i = 0$$

（3）构成 $\boldsymbol{A}$ 的对角化转换矩阵

$$\boldsymbol{P} = [\boldsymbol{p}_1,\ \boldsymbol{p}_2,\ \cdots,\ \boldsymbol{p}_n]_{n \times 1}$$

求出它的逆矩阵 $\boldsymbol{P}^{-1}$。

（4）求出 $e^{\boldsymbol{\Lambda}t}$

$$e^{\boldsymbol{\Lambda}t} = \text{diag}\,[\,e^{\lambda_1 t},\ e^{\lambda_2 t},\ \cdots,\ e^{\lambda_n t}\,]$$

（5）求出 $e^{\boldsymbol{A}t}$

$$e^{\boldsymbol{A}t} = \boldsymbol{P}e^{\boldsymbol{\Lambda}t}\boldsymbol{P}^{-1}$$

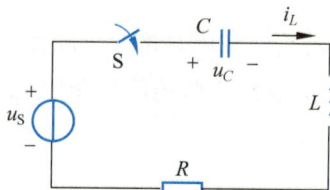

图 5.4.7　用状态变量法求解的电路

下面以图 5.4.7 所示电路为例，说明用状态变量法解析求解动态电路的一般步骤。设 $L = 1\text{H}$，$C = 0.25\text{F}$，$u_S = 4\text{V}$，电容电压的初始值 $u_C(0^-) = 10\text{V}$，电感电流的初始值 $i_L(0^-) = 0$，$t = 0$ 时开关 S 闭合。用状态变量法求 $R = 5\Omega$ 时电路中的响应 $u_C(t)$ 和 $i_L(t)$。

选 $u_C$、$i_L$ 作为状态变量，可列写出电路的状态方程

$$\begin{bmatrix} \dfrac{\mathrm{d}u_C}{\mathrm{d}t} \\ \dfrac{\mathrm{d}i_L}{\mathrm{d}t} \end{bmatrix} = \begin{bmatrix} 0 & 4 \\ -1 & -5 \end{bmatrix} \begin{bmatrix} u_C \\ i_L \end{bmatrix} + \begin{bmatrix} 0 \\ 1 \end{bmatrix} u_S$$

电路的初始状态为

$$\begin{bmatrix} u_C(0^+) \\ i_L(0^+) \end{bmatrix} = \begin{bmatrix} 10 \\ 0 \end{bmatrix}$$

根据式(5.4.22)，状态方程的全解为

$$X(t) = e^{\boldsymbol{A}t}\boldsymbol{\xi} + \int_0^t e^{\boldsymbol{A}(t-\tau)}\boldsymbol{B}\boldsymbol{V}(\tau)\mathrm{d}\tau$$

下面求矩阵指数 $e^{\boldsymbol{A}t}$。由

$$A = \begin{bmatrix} 0 & 4 \\ -1 & -5 \end{bmatrix}$$

求矩阵 $A$ 的特征值：

$$\det[\lambda I - A] = 0$$
$$\lambda(\lambda + 5) + 4 = 0$$
$$\lambda_1 = -1, \quad \lambda_2 = -4$$

每个特征值对应的特征向量分别为

$$A p_1 = \lambda_1 p_1, \quad p_1 = [-4, 1]^{\mathrm{T}}$$
$$A p_2 = \lambda_2 p_2, \quad p_2 = [1, -1]^{\mathrm{T}}$$

因此，与 $A$ 相似的对角阵及相应的对角变换阵为

$$\Lambda = \begin{bmatrix} -1 & \\ & -4 \end{bmatrix}, \quad P = \begin{bmatrix} -4 & 1 \\ 1 & -1 \end{bmatrix}$$

根据 $\mathrm{e}^{At} = P \mathrm{e}^{\Lambda t} P^{-1}$，可以求出

$$\mathrm{e}^{At} = \begin{bmatrix} -4 & 1 \\ 1 & -1 \end{bmatrix} \begin{bmatrix} \mathrm{e}^{-t} & 0 \\ 0 & \mathrm{e}^{-4t} \end{bmatrix} \begin{bmatrix} -4 & 1 \\ 1 & -1 \end{bmatrix}^{-1}$$

$$= \frac{1}{3} \begin{bmatrix} 4\mathrm{e}^{-t} - \mathrm{e}^{-4t} & 4\mathrm{e}^{-t} - 4\mathrm{e}^{-4t} \\ -\mathrm{e}^{-t} + \mathrm{e}^{-4t} & -\mathrm{e}^{-t} + 4\mathrm{e}^{-4t} \end{bmatrix}$$

电路的零输入响应为

$$\begin{bmatrix} u_{Czi}(t) \\ i_{Lzi}(t) \end{bmatrix} = \mathrm{e}^{At} \begin{bmatrix} u_C(0^+) \\ i_L(0^+) \end{bmatrix} = \frac{1}{3} \begin{bmatrix} 4\mathrm{e}^{-t} - \mathrm{e}^{-4t} & 4\mathrm{e}^{-t} - 4\mathrm{e}^{-4t} \\ -\mathrm{e}^{-t} + \mathrm{e}^{-4t} & -\mathrm{e}^{-t} + 4\mathrm{e}^{-4t} \end{bmatrix} \begin{bmatrix} 10 \\ 0 \end{bmatrix} = \frac{10}{3} \begin{bmatrix} 4\mathrm{e}^{-t} - \mathrm{e}^{-4t} \\ -\mathrm{e}^{-t} + \mathrm{e}^{-4t} \end{bmatrix}$$

再求电路的零状态响应

$$\begin{bmatrix} u_{Czs}(t) \\ i_{Lzs}(t) \end{bmatrix} = \int_0^t \mathrm{e}^{A(t-\tau)} B V(\tau) \mathrm{d}\tau$$

$$= \frac{1}{3} \int_0^t \begin{bmatrix} 4\mathrm{e}^{-(t-\tau)} - \mathrm{e}^{-4(t-\tau)} & 4\mathrm{e}^{-(t-\tau)} - 4\mathrm{e}^{-4(t-\tau)} \\ -\mathrm{e}^{-(t-\tau)} + \mathrm{e}^{-4(t-\tau)} & -\mathrm{e}^{-(t-\tau)} + 4\mathrm{e}^{-4(t-\tau)} \end{bmatrix} \begin{bmatrix} 0 \\ 4 \end{bmatrix} \mathrm{d}\tau$$

$$= \frac{4}{3} \int_0^t \begin{bmatrix} 4\mathrm{e}^{-(t-\tau)} - 4\mathrm{e}^{-4(t-\tau)} \\ -\mathrm{e}^{-(t-\tau)} + 4\mathrm{e}^{-4(t-\tau)} \end{bmatrix} \mathrm{d}\tau$$

$$= \frac{4}{3} \begin{bmatrix} 3 - 4\mathrm{e}^{-t} + \mathrm{e}^{-4t} \\ \mathrm{e}^{-t} - \mathrm{e}^{-4t} \end{bmatrix}$$

最后得到电路的全响应

$$\begin{bmatrix} u_C(t) \\ i_L(t) \end{bmatrix} = \begin{bmatrix} u_{Czi}(t) \\ i_{Lzi}(t) \end{bmatrix} + \begin{bmatrix} u_{Czs}(t) \\ i_{Lzs}(t) \end{bmatrix} = \begin{bmatrix} 4 + 8\mathrm{e}^{-t} - 2\mathrm{e}^{-4t} \\ -2\mathrm{e}^{-t} + 2\mathrm{e}^{-4t} \end{bmatrix}$$

观察这一过程可以发现，对于二阶电路来说，完全按照状态方程的解析求解法进行分析，其实过程比较繁杂。实际应用中，更多采用状态方程的数值解法来求解，具体方法请读者参考数值分析类书籍。

知识点92练习题和讨论

# 5.5 非线性动态电路简介

一般情况下描述含有非线性元件的动态电路的数学模型是非线性微分方程,称该电路为**非线性动态电路**,其中的非线性元件可以是非线性电阻,也可以是非线性电感或非线性电容。对于非线性电阻电路的处理和分析方法,在本书第 3 章中进行了详细阐述,本节重点讨论含有非线性动态元件(包括非线性电感和非线性电容)的电路。

## 5.5.1 非线性动态元件

在 4.1 节中,我们学习了线性电感和线性电容。线性电感的韦安特性是 $\psi$-$i$ 平面上过原点的一条直线,即 $\psi = Li$,$L$ 是一个常数。线性电容的库伏特性是 $q$-$u$ 平面上过原点的一条直线,即 $q = Cu$,$C$ 是一个常数。但是非线性电感、非线性电容的电感值、电容值不再是一个常数,$\psi$-$i$ 和 $q$-$u$ 的关系也不再是线性关系。

知识点93

### 1. 非线性电感

图 5.5.1 是非线性电感的电路符号。

图 5.5.1　非线性电感的电路符号

与非线性电阻有压控型和流控型两种类似,非线性电感也分为链控型和流控型两种。

**链控型**非线性电感的元件特性为

$$i = f(\psi) \tag{5.5.1}$$

即电流是磁链的单值函数,也可简记为 $i(\psi)$。图 5.5.2(a)所示就是一链控型非线性电感的 $\psi$-$i$ 特性曲线。

**流控型**非线性电感的元件特性为

$$\psi = g(i) \tag{5.5.2}$$

即磁链是电流的单值函数,也可简记为 $\psi(i)$。图 5.5.2(b)所示就是一流控型非线性电感的 $\psi$-$i$ 特性曲线。

当然,非线性电感的 $\psi$-$i$ 特性也可以是单调的,如图 5.5.2(c)所示,此时它既可以称为链控型,也可以称为流控型。

在非线性电感的 $\psi$-$i$ 特性曲线上,如图 5.5.3 所示,任意一点 A 与原点的连线的斜率定义为该点的**静态电感**,即

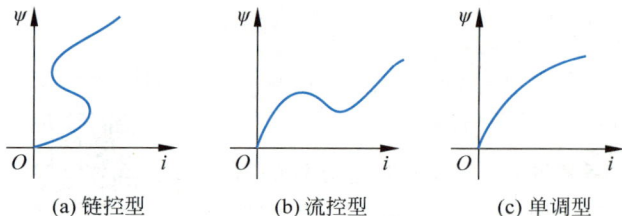

(a) 链控型　　　　(b) 流控型　　　　(c) 单调型

图 5.5.2　各种非线性电感的 $\psi$-$i$ 特性

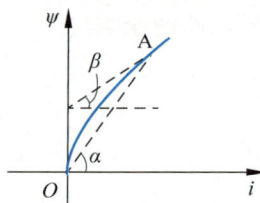

图 5.5.3　非线性电感的静态电感和动态电感

$$L_s = \frac{\psi}{i} = \tan\alpha \tag{5.5.3}$$

而 A 点切线的斜率则定义为该点的**动态电感**，即

$$L_d = \frac{\mathrm{d}\psi}{\mathrm{d}i} = \tan\beta \tag{5.5.4}$$

### 2. 非线性电容

图 5.5.4 是非线性电容的电路符号。

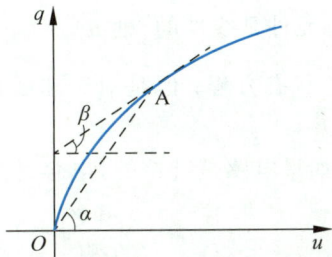

非线性电容分为荷控型和压控型两种。对于**荷控型**非线性电容，其电压是电荷的单值函数，元件特性为

$$u = f(q) \tag{5.5.5}$$

也可简记为 $u(q)$。对于**压控型**非线性电容，其电荷是电压的单值函数，元件特性为

$$q = g(u) \tag{5.5.6}$$

也可简记为 $q(u)$。如果非线性电容的 $q\text{-}u$ 特性是单调的，则它既可以称为荷控型，也可以称为压控型。

在非线性电容的 $q\text{-}u$ 特性曲线上，如图 5.5.5 所示，任意一点 A 与原点的连线的斜率定义为该点的**静态电容**，即

$$C_s = \frac{q}{u} = \tan\alpha \tag{5.5.7}$$

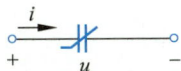

图 5.5.4　非线性电容的电路符号　　　图 5.5.5　非线性电容的静态电容和动态电容

而 A 点切线的斜率则定义为该点的**动态电容**，即

$$C_d = \frac{\mathrm{d}q}{\mathrm{d}u} = \tan\beta \tag{5.5.8}$$

知识点93练习题和讨论

知识点94

## 5.5.2　非线性动态电路状态方程的列写

非线性动态电路中，如果仅有电阻为非线性元件，可以用 3.4 节中介绍的方法对其分段线性化，从而变成若干线性动态电路进行求解；本节讨论由电源、线性电阻和非线性动态元件构成的非线性动态电路。描述这类电路的方程通常是非线性微分方程，求解比较复杂[1]，本书仅介绍非线性动态电路的状态方程的列写方法，不要求求解。

回顾 5.4 节的内容，状态方程的标准形式中，等号左边是状态变量的一阶导数，等号右边只含有状态变量和输入量。因此，将非线性动态电路改画成图 5.5.6 所示的形式，动态元

件（包括线性的和非线性的）和电压源、电流源单独表示，电路的其余部分抽象成一个纯电阻网络。假设电路中没有纯电容或纯电容与电压源构成的回路，也没有纯电感或纯电感与电流源构成的割集。

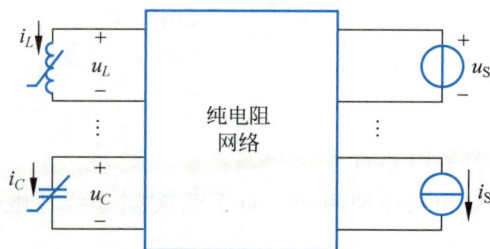

图 5.5.6　由电源、线性电阻和非线性动态元件构成的电路

第一步，以电感电流、电容电压以及电压源、电流源为变量表示电感电压和电容电流，得到方程：

$$\left. \begin{array}{l} u_L = f_1(i_L, u_C, u_S, i_S) \\ i_C = f_2(i_L, u_C, u_S, i_S) \end{array} \right\} \tag{5.5.9}$$

与线性动态电路的状态方程列写类似，这一步既可以用直观法直接列写，也可以用替代法，即将电容用电压源替代、电感用电流源替代，然后再对替代得到的电阻电路列方程求解，从而得到式（5.5.9）。

如果动态元件是线性的，则 $u_L = L\dfrac{\mathrm{d}i_L}{\mathrm{d}t}, i_C = C\dfrac{\mathrm{d}u_C}{\mathrm{d}t}$，$f_1$、$f_2$ 是线性函数，式（5.5.9）就是标准形式的状态方程；但是对于非线性动态元件，其电压电流关系要根据不同类型分别讨论。

第二步，如果电感是链控的，电容是荷控的，则式（5.5.9）可改写为

$$u_L = \frac{\mathrm{d}\psi}{\mathrm{d}t} = f_1(i_L(\psi), u_C(q), u_S, i_S)$$

$$i_C = \frac{\mathrm{d}q}{\mathrm{d}t} = f_2(i_L(\psi), u_C(q), u_S, i_S) \tag{5.5.10}$$

可见，式（5.5.10）就是以磁链 $\psi$、电荷 $q$ 作为状态变量的标准形式的状态方程。需要注意的是，由于 $i_L(\psi)$、$u_C(q)$ 都是非线性函数，因此此时的状态方程是非线性的微分方程组。

如果电感是流控的，电容是压控的，则式（5.5.9）可改写为

$$u_L = \frac{\mathrm{d}\psi(i_L)}{\mathrm{d}t} = \frac{\partial\psi}{\partial i_L}\frac{\mathrm{d}i_L}{\mathrm{d}t} = f_1(i_L, u_C, u_S, i_S)$$

$$i_C = \frac{\mathrm{d}q(u_C)}{\mathrm{d}t} = \frac{\partial q}{\partial u_C}\frac{\mathrm{d}u_C}{\mathrm{d}t} = f_2(i_L, u_C, u_S, i_S) \tag{5.5.11}$$

令

$$L(i_L) = \frac{\partial\psi}{\partial i_L} \tag{5.5.12}$$

上式与式（5.5.4）含义一样，称为动态电感（也称为增量电感）表达式。若电路中有多个流控型非线性电感，可以得到一个增量电感矩阵。

令

$$C(u_C) = \frac{\partial q}{\partial u_C} \qquad (5.5.13)$$

上式与式(5.5.8)含义一样,称为动态电容(也称为增量电容)表达式。若电路中有多个压控型非线性电容,可以得到一个增量电容矩阵。

如果增量电感矩阵、增量电容矩阵的逆存在,记为 $L^{-1}(i_L)$ 和 $C^{-1}(u_C)$,则式(5.5.11)可进一步改写为

$$\frac{\mathrm{d}i_L}{\mathrm{d}t} = L^{-1}(i_L) f_1(i_L, u_C, u_S, i_S)$$

$$\frac{\mathrm{d}u_C}{\mathrm{d}t} = C^{-1}(u_C) f_2(i_L, u_C, u_S, i_S) \qquad (5.5.14)$$

就得到了一个以电流 $i_L$、电压 $u_C$ 作为状态变量的标准形式的状态方程。

原则上也存在以 $(\psi, u_C, u_S, i_C)$ 或 $(i_L, q, u_S, i_S)$ 为状态变量的状态方程,这里不再讨论。

**例 5.5.1** 非线性动态电路如图 5.5.7 所示,$L_1$ 为非线性链控电感,其元件特性为 $i_1 = \psi_1 + k\psi_1^3$(其中 $k$ 为常数),$C$ 为非线性荷控电容,其元件特性为 $u_C = mq + nq^3$(其中 $m$、$n$ 为常数),电路中除电源以外的其他元件均为线性非时变元件,试列写电路的状态方程。

**解** 以 $[q \quad \psi_1 \quad i_2]^{\mathrm{T}}$ 为状态变量列写状态方程。

首先将电感用电流源替代、电容用电压源替代,得到图 5.5.8 所示电路,在该电路中求电容电流和电感电压有

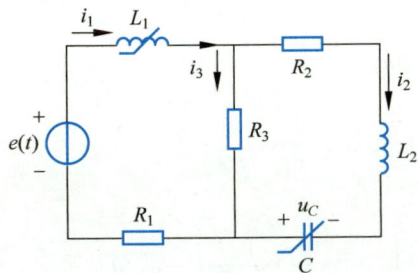

图 5.5.7 例 5.5.1 用图

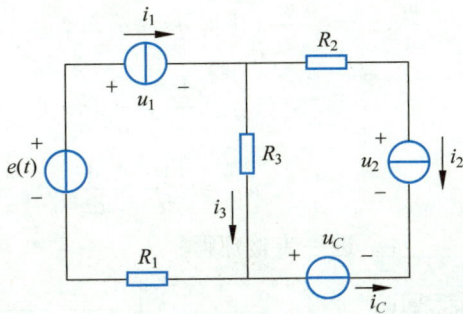

图 5.5.8 图 5.5.7 所示电路做电源替代后得到的电路

$$i_C = -i_2$$

$$u_1 = e(t) - (R_1 + R_3)i_1 + R_3 i_2$$

$$u_2 = R_3 i_1 - (R_2 + R_3)i_2 + u_C$$

又 $i_C = \dfrac{\mathrm{d}q}{\mathrm{d}t}, u_1 = \dfrac{\mathrm{d}\psi_1}{\mathrm{d}t}, u_2 = L_2 \dfrac{\mathrm{d}i_2}{\mathrm{d}t}$,并将 $i_1 = \psi_1 + k\psi_1^3, u_C = mq + nq^3$ 代入,整理得

$$\frac{\mathrm{d}}{\mathrm{d}t}\begin{bmatrix} q \\ \psi_1 \\ i_2 \end{bmatrix} = \begin{bmatrix} -i_2 \\ -(R_1 + R_3)(\psi_1 + k\psi_1^3) + R_3 i_2 \\ \frac{1}{L_2}(R_3(\psi_1 + k\psi_1^3) - (R_2 + R_3)i_2 + (mq + nq^3)) \end{bmatrix} + \begin{bmatrix} 0 \\ e(t) \\ 0 \end{bmatrix}$$

例 **5.5.2** 非线性动态电路如图 5.5.9 所示，$C$ 为非线性压控电容，其元件特性为 $q = au_C + bu_C^2$（其中 $a$、$b$ 为常数），$L$ 为非线性流控电感，其元件特性为 $\psi = mi_L + ni_L^3$（其中 $m$、$n$ 为常数），电路中除电源以外的其他元件均为线性非时变元件，试列写电路的状态方程。

**解** 以 $\begin{bmatrix} u_C & i_L \end{bmatrix}^{\mathrm{T}}$ 为状态变量列写状态方程。

首先将电容用电压源替代、电感用电流源替代，得到图 5.5.10 所示电路，在该电路中求电容电流和电感电压有

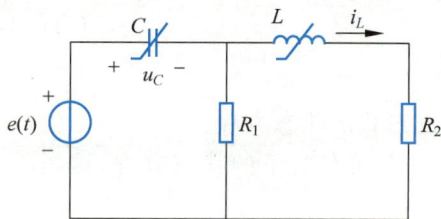

图 5.5.9 例 5.5.2 用图

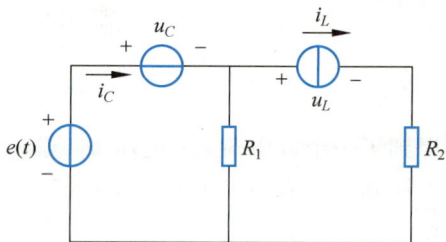

图 5.5.10 图 5.5.9 所示电路做电源替代后得到的电路

$$i_C = \frac{e(t) - u_C}{R_1} + i_L$$

$$u_L = e(t) - u_C - R_2 i_L$$

又 $i_C = \dfrac{\mathrm{d}q}{\mathrm{d}t}$，$u_L = \dfrac{\mathrm{d}\psi}{\mathrm{d}t}$，并将 $q = au_C + bu_C^2$、$\psi = mi_L + ni_L^3$ 代入，得

$$i_C = \frac{\mathrm{d}q}{\mathrm{d}t} = \frac{\mathrm{d}}{\mathrm{d}t}(au_C + bu_C^2) = (a + 2bu_C)\frac{\mathrm{d}u_C}{\mathrm{d}t}$$

$$u_L = \frac{\mathrm{d}\psi}{\mathrm{d}t} = \frac{\mathrm{d}}{\mathrm{d}t}(mi_L + ni_L^3) = (m + 3ni_L)\frac{\mathrm{d}i_L}{\mathrm{d}t}$$

进一步整理得

$$\frac{\mathrm{d}}{\mathrm{d}t}\begin{bmatrix} u_C \\ i_L \end{bmatrix} = \begin{bmatrix} \dfrac{1}{a + 2bu_C}\left(-\dfrac{u_C}{R_1} + i_L\right) \\ \dfrac{1}{m + 3ni_L}(-u_C - R_2 i_L) \end{bmatrix} + \begin{bmatrix} \dfrac{1}{R_1(a + 2bu_C)}e(t) \\ \dfrac{1}{m + 3ni_L}e(t) \end{bmatrix}$$

知识点94练习题和讨论

# 习题

5.1 电路如题图 5.1 所示，求响应 $i_L(t)$ 和 $i_1(t)$。

5.2 题图 5.2 所示电路中，已知 $u_C(0^-) = 1\text{V}$，$t = 0$ 时闭合开关 S。求 $U_S$ 分别为 5V 和 10V 时，$u_C$ 的零状态响应、零输入响应和全响应。

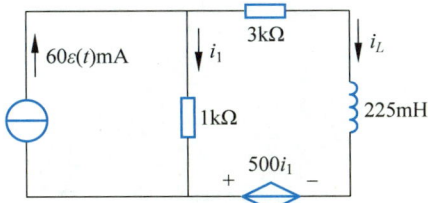

题图 5.1

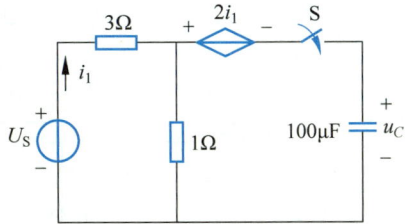

题图 5.2

5.3 题图 5.3 中二端口 N 的 $R$ 参数为 $R=\begin{bmatrix}4&3\\3&6\end{bmatrix}\Omega$，求 $i_L(t)$ 的零状态响应，并定性画出其变化曲线。

5.4 电路如图 5.4 所示，求下列三种情况下 $i_L(t)$ 的零状态响应：（1）$C=\dfrac{1}{6}$F；（2）$C=\dfrac{3}{8}$F；（3）$C=\dfrac{1}{2}$F。

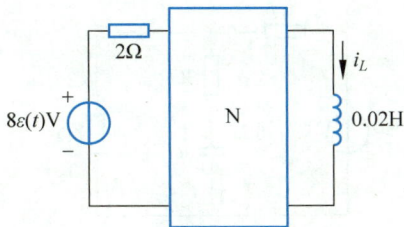

题图 5.3

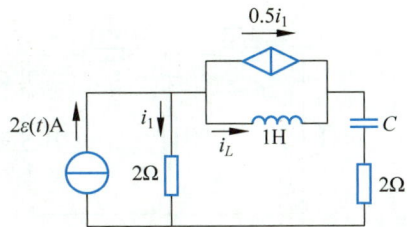

题图 5.4

5.5 已知题图 5.5(a)所示电路中，N 为电阻性二端口网络，电容电压对单位阶跃电流源的零状态响应为 $u_C(t)=(1-\mathrm{e}^{-t})\varepsilon(t)$V。若电流源 $i_S(t)$ 如题图 5.5(b)所示，求电路的零状态响应 $u_C(t)$，并画出其波形图。

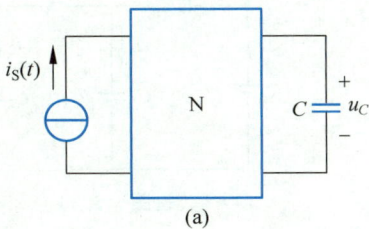

(a)

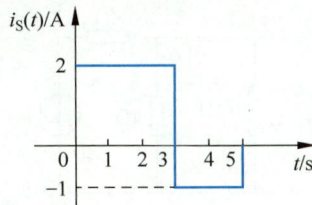

(b)

题图 5.5

5.6 求题图 5.6 所示电路中的输出电压 $u_o(t)$。

5.7 题图 5.7 所示电路中，已知 $i_S=2\varepsilon(t)$A，$u_S=100\sin(1000t+30°)\varepsilon(t)$V，$R_1=R_2=10\Omega$，$L=0.01$H，求 $i_1(t)$ 和 $i_2(t)$。

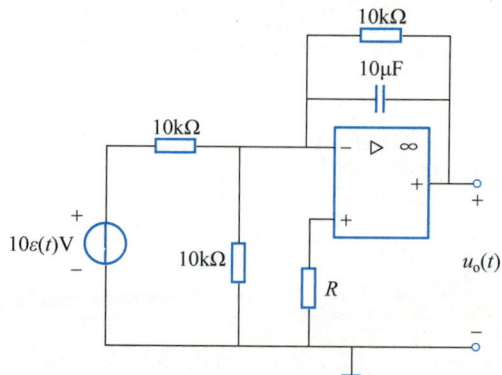

题图 5.6

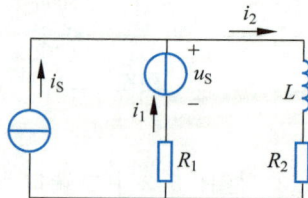

题图 5.7

5.8　电路如题图 5.8 所示。电感无初始储能，$u_S = 2\delta(t)$V，求电源电流 $i_L$。

5.9　题图 5.9 所示电路中，电容已充电至 4V，$u_S = 6\delta(t)$V。求 $u_C$ 和 $i_C$，并定性画出其曲线。

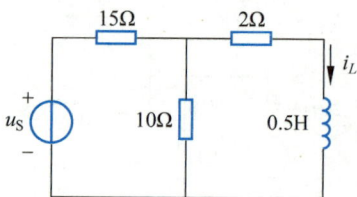

题图 5.8

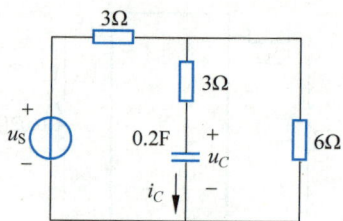

题图 5.9

5.10　电路如题图 5.10 所示，$i_S = 2\delta(t)$A，$u_S = 10\varepsilon(t)$V，求电感电流 $i_L$。

5.11　题图 5.11 所示电路中，电容 $C_2$ 原未充电，电路已处于稳态，$t = 0$ 时合上开关 S。求电容电压 $u_{C2}$ 和电流 $i$、$i_1$、$i_2$，并定性画出其曲线。

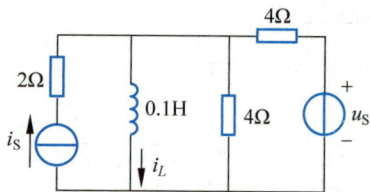

题图 5.10

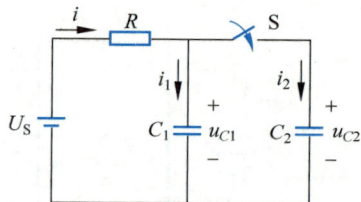

题图 5.11

5.12　电路如题图 5.12 所示，$t = 0$ 时打开开关 S。换路前电路已经到达稳态。求 $i_1(t)$ 和 $i_2(t)$ 的全时间表达式。

5.13　题图 5.13 中 N 为电阻性二端口，已知 $u_C(0^-) = 4$V。当 $u_S = 2\varepsilon(t)$V 时，电容电压 $u_C = 10 - 6\mathrm{e}^{-10t}$V $(t \geqslant 0)$。用卷积积分法求 $u_S = 5\mathrm{e}^{-t}\varepsilon(t)$V 时电路的响应 $u_C(t)$。

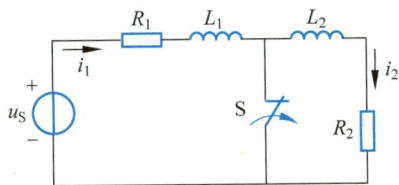

题图 5.12

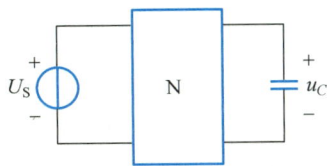

题图 5.13

5.14 题图 5.14 所示电路中，电压源波形如题图 5.14(b)所示，$i_L(0^-)=2\mathrm{A}$。试用卷积积分求电感电流 $i_L$。

5.15 题图 5.15 所示电路中，$u_C(0^-)=4\mathrm{V}$，$i_L(0^-)=1\mathrm{A}$，$u_S(t)=5\delta(t)\mathrm{V}$，求 $u_C(t)$。

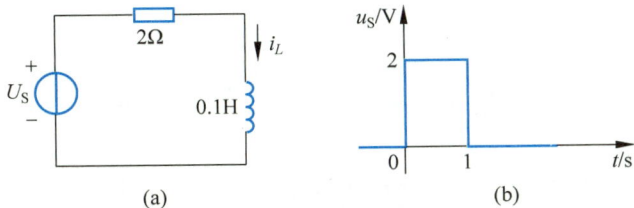

(a)

(b)

题图 5.14

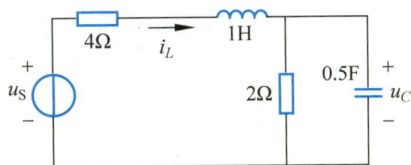

题图 5.15

5.16 若题 5.15 中的电压源 $u_S$ 的波形如图 5.16 所示。试用卷积积分求 $u_C(t)$。

5.17 列写题图 5.17 所示电路状态方程。

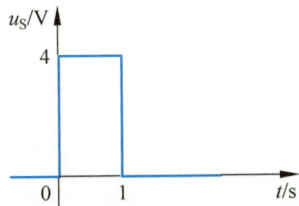

题图 5.16

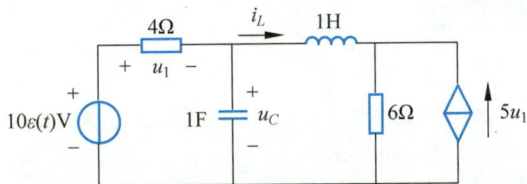

题图 5.17

5.18 列写题图 5.18 所示电路的状态方程和输出方程(输出量为图中的 $u_1$、$u_2$ 和 $u_3$)。

5.19 由电容构成的数模转换电路(权电容网络 DAC)原理图如题图 5.19 所示。工作之前，开关 $S'$ 闭合，其余各位开关接地，以消除各电容上的剩余电荷。工作时，开关 $S'$ 打开，各位开关按照其对应的输入数字量进行动作：数字量为 1 时，开关接基准电压 $U_{\mathrm{ref}}$；数字量为 0 时，开关接地。求用数字量 $D_i(i=0,1,2,3)$ 表示的输出电压 $u_o$ 的值。

5.20 非线性动态电路如题图 5.20 所示，其中非线性电感的元件特性为 $i=a\psi+b\psi^3$(其中 $a$、$b$ 为常数)。试以 $u_C$、$i$ 为状态变量列写电路的状态方程。

5.21 非线性动态电路如题图 5.21 所示，其中非线性电容的元件特性为 $u=kq+q^3$(其中 $k$ 为常数)。试以 $u$、$i$ 为状态变量列写电路的状态方程。

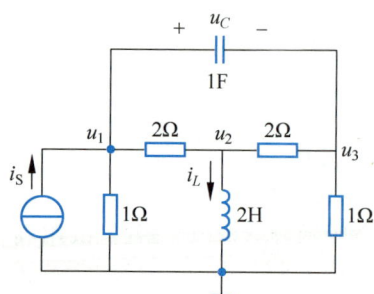

题图 5.18

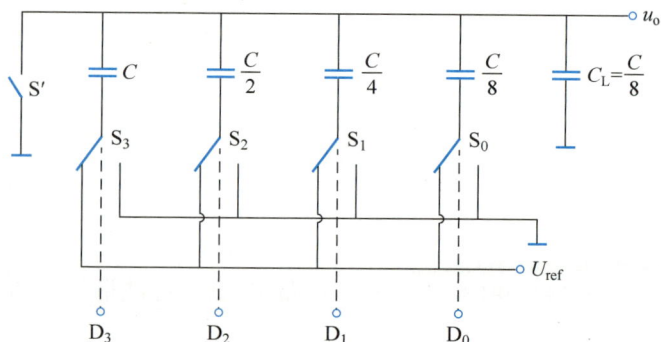

题图 5.19 权电容网络 DAC

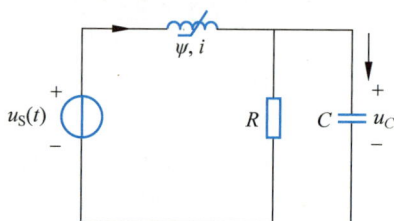

题图 5.20

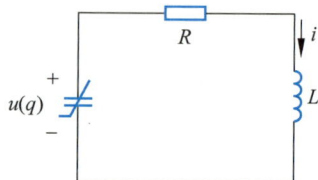

题图 5.21

# 参考文献

[1] AGARWAL A,LANG J. Foundations of Analog and Digital Electronic Circuits[M]. San Francisco: Morgan Kaufmann,2005.

[2] SEDRA A,SMITH K. 微电子电路[M].5 版.北京：电子工业出版社,2006.

[3] 江缉光.电路原理[M].北京：清华大学出版社,1997.

[4] 邱关源.电路[M].4 版.北京：高等教育出版社,1999.

[5] 李瀚荪.简明电路分析基础[M].北京：高等教育出版社,2002.

[6] 周守昌.电路原理[M].2 版.北京：高等教育出版社,2004.

[7] 陈希有.电路理论基础[M].北京：高等教育出版社,2004.

[8] ALEXANDER C,SADIKU M. Fundamentals of Electric Circuits[M].影印版.北京：清华大学出版社,2000.

[9] 郑君里,应启珩,杨为理.信号与系统[M].2 版.北京：高等教育出版社,2000.

[10] 江泽佳.网络分析的状态变量法[M].北京：人民教育出版社,1979.

[11] 刘崇新.非线性电路理论及其应用[M].西安：西安交通大学出版社,2007.

# 第 **6** 章

# 稳态分析1

　　本章讨论正弦激励作用下线性动态电路的稳态分析方法。6.1 节引出至关重要的相量的概念，6.2 节利用相量进行正弦稳态分析，6.3 节讨论正弦稳态电路中功率的定义、计算和测量，6.4 节介绍周期性非正弦激励作用下线性动态电路的稳态分析方法。

# 6.1 正弦量和相量

## 6.1.1 正弦量

知识点95

迄今为止,我们所讨论的大多为直流信号激励的电路。以理想直流电压源为例,它的电压值是一个常数,不随时间变化。在实际生活中,除了这类信号以外,还存在大量的随时间作交替变化的信号,称为交流信号,如图 6.1.1 所示。

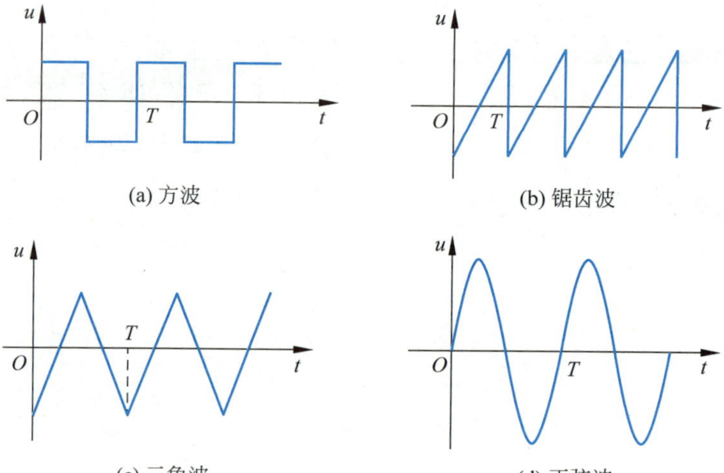

(a) 方波

(b) 锯齿波

(c) 三角波

(d) 正弦波

**图 6.1.1　几种典型的交流信号**

随时间按正弦规律变化的信号称为正弦信号,它是交流信号中最简单也是最常见的一种。图 6.1.1 中其他的非正弦波周期信号都可以分解为多个正弦信号之和。日常生活中最常见的正弦信号就是与我们的生活息息相关的电力系统所提供的电压。

电路中按正弦规律变化的电压或电流统称为正弦量。对正弦量的数学描述,可以用 sin 函数,也可以用 cos 函数。本书统一采用 sin 函数。

图 6.1.2 表示电路的某一支路中的正弦电流。在图示参考方向下,其数学表达式定义为

$$i = I_{\mathrm{m}}\sin(\omega t + \psi_i) \tag{6.1.1}$$

式(6.1.1)对应的正弦电流的波形图如图 6.1.3 所示。

正弦量有 3 个要素:幅值(amplitude,振幅),即最大值,在式(6.1.1)中即为 $I_{\mathrm{m}}$;角频率(angular frequency)$\omega = 2\pi/T = 2\pi f$,单位是 rad/s,其中 $T$ 为正弦量周期(period),单位是 s,$f = 1/T$ 为正弦量频率(frequency),单位是 1/s;初相位(初相),即 $t = 0$ 时刻的相位,在式(6.1.1)中即为 $\psi_i$,单位可以用角度或弧度来表示。初相位的范围约定在 $[-\pi, +\pi]$ 之间。

式(6.1.1)中的正弦函数的变量 $\omega t + \psi_i$ 定义为相位(phase),单位是角度或弧度;当相位用角度表示时,也称相位角,简称相角。易知,角频率是相位随时间的变化率,即 $\omega = \mathrm{d}(\omega t + \Psi_i)/\mathrm{d}t$,这个特点在后续信号处理课程中会反复用到。

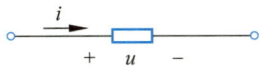

图 6.1.2　一段正弦电流电路

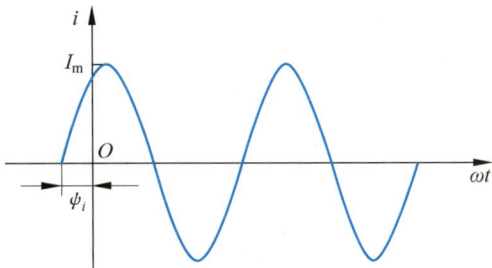

图 6.1.3　正弦电流波形

如果两个正弦量具有相同的频率,则它们的相位之差是一个常数,定义为**相位差**(phase difference)。比如某电压正弦量 $u(t)=U_m\sin(\omega t+\psi_u)$ 和同频电流正弦量 $i(t)=I_m\sin(\omega t+\psi_i)$ 之间的相位差即为 $\varphi=\psi_u-\psi_i$。相位差的范围约定在 $[-\pi,+\pi]$ 之间。如果 $\varphi>0$,我们通常称电压 $u$ **超前**(lead)电流 $i$,或电流 $i$ **滞后**(lag)电压 $u$;如果 $\varphi<0$,则称电压 $u$ 落后电流 $i$,或电流 $i$ 超前电压 $u$;如果 $\varphi=0$,则称二者**同相**;如果 $\varphi=\pm\pi$,则称二者**反相**。

正弦量具有 3 个要素这一特征对用正弦量来表示信号或能量提供了便利条件,但是对 3 个要素的求解也增添了麻烦。

可以用一个特征量来表示周期性变量最核心的性能指标,即有效值。以正弦电流为例,其**有效值**(root-mean-square,rms)为

$$I=\sqrt{\frac{1}{T}\int_0^T i^2\,\mathrm{d}t}=\frac{I_m}{\sqrt{2}} \tag{6.1.2}$$

类似地,正弦电压的有效值为

$$U=\frac{U_m}{\sqrt{2}} \tag{6.1.3}$$

由此可见:正弦量的有效值是其最大值的 0.707 倍。大部分使用于 50Hz 的交流电表的读数以及工程中使用的交流电气设备铭牌上标出的额定电压、电流的数值都是有效值。

正弦量乘以一个常数,以及正弦量求导、积分,同频率正弦量相加和相减运算的结果都仍是一个同频率的正弦量。因此,在线性电路中,如果激励是正弦量,那么当电路达到稳态时,电路中的电压、电流都将是同频率的正弦量。这个性质非常重要,它是后面将要介绍的相量法的基础。

知识点95练习题和讨论

## 6.1.2　相量

知识点96

要想求解正弦量作为激励作用下动态电路的稳态解,原则上用第 4 章、第 5 章介绍的方法即可。比如对于如图 6.1.4 所示的一阶 *RL* 动态电路来说,激励为正弦电压 $u_S=U_m\sin(\omega t+\psi_u)$,电感电流的初值为 $i_L(0^-)=0$,以电感电流 $i_L$ 为变量,可列写出微分方程

$$L\frac{\mathrm{d}i_L}{\mathrm{d}t}+Ri_L=U_m\sin(\omega t+\psi_u) \tag{6.1.4}$$

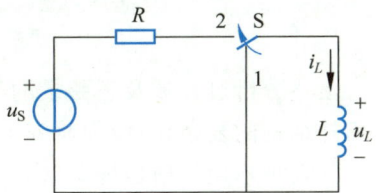

图 6.1.4　正弦激励作用下一阶 *RL* 电路

根据附录 B 可知，方程的解由齐次通解（自由响应）和非齐次特解（强制响应）构成。

齐次微分方程的通解仍为指数形式，其中时间常数 $\tau = L/R$：

$$i_{Lh} = A\mathrm{e}^{-\frac{t}{\tau}}, \quad t \geqslant 0 \tag{6.1.5}$$

非齐次微分方程的一个特解与外加激励应具有同样的形式，设为

$$i_{Lp} = I_{\mathrm{m}}\sin(\omega t + \psi_i), \quad t \geqslant 0 \tag{6.1.6}$$

把式（6.1.6）代入式（6.1.4），有

$$\omega L I_{\mathrm{m}}\cos(\omega t + \psi_i) + R I_{\mathrm{m}}\sin(\omega t + \psi_i) = U_{\mathrm{m}}\sin(\omega t + \psi_u)$$

对等号左边进行三角变换，得

$$\sqrt{(\omega L)^2 + R^2}\, I_{\mathrm{m}}\sin(\omega t + \psi_i + \varphi) = U_{\mathrm{m}}\sin(\omega t + \psi_u) \tag{6.1.7}$$

其中 $\varphi$ 称为电路的阻抗角（在 6.2 节中将进行详细介绍），

$$\tan\varphi = \frac{\omega L}{R}$$

比较式（6.1.7）中等号左右两边的对应项，可求得待定常数 $I_{\mathrm{m}}$、$\psi_i$ 分别为

$$I_{\mathrm{m}} = \frac{U_{\mathrm{m}}}{\sqrt{(\omega L)^2 + R^2}}, \quad \psi_i = \psi_u - \varphi = \psi_u - \arctan\frac{\omega L}{R}$$

因此，式（6.1.4）的一个特解为

$$i_{Lp} = \frac{U_{\mathrm{m}}}{\sqrt{(\omega L)^2 + R^2}}\sin(\omega t + \psi_u - \varphi), \quad t \geqslant 0 \tag{6.1.8}$$

由于该电路的时间常数为正值，自由响应随时间衰减为 0，因此上面的特解即为正弦激励下动态电路的稳态响应。

电感电流的全响应为

$$i = i_{Lh} + i_{Lp}$$

$$= A\mathrm{e}^{-\frac{t}{\tau}} + \frac{U_{\mathrm{m}}}{\sqrt{(\omega L)^2 + R^2}}\sin(\omega t + \psi_u - \varphi), \quad t \geqslant 0$$

代入初始条件 $i_L(0^+) = i_L(0^-) = 0$，有

$$A + \frac{U_{\mathrm{m}}}{\sqrt{(\omega L)^2 + R^2}}\sin(\psi_u - \varphi) = 0$$

$$A = -\frac{U_{\mathrm{m}}}{\sqrt{(\omega L)^2 + R^2}}\sin(\psi_u - \varphi)$$

因此，电感电流为

$$i_L = \frac{U_{\mathrm{m}}}{\sqrt{(\omega L)^2 + R^2}}\sin(\omega t + \psi_u - \varphi) - \frac{U_{\mathrm{m}}}{\sqrt{(\omega L)^2 + R^2}}\sin(\psi_u - \varphi)\mathrm{e}^{-\frac{t}{\tau}}, \quad t \geqslant 0$$

$$\tag{6.1.9}$$

上述分析过程涉及正弦量的若干恒等变换，颇费时间。随着动态元件数量的增加和电路拓扑结构的复杂化，亟须研究出对正弦激励下动态电路进行快速稳态分析的方法。美国工程师查理尔斯·斯坦梅茨（Charles Steinmetz）于 20 世纪初用相量法成功解决了这个问题，为正弦交流电力系统的发展奠定了理论基础。如今，用相量法分析正弦稳态电路已不再

局限于电力系统,该方法在通信、信号处理领域中同样发挥着非常重要的作用。

在 6.1.1 小节中已经提到:正弦稳态电路中的激励以及由它产生的电压、电流都是同频率的正弦量。因此,在分析这类电路时,可以先不考虑各个正弦量的频率,而只考虑它们的另外两个要素:幅值和初相位。求出各支路电压、电流的幅值和初相位,再根据它们和激励频率相同的性质,即可写出完整的正弦量表达式。

回顾复数的概念,如果将正弦量的幅值对应于复数的模,正弦量的初相位对应于复数的幅角(这本质上就是一种变换),那么就可以用复数来表示已知频率的正弦量,从而为电路的正弦稳态分析提供一种非常简便的方法——相量法。相量法可以说是复数这个数学概念在电路分析中的具体应用。下面详细说明如何用复数表示一个正弦量。

欧拉恒等式为[①]

$$e^{j\theta} = \cos\theta + j\sin\theta$$

当 $\theta$ 为时间 $t$ 的实函数时,即

$$\theta(t) = \omega t + \varphi$$

代入欧拉恒等式,有

$$e^{j(\omega t + \varphi)} = \cos(\omega t + \varphi) + j\sin(\omega t + \varphi)$$

上式把实变量 $\omega t + \varphi$ 的复指数函数与该实变量的两个正弦函数联系起来了,也就是说,在正弦函数和复指数函数之间建立了一一对应的变换关系。上式可以用下面两个等式表示:

$$\cos(\omega t + \varphi) = \mathrm{Re}[e^{j(\omega t + \varphi)}]$$

$$\sin(\omega t + \varphi) = \mathrm{Im}[e^{j(\omega t + \varphi)}]$$

因此,如果正弦电流为

$$i = I_m\sin(\omega t + \psi_i)$$

就可以把它写成

$$i = I_m\sin(\omega t + \psi_i) = I_m\mathrm{Im}[e^{j(\omega t + \psi_i)}] = \mathrm{Im}[I_m e^{j(\omega t + \psi_i)}]$$

$$= \mathrm{Im}[\sqrt{2}\,I e^{j\psi_i} e^{j\omega t}] = \mathrm{Im}[\sqrt{2}\,\dot{I} e^{j\omega t}] \tag{6.1.10}$$

式(6.1.10)中

$$\dot{I} = I e^{j\psi_i} = I\angle\psi_i \tag{6.1.11}[②]$$

是一个与时间无关的复常数,其模是正弦量的有效值,幅角是正弦量的初相位。它包含了正弦量除频率以外的两个要素,因此在确定的频率下,该复常数与正弦量之间有着一一对应的关系。这个复常数就称为与正弦量对应的相量(phasor)[③]。上式最右边的表达式是电路理论中惯用的电压、电流相量的表达式。需要指出,相量是正弦量的变换式,而不是正弦量本

---

[①] 在数学中习惯用 i 来表示 $\sqrt{-1}$。而在电学中,由于在电路中习惯用 $i$ 来表示电流,因此用 j 表示 $\sqrt{-1}$。

[②] 式(6.1.11)是以正弦量有效值作为复数的模建立的相量,称为有效值相量,它最为常用。有时还会用正弦量幅值作为复数的模来建立相量,称为幅值相量,记为 $\dot{I}_m = I_m\angle\psi_i$。

[③] phasor 是 phase vector 的缩写。数学和物理中的矢量和向量具有相同的含义,即同时有大小和方向的量。电路中的相量可视为一种特殊的向量或矢量。其特殊之处在于:首先它是二维平面上的,其次它的方向与正弦量的初相位一一对应,这当然也是称之为 phace vector 或相量的根本原因。

身，它不等于正弦量。正弦量是时间域的概念，而相量是频域的概念。

作为一个复数，相量也可以用复平面上的有向线段来表示，如图 6.1.5 所示。相量在复平面上的图示称为相量图。

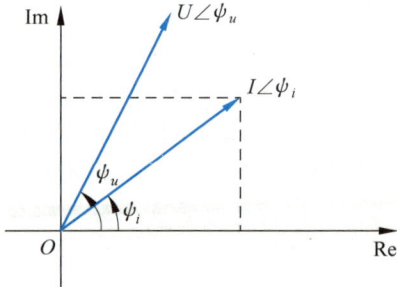

图 6.1.5　电压电流相量图

利用相量图，可以给出式（6.1.10）的几何解释。式中 $e^{j\omega t}$ 是一个复数，其模为 1，辐角为 $\omega t$。因为 $\omega t$ 是时间 $t$ 的函数，因此 $e^{j\omega t}$ 是以角频率 $\omega$ 逆时针方向旋转的单位长度的有向线段，称为**旋转因子**。相量 $\dot{I}$ 乘以 $\sqrt{2}$，再乘以旋转因子（$e^{j\omega t}$）就成为一个旋转相量。它是长度为 $I_m$、以角频率 $\omega$ 逆时针方向旋转的有向线段，如图 6.1.6（a）所示。该旋转相量在虚轴上的投影为 $I_m\sin(\omega t+\psi_i)$。以 $\omega t$ 为横轴，以该投影为纵轴，就得到与相量 $\dot{I}$ 对应的正弦电流波形，如图 6.1.6（b）所示。

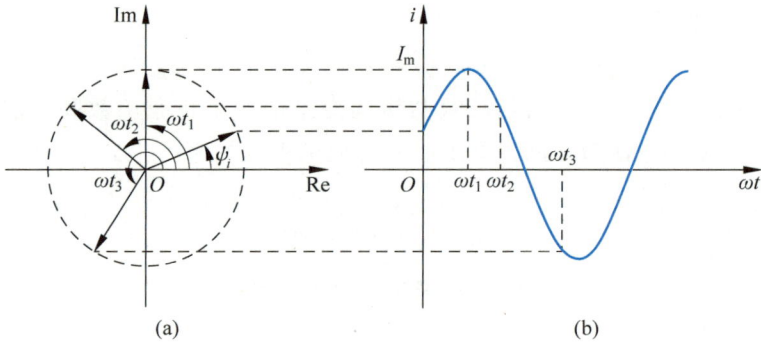

图 6.1.6　旋转相量与正弦量

若在同一复平面上有多个同频率的正弦量，由于与它们相对应的旋转相量的旋转角频率相同，任何时刻它们之间的相对位置保持不变，因此在考虑其大小和相位时，可以暂时不考虑旋转因子，而只需指明它们的初始位置，画出各正弦量相应的相量就可以了，得到的就是图 6.1.5 所示的相量图。

这里介绍几个特殊的旋转因子：$+j$、$-j$ 和 $-1$。将它们分别和相量 $\dot{I}$ 相乘，得

$$\left.\begin{array}{l} j\dot{I}=jIe^{j\psi_i}=e^{j90°}\times Ie^{j\psi_i}=Ie^{j(\psi_i+90°)} \\ -j\dot{I}=-jIe^{j\psi_i}=e^{-j90°}\times Ie^{j\psi_i}=Ie^{j(\psi_i-90°)} \\ -\dot{I}=-Ie^{j\psi_i}=e^{j180°}\times Ie^{j\psi_i}=Ie^{j(\psi_i+180°)} \end{array}\right\}$$

$$(6.1.12)$$

画出相应的相量图如图 6.1.7 所示。

由式（6.1.12）和图 6.1.7 都可以看出：一个相量乘以旋转因子 $+j$，其模不变，相位超前原相量 $90°$；乘以旋转因子 $-j$，其模不变，相位落后原相量 $90°$；乘以旋转因子 $-1$，其模不变，相位超前（或落后）原相量 $180°$。

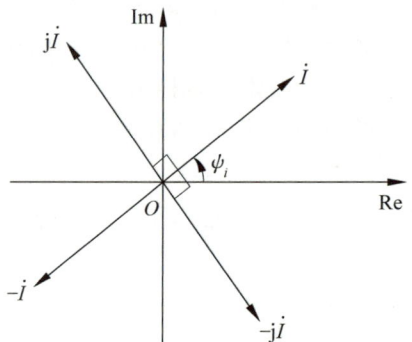

图 6.1.7　旋转因子对相量的影响

需要指出,本书中讨论的正弦量均为下面的形式:

$$i = I_m \sin(\omega t + \psi_i), \quad I_m > 0, -\pi < \psi_i \leqslant \pi$$

$$u = U_m \sin(\omega t + \psi_u), \quad U_m > 0, -\pi < \psi_u \leqslant \pi$$

称为标准正弦形式。因此对于用非标准正弦形式表示的函数需要先转化为标准正弦形式,然后再写出与之对应的相量。

**例 6.1.1** 设电流 $i_1 = 5\sin(314t + 30°)$A,$i_2 = -3\sin(314t + 150°)$A,$i_3 = 10\cos(314t + 45°)$A,分别写出与这 3 个正弦量对应的相量。

**解** (1) $i_1 = 5\sin(314t + 30°)$A $= \mathrm{Im}\left[\sqrt{2}\,\dfrac{5}{\sqrt{2}}\mathrm{e}^{\mathrm{j}30°}\mathrm{e}^{\mathrm{j}314t}\right]$A

$$= \mathrm{Im}\left[\sqrt{2}\,\dot{I}_1 \mathrm{e}^{\mathrm{j}314t}\right]\text{A}$$

因此,与之对应的相量为

$$\dot{I}_1 = \frac{5}{\sqrt{2}}\angle 30°\text{A} = 3.54\angle 30°\text{A} = (3.06 + \mathrm{j}1.77)\text{A}$$

这一相量也可根据正弦量的幅值和初相位直接写出。

(2) $i_2 = -3\sin(314t + 150°)$A $= 3\sin(314t - 30°)$A

因此,与之对应的相量为

$$\dot{I}_2 = \left(\frac{3}{\sqrt{2}}\angle -30°\right)\text{A} = (2.12\angle -30°)\text{A} = (1.84 - \mathrm{j}1.06)\text{A}$$

(3) $i_3 = 10\cos(314t + 45°)$A $= 10\sin(314t + 135°)$A

因此,与之对应的相量为

$$\dot{I}_3 = \frac{10}{\sqrt{2}}\angle 135°\text{A} = (-5 + \mathrm{j}5)\text{A}$$

若要由相量写出相对应的正弦量,还应给出正弦量的角频率 $\omega$ 或领域 $f$,因为在相量中没有反映正弦量的频率。

**例 6.1.2** 已知 $\dot{I} = 5\angle 20°$A,$\dot{U} = 10\angle -15°$V,频率 $f = 50\text{Hz}$,写出电压、电流的正弦量表达式。

**解** 由题知

$$\omega = 2\pi f = 314\text{rad/s}$$

则电流的正弦量表达式为

$$i = 5\sqrt{2}\sin(314t + 20°)\text{A}$$

电压的正弦量表达式为

$$u = 10\sqrt{2}\sin(314t - 15°)\text{V}$$

正弦量乘以常数、正弦量求导、积分以及同频率正弦量相加、相减的结果仍然是同频率的正弦量,因此这些运算都可转换为相对应的相量运算。下面具体分析。

(1) 同频正弦量的代数和

设 $i_1 = \sqrt{2}I_1\sin(\omega t + \psi_1)$,$i_2 = \sqrt{2}I_2\sin(\omega t + \psi_2)$,这两个正弦量的代数和为 $i$,则

$$i = i_1 \pm i_2$$

$$= \text{Im}\left[\sqrt{2}\,\dot{I}_1\,\mathrm{e}^{\mathrm{j}\omega t}\right] \pm \text{Im}\left[\sqrt{2}\,\dot{I}_2\,\mathrm{e}^{\mathrm{j}\omega t}\right]$$

$$= \text{Im}\left[\sqrt{2}\,(\dot{I}_1 \pm \dot{I}_2)\,\mathrm{e}^{\mathrm{j}\omega t}\right]$$

因此，与正弦量的代数和对应的相量为

$$\dot{I} = \dot{I}_1 \pm \dot{I}_2$$

上式表明：正弦量的代数和运算可以转换为相应的相量的代数和运算。

（2）正弦量的求导

设正弦电流 $i = \sqrt{2}\,I\sin(\omega t + \psi)$，对 $i$ 求导，得

$$\frac{\mathrm{d}i}{\mathrm{d}t} = \frac{\mathrm{d}}{\mathrm{d}t}\text{Im}\left[\sqrt{2}\,\dot{I}\,\mathrm{e}^{\mathrm{j}\omega t}\right]$$

$$= \text{Im}\left[\frac{\mathrm{d}}{\mathrm{d}t}\left(\sqrt{2}\,\dot{I}\,\mathrm{e}^{\mathrm{j}\omega t}\right)\right]$$

$$= \text{Im}\left[\sqrt{2}\,\mathrm{j}\omega\dot{I}\,\mathrm{e}^{\mathrm{j}\omega t}\right]$$

结果表明：与正弦量的求导对应的相量，其模是原正弦量对应相量的模的 $\omega$ 倍，其辐角超前 $\frac{\pi}{2}$（即乘以旋转因子 $+\mathrm{j}$），有

$$\frac{\mathrm{d}i}{\mathrm{d}t} \leftrightarrow \mathrm{j}\omega\dot{I} = \omega I \angle\left(\psi + \frac{\pi}{2}\right)$$

对 $i$ 求 $n$ 阶导数得到的正弦量对应的相量为 $(\mathrm{j}\omega)^n\dot{I}$。

（3）正弦量的积分

设正弦电流 $i = \sqrt{2}\,I\sin(\omega t + \psi)$，将 $i$ 对时间 $t$ 积分，得

$$\int i\,\mathrm{d}t = \int \text{Im}\left[\sqrt{2}\,\dot{I}\,\mathrm{e}^{\mathrm{j}\omega t}\right]\mathrm{d}t$$

$$= \text{Im}\left[\int \sqrt{2}\,\dot{I}\,\mathrm{e}^{\mathrm{j}\omega t}\,\mathrm{d}t\right]$$

$$= \text{Im}\left[\sqrt{2}\,\frac{1}{\mathrm{j}\omega}\dot{I}\,\mathrm{e}^{\mathrm{j}\omega t}\right]$$

结果表明：与正弦量的积分对应的相量，其模是原正弦量对应相量的模的 $\frac{1}{\omega}$，其辐角落后 $\frac{\pi}{2}$（即乘以旋转因子 $-\mathrm{j}$），即

$$\int i\,\mathrm{d}t \leftrightarrow \frac{\dot{I}}{\mathrm{j}\omega} = \frac{I}{\omega}\angle\left(\psi - \frac{\pi}{2}\right)$$

对 $i$ 求 $n$ 重积分得到的正弦量对应的相量为 $\dfrac{\dot{I}}{(\mathrm{j}\omega)^n}$。

根据上面的分析可知，在正弦激励作用下，如果只需要考虑稳态分量，则所有的微分关系或积分关系均可以转换为复系数代数关系，从而将实数系数的关于正弦量的线性常微分方程转换为复系数的关于相量的代数方程，从而大大简化计算过程。

仍以图 6.1.4 所示一阶 $RL$ 动态电路为例，如果用相量 $\dot{I}_L$ 作为变量来替换正弦量，则根据上面讨论的性质，容易知道，可将式（6.1.4）写为

$$j\omega L\dot{I}_L + R\dot{I}_L = \frac{U_m}{\sqrt{2}}\angle\psi_u \tag{6.1.13}$$

这是一个关于 $\dot{I}_L$ 的复系数代数方程,容易求得

$$\dot{I}_L = \frac{\dfrac{U_m}{\sqrt{2}}\angle\psi_u}{R + j\omega L}$$

对应的时域表达式为

$$i_L(t) = \frac{U_m}{\sqrt{2}\sqrt{(\omega L)^2 + R^2}}\sin(\omega t + \psi_u - \varphi) \tag{6.1.14}$$

其中 $\varphi = \arctan(\omega L/R)$。观察上面的分析过程可以发现,这个求解方法显然比本小节前面设定特解表达式代入方程求待定系数的方法要快速且便捷得多。

在上面的分析过程中,依然需利用电路的拓扑约束和元件约束列写出常微分方程后,方能利用数学上对相量的定义将变量用其对应的相量表示,从而将常系数常微分方程转换为复系数代数方程并求解。下一节我们深入讨论相量的概念如何影响电路的拓扑约束和元件约束,从而直接画出动态电路稳态时对应的相量分析电路,进而可直接用第 2 章和第 3 章介绍的方法求解。

知识点96练习题和讨论

## 6.2 用相量法分析正弦稳态电路

6.1 节中我们尝试用相量来表示正弦量,利用相量的性质,可以将实系数常微分方程转换为复系数代数方程,从而简化分析过程。本节以正弦稳态下的相量作为变量,分析的视角就从实数域转换为相量域,获得相量域中的拓扑约束和元件约束,从根本上获得根据电路直接列写复系数代数方程的方法,称为相量法。

### 6.2.1　元件约束与拓扑约束的相量形式

#### 1. 元件约束

(1)电阻

设电阻 R 中流过的正弦电流 i(图 6.2.1)为

$$i = \sqrt{2}I\sin(\omega t + \psi_i)$$

知识点97

则电阻两端的电压为

$$u = Ri = \sqrt{2}RI\sin(\omega t + \psi_i) = \sqrt{2}U\sin(\omega t + \psi_u)$$

上式中

$$U = RI, \quad \psi_u = \psi_i$$

由此可见:电阻上的电压是与电流同频率的正弦量,电压的有效值(或幅值)与电流的有效值(或幅值)之间符合欧姆定律,电压与电流相位相同(即同相),用相量表示为

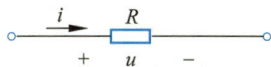

图 6.2.1　电阻

305

$$\dot{U} = R\dot{I} \qquad (6.2.1)$$

电压、电流的相量图以及电阻的相量模型如图 6.2.2 所示。

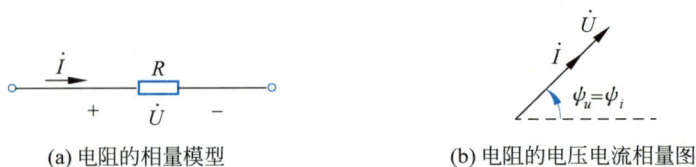

(a) 电阻的相量模型   (b) 电阻的电压电流相量图

图 6.2.2 电阻的相量模型和相量图

电阻中流过正弦电流 i 时吸收的瞬时功率为

$$p = ui = 2UI\sin^2(\omega t) = UI(1 - \cos 2\omega t) \qquad (6.2.2)$$

由式(6.2.2)看出：不管流过电阻的电流方向如何，电阻在任何时刻吸收的功率均为正。换句话说，电阻总是消耗能量的。电阻吸收的瞬时功率以两倍于电压(或电流)的频率变化(如图 6.2.3 所示)。

电阻在一个周期内消耗的平均功率为

$$P = \frac{1}{T}\int_0^T p\,\mathrm{d}t = \frac{1}{T}\int_0^T \left[UI(1 - \cos 2\omega t)\right]\mathrm{d}t = UI \qquad (6.2.3)$$

可见电阻上流过正弦电流时在一个周期内消耗的平均功率等于电阻上电压有效值与电流有效值的乘积。从表达式的形式看，与电阻上流过直流电流时的情况完全相同。

（2）电容

设电容 C 两端加有正弦电压 u(如图 6.2.4 所示)，即

$$u = \sqrt{2}U\sin(\omega t + \psi_u)$$

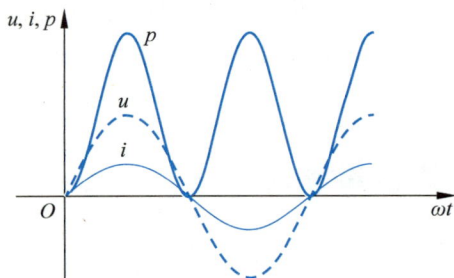

图 6.2.3 电阻上的电压、电流和瞬时功率

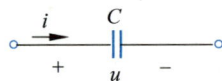

图 6.2.4 电容

则电容上流过的电流为

$$i = C\frac{\mathrm{d}u}{\mathrm{d}t} = \sqrt{2}\,\omega CU\sin\left(\omega t + \psi_u + \frac{\pi}{2}\right) = \sqrt{2}\,I\sin(\omega t + \psi_i)$$

式中

$$I = \omega CU, \quad \psi_i = \psi_u + \frac{\pi}{2}$$

或

$$U = \frac{I}{\omega C}, \quad \psi_u = \psi_i - \frac{\pi}{2}$$

由此可见：电容上的电流是与电压同频率的正弦量，电流的有效值（或幅值）等于电压的有效值（或幅值）与 $\omega C$ 的乘积，电流初相位超前电压初相位 $\pi/2$。用相量形式可表示为

$$\dot{I} = j\omega C \dot{U} \tag{6.2.4}$$

电容电压、电流的相量图以及电容的相量模型如图 6.2.5 所示。

(a) 电容的相量模型　　　　　　　　(b) 电容的电压、电流相量图

图 6.2.5　电容的相量模型和相量图

式(6.2.4)中，将

$$B_C = \omega C$$

称为电容的电纳，简称容纳。容纳的单位与电导的单位相同，其值总是正值。式(6.2.4)还可以写为

$$\dot{U} = \frac{\dot{I}}{j\omega C} = jX_C \dot{I} \tag{6.2.5}$$

其中

$$X_C = -\frac{1}{\omega C} \tag{6.2.6}$$

称为电容的电抗，简称容抗。容抗的单位与电阻的单位相同，其值总是负值。式(6.2.4)和式(6.2.5)可以视作复系数的欧姆定律。因此在相量域中，容抗可以视作广义的电阻。

例 6.2.1　已知电容两端电压 $u = \sqrt{2} \times 220\sin(314t + 30°)\text{V}$，电容值 $C = 10\mu\text{F}$，求流过电容的电流，并画出电压、电流的相量图。

解　由题知

$$\dot{U} = 220\angle 30°\text{V}$$

$$\dot{I} = j\omega C \dot{U} = 314 \times 10 \times 10^{-6} \times 220\angle(30° + 90°)\text{A} = 0.69\angle 120°\text{A}$$

$$i = \sqrt{2} \times 0.69\sin(314t + 120°)\text{A}$$

电压、电流的相量图如图 6.2.6 所示。

设电容的端电压 $u = \sqrt{2}U\sin\omega t$，关联方向下，流经电容的电流 $i = \sqrt{2}I\sin(\omega t + 90°) = \sqrt{2}I\cos(\omega t)$，则电容吸收的瞬时功率为

$$p = ui = 2UI\sin(\omega t)\cos(\omega t) = UI\sin(2\omega t) \tag{6.2.7}$$

上式表明电容吸收的瞬时功率以两倍于电压（或电流）的频率变化（如图 6.2.7 所示）。

电容在一个周期内消耗的平均功率为

$$P = \frac{1}{T}\int_0^T p\,\mathrm{d}t = \frac{1}{T}\int_0^T \left[UI\sin(2\omega t)\right]\mathrm{d}t = 0 \tag{6.2.8}$$

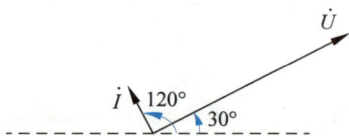

图 6.2.6　例 6.2.1 电容的电压、电流相量图

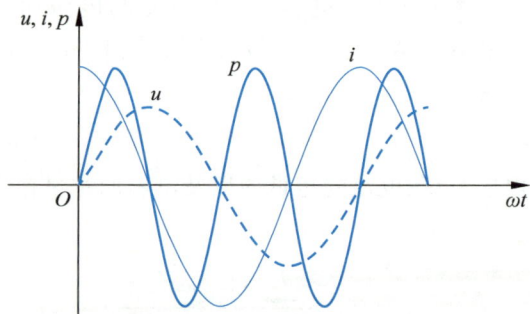

图 6.2.7　电容上的电压、电流和瞬时功率

可见电容是不消耗能量的，这与第 4 章中得出的结论是一致的。但电容元件的瞬时功率并不为零，说明它与外部电路之间有能量的交换。若电容的瞬时功率为正，说明它吸收能量，电容中储存的电场能量将增加；若电容的瞬时功率为负，说明它输出能量，电容中储存的电场能量将减少。

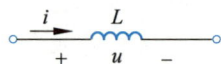

图 6.2.8　电感

（3）电感

设电感 $L$ 中流过的正弦电流 $i$（如图 6.2.8 所示）为

$$i = \sqrt{2}\,I\sin(\omega t + \psi_i)$$

则电感两端的电压为

$$u = L\,\frac{\mathrm{d}i}{\mathrm{d}t} = \sqrt{2}\,\omega L I\sin\left(\omega t + \psi_i + \frac{\pi}{2}\right) = \sqrt{2}\,U\sin(\omega t + \psi_u)$$

式中

$$U = \omega L I, \quad \psi_u = \psi_i + \frac{\pi}{2}$$

由此可见：电感上的电压是与电流同频率的正弦波，电压的有效值（或幅值）等于电流的有效值（或幅值）与 $\omega L$ 的乘积，电流初相位滞后电压初相位 $\pi/2$。用相量形式可表示为

$$\dot{U} = \mathrm{j}\omega L\dot{I} \tag{6.2.9}$$

电感电压、电流的相量图以及电感的相量模型如图 6.2.9 所示。

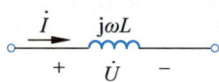

(a) 电感的相量模型

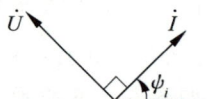

(b) 电感的电压、电流相量图

图 6.2.9　电感的相量模型和相量图

式（6.2.9）中，将

$$X_L = \omega L \tag{6.2.10}$$

称为电感的电抗，简称感抗。感抗的单位与电阻的单位相同，其值总是正值。式（6.2.9）还可以写为

$$\dot{I} = \frac{\dot{U}}{\mathrm{j}\omega L} = \mathrm{j}B_L\dot{U} \tag{6.2.11}$$

其中，$B_L = -\dfrac{1}{\omega L}$，称为电感的电纳，简称感纳。感纳的单位与电导的单位相同，其值总是负值。类似的，式(6.2.9)和式(6.2.11)可视为相量域中复系数的欧姆定律。相量域中的感抗可以视作广义的电阻。

**例 6.2.2**　设正弦交流电流 $i = \sqrt{2} \times 10\sin(314t + 30°)\,\mathrm{A}$ 流过一个 $0.4\mathrm{H}$ 的电感，求电感两端的电压，并画出电压、电流的相量图。

**解**　由题知

$$\dot{I} = 10\angle 30°\,\mathrm{A}$$

$$\dot{U} = \mathrm{j}\omega L \dot{I} = 314 \times 0.4 \times 10 \angle(30° + 90°)\,\mathrm{V} = 1256\angle 120°\,\mathrm{V}$$

$$u = \sqrt{2} \times 1256\sin(314t + 120°)\,\mathrm{V}$$

电压、电流的相量图如图 6.2.10 所示。

设流过电感的电流 $i = \sqrt{2}\,I\sin\omega t$，关联方向下电感两端的电压 $u = \sqrt{2}\,U\sin(\omega t + 90°) = \sqrt{2}\,U\cos(\omega t)$，则电感吸收的瞬时功率为

$$p = ui = 2UI\sin(\omega t)\cos(\omega t) = UI\sin(2\omega t) \tag{6.2.12}$$

上式表明电感吸收的瞬时功率也以两倍于电压(或电流)的频率变化(如图 6.2.11 所示)。

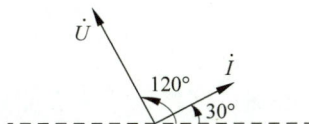

图 6.2.10　例 6.2.2 电感的电压、电流相量图

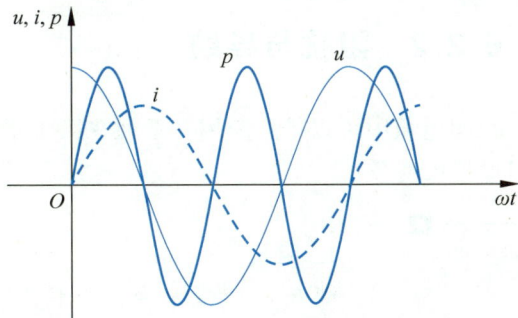

图 6.2.11　电感上的电压、电流和瞬时功率

电感在一个周期内消耗的平均功率为

$$P = \frac{1}{T}\int_0^T p\,\mathrm{d}t = \frac{1}{T}\int_0^T [UI\sin(2\omega t)]\mathrm{d}t = 0 \tag{6.2.13}$$

可见电感也是不消耗能量的，这与第 4 章中得出的结论是一致的。但电感的瞬时功率并不为零，说明它与外部电路之间有能量的交换。若电感的瞬时功率为正，说明它吸收能量，所储存的磁场能量增加；若电感的瞬时功率为负，说明它输出能量，所储存的磁场能量减少。

前面的讨论表明，以相量的方式表示支路量后，在相量域中 $RLC$ 元件约束均可视作相量域中的欧姆定律。

**2. 拓扑约束**

KCL 的时域表达式为

$$i = i_1 + i_2 + \cdots + i_n$$

根据相量运算法则，得其相量形式为

$$\dot{I} = \dot{I}_1 + \dot{I}_2 + \cdots + \dot{I}_n \qquad (6.2.14)$$

同理，KVL 的相量形式为

$$\dot{U} = \dot{U}_1 + \dot{U}_2 + \cdots + \dot{U}_n \qquad (6.2.15)$$

注意：这里的电压、电流都是指电路中由相同频率正弦激励作用产生的同频率的正弦量。如果电路中有多个不同频率的正弦激励，则不能使用此结论，具体讨论见 6.4 节。

式(6.2.14)和式(6.2.15)表明，以相量的方式表示支路量后，拓扑约束没有发生任何改变，这意味着相量域中电路元件之间的连接关系没有发生任何改变。

本节分别介绍了电阻、电容和电感的相量模型，相量形式的元件电压、电流关系以及相量形式的基尔霍夫定律。这些内容构成了用相量法分析正弦激励下动态电路的稳态响应的基础。

相量形式的元件约束、KCL、KVL 与电阻电路中的元件约束、KCL、KVL 具有相同的形式，因此所有适用于线性电阻电路分析的定理和方法都有其相应的相量形式的表述，这在以后的讨论中将会看到，此处不一一列举。

知识点97练习题和讨论

有了前面的基础，我们就可以将正弦激励下动态电路的稳态分析的时域常微分方程求特解的数学问题变换为相量域中复系数电阻电路求解的电路问题。这是电路分析中变换观点的重要应用。

## 6.2.2　阻抗与导纳

在相量域中可以推广应用一系列在第 1 章和第 2 章中得到的结论，比如对无独立源一端口网络的等效。

知识点98

### 1. 阻抗

图 6.2.12 所示为一个不含独立源的线性一端口网络。当它在正弦激励下处于稳定状态时，端口的电压、电流一定是同频率的正弦量。应用相量法，端口的电压相量与电流相量的比值定义为该一端口的等效阻抗(impedance)，即

$$Z = \frac{\dot{U}}{\dot{I}} = \frac{U}{I} \angle \varphi_u - \varphi_i = |Z| \angle \varphi \qquad (6.2.16)$$

可见，阻抗是一个复数。式(6.2.16)中，$|Z|$ 为阻抗的模，$\varphi$ 为阻抗角，显然

$$|Z| = \frac{U}{I}, \quad \varphi = \varphi_u - \varphi_i \qquad (6.2.17)$$

由此可见：阻抗不仅表达出了端口上电压、电流有效值的大小关系，还表达出了两者之间的相位关系。

由于电抗是可正可负的，因此阻抗角也是有正负的，其在国标中的定义为 $\varphi = \arctan \dfrac{X}{R}$。

在国标中，还定义了与阻抗角类似的另一个名词：损耗角 $\delta = \arctan \dfrac{R}{|X|}$，阻抗 $Z$ 的模 $|Z|$ 被称作视在阻抗或表观阻抗。

如果电流、电压用复数表示，则其比值 $Z$ 也是复数，称为复（数）阻抗，可以写成直角坐

标形式为

$$Z = R + jX \tag{6.2.18}$$

式中,复(数)阻抗的实部 $R = |Z|\cos\varphi$,称为电阻(resistance);虚部 $X = |Z|\sin\varphi$,称为电抗(reactance)。$R$、$X$ 和 $|Z|$ 之间的数值关系可以用一个直角三角形来表示,如图 6.2.12(c)的阻抗三角形所示。

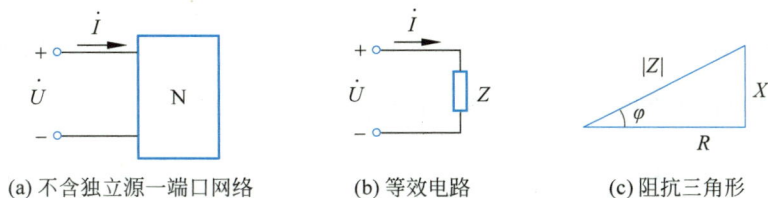

(a) 不含独立源一端口网络　　(b) 等效电路　　(c) 阻抗三角形

图 6.2.12　一端口网络的等效阻抗

阻抗的两种表达形式可以互相转换,上式可表示成

$$|Z| = \sqrt{R^2 + X^2}, \quad \varphi = \arctan\frac{X}{R}$$

如果一端口内部分别为电阻 $R$、电感 $L$ 或电容 $C$,则对应的阻抗分别为

$$Z_R = R \tag{6.2.19}$$

$$Z_L = j\omega L = jX_L \tag{6.2.20}$$

$$Z_C = \frac{1}{j\omega C} = jX_C \tag{6.2.21}$$

所有 $R$、$L$、$C$ 在正弦稳态下的元件约束可以统一为

$$\dot{U} = Z\dot{I} \tag{6.2.22}$$

式中,$Z$ 为元件阻抗(分别如式(6.2.19)、式(6.2.20)和式(6.2.21)所示)。式(6.2.22)就是相量形式的欧姆定律。

下面我们讨论一种简单且重要的特殊情况。如果一端口内部是 $RLC$ 串联电路,如图 6.2.13 所示,则该一端口的等效阻抗为

$$Z = \frac{\dot{U}}{\dot{I}} = R + j\omega L + \frac{1}{j\omega C}$$

$$= R + j\left(\omega L - \frac{1}{\omega C}\right) = R + jX = |Z|\angle\varphi \tag{6.2.23}$$

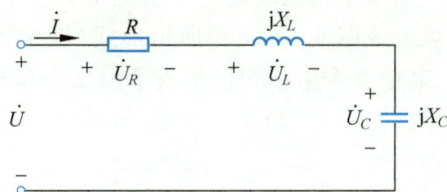

图 6.2.13　$RLC$ 串联电路

在分析正弦稳态电路时,把各个支路量对应的相量在复平面上画在同一张图上,可以使人对电路的性质有更准确的了解,进而便于更简洁地分析电路。相量对应的正弦量随时间改变,由图 6.1.6 可知相量对应的复函数也随时间在复平面上以角频率 $\omega$ 逆时针旋转。所谓相量图,就是在电路中某个相量对应的复函数旋转到实轴时(这对应着其时域表达式的初相角为零),绘制所有支路量的相量。这个在实轴上的相量就称为参考相量。在图 6.2.13 所示电路中,将电流 $\dot{I}$ 设为参考相量,可以根据 $R$、$L$、$C$ 的特性,比较容易地画出其他支路量的相量来。

当 $X > 0$，即 $\omega L > \dfrac{1}{\omega C}$ 时，等效阻抗的辐角 $0° < \varphi < 90°$。此时端口的电压超前电流，电路呈现**感性**，电路中各元件电压、电流的相量图如图 6.2.14(a)所示。

当 $X < 0$，即 $\omega L < \dfrac{1}{\omega C}$ 时，等效阻抗的辐角 $-90° < \varphi < 0°$。此时端口的电压滞后电流，电路呈现**容性**，电路中各元件电压、电流的相量图如图 6.2.14(b)所示。

当 $X = 0$，即 $\omega L = \dfrac{1}{\omega C}$ 时，等效阻抗的辐角 $\varphi = 0°$。此时端口的电压与电流同相位，电路呈现阻性，电路中各元件电压、电流的相量图如图 6.2.14(c)所示。

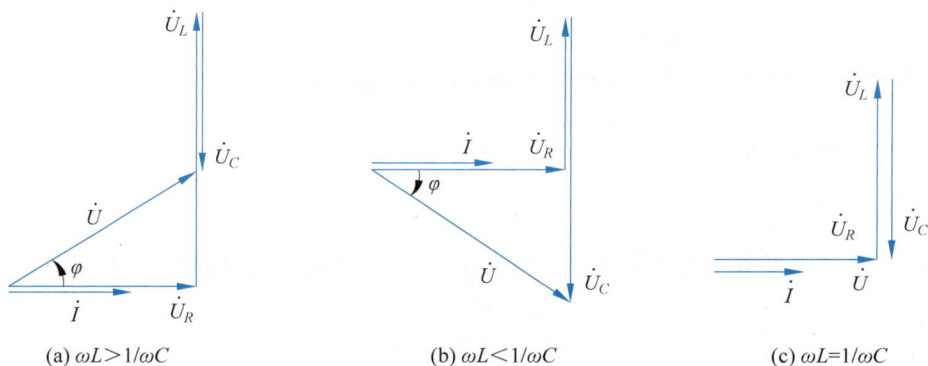

(a) $\omega L > 1/\omega C$      (b) $\omega L < 1/\omega C$      (c) $\omega L = 1/\omega C$

图 6.2.14　*RLC* 串联电路中的电压、电流相量图

把上面这个简单且重要的例子推广开来，对于一个不含独立源一端口网络来说，如果其入端阻抗的虚部 $X > 0$，此时端口电压超前端口电流，从端口看，具备一定电感的特性，因此称之为感性的；如果 $X < 0$，此时端口电流超前端口电压，从端口看，具备一定电容的特性，因此称之为容性的；如果 $X = 0$，则其端口表现为一个电阻，此时电压电流同相位，这种情形在 7.2 节中定义为谐振。

如果把阻抗理解为一个电阻和一个电抗的串联，以此来表示图 6.2.12(a)所示电路，就可以画成图 6.2.15(a)所示形式（图中以电感为例表示电抗），其相量图如图 6.2.15(b)所示，其中 3 个电压相量构成了**电压三角形**。

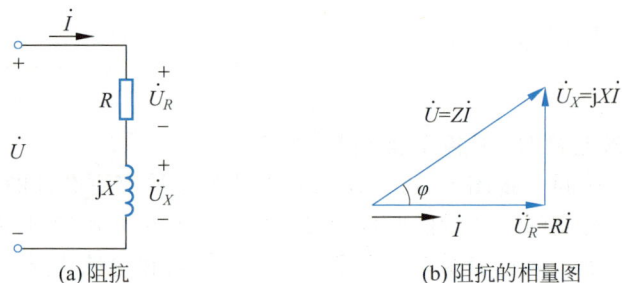

(a) 阻抗      (b) 阻抗的相量图

图 6.2.15　阻抗及其相量图

图 6.2.15 其实也就是实际电感元件在正弦稳态下的电路模型及其对应的相量图，许多企业习惯于用其阻抗角的正切值表示其性能，因此电感元件品质因数 $Q_L$ 的定义为

$$Q_L = \frac{\omega L}{R} \tag{6.2.24}$$

对比图 6.2.12(c) 和图 6.2.15(b) 可知,阻抗三角形和阻抗的电压三角形是相似三角形,这一特点有时有助于分析电路。

### 2. 导纳

阻抗的倒数定义为导纳(admittance),用 $Y$ 表示:

$$Y = \frac{1}{Z} = \frac{\dot{I}}{\dot{U}} = \frac{I}{U} \angle \psi_i - \psi_u = |Y| \angle \phi \tag{6.2.25}$$

可见,同一无独立源一端口网络的导纳的模与阻抗的模互为倒数,而导纳角是阻抗角的相反数。导纳也可以写成直角坐标形式:

$$Y = \frac{1}{Z} = \frac{1}{R + jX} = G + jB \tag{6.2.26}$$

其中,实部 $G = |Y| \cos\phi$,称为电导(conductance);虚部 $B = |Y| \sin\phi$,称为电纳(susceptance)。

类似地,可以用导纳来等效不含独立源一端口网络,如图 6.2.16 所示,其中图 6.2.16(c) 称为导纳三角形。

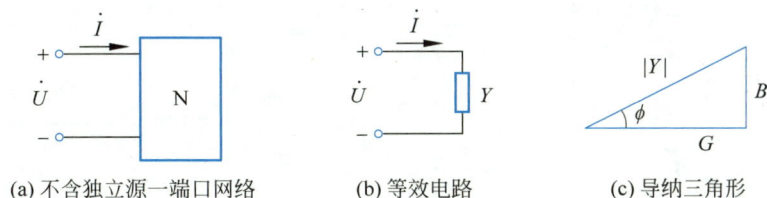

(a) 不含独立源一端口网络　　(b) 等效电路　　(c) 导纳三角形

图 6.2.16　一端口网络的等效导纳

如果一端口内部分别为电阻 $R$、电感 $L$ 或电容 $C$ 元件,则对应的导纳分别为

$$Y_R = G = \frac{1}{R} \tag{6.2.27}$$

$$Y_L = \frac{1}{j\omega L} = jB_L \tag{6.2.28}$$

$$Y_C = j\omega C = jB_C \tag{6.2.29}$$

利用导纳,所有元件约束可以统一为

$$\dot{I} = Y\dot{U} \tag{6.2.30}$$

式中,$Y$ 为元件导纳(分别如式(6.2.27)、式(6.2.28)和式(6.2.29)所示)。式(6.2.30)是欧姆定律的另一种相量表示形式。

下面仍然讨论一种简单且重要的特殊情况。如果一端口内部是 $RLC$ 并联电路,如图 6.2.17 所示。则该一端口的导纳为

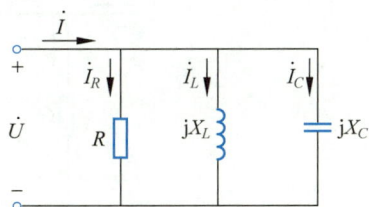

图 6.2.17　$RLC$ 并联电路

$$Y = \frac{\dot{I}}{\dot{U}} = \frac{1}{R} + \frac{1}{j\omega L} + j\omega C$$

$$= \frac{1}{R} + j\left(\omega C - \frac{1}{\omega L}\right) = G + jB = |Y| \angle \phi \qquad (6.2.31)$$

式中，$|Y|$ 为视在导纳，$\phi$ 为导纳角。

在图 6.2.17 所示电路中，将电压 $\dot{U}$ 设为参考相量，可以根据 $R$、$L$、$C$ 的特性，比较容易地画出其他支路量的相量来。

当 $B>0$，即 $\omega C > \frac{1}{\omega L}$ 时，导纳角 $0° < \phi < 90°$。此时端口的电压相位滞后电流，电路呈现容性，电路中各元件电压、电流的相量图如图 6.2.18(a)所示。

当 $B<0$，即 $\omega C < \frac{1}{\omega L}$ 时，导纳角 $-90° < \phi < 0°$。此时端口的电压相位超前电流，电路呈现感性，电路中各元件电压、电流的相量图如图 6.2.18(b)所示。

当 $B=0$，即 $\omega C = \frac{1}{\omega L}$ 时，导纳角 $\phi = 0°$。此时端口的电压与电流同相位，电路呈现阻性，电路中各元件电压、电流的相量图如图 6.2.18(c)所示。

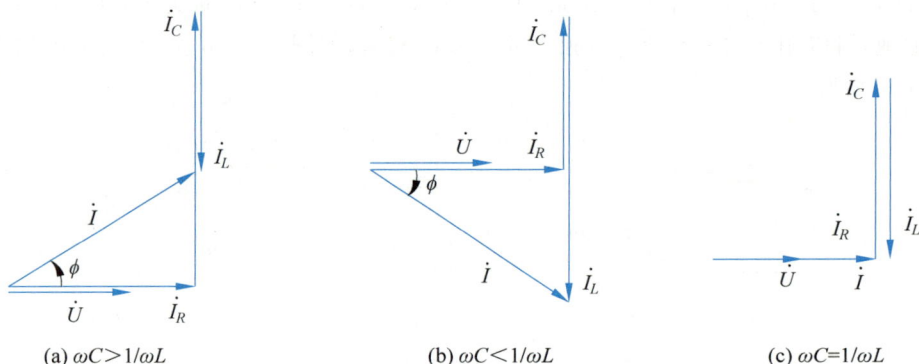

(a) $\omega C > 1/\omega L$　　(b) $\omega C < 1/\omega L$　　(c) $\omega C = 1/\omega L$

图 6.2.18　$RLC$ 并联电路中的电压、电流相量图

类似地，我们可以把上面这个简单且重要的例子推广开来，对于一个不含独立源一端口网络来说，如果其入端导纳的虚部 $B>0$，此时端口电流相位超前端口电压，从端口看，具备一定电容的特性，因此称之为容性的；如果 $B<0$，此时端口电压相位超前端口电流，从端口看，具备一定电感的特性，因此称之为感性的；如果 $B=0$，则其端口表现为一个电阻，此时电压电流同相位，会发生谐振。

如果把导纳理解为一个电导和一个电纳的并联，以此来表示图 6.2.12(a)所示电路，可以画成图 6.2.19(a)所示形式（图中用电容表示电纳），其相量图如图 6.2.19(b)所示。其中3 个电流构成了电流三角形。

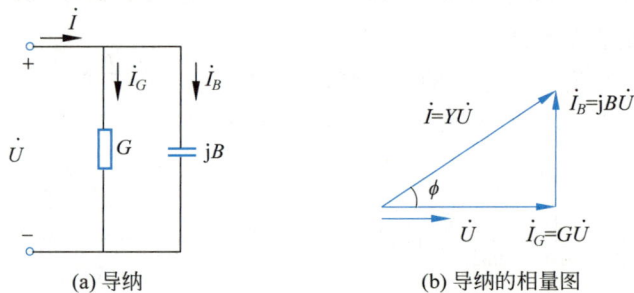

(a) 导纳　　　　　(b) 导纳的相量图

图 6.2.19　导纳及其相量图

图 6.2.19 其实就是实际电容元件在正弦稳态下的电路模型及其对应的相量图,许多企业习惯于用其损耗角的正切值表示其性能,因此电容元件品质因数 $Q_C$ 的定义为

$$Q_C = \frac{1}{\omega CR} \tag{6.2.32}$$

对比图 6.2.16(c) 和图 6.2.19(b) 可知,导纳三角形和导纳的电流三角形是相似三角形,这一特点有时有助于分析电路。

图 6.2.14、图 6.2.15、图 6.2.18 和图 6.2.19 中的几个相量图具有如下几个共同的特征:

(1) 对于一个节点来说,将所有的支路电流相量根据代数和的原则进行首尾相连,可以得到比较简洁的电流相量图。比如在图 6.2.19(a) 中有 KCL:$\dot{I}_G + \dot{I}_B = \dot{I}$,因此将 $\dot{I}_G$ 和 $\dot{I}_B$ 首尾相连,然后从获得的相量的尾向首绘制 $\dot{I}$ 即可得到图 6.2.19(b) 所示的电流三角形。

(2) 对于一个回路来说,将所有的支路电压相量根据代数和的原则进行首尾相连,可以得到比较简洁的电压相量图。比如在图 6.2.15(a) 中有 KVL:$\dot{U}_R + \dot{U}_X = \dot{U}$,因此将 $\dot{U}_R$ 和 $\dot{U}_X$ 首尾相连,然后从获得的相量的尾向首绘制 $\dot{U}$ 即可得到图 6.2.15(b) 所示的电压三角形。

(3) 对于串联电路来说,选择电流作为参考相量(角度为零)比较容易画相量图;对于并联电路来说,选择电压作为参考相量比较容易画相量图;对于串并联电路来说,选择电路末端并联支路电压作为参考相量比较容易画相量图。

(4) 绘制相量图时,某个元件上阻抗大小导致其电压和电流幅值的差异往往并不重要,重要的是由其性质导致的电压和电流的相角差异。

### 3. 引申

阻抗和导纳的概念以及阻抗的串、并联和等效变换是线性电路正弦稳态分析中的重要内容。运用相量法分析正弦稳态电路,只有在引入了阻抗和导纳以后才能充分体现出其优越性。

计算阻抗的串联和并联,在形式上与电阻的串联和并联电路相似。$n$ 个阻抗串联,其等效阻抗为

$$Z_{eq} = Z_1 + Z_2 + \cdots + Z_n \tag{6.2.33}$$

若每个阻抗两端电压的参考方向都与总电压的参考方向相同,则各个阻抗的电压分配为

$$\dot{U}_k = \frac{Z_k}{Z_{eq}} \dot{U}, \quad k = 1, 2, \cdots, n \tag{6.2.34}$$

其中,$\dot{U}$ 为 $n$ 个阻抗上的总电压,$\dot{U}_k$ 为第 $k$ 个阻抗 $Z_k$ 上的电压。

类似地,对于 $n$ 个导纳并联而成的电路,其等效导纳为

$$Y_{eq} = Y_1 + Y_2 + \cdots + Y_n \tag{6.2.35}$$

若每个导纳流过的电流参考方向都与总电流的参考方向相同,则各个导纳的电流分配为

$$\dot{I}_k = \frac{Y_k}{Y_{eq}} \dot{I}, \quad k = 1, 2, \cdots, n \tag{6.2.36}$$

式中，$\dot{I}$ 为流过 $n$ 个导纳的总电流，$\dot{I}_k$ 为第 $k$ 个导纳 $Y_k$ 上的电流。

介绍了阻抗和导纳的概念以后，可将第 1 章中讨论的二端口的电阻参数 $R$ 和电导参数 $G$ 推广应用到正弦稳态电路，相应地变成阻抗参数 $Z$ 和导纳参数 $Y$。假设正弦稳态电路中的不含独立源二端口网络 N 如图 6.2.20 所示，则端口电压、电流相量的 **Z 参数**方程和 **Y 参数**方程为

$$\begin{bmatrix} \dot{U}_1 \\ \dot{U}_2 \end{bmatrix} = \begin{bmatrix} Z_{11} & Z_{12} \\ Z_{21} & Z_{22} \end{bmatrix} \begin{bmatrix} \dot{I}_1 \\ \dot{I}_2 \end{bmatrix}, \quad \begin{bmatrix} \dot{I}_1 \\ \dot{I}_2 \end{bmatrix} = \begin{bmatrix} Y_{11} & Y_{12} \\ Y_{21} & Y_{22} \end{bmatrix} \begin{bmatrix} \dot{U}_1 \\ \dot{U}_2 \end{bmatrix} \quad (6.2.37)$$

**例 6.2.3** 求图 6.2.21 所示二端口的 $Z$ 参数。

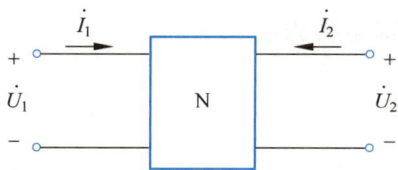

图 6.2.20 正弦交流稳态电路中的不含独立源二端口网络

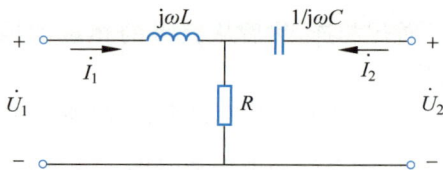

图 6.2.21 例 6.2.3 图

**解** 直接写出端口的电压电流关系式，从而得出 $Z$ 参数。由图知

$$\dot{U}_1 = j\omega L \dot{I}_1 + (\dot{I}_1 + \dot{I}_2)R = (j\omega L + R)\dot{I}_1 + R\dot{I}_2$$

$$\dot{U}_2 = \frac{1}{j\omega C}\dot{I}_2 + (\dot{I}_1 + \dot{I}_2)R = R\dot{I}_1 + \left(\frac{1}{j\omega C} + R\right)\dot{I}_2$$

$Z$ 参数矩阵为

$$\boldsymbol{Z} = \begin{bmatrix} R + j\omega L & R \\ R & \dfrac{1}{j\omega C} + R \end{bmatrix}$$

知识点98练习题和讨论

显然，这是一个互易二端口网络。

## 6.2.3 相量法

用相量法分析正弦稳态电路的一般步骤如下：

知识点99

（1）建立正弦稳态电路的相量模型（频域模型）。它和原电路的时域模型具有相同的拓扑结构，但电路中的所有 $R$、$L$、$C$ 用其阻抗（或导纳）来表示，电压、电流都用相应的相量形式来表示。

（2）应用相量形式的欧姆定律和基尔霍夫定律建立描述电路的相量方程，这些方程都是复系数的代数方程。

（3）解方程，得到电压相量和电流相量。如果需要，再写出所求电压电流的瞬时值表达式，它们是与激励频率相同的正弦量。

**例 6.2.4** 图 6.2.22 所示 $RC$ 电路中，$u_S = 5\sqrt{2}\sin(2\pi f t)\,\text{V}$，$R = 40\,\Omega$，$C = 5\,\mu\text{F}$，分别求 $f = 100\,\text{Hz}$ 和 $f = 10\,\text{kHz}$ 时稳态电路中的 $i$、$u_R$ 和 $u_C$。

**解** （1）$f=100\,\text{Hz}$

电阻的阻抗 $Z_R=R=40\,\Omega$，电容的阻抗

$$Z_C=\frac{1}{\text{j}\omega C}=\frac{1}{\text{j}\times 2\pi\times 100\times 5\times 10^{-6}}\Omega=-\text{j}318.31\,\Omega$$

因此，原电路的相量模型如图 6.2.23 所示。其中，电压、电流用相量形式表示，电阻、电容分别用各自的阻抗表示。

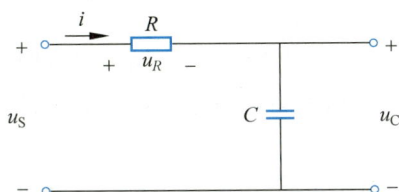

图 6.2.22　例 6.2.4 电路图

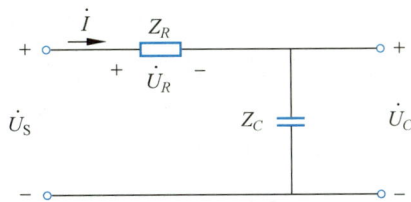

图 6.2.23　图 6.2.22 所示电路的相量域模型

由图可知，激励端口的入端阻抗为

$$Z=Z_R+Z_C=(40-\text{j}318.31)\,\Omega$$

电流、电阻电压及电容电压分别为

$$\dot{I}=\frac{\dot{U}_\text{S}}{Z}=\frac{5\angle 0^\circ}{40-\text{j}318.31}\text{A}=1.56\times 10^{-2}\angle 82.8^\circ\text{A}$$

$$\dot{U}_R=\dot{I}Z_R=0.62\angle 82.8^\circ\text{V}$$

$$\dot{U}_C=\dot{I}Z_C=4.96\angle -7.16^\circ\text{V}$$

响应的时域表达式分别为

$$i=1.56\sqrt{2}\sin(200\pi t+82.8^\circ)\times 10^{-2}\text{A}$$

$$u_R=0.62\sqrt{2}\sin(200\pi t+82.8^\circ)\text{V}$$

$$u_C=4.96\sqrt{2}\sin(200\pi t-7.16^\circ)\text{V}$$

计算结果表明：输出信号 $u_C$ 的幅值几乎与输入信号相等，$u_C$ 有很小的相移。

（2）$f=10\,\text{kHz}$

图 6.2.23 中，电阻的阻抗 $Z_R=R=40\,\Omega$，保持不变。电容的阻抗

$$Z_C=\frac{1}{\text{j}\omega C}=\frac{1}{\text{j}\times 2\pi\times 10^4\times 5\times 10^{-6}}\Omega=-\text{j}3.183\,\Omega$$

则激励端口的入端阻抗为

$$Z=Z_R+Z_C=(40-\text{j}3.183)\,\Omega$$

电流、电阻电压及电容电压分别为

$$\dot{I}=\frac{\dot{U}_\text{S}}{Z}=\frac{5\angle 0^\circ}{40-\text{j}3.183}\text{A}=0.125\angle 4.55^\circ\text{A}$$

$$\dot{U}_R=\dot{I}Z_R=4.98\angle 4.55^\circ\text{V}$$

$$\dot{U}_C=\dot{I}Z_C=0.397\angle -85.45^\circ\text{V}$$

响应的时域表达式分别为

$$i = 0.125\sqrt{2}\sin(2\pi \times 10^4 t + 4.55°)\text{A}$$

$$u_R = 4.98\sqrt{2}\sin(2\pi \times 10^4 t + 4.55°)\text{V}$$

$$u_C = 0.397\sqrt{2}\sin(2\pi \times 10^4 t - 85.45°)\text{V}$$

计算结果表明：输出电压 $u_C$ 幅值几乎衰减为零，而且 $u_C$ 出现了很大的相移。这是由于电容阻抗随频率变化的缘故。当 $\omega = 0$，即直流时，电容相当于开路，输入信号完全加到输出端；当 $\omega \to \infty$ 时，电容相当于短路，输出幅值为 0，相移近于 90°。

将图 6.2.23 的左侧端口视为信号输入端口，右侧视为输出端口，上面的计算结果说明该电路具有使得低频信号的幅值和相位几乎无损地传输，但使得高频信号剧烈衰减的特性。在 7.1 节中，称该电路为低通滤波器。

**例 6.2.5** 图 6.2.24 所示 $RLC$ 串联电路中，$u_S = 50\sqrt{2}\sin(1000t + 30°)\text{V}$，$R = 10\Omega$，$L = 10\text{mH}$，$C = 50\mu\text{F}$，求稳态电流 $i(t)$ 和稳态电压 $u_R(t)$、$u_L(t)$ 和 $u_C(t)$。

**解** 运用相量法分析正弦稳态电路。作出原电路的相量模型如图 6.2.25 所示。其中

$$\dot{U}_S = 50\angle 30°\text{V}$$

$$X_L = \omega L = 1000 \times 10 \times 10^{-3}\Omega = 10\Omega$$

$$X_C = -\frac{1}{\omega C} = -\frac{1}{1000 \times 50 \times 10^{-6}}\Omega = -20\Omega$$

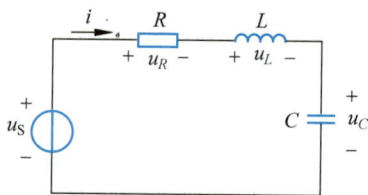

图 6.2.24 例 6.2.5 电路图　　　图 6.2.25 图 6.2.24 所示电路的相量模型

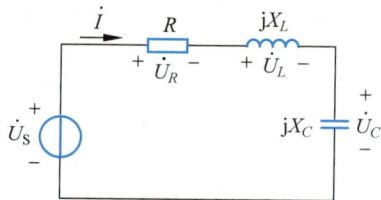

求解图 6.2.25 所示电路，得

$$\dot{I} = \frac{\dot{U}}{R + jX_L + jX_C} = \frac{50\angle 30°}{10 + j10 - j20}\text{A} = 3.54\angle 75°\text{A}$$

$$\dot{U}_R = \dot{I}R = 35.4\angle 75°\text{V}$$

$$\dot{U}_L = \dot{I} \times jX_L = 35.4\angle 165°\text{V}$$

$$\dot{U}_C = \dot{I} \times jX_C = 70.7\angle -15°\text{V}$$

根据求得的相量，写出相应的正弦时间函数：

$$i(t) = 5\sin(1000t + 75°)\text{A}$$

$$u_R(t) = 50\sin(1000t + 75°)\text{V}$$

$$u_L(t) = 50\sin(1000t + 165°)\text{V}$$

$$u_C(t) = 100\sin(1000t - 15°)\text{V}$$

注意：从结果可以看出，电容电压的幅值比电源电压的幅值还要大，即串联电路分电压幅值大于总电压幅值。这是正弦稳态电路特有的一种现象，7.2 节中对此还将详细讨论。

例 6.2.4 和例 6.2.5 均给出了激励的时域表达式，因此就确定了各个相量的初相角。有时题目并没有给出初相角。如果例 6.2.5 中只给出 $U_S = 50\text{V}$，其角频率为 $1000\text{rad/s}$ 就是这种情况，此时可以设激励的初相角为 $0°$，即可进行分析。当然这样得到的所有支路量与例 6.2.5 相差 $30°$，这只是对正弦稳态选取不同的零时刻所带来的差异而已，并不影响电路分析的结果。

电阻电路分析中采用的节点电压法和回路电流法在正弦稳态电路分析中仍然适用，只是要注意此时的节点电压和回路电流都是相应的相量，所有的 $R$、$L$、$C$ 都用阻抗形式表示。

**例 6.2.6** 列写图 6.2.26 所示电路的回路电流方程。

**解** 选择一组独立回路如图 6.2.26 所示，其回路电流方程为

$$\left.\begin{array}{l} \dot{I}_1 = -\dot{I}_S \\ \left(\mathrm{j}\omega L_2 + \dfrac{1}{\mathrm{j}\omega C}\right)\dot{I}_2 - \dfrac{1}{\mathrm{j}\omega C}\dot{I}_1 = \dot{U}_S \\ (R + \mathrm{j}\omega L_1)\dot{I}_3 + \mathrm{j}\omega L_1 \dot{I}_1 = \dot{U}_S \end{array}\right\}$$

前面的各个例题分析均为所谓"正问题"，即给出激励和元件参数，求某支路量。实际电路分析中也存在所谓"逆问题"，即给出部分激励、元件参数和支路量，求其他元件参数和支路量。

**例 6.2.7** 图 6.2.27 所示电路中，虚线框对应着一个电感线圈的模型。已知 $U = 115\text{V}$，$U_1 = 55.4\text{V}$，$U_2 = 80\text{V}$，$R_1 = 32\Omega$，$f = 50\text{Hz}$。求电感线圈模型中的电阻 $R_2$ 和电感 $L_2$。

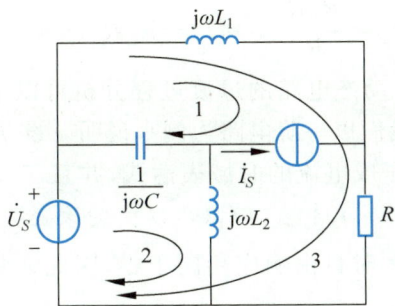

图 6.2.26　例 6.2.6 电路

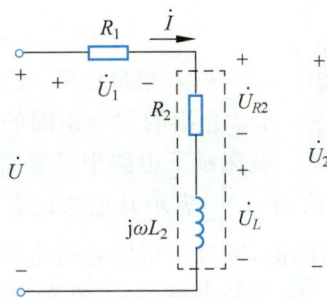

图 6.2.27　例 6.2.7 电路

**解** 可以将电阻 $R_2$ 和电感 $L_2$ 设为未知数，根据电阻 $R_1$、电感参数 $R_2$ 和 $L_2$ 以及整个电路的阻抗对应的欧姆定律列写两个独立方程，即可求解。但这需要求解二元二次代数方程组。下面我们画相量图求解，以电流为参考相量，可以得到如图 6.2.28 所示的相量图。

根据余弦定理易知

$$U^2 = U_1^2 + U_2^2 - 2U_1 U_2 \cos\varphi$$

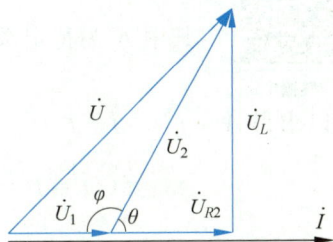

图 6.2.28　图 6.2.27 所示电路对应的相量图

可以求出 $\varphi=115.1°$，即有 $\theta=64.9°$。由此可得

$$U_L = U_2\sin\theta = 72.45\text{V}$$

$$U_R = U_2\cos\theta = 33.94\text{V}$$

在电阻 $R_1$ 上有 $I=U_1/R_1=1.731\text{A}$，于是可以根据模型上的欧姆定律分别求出 $R_2=U_{R2}/I=19.6\Omega$，$L_2=U_{L2}/(\omega I)=0.133\text{H}$。

大多数情况下，对于"逆问题"来说，画出相量图，找到相量之间的几何关系后用几何方法求解，比直接列高次方程用代数方法求解更为简便，而且分析过程更能体现电路的物理本质。

下面介绍交流电桥。桥路各臂都由阻抗组成，并且由交流电源供电的电桥就称为交流电桥。交流电桥主要用于测量元件参数（$R$、$L$、$C$ 等）、元件残量（时间常数 $\tau$、介质损耗角 $\tan\delta$ 等）以及频率、磁性材料的参数和损耗等[1]。由于交流电桥需满足两个条件才能实现平衡状态，因此交流电桥在调平衡时至少要调节两个可变参数，而且在接近平衡点的过程中常常需要反复调节。

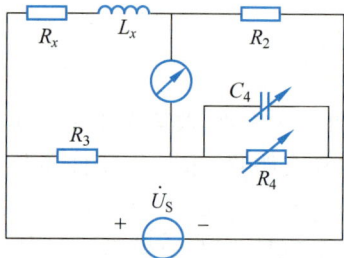

**图 6.2.29** 利用交流电桥测量阻抗的电路

**例 6.2.8** 图 6.2.29 所示电路是一个麦克斯韦（Maxwell）交流电桥，其中 $C_4$ 和 $R_4$ 组成标准电容箱的模型，$L_x$、$R_x$ 为待测电感线圈的参数，可调量是 $C_4$、$R_4$。当检流计读数为零时，称交流电桥平衡。求待测参数 $R_x$ 和 $L_x$。

**解** 当电桥平衡时，有

$$R_2R_3 = (R_x + \text{j}\omega L_x)\frac{R_4 \times 1/\text{j}\omega C_4}{R_4 + 1/\text{j}\omega C_4}$$

上式实部、虚部分别相等，则

$$R_x = \frac{R_2R_3}{R_4}, \quad L_x = R_2R_3C_4$$

引入相量法后，正弦激励作用下动态电路的过渡过程分析可以采用与第 4 章介绍的完全相同的方法。下面我们以一阶电路为例来说明。设 $f(t)$ 为正弦激励下电路中任意待求支路的电压或电流的时域表达式，并且 $f(0^+)$ 设表示其初始值，$f_t(\infty)$ 表示其正弦稳态的时域表达式 $f(t)|_{t\to\infty}$，$f_t(\infty)|_{0^+}$ 为该表达式在 $t=0^+$ 时刻的取值，则对于正值时间常数 $\tau$ 来说，$t\to\infty$ 时自由响应趋向于零，因此强制响应即为稳态响应，三要素法依然适用，设

$$f(t) = f_t(\infty) + A\text{e}^{-\frac{t}{\tau}}, \quad t \geqslant 0$$

其中 $A$ 为待定系数，则代入初值可得

$$f(0^+) = f_t(\infty)|_{0^+} + A$$

可以求得 $A=f(0^+)-f_t(\infty)|_{0^+}$，从而获得任意支路量的三要素解表达式为

$$f(t) = f_t(\infty) + (f(0^+) - f_t(\infty)|_{0^+})\text{e}^{-\frac{t}{\tau}}, \quad t \geqslant 0 \tag{6.2.38}$$

其他交流电桥

回转器电路

---

[1] 参见参考文献[11]。

**例 6.2.9**  图 6.2.30 所示电路中电感无初始储能，开关 S 于 0 时刻闭合，$u_S = U_m \sin(\omega t + \psi_u)$，求换路后的电流 $i(t)$。

**解**  画出换路后正弦稳态下的电路如图 6.2.31 所示。

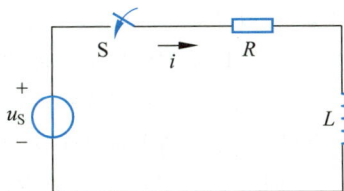

图 6.2.30  例 6.2.9 电路

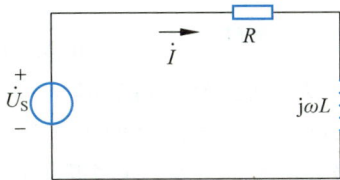

图 6.2.31  图 6.2.30 所示电路对应的正弦稳态电路

根据前面介绍的相量法易知

$$\dot{I} = \frac{\dot{U}_S}{R + j\omega L} = \frac{\frac{U_m}{\sqrt{2}} \angle \psi_u}{\sqrt{R^2 + (\omega L)^2} \angle \arctan \frac{\omega L}{R}}$$

令 $I = \dfrac{\frac{U_m}{\sqrt{2}}}{\sqrt{R^2 + (\omega L)^2}}$，$\varphi = \arctan \dfrac{\omega L}{R}$，则有

$$i_t(\infty) = \sqrt{2}\, I \sin(\omega t + \psi_u - \varphi)$$

可以知道 $i_t(\infty)\big|_{0^+} = \sqrt{2}\, I \sin(\psi_u - \varphi)$，再根据电感零状态条件可知 $i(0^+) = 0$，$\tau = L/R$，代入式(6.2.38)可得

$$i(t) = \sqrt{2}\, I \sin(\omega t + \psi_u - \varphi) - \sqrt{2}\, I \sin(\psi_u - \varphi) e^{-\frac{R}{L}t}, \quad t \geqslant 0 \qquad (6.2.39)$$

# 6.3  正弦稳态电路的功率

6.2 节讨论了正弦激励下线性动态电路的稳态分析问题，本节介绍这种场景下功率的定义、计算和测量。在直流激励作用下，电阻电路的功率是一个数值；而在正弦激励作用下，动态电路的功率是一个时间的函数，需要用一些特征量对其进行描述，因此本节将引入若干功率的定义。

## 6.3.1  正弦稳态电路中功率的定义和测量

### 1. 瞬时功率

图 6.3.1 所示一端口网络内可包含同频正弦独立源、线性受控源、线性电阻、线性电容和线性电感元件。不失一般性，可以设 $u(t) = \sqrt{2}\, U \sin \omega t$，$i(t) = \sqrt{2}\, I \sin(\omega t - \varphi)$。由于端口内可以包括电源，且 $-180° \leqslant \varphi \leqslant 180°$，则在图示关联参考方向下，该一端口在任一时刻吸收的功率 $p$（称为**瞬时功率**）可表示为端口电压 $u$ 和电路 $i$ 的乘积，即

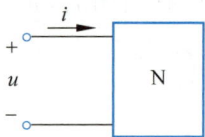
图 6.3.1 一端口网络

$$p(t)=u(t)i(t)$$
$$=\sqrt{2}U\sin\omega t\cdot\sqrt{2}I\sin(\omega t-\varphi)$$
$$=2UI\sin^2\omega t\cos\varphi-2UI\sin\omega t\cos\omega t\sin\varphi$$
$$=UI\cos\varphi(1-\cos2\omega t)-UI\sin\varphi\sin2\omega t \quad (6.3.1)$$

式（6.3.1）表明，正弦稳态下一端口网络吸收的瞬时功率为时间的函数。该表达式分为两个部分，第一部分 $UI\cos\varphi(1-\cos2\omega t)$ 不会改变符号，第二部分 $UI\sin\varphi\sin2\omega t$ 正负交替。这两个部分的频率均为激励频率的 2 倍。随着时间的变化，该一端口网络吸收的瞬时功率 $p(t)$ 既可以为正，也可以为负。在图 6.3.1 所示参考方向下，若 $p(t)>0$，表明该一端口网络从外部电路吸收能量；若 $p(t)<0$，则表明该一端口网络在向外部电路输出能量。换句话说，该一端口网络与外部电路之间存在能量交换。

瞬时功率的定义是广泛适用的。为了分析简便起见，在本节后面的讨论中，除非特别指出，我们均假设图 6.3.1 所示一端口网络内部没有独立源，且其戴维南等效阻抗的实部为正值。

如果一端口网络内只有电阻，其端口等效电阻为 $R$，则 $\varphi=0°$；设 $u(t)=\sqrt{2}U\sin\omega t$，有 $i(t)=\sqrt{2}\dfrac{U}{R}\sin\omega t=\sqrt{2}I\sin\omega t$，于是式（6.3.1）的第二项为零，第一项退化为

$$p_R(t)=UI(1-\cos2\omega t) \quad (6.3.2)$$

如果一端口网络内只有电容或电感，其端口等效电抗为 $jX$（$X$ 可正可负），则 $\varphi=\pm90°$，设 $u(t)=\sqrt{2}U\sin(\omega t)$，有 $i(t)=\sqrt{2}\dfrac{U}{|X|}\sin(\omega t\pm90°)=\sqrt{2}I\sin(\omega t\pm90°)$，于是式（6.3.1）的第一项为零，第二项退化为

$$p_X(t)=\pm UI\sin2\omega t \quad (6.3.3)$$

虽然式（6.3.1）表征了关于瞬时功率的所有信息，但是人们更习惯于用该函数的一些特征常数来表征它在某些方面的特征，于是就有了关于正弦稳态下功率的各种定义。

## 2. 平均功率和有功功率

对式（6.3.1）在激励函数的一个周期内取平均值就得到该式的一种特征量，即平均功率（average power）。

$$P=\frac{1}{T}\int_0^T u(t)i(t)\mathrm{d}t$$
$$=\frac{1}{T}\int_0^T[UI\cos\varphi(1-\cos2\omega t)-UI\sin\varphi\sin2\omega t]\mathrm{d}t \quad (6.3.4)$$
$$=UI\cos\varphi$$

容易知道，如果一端口网络内部只有电阻，则对式（6.3.2）进行积分可以得到 $P_R=UI$；如果一端口网络内部只有电抗，则对式（6.3.3）进行积分可以得到 $P_X=0$。这说明从平均功率的角度来说，电阻的功率定义式与直流时的定义一致，电容和电感不吸收平均功率。

式（6.3.1）中，$\varphi$ 定义为端口上电压相量与电流相量的相位差角。当一端口网络不含独立源时，可以用阻抗 $Z=R+jX$ 对图 6.3.1 所示的一端口网络进行等效，可知 $\varphi$ 同时也是阻抗角，即 $\varphi=\arctan X/R$。根据式（6.3.4）可知

$$P = UI\cos\varphi = |Z| I \cdot I\cos\varphi = I^2 |Z|\cos\varphi = I^2 R \qquad (6.3.5)$$

即平均功率是一端口网络等效阻抗中电阻上消耗的功率,这可以视为这一表达式的物理含义。在人们利用正弦激励进行能量和信号处理的早期,主要的负载是电阻,而平均功率仅施加在电阻上,因此习惯于将这种功率称作有用的功率,简称**有功功率**(active power)。

在直流电路中,可以分别测量元件或一端口网络的电压 $U$ 和电流 $I$,求二者的乘积,即为该元件或一端口网络吸收或发出的功率。但是在正弦稳态下,还需要知道电压 $\dot{U}$ 和电流 $\dot{I}$ 之间的相位差 $\varphi$ 才能根据式(6.3.4)求出有功功率。为此,人们设计了一种仪表,可以同时测量电压有效值 $U$、电流有效值 $I$ 和电压 $\dot{U}$ 和电流 $\dot{I}$ 之间的相位差 $\varphi = \psi_u - \psi_i$,并且给出相应的数值 $UI\cos\varphi$。这种仪表叫作**功率表**。功率表具有 4 个接线端。其电路符号如图 6.3.2(a)所示。其中端钮 1 和 2 用于测量电流 $\dot{I}$,端钮 3 和 4 用于测量电压 $\dot{U}$。为了简明起见,经常用图 6.3.2(b)来表示电流 $\dot{I}$ 的参考方向从标有" * "端流向另一端,电压 $\dot{U}$ 的参考方向的正极在标有"Δ"的端子上。在图 6.3.2 所示参考方向下,功率表的读数为 $UI\cos(\psi_u - \psi_i)$。

类似于电压表和电流表,功率表也有量程,只不过功率表同时在电压、电流和功率 3 个方面均有量程。

需要指出,功率表读数本身没有物理含义,它只是能够提供 $UI\cos\varphi$ 数值的一个仪表,该数值具有的物理含义由接线方式来确定。

用功率表测量一端口网络 N 吸收的有功功率的接线图如图 6.3.3 所示。图中所示电路中端口电压、电流为关联参考方向,功率表电压端对和电流端对分别测量的是端口的电压 $\dot{U}$ 和电流 $\dot{I}$。根据功率表的工作原理,其读数为 $UI\cos(\psi_u - \psi_i)$,即为一端口网络吸收的有功功率。读者可据此类推,画出用功率表测量一端口网络发出有功功率的接线图。

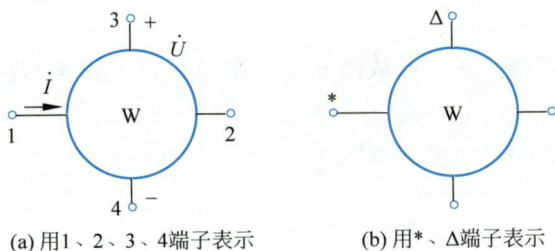

(a)用1、2、3、4端子表示　　　(b)用*、Δ端子表示

图 6.3.2　功率表的电路符号

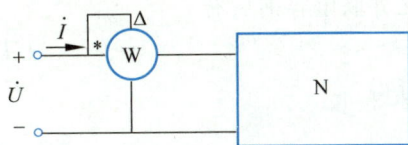

图 6.3.3　用功率表测量一端口网络
　　　　　　　吸收有功功率的接线图

根据式(6.3.4)可以从功率的角度进一步讨论 $\varphi$。对于给定的网络来说,$\lambda = \cos\varphi$ 是一个确定的数值,通常称为**功率因数**,因此 $\varphi = \psi_u - \psi_i$ 也称为**功率因数角**。

根据前面的讨论已知,对于纯电阻网络来说,功率因数 $\cos\varphi = 1$;对于纯电抗网络来说,$\cos\varphi = 0$;对于一般的阻抗网络来说,$0 \leqslant \cos\varphi \leqslant 1$。

由于 $\cos\varphi$ 的数值本身无法区分感性或容性,因此需要进一步描述清楚。如果该网络为感性,则其电抗部分 $X > 0$,$\varphi > 0$,除了给出 $\cos\varphi$ 的数值外,还需要说明这是个(电流)**滞后**(电压)的功率因数;如果该网络为容性的,则其电抗部分 $X < 0$,$\varphi < 0$,除了给出 $\cos\varphi$ 的数

值外，还需要说明这是个(电流)超前(电压)的功率因数。

　　每个负载都有事先设计好的工作电压，称为额定电压。在其上施加额定电压时其吸收额定功率。对于一个负载来说，设其额定电压有效值为 10V，额定功率为 10W，则如果负载的 $\cos\varphi=1$，则流入该负载端口的电流有效值为 1A；如果 $\cos\varphi=0.5$，则流入该负载端口的电流有效值为 2A；如果 $\cos\varphi=0.1$，则流入该负载端口的电流有效值为 10A。也就是说，负载的功率因数越低，在获得相同有功功率的时候，需要电源对其提供电流的有效值越高。这一方面增加了电源的负担，另一方面更高的电流也导致传输线路上更大的损耗。在实际用电设备中，大部分负载都是感性负载(功率因数滞后)。例如异步电动机，它的功率因数很低，工作时一般在 0.75～0.85，轻载或空载时甚至可能低于 0.5。因此需要在负载侧提高功率因数。

　　提高负载的功率因数可以从两个方面着手：①对用电设备加以改进，提高其功率因数，但这种做法周期长、投资大、技术难度高；②另一种简单可行的方法就是在感性用电设备上并联电容以提高负载整体的功率因数，从而提高电源的利用率。下面举例说明。

　　例 6.3.1　　图 6.3.4 所示电路中，负载的端电压有效值为 $U$，功率为 $P$，功率因数为 $\cos\varphi_1$(滞后)。为了使电路的功率因数提高到 $\cos\varphi_2$(滞后)，需要并联多大的电容(设电源角频率为 $\omega$)？

　　解　　以电源电压为参考相量，画出图 6.3.4 所示电路的相量图，如图 6.3.5 所示。

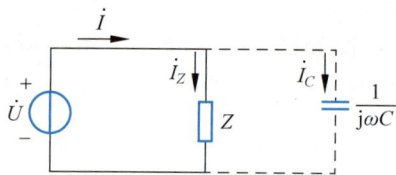

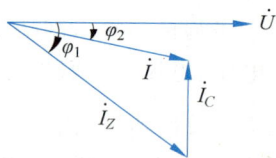

图 6.3.4　例 6.3.1 图　　　　　　　图 6.3.5　图 6.3.4 所示电路的相量图

　　并联的电容对电路中的有功功率没有影响(这一点从图 6.3.5 中也可以看出来)，因此在并联电容前后有

$$UI_Z\cos\varphi_1=UI\cos\varphi_2=P$$

可得

$$I_Z=\frac{P}{U\cos\varphi_1},\quad I=\frac{P}{U\cos\varphi_2}$$

根据图 6.3.5 可知，流过电容的电流

$$I_C=I_Z\sin\varphi_1-I\sin\varphi_2=\frac{P}{U}(\tan\varphi_1-\tan\varphi_2)$$

又

$$I_C=\omega CU$$

因此，需要并联的电容为

$$C=\frac{I_C}{\omega U}=\frac{P}{\omega U^2}(\tan\varphi_1-\tan\varphi_2)\tag{6.3.6}$$

　　由图 6.3.5 可以看出：当 $I_C=I_Z\sin\varphi_1$ 时，则补偿后电源的电压电流同相，功率因数为

1。若再增大电容,功率因数反而减小。一般实际应用中通过并联电容提高功率因数时,要考虑投资带来的性价比,往往不必将功率因数提高到1,更不会过补偿,将之变成超前的容性功率因数。通常提高到0.9(滞后)左右即可。

### 3. 无功功率

式(6.3.1)等号右侧第一项非负部分的平均值为一端口网络吸收的平均功率,即该网络等效阻抗中实部电阻吸收的功率。式(6.3.1)等号右侧第二项正负交替变化,表明能量在外电路与一端口网络之间进行反复交换。我们用式(6.3.1)等号右侧第二项的最大值来表示这种交换的强度,即定义

$$Q = UI \sin\varphi \tag{6.3.7}$$

为**无功功率**(reactive power)。

容易知道,如果一端口网络内部只有电阻,则由式(6.3.7)可知 $Q_R = 0$,即电阻始终不吸收或发出无功功率;如果一端口网络内部只有电感,则由式(6.3.7)可知 $Q_L > 0$,即电感始终吸收无功功率;如果一端口网络内部只有电容,则由式(6.3.7)可知 $Q_C < 0$,即电容始终发出无功功率,因此电容可以视作无功功率源。

类似地,可以用阻抗 $Z = R + jX$ 对图 6.3.1 所示的一端口网络进行等效,可知 $\varphi$ 同时也是阻抗角,即 $\varphi = \arctan X/R$。根据式(6.3.4)可知

$$Q = UI \sin\varphi = |Z| I \cdot I \sin\varphi = I^2 |Z| \sin\varphi = I^2 X \tag{6.3.8}$$

即无功功率总是与一端口网络等效阻抗中的电抗有关。基于类似的原因,人们在早期认为与电抗相关的功率都是无用的功率,因此称为无功功率。

弄清了有功功率和无功功率的概念,可以帮助我们更好地理解式(6.3.1),将其重写为

$$p(t) = UI \cos\varphi(1 - \cos 2\omega t) - UI \sin\varphi \sin 2\omega t \tag{6.3.9}$$

根据前面的讨论可知,有功功率反映的是等号右侧第一项的平均值(同时也是整个瞬时功率 $p$ 的平均值),是一端口网络等效阻抗中电阻部分消耗的功率;等号右侧第二项的最大值是一端口网络等效阻抗中电抗部分消耗的功率,考虑到功率与能量的微分关系,可以得出结论:无功功率的物理含义是阻抗中电抗部分能量交换的最大速率。

前面讨论的功率因数过低需要补偿的情况,也可以在介绍无功功率后再进行进一步的讨论。对于某种功率因数 $\cos\varphi$ 比较低的感性负载来说,$\varphi$ 的数值比较大,它需要吸收较多的无功功率。如果我们能在它的附近并联适合值的电容,就相当于就地给它提供了一些无功功率,电源对其提供的无功功率就可以降低,对电源的容量需求就降低了。这种方法也称为无功功率的**就地补偿**。

### 4. 视在功率

根据有功功率的定义式 $P = UI \cos\varphi$ 和无功功率的定义式 $Q = UI \sin\varphi$,很容易分别将其想象为直角三角形的两条直角边,于是其斜边就自然被定义为**视在功率**,即

$$S = UI \tag{6.3.10}$$

相应地,也可得如图 6.3.6 所示的**功率三角形**。

如果用阻抗来表示一端口网络,则对比图 6.2.12(c)、

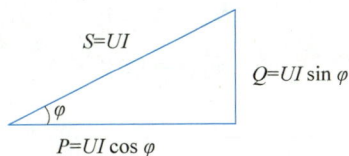

图 6.3.6　功率三角形

325

图 6.2.15(b)和图 6.3.6 可知,阻抗三角形、电压三角形和功率三角形是相似三角形。

视在功率本身并没有明确的物理含义。不过人们一般习惯于用视在功率来描绘一个电力设备的容量,因为无论何种设备,其吸收或发出的有功功率和无功功率的最大值就是 $S$。

有了视在功率的概念,还可以再次讨论功率因数,根据式(6.3.4)和式(6.3.10)可知

$$\lambda = \cos\varphi = \frac{P}{S} \tag{6.3.11}$$

### 5. 复数功率

对于图 6.3.1 所示一端口网络来说,不失一般性,我们可以设 $u(t) = \sqrt{2}\,U\sin(\omega t + \varphi_u)$, $i(t) = \sqrt{2}\,I\sin(\omega t + \varphi_i)$,讨论一般性情况,$-180° \leqslant \varphi = \varphi_u - \varphi_i \leqslant 180°$。我们可以定义复数

$$
\begin{aligned}
\bar{S} &= \dot{U}\dot{I}^* \\
&= U\angle\varphi_u \, I\angle -\varphi_i \\
&= UI\angle \varphi_u - \varphi_i \\
&= UI\angle\varphi \\
&= UI\cos\varphi + jUI\sin\varphi
\end{aligned}
\tag{6.3.12}
$$

为该一端口网络吸收的**复数功率**,其实部为有功功率,虚部为无功功率。式(6.3.12)中 $\dot{I}^*$ 表示 $\dot{I}$ 的共轭。复数功率也可简称为复功率。

类似于视在功率,复数功率本身也没有物理含义,但其实部和虚部有各自的物理含义。

瞬时功率、有功功率、无功功率、视在功率和复数功率均具有功率的量纲,为便于区分,规定瞬时功率和有功功率的单位为 W,无功功率的单位为 var(乏)[①],视在功率和复数功率的单位为 V·A。

不难证明,瞬时功率、有功功率、无功功率和复数功率都是守恒的,但是视在功率不守恒。

**例 6.3.2** 图 6.3.7 所示为正弦稳态电路,求各支路的复数功率。

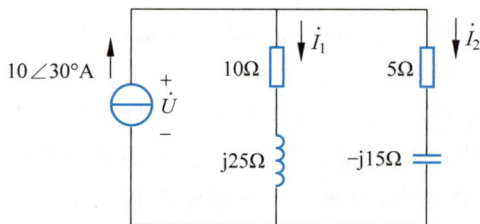

图 6.3.7  例 6.3.2 图

**解** 根据两阻抗并联分流规律可知

$$
\begin{aligned}
\dot{I}_1 &= 10\angle 30° \times \frac{5 - j15}{10 + j25 + 5 - j15}\text{A} \\
&= 8.77\angle -75.3°\text{A}
\end{aligned}
$$

根据 KCL 可知

$$\dot{I}_2 = \dot{I}_S - \dot{I}_1 = 14.94\angle 64.5°\text{A}$$

根据欧姆定律可知

$$\dot{U} = (10 + j25) \times 8.77\angle -75.3°\text{V} = 236\angle -7.1°\text{V}$$

根据复数功率的定义可知

$$\bar{S}_{\text{发}} = (236\angle -7.1° \times 10\angle -30°)\text{V·A} = (1882 - j1421)\text{V·A}$$

$$\bar{S}_{1\text{吸}} = (236\angle -7.1° \times 8.77\angle 75.3°)\text{V·A} = (769 + j1923)\text{V·A}$$

$$\bar{S}_{2\text{吸}} = (236\angle -7.1° \times 14.94\angle -64.5°)\text{V·A} = (1116 - j3348)\text{V·A}$$

---

① voltage ampere reactive 的首字母缩写。

本例的数值结果也验证了**有功功率守恒**、**无功功率守恒**和**复数功率守恒**的规律。

电压相量、电流相量、阻抗、导纳和复数功率均为复数,但是它们习惯的表达方式却不尽相同。电压和电流相量经常用模-相角的方式来表示,因为模即为对应正弦量的有效值,相角即为对应正弦量的初相角。对于阻抗/导纳,如果用模-相角的方式来表示,则模对应阻抗/导纳的幅值,相角对应阻抗角/导纳角;如果用实部-虚部的方式来表示,则实部表示电阻/电导,虚部表示电抗/电纳。对阻抗/导纳来说,实部-虚部的方式更常用。复数功率经常用实部-虚部的方式来表示,因为实部即为有功功率,虚部即为无功功率。因此,常用什么方式来表示主要取决于这种方式是否有明确的物理意义。

知识点100练习题
和讨论

## 6.3.2　正弦稳态电路中的最大功率传输定理

当含独立源的一端口向终端负载传输功率时,如果传输的功率很小(如通信系统、电子电路),不考虑传输效率时,常常要求能使负载从给定信号源中获得最大功率。在电阻电路中,负载电阻如何获得最大功率的问题已经在第1章中讨论过。本节讨论在正弦稳态电路中,负载阻抗从给定电源中获得最大(有功)功率的条件。

知识点101

图 6.3.8(a)所示电路中,含独立源的一端口向负载阻抗 $Z$ 传输功率,根据戴维南定理,可以将其等效为图 6.3.8(b)所示电路进行研究。其中,$Z_S = R_S + jX_S$,为等效电源阻抗;$Z = R + jX$,为负载阻抗。

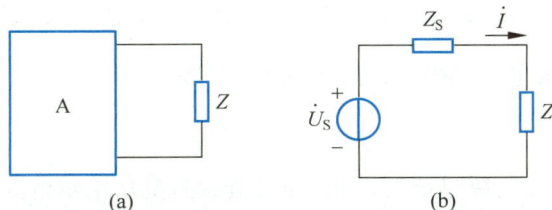

(a) (b)

图 6.3.8　正弦稳态电路中的最大功率传输定理

此电路中流过的电流相量为

$$\dot{I} = \frac{\dot{U}_S}{Z_S + Z} = \frac{\dot{U}_S}{(R_S + R) + j(X_S + X)}$$

电流的有效值为

$$I = \frac{U_S}{\sqrt{(R_S + R)^2 + (X_S + X)^2}}$$

因此,负载吸收的有功功率为

$$P = I^2 R = \frac{U_S^2 R}{(R + R_S)^2 + (X + X_S)^2}$$

根据负载阻抗的不同,分三种情况进行讨论。

(1)只有负载阻抗的虚部可以改变。

显然,当 $X + X_S = 0$ 时,负载从给定电源中获得最大功率,即

$$P_{\max} = \frac{U_S^2 R}{(R + R_S)^2}$$

（2）负载阻抗的实部和虚部都可以改变。

$R$ 和 $X$ 可以任意变动，而其他参数不变时，负载从给定电源中获得最大功率的条件为

$$\left. \begin{array}{r} X + X_S = 0 \\[2mm] \dfrac{\mathrm{d}}{\mathrm{d}R} \dfrac{U_S^2 R}{(R + R_S)^2} = 0 \end{array} \right\}$$

解得

$$R = R_S, \quad X = -X_S$$

此时，$Z = Z_S^*$，即负载阻抗与等效电源阻抗互为共轭复数，称为**最佳匹配**或**共轭匹配**。此时，负载获得的最大功率为

$$P_{\max} = \frac{U_S^2}{4R_S}$$

有功功率的传输效率为 50%。

（3）负载阻抗的模可以任意变动，但阻抗角保持不变。

设负载阻抗为

$$Z = |Z| \angle \varphi = |Z| \cos\varphi + \mathrm{j} |Z| \sin\varphi$$

负载获得的有功功率可表示为

$$P = \frac{U_S^2 |Z| \cos\varphi}{(|Z| \cos\varphi + R_S)^2 + (|Z| \sin\varphi + X_S)^2}$$

当 $\dfrac{\mathrm{d}P}{\mathrm{d}|Z|} = 0$ 时，负载从给定电源中获得最大功率，解得

$$|Z| = \sqrt{R_S^2 + X_S^2}$$

即当负载阻抗的模与等效电源阻抗的模相等时，负载阻抗从给定电源中获得最大有功功率。

上述（1）、（2）和（3）的结论就构成了正弦稳态电路中的**最大功率传输定理**，得出结论的过程就是定理的证明过程。

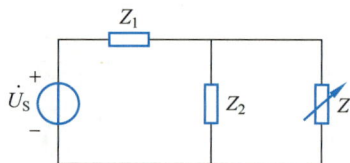

图 6.3.9    例 6.3.3 题图

**例 6.3.3**    图 6.3.9 所示电路中，$\dot{U}_S = 100\angle 30°\text{V}$，$Z_1 = 10 + \mathrm{j}20\,\Omega$，$Z_2 = 8 + \mathrm{j}12\,\Omega$。当负载 $Z$ 为多大时可以获得最大有功功率？并求此功率。

**解**    先求出除负载以外的含源一端口电路的戴维南等效电路，再根据最大功率传输条件求负载可能获得的最大功率。

开路电压

$$\dot{U}_{OC} = \frac{Z_2}{Z_1 + Z_2} \dot{U}_S = \frac{8 + \mathrm{j}12}{18 + \mathrm{j}32} \times 100\angle 30°\text{V} = 39.28\angle 25.67°\text{V}$$

等效内阻

$$Z_{eq} = \frac{Z_1 Z_2}{Z_1 + Z_2} = (4.51 + \mathrm{j}7.54)\,\Omega$$

知识点101练习题和讨论

因此,当负载 $Z = Z_{\text{eq}}^* = (4.51 - \text{j}7.54)\Omega$ 时,它获得的最大功率为

$$P_{\max} = \frac{U_{\text{OC}}^2}{4\text{Re}(Z_{\text{eq}})} = \frac{39.28^2}{4 \times 4.51}\text{W} = 85.53\text{W}$$

此时负载为第(2)种情况,可以实现最佳匹配。

# 6.4　周期性非正弦激励下动态电路的稳态分析

本章 6.2 节和 6.3 节构成了正弦激励下线性动态电路稳态分析的核心。对于具有多个正弦激励的动态电路来说,只要它们的频率相同,就可以在相量域中将其同时作为不同的独立源,然后用第 1 章和第 2 章介绍的方法求解。

当线性电路中有一个或多个同频正弦电源作用时,电路中所有的电压、电流都是同频率的正弦量。但在工程实际和日常生活中,我们经常会遇到按周期性非正弦规律变化的电源或信号。例如,通信工程中传输的各种信号绝大部分都是周期性非正弦信号;自动控制及计算机领域中常用的脉冲信号也是周期性非正弦信号。本节讨论更具有一般性的周期性非正弦激励作用下动态电路的稳态分析问题,首先应用傅里叶级数分解,将周期性非正弦激励分解为多个不同频率的激励,然后在各自频率下所对应的相量域中分别求解,最终获得支路量的有效值和平均功率。

## 6.4.1　周期性非正弦信号的傅里叶级数分解

周期信号都可以用一个周期函数来表示:

$$f(t) = f(t + kT), \quad k = 0, 1, 2, \cdots$$

其中 $T$ 称为周期函数的周期。如果周期函数 $f(t)$ 满足狄里赫利条件,那么就可以将其展开成一个收敛的傅里叶级数[①],即

$$f(t) = a_0 + \sum_{k=1}^{\infty} [a_k \cos(k\omega_1 t) + b_k \sin(k\omega_1 t)]$$

$$= a_0 + \sum_{k=1}^{\infty} c_k \sin(k\omega_1 t + \varphi_k) \tag{6.4.1}$$

式中,$a_0$ 称为周期函数的恒定分量(或直流分量),就是周期函数的平均值;$c_1 \sin(\omega_1 t + \varphi_1)$ 称为周期函数的基波分量,它的周期和频率与原周期函数的周期和频率相同;其他的频率成分依次称为 2 次谐波、3 次谐波……,它们的频率依次是原周期函数频率的 2 倍、3 倍……,统称为谐波分量。

我们可以将直流激励广义地理解为零次激励。将激励分解为各次谐波激励之和后,由于待分析的是线性电路,所以可以应用叠加定理,分别考虑各次谐波激励单独作用下电路的响应,总的响应是各次响应的时域表达式之和,总的瞬时功率是瞬时电压、电流的乘积。

知识点102

知识点102练习题和讨论

---

① 关于周期信号傅里叶级数展开的详细内容请参考附录 D。

### 6.4.2 周期电压、电流的有效值和平均功率

瞬时支路量和瞬时功率已经包含了所有信息,但是不便于工程应用,因此需要分析其特征量。

知识点103

0.4.2 小节中已经指出：任一周期电流的有效值 $I$ 定义为

$$I = \sqrt{\frac{1}{T}\int_0^T i^2(t)\,\mathrm{d}t}$$

周期性非正弦函数的有效值当然可以根据此定义式直接进行计算。下面的过程旨在说明周期性非正弦函数的有效值与其傅里叶级数（或各次谐波的有效值）之间的关系。

假设一周期非正弦电流 $i$ 可以分解为如下的傅里叶级数形式：

$$i = I_0 + \sum_{k=1}^{\infty} I_{km}\sin(k\omega_1 t + \varphi_k) \tag{6.4.2}$$

其中,$I_0$ 为直流分量；$I_{km}$ 为 $k$ 次谐波的幅值。将式(6.4.2)代入有效值的定义式,得

$$I = \sqrt{\frac{1}{T}\int_0^T \left[I_0 + \sum_{k=1}^{\infty} I_{km}\sin(k\omega_1 t + \varphi_k)\right]^2 \mathrm{d}t}$$

积分号里的平方式展开后,含有下列几项：

$$\frac{1}{T}\int_0^T I_0^2\,\mathrm{d}t = I_0^2$$

$$\frac{1}{T}\int_0^T I_{km}^2\sin^2(k\omega_1 t + \varphi_k)\,\mathrm{d}t = I_k^2$$

$$\frac{1}{T}\int_0^T 2I_0 I_{km}\sin(k\omega_1 t + \varphi_k)\,\mathrm{d}t = 0$$

$$\frac{1}{T}\int_0^T 2I_{km}\sin(k\omega_1 t + \varphi_k)I_{nm}\sin(n\omega_1 t + \varphi_n)\,\mathrm{d}t = 0, \quad k \neq n$$

其中,$I_k$ 为 $k$ 次谐波的有效值。因此,电流 $i$ 的有效值可以表示为

$$I = \sqrt{I_0^2 + I_1^2 + I_2^2 + I_3^2 + \cdots} = \sqrt{I_0^2 + \sum_{k=1}^{\infty} I_k^2} \tag{6.4.3}$$

即周期性非正弦电流的有效值等于其直流分量与各次谐波有效值的平方和的平方根。这个结论同样适用于其他周期性非正弦量。

下面讨论周期性非正弦信号激励下端口吸收的平均功率。设任一端口的 $u$、$i$ 取关联参考方向,其吸收的瞬时功率为

$$p = ui = \left[U_0 + \sum_{k=1}^{\infty} \sqrt{2}\,U_k\sin(k\omega_1 t + \psi_{uk})\right] \times \left[I_0 + \sum_{k=1}^{\infty} \sqrt{2}\,I_k\sin(k\omega_1 t + \psi_{ik})\right]$$

有功功率的定义式为

$$P = \frac{1}{T}\int_0^T p\,\mathrm{d}t$$

知识点103练习题和讨论

将瞬时功率的表达式代入上式,化简可得

$$P = U_0 I_0 + U_1 I_1\cos\varphi_1 + \cdots + U_k I_k\cos\varphi_k + \cdots \tag{6.4.4}$$

式中,$\varphi_k = \psi_{uk} - \psi_{ik}$。周期性非正弦信号激励下端口吸收的平均功率等于其

直流分量与各次谐波分别激励下端口吸收的平均功率的代数和。

式(6.4.4)表明只有相同频率的电压和电流之间才会产生端口的平均功率,这一特征称为同频出功率。

## 6.4.3　周期性非正弦激励下电路的稳态响应

下面通过一个具体的例子说明线性电路在周期性非正弦激励下稳态响应的分析方法。

**例 6.4.1**　一个频率 $f=1\mathrm{MHz}$ 的矩形波信号 $u_\mathrm{S}$ 通过图 6.4.1 所示滤波电路,矩形波波形如图 6.4.1(b)所示。已知 $L=0.318\mathrm{mH}$,$R=1000\Omega$,$C=79.58\mathrm{pF}$,$U=10\mathrm{V}$。求输出信号 $u_\mathrm{o}$ 及其有效值。

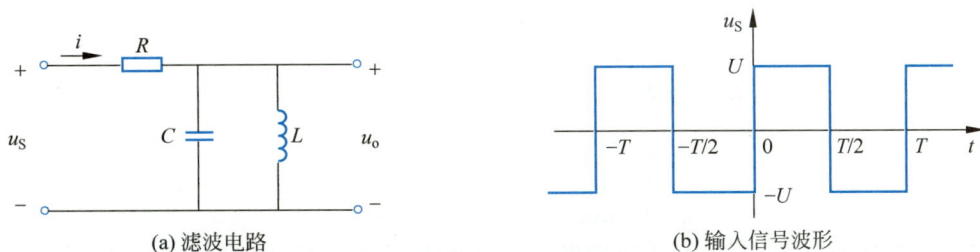

知识点104

图 6.4.1　例 6.4.1 题图

**解**　激励是一个周期性非正弦激励,分析线性电路在该激励作用下的稳态响应,需要对它先进行傅里叶级数展开,将其分解为一系列正弦量的和。

由附录 D 可知,激励关于 $t$ 轴上下半波对称,因此没有直流分量,即式(6.4.1)中 $a_0=0$;激励是一个奇函数,因此不含有余弦项,式(6.4.1)中 $a_k=0$;又激励半波奇对称,因此不含有偶次分量,式(6.4.1)中 $b_{2k}=0$,$k=1,2,\cdots$。奇次正弦分量幅值为

$$b_{2k-1}=\frac{1}{\pi}\int_{-\pi}^{\pi}u_\mathrm{S}(t)\sin[(2k-1)\omega t]\mathrm{d}(\omega t)=\frac{4U}{(2k-1)\pi},\quad k=1,2,\cdots$$

因此

$$u_\mathrm{S}(t)=\frac{4U}{\pi}\sin\omega t+\frac{4U}{3\pi}\sin3\omega t+\frac{4U}{5\pi}\sin5\omega t+\cdots$$

其中,$\omega=2\pi f$ 为基波角频率,与输入信号的角频率相同。

取基波、3 次谐波和 5 次谐波成分进行计算。利用叠加定理,可得激励中的基波分量 $u_\mathrm{S1}=\dfrac{4U}{\pi}\sin\omega t$ 单独作用时,电路如图 6.4.2 所示。其中

$$\mathrm{j}\omega L=\mathrm{j}2000\Omega,\qquad \frac{1}{\mathrm{j}\omega C}=-\mathrm{j}2000\Omega$$

图 6.4.2 所示电路并联部分相当于开路,输入信号电压全部加到输出端,有

$$u_\mathrm{o1}=u_\mathrm{S1}=\frac{4U}{\pi}\sin\omega t\,\mathrm{V}=12.73\sin\omega t\,\mathrm{V}$$

3 次谐波分量 $u_\mathrm{S3}=\dfrac{4U}{3\pi}\sin 3\omega t=4.24\sin 3\omega t$ 单独作用时的电路如图 6.4.3 所示。其中

$$j3\omega L = j5994.16\,\Omega, \qquad \frac{1}{j3\omega C} = -j666.65\,\Omega$$

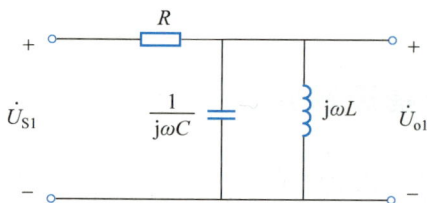

图 6.4.2　基波分量单独作用时的等效电路图

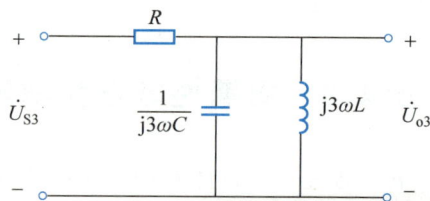

图 6.4.3　3 次谐波分量单独作用时的等效电路图

并联部分阻抗为

$$\frac{j3\omega L \times 1/j3\omega C}{j3\omega L + 1/j3\omega C} = -j750.0\,\Omega$$

因此,输出电压的 3 次谐波成分为

$$\dot{U}_{o3} = \frac{-j750.0}{1000 - j750.0}\dot{U}_{S3} = (1.8\angle -53.1°)\,\mathrm{V}$$

$$u_{o3} = 2.55\sin(3\omega t - 53.1°)\,\mathrm{V}$$

由于 $LC$ 并联阻抗的分压作用,输出幅度已大大减小,而且该输出电压信号产生了相移。

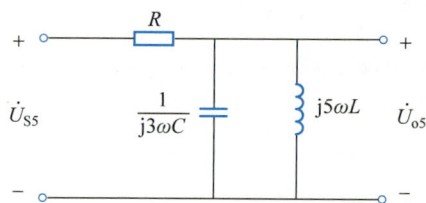

图 6.4.4　5 次谐波分量单独作用时的等效电路图

5 次谐波分量 $u_{S5} = \dfrac{4U}{5\pi}\sin 5\omega t = 2.55\sin 5\omega t$

单独作用时的电路如图 6.4.4 所示。其中

$$j5\omega L = j9990.3\,\Omega, \qquad \frac{1}{j5\omega C} = -j400.0\,\Omega$$

并联部分阻抗为

$$\frac{j5\omega L \times 1/j5\omega C}{j5\omega L + 1/j5\omega C} = -j416.7\,\Omega$$

因此,输出电压的 5 次谐波成分为

$$\dot{U}_{o5} = \frac{-j416.7}{1000 - j416.7}\dot{U}_{S5} = (0.69\angle -67.4°)\,\mathrm{V}$$

$$u_{o5} = 0.98\sin(3\omega t - 67.4°)\,\mathrm{V}$$

与基波相比,5 次谐波的幅度几乎可以忽略不计。

输出电压近似为

$$u_{o} \approx [12.73\sin\omega t + 2.55\sin(3\omega t - 53.1°) + 0.98\sin(3\omega t - 67.4°)]\,\mathrm{V}$$

输出电压有效值为

$$U_{o} = \sqrt{U_{o1}^2 + U_{o3}^2 + U_{o5}^2} = \sqrt{\left(\frac{12.73}{\sqrt{2}}\right)^2 + \left(\frac{2.55}{\sqrt{2}}\right)^2 + \left(\frac{0.98}{\sqrt{2}}\right)^2}\,\mathrm{V} = 9.2\,\mathrm{V}$$

若要获得更高的求解精度,只需在激励分解后的傅里叶级数中多取几项进行计算即可。从计算过程可以看出:信号中的基波成分几乎无损地通过该滤波网络,而其他频率成分则得到了不同程度的抑制。取题中所给元件参数,仿真得到矩形波信号通过图 6.4.1(a) 所示滤波电路后的输出信号波形如图 6.4.5 所示。

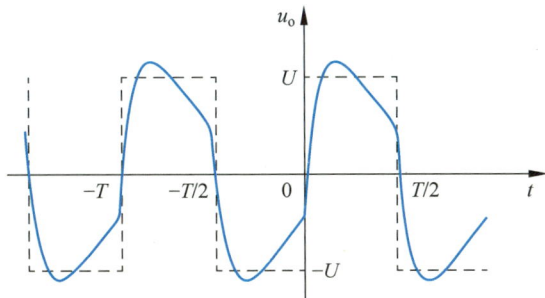

图 6.4.5　图 6.4.1 所示滤波电路的输出信号波形

可见输出信号已大致具有了正弦波的形状。在图 6.4.1 所示电路中,进一步提高电阻 $R$ 的值可以使滤波性能更好,使输出信号更加接近输入信号中的基波成分。

这种分析周期性非正弦激励下电路的稳态响应的方法称为谐波分析法。采用谐波分析法分析周期性非正弦电路时,首先将周期性非正弦信号分解为傅里叶级数形式,根据分析精度要求,截取有限项;然后根据线性电路的叠加定理,分别计算直流分量和各次谐波分量单独作用下在电路中产生的电压和电流;最后将求出的相应的电压和电流的瞬时值相加,就可以得到在周期非正弦信号激励下电路的稳态响应。如需计算支路量的有效值或端口的平均功率,要采用 6.4.2 小节介绍的方法。

用谐波分析法分析周期性非正弦电路时,需要注意以下两点:

(1) 直流分量作用时,电路中的电感相当于短路,电容相当于开路;在其他各次谐波分量作用时,电感和电容的电抗值都会随频率发生变化。

(2) 可以采用相量法计算各次谐波分量单独作用时电路的稳态响应,得到相量形式的结果后还应写出相应的瞬时值表达式。在将各次谐波分量作用的结果叠加得到总的稳态响应时,将不同频率的正弦量对应的相量相加是错误的。

知识点104练习题和讨论

# 习题

6.1　已知 $u_1 = 100\sin(314t)\,\text{V}$,$u_2 = 100\sin(3\times314t)\,\text{A}$,在同一幅图中画出 $u_1$、$u_2$ 和 $u_1 + u_2$。

6.2　证明两个同频率的正弦电压源之和的有效值不大于这两个电压源有效值之和。

6.3　电阻 $R = 10\,\Omega$ 和电感 $L = 100\,\text{mH}$ 串联,电源频率 $f = 50\,\text{Hz}$,求该串联支路的入端阻抗 $Z$、入端导纳 $Y$ 和功率因数。

6.4　求题图 6.4 所示电路的入端阻抗。

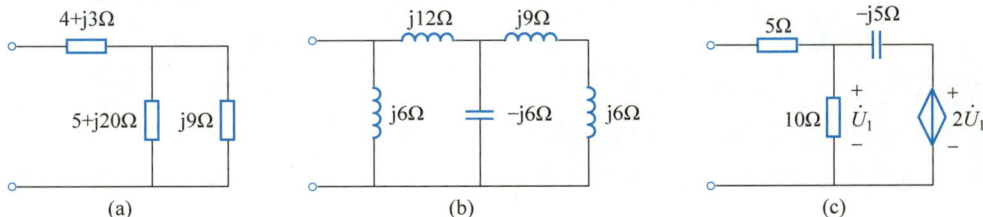

题图　6.4

6.5  题图 6.5 所示电路中 $U=25\text{V}$，$U_1=20\text{V}$，$U_3=45\text{V}$。

(1)求 $U_2$；(2)若 $U$ 不变，电源频率增大为原来的 2 倍，求 $U_1$、$U_2$、$U_3$。

6.6  在题图 6.6 所示电路中，已知 $I_1=I_2$，为使 $|\psi_{\dot{I}_1}-\psi_{\dot{I}_2}|=\dfrac{\pi}{2}$，$R$、$L$、$C$ 之间应满足怎样的关系？

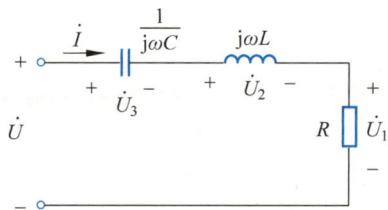

题图 6.5

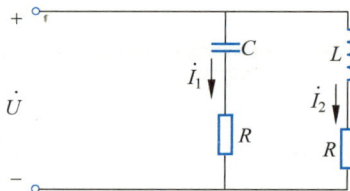

题图 6.6

6.7  题图 6.7 所示电路中 $U=2\text{V}$，$R=X_L=-X_C$，求电压表读数。

6.8  题图 6.8 所示电路中，$t=0$ 时闭合开关 S。换路时电路已经到达稳态，求 $i(t)(t>0)$。

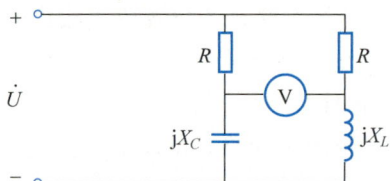

题图 6.7

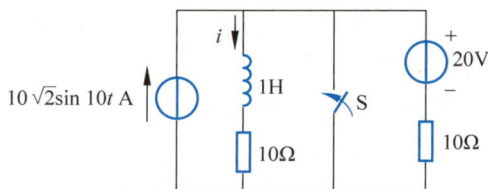

题图 6.8

6.9  题图 6.9 所示电路中，电压表一端接在 d 点，另一端接在滑动变阻器的滑动端 b，设电压表内阻无穷大。电压表读数的最小值为 30V，此时 $U_{ab}=40\text{V}$，$U_S=80\text{V}$，求 $R$ 和 $X_L$。

6.10  在题图 6.10 所示电路中，$R=4\Omega$，$L=30\text{mH}$，$C=300\mu\text{F}$，$U=100\text{V}$。

(1) 电源频率 $f$ 为何值时电流 $I$ 最大？求其最大值 $I_{\max}$。

(2) 当电源频率 $f=50\text{Hz}$ 时，求电流 $I$，电路的功率因数，电路吸收的有功功率、无功功率、视在功率和复功率。

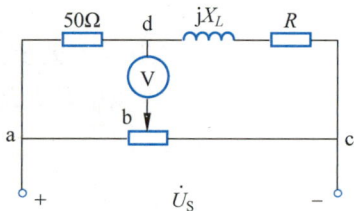

题图 6.9

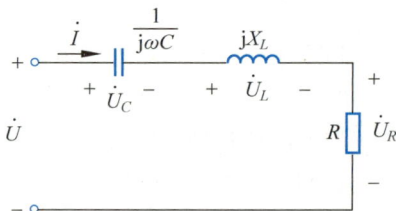

题图 6.10

6.11  题图 6.11 所示电路中电压源 $\dot{U}_S=10\angle0\text{V}$，求电流 $\dot{I}$。

6.12  题图 6.12 所示电路吸收有功功率 180W，$U=36\text{V}$，$I=5\text{A}$，$R=20\Omega$，求 $X_C$、$X_L$。

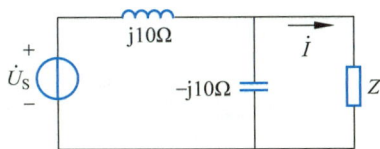

题图 6.11

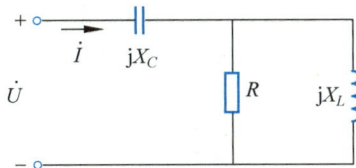

题图 6.12

6.13 题图 6.13 所示电路吸收有功功率 2000W, $R=20\Omega$, $X_{C1}=-20\Omega$, $I=I_1=I_2$, 求 $U$、$X_{C2}$、$X_L$。

6.14 题图 6.14 所示电路吸收有功功率 1500W, $I=I_1=I_2$, $U=150$V, 求 $R$、$X_L$、$X_C$。

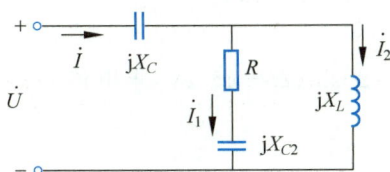

题图 6.13

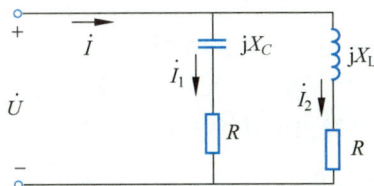

题图 6.14

6.15 当题图 6.15 所示电路 a-b 端所接阻抗为多大时, 该阻抗能获得最大的有功功率? 求该功率。

6.16 求题图 6.16 所示电路中各电源发出的复功率。

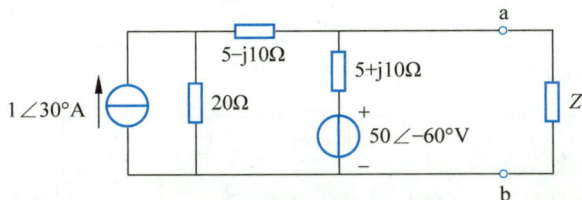

题图 6.15

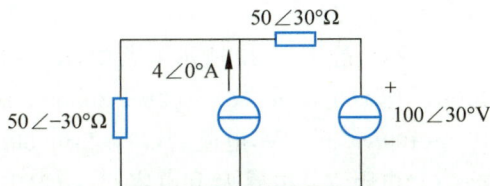

题图 6.16

6.17 电压为 220V 的工频电源供给一组动力负载, 负载电流 $I=300$A, 吸收有功功率 $P=40$kW。现在要在此电源上再接一组功率为 20kW 的照明设备(白炽灯), 并希望照明设备接入后电路总电流为 315A, 为此需要并联电容。计算所需的电容值, 并计算此时电路的总功率因数。

6.18 某一端口网络端口电压电流取关联参考方向。已知电压 $u(t)=(2+10\sin\omega t+5\sin 2\omega t+2\sin 3\omega t)$V, 电流 $i(t)=[1+2\sin(\omega t-30°)+\sin(2\omega t-60°)]$A, 求端口电压、电流的有效值和该网络吸收的平均功率。

6.19 周期电流的波形如题图 6.19 所示。将该电流作用于一个电阻。问: (1)多大的直流电流在此电阻上消耗的功率与该周期电流在此电阻上消耗的平均功率相等? (2)另有一周期为 $T$ 的正弦电流在此电阻上消耗的平均功率与该周期电流在此电阻上消耗的平均功率相等, 求正弦电流的时域表达式。

6.20 题图 6.20 所示电路中，电压 $u = (50 + \sqrt{2}\,100\sin\omega t + \sqrt{2}\,50\sin 2\omega t)$V，$\omega L = 10\Omega$，$R = 20\Omega$，$1/\omega C = 20\Omega$。求电流 $i$ 的有效值及电路吸收的平均功率。

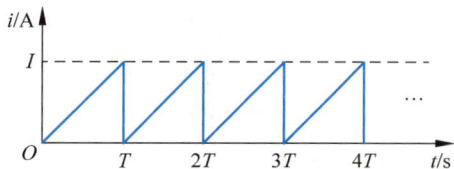

题图 6.19

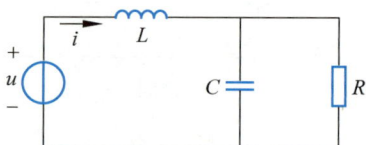

题图 6.20

6.21 题图 6.21 所示电路中电源电压 $u_S(t) = [30 + 60\sin\omega t + 80\sin(2\omega t + 45°)]$V，$R = 60\Omega$，$\omega L_1 = \omega L_2 = 100\Omega$，$1/\omega C_1 = 400\Omega$，$1/\omega C_2 = 100\Omega$。求：（1）电压 $u_R(t)$ 和电流 $i(t)$；（2）电源发出的平均功率。

6.22 题图 6.22 所示电路中 $U_S = 12$V，$u_S(t) = 20\sin(2t + 45°)$V，求电流 $i(t)$ 和两个电源各自发出的功率。

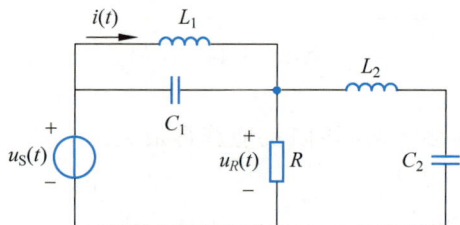

题图 6.21

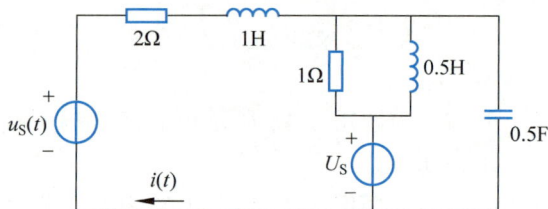

题图 6.22

6.23 题图 6.23 所示电路中，$R_2 = 10\Omega$，$C_1 = 100\mu$F，电源电压 $u_S(t) = [20 + 20\sin(50t + 30°) + 10\sin(100t + 45°)]$V，电流 $i_1(t) = 2\sin(50t + 30°)$A。求：（1）电阻 $R_1$、电感 $L$ 和电容 $C_2$；（2）电流 $i_2(t)$。

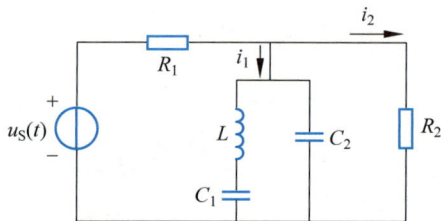

题图 6.23

# 参考文献

[1] 李瀚荪. 简明电路分析基础[M]. 北京：高等教育出版社，2002.

[2] 江缉光. 电路原理[M]. 北京：清华大学出版社，1997.

[3] 邱关源. 电路[M]. 4版. 北京：高等教育出版社，1999.

[4] 周守昌. 电路原理[M]. 2版. 北京：高等教育出版社，2004.

[5] 陈希有. 电路理论基础[M]. 北京：高等教育出版社，2004.

[6] ALEXANDER C，SADIKU M. Fundamentals of Electric Circuits[M]. 影印版. 北京：清华大学出版社，2000.

[7] AGARWAL A，LANG J. Foundations of Analog and Digital Electronic Circuits[M]. San Francisco：Morgan Kaufmann，2005.

[8] 唐统一，赵伟. 电磁测量[M]. 北京：清华大学出版社，1998.

# 第 **7** 章

# 稳态分析2

    本章讨论正弦激励下动态电路稳态分析的 4 个重要应用场景：不同频率的激励对系统产生的响应的幅值和相位有明显差异，可以利用这一特点进行信号和能量处理，这部分内容是滤波器；包括电容和电感的一端口正弦稳态电路中，有时会出现一些特殊的、端口电压电流同相位的工况，此时内部的储能元件上可能会出现较大幅值的电压或电流，可以利用这一特点进行信号和能量处理，这部分内容是谐振；如果多个线圈之间的磁通是彼此交链的，则可用统一的一个多端元件模型对其进行建模，进而分析它在信号和能量处理中的作用，这部分内容是互感和变压器；将频率相同、幅值相同、初相角互错的多个正弦激励配合，可以实现更高效的能量处理，这部分内容是三相电路。这些场景在日常生活和工业生产中普遍存在，是重要的信号和能量处理电路，对其进行分析又都需要第 6 章讨论的相量法。本章 4 节的内容之间没有必然的先后关系。

# 7.1 频率响应与滤波器

由于电感和电容的电抗或电纳都是频率的函数,因此动态电路端口的阻抗和导纳一般
都是频率的函数。例 6.2.4 和例 6.4.1 说明,即使是幅值和初相位完全相同
的多个正弦信号,如果它们频率不同,把它们作为激励加到同样的电路中产生
的响应也会有很大的差别。正弦激励下动态电路的稳态响应随激励频率变化的这种特性就
称为电路的频率响应特性(简称频率响应或频响特性)。

**知识点105**

频响特性的概念不仅在电路分析中得到广泛应用,而且在描述系统性能以至在日常生
活中都会经常遇到。例如,为了更好地利用互联网(Internet),希望网络带宽越宽越好,这就
要求网络的频响特性在较宽的频率范围内具有平坦的传输性能。又如利用电话线传输计算
机输出信号时无法保证信号的传输速率和质量,其根本原因就在于市话网的用户终端(即我
们桌上的电话机)的频响特性只能保证 300~3400Hz(语音信号)频率范围内的信号可靠传
输,若要传输更宽频率范围的信号,必须利用 Modem(调制解调器)将计算机输出的数字信
号转换到这一频率范围之内才可正常工作,且速度受限。还有一个典型的例子就是各种音
响设备上的"音调"调节旋钮。调节这个旋钮(可以是一个滑动变阻器),实际就是改变相应
的电路参数,从而调整放大器的频响特性,使低频响应增强(如伴奏舞曲)或高频响应增强
(如小提琴演奏曲)。用户的调整过程实际就是改变放大器的频响特性曲线,再根据自身听
觉判断达到最佳收听效果。

滤波器是利用频率响应实现信号选择的一种装置,它可以从输入信号中选出某些特定
频率的信号作为输出。根据实现方式的不同,滤波器可以分为模拟滤波器和数字滤波器,而
模拟滤波器根据实现元件的不同,又可以分为无源滤波器和有源滤波器。无源滤波器是用
$R$、$L$、$C$ 等无源器件实现的,而有源滤波器则利用了运算放大器和电力电子开关等有源器
件。根据对不同频率的信号响应性质的不同,滤波器又可以分为低通滤波器、高通滤波器、
带通滤波器和带阻滤波器。顾名思义,低通滤波器就是指低频信号更容易通
过的滤波电路,高通滤波器指高频信号更容易通过的滤波电路,而带通滤波器
则只允许某一频率范围内的信号通过,带阻滤波器则会阻止某一频率范围内
的信号通过。例如在某些电气设备中为了抑制某些干扰信号,需要接入带阻
滤波器将这些不需要的频率成分滤除。这实际上就是设计系统的频响特性在

**知识点105练习题
和讨论**

某些频率点(如工频的 3 次谐波 150Hz)的输出响应尽可能趋近于零。

本节介绍的频响特性概念广泛应用于通信、信号处理、计算机、电力等各种工程领域中,
在这里给出的对动态电路频响特性和滤波器的初步认识将使读者受益匪浅。

## 7.1.1 一阶 *RC* 电路的频率响应

在例 6.2.4 中已经初步讨论了 *RC* 电路在低频和高频下的输出情况,下面进一步讨论
它的入端阻抗、电流以及元件两端电压随频率变化的规律。电路如图 7.1.1

**知识点106**

所示，假设激励 $\dot{U}_S$ 是正弦信号。入端阻抗 $Z_{in}$ 以及电路中电压 $\dot{U}_R$、$\dot{U}_C$ 和电流 $\dot{I}$ 的表达式分别如下

$$Z_{in} = R + \frac{1}{j\omega C} = R - j\frac{1}{\omega C} \tag{7.1.1}$$

$$\dot{I} = \frac{\dot{U}_S}{R + \dfrac{1}{j\omega C}} = \frac{j\omega C}{1 + j\omega CR}\dot{U}_S \tag{7.1.2}$$

$$\dot{U}_R = R\dot{I} = \frac{j\omega CR}{1 + j\omega CR}\dot{U}_S \tag{7.1.3}$$

$$\dot{U}_C = \frac{1}{j\omega C}\dot{I} = \frac{1}{1 + j\omega CR}\dot{U}_S \tag{7.1.4}$$

式(7.1.1)～式(7.1.4)表明：入端阻抗的幅值和阻抗角、各个支路的幅值和相位都是频率的函数，都会随着激励信号源频率的变化而变化。电压随信号源频率变化的特性称为电压频率特性；类似地，电流随信号源频率变化的特性称为电流频率特性，阻抗随信号源频率变化的特性则称为阻抗频率特性。又因为电压、电流和入端阻抗都是频率的复函数，因此

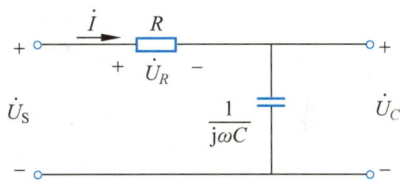

图 7.1.1 *RC* 电路

可以表示成模（或幅值）和辐角（或相位）的形式，显然它们的模（或幅值）和辐角（或相位）也都是频率的函数。它们的模（或幅值）随频率变化的特性称为幅频特性，辐角（或相位）随频率变化的特性称为相频特性。

下面定性分析各变量随频率变化的情况。在图 7.1.1 中，当 $\omega \to 0$ 时，$\dot{U}_S$ 相当于直流信号，电容电抗趋于无穷大，因此入端阻抗近似等于电容的电抗，电路中的电流幅值近似为 0，相位超前其电压 90°；电阻电压幅值近似为 0，相位与电流同相，超前其电压 90°；电容电压近似等于信号源电压。当频率增加时，容抗减小，入端阻抗的幅值和辐角的绝对值都减小；电流幅值增大，与信号源电压的相位差减小。当 $\omega \to \infty$ 时，电容电抗趋于 0，因此入端阻抗近似等于电阻，电路中的电流幅值近似等于信号源电压幅值除以电阻值，相位近似与信号源电压同相；电容电压幅值近似为 0，相位滞后电流 90°，即滞后信号源电压 90°。当 $\dot{U}_S = 100\angle 0°$，$R = 10\Omega$，$C = 10\mu F$，信号源频率 $\omega$ 从 1Hz 变化到 $10^8$ Hz 时，利用仿真软件得到的电流、电阻电压以及电容电压的幅频特性和相频特性如图 7.1.2 所示。

入端阻抗的幅频特性和相频特性曲线，如图 7.1.3 所示。

从图 7.1.2(c)所示的仿真结果可以看出：以电容电压为输出信号时，低频成分更易通过图 7.1.1 所示电路，因此这一电路又称为低通滤波电路，在下一小节中会做进一步阐述。

**例 7.1.1** MOSFET 小信号放大器的频响特性。

在第 3 章中讨论了 MOSFET 构成的小信号放大器。当 MOSFET 工作在恒流区时，可用来构成小信号放大器。图 7.1.4 中两个特性相同的 MOSFET 均工作在恒流区，构成了一个两级放大器。设小信号为一正弦信号，两级放大器的小信号电路模型如图 7.1.5 所示。现在来分析当信号频率较高时，MOSFET 栅极和源极之间的寄生电容 $C_{GS}$ 对放大器性能的影响。

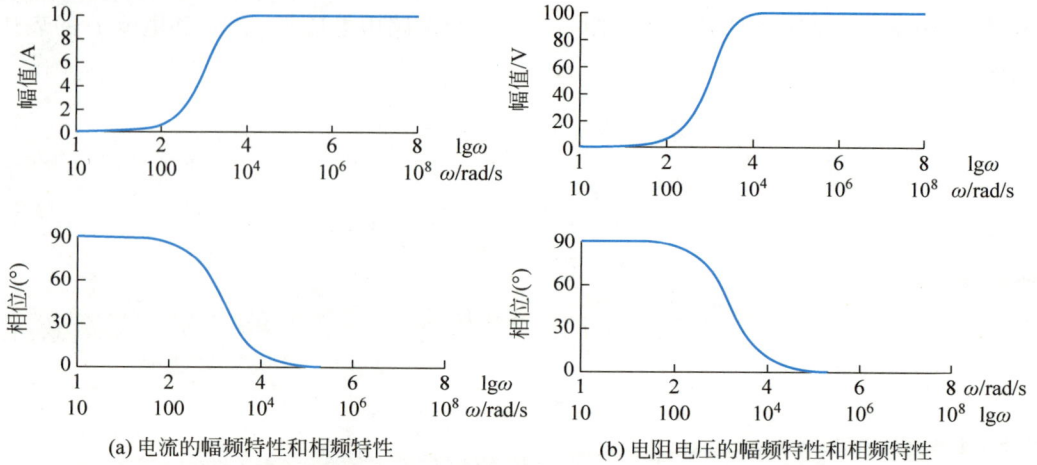

(a) 电流的幅频特性和相频特性

(b) 电阻电压的幅频特性和相频特性

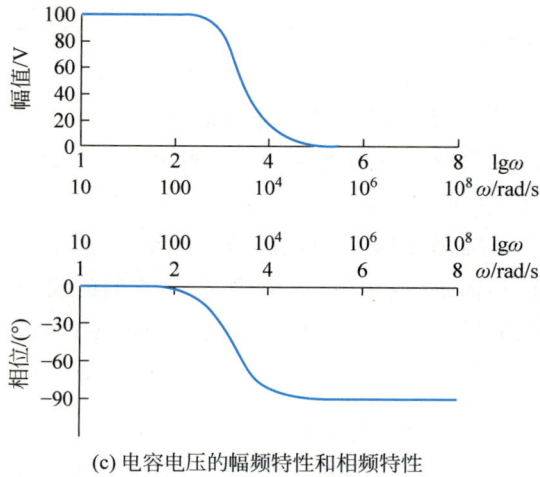

(c) 电容电压的幅频特性和相频特性

图 7.1.2  $RC$ 电路中各支路量的频率特性

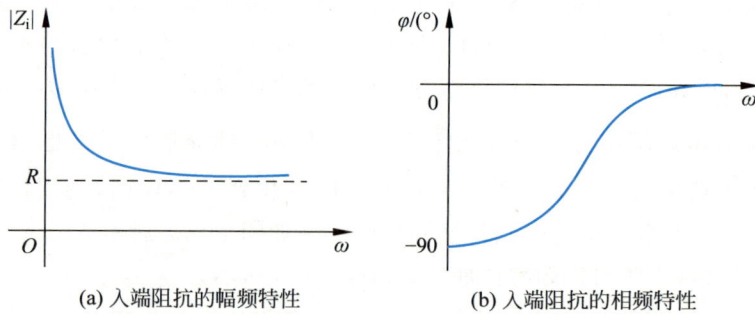

(a) 入端阻抗的幅频特性

(b) 入端阻抗的相频特性

图 7.1.3  入端阻抗的频率特性

设激励为 $\Delta\dot{U}_i$，响应为 $\Delta\dot{U}_o$，则电压增益为

$$H = \frac{\Delta\dot{U}_o}{\Delta\dot{U}_i} = \frac{\Delta\dot{U}_{DS2}}{\Delta\dot{U}_{GS1}} = \frac{-\Delta\dot{I}_{DS2}R_D}{\Delta\dot{U}_{GS1}} = \frac{-g_m\Delta\dot{U}_{GS2}R_D}{\Delta\dot{U}_{GS1}} = \frac{-g_m\Delta\dot{U}_{DS1}R_D}{\Delta\dot{U}_{GS1}}$$

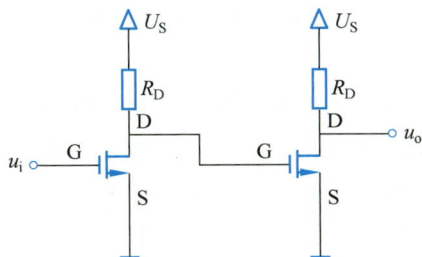

**图 7.1.4 由两个 MOSFET 构成的两级放大器**

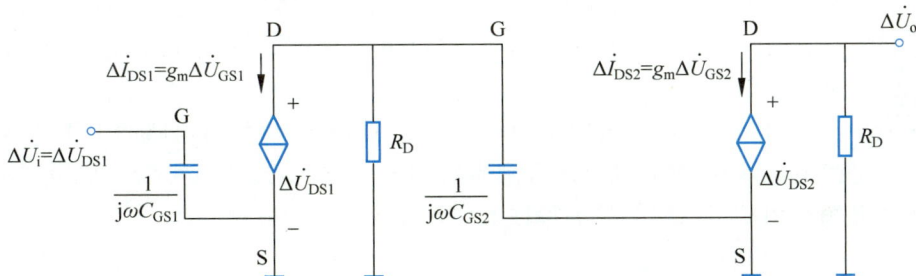

**图 7.1.5 MOSFET 两级放大器的小信号相量电路模型**

又

$$\Delta \dot{U}_{DS1} = -\frac{R_D \times \frac{1}{j\omega C_{GS2}}}{R_D + \frac{1}{j\omega C_{GS2}}} \Delta \dot{I}_{DS1} = -\left(\frac{R_D}{1 + j\omega C_{GS2} R_D}\right) \Delta \dot{I}_{DS1}$$

因此，

$$H = \frac{g_m R_D}{\Delta \dot{U}_{GS1}} \times \left(\frac{R_D}{1 + j\omega C_{GS2} R_D}\right) \Delta \dot{I}_{DS1} = \frac{g_m R_D}{\Delta \dot{U}_{GS1}} \times \left(\frac{R_D}{1 + j\omega C_{GS2} R_D}\right) g_m \Delta \dot{U}_{GS1}$$

$$= \frac{g_m^2 R_D^2}{1 + j\omega C_{GS2} R_D} \tag{7.1.5}$$

小信号放大器增益的模为

$$|H| = \frac{g_m^2 R_D^2}{\sqrt{1 + (\omega C_{GS2} R_D)^2}} \tag{7.1.6}$$

在 $\omega=0$ 时，$|H|=(g_m R_D)^2$；在 $\omega \to \infty$ 时，$|H| \to 0$。增益的幅频特性如图 7.1.6 所示。

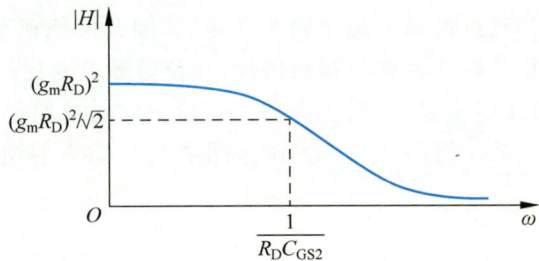

**图 7.1.6 考虑 $C_{GS}$ 后 MOSFET 放大器小信号放大增益的频率特性**

由图 7.1.6 可以看出：由于 $C_{GS2}$ 的作用，使得 MOSFET 构成的小信号放大器在高频段时增益下降。

实际上在此建立的 MOSFET 电路模型是相当粗略的，只考虑了电容 $C_{GS}$ 的作用，忽略了其他极间杂散电容。若要得到精确的计算结果，则需要建立的 MOSFET 电路模型更加复杂，其中还要包括更多的电容，当然放大器增益的频响特性表达式及其计算都将变得更加复杂。但是，例 7.1.1 中给出的粗略分析已经足以说明由于寄生电容的存在将会限制它的工作频率上限。

回顾例 4.4.6，在那里由于 $C_{GS}$ 的充、放电作用使得输出相对于矩形输入脉冲产生了延迟，从而限制了数字电路的工作频率的上限。这两个例子的分析表明，MOSFET 中的寄生电容对电路的暂态响应和稳态响应都会产生影响。

知识点106练习题和讨论

例 7.1.1 说明电路中的动态元件（如电容）可能对电路的工作性能产生一些不利影响，然而也应该看到事物的另一方面，当然也可能是更重要的一面，在本节中将介绍利用动态电路的频响特性实现各种滤波器的应用实例。

## 7.1.2　低通滤波器和高通滤波器

滤波器是利用动态电路的频响特性实现所需功能的典型应用。由图 7.1.2(c)电容电压的幅频特性可以看出：图 7.1.1 所示电路中，若以电容电压为输出，则低频信号比高频信号更容易通过这一网络，因此图 7.1.1 所示电路就是一个低通滤波电路，或称低通网络。利用这一特性就可以选出信号中的低频分量，滤除

知识点107

其中不需要的高频成分。类似地，图 7.1.6 也说明，考虑寄生电容后，两级 MOSFET 放大器其实就是个低通滤波器。当然一般来说，这个低通的效果并不是人们设计放大器时希望的，而是由寄生参数带来的。

为了进一步突出电路中的元件参数随频率变化的特性，引入描述正弦稳态电路频率特性的一个很重要的概念——网络函数。网络函数定义为：在内部不含独立源的电路的某一端口施加正弦激励 $\dot{E}$，由此激励在电路中产生某一稳态响应 $\dot{R}$，该响应与激励的比值就是一个网络函数，即

$$H(\omega) = \frac{\dot{R}}{\dot{E}} \tag{7.1.7}$$

式(7.1.5)即为两级 MOSFET 放大器的一个网络函数。

由于电路中的容抗和感抗都是随激励频率变化的，因此网络函数必然也是随频率变化的。它的幅值随频率变化的特性就称为幅频特性，相位随频率变化的特性则称为相频特性。每当称一网络函数时，必须指明激励、响应所在的端口。它与电路结构、元件参数以及激励与响应所在的端口均有关系。将图 7.1.1 重画于图 7.1.7，以电容电压为响应，电路的网络函数为

$$H(\omega) = \frac{\dot{U}_C}{\dot{U}_S} = \frac{\dfrac{1}{j\omega C}}{R + \dfrac{1}{j\omega C}} = \frac{1}{1 + j\omega CR} \tag{7.1.8}$$

式(7.1.8)所示网络函数的幅频特性和相频特性如图 7.1.8 所示。

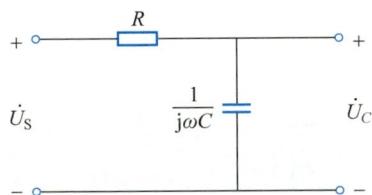

图 7.1.7　**RC 低通网络**

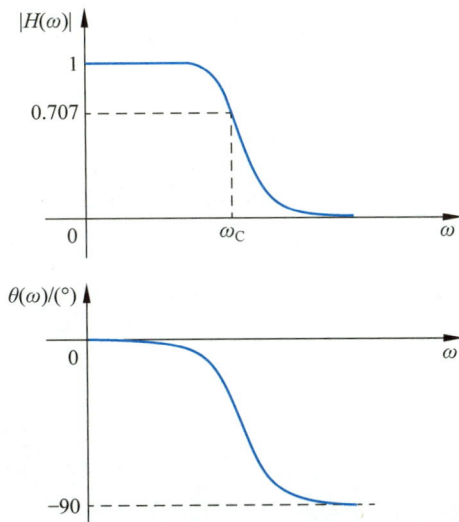

图 7.1.8　**低通网络函数的幅频特性和相频特性**

由图 7.1.8 中所示的幅频特性曲线也可以看出,图 7.1.7 所示电路是一个低通网络,具有这种特性的网络函数也常称为低通函数。

将图 7.1.7 所示低通滤波器与图 4.4.12(b)所示近似积分电路($RC \gg 1$)相比较可以看出,二者结构完全相同。因为

$$u_C \approx \frac{1}{RC} \int u_S \, dt$$

若 $u_S = U_m \sin(\omega t + \psi)$,则

$$u_C \approx -\frac{U_m}{\omega RC} \cos(\omega t + \psi)$$

同样可以得出输入信号频率越低,输出幅值越大的结论。从本质上讲,积分电路从信号中提取出变化慢的成分在这里就表现为低频输出幅值大,滤除变化快的成分就表现为高频输出幅值小。可见,对同一个电路从过渡过程和稳态分析这两个不同角度分析得到的结果完全一致。

在实际应用中,往往更关心幅频特性,或者只对电路的幅频特性提出要求(例如传输语音信号时就可能出现这种情况)。但在某些应用场合,不仅关注幅频特性,对相频特性也有一定要求(例如传输图像信号或数据信号)。有时在实际应用中期望产生特定的相移,为此可以构成移相器,7.1.3 节将介绍具有这种功能的电路。

图 7.1.8 所示幅频特性中,把幅值 $|H(\omega)|$ 等于最大值的 0.707 倍处的频率记为 $\omega_C$。显然,$\omega_C = \dfrac{1}{RC}$,数值上等于该一阶 $RC$ 电路的时间常数的倒数。工程技术中认为幅值大于 0.707 倍最大值时该滤波器就是导通的,或认为是无衰减传输的,否则就是截止的。因此,

把角频率从 0 到 $\omega_C$ 的范围称为低通函数的通频带，$\omega_C$ 称为截止频率，有时也称为半功率频率[①]。时域分析中以时间常数 $RC$ 表征过渡过程的快慢，而频域分析中以截止频率 $\omega_C = \dfrac{1}{RC}$ 作为衡量其滤波性能的定量指标。

图 7.1.6 中同样标记出了该低通滤波器的半功率频率。

下面讨论高通滤波电路。图 7.1.9 中设激励为 $\dot{U}_S$，响应为电阻电压 $\dot{U}_R$，它的网络函数为

$$H(\omega) = \frac{\dot{U}_R}{\dot{U}_S} = \frac{R}{R + \dfrac{1}{j\omega C}} = \frac{j\omega CR}{1 + j\omega CR} \tag{7.1.9}$$

$R = 10\Omega, C = 10\mu F$ 时，仿真得到的该网络函数的幅频特性和相频特性如图 7.1.10 所示。从图中可以看出：这是一个高通网络，具有这种特性的网络函数也常称为高通函数。高通函数的通频带是从 $\omega_C$ 到 $\infty$，$\omega_C = \dfrac{1}{RC}$。

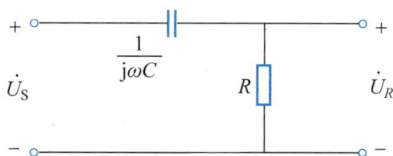

图 7.1.9　一阶 $RC$ 高通电路

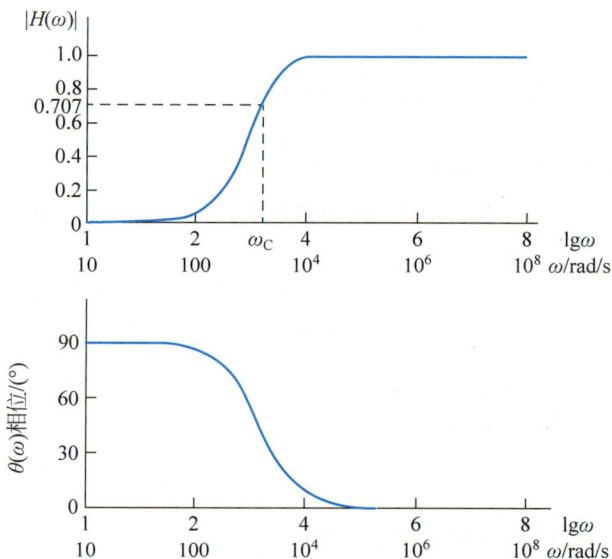

图 7.1.10　高通网络函数的幅频特性和相频特性

图 7.1.9 所示电路就是图 4.4.12(a)讨论的近似微分电路。参考对一阶 $RC$ 低通滤波电路（即近似积分电路）的分析，读者不妨自己从输出与输入的时域关系表达式分析图 7.1.9 所示电路的高通性质。

一阶低通滤波和高通滤波除了可以用 $RC$ 电路实现，也可以用 $RL$ 电路实现。下面以 $RL$ 低通滤波电路为例进行简单介绍，读者可自行设计 $RL$ 高通滤波电路，并分析其频率响应特性。

例 7.1.2　图 7.1.11 中，激励为 $\dot{U}_S$，响应为电阻电压 $\dot{U}_R$，求网络函数 $H(\omega)$，并定性

---

①　这是因为当网络函数表示电压比时，在 $\omega_C$ 处有：$U_1/U_2 = 0.707$，其中 $U_1$ 表示频率为 $\omega_C$ 时的输出电压，$U_2$ 则表示网络函数到达最大值时对应的输出电压，因此 $P_1/P_2 = (U_1/U_2)^2 = 0.5$。

画出其幅频特性曲线。

解 图示电路的网络函数为

$$H(\omega)=\frac{\dot{U}_R}{\dot{U}_S}=\frac{R}{R+\mathrm{j}\omega L} \tag{7.1.10}$$

上式与式(7.1.8)具有相同的形式，也是一个低通网络函数。定性画出其幅频特性曲线如图 7.1.12 所示。

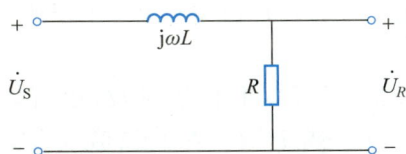

图 7.1.11 一阶 RL 低通电路

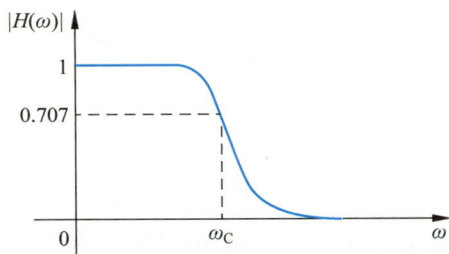

图 7.1.12 RL 低通电路网络函数的幅频特性

图 7.1.12 中，截止频率 $\omega_C=\dfrac{R}{L}$，也是该一阶 RL 电路的时间常数的倒数。由图 7.1.12 可以看出：图 7.1.11 所示电路也是一个低通网络。然而，由于电感元件体积大，不易集成，因此在信号处理领域实际的滤波电路大都利用 RC 元件实现。

图 7.1.7、图 7.1.9 和图 7.1.11 所示的一阶无源低通滤波或高通滤波电路的截止频率和通频带受外接负载的影响，其值并不是固定不变的。当输出端接入负载阻抗时，它的滤波特性将发生改变。可以利用运算放大器将负载隔离来解决这一问题，如图 7.1.13 所示。

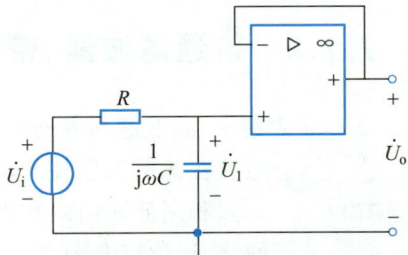

图 7.1.13 利用运放隔离负载的低通网络

图 7.1.13 所示电路网络函数为

$$H(\omega)=\frac{\dot{U}_o}{\dot{U}_i}=\frac{\dot{U}_1}{\dot{U}_i}=\frac{1}{1+\mathrm{j}\omega CR} \tag{7.1.11}$$

图 7.1.13 所示电路中的运算放大器仅仅作为一个跟随器用于隔离负载的影响，实际上还可以利用运算放大器的反馈作用，改变 RC 滤波电路的网络函数的频率特性，从而改善滤波电路的性能，限于篇幅，本书不再讨论。

在图 7.1.10 的仿真曲线中，由于频率变化范围比较宽($1\sim10^8$ Hz)，仿真结果显示时横坐标采用的都是以 10 为底的对数坐标。如果采用线性坐标，绘制曲线就不很方便，有时甚至不能明确显示频率特性曲线的特点。在绘制电压、电流、网络函数以及入端阻抗的频率特性曲线时，可以对曲线的横坐标(频率)和纵坐标(幅值)都取对数，也可以只对其中之一取对数(见图 7.1.2 和图 7.1.10)。

人们最早用贝［尔］(B)来度量两个功率的比值 $\eta$，即规定

$$\eta = \lg \frac{P_1}{P_2} \text{ B}$$

由于 B 单位太大，所以通常以**分贝**（dB）为单位，因此有

$$1\text{dB} = 0.1\text{B}$$

$$\eta = 10\lg \frac{P_1}{P_2} \text{ dB} \tag{7.1.12}$$

若 $P_1$、$P_2$ 是电阻值相等的两个电阻吸收的功率，$P_1 = U_1 I_1$，$P_2 = U_2 I_2$，则

$$\eta = 10\lg \frac{P_1}{P_2} = 10\lg \frac{U_1^2/R}{U_2^2/R} = 10\lg \frac{I_1^2 R}{I_2^2 R} = 20\lg \frac{U_1}{U_2} = 20\lg \frac{I_1}{I_2} \text{ dB} \tag{7.1.13}$$

严格来说，分贝只能用于表示两个功率的比值，但现在分贝已经广泛用于表示电压或电流的相对大小。

知识点107练习题和讨论

在网络函数的幅频特性曲线中，纵坐标可以取自然对数，也可以取以 10 为底的常用对数。若网络函数为 $U_1/U_2$ 或 $I_1/I_2$，对其幅值取自然对数时，即 $\ln|H(\omega)|$，它的单位是**奈培**（Np）；若取以 10 为底的对数再乘以 20，即 $20\lg|H(\omega)|$，它的单位就是 dB。dB 与 Np 的换算关系为

$$1\text{Np} \approx 8.68\text{dB}$$

在高通或低通滤波器网络函数的幅频特性曲线中，若纵坐标采用对数坐标，截止频率 $\omega_C$ 也可称为 **3dB 频率**，因为在截止频率处，有 $20\lg|H(\omega_C)| = -3\text{dB}$。

## 7.1.3 带通滤波器、带阻滤波器和全通滤波器

在实际应用中，除低通与高通滤波之外，还经常运用带通滤波器取出某一频段的信号，滤除在此范围之外的高、低频信号。

知识点108

利用低通网络和高通网络就可以得到带通网络。将图 7.1.1 所示的低通网络、运放以及图 7.1.9 所示的高通网络级联，并且满足高通网络的截止频率小于低通网络的截止频率这一条件，就可以得到一个带通网络，如图 7.1.14 所示。

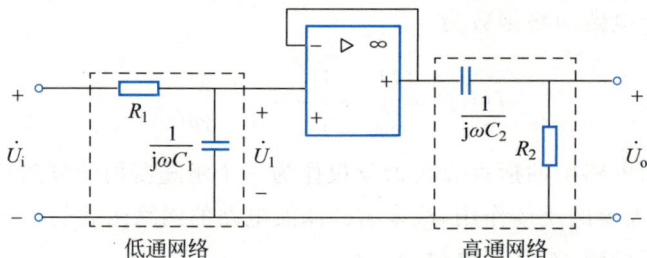

**图 7.1.14** 由低通网络和高通网络级联而成的带通网络

图 7.1.14 所示带通网络的网络函数为

$$H(\omega) = \frac{\dot{U}_o}{\dot{U}_i} = \frac{\dot{U}_o}{\dot{U}_1} \times \frac{\dot{U}_1}{\dot{U}_i} = \frac{j\omega C_2 R_2}{1 + j\omega C_2 R_2} \times \frac{1}{1 + j\omega C_1 R_1}$$

$$= \frac{j\omega C_2 R_2}{1 - \omega^2 R_1 R_2 C_1 C_2 + j\omega (C_1 R_1 + C_2 R_2)} \tag{7.1.14}$$

定性画出该网络函数的幅频特性曲线,如图 7.1.15 所示。

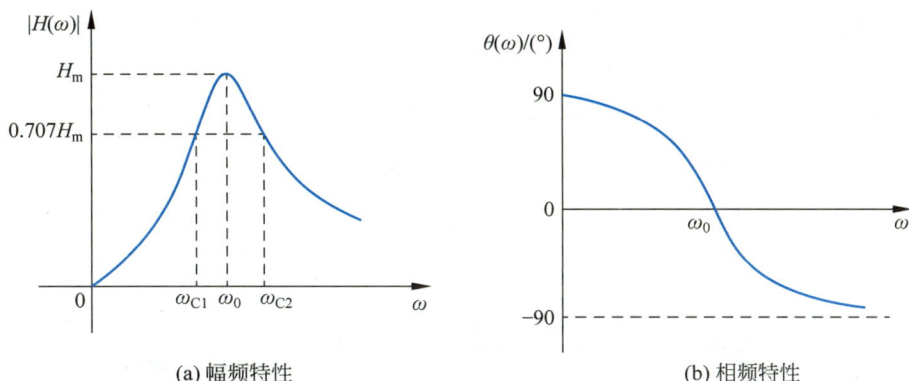

(a) 幅频特性　　(b) 相频特性

图 7.1.15　带通网络函数的频率特性

由图 7.1.15 可以看出:该网络能使频率在 $\omega_0$ 附近的正弦信号通过,而抑制此频带范围以外的正弦信号,因此该网络称为带通网络。工程上称带通网络的网络函数的幅频特性上出现最大值的频率 $\omega_0$ 为该电路的中心频率。中心频率两侧,幅频特性下降为最大值 $H_m$ 的 0.707 倍时对应的两个频率称为截止频率,其中 $\omega_{C2}$ 又称为上截止频率或上 3dB 频率,$\omega_{C1}$ 称为下截止频率或下 3dB 频率。这两个频率的差值称为带通网络的通频带或带宽 $BW$（band width）:

$$BW = \omega_{C2} - \omega_{C1} \tag{7.1.15}$$

图 7.1.14 电路是带通滤波的实现方法之一,在 7.2 节中将介绍应用更广泛的 $RLC$ 带通滤波电路。

采用类似的思路,将一个低通滤波器和一个高通滤波器并联起来,并且确保低通滤波器的截止频率低于高通滤波器的截止频率,这样就能使得两个截止频率之间的信号无法通过该信号处理网络,于是就构成了一个带阻滤波器。

全通滤波器是另一类比较特殊的滤波电路,它具有平坦的幅频特性,主要利用它来产生相移。下面利用一个例子对全通滤波器作简单介绍。

例 7.1.3　移相桥。图 7.1.16 所示电路中,设激励为 $\dot{U}_S$,响应为电压 $\dot{U}_{ab}$,求网络函数 $H(\omega)$,并画出其幅频特性和相频特性曲线。

解　图 7.1.16 中,电容两端电压为

$$\dot{U}_C = \frac{1/j\omega C}{R_0 + 1/j\omega C}\dot{U}_S = \frac{1}{1 + j\omega CR_0}\dot{U}_S$$

响应

$$\dot{U}_{ab} = \dot{U}_2 - \dot{U}_C = \frac{1}{2}\dot{U}_S - \frac{1}{1 + j\omega CR_0}\dot{U}_S$$

$$= \frac{j\omega CR_0 - 1}{2(1 + j\omega CR_0)}\dot{U}_S$$

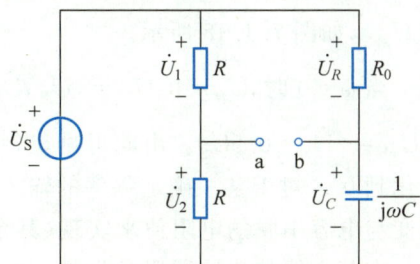

图 7.1.16　移相桥电路

因此，网络函数

$$H(\omega) = \frac{\dot{U}_{ab}}{\dot{U}_S} = \frac{j\omega CR_0 - 1}{2(1 + j\omega CR_0)} \tag{7.1.16}$$

网络函数的幅值和相位分别为

$$|H(\omega)| = 0.5, \quad \varphi(\omega) = 180° - 2\arctan(\omega CR_0)$$

它的幅频特性曲线和相频特性曲线如图 7.1.17 所示。

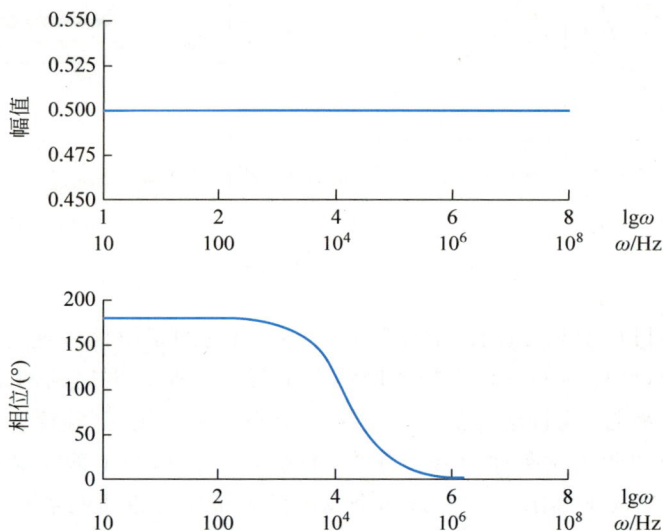

图 7.1.17　移相桥电路网络函数的幅频特性和相频特性

从图 7.1.17 可以看出，所有频率的信号都以同样的增益通过移相桥电路，因此，可称之为全通滤波器，但不同频率的信号通过该电路产生了不同的相移。

画相量图也可分析图 7.1.16 所示电路的移相特性。不妨以 $\dot{U}_S$ 为参考相量，画出图 7.1.16 中各电量的相量图，如图 7.1.18 所示。图中画出了在两个不同频率情况下的相量图。分析图 7.1.16 所示电路，显然有 $\dot{U}_1 = \dot{U}_2 = 0.5\dot{U}_S$。因为 ab 间开路，因此电阻 $R_0$ 与电容中流过的电流相同。又电阻上电压电流同相，电容上电流超前电压 90°，因此 $\dot{U}_R$ 比 $\dot{U}_C$ 超前 90°。再根据 $\dot{U}_{ab} = \dot{U}_R - \dot{U}_1$ 或 $\dot{U}_{ab} = \dot{U}_2 - \dot{U}_C$，画出两种情况下的相量 $\dot{U}_{ab1}$ 和 $\dot{U}_{ab2}$，如图 7.1.18 所示。

当 $\omega = 0$ 时，$\dot{U}_R = 0$，$\dot{U}_C = \dot{U}_S$，$\dot{U}_{ab} = -\dot{U}_1 = -0.5\dot{U}_S$；当 $\omega \to \infty$ 时，$\dot{U}_R = \dot{U}_S$，$\dot{U}_C = 0$，$\dot{U}_{ab} = \dot{U}_2 = 0.5\dot{U}_S$。由此可见，当频率从 0 到 $\infty$ 变化时，$\dot{U}_{ab}$ 与 $\dot{U}_S$ 之间的相位差从 180° 变化到 0°。对于某一确定频率的输入信号，若要使输出信号实现 0° 到 180° 的相移，可以通过改变与电容串联的电阻值来实现（其余元件参数不变）。

本节介绍的滤波器概念只是一些最简单的入门知识，给出的滤波器实例的电路性能也往往不能满足实际需要。一个比较理想的滤波器，它的幅频传输特性在通带内应保持平坦，而进入阻带后要尽快衰减，即幅频特性应尽量接近矩形，如图 7.1.19 所示（以低通滤波器为例）。

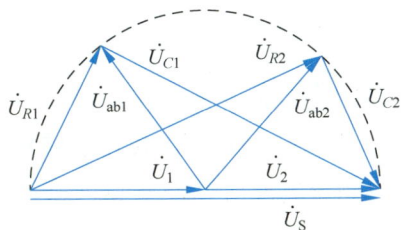

图 7.1.18 移相桥电路的相量图

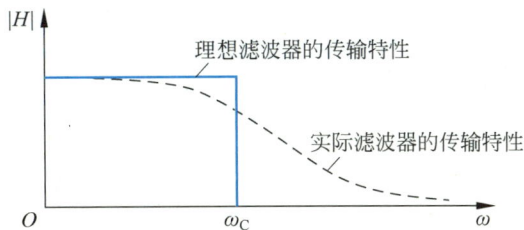

图 7.1.19 理想滤波器与实际滤波器传输特性的比较

显然,前面列举的例子都与此要求相差甚远。另外,在实际应用中有时还会对相频特性有一些特定要求。此外,设备小型化,减小体积和重量,降低功耗,提高参数精度和性能稳定性等都是实际应用中需要考虑的问题。为此,百余年来人们付出了艰苦的努力,滤波器的发展经历了曲折而漫长的过程,如今各种类型的、性能优良的滤波器在通信系统、电力系统、信号处理系统等领域都得到了广泛的应用。在后续多门课程中将进一步讨论滤波器的设计与应用[10]。

知识点108练习题和讨论

# 7.2 谐振电路

对于正弦稳态的一端口网络来说,有时会出现端口电压、电流同相位的情况,此时从端口看入呈现纯电阻性,称该网络发生了谐振,即图 7.2.1 中有

$$\psi_u = \psi_i \tag{7.2.1}$$

谐振是一种正弦稳态电路的特殊工况[①]。谐振时,网络内部储能元件上可能出现比端口更高的电压或电流。一方面人们往往会有意识地利用这一点,设计制造出某种信号或能量处理的谐振电路;另一方面有时也需要在分析和设计时避免谐振的出现,从而保护网络内部的元件。

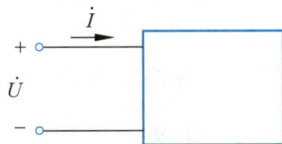

图 7.2.1 正弦稳态一端口网络

## 7.2.1 谐振电路及其频率响应

知识点109

### 1. RLC 串联谐振电路及其频率响应

在图 7.2.2 所示 RLC 串联一端口网络中,激励为端口电压 $\dot{U}_S$,入端阻抗为

$$Z = R + \mathrm{j}\left(\omega L - \frac{1}{\omega C}\right) \tag{7.2.2}$$

根据 6.2 节知识易知,$\omega L > \dfrac{1}{\omega C}$ 时,该一端口为感性;$\omega L < \dfrac{1}{\omega C}$ 时,该一端口为容性;$\omega L = \dfrac{1}{\omega C}$ 时,该一端口为阻性。根据式(7.2.1)可知,如果一端口网络内部元件参数不变,调

---

① 在物理中,谐振定义为外接激励的频率与系统自然频率相同时发生的振幅增大现象。这两种定义方式的联系见参考文献[12]。

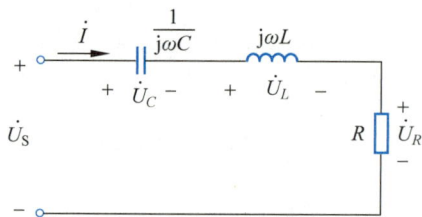

图 7.2.2 *RLC* 串联电路

整端口激励的角频率 $\omega$，当

$$\omega = \omega_0 = \frac{1}{\sqrt{LC}} \qquad (7.2.3)$$

时该电路发生谐振。式(7.2.3)的 $\omega_0$ 称作谐振角频率，为电路的固有角频率。此时该一端口网络的入端阻抗为

$$Z_0 = R \qquad (7.2.4)$$

式(7.2.3)和式(7.2.4)中用下标 0 表示谐振状态。

*RLC* 串联谐振状态下，电路的相量图如图 6.2.14(c)所示。

下面我们分析图 7.2.2 所示电路谐振时储能元件 $L$ 和 $C$ 上的电压。不难知道

$$\dot{I}_0 = \frac{\dot{U}_S}{R} \qquad (7.2.5)$$

$$\dot{U}_{L0} = j\omega_0 L \dot{I}_0 = j\frac{\omega_0 L}{R}\dot{U}_S = j\frac{\sqrt{\frac{L}{C}}}{R}\dot{U}_S \qquad (7.2.6)$$

$$\dot{U}_{C0} = \frac{\dot{I}_0}{j\omega_0 C} = -j\frac{1}{\omega_0 CR}\dot{U}_S = -j\frac{\sqrt{\frac{L}{C}}}{R}\dot{U}_S \qquad (7.2.7)$$

对比式(7.2.6)和式(7.2.7)，并参考图 6.2.14(c)可知，*RLC* 串联谐振时，储能元件 $L$ 和 $C$ 上有等值反相的电压，即电压相消，在某些 *RLC* 参数下使得 $\dfrac{\sqrt{\frac{L}{C}}}{R} \gg 1$，可能使得该电压幅值远大于端口的激励电压，因此 *RLC* 串联谐振也称为电压谐振。

设图 7.2.2 中激励为 $\dot{U}_S$，响应为电阻电压 $\dot{U}_R$，则网络函数为

$$H(\omega) = \frac{\dot{U}_R}{\dot{U}_S} = \frac{R}{R + j\omega L + \dfrac{1}{j\omega C}} = \frac{j\omega CR}{1 - \omega^2 LC + j\omega CR} \qquad (7.2.8)$$

其幅频特性和相频特性如图 7.2.3 所示。

由图 7.2.3 所示的幅频特性可以看出，这显然是一个带通滤波电路。在中心频率 $\omega_0$ 处，网络函数的幅值达到最大。

由式(7.2.2)可知入端阻抗的幅频特性曲线如图 7.2.4 所示。

## 2. *GCL* 并联谐振电路及其频率响应

在图 7.2.5 所示 *GCL* 并联一端口网络中，激励为端口电流 $\dot{I}_S$，入端导纳为

$$Y = G + j\left(\omega C - \frac{1}{\omega L}\right) \qquad (7.2.9)$$

通过类似于前面的讨论，可知 *GCL* 并联谐振的固有角频率为

$$\omega_0 = \frac{1}{\sqrt{LC}} \qquad (7.2.10)$$

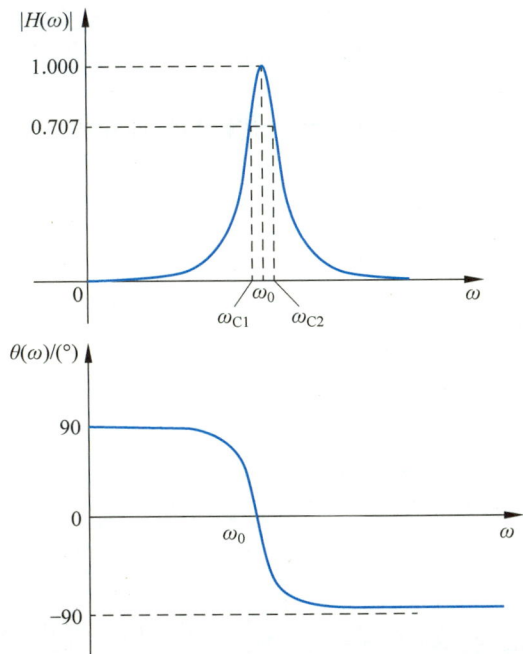

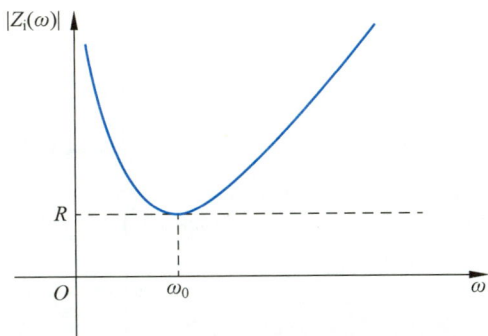

图 7.2.3　**RLC 带通滤波电路网络函数的频率特性**　图 7.2.4　**RLC 串联电路入端阻抗幅值的频率特性**

此时入端导纳为

$$Y_0 = G \tag{7.2.11}$$

$GCL$ 并联谐振状态下，电路的相量图如图 6.2.18(c)所示。

$GCL$ 并联谐振时端口电压为

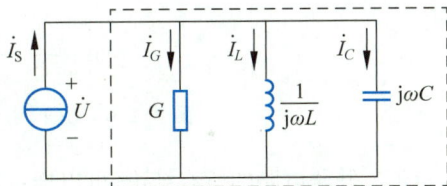

图 7.2.5　**GLC 并联电路**

$$\dot{U}_0 = \frac{\dot{I}_S}{G} \tag{7.2.12}$$

$$\dot{I}_{C0} = j\omega_0 C \dot{U}_0 = j\frac{\omega_0 C}{G}\dot{I}_S = j\frac{\sqrt{\frac{C}{L}}}{G}\dot{I}_S \tag{7.2.13}$$

$$\dot{I}_{L0} = \frac{\dot{U}_0}{j\omega_0 L} = -j\frac{1}{\omega_0 LG}\dot{I}_S = -j\frac{\sqrt{\frac{C}{L}}}{G}\dot{I}_S \tag{7.2.14}$$

对比式(7.2.13)和式(7.2.14)，并参考图 6.2.18(c)可知，$GCL$ 并联谐振时，储能元件 $L$ 和 $C$ 上有等值反相的电流，即电流相消，在某些 $GCL$ 参数下使得 $\frac{\sqrt{\frac{C}{L}}}{G}\gg1$，可能使得该电流幅值远大于端口的激励电流，因此 $GCL$ 并联谐振也称为**电流谐振**。

设图 7.2.5 中激励为 $\dot{I}_S$，响应为电压 $\dot{U}$，则网络函数为

$$H(\omega)=\frac{\dot{U}}{\dot{I}_{\mathrm{S}}}=\frac{1}{G+\mathrm{j}\omega C+\dfrac{1}{\mathrm{j}\omega C}}=\frac{\mathrm{j}\omega L}{1-\omega^2 LC+\mathrm{j}\omega LG} \tag{7.2.15}$$

式(7.2.15)与式(7.2.8)具有相同的形式，也是一个带通网络函数。其幅频特性和相频特性如图 7.2.6 所示。

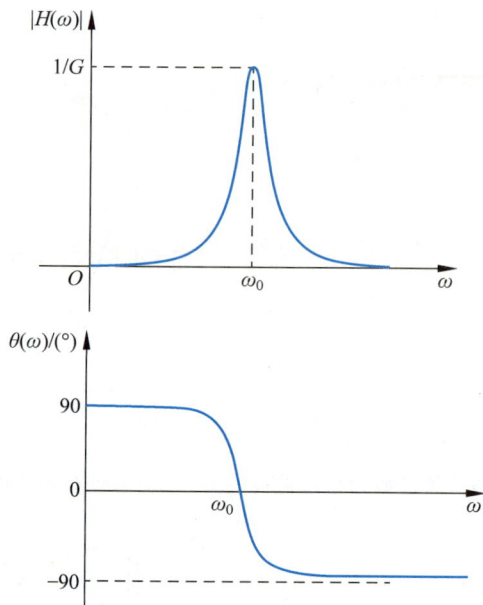

**图 7.2.6** *GCL* 带通滤波电路网络函数的频率特性

*GCL* 并联电路的所有结论，可以通过对偶的观点，从 *RLC* 串联谐振电路的结论中直接获得。

### 3. *LC* 串并联谐振电路及其频率响应

如果一端口网络内没有电阻，只有储能元件，则其端口阻抗或导纳只有虚部，因此其阻抗频率特性可以同时展示幅频特性与相频特性。在这种特殊情况下，可以方便地得到一些简明而且重要的结论。

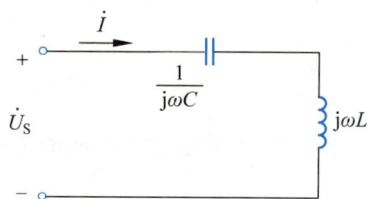

**图 7.2.7** *LC* 串联电路

首先讨论最简单的 *LC* 串联和并联的情况。

图 7.2.7 所示 *LC* 串联电路的电抗为

$$Z_{\mathrm{i}}=\frac{1}{\mathrm{j}\omega C}+\mathrm{j}\omega L=\mathrm{j}\left(\omega L-\frac{1}{\omega C}\right)=\mathrm{j}X \tag{7.2.16}$$

当 $\omega\to 0$ 时，电感相当于短路，电容相当于开路，因此电抗趋于负无穷大；当频率增大时，感抗增大，容抗的绝对值减小，当 $\omega L=\dfrac{1}{\omega C}$ 时，电抗为零；频率继续增大，当 $\omega\to\infty$ 时，电感相当于开路，电容相当于短路，因此电抗趋于正无穷大。定性画出 *LC* 串联电路的电抗频率特性，如图 7.2.8 所示。图中，$X=0$ 时 $\omega_0=\dfrac{1}{\sqrt{LC}}$，就是 *LC* 串联电路的谐振频率。

类似地,图 7.2.9 所示 $LC$ 并联电路的电抗为

$$Z_{\text{in}} = \frac{\dfrac{1}{\text{j}\omega C} \times \text{j}\omega L}{\dfrac{1}{\text{j}\omega C} + \text{j}\omega L} = \frac{\text{j}\omega L}{1 - \omega^2 LC} = \text{j}X \tag{7.2.17}$$

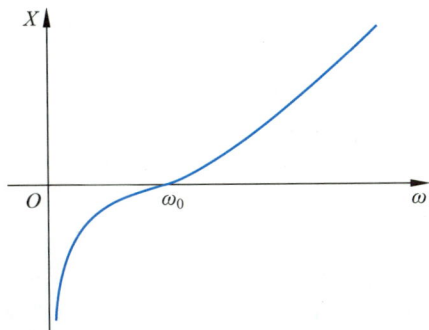

图 7.2.8　$LC$ 串联电路的电抗频率特性

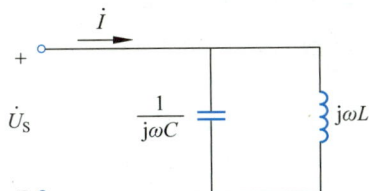

图 7.2.9　$LC$ 并联电路

当 $\omega \to 0$ 时,电感相当于短路,电容相当于开路,因此电抗趋于零;当频率增大时,感抗增大,容抗的绝对值减小,当 $\omega L = \dfrac{1}{\omega C}$ 即 $\omega^2 LC = 1$ 时,电抗为无穷大,达到最大值;频率继续增大,当 $\omega \to \infty$ 时,电感相当于开路,电容相当于短路,因此电抗又趋于零。定性画出 $LC$ 并联电路的电抗的频率特性如图 7.2.10 所示。图中,$X = \infty$ 时 $\omega_0 = \dfrac{1}{\sqrt{LC}}$,就是 $LC$ 并联电路的谐振频率。

式(7.2.16)、式(7.2.17)、图 7.2.8 和图 7.2.10 是分析复杂 $LC$ 串并联谐振电路电抗频率特性的基础。从这里出发,可以产生很多重要应用。

对于复杂 $LC$ 串并联一端口来说,其入端电抗可以写为

$$Z_{\text{in}} = \text{j} \frac{f_1(\omega)}{f_2(\omega)} \tag{7.2.18}$$

式中,$f_1(\omega)$ 和 $f_2(\omega)$ 分别是以 $\omega$ 为变量的多项式函数。不难得知,当 $f_1(\omega) = 0$ 时从端口看入为短路,发生串联谐振,满足 $f_1(\omega) = 0$ 的角频率即为串联谐振频率;当 $f_2(\omega) = 0$ 时从端口看入为开路,发生并联谐振,满足 $f_2(\omega) = 0$ 的角频率即为并联谐振频率。

图 7.2.10　$LC$ 并联电路的电抗的频率特性

反过来,也可以写其入端电纳

$$Y_{\text{in}} = \text{j} \frac{f_3(\omega)}{f_4(\omega)} \tag{7.2.19}$$

满足 $f_3(\omega) = 0$ 的角频率即为并联谐振频率,满足 $f_4(\omega) = 0$ 的角频率即为串联谐振频率。

**例 7.2.1　石英(晶体)谐振器。**石英晶体具有非凡的机械和压电特性,长期以来一直作为基本的时钟器件,在精确频率源器件中占据主导地位。石英晶体产品在不同的电子工

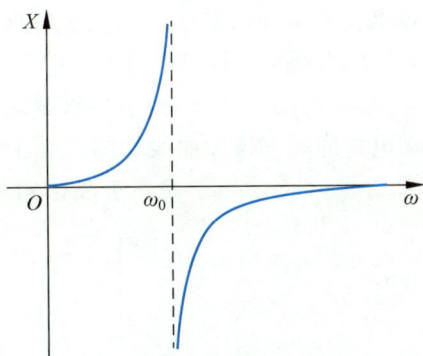

业中起选频、鉴频、稳频作用,广泛应用于电信、玩具、家电、安防、计算机、多媒体、数码产品等领域。图 7.2.11 所示电路是石英(晶体)谐振器的电路模型。求它的谐振频率。

**解** 这是一个 $LC$ 混联电路。求出它的入端导纳为

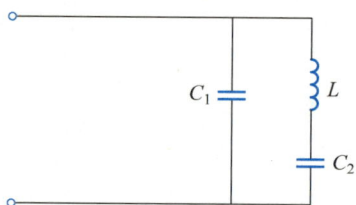

**图 7.2.11 石英谐振器电路模型**

$$Y_i = j\omega C_1 + \frac{j\omega C_2 \times \frac{1}{j\omega L}}{j\omega C_2 + \frac{1}{j\omega L}} = j\left(\omega C_1 + \frac{\omega C_2}{1 - \omega^2 C_2 L}\right)$$

$$= j\frac{\omega\left[C_1(1 - \omega^2 C_2 L) + C_2\right]}{1 - \omega^2 C_2 L} = jB$$

令入端导纳的分子为零,得

$$\omega\left[C_1(1 - \omega^2 C_2 L) + C_2\right] = 0$$

$$\omega = 0(舍去), \quad \omega_p = \sqrt{\frac{C_1 + C_2}{C_1 C_2 L}}$$

此时,$Y_i = 0$,电路发生并联谐振。

令入端导纳的分母为零,得

$$1 - \omega^2 C_2 L = 0$$

$$\omega_s = \sqrt{\frac{1}{LC_2}}$$

此时,$Y_i \to \infty$,或入端阻抗 $Z_i = 0$,电路发生串联谐振。

从上面的计算结果可以看出:串联谐振频率小于并联谐振频率,$\omega_s < \omega_p$。定性分析也可以得出这一结论。$C_2$ 与 $L$ 串联,在某一频率处可以发生串联谐振,把这一频率记作 $\omega_s$;当频率大于 $\omega_s$ 时,根据图 7.2.8 所示的 $LC$ 串联电路的入端阻抗的频率特性可以发现,此时 $C_2$、$L$ 串联呈感性,则它们一定可以在某一频率处与电容 $C_1$ 发生并联谐振,这一频率就是 $\omega_p$。显然,$\omega_s < \omega_p$。为了更直观地说明串联谐振频率和并联谐振频率的关系,定性画出入端电抗的频率特性曲线如图 7.2.12 所示。图中,$X = 0$ 时 $\omega = \omega_s$ 是石英晶体的串联谐振频率,$X \to \infty$ 时 $\omega = \omega_p$ 是石英晶体的并联谐振频率。

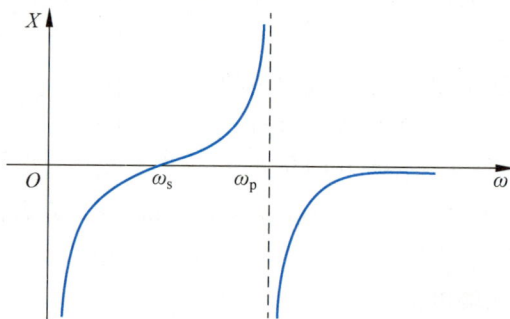

**图 7.2.12 石英晶体等效电路的入端电抗的频率特性**

实际的石英晶体的串联谐振频率与并联谐振频率之间带宽极窄(约为 $10^{-5}$ 量级),在这一频段整个晶体呈现感性。在由石英谐振器构成的并联型振荡电路(晶振电路)中,晶体就工作在这一频段。

从图 7.2.12 以及图 7.2.8(*LC* 串联电路的入端电抗的频率特性)、图 7.2.10(*LC* 并联电路的入端电抗的频率特性)可以看出：只有 *L*、*C* 组成的电路其并联谐振频率和串联谐振频率一定是交替出现的，而不管它们的连接方式如何[①]。

#### 4. 谐振电路的应用

回顾图 0.3.6 给出的无线通信系统简化方框图，在接收机输入端设置了一个带通滤波器。对于简单的广播接收机，可以利用 *LC* 谐振电路构成此带通滤波器。下面举例说明。

收音机的原理就是把从天线接收到的高频信号经检波（解调）还原成音频信号，送到耳机变成声波。由于天空中有很多不同频率的无线电波，为了设法选择所需要的节目，接收天线连接到一个选择性电路，即带通滤波器，它的作用是把所需的信号（电台）挑选出来，并把不要的信号滤掉，以免产生干扰。选择性电路的输出是选出某个电台的高频调制信号，还需要通过解调把它恢复成原来的音频信号，送到耳机或扬声器，就可以收到广播。

常见的收音机的天线有两种：外置天线和利用内置磁棒上的线圈作为天线。示意图如图 7.2.13 所示。

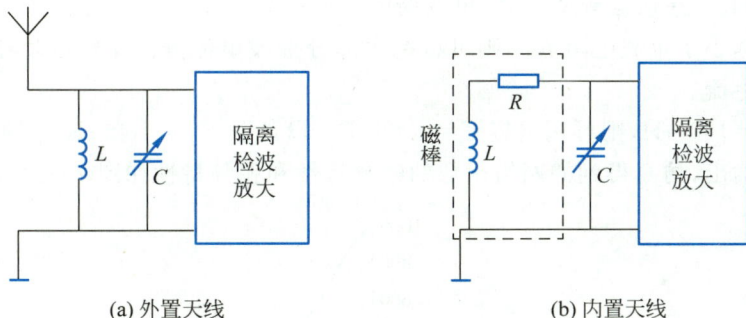

(a) 外置天线　　　　　(b) 内置天线

**图 7.2.13　收音机的两种天线示意图**

对于利用外置天线接收信号的电路，通过天线接收到的信号可以看成是一个电流源信号。由于后面的隔离电路入端电阻一般很大，因此可以忽略它对信号选择电路的影响，图 7.2.13(a) 中的选择电路部分就可以作为图 7.2.14(a) 所示电路的模型。而利用内置磁棒作为天线的电路，外面的高频信号在磁棒上感应出的是一个电压源，同样忽略后面的电路对选择电路的影响，图 7.2.13(b) 中的选择电路部分就作为图 7.2.14(b) 所示电路的模型。

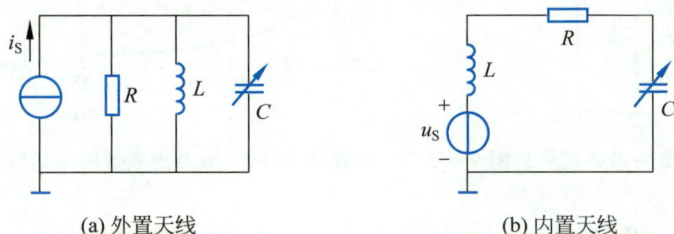

(a) 外置天线　　　　　(b) 内置天线

**图 7.2.14　两种天线的选择电路的电路模型**

---

① 感兴趣的读者可阅读参考文献[12]。

从图 7.2.14 中可以看出：外置天线的选择电路相当于一个并联谐振电路，而内置天线的接收电路相当于一个串联谐振电路。调节可变电容器，使电路的谐振频率等于某电台的高频载波频率，构成一个带通滤波器，就可以将该信号从大量的外部信号中"筛选"出来。

**例 7.2.2** **电力无源滤波器**是电力系统中利用谐振原理工作的一种重要的电力装置。虽然发电机的输出电压是只含有基波频率的正弦波，但是由于系统中大量非线性负载以及不对称负载的存在，负载上的电流含有谐波，而这些谐波电流流入系统后又会在传输线的阻抗上产生谐波电压，从而导致负载电压中也会含有谐波成分，使电能质量恶化。此外，由整流得到的直流电源中也会含有谐波。因此，需要在系统中加装滤波装置，滤除电流中的谐波成分，保证供电质量。

电力系统中最常用的无源滤波装置就是 $LC$ 谐振滤波器，图 7.2.15 中虚线框里的部分就是一个典型的单调谐滤波电路。图中电流源表示谐波源，$R$ 表示用于滤波的电感线圈的内阻，$Z_L$ 是负载。假设现在要滤除线上工频电流中的 5 次谐波成分，则滤波支路的参数必须满足

$$\omega_0 = 2\pi f_0 = \frac{1}{\sqrt{LC}}$$

其中，$f_0 = 250\mathrm{Hz}$。在谐振频率点处，单调谐电力谐振滤波器等效为电阻 $R$。如果其电感线圈的绕线电阻远小于负载电阻 $R_L$，则可将绝大部分谐波电流分流至滤波器中，从而减小了负载上的谐波电流。

若选择 $L = 100\mathrm{mH}$，则可调电容 $C = 4.05\mu\mathrm{F}$。设负载 $Z_L = 1000\Omega$，$i_S$ 的幅值为 1A，以负载电压作为输出，仿真得到的网络函数的幅频特性和相频特性如图 7.2.16 所示。

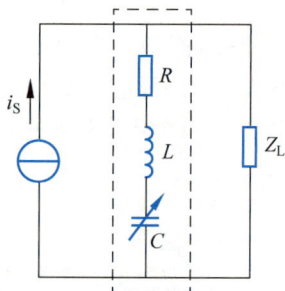

图 7.2.15  单调谐电力滤波器示意图

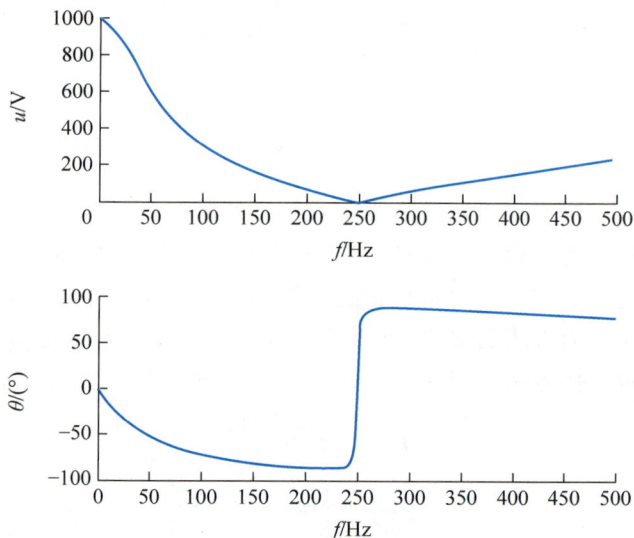

图 7.2.16  电力滤波器网络函数的频率特性

知识点109练习题和讨论

从图 7.2.16 可以看出：在 5 次谐波频率点处，网络函数的幅值几乎为零，即负载电压中不含有 5 次谐波成分，5 次谐波成分几乎全部流经单调谐滤波器支路，即从负载电压中被滤除了。因为该滤波器的幅频特性曲线只有一个极小值点，因此称为**单调谐滤波器**。显然，这是一个带阻滤波器。类似地，

合理选择参数,还可以设计出多调谐滤波器。

## 7.2.2　谐振电路的品质因数

知识点110

谐振频率和谐振时入端阻抗是反映谐振特性的两个参数。此外,还可以用**品质因数**(quality factor)这一参数对谐振进行性能描述。对于每个谐振电路来说,都可以根据下面3个不同原则确立其品质因数。同一谐振电路从3种思路得到的品质因数是一致的。我们以图 7.2.17 所示 $RLC$ 串联谐振电路来说明。

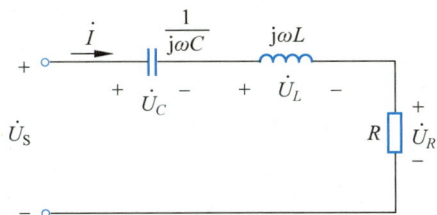

图 7.2.17　$RLC$ 串联电路

### 1. 根据储能元件电压/电流的放大倍数

$RLC$ 串联谐振时电感和电容上的电压分别为

$$\left.\begin{array}{l} \dot{U}_L = \mathrm{j}\omega_0 L \dot{I} = \mathrm{j}\omega_0 L \dfrac{\dot{U}_S}{R} = \mathrm{j}\left(\dfrac{\omega_0 L}{R}\right)\dot{U}_S = \mathrm{j}Q\dot{U}_S \\[4mm] \dot{U}_C = \dfrac{\dot{I}}{\mathrm{j}\omega_0 C} = -\mathrm{j}\dfrac{\dot{U}_S}{\omega_0 CR} = -\mathrm{j}Q\dot{U}_S \end{array}\right\} \tag{7.2.20}$$

上两式中

$$Q \overset{\text{def}_1}{=\!=} \frac{U_{L0}}{U_S} = \frac{U_{C0}}{U_S} = \frac{\omega_0 L}{R} = \frac{1}{\omega_0 CR} = \frac{1}{R}\sqrt{\frac{L}{C}} \tag{7.2.21}$$

即为该电路的品质因数。当感抗或容抗远远大于电阻值时,$Q \gg 1$,很小的输入信号就会在电感或电容上产生很大的电压。若以电感电压或电容电压为输出,品质因数在数值上就等于电压的放大倍数。式(7.2.21)中 $\rho = \sqrt{\dfrac{L}{C}}$ 被定义为 $RLC$ 串联谐振电路的**特性阻抗**。

由式(7.2.21)可知,$RLC$ 串联谐振电路的品质因数 $Q$ 无量纲,$Q$ 越大,则谐振时储能元件上的电压比端口电压的放大倍数越大。

当谐振电路是白箱问题(即电路拓扑和参数已知)时,可以用电路分析方法求出储能元件上的电压和电流,进而确定其谐振的品质因数。

谐振电路的这一特性在收音机的调谐电路设计中得到了充分应用。电路的品质因数越高,信号的输出幅度越大。但在电力系统中,这种现象往往是需要避免的,因为电力系统本身的输入电压已经很高了,如果发生谐振,高品质因数会导致在设备上产生更高的电压,进而损坏设备。

电路是人为设计出来满足某个信号或能量处理功能的,对于谐振来说,我们一方面可能利用高 $Q$ 值谐振电路的电压/电流放大功能达到某种目的;另一方面也需要避免高 $Q$ 值谐振电路意外地导致电路元件的损坏。

### 2. 根据一端口网络内部能量的存储与消耗

在图 7.2.18 所示电路中，设信号源电压为 $u_S = \sqrt{2}U\sin\omega_0 t$，其中 $\omega_0 = \sqrt{\dfrac{1}{LC}}$ 为谐振角频率，可知

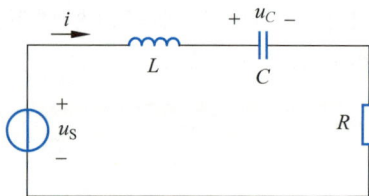

图 7.2.18　*RLC* 串联谐振（支路量用时域表示）

$$i = \frac{\sqrt{2}U}{R}\sin\omega_0 t = \sqrt{2}I\sin\omega_0 t \tag{7.2.22}$$

则谐振时电感上存储的能量为

$$w_L = \frac{1}{2}Li^2 = LI^2\sin^2\omega_0 t \tag{7.2.23}$$

不难根据电容元件的性质知道

$$u_C = \frac{1}{\omega_0 C}\sqrt{2}I\sin(\omega_0 t - 90°) = -\sqrt{\frac{2L}{C}}I\cos\omega_0 t \tag{7.2.24}$$

则谐振时电容上存储的能量为

$$w_C = \frac{1}{2}Cu_C^2 = LI^2\cos^2\omega_0 t \tag{7.2.25}$$

根据式（7.2.23）和式（7.2.25）可知，虽然 *RLC* 串联谐振是电感和电容上存储的能量都是时间的 2 倍频函数，但是它们之和是恒定值，即

$$w_{total} = w_L + w_C = LI^2 = L\left(\frac{U}{R}\right)^2 \tag{7.2.26}$$

这意味着谐振时，可以将图 7.2.18 所示电路的 4 个元件解耦为两组：从无功功率方面，电容 *C* 和电感 *L* 相互交换能量，总能量无损失；从有功功率方面，外加激励 $u_S$ 给电阻 *R* 提供能量。

可以用一个表达式的分子和分母分别表示系统总能量和系统消耗的能量，即

$$Q \overset{\text{def}_2}{=} 2\pi\ \frac{\text{谐振时电路中储存的能量}}{\text{谐振时电路在一个周期内消耗的能量}} \tag{7.2.27}$$

将式（7.2.26）代入式（7.2.27）可知 *RLC* 串联谐振根据能量存储和消耗方式定义得到的品质因数为

$$Q = 2\pi\ \frac{LI^2}{RI^2 T_0} = \frac{\omega_0 L}{R} \tag{7.2.28}$$

可以发现，这与第一种定义方式得到的品质因数相同。两种定义方式分别从支路量的放大倍数和能量的存储与消耗两个角度来描绘相同的谐振电路，得到了相同的结果。式（7.2.27）中的 2π 就是为了两个结果相同而添加的参数。

由式（7.2.27）可知，品质因数 *Q* 越大，则谐振电路存储的电磁场总能量越大，消耗的能量越小。

第 2 种定义方式更多具有概念理解方面的含义，一般不用于分析某谐振电路的品质因数。

### 3. 根据端口的幅频特性

谐振电路的品质因数还与电路的带通滤波特性即选择性密切相关。图 7.2.17 所示

$RLC$ 串联谐振电路中的电流 $\dot{I}(\omega)$ 可以表示如下:

$$\dot{I}(\omega)=\frac{\dot{U}}{R+\mathrm{j}\left(\omega L-\dfrac{1}{\omega C}\right)}=\frac{\dot{I}(\omega_0)}{1+\mathrm{j}\left(\dfrac{\omega L}{R}-\dfrac{1}{\omega CR}\right)}$$

$$I(\omega)=\frac{I(\omega_0)}{\sqrt{1+\left(\dfrac{\omega L}{R}-\dfrac{1}{\omega CR}\right)^2}} \tag{7.2.29}$$

$\dot{I}(\omega)$ 的幅频特性曲线如图 7.2.19 所示。图中两条曲线分别表示电路中的电阻取不同值,而电感 $L$ 和电容 $C$ 保持不变时电流幅值随频率变化的情况。

为了突出显示品质因数对串联谐振电路选择性的影响,对图 7.2.19 的横坐标和纵坐标做如下处理:$\omega \rightarrow \dfrac{\omega}{\omega_0}$,$I(\omega) \rightarrow \dfrac{I(\omega)}{I(\omega_0)}$,其中 $\omega_0$ 是谐振频率,$I(\omega_0)=\dfrac{U}{R}$ 是谐振时的电流。并且令 $\eta=\dfrac{\omega}{\omega_0}$,式(7.2.29)改写为

$$I\left(\frac{\omega}{\omega_0}\right)=\frac{I(\omega_0)}{\sqrt{1+\left(\dfrac{\omega_0 L}{R}\dfrac{\omega}{\omega_0}-\dfrac{1}{\omega_0 CR}\dfrac{\omega_0}{\omega}\right)^2}} \tag{7.2.30}$$

$$\frac{I(\eta)}{I(\omega_0)}=\frac{1}{\sqrt{1+Q^2\left(\eta-\dfrac{1}{\eta}\right)^2}} \tag{7.2.31}$$

上式可以用于不同的 $RLC$ 串联谐振电路,据此画出的曲线将仅与 $Q$ 值有关,因此称为通用谐振频率特性,如图 7.2.20 所示。

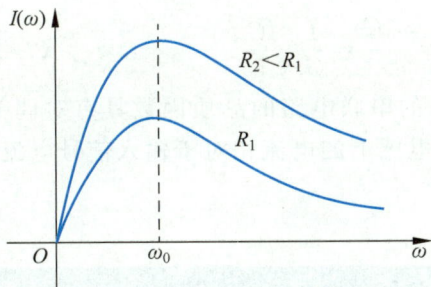

图 7.2.19　$RLC$ 串联电路电流的频率特性曲线

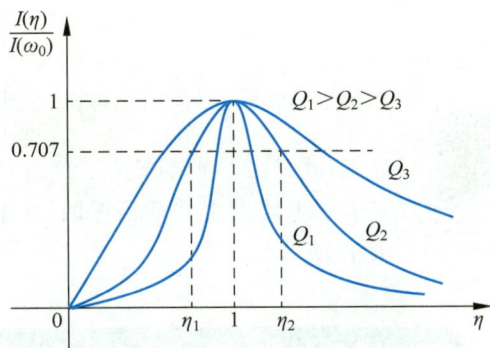

图 7.2.20　通用谐振频率特性

对任意谐振电路来说,在通用谐振频率特性下,都是 $\eta=1$ 时发生谐振,最大幅值均为 1。

从图 7.2.20 可以看出:$Q$ 值越大,曲线在谐振点附近的形状越尖锐,当频率稍微偏离谐振频率时,电流就急剧下降,说明电路具有明显的窄带滤波性能,电路的选择性越好。反之,$Q$ 越小,在谐振频率附近曲线就越平缓,选择性就越差。

为了定量地衡量电路的选择性,常用 $\dfrac{I(\eta)}{I(\omega_0)}=\dfrac{1}{\sqrt{2}}\approx 0.707$ 时的两个频率 $\omega_1$ 和 $\omega_2$ 的差

值即通频带来说明。因此,有

$$\frac{I(\eta)}{I(\omega_0)} = \frac{1}{\sqrt{1 + Q^2\left(\eta - \frac{1}{\eta}\right)^2}} = \frac{1}{\sqrt{2}}$$

解得两个正根分别为

$$\eta_1 = -\frac{1}{2Q} + \sqrt{\frac{1}{4Q^2} + 1}, \quad \eta_2 = \frac{1}{2Q} + \sqrt{\frac{1}{4Q^2} + 1}$$

因此,

$$\eta_2 - \eta_1 = \frac{1}{Q} \tag{7.2.32}$$

$$Q = \frac{\omega_0}{\omega_2 - \omega_1} \tag{7.2.33}$$

可见,电路的品质因数越高,即 $Q$ 值越大,通频带越窄,曲线形状在谐振频率附近越尖锐。

当谐振电路是黑箱问题(即电路拓扑和参数未知)时,可以测量端口电压或电流的幅频特性,根据式(7.2.33)计算出该谐振电路在谐振角频率为 $\omega_0$ 时的品质因数。这种定义方式具有广泛的应用价值。

采用与前面一样的思路,我们同样可以从 3 个不同角度来讨论其他谐振电路。比如对于如图 7.2.21 所示的 $GCL$ 并联谐振电路来说,可知其品质因数为

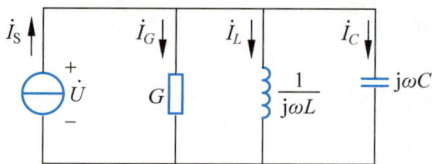

图 7.2.21 $GCL$ 并联电路

$$Q = \frac{1}{\omega_0 LG} = \frac{\omega_0 C}{G} = \frac{1}{G}\sqrt{\frac{C}{L}} \tag{7.2.34}$$

显然,式(7.2.34)与式(7.2.21)所示的串联电路的品质因数具有对偶关系。它表示电路发生并联谐振时,电容或电感上的电流相对于输入信号电流的放大倍数。

知识点110练习题和讨论

# 7.3 互感和变压器

载流线圈与其他线圈之间通过磁场相互联系的物理现象称为磁耦合[1]。一对有磁耦合的线圈,若流过其中一个线圈的电流随时间变化,则在另一线圈两端将出现感应电压,反之亦然。这就是电磁学中所称的互感现象。直流激励下电路的稳态响应中没有互感现象。变

---

[1] 存在与电感耦合对应的、一个二端元件端子间的电压引起另一个二端元件端子间的电荷的现象,这种依靠静电场建立的耦合关系称为电容耦合。本书不讨论电容耦合。

压器是利用互感原理工作的最典型的电气元件。本节重点介绍有互感的电路的分析,在此基础上以空芯变压器、全耦合变压器和理想变压器的电路模型为例讨论工程观点在实际电路分析中的应用。

### 7.3.1 互感和耦合系数

知识点111

图 7.3.1 所示是两个彼此存在磁耦合的线圈,它们的匝数分别为 $N_1$ 和 $N_2$,各自流过的电流分别为 $i_1$ 和 $i_2$。根据两个线圈的绕向、电流的参考方向以及两线圈的相对位置,按照右手螺旋定则可以确定电流产生的磁链方向及彼此交链的情况。

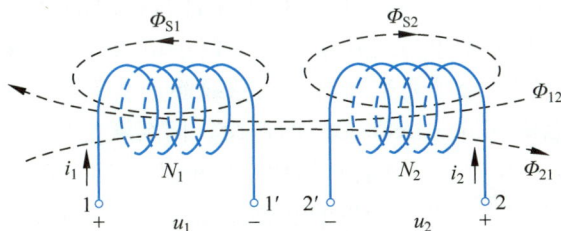

图 7.3.1 一对有互感的线圈

图 7.3.1 中,线圈 1 中流过的电流 $i_1$ 产生的磁通称为自感磁通量 $\Phi_{11}$,它包括两部分,一部分只链过自身线圈,称为漏磁通量 $\Phi_{S1}$,另一部分交链线圈 2 的磁通称为互感磁通量 $\Phi_{21}$[①]。当线圈 1 的自感磁通完全交链线圈 2 时,$\Phi_{S1}=0$,$\Phi_{11}=\Phi_{21}$。同样,线圈 2 中流过的电流 $i_2$ 产生的磁通称为自感磁通量 $\Phi_{22}$,它也包括两部分,一部分只链过自身线圈,称为漏磁通量 $\Phi_{S2}$,另一部分交链线圈 1 的磁通称为互感磁通量 $\Phi_{12}$。当线圈 2 的自感磁通完全交链线圈 1 时,$\Phi_{S2}=0$,$\Phi_{22}=\Phi_{12}$。

耦合线圈中的磁链应该等于自感磁链和互感磁链两部分的代数和。在图 7.3.1 中,有

$$\Psi_1=\Psi_{11}-\Psi_{12}=N_1(\Phi_{11}-\Phi_{12})$$

$$\Psi_2=\Psi_{22}-\Psi_{21}=N_2(\Phi_{22}-\Phi_{21})$$

这两个式子中,互感磁链前的正负号取决于互感磁链与自感磁链的相对关系:当互感磁链与自感磁链在线圈中相互加强时,取正号;当互感磁链与自感磁链在线圈中相互削弱时,取负号。而互感磁链与自感磁链的方向与线圈绕向、电流方向及两线圈的相对位置有关。

当线圈中及周围空间是各向同性的线性磁介质时,每一种磁链都与产生它的电流成正比,即自感磁链

$$\Psi_{11}=L_1i_1, \quad \Psi_{22}=L_2i_2 \tag{7.3.1}$$

式(7.3.1)中,$L_1$,$L_2$ 称为自感。

互感磁链

$$\Psi_{12}=M_{12}i_2, \quad \Psi_{21}=M_{21}i_1 \tag{7.3.2}$$

式(7.3.2)中,$M_{12}$ 和 $M_{21}$ 称为互感系数,简称互感。可以证明:$M_{12}=M_{21}$。因此当只有两个互感线圈时,可以略去互感的下标,记作 $M=M_{12}=M_{21}$。

---

① 请读者关注 $\Phi_{21}$ 的下标含义为线圈 1 产生的,且与线圈 2 交链的磁通。

至此，两个线圈中的磁链可表示为

$$\Psi_1 = L_1 i_1 - M i_2$$

$$\Psi_2 = -M i_1 + L_2 i_2$$

当 $i_1$ 和 $i_2$ 随时间变化时，在两个有互感的线圈中就会产生感应电压。电压参考方向如图 7.3.1 所示。根据右手螺旋定则和楞次定律，得

$$u_1 = \frac{\mathrm{d}\Psi_1}{\mathrm{d}t} = L_1 \frac{\mathrm{d}i_1}{\mathrm{d}t} - M \frac{\mathrm{d}i_2}{\mathrm{d}t}$$

$$u_2 = \frac{\mathrm{d}\Psi_2}{\mathrm{d}t} = -M \frac{\mathrm{d}i_1}{\mathrm{d}t} + L_2 \frac{\mathrm{d}i_2}{\mathrm{d}t}$$

由这两个式子可以看出：每个线圈的感应电压都包括两部分，一部分是由自身电流变化引起的自感电压，另一部分是由与之有互感的线圈中电流变化引起的互感电压。为了正确判断互感电压前的正负号，必须完整画出两电感线圈的实际绕向，这显然是很不方便的。为此，工程上引入了同名端(dot convention)的概念。同名端是指分属两个线圈的这样一对

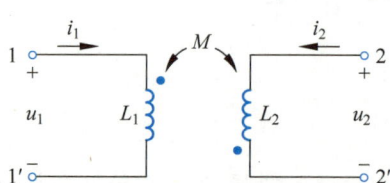

图 7.3.2　用同名端表示的互感电路

端钮，当两个电流从这两个端钮流入各自线圈时，它们产生的互感磁通是相互加强的，这样一对端钮就称为同名端。同名端用"·"或"∗"表示。根据同名端的定义可以判定：图 7.3.1 中端钮 1 和 2′是同名端，当然，端钮 1′和 2 也是同名端。图 7.3.1 所示电路用同名端表示为图 7.3.2 所示电路。

确定同名端以后，就不必画绕线图了，但根据同名端判断互感电压就成为一个问题。再次回到图 7.3.1 中。电流 $i_1$ 从同名端 1 流入线圈 1，在线圈 2 中要产生互感电压，线圈 2 上电压参考方向的正极在非同名端 2 上，因此互感电压 $u_{21} = -M \dfrac{\mathrm{d}i_1}{\mathrm{d}t}$；若改变线圈 2 上电压的参考方向，使其正极在同名端 2′上，则有 $u_{21} = M \dfrac{\mathrm{d}i_1}{\mathrm{d}t}$。由此可以总结出：如果电流的参考方向从同名端流入，另一个线圈上互感电压的参考方向从同名端指向非同名端，则互感电压 $u = M \dfrac{\mathrm{d}i}{\mathrm{d}t}$，反之亦然。根据这一性质，我们就可以在不画绕向的情况下确定互感电压的方向了。

**例 7.3.1**　写出图 7.3.3 所示线圈上的电压表达式，用互感和自感表示。

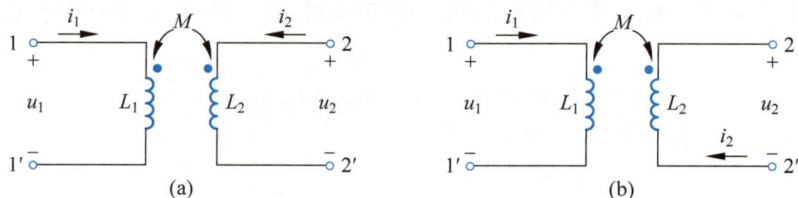

图 7.3.3　例 7.3.1 电路

**解**　对于图 7.3.3(a)，根据互感电压与产生它的电流相对于同名端的关系，有

$$u_1 = L_1 \frac{\mathrm{d}i_1}{\mathrm{d}t} + M \frac{\mathrm{d}i_2}{\mathrm{d}t}$$

$$u_2 = M\frac{\mathrm{d}i_1}{\mathrm{d}t} + L_2\frac{\mathrm{d}i_2}{\mathrm{d}t}$$

类似地,对于图 7.3.3(b),有

$$u_1 = L_1\frac{\mathrm{d}i_1}{\mathrm{d}t} - M\frac{\mathrm{d}i_2}{\mathrm{d}t}$$

$$u_2 = M\frac{\mathrm{d}i_1}{\mathrm{d}t} - L_2\frac{\mathrm{d}i_2}{\mathrm{d}t}$$

如果图 7.3.3 所示电路中,电压、电流都是正弦量,那么还可以用相量形式表示互感电压与电流之间的关系。对于图 7.3.3(a):

$$\dot{U}_1 = \mathrm{j}\omega L_1\dot{I}_1 + \mathrm{j}\omega M\dot{I}_2$$

$$\dot{U}_2 = \mathrm{j}\omega M\dot{I}_1 + \mathrm{j}\omega L_2\dot{I}_2$$

对于图 7.3.3(b):

$$\dot{U}_1 = \mathrm{j}\omega L_1\dot{I}_1 - \mathrm{j}\omega M\dot{I}_2$$

$$\dot{U}_2 = \mathrm{j}\omega M\dot{I}_1 - \mathrm{j}\omega L_2\dot{I}_2$$

对于一对实际线圈来说,往往从外面看不到其绕向情况,这时需要用实验方法测定同名端。电路如图 7.3.4 所示。线圈/经过一个开关 S 接到直流电压源 $U_S$ 上,串接一电阻 $R$ 以限制电流。线圈 2 接到一个直流电压表上,极性如图 7.3.4 所示。当开关 S 合上后,电流 $i_1$ 由零逐渐增大到一个稳态值,在合上瞬间,$\dfrac{\mathrm{d}i_1}{\mathrm{d}t}>0$。此时,线圈 2 中会产生互感电压,使电压表指针发生偏转。如果电压表指针发生正偏,表明电压 $u_{22'}$ 大于零。那么根据 $u_{22'} = M\dfrac{\mathrm{d}i_1}{\mathrm{d}t}$ 可知:1 和 2 两个端钮是一对同名端;如果电压表指针发生反偏,则 1 和 2' 两个端钮是一对同名端。

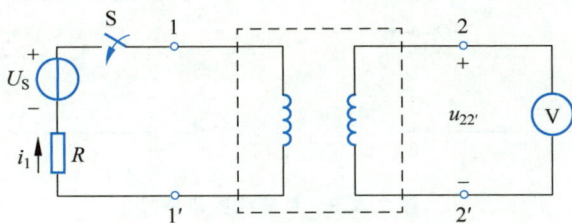

图 7.3.4 测定同名端的实验电路

工程上用**耦合系数**(coupling coefficient)$k$ 来定量表示两个有互感的线圈相互之间耦合的强弱。它是这样定义的:设两个线圈的自感分别为 $L_1$、$L_2$,两个线圈的互感为 $M$,定义耦合系数为

$$k = \frac{M}{\sqrt{L_1 L_2}} \tag{7.3.3}$$

两个线圈的磁耦合越紧密,耦合系数越大。

设两个线圈的匝数分别为 $N_1$、$N_2$,流过的电流为 $i_1$、$i_2$,于是

$$k^2 = \frac{M^2}{L_1 L_2} = \frac{M^2 i_1 i_2}{L_1 i_1 L_2 i_2} = \frac{N_2 \Phi_{21} N_1 \Phi_{12}}{N_1 \Phi_{11} N_2 \Phi_{22}} = \frac{\Phi_{21} \Phi_{12}}{\Phi_{11} \Phi_{22}}$$

因为 $\Phi_{11} \geqslant \Phi_{21}$，$\Phi_{22} \geqslant \Phi_{12}$，所以 $0 \leqslant k \leqslant 1$。当每个线圈的自感磁通完全与另一个线圈交链，即没有漏磁通时，有

$$\Phi_{11} = \Phi_{21}, \quad \Phi_{22} = \Phi_{12}$$

称两个互感线圈全耦合，此时，$k = 1$，$M_{\max} = \sqrt{L_1 L_2}$。

$k$ 的大小与两个线圈的结构、相互位置以及周围磁介质有关。

上述讨论基于两个彼此存在磁耦合的线圈开展。对于多个线圈，如果两两之间存在磁耦合，则存在多个互感和耦合系数。

## 7.3.2 有互感的电路分析

动态电路中如果包含互感，则在过渡过程分析和正弦稳态分析中都需要考虑互感的性质。本小节主要讨论正弦稳态电路中分析包含互感的方法，其中的去耦等效方法所得的结论对过渡过程分析也适用。

正弦激励下，含有互感电路的稳态响应仍然可以采用相量法求解。但需要注意的是，此时线圈上的电压除了自感电压外，还有互感电压。在列写 KVL 方程时，要根据线圈的同名端以及线圈电压、电流的参考方向正确表示出线圈上的互感电压。

由于电感上既有自感电压，又有互感电压，电感电流难以用电感电压描述，因此含有互感的电路一般不适合用常规的节点法进行分析。

下面先来研究两个互感线圈以不同形式连接时对外电路的等效电路模型，然后据此分析含互感的电路。

图 7.3.5 所示是两个有互感的线圈串联的两种情况，它们同名端的连接方式不同。

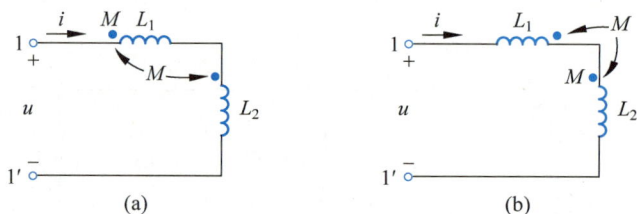

图 7.3.5 互感线圈串联

对于图 7.3.5(a)，端口电压、电流的关系为

$$u = L_1 \frac{\mathrm{d}i}{\mathrm{d}t} + M \frac{\mathrm{d}i}{\mathrm{d}t} + L_2 \frac{\mathrm{d}i}{\mathrm{d}t} + M \frac{\mathrm{d}i}{\mathrm{d}t}$$

$$= (L_1 + L_2 + 2M) \frac{\mathrm{d}i}{\mathrm{d}t}$$

在这种连接方式下，自感磁通和互感磁通是相互加强的，称为串联顺接。由上式得等效电感为

$$L_{\mathrm{eq}} = L_1 + L_2 + 2M \tag{7.3.4}$$

类似地，对于图 7.3.5(b)，端口电压、电流关系为

知识点111练习题和讨论

知识点112

$$u = L_1 \frac{\mathrm{d}i}{\mathrm{d}t} - M \frac{\mathrm{d}i}{\mathrm{d}t} + L_2 \frac{\mathrm{d}i}{\mathrm{d}t} - M \frac{\mathrm{d}i}{\mathrm{d}t}$$

$$= (L_1 + L_2 - 2M) \frac{\mathrm{d}i}{\mathrm{d}t}$$

在这种连接方式下,自感磁通和互感磁通是相互削弱的,称为串联反接。由上式得等效电感为

$$L_{eq} = L_1 + L_2 - 2M \tag{7.3.5}$$

根据式(7.3.4)和式(7.3.5)可以设计一种测量两个线圈间互感的简便方法,电路如图7.3.6所示。

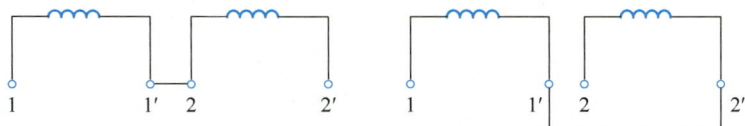

图 7.3.6 一种测量互感的方法

先将两个线圈的端钮1′和端钮2相连,测量端钮1和端钮2′之间的电感,记为 $L_{eq1}$;再将两个线圈的端钮1′和端钮2′相连,测量端钮1和端钮2之间的电感,记为 $L_{eq2}$。设 $L_{eq1} \geqslant L_{eq2}$,根据式(7.3.4)和式(7.3.5),有

$$M = \frac{L_{eq1} - L_{eq2}}{4} \tag{7.3.6}$$

当然,这也是用电感表测量同名端的一种方法。

图7.3.7是两个有互感的线圈的并联。图7.3.7(a)中同名端同侧并联,写出互感线圈的电压、电流关系为

$$u = L_1 \frac{\mathrm{d}i_1}{\mathrm{d}t} + M \frac{\mathrm{d}i_2}{\mathrm{d}t}$$

$$= L_2 \frac{\mathrm{d}i_2}{\mathrm{d}t} + M \frac{\mathrm{d}i_1}{\mathrm{d}t}$$

又 $i = i_1 + i_2$,消去 $i_1$、$i_2$,用 $i$ 表示 $u$,得到端口的电压、电流关系为

$$u = \frac{L_1 L_2 - M^2}{L_1 + L_2 - 2M} \frac{\mathrm{d}i}{\mathrm{d}t}$$

因此,端口处的入端等效电感为

$$L_{eq} = \frac{L_1 L_2 - M^2}{L_1 + L_2 - 2M} \tag{7.3.7}$$

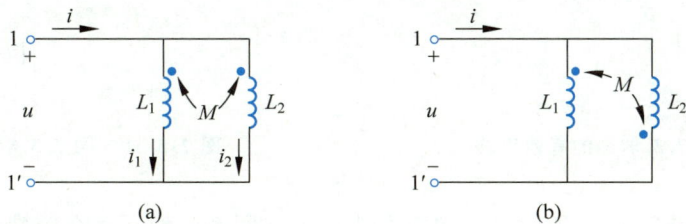

图 7.3.7 互感线圈并联

类似地，图 7.3.7(b) 中两互感线圈同名端异侧并联，端口处的入端等效电感为

$$L_{eq} = \frac{L_1 L_2 - M^2}{L_1 + L_2 + 2M} \qquad (7.3.8)$$

两个有互感的线圈还有另一种常见的连接方式，既不是串联，也不是并联，但它们有一个公共端，如图 7.3.8 所示。

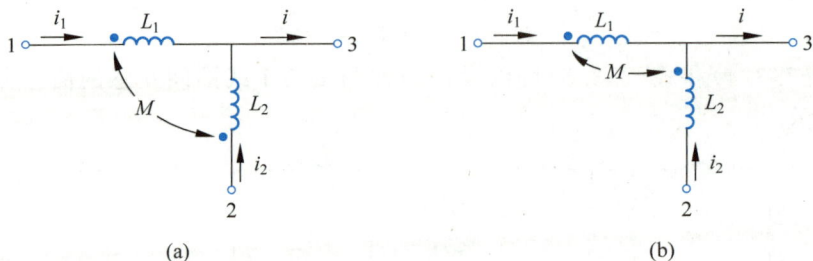

图 7.3.8　有公共端的有互感的线圈

图 7.3.8(a) 中，两个有互感的线圈的同名端连接在公共端 3，端钮 1、3 和端钮 2、3 之间的电压可以分别表示为

$$u_{13} = L_1 \frac{di_1}{dt} + M \frac{di_2}{dt} = (L_1 - M) \frac{di_1}{dt} + M \frac{di}{dt}$$

$$u_{23} = L_2 \frac{di_2}{dt} + M \frac{di_1}{dt} = (L_2 - M) \frac{di_2}{dt} + M \frac{di}{dt}$$

上式中利用了 $i = i_1 + i_2$。由电压、电流关系式可以得到原电路的等效电路，如图 7.3.9 所示。

类似地，图 7.3.8(b) 中公共端 3 连接的是两个有互感的线圈的非同名端，端钮 1、3 和端钮 2、3 之间的电压可以分别表示为

$$u_{13} = L_1 \frac{di_1}{dt} - M \frac{di_2}{dt} = (L_1 + M) \frac{di_1}{dt} - M \frac{di}{dt}$$

$$u_{23} = L_2 \frac{di_2}{dt} - M \frac{di_1}{dt} = (L_2 + M) \frac{di_2}{dt} - M \frac{di}{dt}$$

上式中也利用了 $i = i_1 + i_2$。由电压、电流关系式可以得到原电路的等效电路如图 7.3.10 所示。

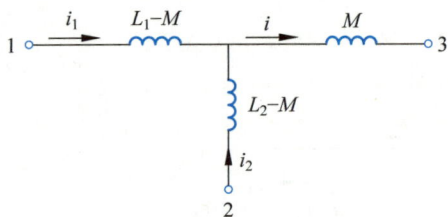

图 7.3.9　图 7.3.8(a) 的等效电路　　　　　图 7.3.10　图 7.3.8(b) 的等效电路

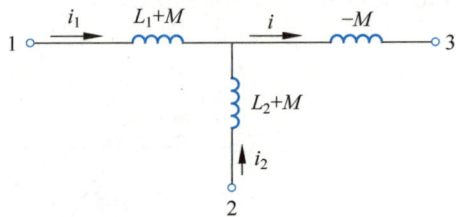

图 7.3.9 和图 7.3.10 所示的等效电路中电感之间都已经不存在磁耦合，该过程称为互感的去耦等效变换。

当电路中两个线圈间的耦合在形式上不能直接消去时,就必须根据同名端正确写出互感电压,列回路方程求解。

**例 7.3.2** 图 7.3.11 所示电路中,$u_S = 500\sin100t\,\text{V}$,$L_1 = 0.6\text{H}$,$L_2 = 0.4\text{H}$,$M = 0.1\text{H}$,$R_1 = 40\Omega$,$R_2 = 10\Omega$,$Z_L = (10 + j20)\Omega$。求负载 $Z_L$ 上的电压。

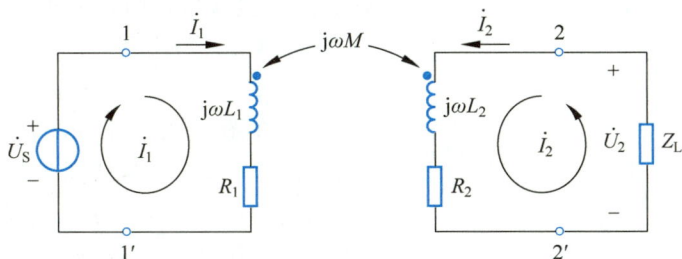

图 7.3.11 例 7.3.2 电路

**解 解法一** 用回路法直接列方程求解。

取回路电流如图 7.3.11 所示。计算相关参数如下:

$$\omega = 100\text{rad/s}$$
$$\omega L_1 = 60\Omega, \quad \omega L_2 = 40\Omega, \quad \omega M = 10\Omega$$

列回路方程

$$(j60 + 40)\dot{I}_1 + j10\dot{I}_2 = \dot{U}_S$$
$$(j40 + 10 + 10 + j20)\dot{I}_2 + j10\dot{I}_1 = 0$$

解上述方程组,得

$$\dot{I}_2 = 0.786\angle143.1°\text{A}$$

所求电压为

$$\dot{U}_2 = -Z_L\dot{I}_2 = 17.58\angle26.5°\text{V}$$

**解法二** 若将左右两部分电路的底部相连,两个互感线圈就有了一个公共端,且这种连接对原电路中的所有支路量没有影响。去耦等效得到的等效电路如图 7.3.12 所示。

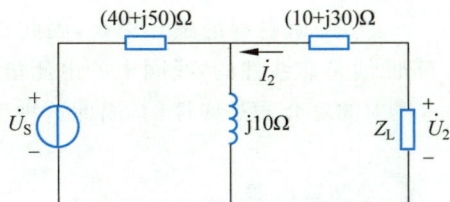

图 7.3.12 原电路的去耦等效电路

由图得,并联部分的阻抗为

$$Z_1 = \frac{j\omega M \times [j\omega(L_2 - M) + R_2 + Z_L]}{j\omega M + [j\omega(L_2 - M) + R_2 + Z_L]} = \frac{j10 \times (j30 + 10 + 10 + j20)}{j10 + (j30 + 10 + 10 + j20)}\Omega$$
$$= (0.5 + j8.5)\Omega$$

因此,负载上流过的电流

$$\dot{I}_2 = -\dot{U}_S \times \frac{Z_1}{R_1 + j\omega(L_1 - M) + Z_1} \times \frac{1}{R_2 + j\omega(L_2 - M) + Z_L}$$
$$= \left(-\frac{500}{\sqrt{2}}\angle0° \times \frac{0.5 + j8.5}{40 + j50 + 0.5 + j8.5} \times \frac{1}{10 + j30 + 10 + j20}\right)\text{A}$$

$$= 0.786 \angle 143.1° \text{A}$$

所求电压

$$\dot{U}_2 = -Z_L \dot{I}_2 = 17.58 \angle 26.5° \text{V}$$

两种方法求得的结果一样,但对比两种方法的求解过程,解法二要比解法一简便,无需

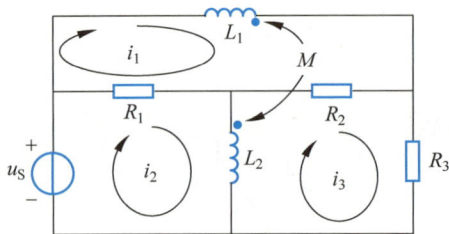

图 7.3.13　例 7.3.3 电路

联立方程,直接根据阻抗的串并联关系即可求解。

**例 7.3.3**　写出图 7.3.13 所示电路的相量形式的回路方程,回路电流如图所示。

**解**　在图 7.3.13 所示电路中,线圈 $L_1$ 上流过的电流是 $i_1$,方向是从同名端流出;线圈 $L_2$ 上流过的电流是 $i_2 - i_3$,方向是从同名端流入。这两个电流不仅要在各自线圈上产生自感电压,还要在与之耦合的线圈上产生互感电压。注意互感电压的方向与所选回路的电压降方向(即回路电流方向)之间的关系。相量形式的回路方程为

$$(R_1 + R_2 + j\omega L_1)\dot{I}_1 - R_1\dot{I}_2 - R_2\dot{I}_3 - j\omega M(\dot{I}_2 - \dot{I}_3) = 0$$

$$-R_1\dot{I}_1 + (R_1 + j\omega L_2)\dot{I}_2 - j\omega L_2\dot{I}_3 - j\omega M\dot{I}_1 = \dot{U}_S$$

$$-R_2\dot{I}_1 - j\omega L_2\dot{I}_2 + (j\omega L_2 + R_2 + R_3)\dot{I}_3 + j\omega M\dot{I}_1 = 0$$

知识点112练习题和讨论

## 7.3.3　变压器

**变压器**是电气工程中典型的利用电磁感应和互感原理工作的设备。根据线圈芯柱的不同,变压器可以分为**铁芯变压器**和**空芯变压器**。铁芯变压器是以铁磁材料作为芯柱,如硅钢片等;空芯变压器则是以非铁磁材料作为芯柱,如塑料等。铁磁材料的磁导率高,因此铁芯变压器有更高的功率密度。但由于铁磁材料的 $B$-$H$ 曲线是非线性的,线圈上的电压电流关系较为复杂。本小节着重讨论的变压器都假定其芯柱中的磁介质是线性的,因此这种变压器也可称为**线性变压器**。

知识点113

### 1. 空芯变压器

空芯变压器本质上就是一对耦合线圈,其中一个线圈作为输入,与电源连接,称为**一次侧**或**原边线圈**(简称**原边**),另外一个线圈作为输出,与负载连接,称为**二次侧**或**副边线圈**(简称**副边**)。变压器的原边和副边在电路上是完全隔离的,它们之间能量的传递是通过磁耦合实现的。图 7.3.14 是空芯变压器的电路模型,其中的 $R_1$ 和 $R_2$ 分别表示原边和副边的绕线电阻,$L_1$ 和 $L_2$ 则分别表示原边线圈和副边线圈的自感,同名端和 $M$ 表示原边线圈和副边线圈间的互感。

在正弦稳态下,空芯变压器原、副边的电压、电流关系可以用 $Z$ 参数方程表示为

$$\left.\begin{aligned} \dot{U}_1 &= (R_1 + j\omega L_1)\dot{I}_1 + j\omega M\dot{I}_2 \\ \dot{U}_2 &= j\omega M\dot{I}_1 + (R_2 + j\omega L_2)\dot{I}_2 \end{aligned}\right\} \qquad (7.3.9)$$

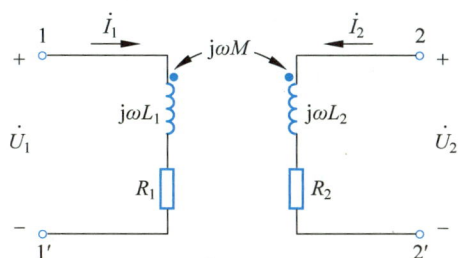

图 7.3.14 空芯变压器电路模型

下面考虑空芯变压器原边接电源，副边接负载的情况，如图 7.3.15 所示。

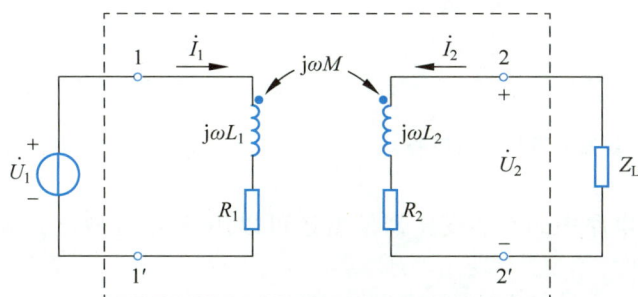

图 7.3.15 含空芯变压器的电路

列写原、副边的回路电流方程，得

$$\left.\begin{array}{l} (R_1 + j\omega L_1)\dot{I}_1 + j\omega M\dot{I}_2 = \dot{U}_1 \\[2mm] j\omega M\dot{I}_1 + (R_2 + j\omega L_2 + Z_L)\dot{I}_2 = 0 \end{array}\right\} \tag{7.3.10}$$

令 $Z_{11} = R_1 + j\omega L_1$，称为原边回路总阻抗；令 $Z_{22} = R_2 + j\omega L_2 + Z_L$，称为副边回路总阻抗。由式(7.3.10)的方程组可以解得

$$\dot{I}_1 = \cfrac{\dot{U}_1}{Z_{11} + \cfrac{(\omega M)^2}{Z_{22}}} \tag{7.3.11}$$

$$\dot{I}_2 = -\cfrac{j\omega M\cfrac{\dot{U}_1}{Z_{11}}}{Z_{22} + \cfrac{(\omega M)^2}{Z_{11}}} \tag{7.3.12}$$

式(7.3.11)中的分母是原边的输入阻抗，其中 $\dfrac{(\omega M)^2}{Z_{22}}$ 称为 引入阻抗，或 反映阻抗。它是副边回路阻抗通过互感反映到原边的等效阻抗。引入阻抗的性质与 $Z_{22}$ 相反，即感性(容性)变为容性(感性)。

式(7.3.11)可以用图 7.3.16 所示电路来表示，该电路称为空芯变压器的原边等效电路。

应用同样的方法可以得到图 7.3.15 所示电路的另一个等效电路，它就是从副边向原边看过去的含源一端口的戴维南等效电路,如图 7.3.17 所示。式(7.3.12)的分子是副边负载开路时,2-2′端口的开路电压 $\dot{U}_{\mathrm{oc}} = \mathrm{j}\omega M \dfrac{\dot{U}_1}{Z_{11}}$ ；分母由两部分组成,负载 $Z_L$ 和戴维南等效阻抗 $Z_{\mathrm{eq}} = R_2 + \mathrm{j}\omega L_2 + \dfrac{(\omega M)^2}{Z_{11}}$ ,其中 $\dfrac{(\omega M)^2}{Z_{11}}$ 称为副边的引入阻抗,它是原边回路阻抗通过互感反映到副边的等效阻抗。

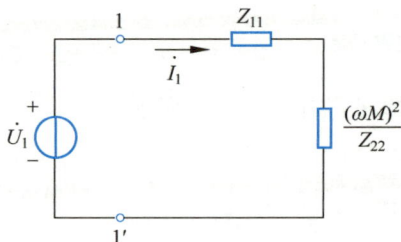

图 7.3.16　空芯变压器的原边等效电路　　　　图 7.3.17　空芯变压器的副边等效电路

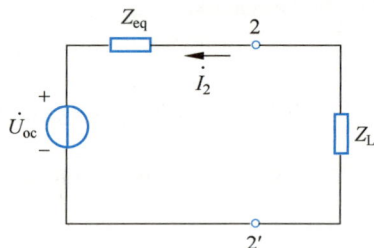

图 7.3.15 所示电路中的空芯变压器模型还可以用 T 形等效电路来替代。把原、副边的回路方程改写为

$$\left.\begin{array}{l} R_1 \dot{I}_1 + \mathrm{j}\omega(L_1 - M)\dot{I}_1 + \mathrm{j}\omega M(\dot{I}_1 + \dot{I}_2) = \dot{U}_1 \\ \mathrm{j}\omega M(\dot{I}_1 + \dot{I}_2) + (R_2 + Z_L)\dot{I}_2 + \mathrm{j}\omega(L_2 - M)\dot{I}_2 = 0 \end{array}\right\} \tag{7.3.13}$$

根据式(7.3.13)可以画出等效电路如图 7.3.18 所示,其中空芯变压器用 T 形等效电路表示。

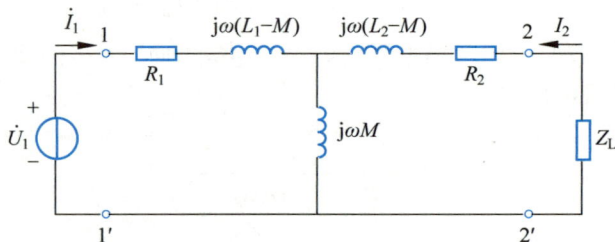

图 7.3.18　空芯变压器的 T 形等效电路

空芯变压器的 T 形等效电路也可以根据有一个公共端的互感线圈的去耦等效得到。将图 7.3.15 中的空芯变压器电路模型的原、副边底部用导线连上,根据广义的 KCL,这条导线上不会有电流流过,对原电路中的各个支路量没有影响。这样,空芯变压器就变成了有公共端的两个互感线圈,去耦等效就得到图 7.3.18 所示的 T 形等效电路。

**例 7.3.4**　用空芯变压器的等效电路重解例 7.3.2。电路重画于图 7.3.19 中, $u_S = 500\sin 100t\,\mathrm{V}$ , $L_1 = 0.6\mathrm{H}$ , $L_2 = 0.4\mathrm{H}$ , $M = 0.1\mathrm{H}$ , $R_1 = 40\Omega$ , $R_2 = 10\Omega$ , $Z_L = (10 + \mathrm{j}20)\,\Omega$ 。求负载 $Z_L$ 上的电压。

**解**　图中所示两个互感线圈实际上就是一个空芯变压器。因此求解含有空芯变压器的

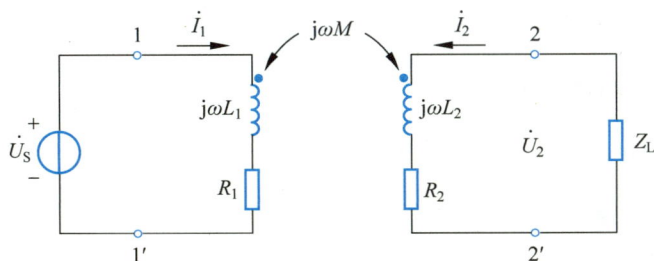

图 7.3.19　例 7.3.4 图

电路,完全可以用含互感电路的一般处理方法,如用回路法直接列方程(例 7.3.2 解法一),也可以用空芯变压器的 T 形等效电路求解(例 7.3.2 解法二),还可以用空芯变压器的原边或副边等效电路求解。因为题目中的待求量是副边负载上的电压,因此此处采用副边等效电路求解。

空芯变压器的副边等效电路如图 7.3.17 所示。可求得电流

$$\dot{I}_2 = -\frac{\mathrm{j}\omega M \dfrac{\dot{U}_S}{Z_{11}}}{Z_{22} + \dfrac{(\omega M)^2}{Z_{11}}} = -\frac{\mathrm{j}\omega M \dfrac{\dot{U}_S}{R_1 + \mathrm{j}\omega L_1}}{R_2 + \mathrm{j}\omega L_2 + Z_L + \dfrac{(\omega M)^2}{R_1 + \mathrm{j}\omega L_1}}$$

$$= -\frac{\mathrm{j}10 \times \dfrac{\dfrac{500\angle 0^\circ}{\sqrt{2}}}{(40 + \mathrm{j}60)}}{10 + \mathrm{j}40 + 10 + \mathrm{j}20 + \dfrac{10^2}{40 + \mathrm{j}60}}\mathrm{A} = 0.786\angle 143.1^\circ \mathrm{A}$$

所求电压

$$\dot{U}_2 = -Z_L \dot{I}_2 = 17.58\angle 26.5^\circ \mathrm{V}$$

与前两种方法求得的结果一样。

虽然空芯变压器的名字为"空芯",但是其线圈芯柱的导磁材料却未必是空气。只要磁材料工作于线性区,就可以用空芯变压器的原理对其进行分析。

### 2. 全耦合变压器

当空芯变压器原边和副边的耦合系数 $k=1$,即全耦合时,若进一步忽略原边、副边的绕线电阻,就得到**全耦合变压器**。全耦合变压器的电路模型如图 7.3.20 所示。

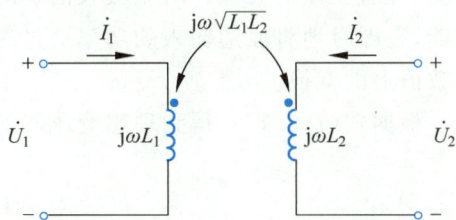

图 7.3.20　全耦合变压器电路模型

在图 7.3.20 所示参考方向下,全耦合变压器原边、副边的电压、电流的相量关系为

$$\mathrm{j}\omega L_1 \dot{I}_1 + \mathrm{j}\omega \sqrt{L_1 L_2} \dot{I}_2 = \dot{U}_1 \tag{7.3.14}$$

$$\mathrm{j}\omega \sqrt{L_1 L_2} \dot{I}_1 + \mathrm{j}\omega L_2 \dot{I}_2 = \dot{U}_2 \tag{7.3.15}$$

由式(7.3.15)得

$$\dot{I}_1 = \frac{\dot{U}_2 - j\omega L_2 \dot{I}_2}{j\omega \sqrt{L_1 L_2}}$$

将上式代入式(7.3.14)可得

$$\left.\begin{array}{l} \dfrac{\dot{U}_1}{\dot{U}_2} = \sqrt{\dfrac{L_1}{L_2}} = n \\[4mm] \dot{I}_1 = \dfrac{\dot{U}_1}{j\omega L_1} - \dfrac{1}{n}\dot{I}_2 \end{array}\right\} \qquad (7.3.16)$$

式(7.3.16)就是全耦合变压器原、副边之间电压和电流的关系式，其中 $n$ 称为全耦合变压器原边和副边的变比。

### 3. 理想变压器

对全耦合变压器做进一步近似，设 $L_1$、$L_2$ 和 $M$ 均无穷大，且保持 $\sqrt{\dfrac{L_1}{L_2}} = n$ 为一常数，

那么变压器就可以视为理想变压器。图 7.3.21 是理想变压器的电路模型。

图 7.3.21 中，在图示参考方向下，理想变压器原、副边电压和电流满足下述关系

$$\left.\begin{array}{l} \dot{U}_1 = n\dot{U}_2 \\[2mm] \dot{I}_1 = -\dfrac{1}{n}\dot{I}_2 \end{array}\right\} \qquad (7.3.17)$$

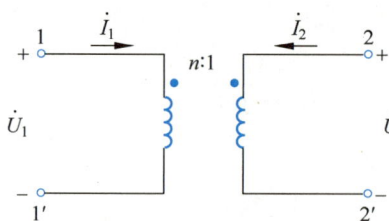

图 7.3.21 理想变压器电路模型

与式(7.3.16)对比，将式(7.3.16)中的 $L_1$ 看成无穷大，就得到式(7.3.17)。理想变压器原、副边的电压、电流之间是一种代数关系，因此这种元件是无记忆的，也即是不能储存能量的。它吸收的瞬时功率为

$$p_{吸} = u_1 i_1 + u_2 i_2 = n u_1 \left(-\frac{1}{n}\right) i_L + u_2 i_2 = 0 \qquad (7.3.18)$$

可见，理想变压器在任一时刻吸收的瞬时功率等于零。这意味着理想变压器既不储能也不耗能，它即时地将原边输入的功率通过磁耦合传递到副边输出，仅仅将电压、电流按变比作了数值上的变换。

根据式(7.3.17)，得到理想变压器的传输参数矩阵为

$$\boldsymbol{T} = \begin{bmatrix} n & 0 \\ 0 & \dfrac{1}{n} \end{bmatrix} \qquad (7.3.19)$$

显然，理想变压器是一个互易二端口网络。

理想变压器模型来自式(7.3.10)所示的互感，是由磁耦合和法拉第电磁感应定律确定的一个线圈上的电流的变化导致另一个线圈上产生电压的物理规律，在经历一系列抽象和工程近似后，得到式(7.3.17)所示的完全由一个实数数值 $n$ 确定的两个端口电压之间以及电流之间的代数关系。如果只看式(7.3.17)，是无法反映出电感和磁耦合的含义的。

如果在理想变压器的副边接上负载阻抗 $Z$，如图 7.3.22 所示，则从原边看过去的等效阻抗为

$$Z_{\text{eq}} = \frac{\dot{U}_1}{\dot{I}_1} = \frac{n\dot{U}_2}{-\frac{1}{n}\dot{I}_2} = n^2\left(-\frac{\dot{U}_2}{\dot{I}_2}\right) = n^2 Z \qquad (7.3.20)$$

可见，理想变压器具有变换阻抗的作用。这种阻抗变换作用在电子电路设计中被广泛应用。

在电路分析中，理想变压器的处理方法与空芯变压器和全耦合变压器有较大差别。对于一个实际的变压器，应视问题的求解精度要求选择不同的变压器模型（空芯变压器、全耦合变压器或理想变压器）。在求解精度允许的前提下，用全耦合变压器甚至理想变压器来近似一个实际的变压器，可以大大简化计算过程。下面举例说明。

**例 7.3.5**　电路如图 7.3.23 所示，变压器的原边电感 $L_1 = 10\text{H}$，副边电感 $L_2 = 40\text{H}$，原、副边互感 $M = 19.99\text{H}$，原边绕线电阻 $R_1 = 1\Omega$，副边绕线电阻 $R_2 = 2\Omega$，负载 $R_L = 100\Omega$，电源 $u_S = \sqrt{2}\times 10\sin(100t)\text{V}$，内阻 $R_S = 1\Omega$，求负载上的电压。

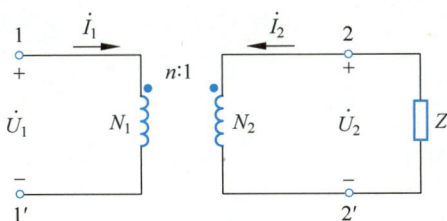

图 7.3.22　理想变压器的阻抗变换作用　　　　图 7.3.23　例 7.3.5 图

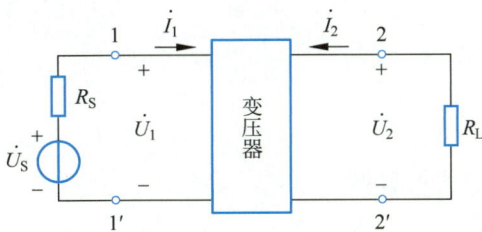

**解**　(1) 用空芯变压器模型对图 7.3.23 中的变压器建模，如图 7.3.24 所示。

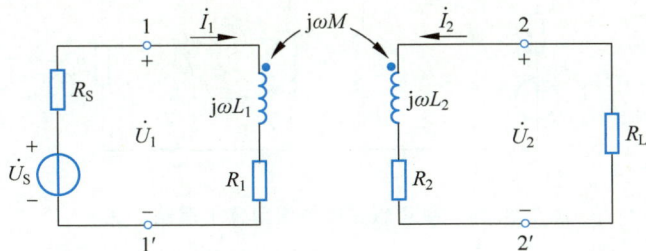

图 7.3.24　用空芯变压器模型来求解例 7.3.5

对原、副边回路分别列写 KVL 方程，得

$$(R_S + R_1 + j\omega L_1)\dot{I}_1 + j\omega M\dot{I}_2 = \dot{U}_S$$

$$j\omega M\dot{I}_1 + (R_2 + j\omega L_2 + R_L)\dot{I}_2 = 0$$

代入数值可解得

$$\dot{U}_2 = -100\dot{I}_2 = (18.15 - j0.626)\text{V} = 18.16\angle{-1.98°}\text{V}$$

（2）该变压器的耦合系数为 $k = M/\sqrt{L_1 L_2} = 0.9995$，而且其绕线电阻与电抗相比很小，因此可以用全耦合变压器模型对其进行工程近似，得到电路如图 7.3.25 所示。

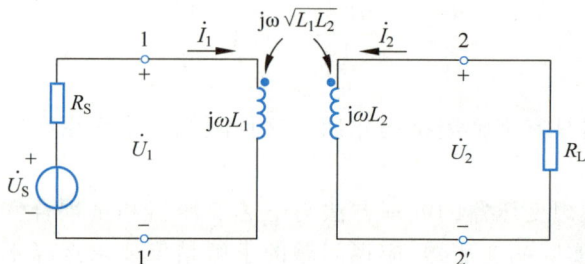

图 7.3.25　用全耦合变压器模型来求解例 7.3.5

应用式（7.3.16）和欧姆定律，得

$$\frac{\dot{U}_1}{\dot{U}_2} = n = \sqrt{\frac{L_1}{L_2}}$$

$$\dot{I}_1 = \frac{\dot{U}_1}{j\omega L_1} - \frac{1}{n}\dot{I}_2$$

$$\dot{U}_2 = -R_L \dot{I}_2$$

$$\dot{U}_1 = \dot{U}_S - R_S \dot{I}_1$$

代入数值可解得

$$\dot{U}_2 = (19.23 - j0.0185)\,V = 19.23\angle -0.06°\,V$$

（3）若进一步用理想变压器模型对其进行工程近似，得到电路如图 7.3.26 所示。

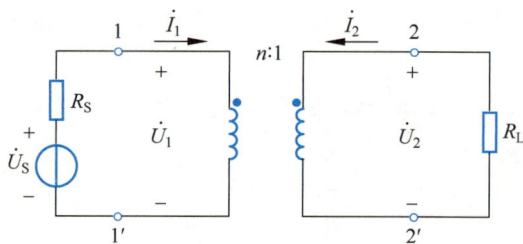

图 7.3.26　用理想变压器模型来求解例 7.3.5

应用式（7.3.17）和欧姆定律，得

$$\frac{\dot{U}_1}{\dot{U}_2} = n = \sqrt{\frac{L_1}{L_2}}$$

$$\dot{I}_1 = -\frac{1}{n}\dot{I}_2$$

$$\dot{U}_2 = -R_L \dot{I}_2$$

$$\dot{U}_1 = \dot{U}_S - R_S \dot{I}_1$$

代入数值可解得

$$\dot{U}_2 = 19.23 \angle 0° \text{V}$$

从上面 3 种利用不同的变压器模型求解的过程和结果可以看出：从空芯变压器模型到全耦合变压器模型再到理想变压器模型的工程近似带来的好处是计算越来越简单，但代价是误差也越来越大。在分析实际问题时，往往需要根据实际需求和求解能力选择合适的电路模型，在问题的求解精度和求解方便程度中进行折中。这就是工程观点的实际意义。此外，相对于理想变压器来说，全耦合变压器的求解精度并无显著改善。实际工作中多用空芯变压器模型和理想变压器模型。

包含理想变压器的最大功率传输

#### 4. 变压器的应用

在信号传输与处理、能量传输与处理领域的许多实际应用中，实际变压器都可以用理想变压器模型来近似，这将给分析带来很大的方便。下面介绍一种广泛应用的实际变压器——**中间抽头变压器**。所谓中间抽头变压器，仍然是双绕组变压器，原边接信号源，副边绕组的中间抽出 1 个线头，其电路模型如图 7.3.27 所示。

用理想变压器模型对其分析。设在图 7.3.27 所示参考方向下有 $u_1 = u_2 = u_S$。下面介绍中间抽头变压器的几个典型应用。

（1）利用中间抽头变压器和两个二极管构成全波整流电路。电路如图 7.3.28 所示，$u_1 = u_2$。

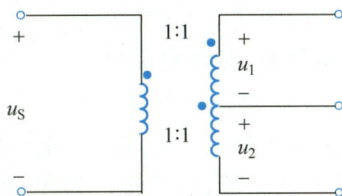

图 7.3.27 中间抽头变压器的电路模型

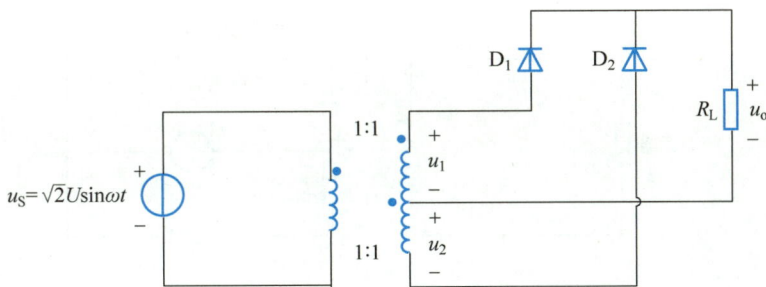

图 7.3.28 中间抽头变压器构成的全波整流电路

在 $u_S$ 的正半周期，$u_1 > 0$，$u_2 > 0$，因此 $D_1$ 导通，$D_2$ 关断，$u_o = u_S$；
在 $u_S$ 的负半周期，$u_1 < 0$，$u_2 < 0$，因此 $D_1$ 关断，$D_2$ 导通，$u_o = -u_S$。

综上所述，电源正、负半周的波形对负载均有作用，而且该电路实现了整流功能，因此称之为全波整流电路。输入、输出波形如图 7.3.29 所示。

（2）利用中间抽头变压器实现移相桥的功能。回顾例 7.1.3 所示的移相桥电路，其中串联电阻支路上两个电阻两端的电压相同，这样两个电压也可以用中间抽头变压器得到。相应的电路如图 7.3.30 所示。

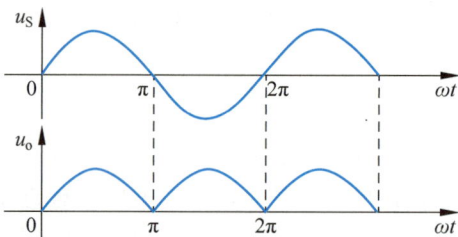

图 7.3.29  图 7.3.28 所示电路的输入电压和输出电压波形

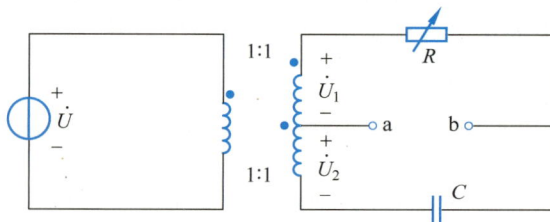

图 7.3.30  用中间抽头变压器实现的移相桥电路

由图 7.3.30 易知，$\dot{U}_1 = \dot{U}_2 = \dot{U}$，仿照例 7.1.3 的分析可知：调整 $R$ 可以改变 $\dot{U}_{ab}$ 与 $\dot{U}$ 的相位差，即实现移相。

（3）利用中间抽头变压器实现通信网络中的二-四线转换功能。这在通信网络用户接口系统中被广泛应用。在电话网络终端，发话器与受话器分别传输发送与接收的信号，需要四线（两个端口）工作。为使系统简化，网络只提供二线（一个端口）与用户连接。利用二-四线转换电路可在用户接口处将四线传输转换为二线传输。早期实现这一功能的电路如图 7.3.31 所示[9]。

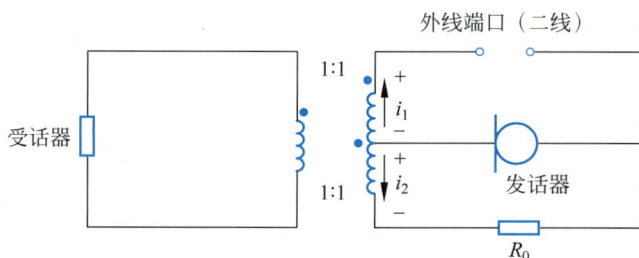

图 7.3.31  电话机在接电话者说话时的等效电路

图 7.3.31 发话器和受话器被一组互感线圈相互隔开，而发送和接收的信号都可以各自经外线端口按二线传送。发话器产生的电流 $i_1$ 和 $i_2$ 分别从异名端流入两线圈，在受话端线圈中产生的感应电压大小相等而极性相反，因此相互抵消，受话器中听不到发话声音。与此同时，发话信号却可以正常传送到外线接口。当外线输入接收信号时，在受话线圈中产生互感电压（注意此时初级两线圈电流在次级线圈中产生的感应电势极性相同），受话器可以正常听到接收信号的声音。$R_0$ 是匹配电阻，为电流构成通路。

上述典型应用中利用的都是理想变压器的电压变换作用。换言之，理想变压器可以看成是一个压控电压源。因此，在上述场合完全可以用运算放大器来替代变压器。事实上，在二-四线转换电路中,为了减小电路体积与重量。目前已广泛利用差动放大器组合(多级运放构成的集成电路)产生不同极性的所需电流,以此取代互感线圈,其工作原理完全相同。

移相桥电路中的中间抽头变压器也可用运算放大器构成的缓冲器来替代,原理图如图 7.3.32 所示。

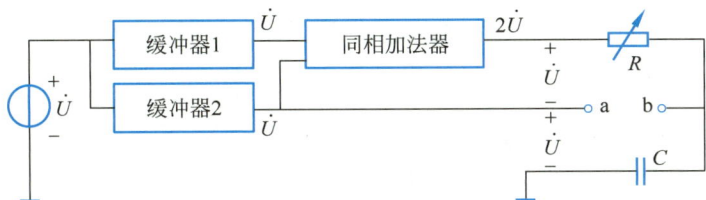

图 7.3.32　用运算放大器实现的移相桥电路

基于电阻分压的移相桥电路原理清晰,实现容易,但电阻上消耗功率;基于中间抽头变压器的移相桥电路减小了功率损耗,可用于较大功率的场合,但变压器的体积庞大,不利于集成;基于运算放大器的移相桥电路具有体积小、功耗小的特点,但只能用于小功率场合,同时还需要附加电源供电。实际应用时,具体用哪种电路实现移相要取决于应用场合在功率、体积和供电方面的要求。

知识点113练习题和讨论

# 7.4　三相电路

目前,交流电在动力方面的应用几乎都是通过三相电路来实现。这是因为三相电路在发电、输电和用电方面都有许多优点。三相电路是由三相电源、三相负载和三相输电线组成的电路。三相电路本质上是一种结构比较复杂的正弦稳态电路,但它又不同于一般的多电源正弦稳态电路,它的三相电源的幅值和相位之间有着特定的关系。正是由于这种关系,对于对称三相电路的分析可以采用简单的抽单相方法,而对于不对称三相电路则必须借助于电路的一般分析方法(如节点电压法、回路电流法)进行分析。

类似于其他电路,三相电路也分为激励、能量处理电路、负载等部分。下面我们先分别分析三相对称电源和负载的特性,以此为基础,从简单但重要的对称三相电路分析入手,继而讨论不对称三相电路分析和三相电路功率的计算与测量。

## 7.4.1　对称三相电源与对称三相负载的相线关系

知识点114

### 1. 对称三相电源及其相线关系

对称三相电源是由三相交流发电机产生的,它由 3 个等幅值、同频率和初相位依次相差 120°的正弦电压源组成,三相电压的瞬时值表达式分别为

$$\left.\begin{array}{l} u_A = \sqrt{2}U\sin(\omega t + \varphi) \\ u_B = \sqrt{2}U\sin(\omega t + \varphi - 120°) \\ u_C = \sqrt{2}U\sin(\omega t + \varphi + 120°) \end{array}\right\} \tag{7.4.1}$$

不失一般性,可令 $\varphi=0$,则三相电压对应的相量形式分别为

$$
\left.
\begin{aligned}
\dot{U}_A &= U\angle 0° \\
\dot{U}_B &= U\angle -120° \\
\dot{U}_C &= U\angle 120°
\end{aligned}
\right\}
\tag{7.4.2}
$$

三相电压的波形和相量图如图 7.4.1 所示。

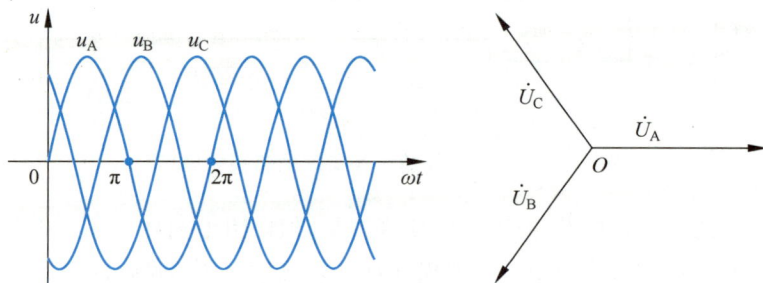

图 7.4.1　对称三相电源的波形和相量图

由式(7.4.1)和式(7.4.2)可以得出

$$
u_A + u_B + u_C = 0 \tag{7.4.3}
$$

$$
\dot{U}_A + \dot{U}_B + \dot{U}_C = 0 \tag{7.4.4}
$$

这是对称三相电源的特点。

对称三相电源中的每一相电压经过同一相位值(如 $+90°$)的先后次序称为相序。对图 6.7.1 所示的对称三相电源,$u_A$ 超前 $u_B$ 120°,$u_B$ 超前 $u_C$ 120°,称这种相序为正序或顺序。若 $u_A$ 滞后 $u_B$ 120°,$u_B$ 滞后 $u_C$ 120°,称这种相序为负序或逆序。还有一种特殊的三相电源,它们彼此之间的相位差为零,称之为零序。三相电源中每一相的命名是任意的,即对称三相电源中可任意指定一相为 A 相,其余两相就可以根据相位关系确定。如果没有特别说明,本节绝大部分对称三相电源指正序。

对称三相电源的连接方式分为星形(Y形)和三角形(△形)接法两种,如图 7.4.2 所示。

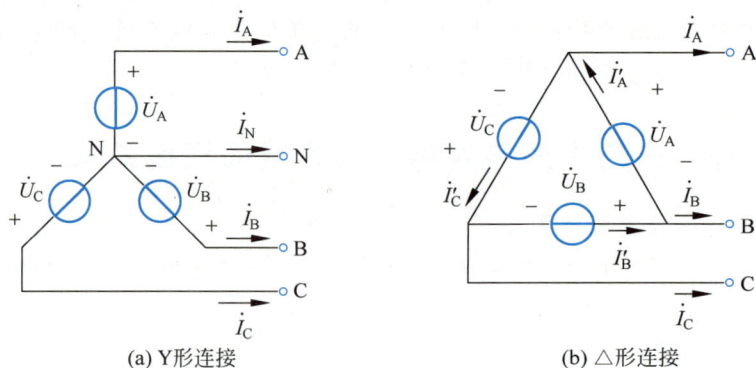

(a) Y形连接　　　　　(b) △形连接

图 7.4.2　Y 形连接和 △ 形连接对称三相电源

图 7.4.2(a)所示为星形接法,从 3 个电压源正端引出的导线称为**端线**(在工程实际中也称为"**火线**"),三个电压源负端连接的公共点称为**中性点**、**零点**或**中点**(neutral point),从中性点引出的导线称为**中线**(neutral line)(在工程实际中也称为"**零线**")。端线之间的电压称为**线电压**(line voltage),各相电源电压或负载中各相的电压称为**相电压**(phase voltage)。端线中流过的电流称为**线电流**(line current),各相电压源或负载各相中的电流称为**相电流**(phase current)。

图 7.4.2(b)所示为三角形接法,三个电压源正负依次首尾相连。三角形电源的相电压、线电压、相电流和线电流的概念与星形电源相同,但三角形电源没有中线。当接法正确时,由于 $\dot{U}_A + \dot{U}_B + \dot{U}_C = 0$,三角形连接的三相电源环路中不会出现环路电流。当接法不正确时,由于电源内阻很小,就会出现很大的环路电流,甚至烧毁电源!

在对称三相电路中,线电压与相电压之间、线电流与相电流之间的关系称为**相线关系**。

对称三相电源星形连接时,线电压为

$$\dot{U}_{AB} = \dot{U}_A - \dot{U}_B = \dot{U}_A - \dot{U}_A \angle -120° = \sqrt{3}\dot{U}_A \angle 30° \qquad (7.4.5)$$

类似地,可以得到

$$\dot{U}_{BC} = \dot{U}_B - \dot{U}_C = \dot{U}_B - \dot{U}_B \angle -120° = \sqrt{3}\dot{U}_B \angle 30° \qquad (7.4.6)$$

$$\dot{U}_{CA} = \dot{U}_C - \dot{U}_A = \dot{U}_C - \dot{U}_C \angle -120° = \sqrt{3}\dot{U}_C \angle 30° \qquad (7.4.7)$$

即星形接法的对称三相电源,线电压的幅值等于相电压幅值的 $\sqrt{3}$ 倍(例如我国电力系统中,220V 相电压对应的线电压为 380V),相位超前相应的相电压 30°。相量图如图 7.4.3 所示。

从图 7.4.2(a)还可以看出,对称三相电源星形连接时,流过端线的电流就等于流过每相电源的电流,即线电流等于相应的相电流。这就是星形连接对称三相电源的电流相线关系。

对于图 7.4.2(b)所示三角形连接的对称三相电源,显然

$$\dot{U}_{AB} = \dot{U}_A, \quad \dot{U}_{BC} = \dot{U}_B, \quad \dot{U}_{CA} = \dot{U}_C \qquad (7.4.8)$$

这表明三角形连接的对称三相电源线电压等于相应的相电压。这就是三角形连接对称三相电压的电压相线关系。三角形连接的对称三相电源的线电流和相电流的关系将在下面讨论。

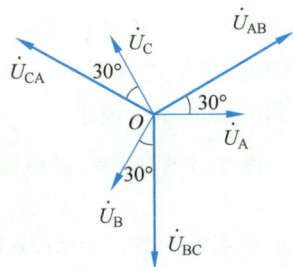

图 7.4.3 星形连接对称三相电源的电压相线关系

需要注意的是,虽然日常生活用电一般都是从三相电源获得的,但绝大部分用电设备,尤其是家用电器(如电灯、冰箱、空调等)都是单相负载,换言之,这些负载使用时都是接在某一相电源上的。日常生活中常见的三脚插座(如图 7.4.4 所示)连接的并不是三相电源,而是"左零右火中间地",即左、右两插脚连接的分别是三相电源的中线和某一相的端线,它们之间的电压是 220V,而中间插脚连接的原则上应该是真正的大地(实际接线视系统而定)。

**2. 对称三相负载及其相线关系**

三个相同的负载以星形或三角形方式连接在一起，就构成了一个星形连接或三角形连接的对称三相负载，如图 7.4.5 所示。

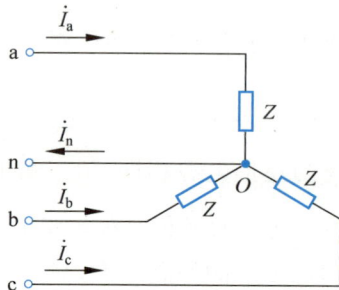

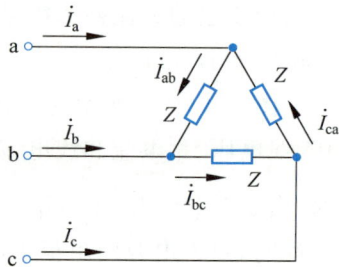

(a) Y型连接　　　　　　　　(b) △型连接

图 7.4.5　Y形连接和△形连接对称三相负载

图 7.4.4　单相三脚插座示意图

图 7.4.5(a)中，设电源对称，即有 $\dot{U}_{an}=U\angle 0°$，$\dot{U}_{bn}=U\angle -120°$，$\dot{U}_{cn}=U\angle 120°$。根据 KVL 易知

$$\dot{U}_{ab}=\dot{U}_{an}-\dot{U}_{bn}=\sqrt{3}\dot{U}_{an}\angle 30° \qquad (7.4.9)$$

$$\dot{U}_{bc}=\dot{U}_{bn}-\dot{U}_{cn}=\sqrt{3}\dot{U}_{bn}\angle 30° \qquad (7.4.10)$$

$$\dot{U}_{ca}=\dot{U}_{cn}-\dot{U}_{an}=\sqrt{3}\dot{U}_{cn}\angle 30° \qquad (7.4.11)$$

因此星形连接对称三相负载的满足类似于图 7.4.3 所示的相线关系，即如果电源对称，则星形连接对称三相负载线电压幅值是相电压幅值的 $\sqrt{3}$ 倍，相位超前对应相电压 30°。同时不难知道，星形连接对称三相负载的线电流等于相电流。这就是星形连接对称三相负载的电压和电流的相线关系。

图 7.4.5(b)中，设电源对称，即有 $\dot{U}_{an}=U\angle 0°$，$\dot{U}_{bn}=U\angle -120°$，$\dot{U}_{cn}=U\angle 120°$。易知三角形连接对称三相负载上线电压等于相电压。此外，根据欧姆定律易知 $\dot{I}_{ab}=\dfrac{\dot{U}_{ab}}{Z}$，$\dot{I}_{bc}=\dfrac{\dot{U}_{bc}}{Z}$，$\dot{I}_{ca}=\dfrac{\dot{U}_{ca}}{Z}$，即相电流是对称的，根据 KCL 可知

$$\dot{I}_a=\dot{I}_{ab}-\dot{I}_{ca}=\sqrt{3}\dot{I}_{ab}\angle -30° \qquad (7.4.12)$$

$$\dot{I}_b=\dot{I}_{bc}-\dot{I}_{ab}=\sqrt{3}\dot{I}_{bc}\angle -30° \qquad (7.4.13)$$

$$\dot{I}_c=\dot{I}_{ca}-\dot{I}_{bc}=\sqrt{3}\dot{I}_{ca}\angle -30° \qquad (7.4.14)$$

即如果电源对称，则三角形连接对称三相负载线电流幅值是相电流幅值的 $\sqrt{3}$ 倍，相位滞后对应相电流 30°。这就是三角形连接对称三相负载的电压和电流的相线关系。相量图如图 7.4.6 所示。

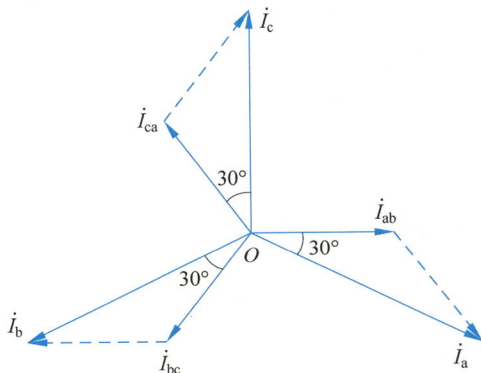

图 7.4.6  △接对称三相负载的相电流与线电流相量图

从三角形连接的对称三相负载线电流和相电流的相线关系可以反推回三角形连接的对称三相电源线电流和相电流的相线关系,即如果电压对称且线电流对称,则三角形连接对称三相电源中线电流幅值是相电流幅值的 $\sqrt{3}$ 倍,相位滞后对应相电流 $30^\circ$。

知识点114练习题和讨论

知识点115

## 7.4.2  对称三相电路分析

对称三相电路由对称三相电源和对称三相负载通过三相输电线路连接而成。对称三相电源和对称三相负载都有星形和三角形两种接法,因此电源和负载之间共有四种可能的连接方式:Y-Y 接法,Y-△接法,△-Y 接法和△-△接法。进行电路分析时,对于后两种接法,可以利用电源的等效变换,将△形连接的电源转换为 Y 形连接。等效条件是转换前后电源输出的线电压不变。因此只需讨论前两种连接方式下电路的工作情况即可。

首先分析 Y-Y 连接的对称三相电路,如图 7.4.7 所示。三相电路实际就是含有三个同频率正弦电压源的电路,因此分析正弦电路的方法都适用于分析三相电路。

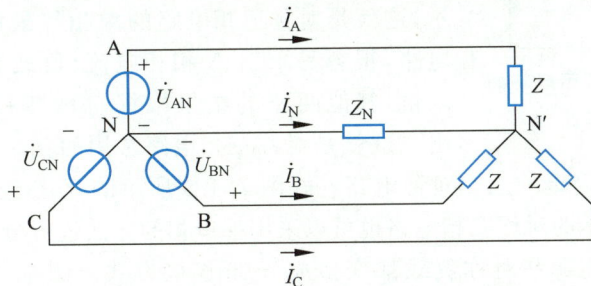

图 7.4.7  Y-Y 连接对称三相电路

设图 7.4.7 中对称三相电源的相电压分别为

$$\dot{U}_{AN} = U\angle 0^\circ$$

$$\dot{U}_{BN} = U\angle -120^\circ$$

$$\dot{U}_{CN} = U\angle 120°$$

对称三相负载 $Z = |Z|\angle\varphi$，以中点 N 为参考点，由节点电压分析法得

$$\dot{U}_{N'N} = \frac{(\dot{U}_A + \dot{U}_B + \dot{U}_C)/Z}{\frac{3}{Z} + \frac{1}{Z_N}} = 0 \qquad (7.4.15)$$

即负载中点与电源中点电位相同，因此不管中线阻抗多大，负载中点 N′ 与电源中点 N 之间可以认为是短路的。

A 相相电流为

$$\dot{I}_A = \frac{\dot{U}_{AN}}{Z} = \frac{U\angle 0°}{|Z|\angle\varphi} = \frac{U}{|Z|}\angle -\varphi$$

同样可以得出其他两相相电流，

$$\dot{I}_B = \frac{\dot{U}_{BN}}{Z} = \frac{U\angle -120°}{|Z|\angle\varphi} = \frac{U}{|Z|}\angle -120° - \varphi$$

$$\dot{I}_C = \frac{\dot{U}_{CN}}{Z} = \frac{U\angle 120°}{|Z|\angle\varphi} = \frac{U}{|Z|}\angle 120° - \varphi$$

从计算结果可以看出：三相相电流也是对称的，在 Y 形连接时，相电流也就是线电流，因此线电流也是对称的。显然，

$$\dot{I}_N = -(\dot{I}_A + \dot{I}_B + \dot{I}_C) = 0$$

中线电流为零，如同开路，因此此时断开中线对原电路没有影响，而无需考虑中线上是否接有阻抗。有中线的 Y-Y 连接的三相交流系统称为三相四线制，没有中线的三相交流系统称为三相三线制。

在分析 Y-Y 连接的对称三相电路时，不论原来有无中线，也不管中线阻抗是多少，都可

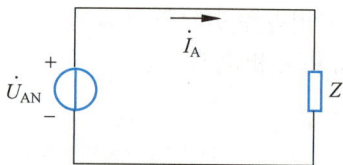

图 7.4.8　图 7.4.7 所示电路的
单相等效电路

以假想在电源中点和负载中点之间用一条理想导线连接起来。这对原电路的支路量没有任何影响。于是，每一相就成为一个独立的电路。将 A 相电路取出，如图 7.4.8 所示，这就是对称三相电路的单相等效电路。根据单相等效电路，很容易求出 A 相相电流、负载上的相电压或其他待求量，其他两相的结果根据对称性和相线关系很容易写出。这就是对称三相电路常用的抽单相法。

下面分析另一个简单的三相对称电路——图 7.4.9 所示的 Y-△ 连接的对称三相电路。

对于图 7.4.9 所示的对称三相电路也可以采用抽单相的方法进行分析。基本步骤如下：

（1）将所有对称电源和对称负载都变换成 Y 形连接方式。图 7.4.9 中电源已经是 Y 形连接方式，对负载进行 Y-△ 变换，变换后 Y 形连接的每相负载为

$$Z_Y = \frac{Z}{3}$$

（2）将电源中点和负载中点相连接，抽取 A 相等效电路如图 7.4.10 所示。

分析 A 相等效电路，得

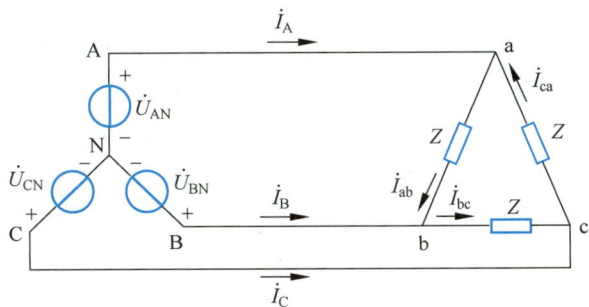

图 7.4.9　Y-△连接的对称三相电路

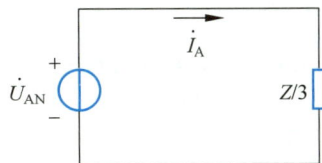

图 7.4.10　图 7.4.9 所示电路的
A 相等效电路

$$\dot{I}_A = \frac{\dot{U}_{AN}}{Z/3} = \frac{3\dot{U}_{AN}}{Z}$$

根据对称性,写出其余两相的电流为

$$\dot{I}_B = \dot{I}_A \angle -120°, \quad \dot{I}_C = \dot{I}_A \angle 120°$$

(3) 回到原电路中,根据星形或三角形连接方式下线电压与相电压、线电流与相电流的关系,求出原电路中的待求量为

$$\dot{I}_{ab} = \frac{\dot{I}_A}{\sqrt{3}} \angle 30° = \frac{\sqrt{3}\dot{U}_{AN}}{Z} \angle 30° = \frac{\dot{U}_{AB}}{Z}$$

$$\dot{I}_{bc} = \dot{I}_{ab} \angle -120° = \frac{\dot{U}_{BC}}{Z}, \quad \dot{I}_{ca} = \dot{I}_{ab} \angle 120° = \frac{\dot{U}_{CA}}{Z}$$

在图 7.4.7 和图 7.4.9 所示的简单对称三相电路中,其实不用抽单相法和相线关系,只用节点电压分析法或其他方法,分析起来也并不困难。但是,如果待分析电路是由多个不同连接类型的对称三相负载并联,并且考虑线路阻抗,这种场景下采用抽单相法和相线关系就具有明显优势。

例 7.4.1　图 7.4.11 所示对称三相电路中,电源相电压 $\dot{U}_{AN} = \sqrt{2} \angle 45° \text{V}$,负载 1 阻抗为 $Z_1 = j3\Omega$,负载 2 阻抗为 $Z_2 = 1\Omega$,线路阻抗为 $Z_3 = (0.5 + j0.5)\Omega$,求电流 $\dot{I}$。

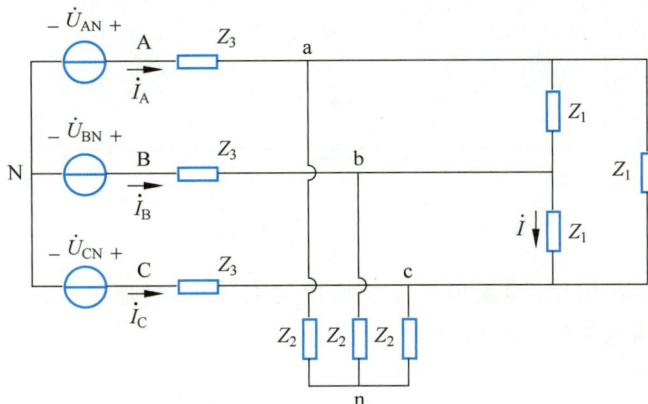

图 7.4.11　例 7.4.1 图

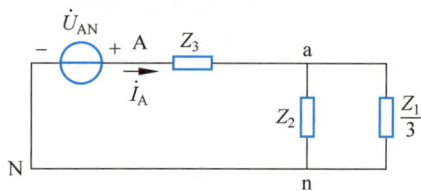

图 7.4.12　图 7.4.11 对称三相电路对应的 A 相电路

**解**　如果用节点电压分析法，则以 N 为参考节点，需列写关于节点 a、b、c、n 的 4 个节点的方程，比较麻烦。由于是对称三相电路，可知 N 点和 n 点等电位。对负载 1 应用 Y-△ 变换后，采用抽单相法，则可画出图 7.4.11 所示三相电路的 A 相电路如图 7.4.12 所示。

容易知道，电源 A 相相电流，也即 A 线线电流为

$$\dot{I}_A = \frac{\dot{U}_{AN}}{Z_3 + Z_2 \ // \left(\frac{Z_1}{3}\right)} = 1\angle 0° \text{A}$$

根据对称性可知 $\dot{I}_B = 1\angle -120° \text{A}$，根据负载 1 电流相线关系可知

$$\dot{I} = \frac{\dot{I}_B}{\sqrt{3}}\angle 30° = \frac{1}{\sqrt{3}}\angle -90° \text{A}$$

### 7.4.3　不对称三相电路分析

不对称三相电路分为电源对称但负载不对称，以及电源和负载均可能不对称两种情况。下面分别讨论比较简单的负载不对称和一般性不对称的情况。

知识点116

#### 1. 负载不对称三相电路的分析

大多数非故障场景下，电力系统的电源能够确保是对称的。输电线路是三相运行的，但是配电网络则大多数是单相的，而配电网络中用户负荷的接入是随机的，因此原则上来说，电源对称、负载不对称的场景是大量存在的。此时线电流不再对称，因此不能抽单相分析，必须退回到一般性正弦稳态分析方法。下面举例讨论。

**例 7.4.2**　图 7.4.13 所示电路中，三相对称电源的线电压有效值为 380V，Y 形连接的不对称三相负载为 $Z_1 = 10\angle 30°\Omega$，$Z_2 = 20\angle 60°\Omega$，$Z_3 = 15\angle 45°\Omega$。（1）求各相相电流和中线电流；（2）中线断开后，再求各相相电流。

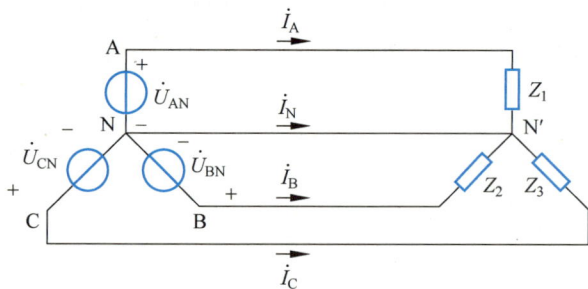

图 7.4.13　例 7.4.2 不对称三相电路

**解**　（1）由于存在中线，因此虽然无法抽单相来计算，但是三相是可以各自计算的，各相负载上的电压即为电源的相电压，设

$$\dot{U}_{AN} = \frac{380}{\sqrt{3}}\angle 0° \text{V} = 220\angle 0° \text{V}$$

各相相电流为

$$\dot{I}_A = \frac{\dot{U}_{AN}}{Z_1} = \frac{220\angle 0°}{10\angle 30°}A = 22.0\angle -30°A$$

$$\dot{I}_B = \frac{\dot{U}_{BN}}{Z_2} = \frac{220\angle -120°}{20\angle 60°}A = 11.0\angle 180°A$$

$$\dot{I}_C = \frac{\dot{U}_{CN}}{Z_3} = \frac{220\angle 120°}{15\angle 45°}A = 14.67\angle 75°A$$

中线电流为

$$\dot{I}_N = -(\dot{I}_A + \dot{I}_B + \dot{I}_C) = (-11.85 - j3.17)A = 12.27\angle -165°A$$

（2）当中线断开时，各相负载上的电压不再等于电源相电压。由节点电压分析法得

$$\dot{U}_{N'N} = \frac{\dfrac{\dot{U}_{AN}}{Z_1} + \dfrac{\dot{U}_{BN}}{Z_2} + \dfrac{\dot{U}_{CN}}{Z_3}}{\dfrac{1}{Z_1} + \dfrac{1}{Z_2} + \dfrac{1}{Z_3}} = \frac{22.0\angle -30° - 11.0 + 14.67\angle 75°}{0.1\angle -30° + 0.05\angle -60° + 0.067\angle -45°}V$$

$$= \frac{12.27\angle 15°}{0.212\angle -41.5°}V = 57.8\angle 56.5°V$$

负载中点与电源中点不再等电位，发生了中点位移，$\dot{U}_{N'N}$ 称为中点位移电压。此时各相电压为

$$\dot{U}_{AN'} = \dot{U}_{AN} - \dot{U}_{N'N} = (220\angle 0° - 57.8\angle 56.5°)V = 19.41\angle -14.39°V$$

$$\dot{U}_{BN'} = \dot{U}_{BN} - \dot{U}_{N'N} = (220\angle -120° - 57.8\angle 56.5°)V = 277.7\angle -120.73°V$$

$$\dot{U}_{CN'} = \dot{U}_{CN} - \dot{U}_{N'N} = (220\angle 120° - 57.8\angle 56.5°)V = 201.0\angle 134.93°V$$

各相相电流为

$$\dot{I}_A = \frac{\dot{U}_{AN'}}{Z_1} = \frac{194.1\angle -14.39°}{10\angle 30°}A = 19.41\angle -44.39°A$$

$$\dot{I}_B = \frac{\dot{U}_{BN'}}{Z_2} = \frac{277.7\angle -120.73°}{20\angle 60°}A = 13.89\angle 179.27°A$$

$$\dot{I}_C = \frac{\dot{U}_{CN'}}{Z_3} = \frac{201.0\angle 134.93°}{15\angle 45°}A = 13.4\angle 89.93°A$$

上面的计算结果表明：在不对称二电路存在无阻抗的中线时，各相负载获得的电压仍等于电源相电压，这一点对实际电网运行是十分重要的。因为在实际电网中，各相负载一般是不对称的，中线的存在保证了各相负载都能工作在额定电压下。此外，负载的不对称有可能导致很大的中线电流，因此中线上也不能安装保险丝。如果中线上装有保险丝，那么一旦保险丝熔断，系统就变成三相三线制，负载发生中点位移，各相负载电压就会增大或减小，进而导致负载工作不正常。

**例 7.4.3** **相序表**。在工程上经常需要判断三相电源的相序，因为如果相序接反，会导致电机反转甚至酿成更大的事故。图 7.4.14 是一个简单的相序表电路。已知 $\dfrac{1}{\omega C} = R$，$R$

为白炽灯泡的电阻。由于对称三相电源中 A 相的任意性，可以假设电容接在 A 相，试根据两个灯泡的明暗程度判断三相电源的相序。

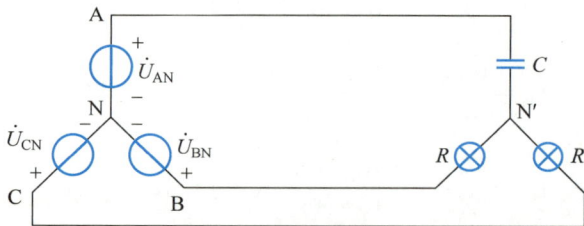

图 7.4.14　相序表电路

解　设 $\dot{U}_{AN}=U\angle 0°$，负载的中点位移电压为

$$\dot{U}_{N'N}=\frac{j\omega C\dot{U}_{AN}+\dot{U}_{BN}/R+\dot{U}_{CN}/R}{1/R+1/R+j\omega C}=\frac{j\dot{U}_{AN}+\dot{U}_{BN}+\dot{U}_{CN}}{2+j}$$

$$=\frac{U\angle 90°+U\angle -120°+U\angle 120°}{2+j}=\frac{(-1+j)U}{2+j}=0.632U\angle 108.4°$$

因此，两个灯泡上的电压分别为

$$\dot{U}_{BN'}=\dot{U}_{BN}-\dot{U}_{N'N}=U\angle -120°-0.632U\angle 108.4°$$
$$=1.5U\angle -101.5°$$

$$\dot{U}_{CN'}=\dot{U}_{CN}-\dot{U}_{N'N}=U\angle 120°-0.632U\angle 108.4°$$
$$=0.4U\angle 138.4°$$

由计算结果可以看出：B 相电压幅值远高于 C 相电压幅值，因此 B 相灯泡的亮度大于 C 相灯泡。即在指定电容所在相为 A 相后，较亮的灯泡连接的是 B 相，较暗的灯泡连接的是 C 相。用相量图可以更清楚地看出各相电压之间的关系，如图 7.4.15 所示。

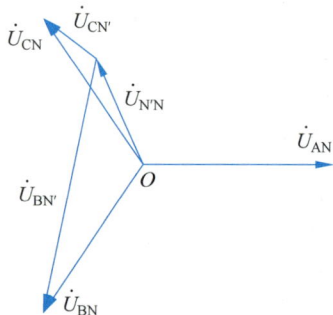

图 7.4.15　相序表电路相量图

### 2. 一般性不对称三相电路的分析

如果电力系统发生单相接地短路、两相短路和两相接地短路，以及单相断线和两相断线等不对称故障时，三相阻抗不相同，三相电压、电流大小不相等，相与相间的相位差也不相等。此时可以通过第 2 章介绍的系统化分析方法求解。但也有一些特殊的技巧，使得电路分析重新回到抽单相加相线关系的系统性解决方案上。加拿大电气学家 C. L. Fortescue 于 1918 年提出的对称分量法（symmetrical components method）就是这样一种技巧。

以不对称电压为例。设 $\dot{U}_A$、$\dot{U}_B$ 和 $\dot{U}_C$ 是不对称的三相电压，它们的幅值不同，相角不满足彼此互错 120° 的关系。但我们希望用一些相互之间有对称三相关系的待求变量的线性组合来表示它们。我们需要找到 3 个变量，然后找到这 3 个变量和 $\dot{U}_A$、$\dot{U}_B$ 和 $\dot{U}_C$ 的 3 组独立的线性关系。

首先,我们可以假设存在一组正序对称的三相电压变量 $\dot{U}_{a1}$、$\dot{U}_{b1}$ 和 $\dot{U}_{c1}$,彼此之间满足 $\dot{U}_{b1}=\dot{U}_{a1}\angle-120°$,$\dot{U}_{c1}=\dot{U}_{a1}\angle120°$。只要我们求出 $\dot{U}_{a1}$,这组正序对称三相电压变量就完全确定了。可以设一个复常数 $a=1\angle120°$,容易知道 $a^2=1\angle-120°$,$a^3=1\angle0°$,而且有 $1+a+a^2=0$。可知 $\dot{U}_{b1}=a^2\dot{U}_{a1}$,$\dot{U}_{c1}=a\dot{U}_{a1}$。

其次,我们可以假设存在一组负序对称的三相电压变量 $\dot{U}_{a2}$、$\dot{U}_{b2}$ 和 $\dot{U}_{c2}$,彼此之间满足 $\dot{U}_{b2}=\dot{U}_{a2}\angle120°$,$\dot{U}_{c2}=\dot{U}_{a2}\angle-120°$。只要我们求出 $\dot{U}_{a2}$,这组负序对称三相电压变量就完全确定了。可知 $\dot{U}_{b2}=a\dot{U}_{a2}$,$\dot{U}_{c2}=a^2\dot{U}_{a2}$。

接下来,我们可以假设存在一组零序对称的三相电压变量 $\dot{U}_{a0}$、$\dot{U}_{b0}$ 和 $\dot{U}_{c0}$,彼此之间满足 $\dot{U}_{b0}=\dot{U}_{a0}$,$\dot{U}_{c0}=\dot{U}_{a0}$。只要我们求出 $\dot{U}_{a0}$,这组零序对称三相电压变量就完全确定了。

上面的讨论提出了 3 组正序、负序、零序变量,其中最关键的待求变量是 $\dot{U}_{a1}$、$\dot{U}_{a2}$ 和 $\dot{U}_{a0}$,并且假设他们的线性组合能够表示不对称三相电压 $\dot{U}_A$、$\dot{U}_B$ 和 $\dot{U}_C$,即

$$\begin{pmatrix} 1 & 1 & 1 \\ a^2 & a & 1 \\ a & a^2 & 1 \end{pmatrix} \begin{pmatrix} \dot{U}_{a1} \\ \dot{U}_{a2} \\ \dot{U}_{a0} \end{pmatrix} = \begin{pmatrix} \dot{U}_A \\ \dot{U}_B \\ \dot{U}_C \end{pmatrix} \tag{7.4.16}$$

求解式(7.4.16)关于 $\dot{U}_{a1}$、$\dot{U}_{a2}$ 和 $\dot{U}_{a0}$ 的线性代数方程可知

$$\begin{pmatrix} \dot{U}_{a1} \\ \dot{U}_{a2} \\ \dot{U}_{a0} \end{pmatrix} = \frac{1}{3}\begin{pmatrix} 1 & a & a^2 \\ 1 & a^2 & a \\ 1 & 1 & 1 \end{pmatrix} \begin{pmatrix} \dot{U}_A \\ \dot{U}_B \\ \dot{U}_C \end{pmatrix} \tag{7.4.17}$$

这意味着对于任意不对称的三相电压 $\dot{U}_A$、$\dot{U}_B$ 和 $\dot{U}_C$ 来说,我们可以用式(7.4.17)求出 3 组分别是正序、负序和零序的对称三相电压,分别在各自对称三相电路中求解。式(7.4.16)和式(7.4.17)就是对称分量法的核心。

上面的讨论是基于电压展开的,对电流同样适用。

在实际电力系统发生故障的情况下,各序阻抗也会有不同,这些细节在电力系统暂态分析课程中会详细讨论。

**例 7.4.4**　图 7.4.16 所示不对称三相电路中,求线电流 $\dot{I}_A$、$\dot{I}_B$ 和 $\dot{I}_C$。

**解**　**解法一**　用节点电压分析法。

图 7.4.16 为不对称三相电路,可直接应用节点电压分析法求解。设 N 为参考节点,节点电压方程为

$$\left(\frac{3}{j3}\right)\dot{U}_{nN} = \frac{3}{j3} + \frac{j3}{j3} + \frac{-3}{j3}$$

可解出 $\dot{U}_{nN}=jV$,应用 KVL 和欧姆定律可知

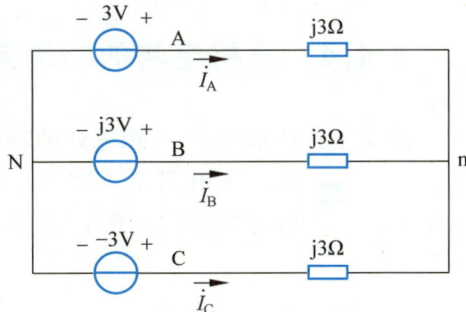

图 7.4.16　例 7.4.4 图

$$\dot{I}_A = \frac{3-j}{j3}A = 1.054\angle -108.4°A$$

$$\dot{I}_B = \frac{j3-j}{j3}A = 0.667\angle 0°A$$

$$\dot{I}_C = \frac{-3-j}{j3}A = 1.054\angle 108.4°A$$

**解法二** 用对称分量法。

由式(7.4.17)可知图 7.4.16 所示电路的正序、负序、零序 A 相电源电压为

$$\begin{pmatrix} \dot{U}_{a1} \\ \dot{U}_{a2} \\ \dot{U}_{a0} \end{pmatrix} = \frac{1}{3}\begin{pmatrix} 1 & a & a^2 \\ 1 & a^2 & a \\ 1 & 1 & 1 \end{pmatrix}\begin{pmatrix} 3 \\ j3 \\ -3 \end{pmatrix} = \begin{pmatrix} 0.732\angle 30° \\ 2.732\angle -30° \\ j \end{pmatrix}V$$

对于正序电路来说，中性点等电位，可以抽单相得到

$$\dot{I}_{a1} = \frac{\dot{U}_{a1}}{j3} = 0.244\angle -60°A$$

对于负序电路来说，中性点等电位，也可以抽单相，有

$$\dot{I}_{a2} = \frac{\dot{U}_{a2}}{j3} = 0.911\angle -120°A$$

对称分量法
的相量图解释

知识点116练习题
和讨论

对于零序电路来说，由于 3 个电源幅值相同，相位相同，因此 $\dot{I}_{a0}=0$。
再代入电流形式的式(7.4.16)可知

$$\begin{pmatrix} \dot{I}_A \\ \dot{I}_B \\ \dot{I}_C \end{pmatrix} = \begin{pmatrix} 1 & 1 & 1 \\ a^2 & a & 1 \\ a & a^2 & 1 \end{pmatrix}\begin{pmatrix} \dot{I}_{a1} \\ \dot{I}_{a2} \\ \dot{I}_{a0} \end{pmatrix}$$

$$= \begin{pmatrix} 1 & 1 & 1 \\ a^2 & a & 1 \\ a & a^2 & 1 \end{pmatrix}\begin{pmatrix} 0.244\angle -60° \\ 0.911\angle -120° \\ 0 \end{pmatrix} = \begin{pmatrix} 1.054\angle -108.4° \\ 0.667\angle 0° \\ 1.054\angle 108.4° \end{pmatrix}A$$

需要指出，从本题的求解过程来说，解法一显然比解法二更便捷，但是对于更为复杂的不对称三相电路来说，解法二的优势就能得以凸显。

## 7.4.4　三相电路的功率及其测量

如果不作特别说明，三相电路的功率一般都指三相总功率。与一般的正弦稳态电路一样，三相电路的功率也有有功功率、无功功率、复数功率等。习惯上将相电压、相电流的下标用"P"表示，线电压、线电流的下标用"L"表示。

知识点117

### 1. 对称三相电路的功率

首先来分析对称三相电路的瞬时功率。设某三相对称负载的 $u_{AN}=\sqrt{2}U_P\sin\omega t$，$i_A=$

$\sqrt{2}\,I_{\mathrm P}\sin(\omega t-\varphi_{\mathrm P})$，则该负载吸收的三相瞬时功率分别为

$$p_{\mathrm A}=u_{\mathrm{AN}}i_{\mathrm A}=\sqrt{2}\,U_{\mathrm P}\sin\omega t\times\sqrt{2}\,I_{\mathrm P}\sin(\omega t-\varphi_{\mathrm P})$$
$$=U_{\mathrm P}I_{\mathrm P}[\cos\varphi_{\mathrm P}-\cos(2\omega t-\varphi_{\mathrm P})]$$

$$p_{\mathrm B}=u_{\mathrm{BN}}i_{\mathrm B}=\sqrt{2}\,U_{\mathrm P}\sin(\omega t-120°)\times\sqrt{2}\,I_{\mathrm P}\sin(\omega t-\varphi_{\mathrm P}-120°)$$
$$=U_{\mathrm P}I_{\mathrm P}[\cos\varphi_{\mathrm P}-\cos(2\omega t-\varphi_{\mathrm P}-240°)]$$

$$p_{\mathrm C}=u_{\mathrm{CN}}i_{\mathrm C}=\sqrt{2}\,U_{\mathrm P}\sin(\omega t+120°)\times\sqrt{2}\,I_{\mathrm P}\sin(\omega t-\varphi_{\mathrm P}+120°)$$
$$=U_{\mathrm P}I_{\mathrm P}[\cos\varphi_{\mathrm P}-\cos(2\omega t-\varphi_{\mathrm P}+240°)]$$

则在任一瞬间三相瞬时功率之和为

$$p=p_{\mathrm A}+p_{\mathrm B}+p_{\mathrm C}$$
$$=U_{\mathrm P}I_{\mathrm P}[\cos\varphi_{\mathrm P}-\cos(2\omega t-\varphi_{\mathrm P})]+U_{\mathrm P}I_{\mathrm P}[\cos\varphi_{\mathrm P}-\cos(2\omega t-\varphi_{\mathrm P}-240°)]+$$
$$U_{\mathrm P}I_{\mathrm P}[\cos\varphi_{\mathrm P}-\cos(2\omega t-\varphi_{\mathrm P}+240°)]$$
$$=3U_{\mathrm P}I_{\mathrm P}\cos\varphi_{\mathrm P} \tag{7.4.18}$$

由分析结果可以看出：虽然每一相的瞬时功率是随时间变化的，但三相的瞬时功率之和却是一个常数，就等于三相有功功率。对三相电动机而言，瞬时功率恒定就意味着电动机转动平稳。这是三相供电的一个突出优点。

对于对称三相电路，单相有功功率可以表示为

$$P_{\mathrm P}=U_{\mathrm P}I_{\mathrm P}\cos\varphi_{\mathrm P}$$

因此，对称三相电路的三相总功率为

$$P_3=3U_{\mathrm P}I_{\mathrm P}\cos\varphi_{\mathrm P} \tag{7.4.19}$$

对于星形连接的电源或负载，有

$$U_{\mathrm P}=\frac{U_{\mathrm L}}{\sqrt{3}},\quad I_{\mathrm P}=I_{\mathrm L}$$

对于三角形连接的电源或负载，有

$$U_{\mathrm P}=U_{\mathrm L},\quad I_{\mathrm P}=\frac{I_{\mathrm L}}{\sqrt{3}}$$

将上述关系代入式(7.4.19)，对称三相电路的三相总功率又可表示为

$$P_3=\sqrt{3}\,U_{\mathrm L}I_{\mathrm L}\cos\varphi_{\mathrm P} \tag{7.4.20}$$

式(7.4.19)和式(7.4.20)中，$\varphi_{\mathrm P}$都是指每相负载的功率因数角，即相电压和相电流的相位差，也是每相负载的阻抗角。

类似地，可以得到对称三相电路的无功功率、视在功率和复数功率的表达式

$$Q_3=3U_{\mathrm P}I_{\mathrm P}\sin\varphi_{\mathrm P}=\sqrt{3}\,U_{\mathrm L}I_{\mathrm L}\sin\varphi_{\mathrm P} \tag{7.4.21}$$

$$S_3=3U_{\mathrm P}I_{\mathrm P}=\sqrt{3}\,U_{\mathrm L}I_{\mathrm L} \tag{7.4.22}$$

$$\overline{S}_3=3\dot{U}_{\mathrm P}\dot{I}_{\mathrm P}^{*} \tag{7.4.23}$$

#### 2. 三相电路功率的测量

本部分讨论一般性三相电路功率的测量，并没有以三相负载对称为前提。

测量三相电路功率的常用方法有**三表法**和**二表法**两种，接线图如图 7.4.17 和图 7.4.18 所示。三相四线制系统常用三表法测量三相总功率，三相三线制系统则适于用二表法测量

三相总功率。

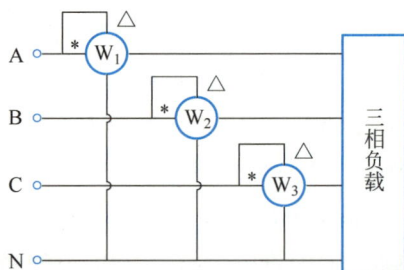

图 7.4.17　三表法测量三相四线制系统的功率

在图 7.4.17 所示的三表法测量电路中,每一块功率表的读数都有明确的物理含义,就等于它所在相的有功功率。若是三相对称电路,则只需一块功率表,将它的读数乘以 3 就得到三相总功率。

而在图 7.4.18 所示的二表法测量电路中,每块功率表的读数都没有实际物理意义,只是二者读数之和恰好等于三相总功率。下面证明这一结论。

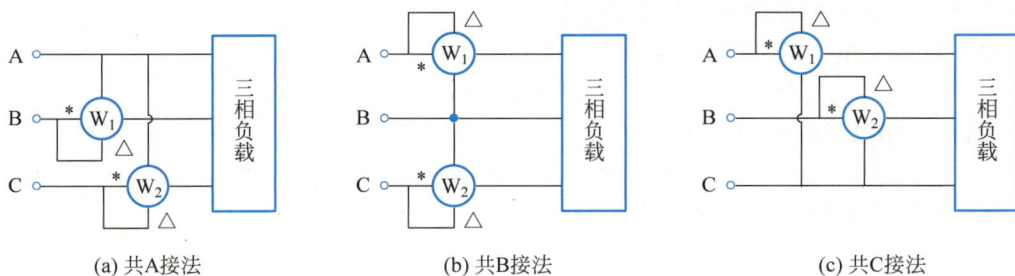

(a) 共A接法　　　　　(b) 共B接法　　　　　(c) 共C接法

图 7.4.18　二表法测量三相三线制系统功率的三种接法

以共 C 接法为例。对三相三线制系统,有

$$i_A + i_B + i_C = 0$$

因此,

$$i_C = -i_A - i_B$$

三相瞬时功率为

$$p = u_{AN} i_A + u_{BN} i_B + u_{CN} i_C = u_{AN} i_A + u_{BN} i_B + u_{CN}(-i_A - i_B)$$

$$= (u_{AN} - u_{CN}) i_A + (u_{BN} - u_{CN}) i_B$$

$$= u_{AC} i_A + u_{BC} i_B$$

对上式在一个周期内取平均值,得

$$P = U_{AC} I_A \cos\varphi_1 + U_{BC} I_B \cos\varphi_2 \tag{7.4.24}$$

式中,$\varphi_1$ 是 $u_{AC}$ 和 $i_A$ 的相位差,$\varphi_2$ 是 $u_{BC}$ 和 $i_B$ 的相位差。第一项就是图 7.4.18(c)中功率表 $W_1$ 的读数,第二项就是图 7.4.18(c)中功率表 $W_2$ 的读数。对其他两种接法,读者可以自行证明。

三相四线制与二表法

二表法测三相功率的二端口解释

例 7.4.5　图 7.4.19 所示对称三相电路中,$U_L = 380V$,$Z_1 = (30 + j40)\Omega$,三相电动机 $P_M = 1700W$,功率因数 $\cos\varphi_P = 0.8$(滞后)。求:(1)线电流和电

源发出的总有功功率;(2)用二表法测量电动机负载吸收的有功功率,画接线图,求两表读数。

**解**

(1) 将三相电动机等效为对称三相星形连接阻抗,每相阻抗值为 $Z_M$,对称三相电路的 A 相电路如图 7.4.20 所示。

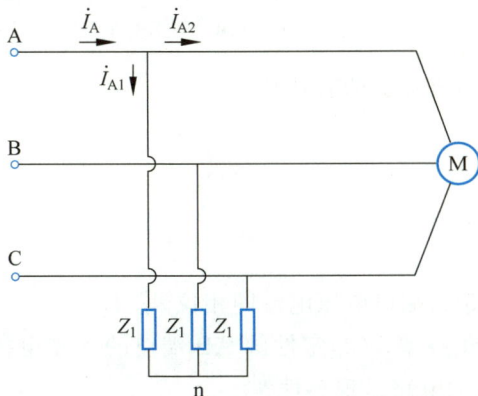

图 7.4.19  例 7.4.5 电路

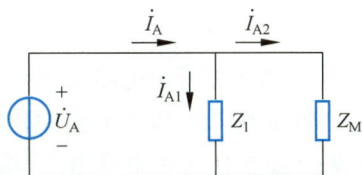

图 7.4.20  图 7.4.19 三相电路的 A 相电路

设 $\dot{U}_A = 220\angle 0°V$,则根据欧姆定律

$$\dot{I}_{A1} = \frac{\dot{U}_A}{Z_1} = \frac{220\angle 0°}{30 + j40}A = 4.41\angle -53.1°A$$

对于三相电动机负载来说,并不需要求出 $Z_M$。根据三相功率定义功率可知

$$I_{A2} = \frac{P_M}{\sqrt{3}U_L\cos\varphi_P} = \frac{1700}{\sqrt{3}\times 380 \times 0.8}A = 3.23A$$

根据功率因数 $\cos\varphi_P = 0.8$(滞后)可知 $\varphi_P = -36.9°$,即 $\dot{I}_{A2} = 3.23\angle -36.9°A$。

根据 KCL

$$\dot{I}_A = \dot{I}_{A1} + \dot{I}_{A2} = 7.56\angle -46.2°A$$

$$P_3 = 3U_P I_P \cos\varphi_P = 3 \times 220 \times 7.56 \times \cos 46.2°W = 3.45kW$$

(2) 采用共 B 接法,如图 7.4.21 所示

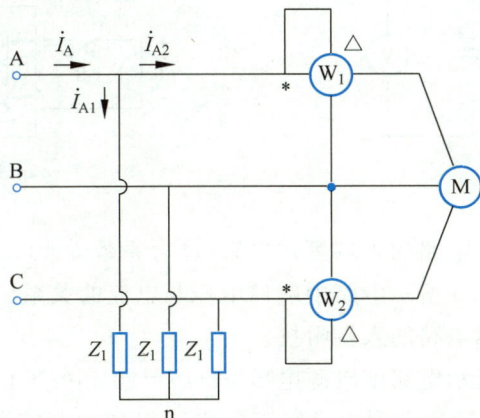

图 7.4.21  共 B 接法测图 7.4.19 电动机负载三相功率

根据前面的结论并应用相线关系可知 $\dot{U}_{AB}=380\angle 30°\,\mathrm{V},\dot{U}_{CB}=380\angle 90°\,\mathrm{V},\dot{I}_{C2}=3.23\angle 83.1°\mathrm{A}$。因此 $W_1$ 的读数为

$$P_1=U_{AB}I_{A2}\cos(\varphi_{\dot{U}_{AB}}-\varphi_{\dot{I}_{A2}})=380\times 3.23\times\cos(30°+36.9°)\mathrm{W}=481\mathrm{W}$$

$W_2$ 的读数为

$$P_2=U_{CB}I_{C2}\cos(\varphi_{\dot{U}_{CB}}-\varphi_{\dot{I}_{C2}})=380\times 3.23\times\cos(90°-83.1°)\mathrm{W}=1219\mathrm{W}$$

容易验证，二者之和即为三相电动机吸收的有功功率。

知识点117练习题和讨论

# 习题

7.1　题图 7.1 所示电路中 $I=9\mathrm{A},I_1=15\mathrm{A}$，端口电压电流同相位，求 $I_2$。

7.2　在题图 7.2 所示电路中，(1)求谐振角频率；(2)定性画 AB 端口的入端电抗频率特性曲线；(3)在什么频率范围内，端口 AB 间的电路呈现感性？

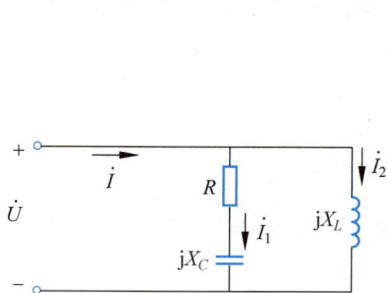
题图　7.1

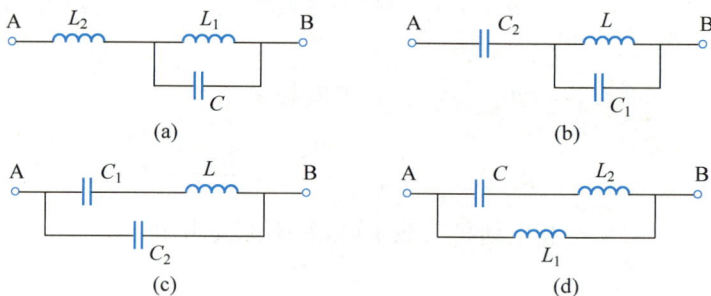
题图　7.2

7.3　题图 7.3 所示电路中电容 $C$ 可调。当调节 $C=50\mu\mathrm{F}$ 时，电路发生谐振，此时电压表读数为 20V。已知电流源 $i_S(t)=2\sqrt{2}\sin 1000t\,\mathrm{A}$，求电阻 $R$ 和电感 $L$。

7.4　判断题图 7.4 所示电路中开关 S 打开瞬间电压表的偏转方向。

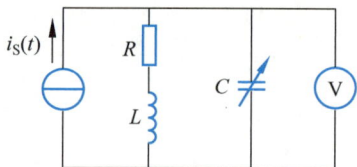
题图　7.3

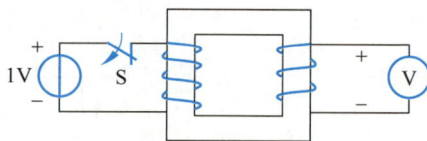
题图　7.4

7.5　求题图 7.5 所示电路的入端等效电感(耦合系数 $k\neq 1$)。

7.6　分别写出题图 7.6 所示电路中端口电压与电流的关系。

7.7　求题图 7.7 所示电路的入端阻抗。

7.8　已知题图 7.8 所示电路中电源电压 $u_S(t)=20\sin(2\times 10^4 t)\mathrm{V}$，求电流 $i(t)$。

7.9　(1)已知变压器原边和副边绕组正向串联得到的电感为 1.992H，反向串联得到

的电感为 $8\text{mH}$，求变压器的互感 $M$。

（2）在（1）的基础上，已知变压器原边绕组的电感为 $0.5\text{H}$，副边绕组的电感为 $0.5\text{H}$，求变压器的耦合系数。

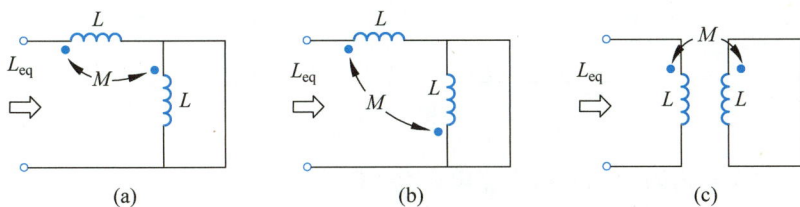

题图 7.5

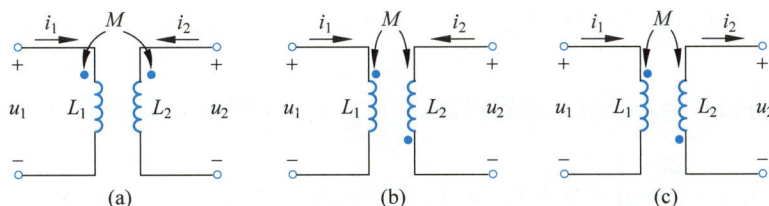

题图 7.6

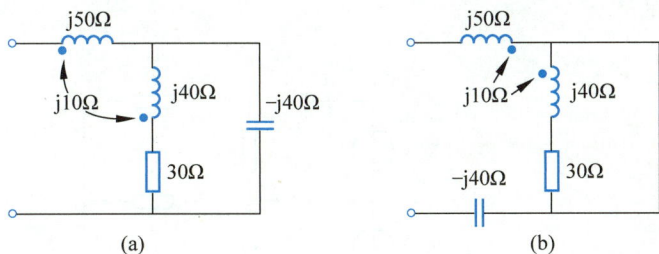

题图 7.7

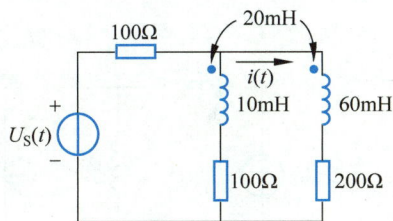

题图 7.8

7.10 变压器电路如题图 7.10 所示。变压器原边接电压 $\dot{U}_S = 200\angle 0°\text{V}$。副边开路时原边电流 $\dot{I}_{1K} = 20(1-\text{j}3)\text{A}$，副边开路电压 $\dot{U}_{2K} = 60(3+\text{j}1)\text{V}$。副边短路时原边电流 $\dot{I}_{1D} = 60.6\angle -54.9°\text{A}$。求变压器参数 $R_1$、$X_1$、$R_2$、$X_2$、$X_m$。

7.11 题图 7.11 所示电路处于谐振状态。此时功率表读数为 $P = 16\text{W}$，电压表读数为 $U = 4\text{V}$。已知电抗 $X_L = 2\Omega$，求电阻 $R$ 和电抗 $X_C$。

7.12 题图 7.12 所示电路中电源电压 $\dot{U}_S = 180\angle 45°\text{V}$，求图中电压表和功率表的读数。

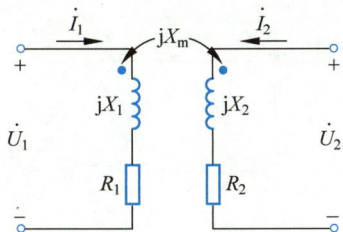

题图 7.10

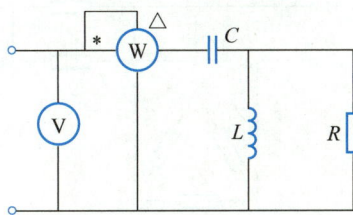

题图 7.11

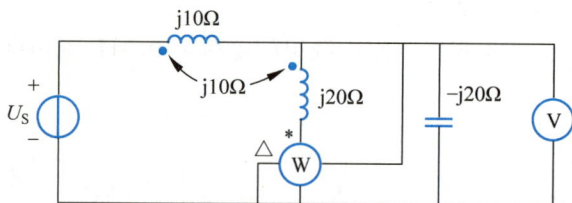

题图 **7.12**

7.13 某放大器内阻为 $2\Omega$，扬声器电阻为 $8\Omega$。

（1）要想使得扬声器获得最大功率，在放大器和扬声器之间要插入变比为多少的变压器？

（2）在（1）的基础上，如果扬声器获得的最大功率为 10W，则放大器输出的正弦信号幅值是多少？

（3）如果将扬声器直接与放大器相连，放大器输出正弦信号幅值为多少时扬声器获得 10W 的功率？

7.14 题图 7.14 所示电路中 $\dot{U}_S = 100\angle 0°V$，$X_1 = 20\Omega$，$X_2 = 30\Omega$，$X_M = R = 10\Omega$。求负载容抗为多少时电源发出最大有功功率，并求此功率。

7.15 求题图 7.15 所示电路中的 $\dot{I}$。

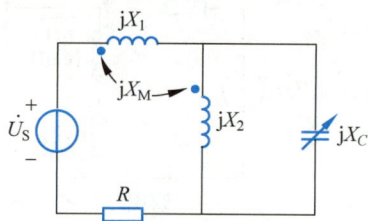

题图 **7.14**

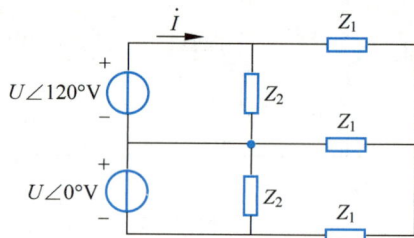

题图 **7.15**

7.16 题图 7.16 所示电路中 A、B、C 与线电压为 380V 的对称三相电源相连，已知 $Z_1 = (100+j60)\Omega$，$Z_2 = (60-j90)\Omega$，求电流 $\dot{I}$。

7.17 题图 7.17 所示电路中 A、B、C 与线电压为 380V 的对称三相电源相连，$Z = (60+j30)\Omega$。

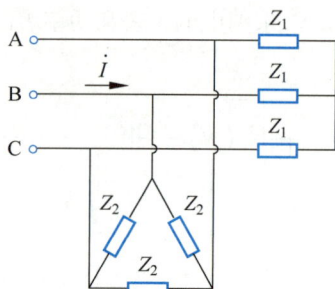

题图 **7.16**

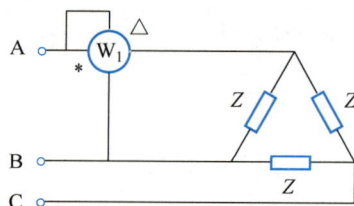

题图 **7.17**

(1) 求电路吸收的总有功功率;

(2) 若用二表法测三相吸收的总有功功率,其中一表已接好如图,画出另一功率表的接线图,并求出两表的读数。

7.18 题图 7.18 所示电路中 A、B、C 与线电压为 380V 的对称三相电源相连,对称三相负载 1 吸收有功功率 10kW,功率因数为 0.8(滞后),$Z_1 = (10+j5)\Omega$,求电流 $\dot{I}$。

7.19 题图 7.19 所示电路中 A、B、C 与线电压为 380V 的对称三相电源相连,三相电动机吸收的有功功率为 1000W,$I_A = 5A$,$I_B = 10A$,$I_C = 5A$,求阻抗 $Z$。

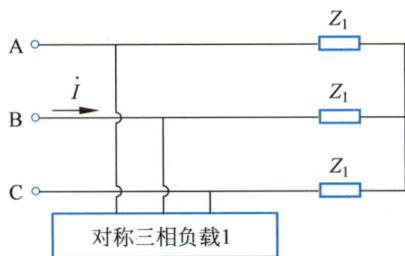

题图 7.18

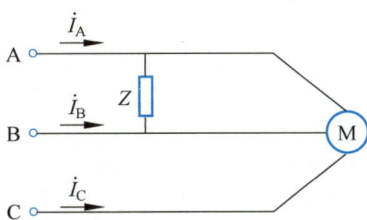

题图 7.19

7.20 题图 7.20 所示电路中 A、B、C 与线电压为 380V 的对称三相电源相连,$W_1$ 读数为 0,$W_2$ 读数为 3000W,求感性阻抗 $Z$。

7.21 题图 7.21 所示电路中 A、B、C 与相电压为 $U$ 的对称三相电源相连,求功率表的读数并指出其物理意义。

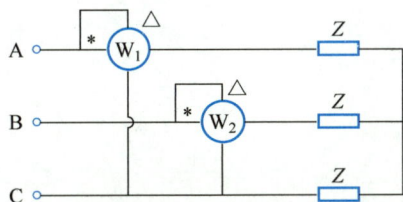

题图 7.20

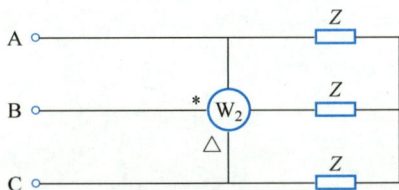

题图 7.21

# 参考文献

[1] 李瀚荪. 简明电路分析基础[M]. 北京:高等教育出版社,2002.

[2] 江缉光. 电路原理[M]. 北京:清华大学出版社,1997.

[3] 邱关源. 电路[M]. 4 版. 北京:高等教育出版社,1999.

[4] 周守昌. 电路原理[M]. 2 版. 北京:高等教育出版社,2004.

[5] 陈希有. 电路理论基础[M]. 北京:高等教育出版社,2004.

[6] ALEXANDER C,SADIKU M. Fundamentals of Electric Circuits[M]. 影印版. 北京:清华大学出版社,2000.

[7] AGARWAL A,LANG J. Foundations of Analog and Digital Electronic Circuits[M]. San Francisco:Morgan Kaufmann,2005.

［8］　SEDRA A,SMITH K.微电子电路［M］.5版.北京：电子工业出版社,2006.

［9］　郑君里.教与写的记忆——信号与系统评注［M］.北京：高等教育出版社,2005.

［10］　郑君里,应启珩,杨为理.信号与系统［M］.2版.北京：高等教育出版社,2000.

［11］　北京邮电学院.网络理论导论［M］.北京：人民邮电出版社,1980.

［12］　朱桂萍,于歆杰,陆文娟,等.电路原理导学导教及习题解答［M］.北京：清华大学出版社,2009.

第 **8** 章

# 拉普拉斯变换分析

  拉普拉斯变换(简称"拉氏变换")作为一种数学工具,能够将实系数的微分方程转化为复系数的代数方程,从而极大地简化工程和物理学中的问题求解过程。与相量法相比,拉氏变换法不仅可以求包含正弦信号在内的多种信号激励下动态电路的稳态过程,还可以求解动态电路的暂态过程。8.1 节介绍了拉氏变换和反变换的定义式,8.2 节给出了拉氏变换的主要性质,8.3 节介绍了利用拉氏变换求解电路的过程,8.4 节简单介绍了网络函数及卷积定理在复频域的表示形式。拉普拉斯变换的意义不仅在于简化计算,更在于它提供了一种全新的视角,可以在复频域中对系统进行分析和设计。

## 8.1 傅里叶级数与傅里叶变换

在 6.4 节中，我们介绍了周期非正弦激励下线性电路的谐波分析法。谐波分析法的本质是叠加定理。将满足狄利赫里条件的周期非正弦信号分解为基波和若干频率为基波整数倍的谐波的和。每一次谐波单独作用时，都可以用相量法分析电路。最后将相量形式的结果转换为时域表达式，求和即可得到总的响应。

知识点118

式(6.4.1)给出了周期非正弦函数分解为傅里叶[①]级数的结果

$$f(t) = a_0 + \sum_{k=1}^{+\infty}(a_k\cos k\omega_0 t + b_k \sin k\omega_0 t) \tag{8.1.1}$$

其中，$\omega_0 = \dfrac{2\pi}{T}$ 为基波角频率；系数为

$$a_0 = \frac{1}{T}\int_0^T f(t)\mathrm{d}t$$

$$a_k = \frac{1}{\pi}\int_0^T f(t)\cos k\omega_0 t\,\mathrm{d}(\omega_0 t), \quad k=0,1,\cdots \tag{8.1.2}$$

$$b_k = \frac{1}{\pi}\int_0^T f(t)\sin k\omega_0 t\,\mathrm{d}(\omega_0 t), \quad k=1,2,\cdots \tag{8.1.3}$$

可见，$a_{-k}=a_k$，$b_{-k}=-b_k$，即 $a_k$ 是 $k$ 的偶函数，$b_k$ 是 $k$ 的奇函数。

根据欧拉公式

$$\cos k\omega_0 t = \frac{1}{2}(\mathrm{e}^{\mathrm{j}k\omega_0 t} + \mathrm{e}^{-\mathrm{j}k\omega_0 t}), \quad \sin k\omega_0 t = \frac{1}{2\mathrm{j}}(\mathrm{e}^{\mathrm{j}k\omega_0 t} - \mathrm{e}^{-\mathrm{j}k\omega_0 t})$$

式(8.1.1)可以改写为

$$\begin{aligned}
f(t) &= a_0 + \sum_{k=1}^{+\infty}(a_k\cos k\omega_0 t + b_k \sin k\omega_0 t)\\
&= a_0 + \sum_{k=1}^{+\infty}\left[\frac{1}{2}a_k(\mathrm{e}^{\mathrm{j}k\omega_0 t} + \mathrm{e}^{-\mathrm{j}k\omega_0 t}) - \frac{1}{2}\mathrm{j}b_k(\mathrm{e}^{\mathrm{j}k\omega_0 t} - \mathrm{e}^{-\mathrm{j}k\omega_0 t})\right]\\
&= a_0 + \sum_{k=1}^{+\infty}\left[\frac{1}{2}(a_k - \mathrm{j}b_k)\mathrm{e}^{\mathrm{j}k\omega_0 t} + \frac{1}{2}(a_k + \mathrm{j}b_k)\mathrm{e}^{-\mathrm{j}k\omega_0 t}\right]
\end{aligned} \tag{8.1.4}$$

令复常数

$$\dot{c}_k = \frac{1}{2}(a_k - \mathrm{j}b_k)$$

则

$$\dot{c}_{-k} = \frac{1}{2}(a_{-k} - \mathrm{j}b_{-k}) = \frac{1}{2}(a_k + \mathrm{j}b_k)$$

将式(8.1.2)、式(8.1.3)代入 $\dot{c}_k$，得

$$\dot{c}_k = \frac{1}{2}(a_k - \mathrm{j}b_k) = \frac{1}{T}\int_0^T f(t)\mathrm{e}^{-\mathrm{j}k\omega_0 t}\,\mathrm{d}t \tag{8.1.5}$$

---

① 傅里叶(Fourier，1768—1830)，法国数学家、物理学家。

式(8.1.5)适用于所有的 $k$ 值,包括正整数、负整数和零。当 $k=0$ 时,$\dot{c}_0 = \dfrac{1}{T}\displaystyle\int_0^T f(t)\mathrm{d}t = a_0$,

式(8.1.4)可改写为

$$f(t) = a_0 + \sum_{k=1}^{+\infty}(\dot{c}_k \mathrm{e}^{\mathrm{j}k\omega_0 t} + \dot{c}_{-k}\mathrm{e}^{-\mathrm{j}k\omega_0 t}) = \sum_{k=-\infty}^{+\infty}\dot{c}_k \mathrm{e}^{\mathrm{j}k\omega_0 t} \tag{8.1.6}$$

式(8.1.6)为周期函数的傅里叶级数的指数形式。

将 $\dot{c}_k$ 写成极坐标形式,$\dot{c}_k = |\dot{c}_k| \angle \varphi_k$,它的模表示第 $k$ 次谐波的振幅,相角表示第 $k$ 次谐波的初相位。

由于 $f(t)$ 是周期函数,因此改变式(8.1.5)的积分上下限,且等号两边同乘以 $T$,得

$$\dot{c}_k T = \int_{-T/2}^{T/2} f(t)\mathrm{e}^{-\mathrm{j}k\omega_0 t}\mathrm{d}t \triangleq F(\mathrm{j}k\omega_0) \tag{8.1.7}$$

当周期函数的周期 $T \to \infty$ 时,周期函数就变为非周期函数,相应地,$\omega_0 \to \mathrm{d}\omega$,$k\omega_0 \to \omega$,式(8.1.7)演变为

$$F(\mathrm{j}\omega) = \int_{-\infty}^{+\infty} f(t)\mathrm{e}^{-\mathrm{j}\omega t}\mathrm{d}t \tag{8.1.8}$$

这就是非周期函数的傅里叶变换式。$F(\mathrm{j}\omega)$ 是一个频域函数,它表示不同频率成分的谐波振幅密度的分布,因此也称为非周期信号的频谱密度。

利用式(8.1.7)对式(8.1.6)进行改写,有

$$f(t) = \sum_{k=-\infty}^{+\infty}\dot{c}_k \mathrm{e}^{\mathrm{j}k\omega_0 t} = \sum_{k=-\infty}^{+\infty}\frac{F(\mathrm{j}k\omega_0)}{T}\mathrm{e}^{\mathrm{j}k\omega_0 t}$$

$$= \frac{1}{2\pi}\sum_{k=-\infty}^{+\infty} F(\mathrm{j}k\omega_0)\mathrm{e}^{\mathrm{j}k\omega_0 t}\omega_0 \tag{8.1.9}$$

当 $T \to \infty$ 时,$\omega_0 \to \mathrm{d}\omega$,$k\omega_0 \to \omega$,$\sum \to \int$,式(8.1.9)变为

$$f(t) = \frac{1}{2\pi}\int_{-\infty}^{+\infty} F(\mathrm{j}\omega)\mathrm{e}^{\mathrm{j}\omega t}\mathrm{d}\omega \tag{8.1.10}$$

这就是非周期函数的傅里叶反变换式。式(8.1.8)与式(8.1.10)合称傅里叶变换对。

与周期函数的谐波分析法类似,也可以利用非周期函数的傅里叶变换来分析电路。不同的是,谐波分析法是将周期激励分解为一个个离散的频率成分(即各次谐波)分别单独作用,而非周期函数傅里叶变换后得到的是一个连续的以 $\omega$ 为变量的频域函数。在频域对电路求解后得到的响应也是以 $\omega$ 为变量的连续函数,对这个函数进行傅里叶反变换,就可以得到响应的时域形式。

知识点118练习题和讨论

## 8.2 拉普拉斯变换及其性质

### 8.2.1 拉普拉斯变换与反变换定义式

知识点119

并不是所有的非周期函数都可以作傅里叶变换,当信号不满足绝对可积条件时(如某些指数函数),其傅里叶变换不存在。

对于任意函数 $f(t)$，将其与一因子 $e^{-\sigma t}$（$\sigma$ 为一实数）相乘，只要 $\sigma$ 足够大，就可以使 $f(t)e^{-\sigma t}$ 满足绝对可积条件。对于一个实际的电路，可以把动态过程的起始时刻定义为研究起点，即 $t=0$，考虑激励 $f(t)$ 在 $t>0$ 以后对电路的作用，根据式(8.1.7)，$f(t)e^{-\sigma t}$ 的傅里叶变换为

$$F(j\omega) = \int_{-\infty}^{+\infty} f(t)e^{-\sigma t}\,e^{-j\omega t}\,\mathrm{d}t = \int_{0^-}^{+\infty} f(t)e^{-(\sigma+j\omega)t}\,\mathrm{d}t \tag{8.2.1}$$

式(8.2.1)的积分下限取为 $0^-$，是为了将 $t=0$ 时刻激励 $f(t)$ 可能存在的冲激成分考虑在内。

令 $s=\sigma+j\omega$，$F(j\omega)$ 的变量也替换为 $s$（因为 $\sigma$ 为一常数），式(8.2.1)可以改写为

$$F(s) = \int_{0^-}^{+\infty} f(t)e^{-st}\,\mathrm{d}t \tag{8.2.2}$$

这就是拉普拉斯[1]正变换式(也称拉氏变换)，其中 $f(t)$ 称为原函数，$F(s)$ 称为象函数，$s$ 称为复频率；而称 $f(t)$ 为 $F(s)$ 的原象。由于式(8.2.2)的积分下限从 $0^-$ 开始，只考虑了原函数 $f(t)$ 在 $t \geqslant 0^-$ 以后的变化，即 $f(t)\varepsilon(t)$，因此又称为单边拉氏变换，在"信号与系统"理论中将系统地阐述双边拉氏变换。本书仅讨论单边拉氏变换。

由定义式(8.1.10)对 $F(s)$ 进行傅里叶反变换，可得

$$f(t)e^{-\sigma t} = \frac{1}{2\pi}\int_{-\infty}^{+\infty} F(s)e^{j\omega t}\,\mathrm{d}\omega$$

进一步改写为

$$f(t) = \frac{1}{2\pi j}\int_{-\infty}^{+\infty} F(s)e^{(\sigma+j\omega)t}\,\mathrm{d}(j\omega) = \frac{1}{2\pi j}\int_{-\infty}^{+\infty} F(s)e^{st}\,\mathrm{d}s \tag{8.2.3}$$

这就是象函数 $F(s)$ 的拉普拉斯反变换。式(8.2.2)与式(8.2.3)合称拉普拉斯变换对，常用符号"$\mathscr{L}$"表示拉氏正变换，符号"$\mathscr{L}^{-1}$"表示拉氏反变换。

对比傅里叶变换对[即式(8.1.8)、式(8.1.10)]与拉普拉斯变换对[即式(8.2.2)、式(8.2.3)]，可以发现：傅里叶变换是拉氏变换的特例，相当于 $\sigma=0$ 时的拉氏变换。

需要说明的是，为了便于读者理解，上文从傅里叶变换出发引出了拉氏变换，但历史上拉氏变换并不是从傅里叶变换推导出来的。拉氏变换是经典控制理论的基础，在很多场合都有非常重要的应用，本书主要介绍应用拉氏变换分析动态电路，也称为动态电路的复频域分析方法。

根据拉氏变换定义式(8.2.2)，我们可以求出一些常用函数的象函数。

(1) 单位阶跃函数 $\varepsilon(t)$

$$\mathscr{L}[\varepsilon(t)] = \int_{0^-}^{+\infty} \varepsilon(t)e^{-st}\,\mathrm{d}t = \int_{0^+}^{+\infty} e^{-st}\,\mathrm{d}t$$

$$= -\frac{1}{s}e^{-st}\bigg|_{0^+}^{+\infty} = \frac{1}{s}$$

(2) 单位冲激函数 $\delta(t)$

$$\mathscr{L}[\delta(t)] = \int_{0^-}^{+\infty} \delta(t)e^{-st}\,\mathrm{d}t = \int_{0^-}^{0^+} \delta(t)\,\mathrm{d}t = 1$$

---

[1] 拉普拉斯(Laplace，1749—1827)，法国数学家、物理学家。

（3）指数函数 $\mathrm{e}^{-at}\varepsilon(t)$

$$\mathscr{L}\left[\mathrm{e}^{at}\varepsilon(t)\right] = \int_{0^-}^{+\infty} \mathrm{e}^{-at}\,\mathrm{e}^{-st}\,\mathrm{d}t = -\frac{1}{s+\alpha}\,\mathrm{e}^{-(s+\alpha)t}\,\Big|_{0^-}^{+\infty} = \frac{1}{s+\alpha}$$

（4）正弦函数 $\sin(\omega t)\varepsilon(t)$ 和余弦函数 $\cos(\omega t)\varepsilon(t)$

$$\mathscr{L}\left[\sin(\omega t)\varepsilon(t)\right] = \int_{0^-}^{+\infty} \sin(\omega t)\,\mathrm{e}^{-st}\,\mathrm{d}t = \int_{0^-}^{+\infty} \frac{1}{2\mathrm{j}}(\mathrm{e}^{\mathrm{j}\omega t} - \mathrm{e}^{-\mathrm{j}\omega t})\mathrm{e}^{-st}\,\mathrm{d}t$$

$$= \frac{1}{2\mathrm{j}}\left(\frac{1}{s-\mathrm{j}\omega} - \frac{1}{s+\mathrm{j}\omega}\right) = \frac{\omega}{s^2+\omega^2}$$

类似地，可求得

$$\mathscr{L}\left[\cos(\omega t)\varepsilon(t)\right] = \frac{s}{s^2+\omega^2}$$

（5）斜升函数 $t\varepsilon(t)$

$$\mathscr{L}\left[t\varepsilon(t)\right] = \int_{0^-}^{+\infty} t\,\mathrm{e}^{-st}\,\mathrm{d}t = -\frac{1}{s}t\,\mathrm{e}^{-st}\,\Big|_{0^-}^{+\infty} + \frac{1}{s}\int_{0^-}^{+\infty} \mathrm{e}^{-st}\,\mathrm{d}t = \frac{1}{s^2}$$

知识点119练习题
和讨论

事实上，读者无需记住太多函数的拉氏变换结果，只需要记住最简单的几个常用函数的拉氏变换结果，其他复杂函数的拉氏变换就可以利用下文介绍的拉氏变换性质直接推导出来。表 8.2.1 给出了一些常用函数的拉氏变换结果。

表 8.2.1  一些常用函数的拉氏变换结果

| $f(t)$ | $F(s)$ | $f(t)$ | $F(s)$ |
|--------|--------|--------|--------|
| $\delta(t)$ | $1$ | $\sin(\omega t)\varepsilon(t)$ | $\dfrac{\omega}{s^2+\omega^2}$ |
| $\varepsilon(t)$ | $\dfrac{1}{s}$ | $\cos(\omega t)\varepsilon(t)$ | $\dfrac{s}{s^2+\omega^2}$ |
| $\mathrm{e}^{-at}\varepsilon(t)$ | $\dfrac{1}{s+\alpha}$ | $t\,\mathrm{e}^{-at}\varepsilon(t)$ | $\dfrac{1}{(s+\alpha)^2}$ |
| $t^n\varepsilon(t)$（$n$ 为正整数） | $\dfrac{n!}{s^{n+1}}$ | $\mathrm{e}^{-at}\cos(\omega t)\varepsilon(t)$ | $\dfrac{s+\alpha}{(s+\alpha)^2+\omega^2}$ |
| $t^n\mathrm{e}^{-at}\varepsilon(t)$（$n$ 为正整数） | $\dfrac{n!}{(s+\alpha)^{n+1}}$ | $\mathrm{e}^{-at}\sin(\omega t)\varepsilon(t)$ | $\dfrac{\omega}{(s+\alpha)^2+\omega^2}$ |

## 8.2.2  拉普拉斯变换的性质

知识点120

### 1. 线性性质

若 $\mathscr{L}[f_1(t)] = F_1(s)$，$\mathscr{L}[f_2(t)] = F_2(s)$，则

$$\mathscr{L}[af_1(t) + bf_2(t)] = aF_1(s) + bF_2(s) \tag{8.2.4}$$

其中，$a$、$b$ 为实常数。线性性质可以用拉氏变换的定义进行证明[4]，本书不加赘述。

### 2. 原函数微分性质

若 $\mathscr{L}[f(t)] = F(s)$，则

$$\mathscr{L}\left[\frac{\mathrm{d}f(t)}{\mathrm{d}t}\right] = sF(s) - f(0^-) \qquad (8.2.5)$$

**证明** 由拉氏变换定义式(8.2.2)，得

$$\mathscr{L}\left[\frac{\mathrm{d}f(t)}{\mathrm{d}t}\right] = \int_{0^-}^{\infty} \frac{\mathrm{d}f(t)}{\mathrm{d}t} \mathrm{e}^{-st}\,\mathrm{d}t = \int_{0^-}^{\infty} \mathrm{e}^{-st}\,\mathrm{d}f(t)$$

$$= \mathrm{e}^{-st}f(t)\Big|_{0^-}^{\infty} + s\int_{0^-}^{\infty} f(t)\mathrm{e}^{-st}\,\mathrm{d}t$$

$$= sF(s) - f(0^-)$$

**例 8.2.1** 已知 $\mathscr{L}[\varepsilon(t)] = \dfrac{1}{s}$，用原函数微分性质求 $\mathscr{L}[\delta(t)]$。

**解**
$$\mathscr{L}[\delta(t)] = \mathscr{L}\left[\frac{\mathrm{d}\varepsilon(t)}{\mathrm{d}t}\right] = s\frac{1}{s} - \varepsilon(t)\Big|_{0^-} = 1$$

与 8.2.1 节中根据拉氏变换定义直接求得的结果一致。

重复使用式(8.2.5)的结果，可以得出

$$\mathscr{L}\left[\frac{\mathrm{d}^n f(t)}{\mathrm{d}t^n}\right] = s^n F(s) - s^{n-1}f(0^-) - s^{n-2}f^{(1)}(0^-) - \cdots - sf^{(n-2)}(0^-) - f^{(n-1)}(0^-)$$

其中，$f^{(k)}(0^-)(k=1,2,\cdots,n-1)$ 表示 $f(t)$ 的 $k$ 阶导数在 $t=0^-$ 时刻的值。如果函数 $f(t)$ 及其各阶导数初值均为 0，则

$$\mathscr{L}\left[\frac{\mathrm{d}^n f(t)}{\mathrm{d}t^n}\right] = s^n F(s)$$

### 3. 原函数积分性质

若 $\mathscr{L}[f(t)] = F(s)$，则

$$\mathscr{L}\left[\int_{0^-}^{t} f(\tau)\,\mathrm{d}\tau\right] = \frac{F(s)}{s} \qquad (8.2.6)$$

**证明** 令 $\mathscr{L}\left[\displaystyle\int_{0^-}^{t} f(\tau)\,\mathrm{d}\tau\right] = F_1(s)$，根据式(8.2.5)所示原函数的微分性质，有

$$\mathscr{L}\left[\frac{\mathrm{d}}{\mathrm{d}t}\int_{0^-}^{t} f(t)\,\mathrm{d}t\right] = sF_1(s) - \int_{0^-}^{t} f(t)\,\mathrm{d}t\Big|_{t=0^-} = sF_1(s)$$

又

$$\frac{\mathrm{d}}{\mathrm{d}t}\int_{0^-}^{t} f(t)\,\mathrm{d}t = f(t)$$

因此

$$\mathscr{L}\left[\frac{\mathrm{d}}{\mathrm{d}t}\int_{0^-}^{t} f(t)\,\mathrm{d}t\right] = \mathscr{L}[f(t)] = F(s)$$

从而得出

$$sF_1(s) = F(s)$$

即

$$\mathscr{L}\left[\int_{0^-}^{t} f(\tau)\,\mathrm{d}\tau\right] = F_1(s) = \frac{F(s)}{s}$$

**例 8.2.2** 已知 $\mathscr{L}[\varepsilon(t)] = \dfrac{1}{s}$，用原函数积分性质求 $\mathscr{L}[t\varepsilon(t)]$。

解

$$\mathscr{L}\big[t\varepsilon(t)\big]=\mathscr{L}\left[\int_{0^-}^{t}\varepsilon(\tau)\mathrm{d}\tau\right]=\frac{\mathscr{L}\big[\varepsilon(t)\big]}{s}=\frac{\dfrac{1}{s}}{s}=\frac{1}{s^2}$$

与 8.2.1 节中根据拉氏变换定义直接求得的结果一致。

进一步使用式(8.2.6)的结果,可以得出

$$\mathscr{L}\big[t^2\varepsilon(t)\big]=\frac{2}{s^3}$$

$$\mathscr{L}\big[t^n\varepsilon(t)\big]=\frac{n!}{s^{n+1}}$$

#### 4. 时域平移性质

若 $\mathscr{L}\big[f(t)\varepsilon(t)\big]=F(s)$,则

$$\mathscr{L}\big[f(t-t_0)\varepsilon(t-t_0)\big]=F(s)\mathrm{e}^{-st_0} \tag{8.2.7}$$

证明 由拉氏变换定义式(8.2.2),得

$$\mathscr{L}\big[f(t-t_0)\varepsilon(t-t_0)\big]=\int_{0^-}^{+\infty}f(t-t_0)\varepsilon(t-t_0)\mathrm{e}^{-st}\mathrm{d}t$$

$$=\int_{0^-}^{+\infty}(t-t_0)\mathrm{e}^{-st}\mathrm{d}t$$

令 $\tau=t-t_0$,则 $t=\tau+t_0$,上式改写为

$$\mathscr{L}\big[f(t-t_0)\varepsilon(t-t_0)\big]=\int_{0^-}^{+\infty}f(\tau)\mathrm{e}^{-s\tau}\mathrm{e}^{-st_0}\mathrm{d}\tau$$

$$=\mathrm{e}^{-st_0}\int_{0^-}^{+\infty}f(\tau)\mathrm{e}^{-s\tau}\mathrm{d}\tau=\mathrm{e}^{-st_0}F(s)$$

注意在应用时域平移性质时,要把原函数中所有变量 $t$ 都要延时 $t_0$。

例 8.2.3 已知 $\mathscr{L}\big[t\varepsilon(t)\big]=\dfrac{1}{s^2}$,求 $\mathscr{L}\big[(t-2)\varepsilon(t-2)\big]$、$\mathscr{L}\big[(t-2)\varepsilon(t)\big]$ 和 $\mathscr{L}\big[t\varepsilon(t-2)\big]$。

解

$$\mathscr{L}\big[(t-2)\varepsilon(t-2)\big]=\frac{\mathrm{e}^{-2s}}{s^2}$$

$$\mathscr{L}\big[(t-2)\varepsilon(t)\big]=\mathscr{L}\big[t\varepsilon(t)-2\varepsilon(t)\big]=\frac{1}{s^2}-\frac{2}{s}$$

这个求解过程中其实并未涉及时域平移,而是用到了拉氏变换的线性性质。

$$\mathscr{L}\big[t\varepsilon(t-2)\big]=\mathscr{L}\big[(t-2)\varepsilon(t-2)+2\varepsilon(t-2)\big]=\frac{\mathrm{e}^{-2s}}{s^2}+\frac{2\mathrm{e}^{-2s}}{s}$$

这道例题的重点是要把原函数中所有变量都要延时 $t_0$,才能利用时域平移性质。

例 8.2.4 周期为 $T$ 的函数 $f(t)$ 如图 8.2.1 所示,求 $\mathscr{L}\big[f(t)\big]$。

解 将函数 $f(t)$ 的第一个周期记为 $f_1(t)$,由图 8.2.1 可知

$$f_1(t)=E\big[\varepsilon(t)-\varepsilon(t-0.5T)\big]$$

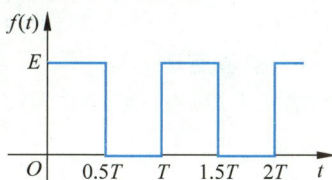

图 8.2.1 例 8.2.4 用图

其象函数为

$$F_1(s) = \mathscr{L}[f_1(t)] = \frac{1 - \mathrm{e}^{-0.5Ts}}{s}$$

又

$$f(t) = f_1(t) + f_1(t-T) + f_1(t-2T) + \cdots$$

因此

$$\mathscr{L}[f(t)] = F_1(s) + F_1(s)\mathrm{e}^{-Ts} + F_1(s)\mathrm{e}^{-2Ts} + \cdots$$

$$= F_1(s)(1 + \mathrm{e}^{-Ts} + \mathrm{e}^{-2Ts} + \cdots)$$

$$= F_1(s) \frac{1}{1 - \mathrm{e}^{-Ts}}$$

$$= \frac{1 - \mathrm{e}^{-0.5Ts}}{s(1 - \mathrm{e}^{-Ts})} = \frac{1}{s(1 + \mathrm{e}^{-0.5Ts})}$$

本例也可用下面方法求解。观察图 8.2.1 所示函数 $f(t)$，可得

$$f(t)\varepsilon(t) + f(t - 0.5T)\varepsilon(t - 0.5T) = \varepsilon(t)$$

设

$$\mathscr{L}[f(t)\varepsilon(t)] = F(s)$$

有

$$F(s) + F(s)\mathrm{e}^{-0.5Ts} = \frac{1}{s}$$

得

$$F(s) = \frac{1}{s(1 + \mathrm{e}^{-0.5Ts})}$$

### 5. 复频域平移性质

若 $\mathscr{L}[f(t)\varepsilon(t)] = F(s)$，则

$$\mathscr{L}[\mathrm{e}^{-\alpha t} f(t)\varepsilon(t)] = F(s + \alpha) \tag{8.2.8}$$

证明　由拉氏变换定义式(8.2.2)，得

$$\mathscr{L}[\mathrm{e}^{-\alpha t} f(t)\varepsilon(t)] = \int_{0^-}^{+\infty} f(t)\mathrm{e}^{-\alpha t}\mathrm{e}^{-st}\,\mathrm{d}t = \int_{0^-}^{+\infty} f(t)\mathrm{e}^{-(s+\alpha)t}\,\mathrm{d}t = F(s + \alpha)$$

例 8.2.5　用复频域平移性质求 $\mathscr{L}[\cos\omega t\varepsilon(t)]$。

解　$\mathscr{L}[\cos\omega t\varepsilon(t)] = \mathscr{L}\left[\frac{1}{2}(\mathrm{e}^{\mathrm{j}\omega t} + \mathrm{e}^{-\mathrm{j}\omega t})\varepsilon(t)\right]$

$$= \frac{1}{2}\{\mathscr{L}[\mathrm{e}^{\mathrm{j}\omega t}\varepsilon(t)] + \mathscr{L}[\mathrm{e}^{-\mathrm{j}\omega t}\varepsilon(t)]\}$$

$$= \frac{1}{2}\left(\frac{1}{s - \mathrm{j}\omega} + \frac{1}{s + \mathrm{j}\omega}\right) = \frac{s}{s^2 + \omega^2}$$

### 6. 初值定理

若 $\mathscr{L}[f(t)\varepsilon(t)] = F(s)$，且 $f(t)$ 在 $t = 0$ 时无冲激，则

$$\lim_{t \to 0^+} f(t) = f(0^+) = \lim_{s \to \infty} sF(s) \tag{8.2.9}$$

证明　因为在式(8.2.9)中出现了 $sF(s)$，自然联想到上文的原函数微分性质，即

$$\mathscr{L}\left[\frac{\mathrm{d}f(t)}{\mathrm{d}t}\right]=sF(s)-f(0^-)$$

将等号左侧用拉氏变换定义式展开,并改写为

$$\mathscr{L}\left[\frac{\mathrm{d}f(t)}{\mathrm{d}t}\right]=\int_{0^-}^{+\infty}\frac{\mathrm{d}f(t)}{\mathrm{d}t}\mathrm{e}^{-st}\,\mathrm{d}t=\int_{0^-}^{0^+}\mathrm{e}^{-st}\,\mathrm{d}f(t)+\int_{0^+}^{+\infty}\mathrm{e}^{-st}\,\mathrm{d}f(t)$$

因为 $t\in(0^-,0^+)$ 时,$\mathrm{e}^{-st}=1$,且 $f(t)$ 在 $t=0$ 时无冲激,因此等号右侧第一项变为

$$\int_{0^-}^{0^+}\mathrm{e}^{-st}\,\mathrm{d}f(t)=f(0^+)-f(0^-)$$

因此

$$sF(s)=f(0^+)+\int_{0^+}^{+\infty}\mathrm{e}^{-st}\,\mathrm{d}f(t)$$

当 $s\to\infty$ 时,$\mathrm{e}^{-st}\to0$,上式中等号右侧第 2 项为零,因此

$$f(0^+)=\lim_{s\to+\infty}sF(s)$$

需要说明的是,初值定理的使用是有条件的。如果 $F(s)$ 是假分式,需要使用长除法,先将 $F(s)$ 变换为整式 $F_0(s)$ 与真分式 $F_1(s)$ 之和,即

$$F(s)=F_0(s)+F_1(s)$$

此时

$$f(0^+)=f_1(0^+)=\lim_{s\to+\infty}sF_1(s)$$

**例 8.2.6** 已知 $F(s)=\dfrac{1}{s(s+2)}$,求 $f(0^+)$。

**解**
$$f(0^+)=\lim_{s\to+\infty}sF(s)=\lim_{s\to+\infty}\frac{1}{s+2}=0$$

### 7. 终值定理

若 $\mathscr{L}[f(t)\varepsilon(t)]=F(s)$,且 $\lim\limits_{t\to+\infty}f(t)$ 存在,则

$$\lim_{t\to+\infty}f(t)=\lim_{s\to0}sF(s) \tag{8.2.10}$$

**证明** 同样借助原函数时域微分性质,

$$\mathscr{L}\left[\frac{\mathrm{d}f(t)}{\mathrm{d}t}\right]=sF(s)-f(0^-)$$

将等号左侧用拉氏变换定义式展开,并改写为

$$\mathscr{L}\left[\frac{\mathrm{d}f(t)}{\mathrm{d}t}\right]=\int_{0^-}^{+\infty}\frac{\mathrm{d}f(t)}{\mathrm{d}t}\mathrm{e}^{-st}\,\mathrm{d}t=\int_{0^-}^{+\infty}\mathrm{e}^{-st}\,\mathrm{d}f(t)$$

则

$$\int_{0^-}^{+\infty}\mathrm{e}^{-st}\,\mathrm{d}f(t)=sF(s)-f(0^-)$$

取极限,$s\to0$ 时,$\mathrm{e}^{-st}\to1$

$$\lim_{s\to0}\int_{0^-}^{+\infty}\mathrm{e}^{-st}\,\mathrm{d}f(t)=\lim_{s\to0}(sF(s)-f(0^-))=\lim_{s\to0}sF(s)-f(0^-)$$

又

$$\lim_{s\to0}\int_{0^-}^{+\infty}\mathrm{e}^{-st}\,\mathrm{d}f(t)=\lim_{s\to0}\int_{0^-}^{+\infty}\mathrm{d}f(t)=f(t)\Big|_{0^-}^{+\infty}=\lim_{t\to+\infty}f(t)-f(0^-)$$

知识点120练习题和讨论

因此

$$\lim_{t \to +\infty} f(t) = \lim_{s \to 0} sF(s)$$

$\lim_{t \to +\infty} f(t)$ 存在是终值定理的使用条件，但在没有求出 $f(t)$ 之前，如何根据 $F(s)$ 判断 $\lim_{t \to \infty} f(t)$ 存在是一个很有实际应用价值的问题，学完8.2.3节后这一问题将迎刃而解。

## 8.2.3　拉普拉斯反变换

**知识点121**

根据定义式直接计算是拉氏反变换的方法之一。但事实上，由于 $F(s)$ 是一个比较复杂的分式，这种积分运算会非常麻烦。一个很自然的思路就是，如果能够将比较复杂的 $F(s)$ 分解为若干简单分式之和，这些简单分式是一些常见函数的拉氏变换结果，或者是对常见函数的拉氏变换应用拉氏变换性质得到的结果，那我们就可以很方便地写出原函数。下面就介绍一种采用这种思路的方法，即部分分式法。

假设象函数 $F(s)$ 可表示为

$$F(s) = \frac{M(s)}{N(s)} = \frac{a_m s^m + a_{m-1} s^{m-1} + \cdots + a_1 s + a_0}{b_n s^n + b_{n-1} s^{n-1} + \cdots + b_1 s + b_0}$$

进一步假设 $m < n$，即 $F(s)$ 是真分式。如果 $F(s)$ 是假分式，可以先将其分解为整式与真分式之和。整式部分的拉氏反变换可以基于单位阶跃函数 $\varepsilon(t)$ 的拉氏变换结果及原函数微分性质直接写出。因此以下只讨论 $F(s)$ 是真分式的情况。

为了将 $F(s)$ 用部分分式展开，先求代数方程 $N(s) = 0$ 的根，这些根也称为 $F(s)$ 的极点。而使得 $M(s) = 0$ 的根则称为 $F(s)$ 的零点。

将 $N(s)$ 进行分解，得到

$$N(s) = (s - s_1)(s - s_2) \cdots (s - s_n)$$

那么 $N(s) = 0$ 的根为 $s = s_i (i = 1, 2, \cdots n)$，根据根的不同类型，下面分三种情况进行讨论。

### 1. $N(s) = 0$ 有 $n$ 个不相等的实根

此时，$F(s)$ 可以分解为

$$F(s) = \frac{M(s)}{N(s)} = \frac{A_1}{s - s_1} + \frac{A_2}{s - s_2} + \cdots + \frac{A_k}{s - s_k} + \cdots + \frac{A_n}{s - s_n} \tag{8.2.11}$$

其中，$A_i (i = 1, 2, \cdots n)$ 为待定系数。利用拉氏变换的线性性质和频域平移性质，可以很快写出式(8.2.11)的拉氏反变换结果为

$$f(t) = \mathscr{L}^{-1}[F(s)] = \sum_{i=1}^{n} A_i \mathrm{e}^{s_i t} \varepsilon(t)$$

因此，现在的问题就变成如何快速求出 $A_i (i = 1, 2, \cdots, n)$。

**方法一**　为了求系数 $A_k$，将式(8.2.11)的等号左右两边都乘以 $(s - s_k)$，得到

$$F(s)(s - s_k) = \frac{A_1(s - s_k)}{s - s_1} + \frac{A_2(s - s_k)}{s - s_2} + \cdots + A_k + \cdots + \frac{A_n(s - s_k)}{s - s_n}$$

令上式中等号左右两边 $s = s_k$，显然有

$$A_k = F(s)(s - s_k)|_{s = s_k} \tag{8.2.12}$$

**方法二**　仍然将式(8.2.11)的等号左右两边都乘以 $(s - s_k)$，得到

$$F(s)(s-s_k) = \frac{M(s)(s-s_k)}{N(s)}$$

当 $s \to s_k$ 时，$\dfrac{M(s)(s-s_k)}{N(s)}$ 属于"$\dfrac{0}{0}$"型，应用洛必达法则，有

$$A_k = \lim_{s \to s_k} \frac{M(s)(s-s_k)}{N(s)} = \lim_{s \to s_k} \frac{M'(s)(s-s_k)+M(s)}{N'(s)} = \frac{M(s_k)}{N'(s_k)} \quad (8.2.13)$$

**例 8.2.7** 已知 $F(s) = \dfrac{s+1}{s^2+5s+6}$，求其原函数 $f(t)$。

**解**
$$F(s) = \frac{s+1}{s^2+5s+6} = \frac{s+1}{(s+2)(s+3)} = \frac{A_1}{s+2} + \frac{A_2}{s+3}$$

由式(8.2.12)得

$$A_1 = F(s)(s+2)\Big|_{s=-2} = \frac{s+1}{s+3}\Big|_{s=-2} = -1$$

$$A_2 = F(s)(s+3)\Big|_{s=-3} = \frac{s+1}{s+2}\Big|_{s=-2} = 2$$

也可以应用式(8.2.13)

$$A_1 = \frac{s+1}{(s^2+5s+6)'}\Big|_{s=-2} = \frac{s+1}{2s+5}\Big|_{s=-2} = -1$$

$$A_2 = \frac{s+1}{(s^2+5s+6)'}\Big|_{s=-3} = \frac{s+1}{2s+5}\Big|_{s=-3} = 2$$

因此

$$f(t) = \mathscr{L}^{-1}[F(s)] = (-e^{-2t} + 2e^{-3t})\varepsilon(t)$$

验证一下终值定理

$$\lim_{t \to +\infty} f(t) = 0$$

$$\lim_{s \to 0} sF(s) = \lim_{s \to 0} \frac{s(s+1)}{s^2+5s+6} = 0$$

因此，$\lim\limits_{t \to +\infty} f(t) = \lim\limits_{s \to 0} sF(s)$。本题中由于 $F(s)$ 的极点实部都小于零(此处为小于零的实数)，因此拉氏反变换后，$f(t)$ 的终值存在；如果出现一个实部大于零的极点，拉氏反变换后指数实部为正，则 $f(t)$ 的终值不存在。这是 $f(t)$ 终值不存在的第一种情况，即象函数分母存在实部大于零的根。

### 2. $N(s)=0$ 有共轭复根

共轭复根本质上仍然是两个不相等的根，因此其因式分解后，形式上与式(8.2.11)没什么区别，仍然可以用式(8.2.12)或式(8.2.13)求各简单分式的分子，只不过此时对应共轭复根的简单因式的分子也是一对共轭复数。下面举例说明。

**例 8.2.8** 已知 $F(s) = \dfrac{s+2}{(s+1)(s^2+4s+5)}$，求其原函数 $f(t)$。

**解**
$$F(s) = \frac{s+2}{(s+1)(s^2+4s+5)} = \frac{A_1}{s+1} + \frac{A_2}{s+2+j} + \frac{A_3}{s+2-j}$$

式中，$A_2$、$A_3$ 也是一对共轭复数。

由式(8.2.12)得

$$A_1 = F(s)(s+1)\,|_{s=-1} = \left.\frac{s+2}{s^2+4s+5}\right|_{s=-1} = 0.5$$

$$A_2 = F(s)(s+2+\mathrm{j})\,|_{s=-2-\mathrm{j}} = \left.\frac{s+2}{(s+1)(s+2-\mathrm{j})}\right|_{s=-2-\mathrm{j}} = -0.25+\mathrm{j}0.25 = 0.354\angle 135°$$

$$A_3 = F(s)(s+2-\mathrm{j})\,|_{s=-2+\mathrm{j}} = \left.\frac{s+2}{(s+1)(s+2+\mathrm{j})}\right|_{s=-2+\mathrm{j}} = -0.25-\mathrm{j}0.25 = 0.354\angle -135°$$

进行拉氏反变换得

$$\begin{aligned}
f(t) &= \mathscr{L}^{-1}[F(s)] \\
&= (0.5\mathrm{e}^{-t} + 0.354\mathrm{e}^{-\mathrm{j}135°}\mathrm{e}^{-(2+\mathrm{j})t} + 0.354\mathrm{e}^{\mathrm{j}135°}\mathrm{e}^{-(2-\mathrm{j})t})\varepsilon(t) \\
&= (0.5\mathrm{e}^{-t} + 0.354\mathrm{e}^{-2t}\mathrm{e}^{-\mathrm{j}(t+135°)} + 0.354\mathrm{e}^{-2t}\mathrm{e}^{\mathrm{j}(t+135°)})\varepsilon(t) \\
&= (0.5\mathrm{e}^{-t} + 0.708\mathrm{e}^{-2t}\cos(t+135°))\varepsilon(t)
\end{aligned}$$

可以看出，在拉氏反变换结果中出现了余弦函数（也可以是正弦函数）。回顾上文推导出的余弦函数和正弦函数的拉氏变换结果：

$$\mathscr{L}[\cos\omega t\varepsilon(t)] = \frac{s}{s^2+\omega^2}, \quad \mathscr{L}[\sin\omega t\varepsilon(t)] = \frac{\omega}{s^2+\omega^2}$$

其分母分式的根就是一对共轭复数。因此在对象函数做因式分解时，分母上完全可以只分解到含有共轭复根的二次分式即可，而不必一直分解到对应每个共轭复根的一次分式。

重做例8.2.8，对象函数 $F(s)$ 进行分解，有

$$F(s) = \frac{s+2}{(s+1)(s^2+4s+5)} = \frac{A_1}{s+1} + \frac{A_2 s + A_3}{s^2+4s+5}$$

注意上式中第2项的分子必须是一次分式，不能只含有常数项。各系数的求法可以对分解结果通分后，与原来的象函数逐一对比系数，得

$$\begin{cases} A_1 + A_2 = 0 \\ 4A_1 + A_2 + A_3 = 1 \\ 5A_1 + A_3 = 2 \end{cases}$$

解得

$$\begin{cases} A_1 = 0.5 \\ A_2 = -0.5 \\ A_3 = -0.5 \end{cases}$$

当然也可以先用式(8.2.12)求出 $A_1$，再通分比较系数求出 $A_2$、$A_3$。

得

$$\begin{aligned}
F(s) &= \frac{0.5}{s+1} - \frac{0.5s+0.5}{s^2+4s+5} = \frac{0.5}{s+1} - \frac{0.5(s+2)-0.5}{(s+2)^2+1^2} \\
&= \frac{0.5}{s+1} - \frac{0.5(s+2)}{(s+2)^2+1^2} + \frac{0.5\times 1}{(s+2)^2+1^2}
\end{aligned}$$

基于余弦函数和正弦函数的拉氏变换结果，利用拉氏变换的频域平移性质，可以得出

$$f(t) = \mathscr{L}^{-1}[F(s)]$$
$$= (0.5\mathrm{e}^{-t} - 0.5\mathrm{e}^{-2t}\cos t + 0.5\mathrm{e}^{-2t}\sin t)\varepsilon(t)$$
$$= (0.5\mathrm{e}^{-t} + 0.708\cos(t + 135°))\varepsilon(t)$$

与上一种方法求得的结果一致。但是这种方法避免了复数计算,计算过程更加简单,上式中最后一步的变换也不是必需的。

由于结果中出现了正弦或余弦函数,因此 $f(\infty)$ 不存在,这是 $f(t)$ 终值不存在的第二种情况,即象函数分母存在共轭复根。

### 3. $N(s) = 0$ 有重根

先考虑最简单的二重根的情况。假设象函数 $F(s)$ 在 $s = s_1$ 处有二重根,$F(s)$ 可分解为

$$F(s) = \frac{M(s)}{N(s)} = \frac{a_m s^m + a_{m-1} s^{m-1} + \cdots + a_1 s + a_0}{(s - s_1)^2 (s - s_2) \cdots (s - s_n)}$$

$$= \frac{A_{11}}{(s - s_1)^2} + \frac{A_{12}}{s - s_1} + \frac{A_2}{s - s_2} + \cdots + \frac{A_{n-1}}{s - s_{n-1}} \quad (8.2.14)$$

除 $A_{11}$、$A_{12}$ 外,其余 $A_i(i = 2, \cdots, n-1)$ 都可以用式(8.2.12)求出。下面介绍求 $A_{11}$、$A_{12}$ 的方法。

将式(8.2.14)的等号左右两边都乘以 $(s - s_1)^2$,得到

$$F(s)(s - s_1)^2 = A_{11} + \frac{A_{12}(s - s_1)^2}{s - s_1} + \frac{A_2(s - s_1)^2}{s - s_2} \cdots + \frac{A_n(s - s_1)^2}{s - s_n}$$

$$= A_{11} + A_{12}(s - s_1) + \frac{A_2(s - s_1)^2}{s - s_2} \cdots + \frac{A_n(s - s_1)^2}{s - s_n} \quad (8.2.15)$$

令式(8.2.15)等号左右两边 $s = s_1$,显然有

$$A_{11} = F(s)(s - s_1)^2 \big|_{s = s_1}$$

对式(8.2.15)等号左右两边求一次导数,等号右边第 1 项变为 0,第 2 项变为 $A_{12}$,其余各项中仍然含有 $(s - s_1)$,因此

$$A_{12} = \frac{\mathrm{d}}{\mathrm{d}s}[F(s)(s - s_1)^2] \big|_{s = s_1}$$

上述方法可以推广到有 $r$ 重根的情况。假设象函数 $F(s)$ 在 $s = s_1$ 处有 $r$ 重根,$F(s)$ 可分解为

$$F(s) = \frac{M(s)}{N(s)} = \frac{a_m s^m + a_{m-1} s^{m-1} + \cdots + a_1 s + a_0}{(s - s_1)^r (s - s_2) \cdots (s - s_{n-r})}$$

$$= \frac{A_{11}}{(s - s_1)^r} + \frac{A_{12}}{(s - s_1)^{r-1}} + \frac{A_{13}}{(s - s_1)^{r-2}} + \cdots + \frac{A_{1r}}{s - s_1} + \sum_{k=2}^{n-r} \frac{A_k}{s - s_k}$$

对应非重根的简单分式的系数 $A_i(i = 2, \cdots n-r)$ 都可以用式(8.2.12)求出,对应重根的各个分式的系数为

$$A_{11} = F(s)(s - s_1)^r \big|_{s = s_1}$$

$$A_{12} = \frac{\mathrm{d}}{\mathrm{d}s}[F(s)(s - s_1)^r] \big|_{s = s_1}$$

$$A_{13} = \frac{1}{2!} \frac{\mathrm{d}^2}{\mathrm{d}s^2} [F(s)(s-s_1)^r] \mid_{s=s_1}$$

$$\vdots$$

$$A_{1r} = \frac{1}{(r-1)!} \frac{\mathrm{d}^{r-1}}{\mathrm{d}s^{r-1}} [F(s)(s-s_1)^r] \mid_{s=s_1} \qquad (8.2.16)$$

有多个重根的情况也可以做类似处理。

**例 8.2.9** 已知 $F(s) = \dfrac{s^2+s+1}{(s+1)(s+2)^3}$，求其原函数 $f(t)$。

**解** $\qquad F(s) = \dfrac{s^2+s+1}{(s+1)(s+2)^3} = \dfrac{A_1}{s+1} + \dfrac{A_2}{(s+2)^3} + \dfrac{A_3}{(s+2)^2} + \dfrac{A_4}{s+2}$

由式(8.2.12)和式(8.2.16)可以求出

$$A_1 = F(s)(s+1) \mid_{s=-1} = 1$$

$$A_2 = F(s)(s+2)^3 \mid_{s=-2} = -3$$

$$A_3 = \frac{\mathrm{d}}{\mathrm{d}s}[F(s)(s+2)^3] \mid_{s=-2} = 0$$

$$A_4 = \frac{1}{2!} \frac{\mathrm{d}^2}{\mathrm{d}s^2}[F(s)(s+2)^3] \mid_{s=-2} = -1$$

利用拉氏变换的频域平移性质和时域积分性质，可得

$$f(t) = \mathscr{L}^{-1}[F(s)] = (\mathrm{e}^{-t} - 1.5t^2\mathrm{e}^{-2t} - \mathrm{e}^{-2t})\varepsilon(t)$$

根据上文的分析，象函数 $F(s)$ 的分母中如果出现了 $s=0$ 的重根，那么拉氏反变换后将出现 $t^n\varepsilon(t)(n>1)$，当 $t\rightarrow\infty$ 时，$\lim\limits_{t\rightarrow\infty} f(t)$ 不存在，这就是 $f(t)$ 终值不存在的第三种情况，即象函数分母在原点处存在重根。因此，无需进行拉氏反变换，根据象函数分母的根的情况，就可以判断 $f(t)$ 终值是否存在。这是应用终值定理的前提条件。

知识点121练习题和讨论

# 8.3 用拉普拉斯变换分析动态电路

## 8.3.1 复频域中的拓扑约束与元件约束

### 1. 拓扑约束

对于 KCL 的时域形式 $\sum i = 0$ 和 KVL $\sum u = 0$，根据拉氏变换的线性性质，可以很方便地得出 KCL 和 KVL 的复频域形式为

知识点122

$$\sum I(s) = 0 \qquad (8.3.1)$$

$$\sum U(s) = 0 \qquad (8.3.2)$$

### 2. 元件约束

1）电阻元件

对于线性电阻元件，其时域 $u$-$i$ 特性为 $u=Ri$（$u$、$i$ 取关联参考方向），根据拉氏变换的

线性性质,有

$$U(s) = RI(s) \tag{8.3.3}$$

由此画出电阻的复频域模型如图 8.3.1 所示。

2) 电感元件

对于线性电感元件,其时域 $u\text{-}i$ 特性的微分形式为

$u = L\dfrac{\mathrm{d}i}{\mathrm{d}t}$($u$、$i$ 取关联参考方向),根据拉氏变换的时域微分性质,有

图 8.3.1 电阻元件的复频域模型

$$U(s) = L[sI(s) - i(0^-)] = sLI(s) - Li(0^-) \tag{8.3.4}$$

其中 $i(0^-)$ 为电感电流在 $t = 0^-$ 时刻的值。

如果采用线性电感元件时域 $u\text{-}i$ 特性的积分形式,即

$$i(t) = i(0^-) + \frac{1}{L}\int_{0^-}^{t} u(\tau)\mathrm{d}\tau$$

则根据拉氏变换的时域积分性质,有

$$I(s) = \frac{i(0^-)}{s} + \frac{U(s)}{sL} \tag{8.3.5}$$

由式(8.3.4)和式(8.3.5)可以构造出电感元件的复频域模型如图 8.3.2 所示,对图 8.3.2(a)进行电源等效变换就可以得到图 8.3.2(b)。

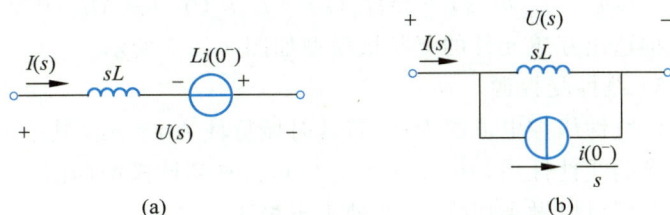

(a)                     (b)

图 8.3.2 电感元件的复频域模型

3) 电容元件

对于线性电容元件,其时域 $u\text{-}i$ 特性的微分形式为 $i = C\dfrac{\mathrm{d}u}{\mathrm{d}t}$($u$、$i$ 取关联参考方向),根据拉氏变换的时域微分性质,有

$$\begin{aligned} I(s) &= C[sU(s) - u(0^-)] \\ &= sCU(s) - Cu(0^-) \end{aligned} \tag{8.3.6}$$

其中 $u(0^-)$ 为电容电压在 $t = 0^-$ 时刻的值。

如果采用线性电容元件时域 $u\text{-}i$ 特性的积分形式,即

$$u(t) = u(0^-) + \frac{1}{C}\int_{0^-}^{t} i(\tau)\mathrm{d}\tau$$

则根据拉氏变换的时域积分性质,有

$$U(s) = \frac{u(0^-)}{s} + \frac{I(s)}{sC} \tag{8.3.7}$$

由式(8.3.6)和式(8.3.7)可以构造出电容元件的复频域模型如图 8.3.3 所示,对

图 8.3.3(a)进行电源等效变换就可以得到图 8.3.3(b)。

4）互感元件

对于图 8.3.4 所示的互感电路,有

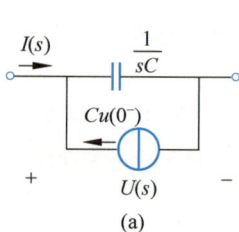

图 8.3.3　电容元件的复频域模型

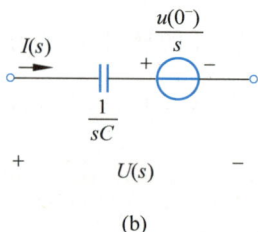

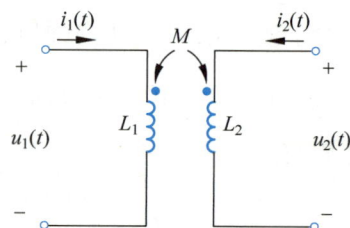

图 8.3.4　互感元件的时域模型

$$u_1 = L_1 \frac{\mathrm{d}i_1}{\mathrm{d}t} + M \frac{\mathrm{d}i_2}{\mathrm{d}t}$$

$$u_2 = L_2 \frac{\mathrm{d}i_2}{\mathrm{d}t} + M \frac{\mathrm{d}i_1}{\mathrm{d}t}$$

根据拉氏变换的时域微分性质,有

$$U_1(s) = sL_1 I_1(s) + sMI_2(s) - L_1 i_1(0^-) - M i_2(0^-)$$

$$U_2(s) = sL_2 I_2(s) + sMI_1(s) - L_2 i_2(0^-) - M i_1(0^-)$$

由此构造出互感元件的复频域模型如图 8.3.5 所示。

5）线性受控源

以线性压控电流源为例,若其时域特性为 $i = gu$(其中 $g$ 为常数),根据拉氏变换的线性性质,有 $I(s) = gU(s)$,其复频域模型如图 8.3.6 所示。其他线性受控源可以做类似推导,此处不再赘述。

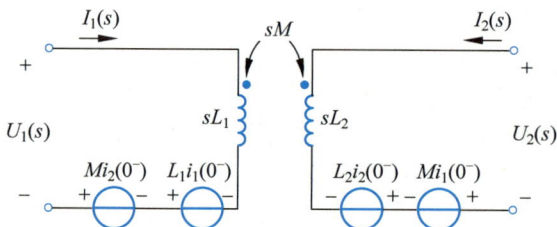

知识点122练习题和讨论

图 8.3.5　互感元件的复频域模型

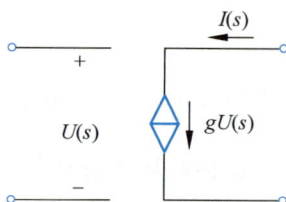

图 8.3.6　线性受控源的复频域模型

## 8.3.2　用拉氏变换法分析动态电路

有了上述拓扑约束与元件约束的复频域模型,就可以应用拉氏变换法来分析线性电路了,步骤如下:

知识点123

（1）在时域电路中求换路前一瞬间电感电流 $i_L(0^-)$ 和电容电压 $u_C(0^-)$;

（2）将激励进行拉氏变换,电路中所有变量改写为复频域形式,所有电路元件改画为其

复频域模型,得到原电路的复频域模型,也称运算电路模型;

(3)应用线性电阻电路的分析方法或定理定律分析该复频域电路模型,得到待求变量的象函数;

(4)对象函数进行拉氏反变换,得到待求变量的时域表达式。

**例 8.3.1** 如图 8.3.7 所示,电路已达稳态。$t=0$ 时断开开关 S,用拉普拉斯变换法求换路后的 $u_C(t)(t \geqslant 0)$。

**解** (1)求初值

由换路前的稳态电路可求得电容电压和电感电流的稳态值分别为

$$i_L(0^-) = \frac{15}{3+2} = 3\,\text{A} \quad u_C(0^-) = \frac{2}{3+2} \times 15 = 6\,\text{V}$$

(2)作出运算电路模型

运算电路模型如图 8.3.8 所示。

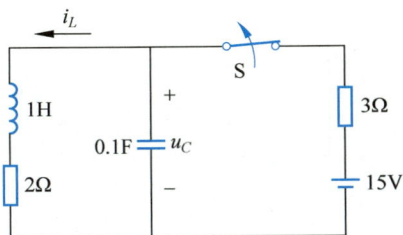

图 8.3.7 例 8.3.1 用图

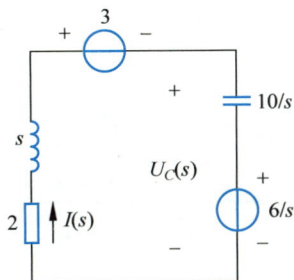

图 8.3.8 图 8.3.7 的运算电路

(3)求待求变量的象函数

由运算电路及 KVL 可列写回路方程为

$$I(s) \times \left(s + \frac{10}{s} + 2\right) = -3 - \frac{6}{s}$$

整理得

$$I(s) = -\frac{3s+6}{s^2+2s+10}$$

则电容电压的象函数为

$$U_C(s) = I(s) \times \frac{10}{s} + \frac{6}{s} = \frac{6s-18}{s^2+2s+10}$$

(4)作拉氏反变换,得到电容电压的时域表达式

将 $U_C(s)$ 作部分分式分解得

$$U_C(s) = \frac{6s-18}{(s+1-\text{j}3)(s+1+\text{j}3)} = \frac{k_1}{(s+1-\text{j}3)} + \frac{k_2}{(s+1+\text{j}3)}$$

其中

$$k_1 = \frac{6s-18}{s+1+\text{j}3}\bigg|_{s=-1+\text{j}3} = 5\angle 53.1°$$

$$k_2 = k_1^* = 5\angle -53.1°$$

作拉氏反变换,可得
$$u_C(t) = 2 \mid k_1 \mid e^{-at}\cos(\omega t + \theta) = 10e^{-t}\cos(3t + 53.1°)\text{V} \quad (t \geqslant 0)$$
或在求得 $U_C(s)$ 的表达式后,将其整理如下:
$$U_C(s) = \frac{6s-18}{s^2+2s+10} = \frac{6(s+1)-24}{(s+1)^2+3^2} = \frac{6(s+1)}{(s+1)^2+3^2} - \frac{8 \times 3}{(s+1)^2+3^2}$$
对上式利用拉氏变换的复频域平移性质,作拉氏反变换得
$$u_C(t) = (6e^{-t}\cos3t - 8e^{-t}\sin3t)\text{V} \quad (t \geqslant 0)$$

注意,拉氏反变换得到的电容电压不能表示为 $u_C(t) = (6e^{-t}\cos3t - 8e^{-t}\sin3t)\varepsilon(t)\text{V}$,因为电容电压在换路前不为零。

**例 8.3.2** 图 8.3.9 所示电路中电感无初始储能。当 $u_S(t) = \delta(t)\text{V}$ 时,求电感电流 $i_L$。

**解** $\mathcal{L}[u_S(t)] = 1$,原电路的运算电路模型如图 8.3.10 所示。

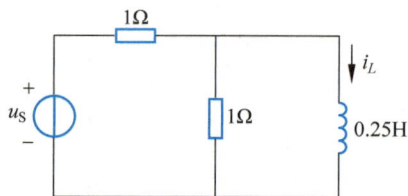

图 8.3.9

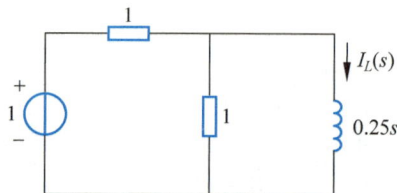

图 8.3.10

$$I_L(s) = \frac{1}{1 + \dfrac{0.25s}{1+0.25s}} \times \frac{1}{1+0.25s} = \frac{2}{s+2}$$

拉氏反变换得
$$i_L(t) = 2e^{-2t}\varepsilon(t)\text{A}$$

$i_L(0^+) = 2\text{A}$,可见在 $t = 0$ 时刻电感电流发生了跳变。由于拉氏变换的积分下限是从 $t = 0^-$ 开始,因此无需考虑动态元件上初值可能发生的变化,$t = 0^-$ 到 $t = 0^+$ 的变化已经包含在变换式中了。

# 8.4 网络函数与卷积定理

## 8.4.1 网络函数的定义

网络函数(network function)是表示线性电路的响应与激励之间关系的一种函数,又称传递函数、系统函数等。

知识点124

假设一个电网络(可以是一端口网络、二端口网络或 $n$ 端口网络)的激励为 $e(t)$,其象函数为 $E(s)$,零状态响应为 $r(t)$,其象函数为 $R(s)$,网络函数 $H(s)$ 定义为
$$H(s) = \frac{R(s)}{E(s)} \tag{8.4.1}$$

如果响应和激励是同一个端口的电压电流,网络函数又称为**策动点函数**;如果响应和激励是不同端口的电压电流,网络函数又称为**转移函数**。以图 8.4.1 所示的二端口网络为例。

以端口 1 的电压 $U_1(s)$ 为激励,端口 1 的电流 $I_1(s)$ 为响应,则网络函数 $H(s) = \dfrac{I_1(s)}{U_1(s)}$ 称为**策动点导纳**;类似地,$H(s) = \dfrac{U_1(s)}{I_1(s)}$ 称为**策动点阻抗**。

以端口 1 的电压 $U_1(s)$ 为激励,端口 2 的电流 $I_2(s)$ 为响应(零状态),则网络函数 $H(s) = \dfrac{I_2(s)}{U_1(s)}$ 称为**转移导纳**;

图 8.4.1 二端口网络的复频域模型

类似地

$$H(s) = \frac{U_2(s)}{I_1(s)}$$ 称为**转移阻抗**;

$$H(s) = \frac{U_2(s)}{U_1(s)}$$ 称为**转移电压比**;

$$H(s) = \frac{I_2(s)}{I_1(s)}$$ 称为**转移电流比**。

可以看出,对于同一个网络,设定不同的变量作为响应,网络函数的形式也会不同。

根据网络函数的定义,如果激励是单位冲激函数 $\delta(t)$,响应就是单位冲激响应 $h(t)$,则其网络函数为

$$H(s) = \frac{\mathscr{L}[h(t)]}{\mathscr{L}[\delta(t)]} = \mathscr{L}[h(t)] \tag{8.4.2}$$

可见,网络函数和单位冲激响应是一对拉氏变换对。

**例 8.4.1** 图 8.4.2 所示电路中,$u_S = 2\text{V}$,$i_S = 2\text{A}$,开关 S 在 $t = 0$ 时闭合,闭合之前电路已达稳态。求换路后的网络函数 $H(s) = \dfrac{U_C(s)}{U_S(s)}$。

**解** 虽然电路中电感和电容均有初始储能,但是网络函数讨论的是零状态响应,因此换路后求网络函数的运算电路如图 8.4.3 所示。理想电压源与理想电流源并联,对外电路等效为理想电压源。

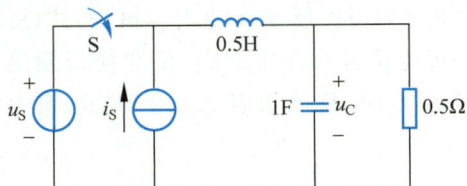

图 8.4.2 例 8.4.1 用图

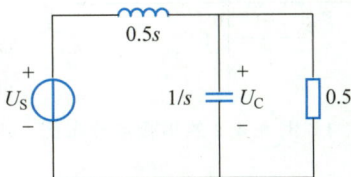

图 8.4.3 图 8.4.2 所示电路在零状态情况下的运算电路

知识点124练习题
和讨论

$$H(s)=\frac{U_C(s)}{U_S(s)}=\frac{\dfrac{0.5\times\dfrac{1}{s}}{0.5+\dfrac{1}{s}}}{0.5s+\dfrac{0.5\times\dfrac{1}{s}}{0.5+\dfrac{1}{s}}}=\frac{2}{s^2+2s+2}$$

可以看出，网络函数与外加激励无关，仅由电路结构和元件参数决定。由于元件参数都是实有理数，相应地，网络函数是实系数的有理函数。

## 8.4.2　网络函数的零极点分析

正因为网络函数与单位冲激响应是一对拉氏变换对，因此网络函数的零极点分布情况与单位冲激响应的性质密切相关。

知识点125

假设网络函数的一般形式为

$$H(s)=\frac{R(s)}{E(s)}=A\frac{\prod\limits_{j=1}^{m}(s-s_j)}{\prod\limits_{k=1}^{n}(s-s_n)} \tag{8.4.3}$$

其中，$A$ 为实系数，分子上 $s=s_j(j=1,2,\cdots,m)$ 称为网络函数的零点，分母上 $s=s_k(k=1,2,\cdots,n)$ 称为网络函数的极点。本书仅讨论 $s_j\neq s_k$ 的情况，即零、极点不存在互相抵消的情况。

将网络函数的零极点在 $s$ 平面（$\sigma$ 为实轴，$j\omega$ 为虚轴）用图形表示出来，其中零点用"。"表示，极点用"×"表示，就称为零极点分布图。

例 8.4.2　已知网络函数 $H(s)=\dfrac{s+2}{s(s+1)(s^2+4s+5)}$，画出其零极点分布图。

解　根据零极点的定义，可以求得网络函数的零点为

$$z_1=-2$$

网络函数的极点为

$$p_1=0,\quad p_2=-1,\quad p_{3,4}=-2\pm j$$

在复平面 $s$ 上画出其零极点分布图如图 8.4.4 所示。

根据上文和 8.2 节拉氏反变换的内容可知，式（8.4.3）所示网络函数的极点位置及性质不同，反变换得到的单位冲激函数的性质也不同，具体如表 8.4.1 所示，表中所有指数中 $\alpha>0$。

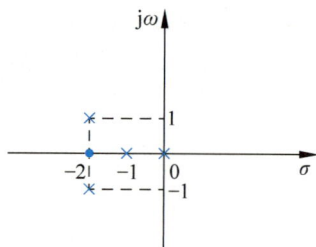

图 8.4.4　例 8.4.2 的零极点分布图

表 8.4.1　极点位置及性质与单位冲激响应的关系

| 极 点 位 置 | | 是否重根 | 单位冲激响应形式 |
| --- | --- | --- | --- |
| 左半 $s$ 平面 | 实轴 | 否 | $k\,e^{-at}$，指数衰减 |
| | 一对共轭 | 否 | $k\,e^{-at}\sin(\omega t+\varphi)$，幅值按指数规律衰减的正弦函数 |

续表

| 极 点 位 置 | | 是 否 重 根 | 单位冲激响应形式 |
|---|---|---|---|
| 虚轴 | 原点 | 否 | $k\varepsilon(t)$,阶跃函数 |
| | 原点 | 是,$n$ 重根 | $kt^{n-1}\varepsilon(t)$,随时间增长的函数 |
| | 一对共轭 | 否 | $k\sin(\omega t+\varphi)$,正弦函数 |
| 右半 $s$ 平面 | 实轴 | 否 | $ke^{at}$,指数增长 |
| | 一对共轭 | 否 | $ke^{at}\sin(\omega t+\varphi)$,幅值按指数规律增长的正弦函数 |

画图如图 8.4.5 所示,其中未能表示出原点的重根对应的单位冲激响应的情况。

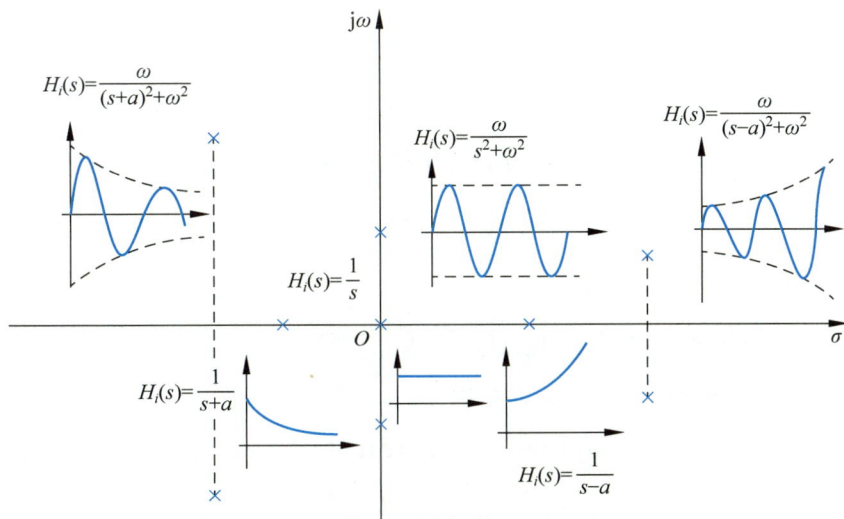

图 8.4.5　网络函数极点位置与单位冲激响应的关系

由表 8.4.1 和图 8.4.5 可知:当极点位于 $s$ 平面左半平面时,单位冲激响应的波形是指数衰减的,这样的动态响应是稳定的;当极点位于虚轴上,且没有重根时,单位冲激响应的波形是等幅的,动态响应是临界稳定的;但如果极点位于 $s$ 平面右半平面或在虚轴上有重根,则单位冲激响应的波形是随时间增长的,这样的动态响应是不稳定的。极点的位置决定了单位冲激响应的波形,而极点和零点共同决定了单位冲激响应的幅值。

知识点125练习题
和讨论

## 8.4.3　卷积定理

知识点126

由式(8.4.1)可知,在复频域中有

$$R(s)=H(s)E(s) \tag{8.4.4}$$

即系统的零状态响应的象函数等于网络函数与激励的象函数的乘积。而由 5.3 节可知,时域中任意激励作用下系统的零状态响应等于单位冲激函数与激励的卷积,即

$$r(t)=\int_0^t h(\tau)e(t-\tau)\mathrm{d}\tau \tag{8.4.5}$$

对比式(8.4.4)和式(8.4.5),式(8.4.4)也称为复频域的**卷积定理**。这个结论可以进一步推

广到任意两个函数,即

若 $\mathscr{L}[f_1(t)]=F_1(s),\mathscr{L}[f_2(t)]=F_2(s)$,那么有

$$\mathscr{L}[f_1(t)*f_2(t)]=F_1(s)F_2(s) \tag{8.4.6}$$

证明如下:

$$f_1(t)*f_2(t)=\int_0^t f_1(\tau)f_2(t-\tau)d\tau \tag{8.4.7}$$

因为

$$\varepsilon(t-\tau)=\begin{cases}1, & \tau<t \\ 0, & \tau>t\end{cases}$$

因此,式(8.4.7)可改写为

$$f_1(t)*f_2(t)=\int_0^\infty f_1(\tau)f_2(t-\tau)\varepsilon(t-\tau)d\tau$$

上式中,积分上限改为 $\infty$。对 $f_1(t)*f_2(t)$ 作拉氏变换,得

$$\mathscr{L}[f_1(t)*f_2(t)]=\int_0^\infty\left[\int_0^\infty f_1(\tau)f_2(t-\tau)\varepsilon(t-\tau)d\tau\right]e^{-st}dt$$

交换积分次序,得

$$\mathscr{L}[f_1(t)*f_2(t)]=\int_0^\infty\left(\int_0^\infty f_2(t-\tau)\varepsilon(t-\tau)e^{-st}dt\right)f_1(\tau)d\tau$$

令 $\xi=t-\tau,t=\xi+\tau$,则 $dt=d\xi$,整理上式得

$$\mathscr{L}[f_1(t)*f_2(t)]=\int_0^\infty\left(\int_0^\infty f_2(\xi)\varepsilon(\xi)e^{-s\xi}e^{-s\tau}d\xi\right)f_1(\tau)d\tau$$

$$=\int_0^\infty f_1(\tau)e^{-s\tau}d\tau\int_0^\infty f_2(\xi)e^{-s\xi}d\xi$$

$$=F_1(s)F_2(s)$$

**例 8.4.3** 处于稳定状态的电路如图 8.4.6 所示,已知 $i_S=2e^{-10t}\varepsilon(t)A$,开关 S 在 $t=0$ 时由 1 掷向 2。求电感电流 $i_L(t)(t>0)$。

**解** $i_L(0^-)=0$,画出换路后电路的运算电路模型如图 8.4.7 所示。

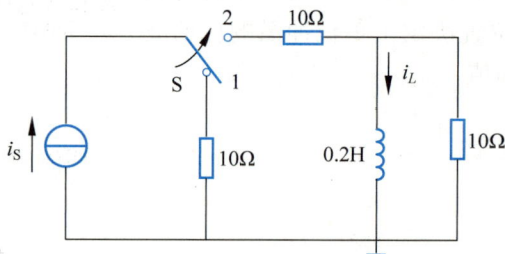

图 8.4.6 例 8.4.3 用图

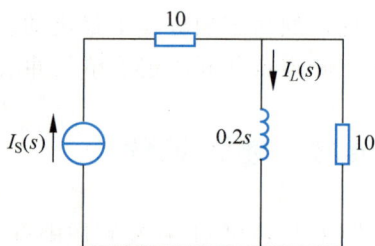

图 8.4.7 图 8.4.6 所示电路换路后的运算电路模型

以电感电流 $I_L(s)$ 为输出,网络函数为

$$H(s)=\frac{I_L(s)}{I_S(s)}=\frac{10}{0.2s+10}=\frac{50}{s+50}$$

因此

$$I_L(s) = H(s)I_S(s) = \frac{50}{s+50} \times \frac{2}{s+10} = \frac{-2.5}{s+50} + \frac{2.5}{s+10}$$

作拉氏反变换得

$$i_L(t) = 2.5(e^{-10t} - e^{-50t})\varepsilon(t)\,\mathrm{A}$$

如果先对网络函数作拉氏反变换,得到单位冲激响应为

$$h(t) = 50e^{-50t}\varepsilon(t)$$

则由时域卷积定理

$$i_L(t) = \int_0^t h(\tau)i_S(t-\tau)\mathrm{d}\tau = \int_0^t 50e^{-50\tau} \cdot 2e^{-10(t-\tau)}\mathrm{d}\tau$$

$$= 2.5(e^{-10t} - e^{-50t})\varepsilon(t)$$

两种方法求得的结果一样,但是复频域卷积避免了较为复杂的积分运算。

**讨论**:如果电感的初始储能不为零,则在画用于计算网络函数的运算电路模型时,不能考虑初值的作用,因为网络函数讨论的是零状态响应。利用网络函数和复频域卷积定理只能求得电路的零状态响应,单独考虑初值的作用得到零输入响应,二者相加才是电路的全响应。

知识点126练习题
和讨论

# 习题

8.1 求下列函数的拉氏变换。

(1) $f(t) = 2\delta(t) + e^{-2(t-2)}\varepsilon(t)$;

(2) $f(t) = (t-3)\varepsilon(t) + t\varepsilon(t-3) + (t-3)\varepsilon(t-3)$;

(3) $f(t) = e^{-2t}\cos 2t\varepsilon(t)$;

(4) $f(t) = \sin 2(t-1)\varepsilon(t)$;

(5) $f(t) = \cos 5t\varepsilon(t-1)$;

(6) $f(t) = e^{-2t}t^2\varepsilon(t)$。

8.2 求题图 8.2 中所示函数的拉氏变换。

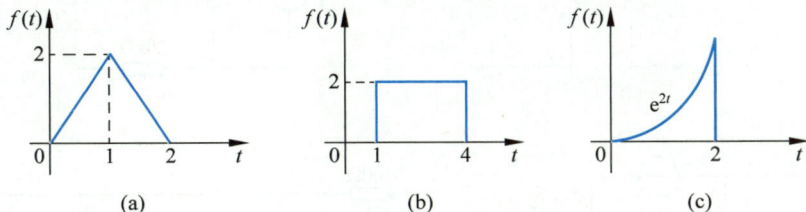

题图 **8.2**

8.3 求题图 8.3 中所示周期函数的拉氏变换。

8.4 求下列象函数的拉氏反变换。

(1) $F(s) = \dfrac{300}{s(s+10)(s+30)}$;

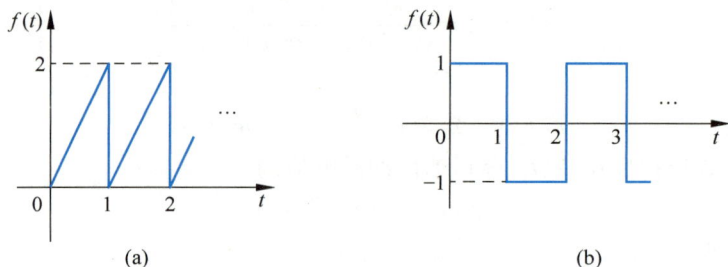

题图 8.3

(2) $F(s) = \dfrac{5s^3 + 20s^2 + 25s + 40}{(s^2+4)(s^2+2s+5)}$;

(3) $F(s) = \dfrac{2}{s(s+2)^2}$;

(4) $F(s) = \dfrac{s^2+12s+18}{s(s+3)^2}$;

(5) $F(s) = \dfrac{s^3+s^2+1}{s(s+3)^2}$。

8.5 对题 8.4 中的各个象函数利用初值定理和终值定理求其初始值和稳态值。（注意首先判断是否满足使用初值定理和终值定理的条件。）

8.6 求题图 8.6 所示电路的网络函数,并画出其零极点分布图。

(a) $H(s) = \dfrac{U_2(s)}{U_S(s)}$;

(b) $H(s) = \dfrac{I_C(s)}{I_S(s)}$;

(c) $H_1(s) = \dfrac{U_C(s)}{U_S(s)}, H_2(s) = \dfrac{I_L(s)}{U_S(s)}$;

(d) $H_1(s) = \dfrac{U_C(s)}{U_S(s)}, H_2(s) = \dfrac{I_L(s)}{I_S(s)}$。

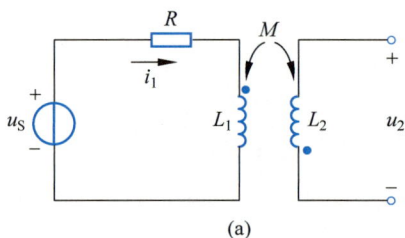

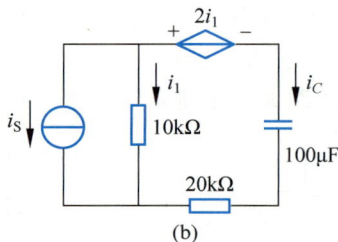

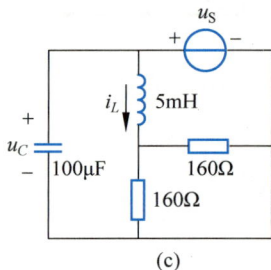

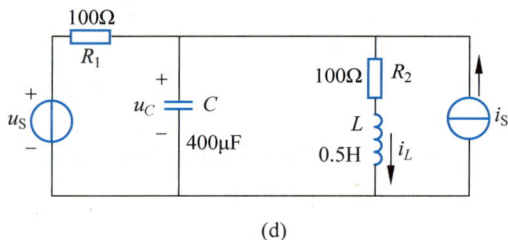

题图 8.6

8.7 题图 8.7 所示电路中,$u_S = 2\text{V}$,$i_S = 2\text{A}$,开关 S 在 $t=0$ 时闭合,闭合之前电路已达稳态。用拉氏变换法求电容电压 $u_C(t)$,并定性画出其变化曲线。

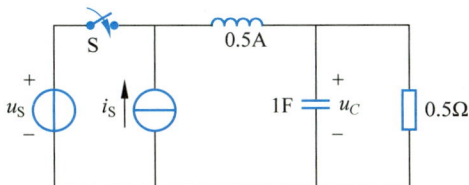

题图 **8.7**

8.8 题图 8.8 所示电路在 $t<0$ 时 $S_1$ 断开、$S_2$ 闭合,电路已达稳态。$t=0$ 时闭合开关 $S_1$,同时打开开关 $S_2$。若 $u_S(t) = 48\varepsilon(t)\text{V}$,用拉氏变换法求电容电压 $u_C(t)$,并定性画出其变化曲线。

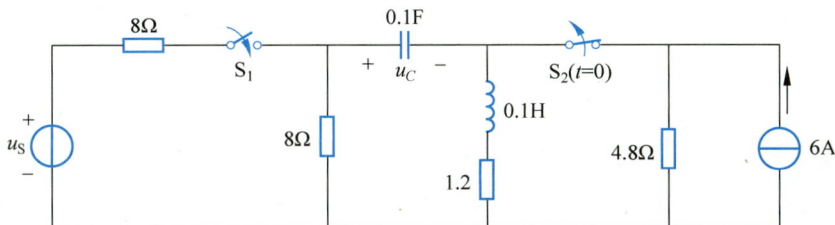

题图 **8.8**

8.9 电路如题图 8.9 所示,开关 S 在 $t=0$ 时打开,打开之前电路已达稳态。用拉氏变换法求电感电流 $i(t)(t \geqslant 0^+)$。

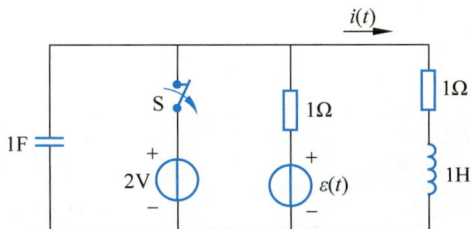

题图 **8.9**

8.10 题图 8.10 所示电路换路前已达稳态($S_1$ 在 a 点)。$t=0$ 时 $S_1$ 由 a 点掷向 b 点,$t=1\text{s}$ 时 $S_1$ 由 b 点掷向 a 点。用拉氏变换法求 $t>0$ 以后 $i_L$ 和 $u_C$,并定性画出波形。

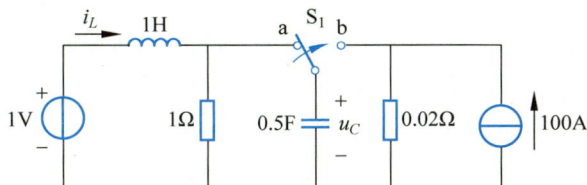

题图 **8.10**

# 参考文献

［1］ 江缉光.电路原理［M］.2 版.北京：清华大学出版社,1997.

［2］ 邱关源.电路［M］.4 版.北京：高等教育出版社,1999.

［3］ 郑君里,应启珩,杨为理.信号与系统（上册）［M］.3 版.北京：高等教育出版社,2011.

# 3

## 第3篇
# 分布参数电路

在0.8节中介绍了电路的各种分类方法,其中有一种是根据电路尺寸与电路的工作波长的相对大小来区分的。当电路的尺寸远小于其工作波长时,电路可视为集总参数电路,否则就是分布参数电路。本篇讨论分布参数电路的建模与分析方法,首先介绍分布参数电路的建模,并建立起描述分布参数电路的方程;其次,介绍在恒定激励(直流电压源)作用下无损传输线上的波过程(暂态分析);最后,分别介绍在正弦激励作用下均匀传输线和无损传输线上电压电流的稳态解。

# 第 **9** 章

# 分布参数电路建模与分析

      传输线是最典型的分布参数电路,在电力系统和高频信号处理领域都有着重要应用。9.1 节介绍了均匀传输线模型与方程,其特点是关于时间变量 $t$ 和位置变量 $x$ 的偏微分方程。9.2 节介绍了恒定电压源激励下无限长无损传输线、半无限长无损传输线终端开路、短路、接电阻和接动态元件时传输线上的过渡过程(波过程)。无论是哪种状态,传输线上的电压电流都是由入射波和反射波合成得到的。9.3 节介绍了正弦激励下均匀传输线上电压电流的稳态解,包括指数和双曲函数两种形式。均匀传输线上电压波、电流波都是行波,而无损均匀传输线终端开路、短路或者接纯电抗时其上电压波、电流波都是驻波。反射系数、传播常数和特性阻抗是分布参数电路分析中三个最为重要的概念。

## 9.1　分布参数电路模型与方程

在集总参数电路中,可以认为电压、电流等电效应是瞬间完成的,即电路中同一条支路上的电压电流的分布只与时间有关,与其所处的位置无关,无论在支路的起点还是终点都是按照同一规律变化的,描述电路的是与位置 $x$ 无关的代数方程(电阻电路)或常微分方程(动态电路);而在分布参数电路中,电路中同一条支路上的电压电流的分布不只与时间有关,还与其所处的位置有关,同一条支路上各处的电压电流都是不一样的,描述电路的是与位置 $x$ 有关的代数方程(电阻电路)或偏微分方程(动态电路)。

在电能远距离传输(电力系统,电路本身的尺寸很大)和信号高频率发送(通信系统,电路的工作波长很小)系统中,大多数情况下都需要用分布参数电路对实际系统进行建模和分析。

在集总参数电路中,我们通常通过适当抽象、简化,在满足一定条件下进行近似、等效等方法对实际电路进行建模、分析。对于分布参数电路,我们也希望能在满足一定条件的情况下,用集总参数电路模型对其进行建模和分析。下文将具体阐述。

### 9.1.1　均匀传输线模型与方程

知识点127

在集总参数电路中,导线就是一单纯的电流通路。它是理想的——无阻、无感,与电路的其他部分之间也不产生电容效应。但是当导线长度远远大于其工作频率对应的波长时,就不能再将其看成理想导线,不仅要考虑导线的电阻、电感效应,还要考虑导线的漏电流,以及两条导线之间的电容效应。换言之,此时应将导线建模成分布参数电路模型。在分布参数电路中,习惯将导线称为"传输线",可以是传输能量,也可以是传输信号。传输线是最典型的分布参数电路。常见的传输线结构如图 9.1.1 所示,包括平行传输线(如特高压输电系统常用的架空线等)和同轴传输线(如有线电视信号传输中常用的同轴电缆等)。

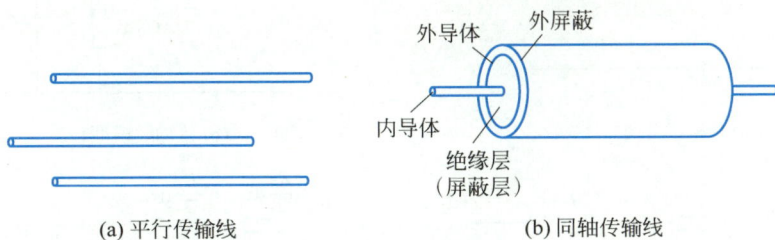

外导体　外屏蔽
内导体
绝缘层
(屏蔽层)

(a) 平行传输线　　　　(b) 同轴传输线

**图 9.1.1　典型的传输线结构示意图**

为了表征传输线的电特性,引入以下参数[①]:

$R_0$——单位长度传输线的电阻,单位为 $\Omega/m$;

---

① 根据本书前面对电阻、电感、电容模型的阐述,此处电阻和电导表示传输线工作过程中的功率损耗,电感表示其以磁场形式存储能量的效应,电容则表示其以电场形式存储能量的效应。

$L_0$——单位长度传输线的电感,单位为 H/m;

$G_0$——单位长度传输线两导线间的电导,单位为 S/m;

$C_0$——单位长度传输线两导线间的电容,单位为 F/m。

如果传输线上各处以上参数都相同,换言之,以上参数在传输线上均匀分布,则称为<u>均匀传输线</u>;如果在满足研究精度要求的前提下,以上参数中的 $R_0$、$G_0$ 可忽略,传输线上就没有损耗,则称为无损传输线。

传输线的上述特性参数,既可以根据传输线的几何形状、尺寸以及导线周围介质的特性用电磁场理论计算得到,也可以用实验方法测量得到。通常架空线的单位长度电感比同轴电缆大,同轴电缆的单位长度电容比架空线大,特高压输电线的单位长度电抗要远大于单位长度电阻等。根据上述传输线特点,在对传输线建模时可以适当简化。

本书不介绍传输线的上述参数的获取过程,只介绍基于上述参数对传输线的建模和分析,而且只讨论均匀传输线。

对于一段长度确定的均匀传输线,将其分成若干小段,整个传输线就可以看成是由这些小段级联而成。理论上只要分的段数足够多,每一段的长度就足够小,那么对于每一段就可以视为集总参数电路,就可以用集总参数电路对其进行建模和分析。以最简单的由两条传输线构成的系统为例,设每一段的长度为 $\mathrm{d}x$,如图 9.1.2(a)所示,那么就可以用图 9.1.2(b)、图 9.1.2(c) 和图 9.1.2(d) 所示二端口模型对每一段传输线进行建模,其中 $R_0$、$L_0$、$G_0$、$C_0$ 的含义如上文所述,$R_0\mathrm{d}x$、$L_0\mathrm{d}x$、$G_0\mathrm{d}x$、$C_0\mathrm{d}x$ 就分别表示这段传输线的电阻、电感、两导线间的电导与电容。事实上,还可以设计出其他的二端口模型来对这一段传输线进行建模,但是由于 $\mathrm{d}x$ 足够小,在下文列写方程及求解过程中,如果忽略高阶小量,各种模型得到的求解结果是一致的。因此,下文的分析中本书统一采用图 9.1.2(b)所示二端口模型对均匀传输线进行建模和分析。

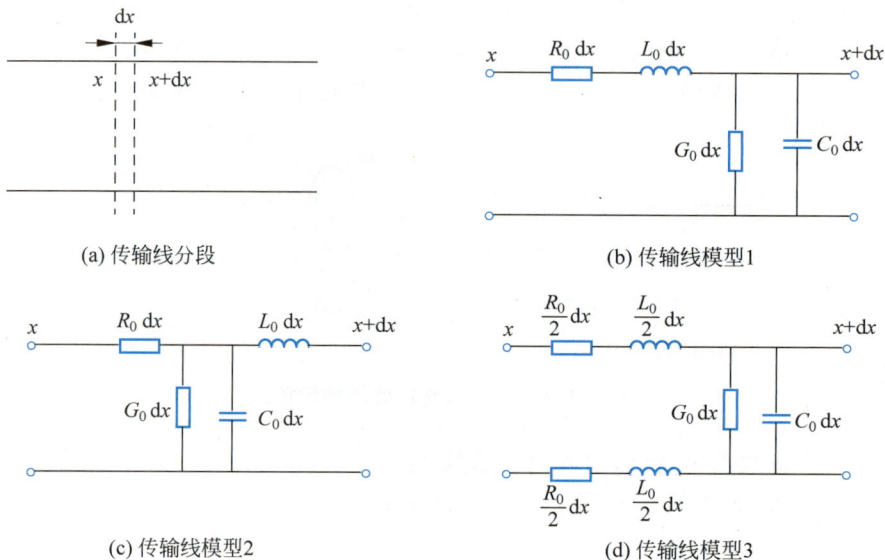

(a) 传输线分段

(b) 传输线模型1

(c) 传输线模型2

(d) 传输线模型3

图 9.1.2　均匀传输线分段及建模

均匀传输线上各点的电压、电流不仅与时间有关,还与所处的位置有关,因此将其分别表示为 $u(x,t)$、$i(x,t)$。习惯上把传输线与电源相连的一端称为始端,与负载相连的一端称为终端,$x$ 的正方向由始端指向终端。设沿均匀传输线电压的增长率为 $\dfrac{\partial u}{\partial x}$,电流增长率为 $\dfrac{\partial i}{\partial x}$,显然有

$$u(x+\mathrm{d}x,t)=u(x,t)+\frac{\partial u}{\partial x}\mathrm{d}x \\ i(x+\mathrm{d}x,t)=i(x,t)+\frac{\partial i}{\partial x}\mathrm{d}x \right\} \tag{9.1.1}$$

在 $t$ 时刻,长度为 $\mathrm{d}x$ 的均匀传输线的电路模型如图 9.1.3 所示,根据 KCL 和 KVL,可以写出下列方程

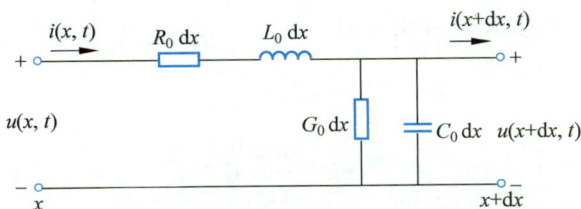

图 9.1.3　长度为 $\mathrm{d}x$ 的均匀传输线的电路模型

$$u(x,t)-u(x+\mathrm{d}x,t)=R_0\mathrm{d}x\,i(x,t)+L_0\mathrm{d}x\,\frac{\partial i(x,t)}{\partial t} \\ i(x,t)-i(x+\mathrm{d}x,t)=G_0\mathrm{d}x\,u(x+\mathrm{d}x,t)+C_0\mathrm{d}x\,\frac{\partial u(x+\mathrm{d}x,t)}{\partial t} \right\} \tag{9.1.2}$$

将式(9.1.1)代入式(9.1.2),并且为了使表达式简练,将 $u(x,t)$、$i(x,t)$ 简写为 $u$、$i$,整理得

$$-\frac{\partial u}{\partial x}=R_0 i+L_0\,\frac{\partial i}{\partial t}$$

$$-\frac{\partial i}{\partial x}\mathrm{d}x=G_0\mathrm{d}x\left(u+\frac{\partial u}{\partial x}\mathrm{d}x\right)+C_0\mathrm{d}x\,\frac{\partial}{\partial t}\left(u+\frac{\partial u}{\partial x}\mathrm{d}x\right)$$

忽略上式中 $\mathrm{d}x$ 的二阶量,得

$$-\frac{\partial u}{\partial x}=R_0 i+L_0\,\frac{\partial i}{\partial t} \\ -\frac{\partial i}{\partial x}=G_0 u+C_0\,\frac{\partial u}{\partial t} \right\} \tag{9.1.3}$$

这就是均匀传输线模型的电压电流约束方程,也称为电报方程。式(9.1.3)的物理意义是:均匀传输线沿线电压的减少率等于单位长度上电阻和电感的电压降之和,沿线电流的减少率则等于单位长度上电导和电容的电流之和。

理论上说,如果已知激励、均匀传输线参数及其初始条件与边界条件,根据式(9.1.3)就可以求出均匀传输线上任意一点在任一时刻的电压和电流,但是由于式(9.1.3)是一组关于

两个变量（时间 $t$ 和位置 $x$）的偏微分方程，很多时候并不能很容易地求出解析解，甚至方程没有解析解，因此本书只讨论有解析解的其中两种情况：

（1）恒定电压源激励下无损传输线上电压电流的暂态分析；

（2）正弦激励下均匀传输线（包括有损和无损两种情况）上电压电流的稳态分析。

知识点127练习题
和讨论

## 9.1.2　无损传输线方程及其通解

均匀传输线模型中，如果 $R_0=0$，$G_0=0$，则均匀传输线在工作过程中没有功率损耗，因此称为**无损均匀传输线**（以下简称为**无损传输线**）。显然这是一种理想情况，但是当实际均匀传输线的功率损耗在研究精度允许的前提下可忽略时，也可简化为用无损传输线对其进行建模、分析。

知识点128

对于无损传输线，式（9.1.3）可化简为

$$-\frac{\partial u}{\partial x}=L_0\frac{\partial i}{\partial t}\left.\begin{array}{c}\\\\\end{array}\right\}$$
$$-\frac{\partial i}{\partial x}=C_0\frac{\partial u}{\partial t}\tag{9.1.4}$$

将式（9.1.4）的等号两边再对 $x$ 求一次导数，并将式（9.1.4）代入求导后的表达式中，得

$$-\frac{\partial^2 u}{\partial x^2}=L_0\frac{\partial}{\partial x}\left(\frac{\partial i}{\partial t}\right)=L_0\frac{\partial}{\partial t}\left(\frac{\partial i}{\partial x}\right)=-L_0C_0\frac{\partial^2 u}{\partial t^2}$$

$$-\frac{\partial^2 i}{\partial x^2}=C_0\frac{\partial}{\partial x}\left(\frac{\partial u}{\partial t}\right)=C_0\frac{\partial}{\partial t}\left(\frac{\partial u}{\partial x}\right)=-L_0C_0\frac{\partial^2 i}{\partial t^2}$$

定义 $v=\dfrac{1}{\sqrt{L_0C_0}}$，称为**波速**，上式改写为

$$\frac{\partial^2 u}{\partial x^2}=\frac{1}{v^2}\frac{\partial^2 u}{\partial t^2}\left.\begin{array}{c}\\\\\end{array}\right\}$$
$$\frac{\partial^2 i}{\partial x^2}=\frac{1}{v^2}\frac{\partial^2 i}{\partial t^2}\tag{9.1.5}$$

式（9.1.5）称为**波动方程**或**达朗贝尔**[①]**方程**（一维波动方程）。下面求它的通解。

设 $u(x,t)$、$i(x,t)$ 及其各阶导数的初值均为零，对式（9.1.5）进行拉氏变换，利用拉氏变换的时域微分性质，有

$$\frac{\mathrm{d}^2 U(x,s)}{\mathrm{d}x^2}=\frac{s^2}{v^2}U(x,s)\left.\begin{array}{c}\\\\\end{array}\right\}$$
$$\frac{\mathrm{d}^2 I(x,s)}{\mathrm{d}x^2}=\frac{s^2}{v^2}I(x,s)\tag{9.1.6}$$

其中 $U(x,s)=\mathscr{L}[u(x,t)]$，$I(x,s)=\mathscr{L}[i(x,t)]$。与拉氏变换将时域的微积分运算降级为复频域的代数运算类似，通过拉氏变换，我们成功地将式（9.1.5）所示的偏微分方程变成

---

[①]　达朗贝尔（1717—1783），法国著名物理学家、数学家和哲学家。

了式(9.1.6)所示的常微分方程,这给求解带来了极大便利。

式(9.1.6)是关于 $U(x,s)$、$I(x,s)$ 的二阶微分方程,只不过此时变量不再是我们熟悉的时间 $t$,而是位置 $x$。先求电压表达式,式(9.1.6)的特征根为

$$p_{1,2} = \mp \frac{s}{v}$$

因此,$U(x,s)$ 的通解表达式为

$$U(x,s) = U_1(s)e^{-\frac{s}{v}x} + U_2(s)e^{\frac{s}{v}x} \tag{9.1.7}$$

其中,$U_1(s)$、$U_2(s)$ 由边界条件确定。

再求电流表达式。对式(9.1.4)第一式进行拉氏变换,同样利用拉氏变换的时域微分性质,有

$$-\frac{\mathrm{d}U(x,s)}{\mathrm{d}x} = sL_0 I(x,s)$$

将式(9.1.7)代入上式,得

$$
\begin{aligned}
I(x,s) &= -\frac{1}{sL_0} \frac{\mathrm{d}U(x,s)}{\mathrm{d}x} \\
&= -\frac{1}{sL_0}\left(-\frac{s}{v}\right)U_1(s)e^{-\frac{s}{v}x} - \frac{1}{sL_0}\frac{s}{v}U_2(s)e^{\frac{s}{v}x} \\
&= \frac{1}{L_0 v}U_1(s)e^{-\frac{s}{v}x} - \frac{1}{L_0 v}U_2(s)e^{\frac{s}{v}x}
\end{aligned}
$$

令 $Z_C = L_0 v$,根据上文对波速 $v$ 的定义,有 $Z_C = \dfrac{L_0}{\sqrt{L_0 C_0}} = \sqrt{\dfrac{L_0}{C_0}}$,称为无损传输线的**特性阻抗**(characteristic impedance)或**波阻抗**,是一常实数,单位为 $\Omega$。则电流的通解可表示为

$$I(x,s) = \frac{1}{Z_C}U_1(s)e^{-\frac{s}{v}x} - \frac{1}{Z_C}U_2(s)e^{\frac{s}{v}x} \tag{9.1.8}$$

式(9.1.7)和式(9.1.8)就是无损传输线模型的电压电流的通解的拉氏变换式,对其进行拉氏反变换,设 $\mathscr{L}^{-1}[U_1(s)] = u_1(t)$,$\mathscr{L}^{-1}[U_2(s)] = u_2(t)$,利用拉氏变换的时域平移性质,有

$$
\left.
\begin{aligned}
u(x,t) &= u_1\left(t-\frac{x}{v}\right)\varepsilon\left(t-\frac{x}{v}\right) + u_2\left(t+\frac{x}{v}\right)\varepsilon\left(t+\frac{x}{v}\right) \\
i(x,t) &= \frac{1}{Z_C}u_1\left(t-\frac{x}{v}\right)\varepsilon\left(t-\frac{x}{v}\right) - \frac{1}{Z_C}u_2\left(t+\frac{x}{v}\right)\varepsilon\left(t+\frac{x}{v}\right)
\end{aligned}
\right\} \tag{9.1.9}
$$

这就是式(9.1.5)所示波动方程的通解。

因为 $t-\dfrac{x}{v} = -\dfrac{1}{v}(x-vt)$,$t+\dfrac{x}{v} = \dfrac{1}{v}(x+vt)$,为了表达方便,通常习惯于将式(9.1.9)中 $u_1$、$u_2$ 的自变量替换为 $x-vt$、$x+vt$,则式(9.1.9)改写为

$$
\left.
\begin{aligned}
u(x,t) &= f_1(x-vt) + f_2(x+vt) \\
i(x,t) &= \frac{1}{Z_C}f_1(x-vt) - \frac{1}{Z_C}f_2(x+vt)
\end{aligned}
\right\} \tag{9.1.10}
$$

其中，$f_1$、$f_2$ 同样是由初始条件和边界条件决定的函数。

对 $f_1(x-vt)$、$f_2(x+vt)$ 的物理意义做进一步分析。由物理学的知识可知：$f_1(x-vt)$ 表示随着时间 $t$ 向 $x$ 的正方向（即从始端指向终端）传播的波，称为**正向行波**；$f_2(x-vt)$ 表示随着时间 $t$ 向 $x$ 的负方向（即从终端指向始端）传播的波，称为反向行波。判断波的传播方向，可以借助波上某个特定的点来考查。假设 A 点是波 $f_1(x-vt)$ 上任意一点，在 $t$ 时刻位于位置 $x$ 处；当时间增加 $\Delta t$ 时，A 点沿着波的传播方向移动了 $\Delta x$，到达 $x+\Delta x$ 处。显然应该有 $f[(x+\Delta x)-v(t+\Delta t)]=f(x-vt)$，由于 A 为任意一点，因此有 $\Delta x-v\Delta t=0$，$\Delta x=v\Delta t$；当 $\Delta t>0$ 时，$\Delta x>0$，因此 $f_1(x-vt)$ 是沿着 $x$ 的正方向（即从始端指向终端）传播的；类似地，可以对 $f_2(x+vt)$ 进行分析，有 $\Delta x=-v\Delta t$，当 $\Delta t>0$ 时，$\Delta x<0$，因此 $f_2(x+vt)$ 是沿着 $x$ 的负方向（即从终端指向始端）传播的。

式(9.1.10)表明：无损传输线上的电压电流都是由正向行波和反向行波组成的，电压等于正向行波电压 $u^+$ 加上反向行波电压 $u^-$，而电流等于正向行波电流 $i^+$ 减去反向行波电流 $i^-$，即

$$u(x,t)=u^++u^-, \quad i(x,t)=i^+-i^- \tag{9.1.11}$$

$u^+$ 与 $i^+$、$u^-$ 与 $i^-$ 之间满足如下关系

$$\frac{u^+}{i^+}=Z_C, \quad \frac{u^-}{i^-}=Z_C \tag{9.1.12}$$

需要说明的是：

（1）无损传输线上任意一点在任一时刻能够测得的电压或电流都是由这一时刻之前所有时间通过该点的正向行波和反向行波叠加而成的，行波完全有可能正向和反向多次通过该点；

（2）无论是正向行波和反向行波，在同一传输线上，电压波和电流波是以相同的波速向相同的方向同步传输的；

（3）正向行波电压与正向行波电流之间、反向行波电压与反向行波电流之间满足式(9.1.12)所示的关系，但是它们叠加以后得到的总电压与电流之间不存在上述关系。

式(9.1.10)是无损传输线上电压电流的通解，对于特定的问题，根据激励形式、电压电流的初始条件以及边界条件就可以确定 $f_1$、$f_2$，从而得出其确定的解答。

知识点128练习题和讨论

## 9.2 恒定电压源激励下无损传输线上的波过程

### 9.2.1 半无限长无损传输线

图 9.2.1 所示电路中，$t=0$ 时刻开关 S 闭合，半无限长无损传输线（即有起点无终点）的特性阻抗为 $Z_C$，波速为 $v$。无损传输线接通电源时，线上各处电压、电流均为零。

知识点129

开关 S 闭合后，电压源立刻会向无损传输线中发出一个以波速 $v$ 向 $x$ 正

方向传输的正向行波（也称**入射波**）。由于无损传输线半无限长，因此在有限时间内线上不会有反向行波（也称反射波）。由式(9.1.7)和式(9.1.8)得

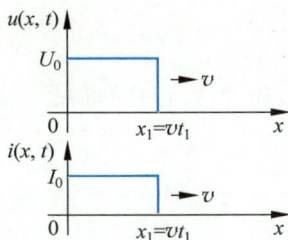

$$\left.\begin{array}{l} U(x,s)=U_1(s)\mathrm{e}^{-\frac{s}{v}x} \\[2mm] I(x,s)=\dfrac{1}{Z_C}U_1(s)\mathrm{e}^{-\frac{s}{v}x} \end{array}\right\} \qquad (9.2.1)$$

图 9.2.1 半无限长无损传输线
接至恒定电压源

对于图9.2.1所示电路，可知其边界条件为：在 $x=0$ 处，$u(0,t)=U_0\varepsilon(t)$，因此其拉氏变换为 $U(0,s)=\dfrac{U_0}{s}$，将此边界条件代入式(9.2.1)，得

$$U(0,s)=U_1(s)=\frac{U_0}{s}$$

因此

$$U(x,s)=\frac{U_0}{s}\mathrm{e}^{-\frac{s}{v}x}$$

$$I(x,s)=\frac{U_0}{Z_C}\frac{1}{s}\mathrm{e}^{-\frac{s}{v}x}=\frac{I_0}{s}\mathrm{e}^{-\frac{s}{v}x}$$

其中，$I_0=\dfrac{U_0}{Z_C}$。对上式做拉氏反变换，利用拉氏变换的时域平移性质，得

$$u(x,t)=U_0\varepsilon\left(t-\frac{x}{v}\right)$$

$$i(x,s)=I_0\varepsilon\left(t-\frac{x}{v}\right)$$

当 $t-\dfrac{x}{v}>0$ 即 $x<vt$ 时，$u(x,t)=U_0$，$i(x,t)=I_0$，即电压入射波和电流入射波经过的地方，无损传输线上有电流 $I_0$，两条传输线之间也建立起了电压 $U_0$。而当 $t-\dfrac{x}{v}<0$ 即 $x>vt$ 时，$u(x,t)=0$，$i(x,t)=0$，即电压入射波和电流入射波尚未到达的地方，无损传输线上的电压电流仍然为零。画出 $t=t_1$ 时刻线上各处的电压和电流分布如图9.2.2所示。

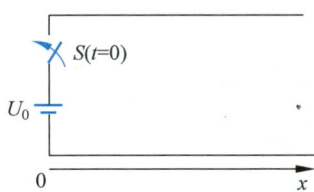

图 9.2.2 $t=t_1$ 时刻半无限长无损传输线上各处的电压电流分布

由以上分析可以看出：当电压波或电流波从始端电源发出时，半无限长的无损传输线对于电源来说可以等效为一个数值上等于特性阻抗 $Z_C$ 的纯电阻负载。因为波速是有限的，在分析终端接有各种负载的有限长无损传输线上的波过程时，上述结论仍然适用。

分析图9.2.1所示电路在电压入射波、电流入射波传输过程中的能量关系。在 $\mathrm{d}t$ 时间内，电压入射波和电流入射波同时向 $x$ 正方向前进了 $\mathrm{d}x=v\mathrm{d}t$，在这段时间内，电源发出的能量为 $E_S=U_0I_0\mathrm{d}t$，传输线上电场能量增加

$$E_e = \frac{1}{2}C_0 \mathrm{d}x U_0^2 = \frac{1}{2}C_0 v \mathrm{d}t U_0^2 = \frac{1}{2}\frac{U_0^2}{Z_C}\mathrm{d}t = \frac{1}{2}U_0 I_0 \mathrm{d}t$$

传输线上磁场能量增加

$$E_m = \frac{1}{2}L_0 \mathrm{d}x I_0^2 = \frac{1}{2}L_0 v \mathrm{d}t I_0^2 = \frac{1}{2}Z_C I_0^2 \mathrm{d}t = \frac{1}{2}U_0 I_0 \mathrm{d}t$$

可见，电源发出的能量一半转化为了电场能，一半转化为了磁场能。

知识点129练习题和讨论

## 9.2.2　终端开路的无损传输线上的波过程

电路如图9.2.3所示，$t=0$时刻开关 S 闭合，已知终端开路的无损传输线长度为 $l$，特性阻抗为 $Z_C$，波速为 $v$。

知识点130

### 1. $0 < t < \dfrac{l}{v}$

此时，电压入射波和电流入射波尚未到达终端，根据9.2.1节中的分析可知，无损传输线上入射波经过的地方有电流 $I_0$，两条传输线之间也建立起了电压 $U_0$，即 $u = u^{1+} = U_0$，$i = i^{1+} = I_0$。上标"1+"表示第 1 次入射。画出这一时间段线上电压电流的分布如图9.2.4所示。

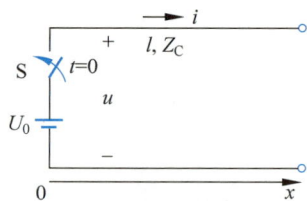

图 9.2.3　终端开路的长度为 $l$ 的无损传输线

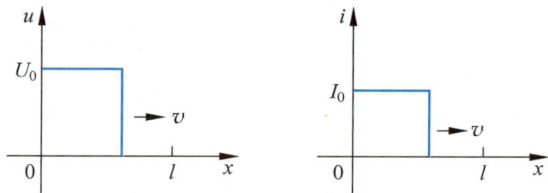

图 9.2.4　$0 < t < \dfrac{l}{v}$ 时无损传输线上的电压电流分布

### 2. $\dfrac{l}{v} \leqslant t < \dfrac{2l}{v}$

当 $t = \dfrac{l}{v}$ 时，入射波到达终端，将发生反射[①]。由式(9.1.11)和式(9.1.12)可知

$$u = u^{1+} + u^{1-} = U_0 + u^{1-}, \quad i = i^{1+} - i^{1-} = I_0 - i^{1-}$$

且

$$u^{1-} = Z_C i^{1-}$$

上标"1−"表示第 1 次反射，以下依次类推，不再赘述。

由于无损传输线终端开路，因此终端边界条件为 $i(l, t) = 0$，由此可以求得第 1 次反射的电流反射波幅值为

$$i^{1-} = I_0$$

从而 $u^{1-} = Z_C i^{1-} = Z_C I_0 = U_0$。

---

① 波在沿传输线传播过程中遇到特性参数不同的分界面时都会发生反射，如传输线终点处、不同特性阻抗的传输线连接处等。

定义

$$n = \frac{u^{1-}}{u^{1+}} = \frac{i^{1-}}{i^{1+}} \tag{9.2.2}$$

称为**反射系数**。可见在无损传输线在终端开路情况下,终端反射系数 $n(l)=1$。

$\dfrac{l}{v} < t < \dfrac{2l}{v}$ 期间,反射波以波速 $v$ 从终端向始端传播,反射波到达的地方,无损传输线上的电压、电流分别为

$$u = u^{1+} + u^{1-} = 2U_0, \quad i = i^{1+} - i^{1-} = 0$$

画出这段时间无损传输线上的电压电流分布如图 9.2.5 所示。

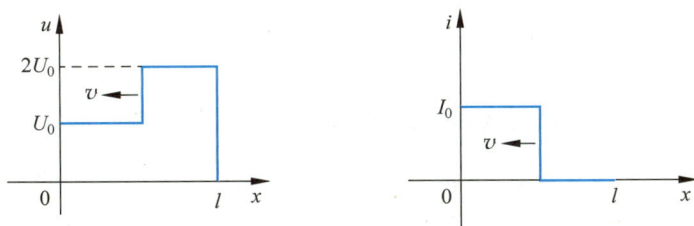

图 9.2.5 $\dfrac{l}{v} \leqslant t < \dfrac{2l}{v}$ 时无损传输线上的电压电流分布

### 3. $\dfrac{2l}{v} \leqslant t < \dfrac{3l}{v}$

当 $t = \dfrac{2l}{v}$ 时,反射波到达始端,将发生再次反射。为了区别起见,习惯上将从始端向终端传输的波称为**入射波**,从终端向始端传输的波称为**反射波**,因此第 1 次反射波到达始端后,将发生第 2 次入射。此时

$$u = u^{1+} + u^{1-} + u^{2+} = 2U_0 + u^{2+}$$
$$i = i^{1+} - i^{1-} + i^{2+} = i^{2+}$$

且

$$u^{2+} = Z_C i^{2+}$$

根据始端的边界条件 $u(0,t) = U_0$,由此可以求得第 2 次入射的电压入射波幅值为

$$u^{2+} = -U_0$$

从而 $i^{2+} = \dfrac{u^{2+}}{Z_C} = -I_0$。

由此可以得出,始端反射系数 $n(0) = \dfrac{u^{2+}}{u^{1-}} = \dfrac{i^{2+}}{i^{1-}} = -1$。

$\dfrac{2l}{v} < t < \dfrac{3l}{v}$ 期间,第 2 次入射波以波速 $v$ 从始端向终端传播,入射波经过的地方,无损传输线的电压、电流分别为

$$u = u^{1+} + u^{1-} + u^{2+} = U_0, \quad i = i^{1+} - i^{1-} + i^{2+} = -I_0$$

画出这段时间无损传输线上电压电流的分布如图 9.2.6 所示。

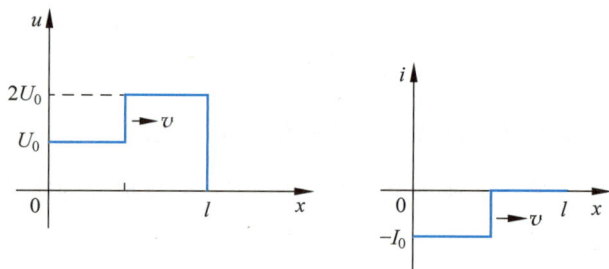

图 9.2.6 $\dfrac{2l}{v} \leqslant t < \dfrac{3l}{v}$ 时无损传输线上的电压电流分布

**4.** $\dfrac{3l}{v} \leqslant t < \dfrac{4l}{v}$

当 $t = \dfrac{3l}{v}$ 时，第 2 次入射波再次到达终端，将发生第 2 次反射。此时

$$u = u^{1+} + u^{1-} + u^{2+} + u^{2-} = U_0 + u^{2-}$$
$$i = i^{1+} - i^{1-} + i^{2+} - i^{2-} = -I_0 - i^{2-}$$

且

$$u^{2-} = Z_C i^{2-}$$

利用终端边界条件 $i(l, t) = 0$，可以求得第 2 次反射的电流反射波幅值为

$$i^{2-} = -I_0$$

从而 $u^{2-} = Z_C i^{2-} = -Z_C I_0 = -U_0$。

$u^{2-}$、$i^{2-}$ 也可以根据上文求得的终端反射系数直接求出，即

$$u^{2-} = n(l) u^{2+} = u^{2+} = -U_0, \quad i^{2-} = n(l) u^{2+} = i^{2+} = -I_0$$

$\dfrac{3l}{v} < t < \dfrac{4l}{v}$ 期间，反射波以波速 $v$ 从终端向始端传播，反射波经过的地方，无损传输线的电压、电流分别为

$$u = u^{1+} + u^{1-} + u^{2+} + u^{2-} = 0, \quad i = i^{1+} - i^{1-} + i^{2+} - i^{2-} = 0$$

画出这段时间无损传输线上电压电流的分布如图 9.2.7 所示。

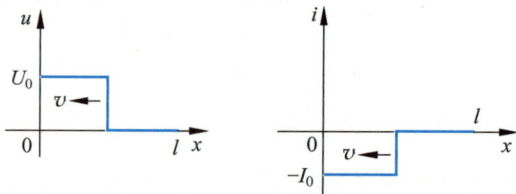

图 9.2.7 $\dfrac{3l}{v} \leqslant t < \dfrac{4l}{v}$ 时无损传输线上的电压电流分布

当 $t = \dfrac{4l}{v}$ 时，第 2 次反射波再次到达始端，线上各处电压电流均为零，与 $t = 0$ 时的情形一样。当 $t > \dfrac{4l}{v}$ 后，线上电压电流将重复 $0 < t \leqslant \dfrac{4l}{v}$ 期间的变化过程，周而复始，即无损传输

线上电压电流的变化周期为 $T = \dfrac{4l}{v}$。

下面讨论始端和终端的电压电流随时间 $t$ 变化的情况。

根据边界条件,始端电压始终为 $U_0$,终端电流始终为 0,即 $u(0,t)=U_0$,$i(l,t)=0$。画出其随时间 $t$ 变化的曲线,分别如图 9.2.8 和图 9.2.9 所示。

图 9.2.8　无损传输线始端电压随时间 $t$ 的变化　　图 9.2.9　无损传输线终端电流随时间 $t$ 的变化

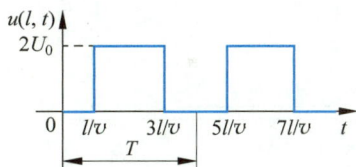

对于始端电流,由图 9.2.4~图 9.2.7 可以看出:$0 \leqslant t < \dfrac{2l}{v}$ 时,$i(0,t)=I_0$;$\dfrac{2l}{v} \leqslant t < \dfrac{4l}{v}$ 时,$i(0,t)=-I_0$;其后以周期 $T=\dfrac{4l}{v}$ 变化。画出其随时间 $t$ 变化的曲线,如图 9.2.10 所示。

终端电压可以做类似的分析。由图 9.2.4~图 9.2.7 可以看出:$0 \leqslant t < \dfrac{l}{v}$ 时,$u(l,t)=0$;$\dfrac{l}{v} \leqslant t < \dfrac{3l}{v}$ 时,$u(l,t)=2U_0$;$\dfrac{3l}{v} \leqslant t < \dfrac{4l}{v}$ 时,$u(l,t)=0$;其后以周期 $T=\dfrac{4l}{v}$ 变化。画出其随时间 $t$ 变化的曲线,如图 9.2.11 所示。

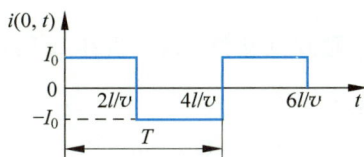

图 9.2.10　无损传输线始端电流随时间 $t$ 的变化　　图 9.2.11　无损传输线终端电压随时间 $t$ 的变化

为了便于分析无损传输线上任意一点的电压电流随时间 $t$ 的变化情况,以位置 $x$ 为横轴,时间 $t$ 为纵轴,画出线上电压波、电流波的传播过程(简称波过程),如图 9.2.12 所示。

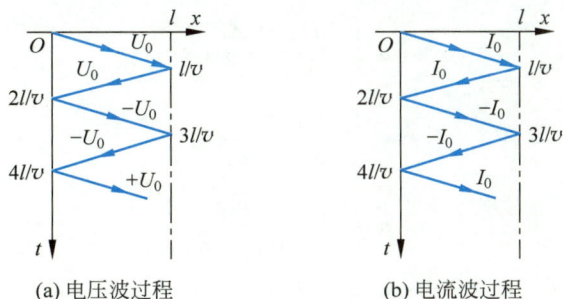

(a) 电压波过程　　　　　　　(b) 电流波过程

图 9.2.12　无损传输线上电压电流的波过程

图 9.2.12 中,箭头表示电压波和电流波的传播方向。据此,就可以求出线上任意一点在任一时刻的电压、电流分别等于该点在这一时刻之前所有电压波、电流波的叠加,不过要

注意的是，电压等于所有入射波与所有反射波的和，而电流等于所有入射波与所有反射波的差。例如，求 $x=0.5l$ 处在 $t=\dfrac{3l}{v}$ 时刻的电压电流为

$$u\left(0.5l, \frac{3l}{v}\right) = U_0 + U_0 + (-U_0) = U_0$$

$$i\left(0.5l, \frac{3l}{v}\right) = I_0 - I_0 + (-I_0) = -I_0$$

事实上，图 9.2.12 所示的波过程可以根据始端和终端的反射系数直接画出来（9.2.3 节中将介绍求反射系数的一般方法），如此可以大大简化无损传输线上波过程的分析。

知识点130练习题和讨论

## 9.2.3 终端接电阻的无损传输线上的波过程

电路如图 9.2.13 所示，$t=0$ 时刻开关 S 闭合，已知终端接负载电阻 $R_L$ 的无损传输线长度为 $l$，特性阻抗为 $Z_C$，波速为 $v$。

知识点131

与上文 9.2.1 节及 9.2.2 节的分析类似，当 $0 < t < \dfrac{l}{v}$ 时，电压入射波和电流入射波尚未到达终端，无损传输线上入射波经过的地方有电流 $I_0$，两条传输线之间也建立起了电压 $U_0$，即 $u = u^{1+} = U_0$，$i = i^{1+} = I_0$。

当 $t = \dfrac{l}{v}$ 时，入射波到达终端，要发生反射，此时，终端的电压电流满足

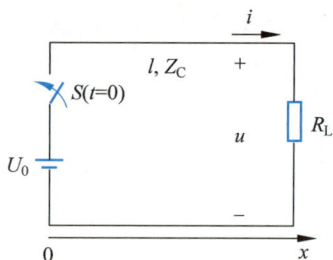

图 9.2.13 终端接电阻的无损传输线

$$u = u^{1+} + u^{1-} = U_0 + u^{1-}$$

$$i = i^{1+} - i^{1-} = I_0 - i^{1-}$$

$$u^{1-} = Z_C i^{1-}$$

$$u = R_L i$$

解得

$$u^{1-} = \frac{R_L - Z_C}{R_L + Z_C} U_0 \tag{9.2.3a}$$

$$i^{1-} = \frac{R_L - Z_C}{R_L + Z_C} I_0 \tag{9.2.3b}$$

$$u = 2U_0 \frac{R_L}{R_L + Z_C} \tag{9.2.3c}$$

$$i = \frac{2U_0}{R_L + Z_C} \tag{9.2.3d}$$

由式（9.2.3c）和式（9.2.3d）可以看出，求终端电压电流时，从负载电阻 $R_L$ 向始端看入时，无损传输线可以等效为一个电压为 $2U_0$ 的电压源与电阻 $Z_C$ 的串联，求终端电压电流的集总参数等效电路如图 9.2.14 所示。

由式(9.2.3a)和式(9.2.3b)还可以得出终端接电阻 $R_L$ 时的反射系数为

$$n(l) = \frac{u^{1-}}{u^{1+}} = \frac{i^{1-}}{i^{1+}} = \frac{R_L - Z_C}{R_L + Z_C} \qquad (9.2.4)$$

这就是求反射系数的通用表达式。上文 9.2.2 节中终端开路,相当于 $R_L \to \infty$,因此反射系数为 $n(l) = 1$,与上文的分析结果一致;而始端理想电压源内阻为 0,即 $R_L = 0$,因此反射系数 $n(0) = -1$,与上文的分析结果也一致。当终端所接电阻

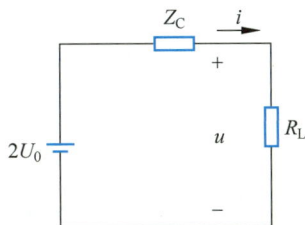

图 9.2.14 求终端电压电流的集总参数等效电路

值等于特性阻抗时,即 $R_L = Z_C$,反射系数 $n(l) = 0$,终端不发生反射,$t = \dfrac{l}{v}$ 以后电路直接进入稳态;而且由图 9.2.14 可知,此时终端负载可获得最大功率,因此也把这种情况称为"**终端阻抗匹配**"。这一特性在信号传输领域被广泛应用。

计算出反射系数后,可以直接利用反射系数得出电压反射波、电流反射波的幅值,不必再通过列方程、利用边界条件逐步求解,简化了分析过程。下面就采用这种方法分析无损传输线上的波过程。

$\dfrac{l}{v} < t < \dfrac{2l}{v}$ 期间,反射波以波速 $v$ 从终端向始端传播,反射波经过的地方,无损传输线的电压、电流分别为

$$u = u^{1+} + u^{1-} = (1+n)U_0, \quad i = i^{1+} - i^{1-} = (1-n)I_0$$

假设 $0 < n < 1$,即 $R_L > Z_C$,$\dfrac{l}{v} < t < \dfrac{2l}{v}$ 期间线上电压电流的分布如图 9.2.15 所示。

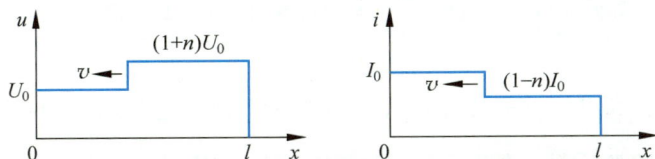

图 9.2.15 $\dfrac{l}{v} < t < \dfrac{2l}{v}$ 期间无损传输线上电压电流的分布

$t = \dfrac{2l}{v}$ 时,反射波到达始端,始端电压源内阻为 0,反射系数 $n(0) = -1$,因此

$$u^{2+} = n(0)u^{1-} = -nU_0, \quad i^{2+} = n(0)i^{1-} = -nI_0 \quad \text{或} \quad i^{2+} = \frac{u^{2+}}{Z_C} = -nI_0$$

$\dfrac{2l}{v} < t < \dfrac{3l}{v}$ 期间,第 2 次入射波经过的地方,无损传输线的电压、电流分别为

$$u = u^{1+} + u^{1-} + u^{2+} = U_0, \quad i = i^{1+} - i^{1-} + i^{2+} = (1-2n)I_0$$

$\dfrac{2l}{v} < t < \dfrac{3l}{v}$ 期间线上电压电流的分布如图 9.2.16 所示。

$t = \dfrac{3l}{v}$ 时,第 2 次入射波到达终端,终端反射系数 $n(l) = n$,因此

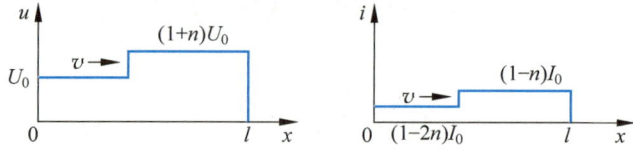

图 9.2.16  $\dfrac{2l}{v}<t<\dfrac{3l}{v}$ 期间无损传输线上电压电流的分布

$$u^{2-}=n(l)u^{2+}=-n^2U_0, \quad i^{2-}=n(l)i^{2+}=-n^2I_0 \text{ 或 } i^{2-}=\dfrac{u^{2-}}{Z_\mathrm{C}}=-n^2I_0$$

$\dfrac{3l}{v}<t<\dfrac{4l}{v}$ 期间，第 2 次反射波经过的地方，无损传输线的电压、电流分别为

$$u=u^{1+}+u^{1-}+u^{2+}+u^{2-}=(1-n^2)U_0$$

$$i=i^{1+}-i^{1-}+i^{2+}-i^{2-}=(1-2n+n^2)I_0$$

$\dfrac{3l}{v}<t<\dfrac{4l}{v}$ 期间线上电压电流的分布如图 9.2.17 所示。

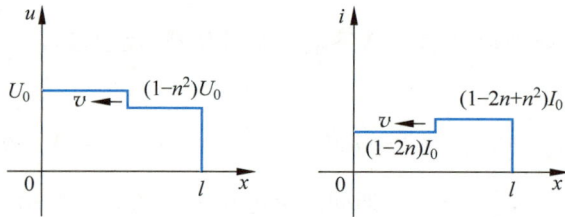

图 9.2.17  $\dfrac{3l}{v}<t<\dfrac{4l}{v}$ 期间无损传输线上电压电流的分布

$t\geqslant\dfrac{4l}{v}$ 时，电压波和电流波的传播过程可以仿照上面的过程进行分析。

利用始端和终端的反射系数，可以很方便地计算出反射波的幅值，不必再逐一列方程，利用边界条件求解。画出无损传输线上电压电流的波过程，如图 9.2.18 所示。

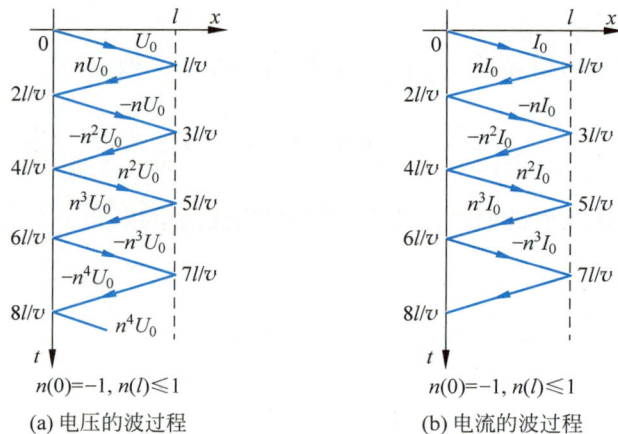

(a) 电压的波过程      (b) 电流的波过程

图 9.2.18  终端接电阻 $R_\mathrm{L}$ 时无损传输线上电压电流的波过程

在图 9.2.18 中,分别在 $x=0$ 和 $x=l$ 处沿着时间轴方向观察电压波、电流波的变化,就可以分别得出始端电压电流、终端电压电流随时间 $t$ 的变化情况。不难发现,始端电压始终等于 $U_0$,而终端电压 $u_2$、始端电流 $i_1$、终端电流 $i_2$ 随时间 $t$ 的变化情况分别如图 9.2.19(a)、(b)、(c)所示。

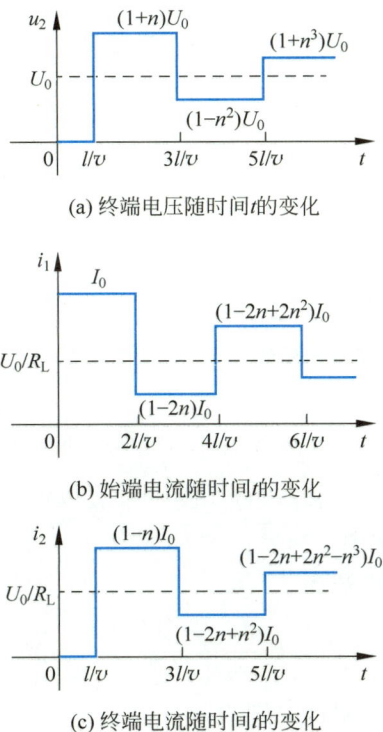

图 9.2.19 终端接电阻 $R_L$ 时无损传输线始端和终端电压电流的变化

知识点131练习题和讨论

从图 9.2.19 可以看出,当 $t \to \infty$ 即电路到达稳态时,终端电压等于 $U_0$,而始端电流和终端电流都等于 $\dfrac{U_0}{R_L}$,符合我们对集总参数电路的直觉分析。

## 9.2.4 终端接动态元件的无损传输线上的波过程

电路如图 9.2.20 所示,无损传输线特性阻抗为 $Z_C$,幅值为 $U_0$ 的电压波以波速 $v$ 向终端传播,终端接有电容 $C$。为了研究方便,设电压波到达终端的时刻为研究起点,即 $t=0$ 时刻电压波到达终端,且位置起点也在终点处,如图 9.2.20 中所示。

知识点132

当入射波到达终端时,发生反射,终端的电压电流满足

$$u_2 = u^+ + u^- = U_0 + u^-$$

$$i_2 = i^+ - i^- = I_0 - i^-$$

$$u^- = Z_C i^-$$

$$i_2 = C\frac{\mathrm{d}u_2}{\mathrm{d}t}$$

整理得

$$Z_{\mathrm{C}}C\frac{\mathrm{d}u_2}{\mathrm{d}t} + u_2 = 2U_0 \qquad (9.2.5)$$

也可利用 9.2.3 节中分析得到的求终端电压电流的集总参数等效电路进行求解，如图 9.2.21 所示，对该电路以电容电压 $u_2$ 列方程也可得出式(9.2.5)。

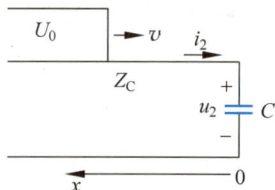

图 9.2.20 终端接电容的无损传输线

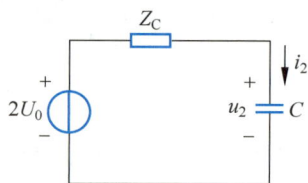

图 9.2.21 从电容向始端看入的等效电路

设电容上无初始储能，即 $u_2(0^-) = 0$，用三要素法求解得电容电压为

$$u_2 = 2U_0(1 - \mathrm{e}^{-\frac{t}{\tau}})\varepsilon(t) \qquad (9.2.6)$$

其中，$\tau = Z_{\mathrm{C}}C$ 为电路的时间常数。

由式(9.2.6)可求得电容电流为

$$i_2 = C\frac{\mathrm{d}u_2}{\mathrm{d}t} = \frac{2U_0}{Z_{\mathrm{C}}}\mathrm{e}^{-\frac{t}{\tau}}\varepsilon(t) \qquad (9.2.7)$$

进一步求得终端的电压、电流反射波分别为

$$u^-(0,t) = u_2 - u^+ = U_0(1 - 2\mathrm{e}^{-\frac{t}{\tau}})\varepsilon(t)$$

$$i^-(0,t) = i^+ - i_2 = \frac{u^-(0,t)}{Z_{\mathrm{C}}} = \frac{U_0}{Z_{\mathrm{C}}}(1 - 2\mathrm{e}^{-\frac{t}{\tau}})\varepsilon(t)$$

随着反射波向始端传播，到达线上任意一点 $x$，会产生延迟 $\frac{x}{v}$，因此任意一点的电压反射波、电流反射波可表示为

$$u^-(x,t) = U_0(1 - 2\mathrm{e}^{-(t-x/v)/\tau})\varepsilon\left(t - \frac{x}{v}\right)$$

$$i^-(x,t) = \frac{U_0}{Z_{\mathrm{C}}}(1 - 2\mathrm{e}^{-(t-x/v)/\tau})\varepsilon\left(t - \frac{x}{v}\right)$$

读者可以自己思考一下，如果 $x$ 的起点不在终点，而在起点，传输线长度为 $l$，那么线上任意一点的电压反射波、电流反射波该如何表示。

写出无损传输线上任意一点的总电压、总电流为

$$u(x,t) = U_0\varepsilon\left(t + \frac{x}{v}\right) + U_0(1 - 2\mathrm{e}^{-(t-x/v)/\tau})\varepsilon\left(t - \frac{x}{v}\right) \qquad (9.2.8)$$

$$i(x,t) = \frac{U_0}{Z_{\mathrm{C}}}\varepsilon\left(t + \frac{x}{v}\right) - \frac{U_0}{Z_{\mathrm{C}}}(1 - 2\mathrm{e}^{-(t-x/v)/\tau})\varepsilon\left(t - \frac{x}{v}\right) \qquad (9.2.9)$$

式(9.2.8)与式(9.2.9)中，当 $t<-\dfrac{x}{v}$ 时，$\varepsilon\left(t+\dfrac{x}{v}\right)=0$，意味着此时电压入射波、电流入射波尚未到达 $x$ 处。画出 $t=t_1(t_1>0)$ 时刻线上各点的电压、电流分布如图 9.2.22 所示。

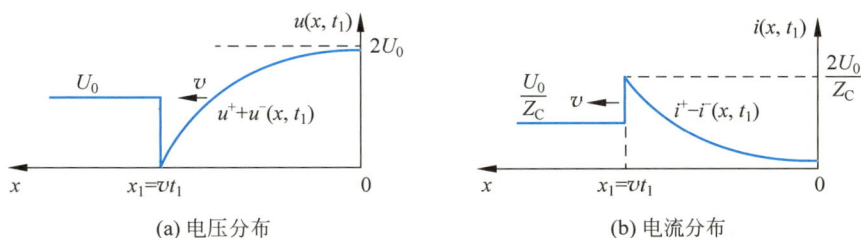

(a) 电压分布　　　　　　　　(b) 电流分布

图 9.2.22　$t_1(t_1>0)$ 时刻终端接电容的无损传输线上电压电流分布

对于 $t=t_1(t_1>0)$ 时刻，反射波到达 $x_1=vt_1$ 处，此处的电压、电流分别为

$$u(x_1,t_1)=U_0+U_0(1-2)=0$$

$$i(x_1,t_1)=\frac{U_0}{Z_C}-\frac{U_0}{Z_C}(1-2)=\frac{2U_0}{Z_C}$$

当反射波到达始端后，视始端的边界条件再进行分析，分析过程与上文类似，此处不再赘述。

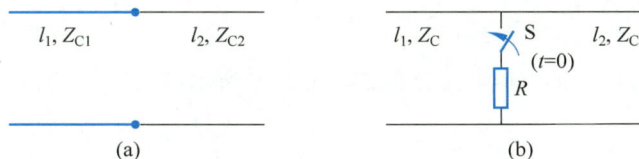

知识点132练习题和讨论

## 9.2.5　透射

电磁波沿传输线传播过程中，遇到与其他传输线的连接处，通常情况下除了会在本段传输线上产生反射外，还会向与之连接的其他传输线中产生透射。图 9.2.23 给出了两种常见的发生反射和透射的情况。在图 9.2.23(a)中，$l_1$、$l_2$ 是两段特性阻抗不同的均匀传输线，当电压(电流)波传播到两段传输线的连接点处，在 $l_1$ 中会产生反射，在 $l_2$ 中会产生透射；在图 9.2.23(b)中，虽然 $l_1$、$l_2$ 的特性阻抗相同，但是在 $t=0$ 时刻，开关 S 闭合，电阻 $R$ 接入电路中，电压(电流)波传播到连接点处，也会产生反射和透射。

知识点133

仍以无损传输线为例进行讨论。如图 9.2.24 所示，$l_1$、$l_2$ 是两段无损传输线，特性阻抗分别为 $Z_{C1}$、$Z_{C2}$，其上波速分别为 $v_1$、$v_2$。

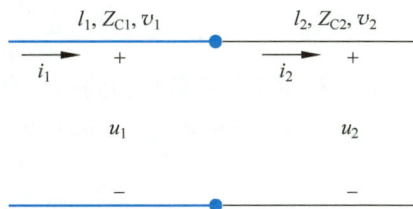

图 9.2.23　产生透射的典型电路　　　　　图 9.2.24　特性阻抗不同的两段传输线相连

当幅值为 $U_0$、$I_0\left(I_0=\dfrac{U_0}{Z_{C1}}\right)$ 的直流电压入射波 $u_1^+$、电流入射波 $i_1^+$ 传播到两段传输线的连接处时，一方面波在 $l_1$ 上会产生反射，另一方面将有波透射到 $l_2$ 中。设 $l_2$ 上的电压透

波为 $u_2^+$，电流透射波为 $i_2^+$，在发生反射和透射后瞬间 $l_1$、$l_2$ 上的电压电流满足以下关系

$$u_2 = u_1, \quad i_2 = i_1$$

$$u_1 = u_1^+ + u_1^- = U_0 + u_1^-$$

$$i_1 = i_1^+ - i_1^- = I_0 - i_1^-$$

$$u_1^- = Z_{C1} i_1^-$$

$$u_2 = u_2^+, \quad i_2 = i_2^+$$

$$u_2^+ = Z_{C2} i_2^+$$

解得

$$u_1 = u_2 = u_2^+ = \frac{2Z_{C2}}{Z_{C1} + Z_{C2}} U_0, \quad i_1 = i_2 = i_2^+ = \frac{2U_0}{Z_{C1} + Z_{C2}}$$

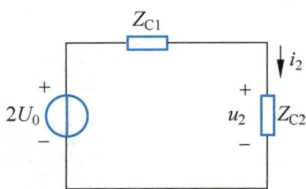

图 9.2.25　在两段传输线连接处的等效电路

上述结果也可以利用集总参数等效电路得到。根据 9.2.3 节中的分析，在 $l_1$、$l_2$ 连接处向 $l_1$ 侧看入的等效电路为电压值为 $2U_0$ 的电压源与特性阻抗 $Z_{C1}$ 的串联，而在 $l_1$、$l_2$ 连接处向 $l_2$ 侧看入时，无损传输线等效为一个与其特性阻抗相等的电阻，即 $Z_{C2}$，因此求透射波的等效电路如图 9.2.25 所示。计算电阻 $Z_{C2}$ 上的电压、电流就是透射到传输线 $l_2$ 的电压透射波和电流透射波。

定义**透射系数**

$$p = \frac{u_2^+}{u_1^+} = \frac{i_2^+}{i_1^+} \tag{9.2.10}$$

则在图 9.2.23(a) 场景下，有

$$p = \frac{2Z_{C2}}{Z_{C1} + Z_{C2}} \tag{9.2.11}$$

即 $u_2^+ = pU_0$。

进一步分析可得

$$u_1^- = u_1 - u_1^+ = \frac{Z_{C2} - Z_{C1}}{Z_{C2} + Z_{C1}} U_0 = nU_0$$

$$i_1^- = i_1^+ - i_1 = \frac{Z_{C2} - Z_{C1}}{Z_{C2} + Z_{C1}} I_0 = nI_0 \quad 或 \quad i_1^- = \frac{u_1^-}{Z_{C1}} = nI_0$$

与上文利用反射系数得到的结果是一致的。

画出发生反射和透射后瞬间两段传输线上的电压电流分布如图 9.2.26 所示（设 $Z_{C2} > Z_{C1}$）。

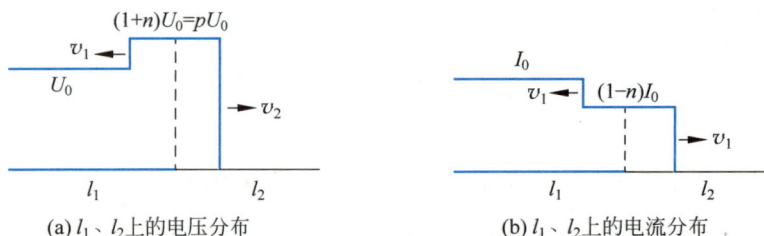

知识点133练习题和讨论

(a) $l_1$、$l_2$ 上的电压分布　　　　(b) $l_1$、$l_2$ 上的电流分布

图 9.2.26　两段传输线连接处的反射与透射

## 9.3　正弦激励下分布参数电路的稳态解

### 9.3.1　均匀传输线的正弦稳态解

知识点134

与集总参数电路的正弦稳态分析类似,均匀传输线(典型的分布参数电路)在正弦激励下的稳态也可以用相量法进行分析。

如图 9.3.1 所示,均匀传输线上任意一点的电压、电流在时间上都是相同频率的正弦量,但是其幅值和相位都是位置 $x$ 的函数。

设激励 $u_S = \sqrt{2}U\sin\omega t$,则均匀传输线上各点的电压、电流可以表示为

$$\left. \begin{array}{l} u(x,t) = \sqrt{2}U(x)\sin[\omega t + \varphi_u(x)] \\ i(x,t) = \sqrt{2}I(x)\sin[\omega t + \varphi_i(x)] \end{array} \right\} \tag{9.3.1}$$

图 9.3.1　正弦激励下均匀
传输线的稳态

其对应的相量形式为 $u(x,t) \rightarrow \dot{U}(x), i(x,t) \rightarrow \dot{I}(x)$,其中

$$\left. \begin{array}{l} \dot{U}(x) = U(x) \angle \varphi_u(x) \\ \dot{I}(x) = I(x) \angle \varphi_i(x) \end{array} \right\} \tag{9.3.2}$$

为了表达简便,下文一般不再写出自变量 $x$,而是直接写为 $\dot{U}、\dot{I}$,形式上与集总参数电路中的相量一致。

根据相量运算规则,可知

$$\frac{\partial u}{\partial t} \rightarrow j\omega\dot{U}, \quad \frac{\partial i}{\partial t} \rightarrow j\omega\dot{I}$$

将它代入均匀传输线电报方程

$$-\frac{\partial u}{\partial x} = R_0 i + L_0 \frac{\partial i}{\partial t}$$

$$-\frac{\partial i}{\partial x} = G_0 u + C_0 \frac{\partial u}{\partial t}$$

得到均匀传输线的电报方程的相量形式为

$$\left. \begin{array}{l} -\dfrac{\mathrm{d}\dot{U}}{\mathrm{d}x} = (R_0 + j\omega L_0)\dot{I} = Z_0\dot{I} \\ -\dfrac{\mathrm{d}\dot{I}}{\mathrm{d}x} = (G_0 + j\omega C_0)\dot{U} = Y_0\dot{U} \end{array} \right\} \tag{9.3.3}$$

其中,$Z_0 = R_0 + j\omega L_0$ 为单位长度均匀传输线的串联阻抗,$Y_0 = G_0 + j\omega C_0$ 为单位长度均匀传输线的并联导纳。

将式(9.3.3)中两个方程的等号两边再各对 $x$ 求一次导数,并将式(9.3.3)代入求导后的表达式中,得

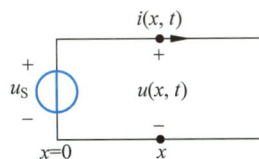

$$-\frac{\mathrm{d}^2\dot{U}}{\mathrm{d}x^2}=Z_0\frac{\mathrm{d}\dot{I}}{\mathrm{d}x}=-Z_0Y_0\dot{U} \left.\vphantom{\begin{matrix}a\\b\end{matrix}}\right\}$$

$$-\frac{\mathrm{d}^2\dot{I}}{\mathrm{d}x^2}=Y_0\frac{\mathrm{d}\dot{U}}{\mathrm{d}x}=-Z_0Y_0\dot{I} \tag{9.3.4}$$

定义

$$\gamma=\sqrt{Z_0Y_0} \tag{9.3.5}$$

称为均匀传输线的传播常数或传输常数。由于均匀传输线 $R_0\neq0,G_0\neq0$，因此其传播常数是一个复数，它包括衰减常数和相位常数，写成直角坐标形式为 $\gamma=\alpha+\mathrm{j}\beta$。当线路为无损传输线时，$\gamma=\mathrm{j}\omega\sqrt{L_0C_0}$，传播常数变为纯虚数。式(9.3.4)可改写为

$$\frac{\mathrm{d}^2\dot{U}}{\mathrm{d}x^2}=\gamma^2\dot{U}$$

$$\frac{\mathrm{d}^2\dot{I}}{\mathrm{d}x^2}=\gamma^2\dot{I}$$

这是一个关于变量 $x$ 的常系数的二阶常微分方程，它有两个不相等的根 $\pm\gamma$，因此电压的通解为

$$\dot{U}=A_1\mathrm{e}^{-\gamma x}+A_2\mathrm{e}^{\gamma x} \tag{9.3.6}$$

其中待定系数 $A_1$、$A_2$ 由边界条件确定，通常也是复数(因为变量 $\dot{U}$ 是复数)。边界条件可以是均匀传输线始端的电压电流，也可以是终端的电压电流。

根据式(9.3.3)进一步推导得出电流的通解为

$$\dot{I}=-\frac{1}{Z_0}\frac{\mathrm{d}\dot{U}}{\mathrm{d}x}=-\frac{1}{Z_0}(-A_1\gamma\mathrm{e}^{-\gamma x}+A_2\gamma\mathrm{e}^{\gamma x})$$

$$=\frac{\gamma}{Z_0}(A_1\mathrm{e}^{-\gamma x}-A_2\mathrm{e}^{\gamma x})$$

将式(9.3.5)所示的传播常数的定义代入，有

$$\frac{\gamma}{Z_0}=\frac{\sqrt{Z_0Y_0}}{Z_0}=\frac{1}{\sqrt{\dfrac{Z_0}{Y_0}}}$$

定义

$$Z_C=\sqrt{\frac{Z_0}{Y_0}} \tag{9.3.7}$$

称为均匀传输线的特性阻抗，单位为 $\Omega$，通常也是一个复数。如果是无损均匀传输线，则 $Z_0=\mathrm{j}\omega L_0,Y_0=\mathrm{j}\omega C_0,Z_C=\sqrt{\dfrac{L_0}{C_0}}$，特性阻抗变为纯电阻，与 9.1.1 节中给出的定义一致。电流的通解进一步改写为

$$\dot{I}=\frac{1}{Z_C}(A_1\mathrm{e}^{-\gamma x}-A_2\mathrm{e}^{\gamma x}) \tag{9.3.8}$$

式(9.3.6)和式(9.3.8)就是均匀传输线上电压电流的正弦稳态解。

进一步讨论式(9.3.6)与式(9.3.8)中的两项 $A_1 \mathrm{e}^{-\gamma x}$ 和 $A_2 \mathrm{e}^{\gamma x}$。将 $\gamma = \alpha + \mathrm{j}\beta$ 代入，则 $A_1 \mathrm{e}^{-\gamma x} = A_1 \mathrm{e}^{-\alpha x} \mathrm{e}^{-\mathrm{j}\beta x} = A_1 \mathrm{e}^{-\alpha x} \angle (-\beta x)$，$A_2 \mathrm{e}^{\gamma x} = A_2 \mathrm{e}^{\alpha x} \mathrm{e}^{\mathrm{j}\beta x} = A_2 \mathrm{e}^{\alpha x} \angle \beta x$。随着 $x$ 的增大（如图9.3.1所示，$x$ 的起点在始端，其正方向从始端指向终端），$\mathrm{e}^{-\alpha x}$ 减少，而 $\mathrm{e}^{\alpha x}$ 增大，表明 $A_1 \mathrm{e}^{-\gamma x}$ 的幅值随着 $x$ 的增大而衰减，而 $A_2 \mathrm{e}^{\gamma x}$ 的幅值随着 $x$ 的减小而衰减。考虑到均匀传输线是有损耗的，波的幅值衰减的方向应该与传播方向一致，因此 $A_1 \mathrm{e}^{-\gamma x}$ 的传播方向从始端向终端，表示入射波，$A_2 \mathrm{e}^{\gamma x}$ 的传播方向从终端向始端，表示反射波。无论是入射波还是反射波，电压（电流）波沿其传播方向每前进一个单位长度，其幅值衰减 $\mathrm{e}^{-\alpha}$，而相位延迟 $\beta$（单位是弧度）。这就是传播常数的物理意义，其实部 $\alpha$ 称为衰减常数，虚部 $\beta$ 称为相位常数。

与9.2节中的分析类似，式(9.3.6)和式(9.3.8)所示的均匀传输线的电压电流的正弦稳态解也可以表示为

$$\dot{U} = \dot{U}^+ + \dot{U}^-, \quad \dot{I} = \dot{I}^+ - \dot{I}^-$$

$$\frac{\dot{U}^+}{\dot{I}^+} = \frac{\dot{U}^-}{\dot{I}^-} = Z_\mathrm{C} = |Z_\mathrm{C}| \angle \varphi \tag{9.3.9}$$

其中，$\dot{U}^+ = A_1 \mathrm{e}^{-\gamma x}$，$\dot{U}^- = A_2 \mathrm{e}^{\gamma x}$。由式(9.3.9)可以看出，特性阻抗的模表示同向传播的电压波和电流波的有效值的比，而特性阻抗的阻抗角表示同向传播的电压波和电流波的相位差。如果是无损传输线，其特性阻抗是一实数，这意味着同向传播的电压波和电流波是同相位的，它们的有效值之比等于特性阻抗。

### 1. 已知始端边界条件

设已知始端($x=0$)电压 $\dot{U}(0) = \dot{U}_1$，电流 $\dot{I}(0) = \dot{I}_1$，将该边界条件代入式(9.3.6)和式(9.3.8)，得

$$\dot{U}(0) = \dot{U}_1 = A_1 + A_2$$

$$\dot{I}(0) = \dot{I}_1 = \frac{1}{Z_\mathrm{C}}(A_1 - A_2)$$

解得

$$A_1 = \frac{1}{2}(\dot{U}_1 + Z_\mathrm{C}\dot{I}_1), \quad A_2 = \frac{1}{2}(\dot{U}_1 - Z_\mathrm{C}\dot{I}_1)$$

则电压电流的正弦稳态解为

$$\dot{U}(x) = \frac{1}{2}(\dot{U}_1 + Z_\mathrm{C}\dot{I}_1)\mathrm{e}^{-\gamma x} + \frac{1}{2}(\dot{U}_1 - Z_\mathrm{C}\dot{I}_1)\mathrm{e}^{\gamma x} \tag{9.3.10}$$

$$\dot{I}(x) = \frac{1}{2}\left(\frac{\dot{U}_1}{Z_\mathrm{C}} + \dot{I}_1\right)\mathrm{e}^{-\gamma x} - \frac{1}{2}\left(\frac{\dot{U}_1}{Z_\mathrm{C}} - \dot{I}_1\right)\mathrm{e}^{\gamma x} \tag{9.3.11}$$

利用双曲函数 $\cosh\gamma x = \frac{1}{2}(\mathrm{e}^{\gamma x} + \mathrm{e}^{-\gamma x})$，$\sinh\gamma x = \frac{1}{2}(\mathrm{e}^{\gamma x} - \mathrm{e}^{-\gamma x})$，电压和电流的正弦稳态解还可以分别改写为

$$\dot{U}(x) = \dot{U}_1 \cosh\gamma x - Z_\mathrm{C}\dot{I}_1 \sinh\gamma x \tag{9.3.12}$$

$$\dot{I}(x) = -\frac{\dot{U}_1}{Z_C}\sinh\gamma x + \dot{I}_1\cosh\gamma x \qquad (9.3.13)$$

式(9.3.10)与式(9.3.11)分别是已知电压、电流正弦稳态解的指数形式，而式(9.3.12)与式(9.3.13)分别是已知电压、电流正弦稳态解的三角函数形式，前者物理概念清晰，入射波、反射波一目了然；后者形式简洁，如果将长度为 $x$ 的均匀传输线抽象为一个二端口网络的话，可以很方便地得到二端口传输参数。

**2. 已知终端边界条件**

设均匀传输线长度为 $l$，已知终端($x=l$)电压 $\dot{U}(l) = \dot{U}_2$，电流 $\dot{I}(l) = \dot{I}_2$，如图9.3.2所示，将该边界条件代入式(9.3.7)和式(9.3.8)，得

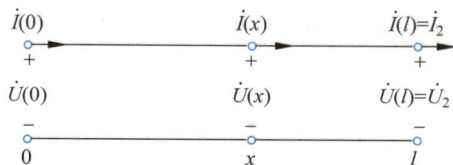

**图 9.3.2　已知终端边界条件的长度为 $l$ 的均匀传输线**

$$\dot{U}(l) = \dot{U}_2 = A_1\mathrm{e}^{-\gamma l} + A_2\mathrm{e}^{\gamma l}$$

$$\dot{I}(l) = \dot{I}_2 = \frac{1}{Z_C}(A_1\mathrm{e}^{-\gamma l} - A_2\mathrm{e}^{\gamma l})$$

解得 $A_1 = \frac{1}{2}(\dot{U}_2 + Z_C\dot{I}_2)\mathrm{e}^{\gamma l}$，$A_2 = \frac{1}{2}(\dot{U}_2 - Z_C\dot{I}_2)\mathrm{e}^{-\gamma l}$，代入上式，得到电压和电流的正弦稳态解分别为

$$\dot{U}(x) = \frac{1}{2}(\dot{U}_2 + Z_C\dot{I}_2)\mathrm{e}^{\gamma(l-x)} + \frac{1}{2}(\dot{U}_2 - Z_C\dot{I}_2)\mathrm{e}^{-\gamma(l-x)} \qquad (9.3.14)$$

$$\dot{I}(x) = \frac{1}{2}\left(\frac{\dot{U}_2}{Z_C} + \dot{I}_2\right)\mathrm{e}^{\gamma(l-x)} - \frac{1}{2}\left(\frac{\dot{U}_2}{Z_C} - \dot{I}_2\right)\mathrm{e}^{-\gamma(l-x)} \qquad (9.3.15)$$

为了表示方便，令 $x'=l-x$，表示线上任意一点距终端的距离，如图9.3.3所示，式(9.3.14)和式(9.3.15)可以分别改写为

$$\dot{U}(x') = \frac{1}{2}(\dot{U}_2 + Z_C\dot{I}_2)\mathrm{e}^{\gamma x'} + \frac{1}{2}(\dot{U}_2 - Z_C\dot{I}_2)\mathrm{e}^{-\gamma x'} \qquad (9.3.16)$$

$$\dot{I}(x') = \frac{1}{2}\left(\frac{\dot{U}_2}{Z_C} + \dot{I}_2\right)\mathrm{e}^{\gamma x'} - \frac{1}{2}\left(\frac{\dot{U}_2}{Z_C} - \dot{I}_2\right)\mathrm{e}^{-\gamma x'} \qquad (9.3.17)$$

**图 9.3.3　以终端为起点的均匀传输线**

同样可以用双曲函数将式(9.3.16)和式(9.3.17)分别改写为

$$\dot{U}(x') = \dot{U}_2\cosh\gamma x' + Z_C\dot{I}_2\sinh\gamma x' \qquad (9.3.18)$$

$$\dot{I}(x') = \frac{\dot{U}_2}{Z_C}\sinh\gamma x' + \dot{I}_2\cosh\gamma x' \qquad (9.3.19)$$

如果将从距离终端 $x'$ 到终端的这一段均匀传输线抽象为一个二端口网络,由式(9.3.18)和式(9.3.19)可以得到其传输参数为

$$T = \begin{bmatrix} \cosh\gamma x' & Z_C\sinh\gamma x' \\ \dfrac{1}{Z_C}\sinh\gamma x' & \cosh\gamma x' \end{bmatrix}$$

显然,这是一个对称二端口网络。

**例 9.3.1** 已知一均匀传输线,其特性参数 $Z_0 = 0.427\angle 79°\ \Omega/\text{km}$,$Y_0 = 2.7\times 10^{-6}\angle 90°\ \text{S/km}$,终端电压 $\dot{U}_2 = 220\angle 0°\ \text{kV}$,电流 $\dot{I}_2 = 455\angle 0°\ \text{A}$,频率 $f = 50\text{Hz}$。求距离终端 900km 处的电压和电流。

**解** 由已知条件,可得

特性阻抗 $Z_C = \sqrt{\dfrac{Z_0}{Y_0}} = 397.7\angle -5.5°\ \Omega$

传播常数

$$\gamma = \sqrt{Z_0 Y_0} = 1.074\times 10^{-3}\angle 84.5° = (0.103 + \text{j}1.069)\times 10^{-3}\ 1/\text{km}$$

$x = 900\text{km}$ 时,$\gamma x = 0.093 + \text{j}0.962$

因此,$e^{\gamma x} = 0.628 + \text{j}0.9$,$e^{-\gamma x} = 0.521 - \text{j}0.747$

$$\cosh\gamma x = \frac{1}{2}(e^{\gamma x} + e^{-\gamma x}) = 0.5745 + \text{j}0.0765 = 0.580\angle 7.58°$$

$$\sinh\gamma x = \frac{1}{2}(e^{\gamma x} - e^{-\gamma x}) = 0.0535 + \text{j}0.8235 = 0.825\angle 86.28°$$

代入式(9.3.18)和式(9.3.19),得

$$\dot{U}(x)\big|_{x=900\text{km}} = \dot{U}_2\cosh\gamma x + Z_C\dot{I}_2\sinh\gamma x = 222.7\angle 47.5°\ \text{kV}$$

$$\dot{I}(x)\big|_{x=900\text{km}} = \frac{\dot{U}_2}{Z_C}\sinh\gamma x + \dot{I}_2\cosh\gamma x = 549.8\angle 63.3°\ \text{A}$$

写成时域表达式为

$$u(x,t)\big|_{x=900\text{km}} = 222.7\sqrt{2}\sin(100\pi t + 47.5°)\ \text{kV}$$

$$i(x,t)\big|_{x=900\text{km}} = 549.8\sqrt{2}\sin(100\pi t + 63.3°)\ \text{A}$$

知识点134练习题和讨论

## 9.3.2 均匀传输线上的行波

由 9.3.1 节中的内容可知,正弦激励下到达稳态时,均匀传输线上的电压和电流都包括入射波和反射波两部分。以已知始端边界条件的求解结果为例进行,此时均匀传输线上的电压为

知识点135

$$\dot{U}(x) = \frac{1}{2}(\dot{U}_1 + Z_C\dot{I}_1)e^{-\gamma x} + \frac{1}{2}(\dot{U}_1 - Z_C\dot{I}_1)e^{\gamma x} = \dot{U}^+ + \dot{U}^-$$

其中

$$\dot{U}^+ = \frac{1}{2}(\dot{U}_1 + Z_C\dot{I}_1)e^{-\gamma x} = A_1 e^{-\gamma x}$$

$$\dot{U}^- = \frac{1}{2}(\dot{U}_1 - Z_C \dot{I}_1)e^{\gamma x} = A_2 e^{\gamma x}$$

进一步将复系数 $A_1$、$A_2$ 写成极坐标形式，即 $A_1 = |A_1| \angle \varphi_1$，$A_2 = |A_2| \angle \varphi_2$，又 $e^{-\gamma x} = e^{-\alpha x}e^{-j\beta x} = e^{-\alpha x}\angle -\beta x$，$e^{\gamma x} = e^{\alpha x}e^{j\beta x} = e^{\alpha x}\angle \beta x$，因此电压的入射波和反射波可写为

$$\dot{U}^+ = A_1 e^{-\gamma x} = |A_1| e^{-\alpha x}\angle(-\beta x + \varphi_1)$$

$$\dot{U}^- = A_2 e^{\gamma x} = |A_2| e^{\alpha x}\angle(\beta x + \varphi_2)$$

其对应的时域表达式为

$$\left. \begin{array}{l} u^+(x,t) = \sqrt{2}|A_1| e^{-\alpha x}\sin(\omega t - \beta x + \varphi_1) \\ u^-(x,t) = \sqrt{2}|A_2| e^{\alpha x}\sin(\omega t + \beta x + \varphi_2) \end{array} \right\} \tag{9.3.20}$$

其中，$\omega$ 是激励的角频率，$\beta$ 是传播常数中的相位常数。式(9.3.20)表明，无论是电压入射波还是反射波，其幅值（或有效值）仅随位置而变化，而相位既随位置变化，也随时间变化。

以入射波 $u^+(x,t) = \sqrt{2}|A_1|e^{-\alpha x}\sin(\omega t - \beta x + \varphi_1)$ 为例，讨论其相位变化规律。不妨假设其有效值为常数，即 $\alpha = 0$。考查入射波上一点 A，在 $t_0$ 时刻位于位置 $x_0$ 处，即其相位为 $\varphi_0 = \omega t_0 - \beta x_0 + \varphi_1$；当时间增加 $\Delta t$ 变为 $t_0 + \Delta t$ 时，A 点前进至 $x_0 + \Delta x$ 处，由于此时电压波无衰减，即

$$\sqrt{2}|A_1|\sin(\omega t_0 - \beta x_0 + \varphi_1) = \sqrt{2}|A_1|\sin[\omega(t_0 + \Delta t) - \beta(x_0 + \Delta x) + \varphi_1]$$

假设 $\Delta t$ 足够小，不考虑相位增加 $2k\pi(k = 1,2,\cdots)$ 的情况，则

$$\omega t_0 - \beta x_0 + \varphi_1 = \omega(t_0 + \Delta t) - \beta(x_0 + \Delta x) + \varphi_1$$

$$\Delta x = \frac{\omega}{\beta}\Delta t$$

可见，当 $t$ 增加时，即 $\Delta t > 0$ 时，$\Delta x > 0$，A 点沿入射波的传播方向（从始端向终端）行进，因此称为"正向行波"，波的行进速度为

$$v = \frac{\Delta x}{\Delta t} = \frac{\omega}{\beta}$$

也称为相速度（相速）。波在一个周期 $T$ 内的位移大小称为波长，用 $\lambda$ 表示，则

$$\lambda = vT = \frac{\omega}{\beta}T = \frac{2\pi}{\beta}$$

对反射波分析可以得到类似的结果，即反射波沿 $x$ 减小的方向（从终端向始端）行进，称为反向行波。

由式(9.3.20)所示的行波表达式，可以发现行波具有以下特点（以入射波为例）：

(1) 对于均匀传输线上任意一点，假设其位于位置 $x_0$ 处，$u^+(x_0,t) = \sqrt{2}|A_1|e^{-\alpha x_0}\sin(\omega t - \beta x_0 + \varphi_1)$，可见该点的电压随时间按正弦规律变化，其有效值与该点的位置有关，如图 9.3.4 所示。

(2) 在任一时间点 $t_0$，$u^+(x,t_0) = \sqrt{2}|A_1|e^{-\alpha x}\sin(\omega t_0 - \beta x + \varphi_1)$，电压入射波沿均匀传输线从始端到终端的分布为衰减的正弦波，如图 9.3.5 所示，入射波的有效值沿传播方向按指数规律衰减。

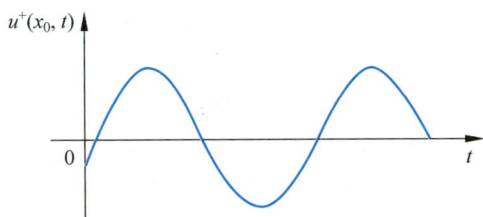

图 9.3.4 固定传输线上任意一点看到的行波随时间的变化规律

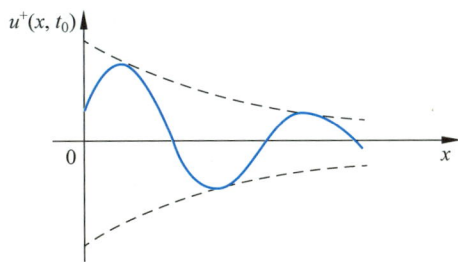

图 9.3.5 任一时间点均匀传输线上电压行波随位移的变化规律

求得电压、电流的入射波和反射波后,我们可以参照 9.2.2 节中的分析,定义均匀传输线上正弦稳态时的反射系数为

$$n = \frac{\dot{U}^-}{\dot{U}^+} = \frac{\dot{I}^-}{\dot{I}^+}$$

根据已知终端边界条件求得的结果即式(9.3.16)和式(9.3.17),可以得出

$$n(x) = \frac{\frac{1}{2}(\dot{U}_2 - Z_C \dot{I}_2)e^{-\gamma x}}{\frac{1}{2}(\dot{U}_2 + Z_C \dot{I}_2)e^{\gamma x}} \tag{9.3.21}$$

其中,$x$ 为距终端的距离。可见,反射系数的值与位置有关,即均匀传输线处于正弦稳态时线上各点的反射系数是不一样的。这与我们在 9.2.2 节中得到的无损传输线在恒定激励下反射系数是一个常数并不矛盾,因为传输线无损,衰减常数 $\alpha = 0$;因为是恒定激励,相位常数 $\beta = 0$,因此传播常数 $\gamma = 0$,式(9.3.21)所示的反射系数就退化成为一个与位置无关的量。

假设均匀传输线终端接有负载 $Z_2$,即 $\dot{U}_2 = Z_2 \dot{I}_2$,根据式(9.3.21),在均匀传输线的终端 $x = 0$ 处的反射系数为

$$n(0) = \frac{Z_2 - Z_C}{Z_2 + Z_C}$$

与 9.2.3 节中推导出的结果(式(9.2.4))一致。

下面讨论终端接几种特殊负载时对应的反射系数。

### 1. 终端接特性阻抗

如图 9.3.6 所示,终端所接阻抗 $Z_2 = Z_C$,由式(9.3.21)可知,$n(x) = 0$,即均匀传输线上没有反射波,电压和电流都只有入射波,因此

$$\dot{U}(x) = \dot{U}^+(x) = \frac{1}{2}(\dot{U}_2 + Z_C \dot{I}_2)e^{\gamma x} = \dot{U}_2 e^{\gamma x}$$

$$\dot{I}(x) = \dot{I}^+(x) = \frac{1}{2}\left(\frac{\dot{U}_2}{Z_C} + \dot{I}_2\right)e^{\gamma x} = \dot{I}_2 e^{\gamma x}$$

从线上任意一点向终端看入的等效阻抗为

$$Z(x) = \frac{\dot{U}(x)}{\dot{I}(x)} = \frac{\dot{U}_2 e^{\gamma x}}{\dot{I}_2 e^{\gamma x}} = Z_2 = Z_C$$

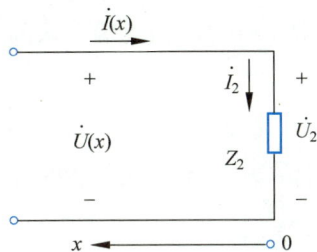

图 9.3.6 均匀传输线终端接特性阻抗

均匀传输线上各点电压、电流的有效值为

$$U(x) = U_2 e^{\alpha x}, \quad I(x) = I_2 e^{\alpha x}$$

其沿均匀传输线的分布如图9.3.7所示。可见，均匀传输线终端接特性阻抗时，电压电流有效值按指数规律从始端向终端单调衰减。

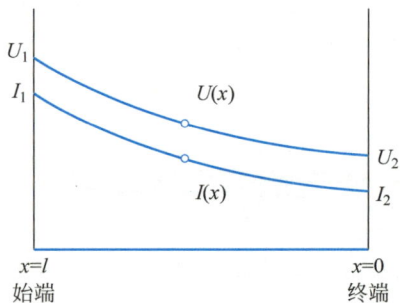

图 9.3.7　均匀传输线终端接特性阻抗时电压电流有效值的沿线分布

在高压输电系统中，均匀传输线终端所接阻抗等于其特性阻抗时，称为"阻抗匹配"，此时负载所获得的功率称为输电线路的自然功率。自然功率是表征系统输电特性的一个重要参量，通常用来衡量线路的输电能力。采用分裂导线时，我国 220kV 输电系统能传输的自然功率约为 160MW，500kV 输电系统能传输的自然功率约为 900MW，1000kV 输电系统能传输的自然功率约为 5000MW。

**2. 终端开路**

图9.3.6中，终端开路时，$Z_2 \to \infty$，$\dot{I}_2 = 0$，由式(9.3.21)得

$$n(x) = e^{-2\gamma x}$$

在终端 $x = 0$ 处，$n(0) = 1$，发生全反射。由式(9.3.18)和式(9.3.19)可以求得此时均匀传输线上各处的电压电流为

$$\dot{U}(x) = \dot{U}_2 \cosh\gamma x, \quad \dot{I}(x) = \frac{\dot{U}_2}{Z_C} \sinh\gamma x$$

在始端 $x = l$ 处，向终端看入的等效阻抗为

$$Z_{oc}(l) = \frac{\dot{U}(l)}{\dot{I}(l)} = Z_C \coth\gamma l \tag{9.3.22}$$

**3. 终端短路**

图9.3.6中，终端短路时，$Z_2 = 0$，$\dot{U}_2 = 0$，由式(9.3.21)得

$$n(x) = -e^{-2\gamma x}$$

在终端 $x = 0$ 处，$n(0) = -1$，仍然发生全反射，但是反射波与入射波反相。由式(9.3.18)和式(9.3.19)可以求得此时均匀传输线上各处的电压电流为

$$\dot{U}(x) = Z_C \dot{I}_2 \sinh\gamma x, \quad \dot{I}(x) = \dot{I}_2 \cosh\gamma x$$

在始端 $x = l$ 处，向终端看入的等效阻抗为

$$Z_{sc}(l) = \frac{\dot{U}(l)}{\dot{I}(l)} = Z_C \tanh\gamma l \tag{9.3.23}$$

由式(9.3.22)和式(9.3.23)可以求出均匀传输线的特性阻抗与传播常数为

$$Z_C = \sqrt{Z_{oc}(l) Z_{sc}(l)}, \quad \tanh\gamma l = \sqrt{\frac{Z_{sc}(l)}{Z_{oc}(l)}} \to \gamma$$

知识点135练习题和讨论

在某些情况下,这可以作为实验测定均匀传输线的特性阻抗与传播常数的一种方法。

### 9.3.3　无损传输线的正弦稳态解

有了均匀传输线的正弦稳态解,我们只需令线路的 $R_0=0$ 和 $G_0=0$,就能推导出无损传输线的正弦稳态解,此时无损传输线的传播常数、特性阻抗和波速分别为

知识点136

$Z_C=\sqrt{\dfrac{L_0}{C_0}}$,为纯电阻;

$\gamma=\mathrm{j}\omega\sqrt{L_0 C_0}=\mathrm{j}\beta$,为纯虚数;

$v=\dfrac{\omega}{\beta}=\dfrac{1}{\sqrt{L_0 C_0}}$,与 9.1.2 节中的定义完全一致。

因此
$$\cosh\gamma x=\cosh\mathrm{j}\beta x=\cos\beta x,\quad \sinh\gamma x=\sinh\mathrm{j}\beta x=\mathrm{j}\sin\beta x$$

若已知始端边界条件,由式(9.3.12)和式(9.3.13)可得无损传输线上电压电流的正弦稳态解为

$$\dot{U}(x)=\dot{U}_1\cos\beta x-\mathrm{j}Z_C\dot{I}_1\sin\beta x \tag{9.3.24}$$

$$\dot{I}(x)=-\mathrm{j}\dfrac{\dot{U}_1}{Z_C}\sin\beta x+\dot{I}_1\cos\beta x \tag{9.3.25}$$

其中 $x$ 为距始端的距离。

若已知终端边界条件,由式(9.3.18)和式(9.3.19)可得无损传输线上电压和电流的正弦稳态解分别为

$$\dot{U}(x)=\dot{U}_2\cos\beta x+\mathrm{j}Z_C\dot{I}_2\sin\beta x \tag{9.3.26}$$

$$\dot{I}(x)=\mathrm{j}\dfrac{\dot{U}_2}{Z_C}\sin\beta x+\dot{I}_2\cos\beta x \tag{9.3.27}$$

其中 $x$ 为距终端的距离。

此时终端如果接有负载 $Z_2$,即 $\dot{U}_2=Z_2\dot{I}_2$,则由式(9.3.26)和式(9.3.27)可以得出无损传输线上距终端 $x$ 处向终端看入的等效阻抗为

$$Z(x)=\dfrac{\dot{U}(x)}{\dot{I}(x)}=Z_C\dfrac{Z_2\cos\beta x+\mathrm{j}Z_C\sin\beta x}{\mathrm{j}Z_2\sin\beta x+Z_C\cos\beta x} \tag{9.3.28}$$

知识点136练习题
和讨论

### 9.3.4　无损传输线上的驻波现象

由 9.3.1 节和 9.3.2 节的分析可知,均匀传输线上电压、电流的正弦稳态解一般由入射波和反射波组成(终端接特性阻抗时无反射波)。无论是入射波还是反射波,都是行波,相速度是 $\dfrac{\omega}{\beta}$。下面分析无损传输线终端接不同负载时电压电流的正弦稳态解的组成,电路仍然如图 9.3.6 所示。

知识点137

### 1. 终端接特性阻抗

无损传输线终端接特性阻抗时，$Z_2 = Z_C$，$\dot{U}_2 = Z_C \dot{I}_2$，传输线上没有反射波，电压和电流都只有入射波，由式(9.3.26)和式(9.3.27)得无损传输线上距终端 $x$ 处的电压、电流为

$$\dot{U}(x) = \dot{U}_2 \cos\beta x + \mathrm{j} Z_C \dot{I}_2 \sin\beta x = \dot{U}_2 \mathrm{e}^{\mathrm{j}\beta x} \tag{9.3.29}$$

$$\dot{I}(x) = \mathrm{j} \frac{\dot{U}_2}{Z_C} \sin\beta x + \dot{I}_2 \cos\beta x = \dot{I}_2 \mathrm{e}^{\mathrm{j}\beta x} \tag{9.3.30}$$

写成相应的时域表达式为

$$u(x,t) = \sqrt{2} U_2 \sin(\omega t + \beta x + \varphi) \tag{9.3.31}$$

$$i(x,t) = \sqrt{2} I_2 \sin(\omega t + \beta x + \varphi) \tag{9.3.32}$$

其中，$\varphi$ 为终端电压的初相位。由于终端接的是特性阻抗，对于无损传输线而言，特性阻抗是一实数，$\dot{U}_2 = Z_C \dot{I}_2$，因此终端电压电流同相，电流的初相位也是 $\varphi$。

回顾 9.3.2 节中对式(9.3.20)的分析，可知式(9.3.31)与式(9.3.32)表示的也是行波，而且幅值无衰减(因为线路无损)，波速为 $v = -\dfrac{\omega}{\beta}$，因为式中 $x$ 的起点在终端，方向由终端指向始端，波速为负，表示电压(电流)波的实际传播方向由始端向终端，为正向行波。

### 2. 终端开路

终端开路时，$Z_2 \to \infty$，$\dot{I}_2 = 0$，由式(9.3.29)和式(9.3.30)得无损传输线上距终端 $x$ 处的电压、电流分别为

$$\dot{U}(x) = \dot{U}_2 \cos\beta x \tag{9.3.33}$$

$$\dot{I}(x) = \mathrm{j} \frac{\dot{U}_2}{Z_C} \sin\beta x \tag{9.3.34}$$

设 $\dot{U}_2 = U_2 \angle 0°$，写出线上各点电压和电流相应的时域表达式分别为

$$u(x,t) = \sqrt{2} U_2 \sin\omega t \cos\beta x \tag{9.3.35}$$

$$i(x,t) = \sqrt{2} \frac{U_2}{Z_C} \sin(\omega t + 90°) \sin\beta x = \sqrt{2} \frac{U_2}{Z_C} \cos\omega t \sin\beta x \tag{9.3.36}$$

对比式(9.3.31)、式(9.3.32)与式(9.3.35)、式(9.3.36)可以发现，二者在表达式形式上有很大区别。式(9.3.31)与式(9.3.32)表示的是行波，其相位既与时间有关，又与空间位置有关，而式(9.3.35)与式(9.3.36)表示的电压(电流)波其时间相位 $\omega t$ 与空间相位 $\beta x$ 是解耦的，对于空间位置固定的一点 $x_0$，其空间相位 $\beta x_0$ 不随时间的变化而变化，就好像波形在空间是"驻扎"不动的，因此称为"驻波"。

为了更直观地表示驻波的特点，以电压波为例，画出几个不同时间点电压波在无损传输线上的分布，如图 9.3.8 所示，其中 $t_1 = 0$、$t_2 = \dfrac{T}{12}$、$t_3 = \dfrac{T}{4}$、$t_4 = \dfrac{3T}{4}$。

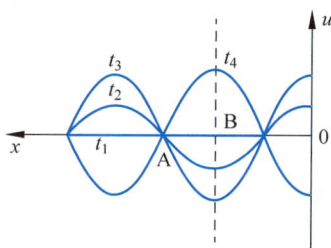

图 9.3.8　不同时刻的驻波波形

从图 9.3.8 可以看出，驻波具有以下特点：

（1）对于一个确定的时间 $t$，电压沿位置 $x$ 按余弦分布；

（2）对于一个确定的位置 $x$，电压随时间 $t$ 按正弦变化，变化的幅值与位置有关，幅值最大的点称为波腹，如图 9.3.8 中 B 点所在位置，幅值最小的点（等于零）称为波节，如图 9.3.8 中 A 点所在位置；

（3）波腹和波节的位置固定不变，对于终端开路的无损传输线，在终端处，电压波是波腹，电流波是波节；

（4）线上各点电压大小随时间同步地按正弦规律变化。

进一步讨论驻波上的能量关系。由于在波节处，电压（电流）为零，因此该点的瞬时功率为零，且波节的位置固定不变，电压波的波腹对应电流波的波节，电压波的波节则对应电流波的波腹，因此驻波的能量只能在相邻的波腹和波节之间发生形式转换，如电场能转换为磁场能，或磁场能转换为电场能（在机械系统中，则是动能和势能的转换），相邻波腹和波节之间的总能量守恒。

下面分析在终端开路的无损传输线上出现驻波的原因。将式（9.3.35）进行三角变换，可得

$$u(x,t) = \sqrt{2}\,U_2 \sin\omega t \cos\beta x$$
$$= \frac{\sqrt{2}}{2} U_2 \left[ \sin(\omega t + \beta x) + \sin(\omega t - \beta x) \right]$$
$$= u^+ + u^-$$

其中，$u^+ = \dfrac{\sqrt{2}}{2} U_2 \sin(\omega t + \beta x)$，波速 $v = -\dfrac{\omega}{\beta}$，波速为负意味着波的实际传播方向与 $x$ 的正方向相反，即从始端向终端，为入射波；$u^- = \dfrac{\sqrt{2}}{2} U_2 \sin(\omega t - \beta x)$，波速 $v = \dfrac{\omega}{\beta}$，波速为正则意味着波的实际传播方向与 $x$ 的正方向相同，即从终端向始端，为反射波。因此，驻波是由幅值相同、波速大小相同、传播方向相反的两个正弦行波叠加而成的。在波节处，入射波和反射波相位相反，互相抵消；在波腹处，入射波和反射波相位相同，互相叠加。

由式（9.3.33）和式（9.3.34）可以得出无损传输线终端开路时，传输线上电压和电流都是驻波，在终端 $x=0$ 处，电压是波腹，电流是波节，距终端 $x$ 处的入端等效阻抗为

$$Z(x) = \frac{\dot{U}(x)}{\dot{I}(x)} = -\mathrm{j}Z_C \cot\beta x \tag{9.3.37}$$

可见，$Z(x)$ 为一纯电抗，电抗的大小和性质随位置 $x$ 而变化，且是位置 $x$ 的周期函数。

当 $\beta x = k\pi (k=0,1,2\cdots)$，即当 $x = \dfrac{k\pi}{\beta} = \dfrac{k\pi}{\dfrac{\omega}{v}} = \dfrac{k\pi}{\dfrac{2\pi}{vT}} = k\dfrac{\lambda}{2}$（$\lambda$ 为电压波的波长）时，$Z(x) \to$ $\infty$，入端等效阻抗为无穷大，相当于开路；由于无损传输线的电路模型中只有电感和电容，此处相当于发生了并联谐振。

当 $\beta x = \left(k+\dfrac{1}{2}\right)\pi (k=0,1,2\cdots)$，即当 $x = \left(k+\dfrac{1}{2}\right)\dfrac{\pi}{\beta} = \left(k+\dfrac{1}{2}\right)\dfrac{\lambda}{2}$ 时，$Z(x)=0$，入端等效阻抗为零，相当于短路，此处相当于发生了串联谐振。

当 $\beta x \in \left(k, k+\dfrac{1}{2}\right)\pi (k=0,1,2\cdots)$，即当 $x \in (2k, 2k+1)\dfrac{\lambda}{4}$ 时，$\cot\beta x > 0$，$Z(x)$ 为一负的纯虚数，入端等效阻抗相当于一电容。

当 $\beta x \in \left(k+\dfrac{1}{2}, k+1\right)\pi (k=0,1,2\cdots)$，即当 $x \in (2k+1, 2k+2)\dfrac{\lambda}{4}$ 时，$\cot\beta x < 0$，$Z(x)$ 为一正的纯虚数，入端等效阻抗相当于一电感。

画出式(9.3.37)中 $Z(x)$ 随位置 $x$ 变化的曲线如图9.3.9所示。

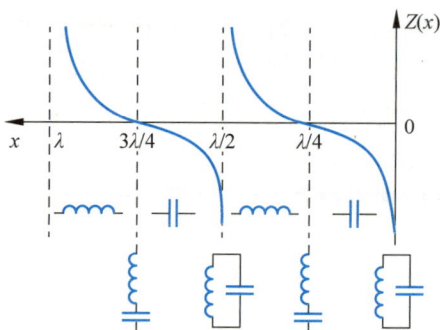

图 9.3.9　终端开路的无损传输上各处向终端看入的等效阻抗

如果将图 9.3.9 水平翻转，即横轴的正方向变为我们比较习惯的从左向右，则曲线形状与纯电抗网络的端口等效电抗随频率变化的曲线非常相似，曲线上各点的斜率都为正，串联谐振点和并联谐振点交替出现。

### 3. 终端短路

无损传输线终端短路时，$Z_2 = 0$，$\dot{U}_2 = 0$，由式(9.3.29)和式(9.3.30)得无损传输线上距终端 $x$ 处的电压、电流分别为

$$\dot{U}(x) = j\dot{I}_2 Z_{\mathrm{C}}\sin\beta x \tag{9.3.38}$$

$$\dot{I}(x) = \dot{I}_2\cos\beta x \tag{9.3.39}$$

设 $\dot{I}_2 = I_2\angle 0°$，写出线上各点电压、电流相应的时域表达式分别为

$$u(x,t) = \sqrt{2}\,I_2 Z_{\mathrm{C}}\cos\omega t\sin\beta x$$

$$i(x,t) = \sqrt{2}\,I_2\sin\omega t\cos\beta x$$

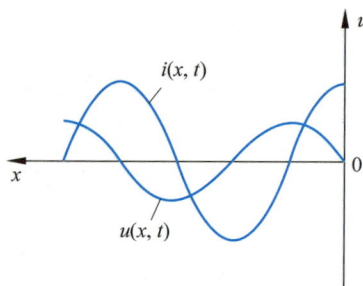

图 9.3.10　终端短路的无损传输线上的电压电流波形

可见，此时无损传输线上的电压（电流）波也是驻波。在终端 $x=0$ 处，电压波是波节，电流波是波腹，传输线上电压电流分布如图9.3.10所示。

由式(9.3.38)和式(9.3.39)可以得出终端短路的无损传输线距终端 $x$ 处入端等效阻抗为

$$Z(x) = \dfrac{\dot{U}(x)}{\dot{I}(x)} = jZ_{\mathrm{C}}\tan\beta x \tag{9.3.40}$$

可见，$Z(x)$ 也是一纯电抗，是距离 $x$ 的周期函数。

当 $\beta x = k\pi(k=0,1,2\cdots)$，即当 $x = k\dfrac{\lambda}{2}$（$\lambda$ 为电压波的波长）时，$Z(x) = 0$，入端等效阻抗为零，相当于短路，此处相当于发生了串联谐振；

当 $\beta x = \left(k+\dfrac{1}{2}\right)\pi(k=0,1,2\cdots)$，即当 $x = \left(k+\dfrac{1}{2}\right)\dfrac{\lambda}{2}$ 时，$Z(x) \to \infty$，入端等效阻抗为无穷大，相当于开路，此处相当于发生了并联谐振；

当 $\beta x \in \left(k,k+\dfrac{1}{2}\right)\pi(k=0,1,2\cdots)$，即当 $x \in (2k,2k+1)\dfrac{\lambda}{4}$ 时，$\tan\beta x > 0$，$Z(x)$ 为一正的纯虚数，入端等效阻抗相当于一电感；

当 $\beta x \in \left(k+\dfrac{1}{2},k+1\right)\pi(k=0,1,2\cdots)$，即当 $x \in (2k+1,2k+2)\dfrac{\lambda}{4}$ 时，$\tan\beta x < 0$，$Z(x)$ 为一负的纯虚数，入端等效阻抗相当于一电容。

画出式(9.3.40)中 $Z(x)$ 随位置 $x$ 变化的曲线如图 9.3.11 所示。

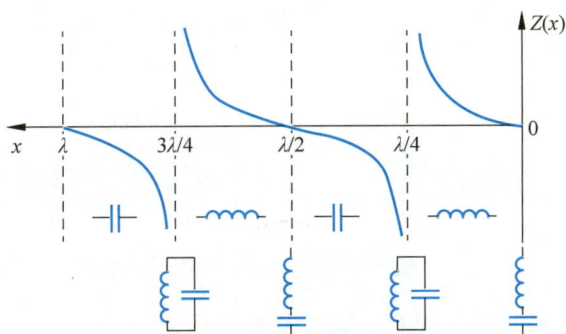

图 9.3.11　终端短路的无损传输线线上各处向终端看入的等效阻抗

对比图 9.3.9 和图 9.3.11 可以看出，长度小于 $\dfrac{\lambda}{4}$ 的无损传输线终端开路时相当于一电容，而终端短路时则相当于一电感；长度等于 $\dfrac{\lambda}{4}$ 的无损传输线终端开路时从始端看入相当于短路，终端短路时从始端看入相当于开路。无损传输线的这些性质在工程应用中非常有实用价值。

**例 9.3.2**　无损架空线特性阻抗 $Z_C = 500\Omega$，线路长度 $l = 20\mathrm{m}$，线上传输的信号频率 $f = 1\mathrm{MHz}$，波速为光速。欲使其入端阻抗为零，问终端应该接什么样的负载？

**解**　由图 9.3.9 可知，终端开路的长度等于 $\dfrac{1}{4}$ 波长的无损传输线其入端阻抗为零。根据已知条件，可求得波长为

$$\lambda = \frac{v}{f} = \frac{3 \times 10^8}{1 \times 10^6} = 300\mathrm{m}$$

$\dfrac{\lambda}{4} = 75\mathrm{m}$，题目中线路的实际长度为 20m，因此只要接入的负载相当于长度为 $(75-20) = 55\mathrm{m}$ 的终端开路的无损传输线的入端等效阻抗即可，由图 9.3.9 可知，应该为一电容，由式(9.3.37)可求得其电抗为

$$Z(x) = -jZ_C\cot\beta x = -j500\cot\left(\frac{2\pi\times10^6}{3\times10^8}\times55\right)\,\Omega$$

$$= -j222.6\,\Omega$$

电容值为

$$C = \frac{1}{2\pi f\mid Z(x)\mid} = 714.9\,pF$$

**例 9.3.3** 特性阻抗为 $Z_{C1}$ 的无损传输线终端接负载电阻 $Z_2(Z_2\neq Z_{C1})$，如何才能使得 $Z_2$ 与 $Z_{C1}$ 匹配？

**解** 负载匹配是指将负载 $Z_2$ 与变换网络相连接，使得变换后的等效负载等于 $Z_{C1}$。取一长度为 $\frac{1}{4}$ 波长、特性阻抗为 $Z_{C2}$ 的无损传输线作为变换网络，将其跨接在原无损传输线终端与负载电阻 $R_L$ 之间，如图 9.3.12 所示。

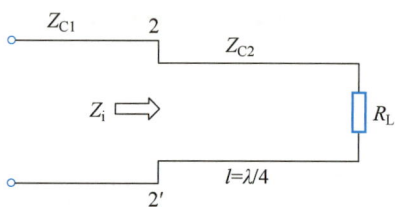

由式(9.3.28)得 2—2′ 处的入端等效阻抗为

$$Z_i = Z_{C2}\frac{R_L\cos\beta x + jZ_{C2}\sin\beta x}{jR_L\sin\beta x + Z_{C2}\cos\beta x} = Z_{C2}\frac{R_L + jZ_{C2}\tan\beta x}{jR_L\tan\beta x + Z_{C2}}$$

由于 $x = \frac{\lambda}{4}$，$\beta x = \frac{\pi}{2}$，因此

$$Z_i = \frac{Z_{C2}^2}{R_L}$$

**图 9.3.12** 利用 $\frac{1}{4}$ 波长的无损传输线实现阻抗匹配

负载匹配时，$Z_i = Z_{C1}$，则 $Z_{C2} = \sqrt{Z_{C1}R_L}$。特性阻抗为 $Z_{C2}$、长度为 $\frac{1}{4}$ 波长的无损传输线起到了阻抗变换的作用。

**4. 终端接纯电抗**

当无损传输线终端接纯电抗负载时，如果是电感，则相当于在原传输线终端接了一段长度小于 $\frac{1}{4}$ 波长的终端短路的无损传输线，如图 9.3.13 所示；如果是电容，相当于在原传输线终端接了一段长度小于 $\frac{1}{4}$ 波长的终端开路的无损传输线，如图 9.3.14 所示。

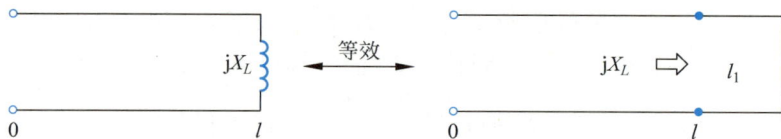

**图 9.3.13** 无损传输线终端接电感

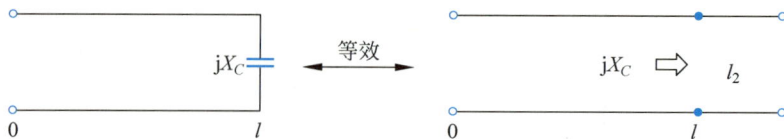

**图 9.3.14** 无损传输线终端接电感

由式(9.3.40)可以求得图 9.3.13 中长度 $l_1$ 为

$$Z(l_1) = \mathrm{j}Z_C \tan\beta l_1 = \mathrm{j}X_L \Rightarrow l_1 = \frac{\lambda}{2\pi}\arctan\frac{X_L}{Z_C}$$

由式(9.3.37)可以求得图 9.3.14 中长度 $l_2$ 为

$$Z(l_2) = -\mathrm{j}Z_C \cot\beta l_2 = \mathrm{j}X_C \Rightarrow l_2 = \frac{\lambda}{2\pi}\mathrm{arccot}\frac{-X_C}{Z_C}$$

由图 9.3.13 和图 9.3.14 可知,无损传输线终端接纯电抗时,传输线上的电压(电流)波也是驻波,但是终端处的电压电流既不是波腹,也不是波节。以图 9.3.13 所示终端接电感的情况为例,无损传输线上的电压电流分布如图 9.3.15 所示,将电感等效为一段长度为 $l_1$ 的终端短路的无损传输线后,电压电流分布就与图 9.3.10 所示的完全一样。

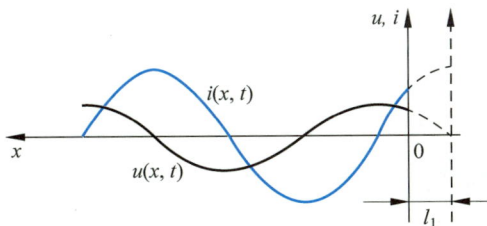

图 9.3.15  终端接电感情况下无损传输线上的电压电流分布

### 5. 终端接任意阻抗

无损传输线终端接任意阻抗 $Z_2$,即 $\dot{U}_2 = Z_2\dot{I}_2$,由式(9.3.16)、式(9.3.21)可知,此时无损传输线上电压入射波、反射波及反射系数分别为

$$\dot{U}^+(x) = \frac{1}{2}(\dot{U}_2 + Z_C\dot{I}_2)\mathrm{e}^{\mathrm{j}\beta x} = U^+ \angle(\varphi^+ + \beta x)$$

$$\dot{U}^-(x) = \frac{1}{2}(\dot{U}_2 - Z_C\dot{I}_2)\mathrm{e}^{-\mathrm{j}\beta x}$$

$$n(x) = \frac{\frac{1}{2}(\dot{U}_2 - Z_C\dot{I}_2)\mathrm{e}^{-\mathrm{j}\beta x}}{\frac{1}{2}(\dot{U}_2 + Z_C\dot{I}_2)\mathrm{e}^{\mathrm{j}\beta x}} = \frac{Z_2 - Z_C}{Z_2 + Z_C}\mathrm{e}^{-\mathrm{j}2\beta x} = N\angle(\theta - 2\beta x)$$

其中,$U^+$、$\varphi^+$ 表示入射波在终端 $x=0$ 处的有效值和初相位,$N$、$\theta$ 表示在终端 $x=0$ 处反射系数的幅值和相位。

反射波用入射波和反射系数分别表示为

$$\dot{U}^-(x) = n(x)\dot{U}^+(x) = NU^+\angle(\varphi^+ - \beta x + \theta)$$

写出入射波、反射波的时域表达形式,分别为

$$u^+(x,t) = \sqrt{2}U^+\sin(\omega t + \beta x + \varphi^+)$$

$$u^-(x,t) = \sqrt{2}NU^+\sin(\omega t - \beta x + \varphi^+ + \theta)$$

则无损传输线上的电压为

$$u(x,t) = u^+(x,t) + u^-(x,t)$$

$$= \sqrt{2}U^+\sin(\omega t + \beta x + \varphi^+) + \sqrt{2}NU^+\sin(\omega t - \beta x + \varphi^+ + \theta)$$

对上式进行三角函数变换,整理得到终端接任意阻抗时无损传输线上的电压为

$$u(x,t)=\sqrt{2}U^+[\sin(\omega t+\beta x+\varphi^+)+\sin(\omega t-\beta x+\varphi^++\theta)]+$$
$$(N-1)\sqrt{2}U^+\sin(\omega t-\beta x+\varphi^++\theta)$$
$$=2\sqrt{2}U^+\sin(\omega t+\varphi^++0.5\theta)\cos(\beta x-0.5\theta)+$$
$$(N-1)\sqrt{2}U^+\sin(\omega t-\beta x+\varphi^++\theta) \tag{9.3.41}$$

式(9.3.41)等号右边第一项$2\sqrt{2}U^+\sin(\omega t+\varphi^++0.5\theta)\cos(\beta x-0.5\theta)$显然是驻波的表达式,第二项$(N-1)\sqrt{2}U^+\sin(\omega t-\beta x+\varphi^++\theta)$则是行波的表达式。也就是说,当无损传输线终端接任意阻抗时,线上的电压波中既有驻波分量,也有行波分量。对电流波进行分析可以得到同样的结果,本书不再赘述。

知识点137练习题和讨论

# 习题

9.1 已知工频50Hz的某无损传输线的参数为$X_0=0.284\Omega/\text{km}$,$B_0=3.91\times10^{-6}\text{S/km}$,求其特性阻抗和波速。

9.2 一均匀传输线参数为$R_0=0.7\Omega/\text{km}$,$L_0=1\text{mH/km}$,$G_0=8.9\times10^{-6}\text{S/km}$,$C_0=1.12\times10^{-8}\text{F/km}$,工作频率为50Hz。(1)求其特性阻抗与传播常数;(2)若均匀传输线长20km,终端接一负载$Z_L=100\angle20°\Omega$,终端电压为10kV,求稳态时始端电压和始端电流。

9.3 无损均匀传输线电路如题图9.3所示。始端接电压源$u_S(t)=300V$,内阻$R_i=100\Omega$,负载$R_1=R_2=200\Omega$,$Z_{C1}=50\Omega$,$Z_{C2}=200\Omega$。$t=0$时开关S闭合,S闭合前电路已达稳态,线上的波速均为$v$。(1)求开关闭合后两段传输线上的波过程,并画出电阻$R_1$、$R_2$上电压随时间变化的曲线$\left(0<t<\dfrac{3l}{v}\right)$;(2)稳态时传输线上和负载电阻$R_1$、$R_2$中的电流各为多少?

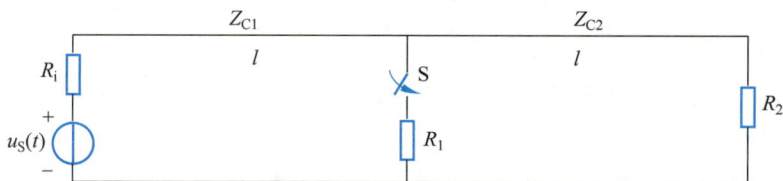

题图 9.3

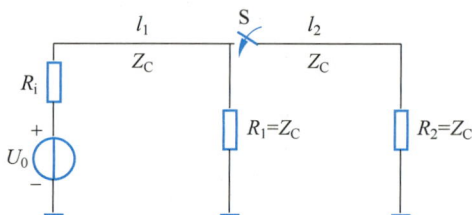

题图 9.4

9.4 题图9.4所示电路中,$l_1$、$l_2$均为无损均匀传输线,特性阻抗均为$Z_C$,且$l_1=l_2=l$,线上的波速均为$v$。$R_i$、$R_1$、$R_2$均为集总参数电阻,$R_i=100\Omega$,$R_1=R_2=Z_C=500\Omega$,$U_0=900V$。开关S闭合前$l_1$上已充电,且已达稳态。$t=0$时闭合开关S。(1)求开关闭合后$l_1$、

$l_2$ 的波过程,并画出电阻 $R_1$、$R_2$ 上电压随时间变化的曲线 $\left(0 < t < \dfrac{3l}{v}\right)$；(2)稳态时线上和负载电阻 $R_1$、$R_2$ 中的电流各为多少?

9.5 题图 9.5 所示电路中,$l_1$,$l_2$ 均为无损均匀传输线,且 $l_1 = l_2 = l$；$l_1$ 的特性阻抗为 $Z_C = 500\Omega$,$l_2$ 的特性阻抗为 $2Z_C$,线上的波速均为 $v$。始端所接电源为恒定电压源 $U_0 = 100\text{kV}$,$R$ 为集总参数电阻,$R = 2Z_C$,电容 $C = 10\mu\text{F}$,其上无初始储能。开关 S 闭合前,传输线已达稳态,$t = 0$ 时闭合开关 S。试求开关闭合后 $0 < t < \dfrac{3l}{v}$ 期间线上的波过程,并画出 $t = \dfrac{2.5l}{v}$ 时线上电压、电流的分布图。

9.6 题图 9.6 所示电路中,$l_1$,$l_2$ 均为无损均匀传输线,其上波速均为 $v$,且 $l_1 = 2l_2 = l$；$l_1$ 的特性阻抗为 $Z_C = 500\Omega$,$l_2$ 的特性阻抗为 $2Z_C$,$R_L = 2Z_C$,电容 $C = 10\mu\text{F}$,其上无初始储能。始端接恒定电压源 $U_0 = 100\text{kV}$,$t = 0$ 时闭合开关 S。试求开关闭合后 $0 < t < \dfrac{2l}{v}$ 期间传输线上的波过程,并画出 $t = \dfrac{1.5l}{v}$ 时线上电压、电流的分布图。

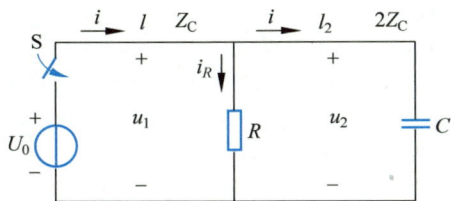

题图 9.5

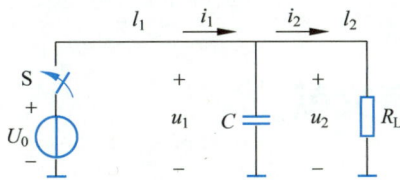

题图 9.6

9.7 题图 9.7 所示电路中,$l_1$,$l_2$ 均为无损均匀传输线,特性阻抗均为 $Z_C$,且 $l_1 = l_2 = l$,线上的波速均为 $v$。$C = 250\mu\text{F}$,$R_L = Z_C = 400\Omega$。$t = 0$ 时开关 S 闭合,闭合前电路已达稳态。求开关闭合后 $0 < t < \dfrac{2l}{v}$($v$ 为波速)期间传输线上电压 $u_1$、$u_2$ 和电流 $i_1$、$i_2$,并画出 $t = \dfrac{1.5l}{v}$ 时线上的电压、电流分布。

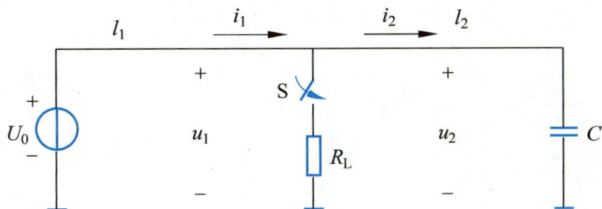

题图 9.7

9.8 一无损架空输电线特性阻抗 $Z_C = 500\Omega$,始端接频率为 $50\text{Hz}$、有效值 $U_S = 500\text{kV}$ 的电源,电磁波传播速度近似为光速。根据线路安全运行要求,终端开路时,空载过电压 $U_{OC} \le 1.4U_S$,假设线路中没有任何无功补偿设备。求线路最大传输距离为多少?定性画出此时线路上电压、电流有效值的分布曲线，以及电源发出的功率。

9.9 一无损均匀传输线如题图9.9所示，线路长 $l = 25\text{m}$。在正弦稳态下，其始端至终端的传输参数矩阵为 $T = \begin{bmatrix} -0.867 & j251\Omega \\ j9.89 \times 10^{-4}\text{S} & -0.867 \end{bmatrix}$。电磁波以光速传播。求：(1)相位系数 $\beta$ 和特性阻抗 $Z_\text{C}$；(2)若想使得在距离始端 $x = 15\text{m}$ 处向终端看入的等效阻抗为 0，问终端应接什么类型的负荷 $Z_\text{L}$？并求具体的值。

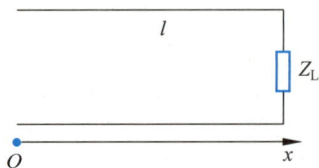

题图 9.9

9.10 已知一均匀传输线工作在正弦稳态下，以终端作为坐标原点（即 $x = 0$）的线上任一点的电压、电流瞬时值表达式分别为

$$u(x,t) = \sqrt{2}\,U_1 e^{-\alpha x} \sin(\omega t - \beta x + \psi_1) + \sqrt{2}\,U_2 e^{\alpha x} \sin(\omega t + \beta x + \psi_2)$$

$$i(x,t) = \sqrt{2}\,I_1 e^{-\alpha x} \sin(\omega t - \beta x + \psi_3) + \sqrt{2}\,I_2 e^{\alpha x} \sin(\omega t + \beta x + \psi_4)$$

(1) 分别写出电压、电流的入射波和反射波的相量表达式；

(2) 写出线上任一点电压、电流的相量表达式；

(3) 写出用电压、电流表示的从线上任一点向终端看入的等效阻抗；

(4) 该传输线的波阻抗 $Z_\text{C}$ 等于多少？

(5) 线上任一点的电压、电流反射系数等于多少？

# 参考文献

[1] 江缉光.电路原理[M].2版.北京：清华大学出版社,1997.

[2] 邱关源.电路[M].4版.北京：高等教育出版社,1999.

附 录 **A**

# 电路基本概念的引入

　　本附录从电磁场基本理论出发,建立电压、电流和功率等电路基本概念,介绍电压、电流的唯一性理论,引入 KCL 和 KVL 等电路基本定律,给出集总参数元件(电阻 $R$、电感 $L$、电容 $C$、互感 $M$)的定义。期望读者能够理解电磁场理论与电路理论的内在联系,认识"场"与"路"二者的统一性。

# A1 电流

由于电路分析中研究的电流基本上都是在金属导体中流动，可以假设载流子的方向始

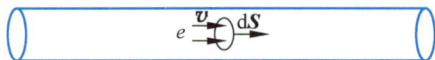

图 A1.1 电流

终沿着导体，即如图 A1.1 所示。图中 $dS$ 表示导体中与电流方向垂直的面积元，$v$ 为载流子速度，$e$ 为单位载流子电荷量，$n$ 为单位体积内载流子的数量。根据电流的定义（式(0.2.1)）可知，在 $dt$ 时间内通过 $dS$ 的电流 $di$ 为

$$di = \frac{dq}{dt} = \frac{en\,dt\,(v \cdot dS)}{dt} = env \cdot dS$$

此时定义电流密度为 $J = env$，则有

$$di = J \cdot dS$$

然后对上式进行积分，可知

$$i = \iint_S J \cdot dS \tag{A1.1}$$

除了大小以外，电流的一个非常重要的性质就是方向。电流的方向定义为正载流子定向移动的方向，即与负载流子(如电子)移动相反的方向。

在电磁学中，如果需要具体计算流过某个面 $S$ 的电流 $i$ 的数值，首先需要明确 $S$ 的法线方向。如果认为导体是笔直的，同时电荷在导体中的流动是均匀的，就可以用导体的横截面来计算电流 $i$。假设图 A1.1 中是正载流子。如果希望计算从左向右流动的电流，则 $dS$ 法线方向向右，考虑到 $J$ 的方向即 $v$ 的方向也向右，因此式(A1.1)可写为 $i=JS>0$，即实际上在导体中从左向右流动正的电流。如果希望计算从右向左流动的电流，则 $dS$ 法线方向向左，而 $J$ 的方向向右，因此式(A1.1)可写为 $i=-JS<0$，即实际上在导体中从右向左流动负的电流，等同于从左向右流动正的电流。可见 $dS$ 法线方向的选取并不会影响最终电流 $i$ 计算的结果。因此要想计算 $i$ 必须先假设 $dS$ 法线方向(即希望计算的电流的方向)。这等同于电路分析中先假设电流 $i$ 的参考方向。

# A2 电压

静电场具有保守性，即静电场中电场强度的线积分仅取决于起点(A)和终点(B)的位置而与连接起点和终点的路径无关。

为了表征静电场中 A 和 B 两点之间的关系，引入了电位差(电势差)的概念，用以表示电场力将正电荷($dq$)从 A 移动到 B 所做的功，即 A 点与 B 点间的电位差($\varphi_A - \varphi_B$)定义为

$$\varphi_A - \varphi_B = \frac{dw_{AB}}{dq} = \frac{\int_A^B F \cdot dl}{dq} = \frac{\int_A^B dq E \cdot dl}{dq} = \int_A^B E \cdot dl \tag{A2.1}$$

式中，$dq$ 称为检验电荷，$E$ 为电场强度，$dl$ 为路径的切线方向。如果选择 P 点为参考点，则

可以定义 A 点的电位为 $\varphi_A = \int_A^P \boldsymbol{E} \cdot \mathrm{d}\boldsymbol{l}$。在电磁学中,参考点的选择视方便而定,理论分析中一般将无穷远选作参考点,实际分析中一般将大地选作参考点。

直流电源激励的电路是恒定电流场,场中 A、B 两点的电压 $u_{AB}$ 表示为两点之间的电位差,即

$$u_{AB} = \varphi_A - \varphi_B = \int_A^B \boldsymbol{E} \cdot \mathrm{d}\boldsymbol{l} \tag{A2.2}$$

从式(A2.2)可以看出,A 点和 B 点之间的电压即从 A 点到 B 点电位降低的值(这个值可能为正,也可能为负),因此经常把电压也称作电位降,有时甚至用电压降来强调降落的含义。在电路中,参考点(也称为零电位点)的选取一般来说是任意的,不过特定的电路分析方法可能对参考点的选择有一定的要求。

类似于电流中的讨论,可知要想计算电压 $u$ 必须先假设 $\mathrm{d}\boldsymbol{l}$ 的方向(即希望计算的电压的方向)。这等同于电路分析中先假设电压 $u$ 的参考方向。

## A3　电功率

假设有正载流子在图 A3.1 所示的某电路元件中定向流动,电场强度 $\boldsymbol{E}$ 在电路元件中均匀分布,考察 $\mathrm{d}t$ 时间段中电场力对正电荷 $\mathrm{d}q$ 所做的功。设电场强度 $\boldsymbol{E}$ 的方向向右,则电荷量为 $\mathrm{d}q$ 的正电荷受到大小为 $F$,方向向右的电场力。这个电场力使得正电荷向右流动,速度为 $\boldsymbol{v}$。

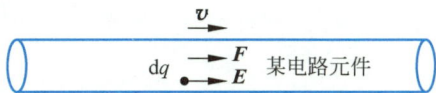

图 A3.1　电功率的推导

根据电场强度的定义可知 $\boldsymbol{F} = \mathrm{d}q\boldsymbol{E}$,在 $\mathrm{d}t$ 时间内电场力对正电荷做功为

$$\mathrm{d}w = Fv\mathrm{d}t = \mathrm{d}qEv\mathrm{d}t$$

根据功率的定义 $p = \mathrm{d}w/\mathrm{d}t$,可知

$$p = \mathrm{d}qEv = \frac{\mathrm{d}q}{\mathrm{d}t}Ev\mathrm{d}t$$

假设计算 $t$ 时刻电流 $i$ 的 $\mathrm{d}\boldsymbol{S}$ 法线方向为从左向右,计算电压 $u$ 的 $\mathrm{d}\boldsymbol{l}$ 方向也为从左向右。根据电流的定义式(0.2.1)可知,上式中的 $\mathrm{d}q/\mathrm{d}t$ 即为流经电路元件的电流 $i(t)$。根据式(A2.2)可知,上式中 $Ev\mathrm{d}t$ 即为电路元件两端的电压 $u(t)$。因此有

$$p(t) = i(t)u(t) \tag{A3.1}$$

从图 A3.1 和式(A3.1)的推导过程可以看出,式(A3.1)表示了电压电流为关联参考方向时电场力对正电荷做功的功率,即电路元件吸收的电功率。

反之可得,如果电流和电压采用非关联的参考方向,则电路元件吸收的电功率为

$$p(t) = -i(t)u(t) \tag{A3.2}$$

由式(A3.1)式(A3.2)可知,电功率和电流以及电压一样,也是随时间变化的量,称为瞬时功率。

因为电路中存在电源,因此可能有元件发出电功率的情况。求元件发出的电功率可以有两种方法。第一种方法是利用式(A3.1)或式(A3.2)求元件吸收的功率,其相反数即为该元件发出电功率。第二种方法是采用与图 A3.1 类似的方法进行推导其他力使得单位正

电荷克服电场力做的功,此时 $F$ 的正方向与 $E$ 的正方向相反。可以得出电流与电压采用关联参考方向时元件发出的电功率可用式(A3.2)计算,采用非关联参考方向时发出的电功率用式(A3.1)计算。两种方法均可采用。

# A4 电压和电流的唯一性

本节要讨论一个比较深入的问题,即在什么条件下电路元件能够用集总参数电路模型来表示。

这里我们仅讨论两接线端元件。对于如图 A4.1 所示的两接线端元件,用电路模型来表示其外特性意味着用式(0.2.1)和式(0.2.2)分别定义的流经元件的电流和接线端之间的电压必须满足两个条件:任意时刻流入接线端 A 的电流等于流出接线端 B 的电流(即接线端电流的唯一性),接线

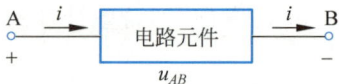

图 A4.1　能够用电路模型建模的电路元件

端之间的电压 $u_{AB}$ 唯一确定(即接线端电压的唯一性)。只有满足这两个条件之后,才能讨论接线端电流和电压的关系,从而得到其集总参数电路模型。

为了便于讨论,将电磁场中电流和电压的定义重写如下:

$$i = \iint_S \boldsymbol{J} \cdot \mathrm{d}\boldsymbol{S} \tag{A4.1}$$

$$u_{AB} = \int_A^B \boldsymbol{E} \cdot \mathrm{d}\boldsymbol{l} \tag{A4.2}$$

在恒定电流场中有环路定理

$$\oint_L \boldsymbol{E} \cdot \mathrm{d}\boldsymbol{l} = 0 \tag{A4.3}$$

此外,根据恒定电流场的定义可知

$$\oiint_S \boldsymbol{J} \cdot \mathrm{d}\boldsymbol{S} = 0 \tag{A4.4}$$

如果电路元件满足式(A4.3),则根据静电场的保守性可知 $u_{AB}$ 唯一确定。此外,如果电路元件满足式(A4.4),即在包围该电路元件的闭合曲面上对电流密度进行积分结果为零,可知从 A 接线端流入的电流等于从 B 接线端流出的电流。

如果电路元件满足式(A4.3)和式(A4.4),则其具有接线端电流和电压的唯一性。可是式(A4.3)和式(A4.4)是基于静电场和恒定电流场的公式,实际情况往往存在着电场和磁场相互耦合的现象。根据法拉第电磁感应定律和电流连续性方程有

$$\oint_L \boldsymbol{E} \cdot \mathrm{d}\boldsymbol{l} = -\frac{\mathrm{d}\Phi}{\mathrm{d}t} \tag{A4.5}$$

$$\oiint_S \boldsymbol{J} \cdot \mathrm{d}\boldsymbol{S} = -\frac{\mathrm{d}q_{\mathrm{int}}}{\mathrm{d}t} \tag{A4.6}$$

式中,$\Phi$ 表示磁通量,$q_{\mathrm{int}}$ 表示闭合曲面内包含的电荷。因此实际情况中元件一般不再满足式(A4.3)和式(A4.4),从而很难实现电路模型要求的接线端电流和电压的唯一性。

虽然精确考察每个电路元件时式(A4.3)和式(A4.4)不再成立,但基于以下两个原因,

可以建立具有唯一的接线端电流和电压的电路模型。首先,虽然变化的磁场将产生感应电动势,但如果磁场的变化率比起感兴趣的信号的电压幅值来说相差很远,则可以在精度许可的条件下将其忽略。同样,变化的电荷将产生电流,但如果电荷的变化率比起感兴趣的信号的电流幅值来说相差很远,则可以在精度许可的条件下将其忽略。这就是正文中提到过的抽象观点和工程观点的应用。其次,可以通过改变积分路径、积分曲面(即改变电路元件的空间范围)来使电路元件满足式(A4.3)和式(A4.4)。比如,如果存在两个接近的线圈 A 和 B,则对于线圈 A 来说,存在线圈 B 产生并与线圈 A 交链的磁通(或磁链),因此式(A4.3)可能不成立。但如果将两个线圈之间相互交链的磁通(或磁链)进行合理的建模,还是可以将这两个线圈一起建模成互感的电路模型。

通过上述讨论得到的结论是:电路元件可建模为集总参数电路模型的两个条件是,选择元件的边界使得在包围元件的任意闭合路径上有

$$\frac{\mathrm{d}\Phi}{\mathrm{d}t} = 0 \tag{A4.7}$$

同时选择元件的边界,使得元件内部有

$$\frac{\mathrm{d}q_{\mathrm{int}}}{\mathrm{d}t} = 0 \tag{A4.8}$$

结合 0.8 节的讨论可知,如果一个电路元件满足

(1) 包围元件的任意闭合路径上有 $\frac{\mathrm{d}\Phi}{\mathrm{d}t} = 0$;

(2) 包含元件的任意曲面内部有 $\frac{\mathrm{d}q_{\mathrm{int}}}{\mathrm{d}t} = 0$;

(3) 该元件的尺寸与电路中信号的波长相差很远。

则该元件可以建模成电路的集总参数模型。

将实际电路元件建模成集总参数模型后,再用理想导线将其相互连接起来,就构成了待分析的电路模型。类似于前面元件接线端电压和电流的唯一性,要使得电路中任意两点之间的电压唯一,任意支路上的电流唯一,通过类似的推导过程,可以得到集总参数电路的条件为

(1) 电路中任意闭合路径上有 $\frac{\mathrm{d}\Phi}{\mathrm{d}t} = 0$;

(2) 电路中任意闭合曲面内部有 $\frac{\mathrm{d}q_{\mathrm{int}}}{\mathrm{d}t} = 0$;

(3) 电路尺寸与电路中信号的波长相差很远。

值得指出的是,上面的条件(1)和条件(2)分别是分析动态电路时磁链守恒和电荷守恒的依据。

## A5　KCL

设电路满足 A4 小节的集总参数条件,在某节点上有 3 条支路,实际电流密度方向 $\boldsymbol{J}_1$、$\boldsymbol{J}_2$ 和 $\boldsymbol{J}_3$ 分别如图 A5.1 所示。在该节点上画一个闭合曲面,曲面的正方向指向外部。

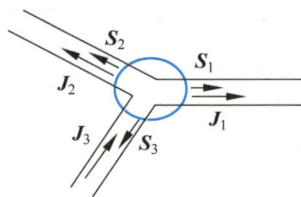

图 A5.1 KCL 的推导

图 A5.1 所示的闭合曲面包围了一个节点，根据集总参数电路的条件，在该闭合曲面内部满足 $\dfrac{dq_{int}}{dt}=0$，于是在该闭合曲面上对电流密度进行积分，有

$$\oiint_S \boldsymbol{J} \cdot d\boldsymbol{S} = 0 \tag{A5.1}$$

由于电流仅在支路中流动，因此式(A5.1)所示的面积分仅在 3 条支路的横截面上有非零值，再利用

$$i = \iint_S \boldsymbol{J} \cdot d\boldsymbol{S}$$

根据 A1 节中对于电流方向的讨论可知 $i_1=J_1 S_1$，$i_2=J_2 S_2$，$i_3=-J_3 S_3$，代入式(A5.1)，就可以得到

$$i_1 + i_2 - i_3 = 0 \tag{A5.2}$$

注意，这里讨论的是实际电流满足式(A5.2)。

由于该节点是任意选取的，因此对集总参数电路中的任意节点，在任意时刻得到基尔霍夫电流定律(Kirchhoff current law，KCL)

$$\sum i = 0 \tag{A5.3}$$

即流出任意节点的实际电流的代数和为零。

如果将式(A5.2)等号左边符号为负的电流移动到等号右边，则 KCL 可以写为

$$\sum_{out} i = \sum_{in} i \tag{A5.4}$$

即流出某节点的实际电流之和等于流入该节点的实际电流之和。式(A5.3)和式(A5.4)是等价的。

由于电流的参考方向是任意假设的，因此有必要讨论一下参考电流是否也满足式(A5.3)和式(A5.4)。设一个节点有 $k$ 条支路，在这些支路上的实际电流分别为 $i_1$、$i_2$、$\cdots$、$i_k$，对应的参考电流分别为 $i_1'$、$i_2'$、$\cdots$、$i_k'$。对于连接到该节点的第 $j$ 条支路电流来说，或者满足 $i_j=i_j'$，或者满足 $i_j=-i_j'$。在 $i_1$、$i_2$、$\cdots$、$i_k$ 中，不失一般性，设 $i_1$、$\cdots$、$i_l$ 为实际流出节点的电流，$i_{l+1}$、$\cdots$、$i_k$ 为实际流入该节点的电流。根据式(A5.4)可知

$$i_1 + \cdots + i_l = i_{l+1} + \cdots + i_k$$

将参考电流代入上式并将符号为负的参考电流整理到等号的另一侧。这样得到的等式左边为流出该节点的参考电流，右边为流入该节点的参考电流。于是证明了参考电流也满足式(A5.3)和式(A5.4)。因此以后在应用 KCL 的时候不必指明实际电流还是参考电流。

## A6　KVL

类似于 KCL，如果设电路满足 A4 小节的集总参数条件，根据电路的某回路(不含独立电压源)选择一条闭合路径，路径的方向任意指定，如图 A6.1 所示。路径的方向和实际支路上电场强度的方向已标注于图中。

图 A6.1 所示的闭合路径包含了一个回路，根据集总参数电路的条件，在该闭合路径上应满足 $\dfrac{\mathrm{d}\Phi}{\mathrm{d}t}=0$，于是在闭合路径上对电场强度进行线积分，有

$$\oint_L \boldsymbol{E} \cdot \mathrm{d}\boldsymbol{l} = 0 \qquad (A6.1)$$

由于在电路中电场强度与闭合路径方向一致，同时根据 AB 两点间的电压定义

$$u_{AB} = \int_A^B \boldsymbol{E} \cdot \mathrm{d}\boldsymbol{l} \qquad (A6.2)$$

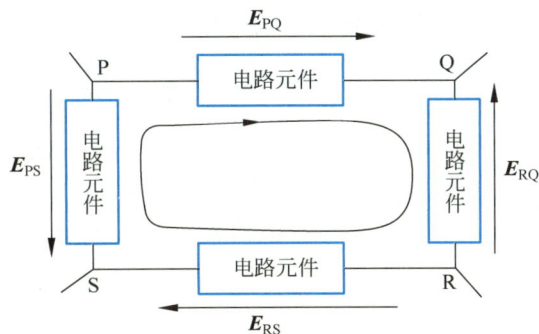

图 A6.1　KVL 的推导

可以得到

$$u_{PQ} - u_{RQ} + u_{RS} - u_{PS} = 0$$

根据电压的定义有

$$u_{PQ} + u_{QR} + u_{RS} + u_{SP} = 0$$

由于该回路是任意选取的，因此对集总参数电路中的任意回路，在任意时刻得到基尔霍夫电压定律，即

$$\sum u = 0 \qquad (A6.3)$$

即电路中沿着任意回路实际的电压降的代数和为零。通过类似于基尔霍夫电流定律中的讨论可知，电路中沿着任意回路参考电压的代数和也为零。因此以后在应用 KVL 的时候不必指明实际电压还是参考电压。

在实际使用中，还存在另一种等效的 KVL 记忆方法。如果将式（A6.3）等号左边符号为负的电压移到等号右边，则 KVL 可以写为

$$\sum_{\text{down}} u = \sum_{\text{up}} u \qquad (A6.4)$$

即任意回路中电压降的代数和等于电压升的代数和。

如果回路中存在独立电压源，结合式（1.3.14）所示电动势的定义，同样可得出式（A6.3）和式（A6.4）。

## A7　电阻

在绪论中通过电池与灯泡构成的手电筒电路介绍了从实际电路到物理模型，再到电路模型的抽象过程。其中讨论了灯泡中灯丝的电磁关系为

$$\boldsymbol{J} = \sigma \boldsymbol{E} \qquad (A7.1)$$

式中，$\sigma$ 为电导率。这个关系对于一般的金属和电解液都是成立的。如果电路元件满足集总参数的要求和式（A7.1），则可以用电阻对其进行建模，宏观地描述导体中的载流子在电场力驱动下的定向运动能力。

现在有一根长度为 $L$，截面积为 $S$ 的均匀金属圆柱体在电路中作为电流的通路，如图 A7.1 所示。设该金属圆柱体满足 A4 小节的集总参数条件，忽略边缘的电场效应，易知

金属圆柱体中实际的电场方向向右。

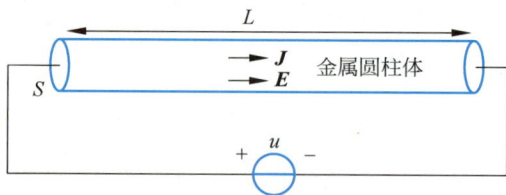

图 A7.1　均匀金属圆柱体的电阻

为了便于讨论，将电磁场中电流和电压的定义重写如下：

$$i = \iint_S \boldsymbol{J} \cdot \mathrm{d}\boldsymbol{S} \tag{A7.2}$$

$$u_{AB} = \int_A^B \boldsymbol{E} \cdot \mathrm{d}\boldsymbol{l} \tag{A7.3}$$

假设计算电流 $i$ 的 $\mathrm{d}\boldsymbol{S}$ 法线方向为从左向右，计算电压 $u$ 的 $\mathrm{d}\boldsymbol{l}$ 方向也为从左向右，即电压电流为关联参考方向。因此有 $J = i/S$，$E = u/L$，将这两个式子代入式（A7.1），得

$$u = \frac{L}{\sigma S} i \tag{A7.4}$$

将上式中的 $L/\sigma S$ 表示为电阻 $R$（resistance），就得到了金属圆柱体宏观上的性质，即

$$u = Ri \tag{A7.5}$$

式（A7.1）和式（A7.5）分别称为欧姆定律（Ohm's law）的微分形式和积分形式。

反之，如果电流和电压采用非关联的参考方向，则欧姆定律为

$$u = -Ri \tag{A7.6}$$

## A8　电容

对于两个互不相连的导体来说，如果平衡状态下它们带上等量异号电荷 $\pm q$，则在这两个导体之间的介质中存在电场，进而两个导体之间存在电压 $u$。如果电路元件满足集总参数的要求，则可以用电容对其进行建模，宏观地描述两个互不相连导体间电荷与电压的关系，其定义式为

$$C = \frac{q}{u} \tag{A8.1}$$

两导体间的电容只取决于导体的形状、尺寸以及导体间电介质的分布，与电荷量无关。

下面用图 A8.1 所示的平板电容器来说明（其中 $d$ 表示两平板间距离，$S$ 表示平板的面积）。忽略边缘效应，容易知道，静电平衡时所有电荷均匀分布在两平板的内表面上，两平板之间产生的均匀电场 $E$ 为 $\dfrac{\sigma}{\varepsilon_0 \varepsilon_r}$，其中 $\sigma$ 为电荷面密度 $\left(\sigma = \dfrac{q}{S}\right)$，$\varepsilon_0$ 和 $\varepsilon_r$ 分别为真空中的介电常数和介质中的相对介电常数。由于场强均匀，上下平板间的电压为

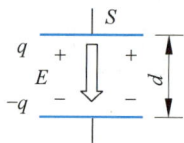

图 A8.1　平板电容器

$$u = Ed = \frac{d\sigma}{\varepsilon_0 \varepsilon_r}$$

因此平板电容器的电容为

$$C = \frac{q}{u} = \frac{S\sigma}{\dfrac{d\sigma}{\varepsilon_0 \varepsilon_r}} = \frac{\varepsilon_0 \varepsilon_r S}{d} \tag{A8.2}$$

即图 A8.1 所示平板电容器的电容和平板面积成正比,与平板间距离成反比。

结构比较复杂的两个导体之间的电容计算请参考电磁场有关书籍。

将电容元件放到电路中可能会产生电荷的流动。根据式(0.2.1)电流的定义,可知

$$i = \frac{dq}{dt} = \frac{dCu}{dt} = C\frac{du}{dt} \tag{A8.3}$$

式(A8.3)定义了电路中电容元件上的 $u\text{-}i$ 关系。

由于 $\pm q$ 电荷总是一起变化,从元件外部看有 $\dfrac{dq_{int}}{dt} = 0$。同时如果这两个导体的尺寸比加在它们上面的电磁波波长小很多,可以将两个导体及其之间的介质看作一个集总的电气元件,即该元件满足 A4 小节中的 3 个条件。

## A9 电感

根据电磁场的安培环路定理可知,在均匀介质恒定电流的磁场中,磁感应强度 $\boldsymbol{B}$ 沿任何闭合路径 $l$ 的线积分为

$$\oint_L \boldsymbol{B} \cdot d\boldsymbol{l} = \mu_0 \mu_r \sum i_{int} \tag{A9.1}$$

式中,$\sum i_{int}$ 表示穿过路径 $l$ 包围的面积的宏观电流代数和,$\mu_0$ 和 $\mu_r$ 分别为真空中的磁导率和介质中的相对磁导率。图 A9.1 表示了常用的线圈的电磁关系。

在获得磁感应强度后,根据磁通的定义 $\left( \Phi = \iint_S \boldsymbol{B} \cdot d\boldsymbol{S} \right)$ 和磁链的定义 $(\Psi = N\Phi, N$ 为线圈匝数$)$,可计算出由电流 $i$ 产生的磁链 $\Psi$。如果电路元件满足集总参数的要求,则可以用电感对其进行建模,宏观地描述线圈中电流与磁链的关系,其定义式为

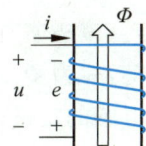

图 A9.1 电感

$$L = \frac{\Psi}{i} \tag{A9.2}$$

如果经过线圈截面的磁链由线圈本身的电流产生,此时计算出的电感称作自感。线圈的自感只取决于线圈的几何形状、尺寸、匝数及其周围磁介质的分布,与电流无关。

对于如图 A9.2 所示的 $N$ 匝环形线圈来说,假设线圈产生的磁场强度在线圈包含的空间中均匀分布,而且不泄漏到线圈以外的空间中,磁场强度通路中均为线性介质,则有

$$L = \frac{\Psi}{i} = \frac{N\Phi}{i} = \frac{NSB}{i} = \frac{NS}{i}\mu_0 \mu_r H = \frac{NS}{i}\mu_0 \mu_r \frac{Ni}{l} = \mu_0 \mu_r \frac{N^2 S}{l} \tag{A9.3}$$

即图 A9.2 所示环形线圈的自感和线圈的匝数平方成正比。式中 $S$ 为线圈的截面积,$l$ 为

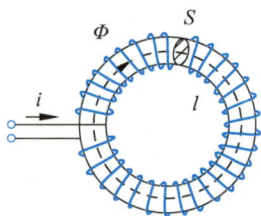

**图 A9.2　螺线管线圈的电感**

线圈的长度，$N$ 为线圈匝数，$\mu_0$ 为真空中的磁导率，$\mu_r$ 为线圈包围介质的相对磁导率。

如果通过线圈截面的磁通发生变化，根据法拉第电磁感应定律，在图 A9.1 所示电动势参考方向下，有

$$e = -\frac{\mathrm{d}\Psi}{\mathrm{d}t} = -L\frac{\mathrm{d}i}{\mathrm{d}t} \qquad (A9.4)$$

如果线圈上定义的电压 $u$ 参考方向如图 A9.1 所示，即电压电流为关联参考方向，则

$$u = -e = L\frac{\mathrm{d}i}{\mathrm{d}t} \qquad (A9.5)$$

式(A9.5)定义了电路中电感元件上的 $u$-$i$ 关系。

由于用式(A9.5)表示了电感元件上的 $u$-$i$ 关系，因此在包围电感元件的任意路径上有 $\frac{\mathrm{d}\Phi}{\mathrm{d}t}=0$。如果线圈的尺寸比加在它们上面的电磁波波长小很多，可以将线圈及其之间的介质均看作一个集总的电气元件，即该元件满足 A4 小节中的 3 个条件。

更为一般的情况是两个线圈之间有磁通的交链，如图 A9.3 所示。

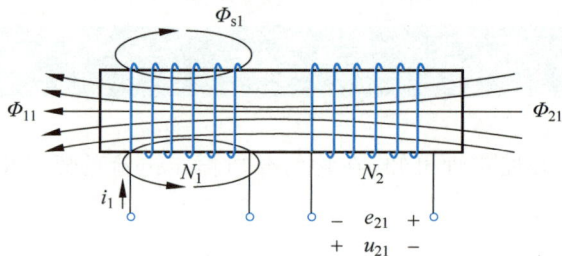

**图 A9.3　线圈间的互感**

在 $N_1$ 匝线圈 1 中通有电流 $i_1$，产生的磁通为 $\Phi_{11}$（表示线圈 1 产生，与线圈 1 交链的磁通）。该磁通有一部分未与 $N_2$ 匝线圈 2 交链，这部分漏磁通为 $\Phi_{s1}$。其余磁通均与线圈 2 交链，称为 $\Phi_{21}$（表示线圈 1 产生，与线圈 2 交链的磁通）。$\Phi_{21}$ 会产生磁链 $\Psi_{21}=N_2\Phi_{21}$。根据电感的定义(式(A9.2))，可获得线圈 1 电流对线圈 2 磁链的互感 $M_{21}$ 为

$$M_{21} = \frac{\Psi_{21}}{i_1} \qquad (A9.6)$$

同理也可定义线圈 2 电流对线圈 1 磁链的互感 $M_{12}$ 为

$$M_{12} = \frac{\Psi_{12}}{i_2} \qquad (A9.7)$$

如果线圈周围的磁介质是线性的，则可由电磁场理论证明 $M_{12}=M_{21}$。两个线圈之间的互感只取决于两个线圈的几何形状、相对位置、匝数及其周围磁介质的分布，与电流无关。类似于前面的介绍，线圈 1 电流产生的磁通与其自身交链的现象可称为自感。

对于如图 A9.4 所示的两个环形线圈来说，假设线圈产

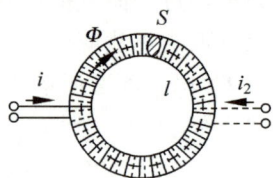

**图 A9.4　螺线管线圈间的互感**

生的磁场强度在线圈包含的空间中均匀分布,而且不泄漏到线圈以外的空间中(即 $\Phi_{11}=\Phi_{21}=\Phi$),两个线圈的尺寸完全一样,磁场强度通路中均为线性介质,则有

$$M_{21}=\frac{\Psi_{21}}{i_1}=\frac{N_2\Phi}{i_1}=\frac{N_2SB}{i_1}=\frac{N_2S}{i_1}\mu_0\mu_{\mathrm{r}}H=\frac{N_2S}{i_1}\mu_0\mu_{\mathrm{r}}\frac{N_1i_1}{l}=\mu_0\mu_{\mathrm{r}}\frac{N_1N_2S}{l}=M_{12}$$

$$(\mathrm{A9.8})$$

即图 A9.4 所示环形线圈间互感和两个线圈的匝数乘积成正比,而且有 $M_{12}=M_{21}$。式中 $S$ 为线圈的截面积,$l$ 为磁路的长度,$N_1$ 和 $N_2$ 分别为两个线圈的匝数,$\mu_0$ 为真空磁导率,$\mu_{\mathrm{r}}$ 为线圈包围介质的相对磁导率。虽然这里 $M_{21}=M_{12}$ 这一结论是通过全耦合假设得到的,但需要指出,这一结论具有一般性。

如果由线圈 1 产生且通过线圈 2 截面的磁通发生变化,根据法拉第电磁感应定律,在图 A9.3 所示电动势参考方向下,有

$$e_{21}=-\frac{\mathrm{d}\Psi_{21}}{\mathrm{d}t}=-M_{21}\frac{\mathrm{d}i_1}{\mathrm{d}t}$$

$$(\mathrm{A9.9})$$

如果线圈 2 上定义的电压 $u_{21}$ 参考方向如图 A9.3 所示,则

$$u_{21}=-e_{21}=M_{21}\frac{\mathrm{d}i_1}{\mathrm{d}t}$$

$$(\mathrm{A9.10})$$

同理可知

$$u_{12}=M_{12}\frac{\mathrm{d}i_2}{\mathrm{d}t}$$

$$(\mathrm{A9.11})$$

式(A9.10)和式(A9.11)定义了电路中互感线圈之间的 $u\text{-}i$ 关系。

由于用式(A9.10)和式(A9.11)表示了互感线圈之间的 $u\text{-}i$ 关系,因此在包围两个互感线圈的任意路径上有 $\frac{\mathrm{d}\Phi}{\mathrm{d}t}=0$。如果线圈的尺寸比加在它们上面的电磁波波长小很多,可以将两个线圈及其之间的介质均看作集总的电气元件,即该元件满足 A4 小节中的 3 个条件。

自感和互感统称为电感。

# 参考文献

[1]    江缉光.电路原理[M].北京:清华大学出版社,1997.
[2]    邱关源.电路[M].4 版.北京:高等教育出版社,1999.
[3]    李瀚荪.简明电路分析基础[M].北京:高等教育出版社,2002.
[4]    周守昌.电路原理[M].2 版.北京:高等教育出版社,2004.
[5]    张三慧.大学物理学:电磁学[M].2 版.北京:清华大学出版社,1999.
[6]    赵凯华,陈熙谋.电磁学[M].2 版.北京:高等教育出版社,1985.
[7]    俞大光.电工基础(上册)[M].修订本.北京:人民教育出版社,1964.
[8]    俞大光.电工基础(下册)[M].修订本.北京:人民教育出版社,1981.
[9]    克鲁格.电工原理[M].6 版.北京:人民教育出版社,1952.
[10]   法肯伯尔格.网络分析[M].北京:科学出版社,1982.

# 常系数线性常微分方程的求解

本附录介绍常系数线性常微分方程的时域解法。

## B1　常系数线性常微分方程的形式和名词解释

$n$ 阶常系数线性常微分方程的标准形式为

$$y^{(n)} + a_1 y^{(n-1)} + \cdots + a_{n-1} y' + a_n y = f(t)$$

式中，$a_1$、$a_2$、$\cdots$、$a_n$ 是常数，$f(t)$ 为连续函数。

$n$ 阶常系数线性常微分方程的含有 $n$ 个独立的任意常数的解，称为一般解（通解）。

常系数线性常微分方程不含任意常数的解，称为特解。

把常系数线性常微分方程与初始条件合在一起称为该微分方程的初值问题。初值问题的解是既满足该微分方程，又满足初始条件的特解。

## B2　常系数齐次线性常微分方程的解法

$n$ 阶常系数齐次线性常微分方程的标准形式为

$$y^{(n)} + a_1 y^{(n-1)} + \cdots + a_{n-1} y' + a_n y = 0$$

式中，$a_1$、$a_2$、$\cdots$、$a_n$ 是常数，等号右端自由项为零。

其一般解的解法步骤如下。

(1) 求常系数齐次线性常微分方程的特征方程（只要将常系数齐次线性常微分方程式中的 $y^{(k)}$ 换写成 $p^k$，$k=0,1,\cdots,n$，即得其特征方程）：

$$p^n + a_1 p^{n-1} + \cdots + a_{n-1} p + a_n = 0$$

(2) 求特征方程的根（称为微分方程的特征根）。

(3) 根据求得的特征方程的 $n$ 个特征根可得到微分方程的 $n$ 个线性无关的一般解（含 $n$ 个待定系数）。根的形式不同，解的形式也不同，这又可分为以下几种情况。

① 特征方程有 $n$ 个互异的实根 $p_1$、$p_2$、$\cdots$、$p_n$，则方程的解为 $y = c_1 e^{p_1 t} + c_2 e^{p_2 t} + \cdots + c_n e^{p_n t}$。

**例 B1**　求齐次微分方程 $y'' - 2y' - 3y = 0$ 的解。

**解**　特征方程 $p^2 - 2p - 3 = 0$，求出特征方程的根 $p_1 = -1$，$p_2 = 3$，则方程的解为 $y = c_1 e^{3t} + c_2 e^{-t}$。

② 特征方程有 $n$ 个实根，但存在重根（设 $p_0$ 是方程的 $k$ 重根），则方程的解为

$$y = (c_1 + c_2 t + \cdots + c_k t^{k-1}) e^{p_0 t} + c_{k+1} e^{p_{k+1} t} + \cdots + c_n e^{p_n t}$$

**例 B2**　求齐次微分方程 $y''' + 3y'' - 4y = 0$ 的解。

**解**　特征方程 $p^3 + 3p^2 - 4 = 0$，求出特征方程的根为

$$p_1 = 1, \quad p_2 = p_3 = -2$$

方程的解为

$$y = c_1 e^t + c_2 e^{-2t} + c_3 t e^{-2t}$$

③ 特征方程的 $n$ 个特征根中存在复数根（举例说明）。

存在 1 对不重复的复数根 $\alpha\pm j\beta$，$n-2$ 个互异的实根，则方程的解为

$$y = c_1 e^{\alpha t}\cos\beta t + c_2 e^{\alpha t}\sin\beta t + c_3 e^{p_3 t} + \cdots + c_n e^{p_n t}$$

**例 B3**　求齐次微分方程 $2y''' + 3y'' + 8y' - 5y = 0$ 的解。

**解**　特征方程 $2p^3 + 3p^2 + 8p - 5 = 0$，求出特征方程的根为

$$p_1 = 1/2, \quad p_2 = -1 + j2, \quad p_3 = -1 - j2$$

方程的解为

$$y = c_1 e^{t/2} + c_2 e^{-t}\cos 2t + c_3 e^{-t}\sin 2t$$

存在 2 对重复的复数根 $\alpha\pm j\beta$，$n-4$ 个互异的实根，则方程的解为

$$y = c_1 e^{\alpha t}\cos\beta t + c_2 e^{\alpha t}\sin\beta t + c_3 t e^{\alpha t}\cos\beta t + c_4 t e^{\alpha t}\sin\beta t + c_5 e^{p_5 t} + \cdots + c_n e^{p_n t}$$

**例 B4**　求齐次微分方程 $y^{(5)} + y^{(4)} + 4y^{(3)} + 4y^{(2)} + 4y' + 4y = 0$ 的解。

**解**　特征方程

$$p^5 + p^4 + 4p^3 + 4p^2 + 4p + 4 = 0$$
$$(p+1)(p^2+2)^2 = 0$$

求出特征方程的根

$$p_1 = -1, \quad p_2 = p_3 = +j\sqrt{2}, \quad p_4 = p_5 = -j\sqrt{2}$$

方程的解为

$$y = c_1 e^{-t} + c_2\cos\sqrt{2}t + c_3\sin\sqrt{2}t + t(c_4\cos\sqrt{2}t + c_5\sin\sqrt{2}t)$$

## B3　常系数非齐次线性常微分方程的解法

$n$ 阶常系数非齐次线性常微分方程的标准形式为

$$y^{(n)} + a_1 y^{(n-1)} + \cdots + a_{n-1}y' + a_n y = f(t)$$

式中，$a_1$、$a_2$、$\cdots$、$a_n$ 是常数，$f(t)$ 为连续函数。

解的形式为

$$y = \bar{y}(t) + Y(t)$$

式中，$\bar{y}(t)$ 是常系数齐次线性常微分方程 $y^{(n)} + a_1 y^{(n-1)} + \cdots + a_{n-1}y' + a_n y = 0$ 的通解；$Y(t)$ 是常系数非齐次线性常微分方程 $y^{(n)} + a_1 y^{(n-1)} + \cdots + a_{n-1}y' + a_n y = f(t)$ 的任意一个特解。

其初值问题的求解步骤如下：

第 1 步：求方程对应的常系数齐次线性常微分方程的通解（称作自由分量）（含 $n$ 个待定系数）；

第 2 步：求常系数非齐次线性常微分方程的任一个特解（称作强制分量）；

第 3 步：将自由分量与强制分量相加，得到常系数非齐次线性常微分方程的通解（含 $n$ 个待定系数）；

第 4 步：根据初始条件确定通解中的待定系数，从而得到满足方程初始条件的解。

可用待定系数法求常系数非齐次线性常微分方程的特解（强制分量）。其原理是：根据方程等式右端自由项 $f(t)$ 的函数类型，猜想它的特解是何种函数类型（包括常数），然后将

其代入方程来确定所猜的函数中的系数。

**例 B5**　求方程$(3-t)y''+(t-2)y'-y=t^2-6t+6$ 的一个特解。

**解**　通过观察可知 $y=at^2+bt+c$ 可能是上述方程的一个特解,将其代入方程得

$$(3-t)(2a)+(t-2)(2at+b)-(at^2+bt+c)=t^2-6t+6$$

$$at^2-6at+(6a-2b-c)=t^2-6t+6$$

$$\Rightarrow a=1,\quad c=-2b$$

取 $b=0$,则 $c=0$,于是 $y=t^2$ 是方程的一个特解。

表 B1 总结了一部分常见函数所对应的特解。

表 B1　常见函数 $f(t)$ 所对应的特解函数类型

| $f(t)$(自由项) | 特解的函数类型 |
|---|---|
| $C$(常数) | $C_1$(常数) |
| $e^{at}$ | $Ce^{at}$ <br> $a$ 不等于齐次方程特征方程的特征根 |
| $\sin at$、$\cos at$ | $C_1\sin(at+C_2)$ 或 $C_1\sin at+C_2\cos at$ <br> $\pm ja$ 不等于齐次方程特征方程的特征根 |
| $t^k$ | $C_1 t^k+C_2 t^{k-1}+\cdots+C_k t+C_{k+1}$ |

求特解也可用常数变易法,感兴趣的读者可阅读参考文献[1]～[4]。如果 $f(t)$ 为指数或者正余弦函数,同时其指数系数或正余弦系数等于齐次方程特征方程的特征根,则非齐次方程的特解也需要通过常数变易法来求得。

**例 B6**　求初值问题 $y''+200y'+2\times10^4 y=2\times10^4$,$y(0)=2$,$\left.\dfrac{\mathrm{d}y}{\mathrm{d}t}\right|_{t=0}=0$ 的解。

**解**　(1) 求齐次方程的通解。特征方程为

$$p^2+200p+20000=0$$

特征根为

$$p_{1,2}=-100\pm j100$$

则齐次方程的通解为 $y(t)=C_1 e^{-100t}\sin100t+C_2 e^{-100t}\cos100t=Ke^{-100t}\sin(100t+\theta)$,其中 $K$ 和 $\theta$ 为待定系数。

(2) 求非齐次方程的一个特解。

通过观察易知,非齐次方程的一个特解为

$$y=1$$

(3) 非齐次方程的通解为

$$y(t)=1+Ke^{-100t}\sin(100t+\theta)$$

(4) 由初值定积分常数。

$\dfrac{\mathrm{d}y}{\mathrm{d}t}=-100Ke^{-100t}\sin(100t+\theta)+100Ke^{-100t}\cos(100t+\theta)$,根据 $y(0)=2$,$\left.\dfrac{\mathrm{d}y}{\mathrm{d}t}\right|_{t=0}=0$ 可知

$$\begin{cases}1+K\sin\theta=2\\-100K\sin\theta+100K\cos\theta=0\end{cases}\Rightarrow\quad K=\sqrt{2},\theta=45°$$

因此初值问题的解为

$$y(t) = 1 + \sqrt{2}\,\mathrm{e}^{-100t}\sin(100t + 45°)$$

# 参考文献

[1]  郑钧.线性系统分析[M].北京：科学出版社,1978.

[2]  王高雄,周之铭,朱思铭,等.常微分方程[M].2版.北京：高等教育出版社,1983.

[3]  居余马,葛严麟.高等数学[M].Ⅱ卷.北京：清华大学出版社,1996.

[4]  清华大学数学科学系《微积分》编写组.微积分[M].Ⅲ卷.北京：清华大学出版社,2004.

# 附 录 **C**

# 复数和正弦量

　　本附录介绍复数的两种表示方法、基本运算规律以及正弦量的三要素。

## C1 复数的表达

设 $A$ 为一复数，$a$ 和 $b$ 分别是它的实部和虚部，则复数 $A$ 的代数形式（又称直角坐标形式）为

$$A = a + jb$$

上式中，$j = \sqrt{-1}$ 为虚数单位（在数学中常用 i 为虚数单位，但由于在电路中 i 用于表示电流，因此改用 j）。复数的实部和虚部分别用下列符号表示：

$$\text{Re}(A) = a, \quad \text{Im}(A) = b$$

Re 和 Im[①] 可以理解为一种算子，复数经过它们的运算后分别得到该复数的实部和虚部。

一个复数在复平面上可以用一条从原点 $O$ 指向 $A$ 对应坐标点的有向线段来表示，如图 C1.1 所示。

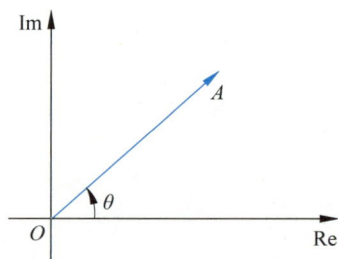

图 C1.1　复数的图形表示

这条有向线段的长度称为复数 $A$ 的模，记作 $|A|$，模总是取正值。有向线段与实轴正方向的夹角称为复数 $A$ 的辐角，记作 $\theta$。辐角可以用弧度表示，也可以用角度表示。由图 C1.1 可以看出，复数 $A$ 还可以表示为

$$A = |A|(\cos\theta + j\sin\theta) \tag{C1.1}$$

根据欧拉（Euler）公式：

$$e^{j\theta} = \cos\theta + j\sin\theta$$

式（C1.1）可以进一步写成

$$A = |A|e^{j\theta} \tag{C1.2}$$

式（C1.1）称为复数 $A$ 的三角形式，式（C1.2）称为复数 $A$ 的指数形式。指数形式还可以改写为极坐标形式：

$$A = |A| \angle \theta$$

复数的直角坐标形式和极坐标形式之间可以互相转换。由上面的分析过程可以看出，若 $A = a + jb = |A| \angle \theta$，则

$$a = |A|\cos\theta, \quad b = |A|\sin\theta$$

$$|A| = \sqrt{a^2 + b^2}, \quad \theta = \arctan\left(\frac{b}{a}\right)$$

## C2 复数的计算

### 1. 相等

若两个复数的实部和虚部分别相等，则这两个复数相等。设 $A_1 = a_1 + jb_1$，$A_2 = a_2 + jb_2$，若

---

① Re 是 real part 的头两个字母，Im 是 imaginary part 的头两个字母。

$$a_1 = a_2, \quad b_1 = b_2$$

则

$$A_1 = A_2$$

类似地，当两个复数用极坐标形式表示时，若它们的模相等，辐角相等，则这两个复数相等。设 $A_1 = |A_1| \angle \theta_1$, $A_2 = |A_2| \angle \theta_2$，若

$$|A_1| = |A_2|, \quad \theta_1 = \theta_2$$

则

$$A_1 = A_2$$

### 2. 加减运算

两个复数或多个复数的加减运算采用直角坐标形式比较容易进行，只需将它们的实部和虚部分别相加减即可。

设 $A_1 = a_1 + jb_1$, $A_2 = a_2 + jb_2$，则

$$A_1 \pm A_2 = (a_1 \pm a_2) + j(b_1 \pm b_2)$$

若复数采用极坐标形式表示，应首先转换为直角坐标形式再进行加减运算。复数的加减运算还可以用复平面上的图形来表示，如图 C1.2 所示。这种运算在复平面上是符合平行四边形法则的。图 C1.2(a)和(c)采用的是平行四边形画法，而图 C1.2(b)和(d)采用的是三角形画法。

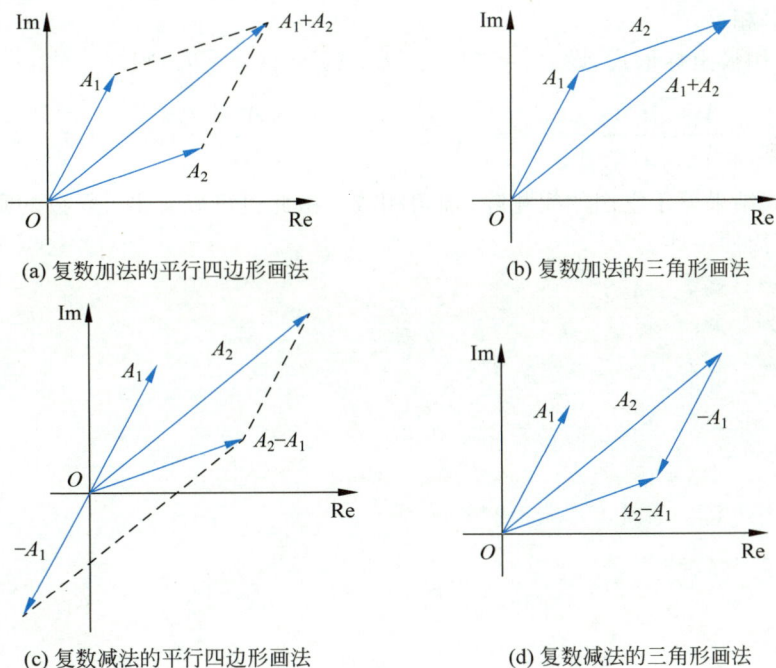

(a) 复数加法的平行四边形画法     (b) 复数加法的三角形画法

(c) 复数减法的平行四边形画法     (d) 复数减法的三角形画法

图 C1.2 复数加减运算的图形表示

### 3. 乘法运算

若复数采用直角坐标形式，设 $A_1 = a_1 + jb_1$, $A_2 = a_2 + jb_2$，则

$$A_1 A_2 = (a_1 + jb_1)(a_2 + jb_2)$$

$$= (a_1 a_2 - b_1 b_2) + j(a_1 b_2 + a_2 b_1)$$

在运算过程中用到了 $j^2 = -1$ 这一关系。

若复数采用极坐标形式，设 $A_1 = |A_1| \angle \theta_1, A_2 = |A_2| \angle \theta_2$，则

$$A_1 A_2 = |A_1| e^{j\theta_1} |A_2| e^{j\theta_2}$$

$$= |A_1||A_2| e^{j(\theta_1 + \theta_2)} = |A_1||A_2| \angle(\theta_1 + \theta_2)$$

即复数相乘，其结果等于它们的模相乘，辐角相加。

### 4. 除法运算

若复数采用直角坐标形式，设 $A_1 = a_1 + jb_1, A_2 = a_2 + jb_2$，则

$$\frac{A_1}{A_2} = \frac{a_1 + jb_1}{a_2 + jb_2} = \frac{(a_1 + jb_1)(a_2 - jb_2)}{(a_2 + jb_2)(a_2 - jb_2)}$$

$$= \frac{(a_1 a_2 + b_1 b_2) + j(a_2 b_1 - a_1 b_2)}{a_2^2 + b_2^2}$$

$$= \frac{a_1 a_2 + b_1 b_2}{a_2^2 + b_2^2} + j\frac{a_2 b_1 - a_1 b_2}{a_2^2 + b_2^2}$$

在运算过程中，为了使分母有理化，必须把分子、分母同乘以分母的共轭复数 $A_2^*$，它与分母实部相等，虚部相反。

若复数采用极坐标形式，设 $A_1 = |A_1| \angle \theta_1, A_2 = |A_2| \angle \theta_2$，则

$$\frac{A_1}{A_2} = \frac{|A_1| e^{j\theta_1}}{|A_2| e^{j\theta_2}} = \frac{|A_1|}{|A_2|} e^{j(\theta_1 - \theta_2)} = \frac{|A_1|}{|A_2|} \angle(\theta_1 - \theta_2)$$

即复数相除，其结果等于它们的模相除，辐角相减。由此也可以看出：复数的乘除运算采用极坐标形式更简便一些。

# 傅里叶级数

本附录介绍周期信号展开为傅里叶级数的相关数学内容。此外还讨论了周期信号具有某些对称性质时，其傅里叶级数的特点。

周期信号都可以用一个周期函数来表示：
$$f(t) = f(t + kT), \quad k = 0, 1, 2, \cdots$$

上式中，$T$ 称为周期函数的周期。如果周期函数 $f(t)$ 满足狄利赫里条件，那么它就可以展开成一个收敛的傅里叶级数，即

$$f(t) = a_0 + a_1\cos(\omega_1 t) + b_1\sin(\omega_1 t) + a_2\cos(2\omega_1 t) + b_2\sin(2\omega_1 t) + \cdots +$$
$$a_k\cos(k\omega_1 t) + b_k\sin(k\omega_1 t) + \cdots$$
$$= a_0 + \sum_{k=1}^{\infty} \left[ a_k\cos(k\omega_1 t) + b_k\sin(k\omega_1 t) \right] \tag{D1}$$

这里所说的狄利赫里条件是：

(1) $f(t)$ 在一个周期内只有有限个不连续点；

(2) $f(t)$ 在一个周期内只有有限个极值；

(3) $f(t)$ 在一个周期内绝对可积，即 $\int_0^T |f(t)|\,\mathrm{d}t$ 存在。

工程上遇到的周期函数一般都满足狄利赫里条件。

利用三角函数的和差变换，上式还可以写成另一种形式：

$$f(t) = a_0 + \sum_{k=1}^{\infty} \left[ a_k\cos(k\omega_1 t) + b_k\sin(k\omega_1 t) \right]$$
$$= a_0 + \sum_{k=1}^{\infty} c_k\sin(k\omega_1 t + \varphi_k) \tag{D2}$$

式中，

$$\left. \begin{array}{l} a_0 = \dfrac{1}{T}\int_0^T f(t)\,\mathrm{d}t \\[3mm] a_k = \dfrac{2}{T}\int_0^T f(t)\cos(k\omega_1 t)\,\mathrm{d}t = \dfrac{2}{T}\int_{-\frac{T}{2}}^{\frac{T}{2}} f(t)\cos(k\omega_1 t)\,\mathrm{d}t \quad k=1,2,\cdots \\[3mm] b_k = \dfrac{2}{T}\int_0^T f(t)\sin(k\omega_1 t)\,\mathrm{d}t = \dfrac{2}{T}\int_{-\frac{T}{2}}^{\frac{T}{2}} f(t)\sin(k\omega_1 t)\,\mathrm{d}t \quad k=1,2,\cdots \end{array} \right\} \tag{D3}$$

式（D1）与式（D2）中相应系数间的关系为

$$c_k = \sqrt{a_k^2 + b_k^2}$$
$$\varphi_k = \arctan\left(\frac{a_k}{b_k}\right)$$
$$a_k = c_k\sin\varphi_k$$
$$b_k = c_k\cos\varphi_k$$

式（D2）中，$a_0$ 称为周期函数的恒定分量（或直流分量），$c_1\sin(\omega_1 t + \varphi_1)$ 称为周期函数的基波分量，它的周期和频率与原周期函数的周期和频率相同。其他的频率成分依次称为 2 次谐波、3 次谐波……

并不是每一个周期信号中都包含所有的频率成分，某些周期信号因其自身的某种对称性，当它分解为傅里叶级数时，会不含有某些频率成分。

如果周期函数是奇函数，即

$$f(-t) = -f(t)$$

则根据式(D3),有

$$a_k = \frac{2}{T} \int_{-\frac{T}{2}}^{\frac{T}{2}} f(t) \cos(k\omega_1 t) \mathrm{d}t$$

$$= \frac{2}{T} \int_{-\frac{T}{2}}^{0} f(t) \cos(k\omega_1 t) \mathrm{d}t + \frac{2}{T} \int_{0}^{\frac{T}{2}} f(t) \cos(k\omega_1 t) \mathrm{d}t$$

$$= \frac{2}{T} \int_{-\frac{T}{2}}^{0} f(-t) \cos(-k\omega_1 t) \mathrm{d}(-t) + \frac{2}{T} \int_{0}^{\frac{T}{2}} f(t) \cos(k\omega_1 t) \mathrm{d}t$$

$$= -\frac{2}{T} \int_{0}^{\frac{T}{2}} f(t) \cos(k\omega_1 t) \mathrm{d}t + \frac{2}{T} \int_{0}^{\frac{T}{2}} f(t) \cos(k\omega_1 t) \mathrm{d}t$$

$$= 0$$

因此,在这类周期函数的傅里叶级数中不含有余弦分量。

类似地,若周期函数为偶函数,即

$$f(-t) = f(t)$$

则根据式(D3)可以得出: $b_k = 0$,即傅里叶级数中不含有正弦分量。

若周期函数半波奇对称,即

$$f\left(t + \frac{T}{2}\right) = -f(t)$$

则根据式(D3)可以得出: $a_{2k} = 0$, $b_{2k} = 0$,即傅里叶级数中不含有偶次分量。

需要指出,由于函数的奇、偶对称性质与计时起点有关,因此系数 $a_k$、$b_k$($k = 1, 2, \cdots$)也与计时起点有关。因此,适当选择计时起点有时会使函数的分解简化。

傅里叶级数是一个无穷三角级数,因此把一个周期性非正弦函数分解为傅里叶级数后,从理论上讲,必须取无穷多项才能准确地代表原函数。但在实际计算过程中只能取有限项,这就产生了误差。截取项数的多少,需视实际精度要求而定。

# 部分习题答案

## 绪论

0.1 (1) $u=-(t-kT)+2\mathrm{V}, i=t-kT\mathrm{A}, T=2\mathrm{s}, kT<t<(k+1)T, k=0,1,\cdots$;

(2) $1\mathrm{V}, 1\mathrm{A}$; (3) $1.15\mathrm{V}, 1.15\mathrm{A}$;

(4) $p_{吸}=(t-kT)^2-2(t-kT)\mathrm{W}$, 其中 $kT<t<(k+1)T, k=0,1,\cdots$; (5) $p_{发}=0.67\mathrm{W}$

0.2 $0.45U, 0.707U$

0.3 $0.9U, U$

## 第 1 章

1.1 (1) $u_2=5\mathrm{V}, u_5=-4\mathrm{V}, i_2=1\mathrm{A}, i_4=-1\mathrm{A}, i_5=1\mathrm{A}$; (2) $2\mathrm{W}, -5\mathrm{W}, 6\mathrm{W}, 1\mathrm{W}, -4\mathrm{W}$

1.2 $0\mathrm{V}, -6\mathrm{V}, -5.4\mathrm{V}, -5.3\mathrm{V}, -5\mathrm{V}, -4.8\mathrm{V}, -0.8\mathrm{V}, -0.5\mathrm{V}, -5.3\mathrm{V}, -2.3\mathrm{V}$

1.3 (a) $-U_S\dfrac{R_L}{R_L+R_S}, \dfrac{U_S}{R_L+R_S}$; (b) $-I_S\dfrac{R_S}{R_L+R_S}, I_S\dfrac{R_LR_S}{R_L+R_S}$

1.6 (a) $-5\mathrm{V}$; (b) $7\mathrm{V}$

1.7 (a) $-8\mathrm{A}$; (b) $0\mathrm{V}$; (c) $2\mathrm{A}, 36\mathrm{V}$; (d) $-2\mathrm{A}, 5\mathrm{V}, 9\mathrm{V}$

1.8 (a) $6\mathrm{A}, 0.2\mathrm{A}, -2\mathrm{A}, -1.625\mathrm{A}, -7.625\mathrm{A}$; (b) $-9\mathrm{A}, 9\mathrm{V}, 35\mathrm{V}$

1.9 $30\mathrm{A}$

1.10 $-0.1\mathrm{A}, -1.6\mathrm{V}$

1.12 $1\mathrm{A}$

1.13 $1.2\mathrm{V}, 3.6\mathrm{V}, 1.2\mathrm{V}$

1.14 $0.5\mathrm{V}$

1.15 $2\mathrm{V}, -0.5\mathrm{A}$

1.16 (a) $2.88\Omega$, (b) $2.3\Omega$, (c) $2.31\Omega$

1.17 (a) $8\Omega$, (b) $3.75\Omega$

1.18 (a) $21\Omega$, (b) $2.21\Omega$

1.21 $-0.1\mathrm{A}$

1.22 $U_S\dfrac{R_2R_3-R_1R_4}{(R_1+R_2)(R_3+R_4)}$

1.23 $2\mathrm{V}$

1.24 (1) $U=2\mathrm{V}, U_1=1\mathrm{V}$; (2) $4\mathrm{W}$

1.25 $9.6\Omega, 5.4\mathrm{W}$

1.26 $3\Omega$

1.27 $3.2\mathrm{A}$

1.29 $0.5\sin100t\,\mathrm{mA}$

1.30 $U_S\dfrac{R_1+R_2}{R_3R_2}$

1.31 (1) $U_S(1+\dfrac{R_1}{R_2})$; (2) $\infty$

1.32 $2(u_2-u_1)$

1.33　(1) $-\dfrac{3}{16}=-0.1875$; (2) $12\text{k}\Omega$

1.34　$4(u_2-u_1)$

1.36　(a) $\begin{bmatrix} \dfrac{1}{R_1}+\dfrac{1}{R_2} & \dfrac{1}{R_1} \\ \dfrac{1}{R_1} & \dfrac{1}{R_1}+\dfrac{1}{R_3} \end{bmatrix}$; (b) $\begin{bmatrix} \dfrac{1}{R_1}+\dfrac{1}{R_2} & -\dfrac{1}{R_2} \\ -\dfrac{1}{R_2} & \dfrac{1}{R_1}+\dfrac{1}{R_2} \end{bmatrix}$

1.37　(a) $\begin{bmatrix} -1 & -2 \\ 13 & 15 \end{bmatrix}\Omega$; (b) $\begin{bmatrix} 4 & -3 \\ 3 & -1 \end{bmatrix}\Omega$

1.38　(1) $\begin{bmatrix} 1 & 1\Omega \\ 0.25\text{S} & 1.25 \end{bmatrix}$; (2) $6\text{V},3.5\text{A}$

1.41　两输入 NAND 门 $P_{\max}=\dfrac{U_{\text{S}}^2}{R_{\text{L}}+2R_{\text{ON}}}$,两输入 NOR 门 $P_{\max}=\dfrac{U_{\text{S}}^2}{R_{\text{L}}+0.5R_{\text{ON}}}$

## 第 2 章

2.1　$-1.5\text{A},1\text{A},0.5\text{A}$

2.2　$48\text{W},0$

2.3　$0.1\text{A},0.2\text{A},0.1\text{A},0.2\text{A},0.3\text{A},0.1\text{A}$

2.4　$12\text{A}$

2.5　$40\text{W},936\text{W}$

2.6　$6\text{V},4\text{V}$

2.7　$5\text{A},5\text{A}$

2.8　$2\text{A},6\text{V}$

2.9　$-(R_2 R_3+R_3 R_4+R_4 R_2)/(R_1 R_4)$

2.10　$10.45\text{A},3.17\text{A},-1.31\text{A},523\text{W}$

2.11　$-1\text{A},-9\text{A},16\text{W}$

2.12　$22\text{A}$

2.13　$18\text{V}$

2.14　$-0.9\text{A}$

2.15　$5\text{V}$

2.16　$1.2\text{A}$

2.17　$7u_1+14u_2$

2.18　$2\text{A}$

2.19　$468\text{W}$

2.20　$3\Omega$

2.21　$3\text{V}$

2.22　$3\text{A},2\text{A}$

2.23　$-0.4\text{V}$

2.24　$6\text{V}$

2.25　$3.5\Omega,0.875\text{W}$

2.26　$-22.5\text{V}$

2.27　$3\text{V}$

2.28　$10\Omega,14.4\text{W}$

2.29　$4\text{V}$

2.30  0.4A

2.31  0.2A

2.32  $\begin{bmatrix} R_1+R_3+R_2(1+gR_1) & R_3 \\ R_3 & R_3+R_4 \end{bmatrix}$，互易二端口

2.33  $\begin{bmatrix} G_1 & g_1 \\ g_2 & G_2-g_1 \end{bmatrix}$，如果 $g_1 \neq g_2$，则为非互易二端口

2.34  0.8A

2.35  0.25A

2.36  2.5A

## 第3章

3.1  $P_{吸}=114W,P_{发}=124W$

3.2  (1) $i=1A$ 时 $R_S=5\Omega,R_D=11\Omega$；(2) $i=2A$ 时 $R_S=14\Omega,R_D=38\Omega$

3.3  (1) 0.5V；(2) $-1V$

3.4  0.267mA

3.6  $U_c-\beta\dfrac{R_c}{R_b}U_b$

3.7  $(2+0.1\sin10^3 t)A$

3.15  $1V<u_{GS}<2.90V$

3.17  (1) 恒流区；(2) 0.38V

3.18  (2) 0.55

## 第4章

4.1  (a) 0V,4A,16V；(b) 2A,$-20V$；(c) 7.5V,$-1.5A$；
     (d) 6V,6V,0V,$-0.5A$；(e) 3.5A,$-1.5A$；(f) 4A,6A,$-18A$,$-12V$

4.2  (a) 44.19V,20.85A；(b) 0.73A,$-0.069A$,3.47V

4.3  (a) 2A,80V,$-32kA/s$,0V/s；
     (b) 0.6A,24V,0.6V/s,$-24A/s$

4.4  (a) $\tau=\dfrac{L}{2R}$；(b) $\tau=R_2C$；(c) $\tau=(2R-r)C$；(d) $\tau=2RC$

4.5  $u_C(t)=20e^{-0.8t}V,\quad t\geqslant 0$

4.6  $i_L(t)=-0.6e^{-100t}A,\quad t\geqslant 0$

4.7  (1) $2.23\mu s$；(2) $0.16\mu s$

4.8  $u_1(t)=-4e^{-13.86t}V,\quad t\geqslant 0$

4.9  $i(t)=(-1.5e^{-50t}+15e^{-200t}-30)mA,\quad t\geqslant 0$

4.10  (1) $u_C(t)=[78.66\sin(314t-8.13°)+11.1e^{-400t}]V,\quad t\geqslant 0$
      $i(t)=[2.47\sin(314t+81.87°)-0.445e^{-400t}]A,\quad t\geqslant 0$；
      (2) $38.13°,u_C(t)=78.66\sin(314t)V,\quad t\geqslant 0$

4.11  $u_C(t)=48(1-e^{-312.5t})V,\quad t\geqslant 0$

4.12  $u_C(t)=\begin{cases}(2+8e^{-t})V, & 0<t\leqslant 1 \\ [4+0.94e^{-2(t-1)}]V, & t\geqslant 1\end{cases}$，$i_C(t)=\begin{cases}-2e^{-t}V, & 0<t<1 \\ -0.47e^{-2(t-1)}V, & t>1\end{cases}$

4.15  (a) $\delta=0.5,\omega=3.12rad/s$；(b) $\delta=50,\omega=1786rad/s$

4.16  $u_C(t)=(15+18e^{-6t}-25e^{-5t})V,\quad t\geqslant 0,i_2(t)=(1.5+4.5e^{-6t}-5e^{-5t})A,\quad t\geqslant 0$

4.17　$50\Omega,58.8\mathrm{mH},100\mu\mathrm{F},i(t)=5.88\mathrm{e}^{-100t}\sin 400t\,\mathrm{mA},\quad t\geqslant 0$

# 第 5 章

5.1　$i_L(t)=20(1-\mathrm{e}^{-20000t})\mathrm{A},\quad t\geqslant 0,i_1(t)=(40+20\mathrm{e}^{-20000t})\mathrm{A},\quad t\geqslant 0$

5.2　$u_{C\mathrm{zi}}(t)=\mathrm{e}^{-8000t}\,\mathrm{V},\quad t\geqslant 0,u_{C\mathrm{zs}}(t)=-1.25(1-\mathrm{e}^{-8000t})\mathrm{V},\quad t\geqslant 0(U_\mathrm{S}=5\mathrm{V}),$

$\quad u_{C\mathrm{zs}}(t)=-2.5(1-\mathrm{e}^{-8000t})\mathrm{V},\quad t\geqslant 0(U_\mathrm{S}=10\mathrm{V}),$

$\quad u_C(t)=(-1.25+2.25\mathrm{e}^{-8000t})\mathrm{V},\quad t\geqslant 0(U_\mathrm{S}=5\mathrm{V}),$

$\quad u_C(t)=(-2.5+3.5\mathrm{e}^{-8000t})\mathrm{V},\quad t\geqslant 0(U_\mathrm{S}=10\mathrm{V})$

5.3　$i_L(t)=0.889(1-\mathrm{e}^{-225t})\varepsilon(t)\mathrm{A}$

5.4　(1) $i_L(t)=2.05\mathrm{e}^{-1.33t}\sin(1.49t+29.3°)-1\mathrm{A},\quad t\geqslant 0$

$\quad$(2) $i_L(t)=(1+2.67t)\mathrm{e}^{-1.33t}-1\mathrm{A},\quad t\geqslant 0$

$\quad$(3) $i_L(t)=2.5\mathrm{e}^{-0.667t}-1.5\mathrm{e}^{-2t}-1\mathrm{A},\quad t\geqslant 0$

5.5　$u_C(t)=2(1-\mathrm{e}^{-t})\varepsilon(t)-3(1-\mathrm{e}^{-(t-3)})\varepsilon(t-3)+(1-\mathrm{e}^{-(t-5)})\varepsilon(t-5)\mathrm{V}$

$$=\begin{cases}2(1-\mathrm{e}^{-t})\mathrm{V}, & 0<t\leqslant 3 \\ (-1+58.26\mathrm{e}^{-t})\mathrm{V}, & 3\leqslant t\leqslant 5 \\ -90.15\mathrm{e}^{-t}\mathrm{V}, & t\geqslant 5\end{cases}$$

5.6　$u_\mathrm{o}(t)=-10(1-\mathrm{e}^{-10t})\varepsilon(t)\mathrm{V}$

5.7　$i_1(t)=[-1+4.47\sin(1000t+3.43°)-1.27\mathrm{e}^{-2000t}]\varepsilon(t)\mathrm{A}$

$\quad i_2(t)=[1+4.47\sin(1000t+3.43°)-1.27\mathrm{e}^{-2000t}]\varepsilon(t)\mathrm{A}$

5.8　$i_L(t)=1.6\mathrm{e}^{-16t}\varepsilon(t)\mathrm{A}$

5.9　$u_C(t)=[8\mathrm{e}^{-t}\varepsilon(t)+4\varepsilon(-t)]\mathrm{V},i_C(t)=[0.8\delta(t)-1.6\mathrm{e}^{-t}\varepsilon(t)]\mathrm{A}$

5.10　$i_L(t)=(2.5+37.5\mathrm{e}^{-20t})\varepsilon(t)\mathrm{A}$

5.11　$u_{C2}(t)=\left[U_\mathrm{S}-\dfrac{C_2U_\mathrm{S}}{C_1+C_2}\mathrm{e}^{-\frac{t}{R(C_1+C_2)}}\right]\varepsilon(t),i(t)=\left[\dfrac{C_2U_\mathrm{S}}{(C_1+C_2)R}\mathrm{e}^{-\frac{t}{R(C_1+C_2)}}\right]\varepsilon(t)$

$\quad i_{C1}(t)=-\dfrac{C_1C_2U_\mathrm{S}}{C_1+C_2}\delta(t)+\dfrac{C_1C_2U_\mathrm{S}}{(C_1+C_2)^2R}\mathrm{e}^{-\frac{t}{R(C_1+C_2)}}\varepsilon(t)$

$\quad i_{C2}(t)=\dfrac{C_1C_2U_\mathrm{S}}{C_1+C_2}\delta(t)+\dfrac{C_2^2U_\mathrm{S}}{(C_1+C_2)^2R}\mathrm{e}^{-\frac{t}{R(C_1+C_2)}}\varepsilon(t)$

5.12　$\tau=\dfrac{L_1+L_2}{R_1+R_2},$

$\quad i_1(t)=\left[\dfrac{U_\mathrm{S}}{R_1+R_2}+\left(\dfrac{L_1U_\mathrm{S}}{(L_1+L_2)R_1}-\dfrac{U_\mathrm{S}}{R_1+R_2}\right)\mathrm{e}^{-\frac{t}{\tau}}\right]\varepsilon(t)+\dfrac{U_\mathrm{S}}{R_1}\varepsilon(-t),$

$\quad i_2(t)=\left[\dfrac{U_\mathrm{S}}{R_1+R_2}+\left(\dfrac{L_1U_\mathrm{S}}{(L_1+L_2)R_1}-\dfrac{U_\mathrm{S}}{R_1+R_2}\right)\mathrm{e}^{-\frac{t}{\tau}}\right]\varepsilon(t)$

5.13　$u_C(t)=(27.8\mathrm{e}^{-t}-23.8\mathrm{e}^{-10t})\mathrm{V},\quad t\geqslant 0$

5.14　$i_L(t)=\begin{cases}(1+\mathrm{e}^{-20t})\mathrm{A}, & 0<t\leqslant 1\mathrm{s} \\ (\mathrm{e}^{-20(t-1)}+\mathrm{e}^{-20t})\mathrm{A}, & t\geqslant 1\mathrm{s}\end{cases}$

5.15　$u_C(t)=(20\mathrm{e}^{-2t}-16\mathrm{e}^{-3t})\mathrm{V},\quad t\geqslant 0$

5.16　$u_C(t)=\begin{cases}(1.33+6\mathrm{e}^{-2t}-3.33\mathrm{e}^{-3t})\mathrm{V}, & 0<t\leqslant 1\mathrm{s} \\ (35.56\mathrm{e}^{-2t}-56.89\mathrm{e}^{-3t})\mathrm{V}, & t\geqslant 1\mathrm{s}\end{cases}$

5.17 $\begin{bmatrix} \dot{u}_C \\ \dot{i}_L \end{bmatrix} = \begin{bmatrix} -0.25 & -1 \\ 31 & -6 \end{bmatrix} \begin{bmatrix} u_C \\ i_L \end{bmatrix} + \begin{bmatrix} 2.5 \\ -300 \end{bmatrix}$

5.18 $\begin{bmatrix} \dfrac{du_C}{dt} \\ \dfrac{di_L}{dt} \end{bmatrix} = \begin{bmatrix} -0.75 & 0 \\ 0 & -0.75 \end{bmatrix} \begin{bmatrix} u_C \\ i_L \end{bmatrix} + \begin{bmatrix} 0.5 \\ 0.25 \end{bmatrix} i_S,$

$\begin{bmatrix} u_1 \\ u_2 \\ u_3 \end{bmatrix} = \begin{bmatrix} 0.5 & -0.5 \\ 0 & -1.5 \\ -0.5 & -0.5 \end{bmatrix} \begin{bmatrix} u_C \\ i_L \end{bmatrix} + \begin{bmatrix} 0.5 \\ 0.5 \\ 0.5 \end{bmatrix} i_S$

## 第 6 章

6.3 $Z=(10+\text{j}31.4)\Omega,Y=(9.2\times10^{-3}-0.029)\text{S},\cos\varphi=0.30(\text{滞后})$

6.4 (a) $(4.47+\text{j}9.29)\Omega$; (b) $\text{j}1.5\Omega$; (c) $(7+\text{j}4)\Omega$

6.5 (1) 60V 或 30V; (2) 5V 或 11.76V,30V 或 35.28V,5.65V 或 13.23V

6.6 $\omega L = \dfrac{1}{\omega C} = R$

6.7 2V

6.8 $i(t)=-1.828\text{e}^{-10t}\text{A}, \quad t\geqslant 0$

6.9 $14\Omega,48\Omega$

6.10 (1) $f_0=53.08\text{Hz}$ 时,$I_{\max}=25\text{A}$;(2) 23.96A,$\cos\varphi=0.96$(超前),2300W,$-670.6\text{var}$,
2396V·A,$(2300-\text{j}670.6)$V·A

6.11 $-\text{j}1\text{A}$

6.12 $-9.6\Omega,15\Omega$

6.13 $217.1\text{V},11.55\Omega,23.1\Omega$

6.14 $7.5\Omega,12.99\Omega,-12.99\Omega$

6.15 $7.5-\text{j}6.67\Omega,46.78\text{W}$

6.16 电流源发出 692.8V·A,电压源发出 $-\text{j}200$V·A

6.17 $1174.6\mu\text{F},\cos\varphi=0.87(\text{滞后})$

6.18 8.28V,1.87A,11.9W

6.20 11.03A,1187W

6.21 (1) 30V,$[0.5+0.6\sin(\omega t-90°)+0.4\sin(2\omega t-45°)]\text{A}$;(2) 15W

6.22 $[-6+5.56\sin(2t+11.3°)]\text{A},72\text{W},46.3\text{W}$

6.23 (1) $10\Omega,4\text{H},33.3\mu\text{F}$;(2) $[1+0.5\sin(100t+45°)]\text{A}$

## 第 7 章

7.1 12A

7.2 (a) $\omega_1=\dfrac{1}{\sqrt{L_1 C}},\omega_2=\sqrt{\dfrac{L_1+L_2}{L_1 L_2 C}}$; (b) $\omega_1=\dfrac{1}{\sqrt{LC_1}},\omega_2=\sqrt{\dfrac{1}{(C_1+C_2)L}}$;

(c) $\omega_1=\dfrac{1}{\sqrt{LC_1}},\omega_2=\sqrt{\dfrac{C_1+C_2}{C_1 C_2 L}}$; (d) $\omega_1=\dfrac{1}{\sqrt{L_2 C}},\omega_2=\sqrt{\dfrac{1}{(L_1+L_2)C}}$

7.3 $8\Omega,4\text{mH}$

7.4 $-\text{j}1\text{A}$

7.5 (a)、(b)、(c)电路均为$(L^2-M^2)/L$

7.7 (a) $(30+\text{j}10)\Omega$; (b) $(1.2+\text{j}8.4)\Omega$

7.8 $i(t)=20\sin(20000t-161°)\text{mA}$

7.9 (1) 0.496H;(2) 0.992

7.10　$1\Omega,3\Omega,9\Omega,3\Omega,3\Omega$

7.11　$2\Omega,-1\Omega$

7.12　$120\text{V},0$

7.13　(1) $1:2$；(2) $12.65\text{V}$；(3) $15.8\text{V}$

7.14　$7.143\Omega,1000\text{W}$

7.16　$6.47\angle-80.6°\text{A}$

7.17　(1) $5809\text{W}$；(2) $2060\text{W},3733\text{W}$

7.18　$(38.52\angle-151.63°)\text{A}$

7.19　$(29.53-\text{j}32.45)\Omega$

7.20　$(24.13\angle-60°)\Omega$

## 第 8 章

8.1

(1) $F(s)=2+\dfrac{\text{e}^4}{s+2}$；

(2) $F(s)=\dfrac{1}{s^2}-\dfrac{3}{s}+\dfrac{\text{e}^{-3s}}{s^2}+\dfrac{3\text{e}^{-3s}}{s}+\dfrac{\text{e}^{-3s}}{s^2}=\dfrac{1+2\text{e}^{-3s}-3s+3s\,\text{e}^{-3s}}{s^2}$；

(3) $F(s)=\dfrac{s+2}{(s+2)^2+4}$；

(4) $F(s)=\dfrac{2\cos2-s\sin2}{s^2+4}$；

(5) $F(s)=\dfrac{s\cos5-5\sin5}{s^2+25}\cdot\text{e}^{-s}$；

(6) $F(s)=\dfrac{2}{(s+2)^3}$

8.2

(a) $F(s)=\dfrac{2}{s^2}-\dfrac{4\text{e}^{-s}}{s^2}+\dfrac{2\text{e}^{-2s}}{s^2}$；

(b) $F(s)=\dfrac{2\text{e}^{-s}-2\text{e}^{-4s}}{s}$；

(c) $F(s)=\dfrac{1}{s-2}-\dfrac{\text{e}^{4-2s}}{s-2}$

8.3

(a) $F(s)=\dfrac{2(1-s-\text{e}^{-s})}{s^2(1-\text{e}^{-s})}$；

(b) $F(s)=\dfrac{s(1-2\text{e}^{-s}+\text{e}^{-2s})-2\text{e}^{-s}}{s^2(1-\text{e}^{-2s})}$

8.4

(1) $f(t)=(1-1.5\text{e}^{-10t}+0.5\text{e}^{-30t})\varepsilon(t)$；

(2) $f(t)=(5\cos2t+5\text{e}^{-t}\sin2t)\varepsilon(t)$；

(3) $f(t)=(0.5-0.5\text{e}^{-2t}-t\text{e}^{-2t})\varepsilon(t)$；

(4) $f(t)=(2-\text{e}^{-3t}+3t\text{e}^{-3t})\varepsilon(t)$；

(5) $f(t)=\delta(t)+\left(\dfrac{1}{9}-\dfrac{46}{9}\text{e}^{-3t}-\dfrac{1}{3}t\text{e}^{-3t}\right)\varepsilon(t)$

8.5

(1) $f(0^+)=\lim\limits_{s\to\infty}SF(s)=0\quad f(\infty)=\lim\limits_{s\to0}SF(s)=1$；

(2) $f(0^+) = \lim_{s \to \infty} SF(s) = 5$  $f(\infty)$ 不存在;

(3) $f(0^+) = \lim_{s \to \infty} SF(s) = 0$  $f(\infty) = \lim_{s \to 0} SF(s) = 0.5$;

(4) $f(0^+) = \lim_{s \to \infty} SF(s) = 0$  $f(\infty) = \lim_{s \to 0} SF(s) = 2$;

(5) $f(0^+)$ 不存在  $f(\infty) = \lim_{s \to 0} SF(s) = \dfrac{1}{9}$

8.6

(a) $H(s) = \dfrac{-sM}{R + sL_1}$;

(b) $H(s) = \dfrac{-s}{s+1}$;

(c) $H_1(s) = 1$,  $H_2(s) = \dfrac{1}{0.005s + 80}$;

(d) $H_1(s) = \dfrac{2.5s + 2000}{100s^2 + 2000s + 1000}$, $H_2(s) = \dfrac{500}{100s^2 + 2000s + 1000}$

8.7  $u_C(t) = 2 - e^{-t}\cos t - e^{-t}\sin t$, $t \geqslant 0$

8.8  $u_C(t) = 24 - 30.9e^{-t} + 1.14e^{-50t}$, $t \geqslant 0$

8.9  $i(t) = 0.5 + 1.5e^{-t}\cos t + 1.5e^{-t}\sin t$, $t \geqslant 0$

8.10  $i(t) = \begin{cases} 1, & t \leqslant 1 \\ 1 - e^{-(t-1)}\sin(t-1), & t > 1 \end{cases}$

$u_C(t) = \begin{cases} 1, & t \leqslant 0 \\ 2 - e^{-100t}, & 0 < t \leqslant 1 \\ 1 + e^{-(t-1)}\cos(t-1), & t > 1 \end{cases}$

## 第 9 章

9.1  $Z_C = \sqrt{\dfrac{X_0}{B_0}} = 269.5\,\Omega$, $v = \dfrac{\omega}{\sqrt{X_0 B_0}} = 3 \times 10^5\,\text{km/s}$

9.2

(1) $Z_C = \sqrt{\dfrac{R_0 + j\omega L_0}{G_0 + j\omega B_0}} = 281.6\angle 0.52°\,\Omega$,

$\gamma = \sqrt{(R_0 + j\omega L_0)(G_0 + j\omega B_0)} = 2.71\angle 22.86° \times 10^{-3}/\text{km}$;

(2) $U_1 = 11.51\,\text{kV}$, $I_1 = 101.42\,\text{A}$

9.3  (1) 求解过程略,电阻 $R_1$, $R_2$ 上电压随时间变化的曲线分别如图(a)、(b)所示,其中 $t_0 = \dfrac{l}{v}$。

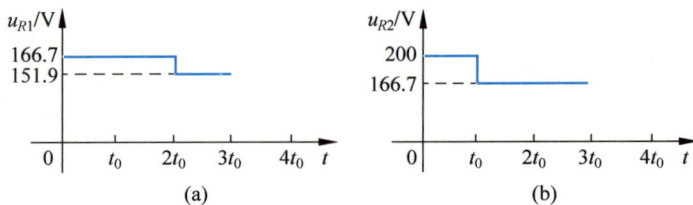

(a)     (b)

(2) 稳态时,$l_1$, $l_2$ 的电流为 2.57A、1.28A,两个电阻上的电流均为 1.28A。

9.4  (1) 求解过程略,电阻 $R_1$, $R_2$ 上电压随时间变化的曲线分别如图(a)、(b)所示,其中 $t_0 = \dfrac{l}{v}$。

(2) 稳态时,$l_1$, $l_2$ 的电流为 1.5A、0.75A,两个电阻上的电流均为 0.75A。

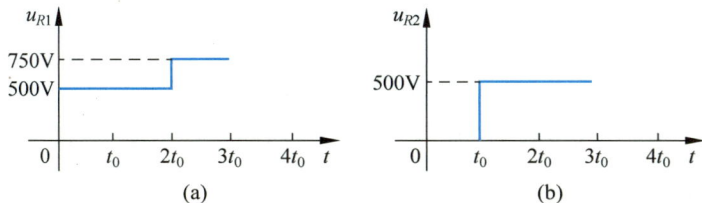

(a)                    (b)

9.5 求解过程略，$t=\dfrac{2.5l}{v}$ 时线上电压、电流的分布图如下，其中 $I_0=\dfrac{U_0}{Z_C}$。

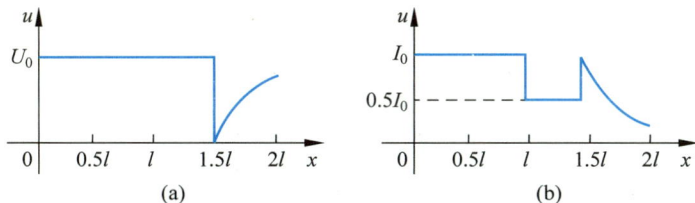

(a)                    (b)

9.6 求解过程略，$t=\dfrac{1.5l}{v}$ 时线上的电压、电流分布如下图所示。

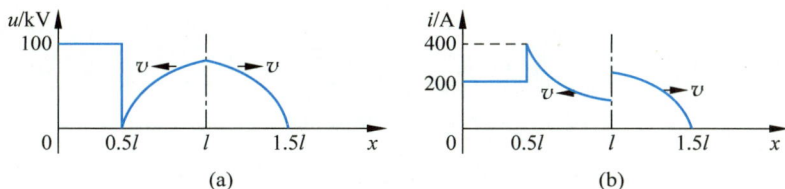

(a)                    (b)

9.7 求解过程略，$t=\dfrac{1.5l}{v}$ 时线上的电压、电流分布如下图所示。

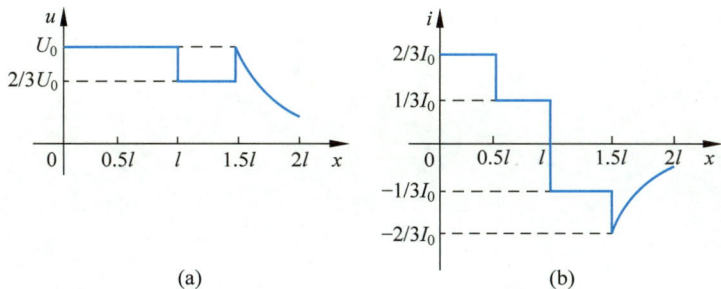

(a)                    (b)

9.8 $x_{max}=740.4\text{km}$，$\overline{S}=-\text{j}490\text{VA}$，纯无功。电压电流分布图略。

9.9 （1）$\beta=0.1048$，$Z_C=504\Omega$；

（2）终端应接入一纯电容，$C=36.38\text{pF}$

9.10 （1）电压入射波 $\dot{U}^+(x)=U_2\,\text{e}^{\alpha x}\angle\beta x+\psi_2$；

电压反射波 $\dot{U}^-(x)=U_1\,\text{e}^{-\alpha x}\angle-\beta x+\psi_1$，

电流入射波 $\dot{I}^+(x)=I_2\,\text{e}^{\alpha x}\angle\beta x+\psi_1$，

电流反射波 $\dot{I}^+(x)=-I_1\,\text{e}^{-\alpha x}\angle-\beta x+\psi_3$；

（2）$\dot{U}(x)=\dot{U}^+(x)+\dot{U}^-(x)$，$\dot{I}=\dot{I}^+(x)-\dot{I}^-(x)$；

（3）$Z(x) = \dfrac{\dot{U}(x)}{\dot{I}(x)} = \dfrac{\dot{U}^{+}(x) + \dot{U}^{-}(x)}{\dot{I}^{+}(x) - \dot{I}^{-}(x)}$；

（4）$Z_{\mathrm{C}} = \dfrac{\dot{U}^{+}(x)}{\dot{I}^{+}(x)} = \dfrac{U_2 \angle \psi_2}{I_2 \angle \psi_4}$ 或 $Z_{\mathrm{C}} = \dfrac{\dot{U}^{-}(x)}{\dot{I}^{-}(x)} = \dfrac{U_1 \angle \psi_1}{-I_1 \angle_3}$；

（5）$n(x) = \dfrac{\dot{U}^{-}(x)}{\dot{U}^{+}(x)} = \dfrac{U_1 \angle \psi_1}{U_2 \angle \psi_2} \mathrm{e}^{-2\gamma x}$，

或

$$n(x) = \dfrac{\dot{I}^{-}(x)}{\dot{I}^{+}(x)} = \dfrac{-I_1 \angle \psi_3}{I_2 \angle \psi_4} \mathrm{e}^{-2\gamma x}$$

# 索　引